U0560381

新时代治水思路
重大转变与实践

水利部发展研究中心　编

中国水利水电出版社
www.waterpub.com.cn
·北京·

内 容 提 要

本书共收录近年来专家、学者发表的有关新时代治水思路重大转变与实践的论文60篇，分为"节水优先，全面推进节水型社会建设""空间均衡，推动实现人口经济与资源环境协调发展""系统治理，建设造福人民的'幸福河湖'""两手发力，推动新阶段水利高质量发展""人民至上，全力防御水旱灾害""兴水惠民，全速构建国家水网""永葆生机，全面落实'江河战略'"七部分，以供广大水利干部职工学习参考，扎实推动水利高质量发展，为以中国式现代化全面推进强国建设、民族复兴伟业提供有力的水安全保障。

图书在版编目（CIP）数据

新时代治水思路重大转变与实践 / 水利部发展研究中心编. -- 北京 : 中国水利水电出版社，2024. 12.
ISBN 978-7-5226-3105-9

Ⅰ. TV-092

中国国家版本馆CIP数据核字第20243L99A7号

书　　名	**新时代治水思路重大转变与实践** XINSHIDAI ZHISHUI SILU ZHONGDA ZHUANBIAN YU SHIJIAN
作　　者	水利部发展研究中心　编
出 版 发 行	中国水利水电出版社 （北京市海淀区玉渊潭南路 1 号 D 座　100038） 网址：www. waterpub. com. cn E - mail：sales@ mwr. gov. cn 电话：（010）68545888（营销中心）
经　　售	北京科水图书销售有限公司 电话：（010）68545874、63202643 全国各地新华书店和相关出版物销售网点
排　　版	中国水利水电出版社微机排版中心
印　　刷	北京印匠彩色印刷有限公司
规　　格	184mm×260mm　16 开本　28.5 印张　694 千字
版　　次	2024 年 12 月第 1 版　2024 年 12 月第 1 次印刷
定　　价	**158. 00 元**

凡购买我社图书，如有缺页、倒页、脱页的，本社营销中心负责调换

版权所有·侵权必究

《新时代治水思路重大转变与实践》
编　委　会

主　　任：陈茂山　李国隆

副 主 任：吴　强　营幼峰　李肇桀　吴浓娣　唐　瑾

主　　编：陈茂山

副 主 编：李肇桀　吴浓娣　唐　瑾　王　丽

参编人员：夏　朋　庞靖鹏　刘定湘　杨　研　徐国印

　　　　　赵洪涛　李建章　马颖卓　轩　玮　田灵燕

　　　　　张瑜洪　吕彩霞　王　慧　李卢祎　刘向杰

　　　　　冯红春　郝　英　张　晓　李　哲　郭子君

前　言

治水关乎民族生存、文明进步、国家强盛。2014年3月14日，习近平总书记在中央财经领导小组第五次会议上就保障国家水安全发表重要讲话，站在实现中华民族永续发展和国家长治久安的战略高度，开创性提出"节水优先、空间均衡、系统治理、两手发力"治水思路。"十六字"治水思路内涵丰富而深邃，贯穿辩证唯物主义和历史唯物主义，把握人与自然关系的统一性，深化对自然规律、经济规律、社会规律的认识，明确了新时代治水的方针、原则、方法、路径，科学回答了如何处理好水资源开发利用存量与增量的关系、水资源与经济社会发展的关系、治水要素之间的关系、治水中政府与市场的关系等重大问题，各个方面主旨相通、目标一致，既各有侧重，又相互支撑，具有鲜明的思想性、理论性、战略性、指导性、实践性。

"节水优先、空间均衡、系统治理、两手发力"治水思路为系统解决我国新老水问题、保障国家水安全提供了根本遵循和行动指南。十年来，我们加快完善流域防洪减灾体系，遵循"两个坚持、三个转变"的防灾减灾救灾理念，成功战胜多次大江大河历史罕见洪水灾害，最大程度保障了人民群众生命财产安全。十年来，我们全面实施国家节水行动，健全节水制度政策，强化水资源刚性约束，用水效率大幅提升。十年来，我们按照确有需要、生态安全、可以持续的原则，加快构建国家水网主骨架和大动脉，科学推进实施一批跨流域、跨区域重大引调水工程和重点水源工程，国家经济安全、粮食安全、生态安全和城乡居民用水安全得到保障。十年来，我们坚持山水林田湖草沙一体化保护和系统治理，全面建立河长制、湖长制，江河湖泊面貌实现历史性改善。十年来，我们一体推进水利体制机制法治管理，坚持政府与市场协同发力，纵深推进水利投融资改革，水利治理能力实现系统性提升……我国治水事业取得历史性成就、发生历史性变革。

本书共收录近年来专家、学者发表的有关新时代治水思路重大转变与实践的论文60篇，分为"节水优先，全面推进节水型社会建设""空间均衡，推动实现人口经济与资源环境协调发展""系统治理，建设造福人民的'幸福河湖'""两手发力，推动新阶段水利高质量发展""人民至上，全力防御水旱灾害""兴水惠民，全速构建国家水网""永葆生机，全面落实'江河战略'"七部分，以供广大水利干部职工学习参考，不断增强治水工作的科学性、前瞻性、创造性，着力提升水旱灾害防御能力、水资源节约集约利用能力、水资源优化配置能力、江河湖泊生态保护治理能力，确保防洪安全、供水安全、粮食安全、生态安全，扎实推动水利高质量发展，为以中国式现代化全面推进强国建设、民族复兴伟业提供有力的水安全保障。

本书编写过程中，编辑人员对部分文字和地图等进行了删减与完善，同时得到了《中国水利》编辑部、《水利发展研究》杂志社等的大力支持与帮助，在此一并表示感谢。

限于作者水平和时间所限，书中难免存在疏漏和错误之处，恳请各位读者批评指正。

编 者

2024 年 10 月

目　录

兴水惠民，全速构建国家水网

永葆生机，全面落实"江河战略"

节水优先，全面推进节水型社会建设

中国农业节水十年：成就、挑战及对策

康绍忠

（中国农业大学 农业水资源高效利用全国重点实验室）

摘　要： 水是农业的命脉。在水资源紧缺形势下，保障国家食物安全和农产品有效
供给，必须实施农业节水，发展高水效农业。在系统总结过去 10 年我国农
业节水在保障国家食物安全和农产品有效供给、促进区域农业可持续发展
和生态环境改善、促进现代农业转型升级和提质增效以及带动农业节水产
业发展等方面取得的巨大成就基础上，分析了当前我国农业节水与国际先
进水平的差距，以及在农业节水相关基础数据观测和长期积累、节水评价
指标体系和考核标准、灌溉面积盲目扩张与农业适水发展、灌区续建配套
节水改造和高标准农田建设衔接、高效节水灌溉与农艺技术配套、农业水
价综合改革与节水灌溉工程设施可持续运行机制和政策、农业节水科技创
新与节水产业发展等方面面临的问题和挑战，提出了促进农业节水高质量
发展的建议。

关键词： 农业节水；适水发展；评价指标；藏水于技；政策供给

一、农业节水的重大意义

水是农业的命脉，水安全是食物安全与农产品有效供给的重要保障。我国用占全球
9％的耕地、6％的淡水资源生产的粮食，养活了占全球 18％的人口。我国多年平均水资
源总量约 2.8 万亿 m³，居世界第 6 位，而人均水资源量仅 1986m³，不足世界人均水平的
1/4，单位耕地面积的水资源量仅为世界平均水平的 1/2。特别是水资源与其他社会资源
的空间分布不匹配，国土面积、耕地面积、人口和 GDP 分别占全国 64％、60％、46％和
44％的北方地区，其水资源量仅占全国的 18％，"水缺"比"地少"更为严峻。在北方水
资源紧缺形势下，我国粮食生产重心仍在不断北移，北方粮食产量占全国总产量比重由
2000 年的 36.7％增加到 2020 年的 63.3％，全国 5 个粮食净调出省份中北方占 4 个。2024
年 3 月 8 日 *Nature Water* 也发文指出："21 世纪全球 52％的灌溉面积扩张发生在已经面
临水资源压力的地区，虽然增加了全球作物产量，但也导致了对淡水资源更大的压力。"
在我国北方水资源紧缺地区，农业过度开发导致农业用水量大，加之用水效率低，引发了

原文刊载于《中国水利》2024 年第 10 期。

华北平原严重的地下水水位下降，西北内陆河流域下游土地沙化、沙进人退、绿洲萎缩，东北地下水水位大幅度下降、湿地退化等生态环境问题，进一步加剧了区域水资源短缺，对农业可持续发展和人类生存环境形成了严峻挑战。

2023 年，全国农业用水 3672.4 亿 m³，占全社会总用水的 62.18%。在水资源严重紧缺形势下，要保障国家食物安全和农产品有效供给，必须实施农业节水，发展高水效农业，大幅度提高农业用水效率与效益。

习近平总书记高度重视农业节水。2014 年 3 月 14 日，在中央财经领导小组第五次会议上，提出了"节水优先、空间均衡、系统治理、两手发力"的治水思路；2019 年 9 月 18 日，在河南郑州主持召开黄河流域生态保护和高质量发展座谈会时再次指出，把水资源作为最大的刚性约束，大力推进农业节水，推动用水方式由粗放向节约集约转变；2020 年 6 月 9 日，在宁夏贺兰县考察时指出，积极发展节水型农业，以水定产；2023 年 6 月 6 日，在内蒙古河套灌区考察时再次强调，要节约水资源，大力发展现代高效农业和节水产业。习近平总书记的系列指示精神为我国农业节水发展提供了根本遵循。

近 10 年，党和政府把农业节水作为方向性、战略性大事来抓，党的十九大报告提出"推进资源全面节约和循环利用，实施国家节水行动"，标志着节水上升为国家意志和全民行动。2019 年 4 月，经中央全面深化改革委员会审议，国家发展改革委、水利部等 20 个部门联合印发《国家节水行动方案》；2023 年 9 月，国家发展改革委、水利部等 7 部委联合出台《关于进一步加强水资源节约集约利用的意见》；2024 年 3 月，国务院颁布《节约用水条例》，把水资源节约集约利用的要求贯穿于经济社会发展全过程和各领域。与此同时，为了推进农业节水工作的具体落实，国务院办公厅和相关部委先后印发了《关于推进农业水价综合改革的意见》《全国大中型灌区续建配套节水改造实施方案（2016—2020 年）》《关于深入推进农业水价综合改革的通知》《"十四五"重大农业节水供水工程实施方案》。上述举措，加快了灌区续建配套节水改造，加速了喷微灌及水肥一体化等高效节水技术的推广应用，强化了农业节水的科技支撑，创新了农业节水体制机制，加强了农业用水的精细化、智能化管理，促进了农业用水方式的变革，全面提升了农业用水效率，为保障国家食物安全和农产品有效供给、国家水安全作出了重要贡献。

同时，也应该清醒地认识到，当前我国农业节水与国际先进水平还有较大差距。由于农业节水需要巨大的资金投入、强大的科技支撑和有力的政策保障，涉及不同行业部门，且我国各地经济发展不平衡，水资源利用形式、灌溉模式、土壤与作物种植的区域差异较大，在发展过程中也面临着一些严峻挑战。本文力求在总结过去 10 年农业节水成就的基础上，分析当前发展所面临的问题和挑战，提出促进农业节水高质量发展的几点建议。

二、农业节水取得的巨大成就

（一）为保障国家食物安全和农产品有效供给作出了巨大贡献

在水资源紧缺的条件下，近 30 年我国耕地灌溉面积增加了 3.27 亿亩（1 亩＝1/15hm²，下同），增加到 10.55 亿亩，生产了全国 77% 的粮食和 90% 以上的经济作物，农业节水和高效用水形成了 1100 亿 m³ 以上的年农业综合节水能力，其中农艺节水与工程节水的比例分别为 45.76% 和 54.24%。在灌溉面积不断扩大、粮食连年丰收的前提下，农业用水总量下降了 300 亿 m^3。特别是近 10 年，灌溉水利用系数从 0.530 提高到 0.576，单方灌溉水的粮食生产力从 1.58kg 增加到 1.80kg 以上。耕地灌溉亩均用水量由 2014 年的 402m^3 下降到 2022 年的 364m^3，降低了 9.5%。通过灌区续建配套节水改造，累计恢复新增灌溉面积 6000 余万亩，改善灌溉面积近 3 亿亩，有效遏制了灌溉面积衰减的局面，提高粮食综合生产能力约 300 亿 kg，大中型灌区农田亩均单产比改造前平均提高了约 100kg，亩均产量是全国平均水平的 1.5～2.0 倍。膜下滴灌、浅埋滴灌水肥一体化技术得到广泛应用，通过与增密等农艺技术结合，取得了区域性大幅度节水、减肥、增粮的成效。例如，新疆伊犁玉米滴灌水肥一体化技术，将种植密度提高到每亩 8000 株以上，察布查尔锡伯自治县阔洪奇乡玉尔坦村 11260 亩高产创建田平均亩产 1300.67kg，种羊场井灌区 1439 亩高产创建田平均亩产 1427.66kg，伊宁县喀什镇高产创建田 100 亩高产方平均亩产 1545.94kg。农业节水为国家食物安全和农产品有效供给提供了水安全保障。

（二）为促进区域农业可持续发展和生态环境改善发挥了重大作用

农业节水为华北平原地下水超采治理，西北内陆干旱区塔里木河、石羊河、黑河流域重点治理，东北三江平原和西辽河治理发挥了重大作用。例如，东北西辽河流域，通过农业节水和高效用水等综合措施，不仅保障了"节水增粮"和农业可持续发展，而且西辽河干流水头逐年向下游延伸，流域平原区地下水水位上升区域达到 14.3%，水位稳定区达到 83.3%，从河道断流到通水，从地下水超采到地下水水位回升，生态复苏效果逐步显现。西北地区膜下滴灌面积达 7000 余万亩，灌溉水利用系数由 2011 年的 0.495 提高到 2022 年的 0.577，已高于全国平均值 0.572，通过农业节水置换出的水资源用于河流生态修复，为确保干旱内陆区绿洲永续生存发展，筑牢国家西部生态安全屏障发挥了作用。华北地下水严重超采区开展了"节水压采"试点行动，2023 年 12 月比 2018 年同期地下水超采治理区浅层地下水水位回升 2.59m，深层承压水水位回升 7.06m，近几年累计回补地下水超过 130 亿 m^3，地下水超采得到一定遏制。南方太湖流域平原河网区的稻田节水减排模式，通过标准田块建设、精准灌排管理、科学减量施肥等措施，实现了节水节能、绿色减排、增产增效，2020—2022 年仅在浙江嘉兴平湖市就累计应用 56960 余亩，实现减排总氮 32467kg、总磷 3132.9kg，节水 2427 万 m^3，节电 80 万 kW·h。

（三）为发展集约高效农业和促进农业现代化创造了有利条件

我国城镇化进程和农村劳动力转移步伐日益加快，农业机械化已成为推动规模化经营和节本增效、不断提高农业综合生产能力和市场竞争力的重要手段。如果没有节水灌溉机械化，就不能实现农业的全面全程机械化。喷灌、滴灌等高效节水灌溉技术的大面积推广应用不仅节约了灌溉用水，而且为土地流转、推进规模化生产和农业提质增效、农业现代化创造了有利条件。例如，新疆和田地区人均耕地少，过去采用小块地耕种模式，不利于发展集约高效农业。在高标准农田建设中，大力推广膜下滴灌技术，一个滴灌系统控制 1000～1200 亩耕地，通过引导土地规范有序流转，促进农田规模化经营，不仅可以更好地节水，而且为发展集约高效的现代农业提供了支撑。内蒙古科左中旗浅埋滴灌工程的实施，为农户土地流转、结构调整、规模化经营创造了有利条件，生产强度降低和生产效率的提高加快了农村劳动力转移，使剩余劳力可以外出务工增收，近两年农户流转土地人均增收2300元。内蒙古河套灌区1100多万亩耕地分布在720多万个地块上，每块1.5亩左右，人均承包耕地6～10块，通常采用传统地面灌溉，既不节水又不省力，而且农业生产效益低。内蒙古河套灌区水利发展中心与当地农业龙头企业或种植大户合作，以投资建设引黄滴灌水肥一体化节水设施为载体，促进土地流转，带动农户规模化经营，实现了节水增效，促进了现代农业发展方式提档升级。

（四）促进了农业节水科技进步和农业节水产业发展

近10年，我国农业节水科技取得显著进步。2022年，新建农业水资源高效利用全国重点实验室，实现了该领域基础研究无国家级重点实验室的突破；建设了旱区作物高效用水、作物高效用水与抗灾减损国家工程实验室，甘肃武威绿洲农业高效用水国家野外科学观测研究站，国家节水灌溉（北京、杨凌、新疆）工程技术研究中心以及一批省部级科研平台。在国家重点研发计划项目、农业重大科技攻关项目、国家自然科学基金重大重点项目等支持下，取得了一批原创性理论与技术成果。成功研发了世界上应用面积最大的膜下滴灌、浅埋滴灌水肥一体化技术，通过与增密等农艺技术结合，实现了区域性大幅度节水、减肥、增粮、增效；研究出全国主要作物不同水文年份的需水量和灌溉定额标准，为农业用水精细管理和落实"四水四定"提供了科学的控制指标；在国际上率先创建了作物节水调质高效用水理论，引领了该领域国际前沿研究；建立了我国北方旱地增蓄降耗雨水高效利用技术模式；研发了抗堵塞滴灌技术与系列产品，破解了黄河水直接滴灌的世界难题；提出了灌排泵站交替加载技术，研制出超低压力脉动高效双吸离心泵，应用于全国81%的大型灌排泵站，实现了节水、节能、减碳、高效；创新了南方稻田绿色节水减排的控制灌溉模式；开发了灌区量测水和输配水自动化以及田间智能灌溉技术与装备，显著提高了精准灌溉和灌区现代化水平；创建了内陆干旱区基于生态健康的农业水资源科学配置与高效利用模式，助推我国内陆河流域由沙进人退向可持续发展转变。50余项技术入选水利部、农业农村部先进实用技术及主推技术名单，有力支撑了华北节水压采、东北节水增粮、西北节水增效、南方节水减排等节水行动，为推动我国高水效农业发展作出了重要贡献。

以科技创新推动节水产业创新，特别是大数据、云计算、人工智能、机器人、区块链、虚拟现实、生物信息学等前沿技术的创新应用，催生出作物高水效表型诊断与靶向智慧调控、智能灌溉、智慧节水、数字孪生灌区建设等新业态、新模式，既节水省工又增产增效。节水产业变革促进了新质生产力发展。

近10年，农业节水产业快速发展，全国节水灌溉相关企业3400余家，产值超500万元规模的微灌企业数量新增约20%，喷灌企业数量新增超100%，特别是驱动新质生产力发展的智能灌溉、智慧节水企业数倍增长。目前农业节水相关企业年产值近1000亿元，较10年前增长近50%。农业节水企业创新能力明显提升，大禹节水、上海华维、新疆天业、广东达华、江苏华源、河北润农、黑龙江东部节水等年产值5亿元以上的企业均设有创新中心、研究院等，年投入研发经费占企业当年产值1%～4%。节水灌溉产品制造水平大幅度提升，如滴灌带生产速度由10年前国内先进的120m/min提高到现在的近300m/min，叠片过滤器、反冲洗三向阀、电磁阀、压力补偿式滴灌灌水器系列产品等实

现国产化，农业节水设备企业与发达国家先进水平的差距进一步缩小。

三、当前农业节水发展面临的主要问题与挑战

我国农业水效指标与国际先进水平仍然有较大差距，全国灌溉水利用系数为 0.576，粮田单方灌溉水生产力为 1.80kg，旱地降水利用率为 63%，而国际先进水平分别在 0.7～0.8 之间、2.0kg 以上和 80% 以上。预计到 2035 年，全国粮食产量须达到 9.4 亿 t，若粮食自给率达到 85%，还需增产 1.0 亿 t。按照当前节水水平和灌溉地生产粮食占比预测，灌溉需水量约 4300 亿 m³，农业缺水超过 500 亿 m³，农业水安全问题十分突出，仍是国家新一轮千亿斤粮食产能提升行动、"力争到 2035 年左右把 15.46 亿亩永久基本农田全部建成高标准农田""盐碱地综合改造利用"和北方水资源紧缺区农业可持续发展的短板，亟须通过制度创新和科技创新双轮驱动加以解决。目前面临的主要问题和挑战如下。

（一）缺乏农业节水相关基础数据的长期监测和科学合理的节水评价指标体系，难以进行农业用水总量和用水效率考核以及节水成效评价

目前，还缺乏对不同用水户和区域农业用水以及灌溉面积、地下水水位等相关基础数据的长期监测与积累。采用的灌溉水利用系数、节灌面积比和亩均灌溉用水量等指标，没有充分考虑不同区域降水、土壤、作物等实际状况以及节水改造后地下水和生态环境的变化，不便于区域间节水程度和效果的比较与全面评价，即使是纳入国民经济和社会发展刚性约束指标的灌溉水利用系数的测算方法也不够科学，长系列基础数据支撑不充分，满足不了农业节水评价的需求。灌溉的目的是为了创造良好的土壤环境，满足作物正常生长和高产需要，对于土壤盐碱化区域，灌溉不仅要满足作物正常的耗水需求，还要满足根区土壤冲洗压盐水量的需要，与土壤类型、盐碱化程度、种植作物种类和地下水埋深等有关；高产稻田也需要有适宜的渗漏量，以满足调节根区通气状况、调节土壤氧化还原电位、淋洗有毒物质的需要，与土壤类型、水稻品种和生育阶段有关。目前全国灌溉水利用系数测算中采用的"首尾测算法"，没有考虑为作物根系生长创造良好土壤环境所必需的冲洗压盐水量和稻田必需的适宜渗漏量，导致在土壤盐碱化地区和以水稻种植为主的地区测算的灌溉水利用系数偏低，不便与其他地区比较，甚至会引发一些盐碱化严重的区域盲目提高节水改造标准，追求高灌溉水利用系数，影响区域土壤和地下水环境及作物产量。节灌面积比没有考虑相同节灌面积上节水技术类型和技术水平的差异，亩均灌溉用水量没有考虑不同区域间年均降水量差异的影响，不便进行区域间的比较。

（二）"四水四定"落实不到位，农业节水和农业适水发展相脱节，有些水资源紧缺地区节水改造的灌区不考虑水资源承载力而盲目扩大灌溉面积，持续呈现农业用水总量缺乏控制、地下水水位不断下降的态势

有些灌区投巨资进行节水改造后，不考虑水资源承载力，盲目扩大灌溉面积和农业引用水量，农业耗用水量缺乏控制，大量挤占生态用水，地下水水位继续下降，其实这是没有把农业节水和农业适水发展统一考虑的表现。例如，华北平原农业节水技术已研究推广 30 多年，并没有改变地下水资源恶化的现状，主要原因是种植制度一直向高耗水结构发展。西北内陆干旱区投入大量资金进行灌区续建配套节水改造和发展膜下滴灌，2008—

2022年，虽然单位面积的灌溉用水定额下降，但灌溉面积却从1.180亿亩增加到1.378亿亩以上，仅2008—2018年，农业净耗水量就从387亿 m³ 增加到493亿 m³，导致区域地下水水位不断下降。GRACE卫星遥感数据表明，21世纪以来该区域陆地水储量呈显著下降趋势。同时，观测井资料显示，2008—2020年新疆南部阿瓦提县观测井地下水水位平均下降1.58m，其中丰收三场观测井地下水水位下降5.42m；北部鄯善县吐峪沟乡2013—2020年地下水水位下降14.05m。甘肃河西走廊石羊河流域重点治理工程2007年启动后，虽然单位面积配水定额大幅度下降，灌溉水利用系数和灌溉水生产力提升，但除下游青土湖区因人工回补地下水水位小幅度上升外，流域地下水水位下降速度由每年0.205m增大至2020年的0.332m，其根本原因是2012年节水改造工程完成后，流域作物播种面积和灌溉面积应压减未压减，反而不断扩张，农业净耗水量增大所致。内蒙古河套灌区在节水改造后，引黄水量不断减少，灌溉面积却增加了近300万亩，特别是2015年以来增加了120万亩，达到1154万亩，节水改造后盲目扩大灌溉面积，导致湖泊湿地面积从2000年的4.65万亩减少到2023年的2.80万亩，湖泊数量年均减少2.78个，部分天然林草地退化，无疑对生态环境造成了严重影响。

（三）灌区续建配套节水改造和高标准农田建设缺乏有效衔接，小型农田水利工程管理不到位，灌溉渠道"最后一公里"不通畅，田间节水灌溉工程建设对接农户需求不够，高效节水灌溉与农艺技术配套不紧密，影响节水工程效益正常发挥

由于灌区续建配套节水改造属于水利部门管理，而高标准农田建设属于农业农村部门管理，两者之间缺乏有效衔接，特别是市、县两级表现更加突出。国家投入重资，通过土地流转、土地整理、土地调整等措施，使得农田形状规整、农田规模形成，但在此过程中，为追求面积大、规模化，没有有效衔接周围渠道的实际情况，甚至出现了田面高于田间渠道的状况。高标准农田和田间节水工程建设对接农户需求不够，建设的高效节水灌溉工程缺乏与不同作物耕作种植和需水特点、土地经营方式等的协调，经常出现节水灌溉工程建设不能满足农田节水灌溉需求，导致一些工程流于形式，尤其在干旱时期，容易造成大面积农田难以灌溉而减产。

一些灌区虽然投巨资进行高标准农田信息化、灌区节水改造信息化建设，但大多处于深度业务应用不足的状态，造成资金浪费；而需要大量投资的骨干灌排渠系标准低，诸多中小型灌区的末级渠系还不完善，小型农田水利工程管理缺位，"最后一公里"不通畅，仍然达不到"旱能灌、涝能排"的基本要求。大部分中小型灌区管理人员老龄化突出，专业技术人员占比低，管理模式落后，使得我国人均灌区管理面积只有发达国家的1/10左右，管理效率低下，难以利用现代信息技术手段实现"从严从细管好水资源，精打细算用好水资源，优化配置节约水资源"。

高效节水灌溉与农艺技术配套不紧密，影响其推广应用。例如，我国从20世纪70年代末就开始大力推广滴灌节水技术，但由于没有与农艺技术结合，不能在节水的同时实现增产增效，推广应用非常艰难。而从20世纪90年代末开始，膜下滴灌与水肥一体化以及密植技术相结合，实现了节水增产增效，推广应用面积迅速增长。甘肃武威绿洲农业高效用水国家野外科学观测研究站研究的甘肃河西走廊制种玉米膜下滴灌水肥一体化技术模式，滴灌带长度为60～65m，滴头流量为3.0L/h，灌水间隔10d，苗期轻度亏水，全生育期每亩灌水 140m³，种植密度由传统的每亩 5000 株增加到每亩 7500～8000 株，每亩施纯氮 10kg，其中 40% 作为底肥基施，60% 追施，每亩可节水 129m³、节氮 7.3kg，产量提高 30% 以上，水分利用效率提高 76%。因为这种模式不仅节水，而且节肥、省工、省力、增产、增效，所以农户才有应用的积极性。目前，还缺乏适合不同区域、不同土壤、不同作物的高效节水灌溉和农艺技术有机融合的规范化、标准化技术体系，特别是为农户提供"套餐式"服务的高效节水综合技术集成模式。

（四）农业水价综合改革不到位，农民自觉节水的内在动力不足，社会资本参与节水灌溉工程建设与运行管理的积极性不高，节水灌溉工程设施可持续运行的机制和政策供给不足

农业水价杠杆对促进节水的作用未得到有效发挥，不仅造成农业用水方式粗放，而且难以保障节水灌溉工程设施建设和良性运行。目前，农业水价综合改革面临着一些困难与瓶颈，一是由于农业产业特别是粮食生产比较效益低，农户用水交易意识不足，地方政府调整农业灌溉水价的主动性和积极性不高；二是部分地区节水奖补政策落实不到位，奖补资金落实和筹集比较难，特别是欠发达地区精准补贴"等米下锅"现象普遍，价格调整相对滞后；三是缺少足够用水计量设施，农业水权分配和交易难，特别是水的交易落实难度较大；四是没有建立巩固农业水价综合改革成果的长效机制。目前，大中型灌区农业灌溉平均执行水价仅占运行成本水价的 50% 左右，农业水费实收率不足 70%。农业节水技术应用主体是农民，由于灌溉水价低，大田作物节水仅减少少量水费成本，经济效益有限，而在实际生产中又没有体现出多节水多补偿、多奖励，所以农民缺乏自觉节水的内在动力。

除了城镇生活和工业供水以及高附加值作物占比高的灌区，参与以粮食生产为主的灌区节水灌溉工程建设和运行管理获利较少，社会资本参与积极性不高。此外，还缺乏节水灌溉工程设施建设和可持续运行的机制与政策。

（五）科技支撑农业节水高质量发展的能力不足，节水产业发展不完善，产学研用结合不紧密，缺乏适合不同区域和不同作物的智慧化、成套化、定量化、模式化、标准化节水综合技术模式

目前，我国农业节水整体创新能力不足，国家计划的重大科技项目较少，而且缺乏与不同区域需解决实际问题的有效对接，缺乏重大公共科研与示范平台，多单位协同的联合攻关不够，区域性长期科学定位试验研究缺乏，科技成果转化率低。节水产业发展不完善，产学研用结合不紧密，企业高端产品不足，大多为一些中低端产品；智能制造水平低；产品系列化不足，真正具有完全自主知识产权的核心产品少；产能远大于市场需求，市场竞争加剧，竞争规范化亟待提高；产品标准化及标准的应用有待提升。高效节水科技推广与服务体系不够完善，导致高效节水灌溉工程建成后没有专业化技术服务机构给用户提供技术指导，可持续性差，节水效果大打折扣；区域农业节水技术模式的落地性需提升，产品、技术、农艺、农机适配性不强，实用化技术不足，亟待构建适合不同区域不同作物的智慧化、成套化、定量化、模式化、标准化节水综合技术模式，形成区域粮食与其他农产品生产和水资源短缺矛盾的综合解决方案。

四、促进农业节水高质量发展的几点建议

（一）加强对全国农业节水相关基础数据的长期监测，特别是水资源紧缺地区农业用水总量、灌溉面积、地下水水位的监测，建立科学合理和简便实用的农业节水评价指标体系与分区分类考核评价标准

缺乏全国以及不同区域农业节水相关基础数据的监测，既无法考核各地农业节水的成效，也无法落实"四水四定"相关指标，无法实现以农户为单元的水权交易以及农业水资源的精细管理。建议建立国家天、空、地一体化的农业节水基础数据监测网络和数据管理系统，组织制定《农业节水相关基础数据观测规范》，进一步完善相关观测指标，合理划分网格单元，对重点区域加密观测，统一观测方法，建立数据标准化处理程序。

建立科学合理的节水评价指标体系，目前采用的灌溉水利用系数、节灌面积比和亩均灌溉用水量等指标不利于区域间节水水平的比较，同一作物灌溉地产量减去雨养地产量再除以单位面积灌溉定额计算灌溉水生产力的传统方法，其应用也因不易获得不同区域雨养地产量而受到限制，而且缺少对某一区域节水后是否达到适水发展和可持续性的考核指标，应该把区域地下水水位变化作为与灌溉水利用系数同等重要的评价指标。因此，建议采用考虑盐碱地冲洗压盐水量和稻田适宜渗漏量后的灌溉水利用系数 $\eta_{水}$、标准化的单位面积灌溉定额 M_{BZH}、标准化的灌溉生产力 IWP_{BZH} 和作物水分利用效率 WUE 以及地下水水位变化 ΔH，作为不同区域农业节水成效的综合评价指标，具体为

$$\eta_{水} = \sum (ET - P_e + D_s + F_d)/W_T \tag{1}$$

$$M_{BZH} = \left(\frac{W_T}{A_T} - D_s - F_d\right)\left(1 + \frac{P_e}{\overline{P_e}}\right) \tag{2}$$

$$IWP_{BZH} = \frac{Y}{IW \cdot \left(1 + \frac{P_e}{\overline{P_e}}\right)} \tag{3}$$

$$WUE = \frac{Y}{\sum ET_{ij}} \tag{4}$$

$$\Delta H = H_s - H_t \tag{5}$$

式中：ET 为作物耗水量；D_s 为淋洗根区土壤盐分所必需的水量；F_d 为稻田必需的适宜渗漏量；W_T 为灌区总的引水量；A_T 为总的灌溉面积；P_e 为有效降雨量；$\overline{P_e}$ 为全国平均有效降雨量；Y 为作物产量；IW 为单位面积的灌溉用水量；H_g 为地下水埋深；H_c 为临界地下水埋深或者生态地下水埋深。

在上述农业节水评价指标的基础上，科学确定不同区域、不同类型灌区和不同阶段的目标值，作为农业节水成效考核评价的依据。例如，全国平均灌溉水利用系数 2035 年达到 0.625，2050 年达到 0.70；全国平均标准化粮田灌溉水生产力 2035 年达到 2.0kg/m³，2050 年达到 2.3kg/m³；全国平均标准化亩均灌溉定额 2035 年降低到 350m³，2050 年降低到 325m³；地下水水位到 2035 年全面遏制不断下降的趋势，2050 年控制在不产生土壤盐渍化的临界地下水水位与维护生态植被正常生长的生态地下水水位之间。不同区域则应根据具体的降水、土壤、地下水水位、作物等实际状况，科学确定更加细致的评价指标考核目标值。

（二）认真落实"四水四定"，根据水资源承载力严格控制不同区域的农业耗用水总量与强度，发展适水农业，彻底遏制水资源紧缺地区节水改造灌区灌溉面积盲目扩张、地下水水位不断下降的态势；同时为了保障国家食物安全和农产品有效供给，应通过跨区域调水和在水资源丰富地区扩大灌溉面积，使 **2035 年前后的农业用水总量适度增加到 3875 亿 m³**

"四水四定"就是要在水资源刚性约束条件下，做到适水发展、科学发展和高质量发展。适水农业就是通过地表水、地下水、非常规水的优化配置和开发、利用、节约、保护，最大限度地满足农业用水需求，以水定农业规模，以水定种植结构，以水定作物产量，控制水资源开发利用的不利环境影响，保障水资源可持续利用和农业可持续发展。发展适水农业是更高层面的农业节水战略。随着水资源进一步短缺及农业用水比例持续降低，只有发展适水农业，才能从根本上解决农业用水供需矛盾。必须根据不同区域水资源特点，通过系统设计、协同推进，以水定种，以水限产，提质增效。结合深化农业供给侧结构性改革，适度压缩高耗水作物种植面积，减小区域农业耗用水强度，建立适水农业种植结构。

一方面，基于 GRACE 卫星遥感数据以及陆地水储量变化与生态演变的关系分析，为了维护区域生态健康和可持续发展，目前技术水平下西北内陆干旱区灌溉耕地面积阈值约为 1.2 亿亩，其中新疆约为 1.05 亿亩，河西走廊约为 1500 万亩。从保持地下水适宜埋深和湖泊湿地的生态安全和稳定考虑，在不突破现有黄河分水指标下，宁蒙引黄灌区适度灌溉面积阈值为 1700 万亩，其中内蒙古河套灌区为 1100 万亩，宁夏引黄灌区为 600 万亩，未来南水北调西线工程实施和黄河"八七分水方案"适度调整后再进行灌区规模调整，达到适水发展的科学合理状态。

另一方面，为了给国家新一轮千亿斤粮食产能提升行动、"力争到 2035 年左右把15.46 亿亩永久基本农田全部建成高标准农田"提供水安全保障，应在大力发展农业节水的同时，通过跨区域调水和在水资源丰富地区适度增加灌溉面积，保障在 2035 年前后农业用水总量适度增加到 3875 亿 m³。

（三）统一协调灌区续建配套节水改造、高标准农田建设、小型农田水利工程、高效节水灌溉工程等建设项目的规划和实施，充分发挥不同投资的叠加效应

目前，灌区建设和骨干农田水利工程、农村供水由水利部门管理，高标准农田建设和高效节水灌溉由农业农村部门管理，不利于节水工程统一规划、建设和运维。建议建立全国不同类型节水工程统一管理的行政管理体制，高度重视小型农田水利工程（小水窖、小水池、小泵站、小塘坝、小水渠）建设和维护的重要性，对全国小型农田水利工程的数量和使用状况进行系统调查，逐步开展集中连片式整治修缮和节水改造，实现小型农田水利工程的维护管理和功能效益发挥。建议在灌区续建配套与现代化改造、高标准农田建设、小型农田水利工程统一规划的基础上，省、市、县有关部门在工程具体实施中做好有效衔接，避免出现"田面高于田间渠道"的状况，重视工程建设的质量控制和后评估，充分发挥节水工程效益。

从政策、改革等方面继续推进灌区节水改造，尤其是中小型灌区，在完善灌区基本灌排设施建设，特别是解决好灌区"最后一公里"不畅的基础上，积极推进灌区管理人员和管理模式的现代化，加快灌区水量监测、自动控制和信息化管理进程，为未来数字孪生灌区和智慧灌区建设打好坚实基础。

（四）积极推进采用分类分档水价、精准补贴与节水奖励的农业水价综合改革，创新引入社会资本参与节水工程设施建设和管理的可持续机制，通过农户节水增产增效、企业获益以及利用水价杠杆，充分调动社会资本投资和农户投入农业节水的积极性

需要进一步推进采用分类分档水价、节水精准补贴与奖励的农业水价综合改革，鼓励、吸引农民与企业参与到高效节水技术的应用与推广之中，促进农业节水。同时，亟须推进灌区管理改革，大幅度提高管理效率，降低灌溉运行成本水价，降低农业水价改革的难度。

由于农村经济水平相对低下，尤其是对于长期存在水资源短缺的华北、西北、东北西部地区，有城镇生活和工业供水或高附加值作物占比大的灌区，可以通过农业节水向城镇生活和工业转移水权反哺节水设施建设，或者引入社会资本参与节水设施建设与管理；以作物灌溉，特别是以粮食作物灌溉为主的灌区，如果通过节水改造扩大灌溉面积，增加粮食产能，或者以保生态修复为目标，如通过农业节水回补地下水或满足河流生态基流，则应该以政府投入和节水优惠补贴为主。

高效节水工程与设施建成后，要做到可持续运行和发挥作用，必须政、企、管、用多方共同努力，探索规模化经营，拓展盈利渠道反哺节水设施建管的模式，创新专业化社会力量参与节水工程建设和管护机制。根据近几年多地的现场调研，除了河北桃城区提补式水价改革模式外，具有一定代表性的创新模式还有：

1. 云南干热河谷以特色经济作物灌溉为主的"元谋模式"

该模式以农业水价综合改革为牵引，强化政府引导作用，引入社会资本和投资主体参与节水工程建设、运营和管理。元谋大型灌区丙间片 11.4 万亩高效节水灌溉工程，总投资 3.07 亿元，其中政府投资 1.2 亿元，大禹节水集团投资 1.47 亿元，农户自筹自建田间工程投资 0.4 亿元，虽然水价由 0.12 元/m³ 提高到 0.9 元/m³，但由于种植作物具有高附加值，而且节肥、增产，净收益增加 17.4%，农户具有积极性，改变了节水工程"政府建、无人管"的现状，政府、企业、群众三方共建共管共赢，实现了节水工程持续良性运行。

2. 通过农业节水向城镇生活和工业转移水权的"河套灌区土地流转集约经营节水工程设施建管模式"

内蒙古河套灌区水利发展中心发挥供水服务优势，结合当地农业龙头企业或种植大户进行土地流转，合作投资建设"引黄滴灌水肥一体化"节水设施，灌溉定额由 450m³/亩减少到 300m³/亩，灌溉水价由 0.103 元/m³ 提高到 0.65 元/m³，滴灌水肥一体化技术与玉米增密栽培配套，亩产提高 350kg 以上，每亩净效益增加 600 元以上，水价提升反而使种植大户的净收益增加。对于节约的水量，灌区管理单位通过水权交易收入约 300 元/亩，反哺节水设施建设，同时调动了灌区水管单位和种植大户的积极性。

3. 江苏华源公司的"彩虹农服模式"

江苏华源节水股份有限公司提供大型卷盘式喷灌机和技术管理人员，当地有意愿有条件的劳动力参与入股，组建灌溉服务队，为规模化种植户提供专业化、全方位的灌溉解决

方案。该公司一台中大型卷盘式喷灌机投入 3 万元，每台喷灌机控制 200 亩，一般全年灌水 4 次，每次灌水收灌溉服务费 32 元/亩，而传统地面灌溉人工费 50～70 元/亩。1 台卷盘式喷灌机年净收入约 16000 元，公司 2 年可收回喷灌机成本。这种"农服模式"盘活了节水灌溉设备资产，不仅减少了灌溉人工成本，还可节水 80m³/亩，农户参与的积极性较高。目前，该模式已在山东、河南、安徽等地推广，投入卷盘式喷灌机设备 350 台（套），形成了 30 人左右稳定的灌溉合伙人，服务面积达 7 万亩。

这些模式可能仅适合一些特定的条件，还需要在更大范围内试验和探索，不断总结经验和发展完善，创建出更多具有广适性的节水灌溉工程设施建设和运行管理可持续的新模式，充分调动社会资本投资和农户投入农业节水的积极性。

（五）强化科技支撑，藏水于技，发展高水效农业，减少单位食物和农产品生产的净耗水和灌溉用水，走技术进步替代灌溉用水大幅度增加之路，推动农业节水高质量发展

解决我国农业发展的水安全保障问题，根本出路在于藏水于技，发展高水效农业，通过科技创新减少单位食物和农产品生产的净耗水和灌溉用水，走技术进步替代灌溉用水增加之路。藏水于技就是要通过农业高效用水关键核心技术与重大关键产品、区域绿色高效用水模式的突破，大幅度提高灌溉水利用系数和水的生产效率与效益，在尽量少增加农业用水总量的条件下，获得粮食或其他农产品产量与质量的大幅度提升。同时，通过区域水土资源优化配置和作物种植结构、种植制度调整，合理布局农业生产，更好地挖潜水资源利用的效率和效益，缓解水资源紧缺对食物安全和农产品有效供给的威胁，全面提升我国农业水安全保障能力。

农业节水科技创新，应面向水资源紧缺条件下保障食物安全和农产品有效供给以及农业可持续发展的战略需求，贯通供水、输水、配水和用水全过程，加强与生物信息学、大数据、人工智能、云计算、机器人、传感器、物联网、多源遥感等技术的交叉融合和创新运用，促进农业节水向智慧化、精准化、无人化方向转变，发展新质生产力，提升我国农业节水研究的理论水平和解决实际问题的能力，为新一轮千亿斤粮食产能提升行动的实现和未来粮棉油的可持续生产提供科技支撑，为"力争到 2035 年左右把 15.46 亿亩永久基本农田全部建成高标准农田"提供可靠的水安全保障。

围绕农业节水与水资源高效利用的国际前沿与保障食物安全和农产品有效供给以及农业可持续发展对农业节水的科技需求，按照核心理论突破-关键技术与产品研发-场景化综合模式集成开展创新，形成"理论-技术-产品-模式"全链条的农业节水综合技术体系。突破作物高水效表型诊断与靶向调控、区域水-土-气-粮-生系统解析与适水农业发展路径优化理论和方法；攻克农艺节水增效、作物多尺度需水智能预报与高效用水、高标准农田喷灌水肥精准管理、大规模滴灌系统关键设备与智能管控、高标准农田精细地面灌溉、丘陵山地绿色智慧集雨补灌、高标准旱作农田增蓄降耗、非常规水源高效开发与安全利用、农业供-输-配-用水全过程智慧高效调控等 9 类关键技术与装备，形成农业节水技术与系统的标准化；创建华北地下水超采区麦-玉轮作节水增粮、东北三江平原水稻节水提质增效、内蒙古东部春玉米节水压采增粮、新疆绿洲棉花节水抑盐提质增效、河西走廊制种玉米节水优质丰产、黄土高原旱地主粮作物轮作减耗提效增产、黄河中游小麦玉米节水增粮、西南季节性干旱区粮经作物节水增效、长江中下游水稻节水减排、现代农业种养结合水循环生态利用等 10 大应用场景驱动的区域高水效农业综合模式。

　　坚持产业科技导向，遵循科技发展规律，强化场景驱动的协同创新和技术迭代升级，营造宽松创新生态，激发科研人员活力，提升整体创新效能。充分利用举国体制优势，发挥国家战略科技力量的引领作用，建立平台、人才、项目"三位一体"的资助模式，联合行业骨干企业与地方科技力量，组建优势互补的创新联合体开展攻关。未来 10 年，力争使我国的灌溉水利用系数与粮食作物灌溉水生产力提升 10% 以上，快速追赶国际先进水平；重大关键节水设备与核心产品全面实现国产化，国内企业产品的国际市场占有率提高 10%；形成年潜在节水当量 150 亿～200 亿 m^3，为国家食物安全与农产品有效供给提供更可靠的水安全保障。

　　致谢：中国灌溉排水发展中心主任刘云波、农业农村部种植业司肥料与节水处处长薛彦东提出了宝贵的意见和建议，牛俊、丁日升、龚时宏、吴文勇、鲁笑瑶提供了部分资料，在此一并表示感谢。

参 考 文 献

[1]　国务院新闻办公室.《中国的粮食安全》白皮书 [R]. 2019.

[2]　康绍忠. 藏粮于水　藏水于技——发展高水效农业　保障国家食物安全 [J]. 中国水利，2022（13）：1-5.

[3]　黄秉信，宋勇军. 我国粮食生产重心进一步向北转移 [J]. 中国粮食经济，2020（7）：49-52.

[4]　MEHTA P，SIEBERT S，KUMMU M，et al. Half of twenty-first century global irrigation expansion has been in water stressed regions [J]. Nature Water，2024，2：254-261.

[5]　中华人民共和国水利部. 中国水资源公报 [R]. 2023.

[6]　王浩. 我国用水效率和效益持续提升 [N]. 人民日报，2024-03-25.

[7]　付丽丽. 地下水位上升　生态用水充足——华北地区地下水超采综合治理成效显著 [N]. 科技日报，2024-03-22.

[8]　中国社会科学院农村发展研究所. 中国农村发展报告（2021）——面向 2035 年的农业农村现代化 [M]. 北京：中国社会科学出版社，2021.

[9]　刘啸，戴向前. 对深化农业水价综合改革的若干思考 [J]. 水利发展研究，2023，23（11）：70-73.

以合同节水管理推动节水产业发展

杨国华[1]，陈　梅[2]

（1. 水利部河湖保护中心；2. 水利部节约用水促进中心）

摘　要： 合同节水管理是发展节水产业的重要举措。我国合同节水管理已取得一定
积极进展，但仍存在内生动力不足、市场循环不畅、利润回报机制尚未稳
定建立等实施难点。建议从重点监控用水单位等用水大户入手，推动合同
节水管理创新链、产业链、资金链、政策链融合发展，以合同节水管理推
动节水产业发展，以水资源节约集约利用实现我国经济社会高质量发展和
绿色转型。

关键词： 合同节水管理；节水产业；重点监控用水单位；利润回报；水资源节约集
约利用

习近平总书记 2023 年 4 月在广东考察时强调，推进中国式现代化，要把水资源问题
考虑进去，以水定城、以水定地、以水定人、以水定产，发展节水产业。作为推动节水的
一种市场化创新模式，合同节水管理是发展节水产业的重要抓手。深入贯彻落实习近平总
书记"节水优先、空间均衡、系统治理、两手发力"治水思路，应把大力推广合同节水管
理作为发展节水产业的重要举措，从重点监控用水单位等用水大户入手，在强化用水约
束、激发节水动力、扩大盈利空间、打通产业堵点等方面系统发力，形成合同节水管理创
新链、产业链、资金链、政策链融合发展的新态势，推动节水产业发展，全面提升水资源
节约集约利用能力和水平。

一、合同节水管理发展现状

近年来在水利部等有关部门大力推动下，合同节水管理工作取得了积极进展。

（一）政策制度逐步完善

2016 年，国家发展改革委、水利部、国家税务总局印发《关于推行合同节水管理促
进节水服务产业发展的意见》，明确合同节水管理概念内涵、重点领域和典型模式。《中华
人民共和国国民经济和社会发展第十四个五年规划和 2035 年远景目标纲要》《国家节水行
动方案》《"十四五"节水型社会建设规划》等对推广合同节水管理工作作出安排部署，

原文刊载于《中国水利》2023 年第 23 期。

《关于建立健全节水制度政策的指导意见》《关于推进用水权改革的指导意见》《关于加强城市节水工作的指导意见》等对合同节水管理提出了明确要求。2023 年 7 月，水利部、国家发展改革委等九部门联合印发《关于推广合同节水管理的若干措施》，提出了激发合同节水管理市场活力、强化合同节水管理技术支撑、提升节水服务企业能力、加强财税金融支持、做好合同节水管理组织实施等 5 方面 15 项措施，为推广合同节水管理和促进节水产业发展提供了有力支撑。

（二）标准体系不断健全

近年来，合同节水管理领域印发了《合同节水管理技术通则》《项目节水量计算导则》《项目节水评估技术导则》《钢铁行业项目节水量计算方法》等国家标准，以及《公共机构合同节水管理项目实施导则》《高校合同节水项目实施导则》《节水型高校评价标准》《节水型高校建设实施方案编制导则》等团体标准，为推动合同节水管理标准化、规范化提供了技术支撑。

（三）地方实践加快推进

河北、江苏、浙江、安徽、福建、山东、四川等地分别出台了推进合同节水管理的政策文件。江苏、浙江、福建等地落实金融支持节水政策，推出"节水贷"等金融产品。四川等地广泛征集节水融资需求，建立节水融资项目库。截至 2022 年，全国共实施合同节水管理项目 448 个，吸引社会投资 70.8 亿元，实现年节水量 2.95 亿 m³。

二、实施合同节水管理的难点

目前，合同节水管理项目规模和利润空间有限，导致用水单位、节水服务企业参与合同节水管理的积极性不高。

（一）内生动力不足

从用水单位看，部分地方水资源刚性约束不强，分配给用水单位的用水指标相对宽松，基本已能满足用水单位需求。同时，水价偏低，企业用水成本相对较低，用水费用一般不足企业生产成本的 1%，而节水改造投资高、难度大，导致用水单位主动节水的意愿不强。从节水服务企业看，合同节水管理项目投资规模大、回报周期长、盈利空间较小，缺少能落地、操作性强的政策激励措施，导致节水服务企业参与合同节水管理的意愿不强。

（二）市场循环不畅

节水服务企业和用水单位供需两端信息沟通不畅、各自为战，节水技术集成不够且与市场脱节，合同节水管理涉及的规划诊断、方案设计、技术集成、资金募集、产品购置、效益评估、运营维护等环节还未全链条打通，支持合同节水管理的技术、产业、资金、政策尚未实现融合发展。

（三）利润回报机制尚未稳定建立

建立利润回报机制对于推广合同节水管理至关重要。但目前，稳定的利润回报机制尚未有效建立，主要表现在节水项目产生的直接经济效益不明显，投资成本与收益不相匹配；以水费结余支付合同节水管理费用多适用于公共机构等少数领域，工业、农业等用水大户实施合同节水管理缺乏持续稳定的利润回报机制；水权交易、水资源收储回购等市场化机制尚未完全打通。另外，用水单位、节水服务企业普遍对合同节水管理的模式选择、效益分享、流程要求等不熟悉，担心存在会计、审计等风险，参与意愿较低。因此，实现用水单位、节水服务企业等各方共赢的目标还有一定差距。

三、推广合同节水管理的建议

节水是解决我国水资源短缺、水生态损害、水环境污染问题的根本性措施，发展节水产业是破解节水问题的必由之路。重点监控用水单位是全社会的用水大户，是推动节水改造、实施合同节水管理、发展节水产业的关键对象。2020 年，水利部公布的国家级重点监控用水单位有 1489 家，包括工业 821 家、服务业 288 家、农业灌区 380 个，用水量占全社会用水总量的比例约为 20％，其中 821 家国家级工业重点监控用水单位用水量更是占工业用水总量的 47.4％。从重点监控用水单位等用水大户入手实施合同节水管理，完善节水支持政策，优化升级节水技术、节水产品和节水服务，推动创新链、产业链、资金链、政策链融合发展，可有效支撑现代化节水产业发展。

（一）"创新链"引领发展

创新是破解合同节水管理难点的关键。应聚焦节水科技创新，搭建开放创新平台，打造合同节水管理服务产业基地，建设合同节水管理创新高地。

1. 加大节水科技创新力度

充分发挥国家科技重大专项、水利部重大科技项目等支撑作用，支持科技型企业牵头节水治污科技项目等关键技术攻关。集成推广工业节水、再生水回用、水污染治理与循环利用、水生态修复等先进适用节水技术和装备，全面提升节水产品科技含量和节水工艺、装备水平，在合同节水管理领域不断推动技术转化和衔接。

2. 搭建节水高科技开放创新平台

贯彻创新、协调、绿色、开放、共享的新发展理念，搭建节水高科技开放创新平台，将合同节水管理环节中涉及的企业、科研机构、高等院校、政府机关等主体有机结合，加强企业合作、地方合作，引导节水企业与科研院所共同开展合同节水管理技术、模式、服务等创新研究，匹配需求方与供给方，促进人员、知识和技术共享，推动节水产业不断发展。

3. 打造合同节水管理服务产业基地

打造合同节水管理服务产业基地，聚集节水政策研究机构、大型水利（水务）企业、节水设备制造企业等单位，形成产业联盟，集成先进适用的节水政策、技术、方案、产品等，为有节水改造需求的用水单位提供系统化、整体化的节水服务方案。运用"数字化＋合同节水管理"方式，构建集节水信息发布、节水技术集成、节水产品推广、节水政策咨询等于一体的节水服务平台，提供项目合同节水管理设计、改造、施工等"一条龙"服务，让数字赋能合同节水管理工作，提升合同节水管理服务能力。

（二）"产业链"打通堵点

聚焦工业、农业、服务业等传统行业合同节水管理，培育新兴产业，布局未来产业，做大做强合同节水管理产业集群，推动节水产业发展。

1. 打造工业领域合同节水管理产业集群

聚焦重点地区重点行业，在黄河流域的"三高"项目（高污染、高耗水、高耗能项目）和"两高一剩"行业（高污染、高耗能的资源性行业和产能过剩行业）中选择用水粗放、排放量大、减碳任务较重的钢铁、火电、化工等重点行业用水大户，从用水、排放两端入手，制定"节水、治污、减碳"联合改造方案，采用"废水末端治理＋环保检查倒逼"模式推动实施合同节水管理。结合"十四五"推进沿黄重点地区工业项目入园及严控高污染、高耗水、高耗能项目工作，在工业园区和企业广泛开展用水效率评估，对节水减污潜力大的重点园区和企业大力推行合同节水管理模式，推动工业清洁高效用水，提高工业用水循环利用率。对工业园区加强监管，对有节能节水减排潜力的项目实施改造升级，达不到国家或地方有关节水和排放要求的实施深度治理。

2. 打造农业领域合同节水管理产业新模式

农业领域合同节水管理可结合近期发布的《关于推进用水权改革的指导意见》精神，创新模式，在缺水地区、水资源超载地区、地下水超采地区，利用水权转让打开合同节水管理出路，利用 PPP 模式吸引社会投资。水权交易是社会资本投资回报"变现"、获取合理利润的主要方式，交易结果在很大程度上决定合同节水管理项目的成败和可持续性。在北方工农业发达的缺水地区，探索开展工业和农业用水户之间的水权交易，提高用水效率，盘活存量。优先在大中型灌区推动实施合同节水管理项目，建立健全合同节水量交易管理制度，鼓励通过合法交易平台开展交易。将合同节水管理的节余水量进行市场化交易，收益一部分用于返还社会资本方投融资成本，一部分用于奖励用水单位或用水管理组织，剩余部分用于再次投入节水改造项目。

3. 打造服务业领域合同节水管理产业高地

根据相关调研，合同节水管理工作在机关、学校、公共建筑等领域开展的项目数量较多，模式比较成熟。下一步可结合节水型社会建设、重点区域地下水超采综合治理、最严格水资源管理制度考核等工作，在高尔夫球场、洗车、洗浴、人工造雪滑雪场、餐饮娱乐、宾馆等耗水量大、水价较高且用水效率不高的服务业，通过政策机制引导用水单位采用合同节水管理方式实施节水改造，打造一批示范项目。

（三）"资金链"提供保障

加大对合同节水管理的金融支持力度，引导带动社会资本参与合同节水管理，持续扩大全社会节水投入。

1. 加强节水财政资金支持

探索将合同节水管理项目纳入中央预算内投资和中央财政节能减排补助资金等专项资金支持范围，将合同节水服务纳入政府采购目录，对节水服务企业采用合同节水管理方式实施的节水改造项目，符合相关规定的，给予一定资金补助或奖励。在有条件的地区安排一定资金，支持和引导节水服务产业发展。

2. 鼓励企业加大节水投资

通过税收等多种政策措施，鼓励引导企业进一步加大节水投资。不断扩大节水项目、节水专用设备企业所得税优惠目录，加强和完善节水税收优惠政策，推动地方深入落实企业研发费用加计扣除、高新技术企业所得税优惠等普惠性政策，确保政策应享尽享，降低节水企业税收负担，促进企业加大节水投资。

3. 落实金融支持节水政策

按照水利部与有关部门、金融机构联合推出的政策性、开发性金融支持节水政策要求，加快推动节水领域 REITs、PPP 等投融资模式，不断扩大"节水贷"等融资服务范围和支持力度。完善社会资本进入合同节水管理的相关政策，鼓励和引导社会资本参与有一定收益的合同节水管理项目建设和运营。

（四）"政策链"激发动力

建立健全合同节水管理政策制度，通过政府与市场"两手发力"、约束与激励"双向驱动"，激发节水内生动力。

1. 政府端严格政策约束

在目前短期内水价设置难以满足节水需求的背景下，通过加大水行政主管部门职责范围内的取水许可、计划用水、节水监督考核等政策约束力度，有效激发用水单位的节水动力，推动合同节水管理的推广实践。

2. 市场端开展政策激励

通过实施差别化水价政策、鼓励开展用水权交易、完善节水技术和产品目录、加强节水财税金融支持等政策激励，激发用水企业节水动力，推动培育节水产业。完善合同节水产业配套政策，指导各地区各部门根据各自区域、领域特点，出台投资、价格、科技、金融、人才等方面政策措施，建立健全多层次的合同节水管理产业政策体系。

3. 加强政策宣传推广

做好节水宣传培训，定期召开供需座谈会，有效衔接用水单位、节水服务企业和节水技术研发单位，引导愿意加大节水投资、开展节水改造的用水单位和拥有节水相关资金、技术的服务企业积极投入节水产业领域。

四、结语

党的二十大报告指出要充分发挥市场在资源配置中的决定性作用。通过合同节水管理可撬动社会资金参与节水，有效扩大节水投资，对发展节水产业起到支撑作用。未来应以合同节水管理工作为抓手，围绕重点监控用水单位等用水大户，建立稳定的利润回报机制和长效运行机制，推动合同节水管理创新链、产业链、资金链、政策链融合发展，以合同节水管理推动节水产业发展，以水资源节约集约利用实现经济社会发展绿色转型。

参 考 文 献

［1］ 习近平. 高举中国特色社会主义伟大旗帜　为全面建设社会主义现代化国家而团结奋斗［N］. 人民日报，2022-10-26.
［2］ 李国英. 深入贯彻落实党的二十大精神　扎实推动新阶段水利高质量发展——在 2023 年全国水利工作会议上的讲话［J］. 中国水利，2023（2）：1-10.
［3］ 李国英.《深入学习贯彻习近平关于治水的重要论述》序言［J］. 中国水利，2023（14）：1-3.
［4］ 李国英. 深入学习贯彻习近平经济思想　推动新阶段水利高质量发展［J］. 中国水利，2022（11）：1-3.

［5］ 李国英. 新时代水利事业的历史性成就和历史性变革［N］. 学习时报，2022－10－12.

［6］ 许文海. 坚持和落实节水优先方针　大力推动"十四五"节水高质量发展［J］. 水利发展研究，2021（7）：15－18.

［7］ 王浩，刘家宏. 新时代国家节水行动关键举措探讨［J］. 中国水利，2018（6）：7－10.

［8］ 王浩. 看合同节水管理如何"试水"［N］. 人民日报，2015－06－28.

［9］ 张建云. 充分重视气候变化影响加快推进国家节水行动［J］. 中国水利，2018（6）：11－13.

［10］ 王光谦，张宇，谢笛，等. 中国绿水格局及其战略意义［J］. 地理学报，2023（7）：1641－1658.

［11］ 康绍忠. 贯彻落实国家节水行动方案　推动农业适水发展与绿色高效节水［J］. 中国水利，2019（13）：1－6.

［12］ 夏军，左其亭. 中国水资源利用与保护40年（1978～2018年）［J］. 城市与环境研究，2018（2）：18－32.

［13］ 秦瑞杰，张腾扬，苏滨，等. 节约水用好水［N］. 人民日报，2023－03－23.

［14］ 金观平. 发展壮大节水产业新业态［N］. 经济日报，2023－08－16.

［15］ 李原园. 以推动水利高质量发展为主题全面推进"十四五"水安全保障规划实施［J］. 中国水利，2022（5）：4－7.

［16］ 刘小勇. 生态文明建设中的治水探讨［J］. 中国水利，2018（21）：15－17.

创新驱动节水灌溉高质量发展
夯实农业强国建设基础

韩振中

（中国灌溉排水发展中心）

摘　要：论述了我国节水灌溉发展现状和存在问题，从建设农业强国、夯实粮食安全基础、推进国家现代化和生态文明建设等方面分析节水灌溉面临的新形势，阐明了新时期节水灌溉高质量发展目标和任务，提出健全政策制度、强化两手发力、增强管理与服务、加强技术创新、催化效益驱动等对策措施。

关键词：农业强国；高质量发展；两手发力；技术创新；效益驱动

党的二十大提出，全面建设社会主义现代化国家，坚定不移走生产发展、生活富裕、生态良好的文明发展道路，推进生态优先、节约集约、绿色低碳发展。2023年中央一号文件提出，全面推进乡村振兴，加快建设农业强国，实施新一轮千亿斤粮食产能提升行动。建设农业强国、实施全面节约战略、实现人与自然和谐共生的现代化，对节水灌溉提出了更高要求，需要全面分析节水灌溉发展面临的形势和挑战，统筹谋划节水灌溉高质量发展，为建设农业强国、推进农业农村现代化提供基础支撑。

一、我国节水灌溉现状与存在问题

（一）节水灌溉现状

2014年习近平总书记提出"节水优先、空间均衡、系统治理、两手发力"治水思路，把"节水优先"放在首位。2019年国家发展改革委和水利部联合印发《国家节水行动方案》，贯彻落实新发展理念，坚持节水优先方针，把节水作为解决我国水资源短缺问题的重要举措，强化水资源承载能力刚性约束，实行水资源消耗总量和强度双控制，实施重大节水工程，大力推动节水制度、政策、技术、机制创新，加快推进用水方式由粗放向节约集约转变，极大促进了节水灌溉发展。

2014年以来我国加快推进大中型灌区续建配套与节水改造，大力发展节水灌溉特别是高效节水灌溉，改善了灌排工程条件，显著提高了灌溉用水效率与效益。随着工程设施

原文刊载于《中国水利》2023年第7期。

改善，灌区供水服务渐趋多样化，在满足灌溉供水需求的同时，还承担了工业、生活、生态供水任务，成为保障国家粮食安全和区域经济社会发展的重要基础。

2021 年我国灌溉面积由 2014 年的 7065 万 hm^2 发展到 7569 万 hm^2，增加了 504 万 hm^2，居世界首位，其中耕地灌溉面积由 6454 万 hm^2 增加到 6916 万 hm^2。与此同时，灌溉水有效利用系数由 0.530 左右提高到了 0.568；灌溉用水总量由 3400 多亿 m^3 下降到 3200 亿 m^3 左右。

我国现状节水灌溉面积 3780 万 hm^2，其中低压管道灌溉、喷灌、微灌等高效节水灌溉面积占 61.1%。近年，我国喷微灌面积特别是微灌面积增长迅速，喷微灌面积达到 1181.5 万 hm^2，占灌溉面积的 15.6%，其中微灌面积 720.2 万 hm^2，占灌溉面积的 9.5%。我国基本建立了较为完善的农业节水政策制度体系、工程技术体系、科学管理体系，农业水资源节约集约化利用水平显著提高。

（二）节水灌溉存在问题

我国节水灌溉取得了显著成效，但也存在一些突出问题，主要体现在以下方面。

1. 区域间发展不平衡，高效节水灌溉发展不充分

不同区域节水灌溉发展差异突出，北京市节水灌溉面积占总灌溉面积的 100%，为全国最高；湖北、湖南、广东、西藏相对较低，不足 20%；北京、河北、新疆高效节水灌溉面积占比已经超过 60%，而江苏、安徽、江西、湖南、广东、四川、西藏等 7 个省份不足 10%（图 1）。我国高效节水灌溉面积仅占总灌溉面积 30.6%，比例不高，还有较大发展潜力；喷微灌面积仅占总灌溉面积 15.6%，与先进国家的 50% 以上相比还有较大差距。

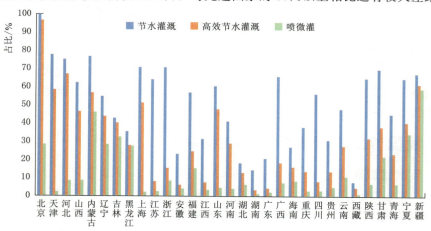

图 1　2020 年各省（自治区、直辖市）节水灌溉、高效节水灌溉、
喷微灌面积占总灌溉面积比例

2. 骨干工程与田间工程不平衡，系统治理不充分

大中型灌区骨干工程持续进行节水改造，投入稳定，而田间工程节水改造相对薄弱。另外，灌区骨干工程、田间工程分别由不同部门负责，工作协同不充分，部分灌区出现"中梗阻"问题。灌区骨干工程与田间工程、灌溉与排水、节水与生态、山水林田湖草沙治理不能很好统筹，系统治理存在明显短板。

3. 工程节水与管理节水不平衡，管理节水与服务不充分

重工程建设轻管理问题仍然突出，工程建设推动力度大，而管理节水创新力度小。出台的一些节水政策没有全面落地，节水激励政策不足、力度不够，灌区工程管护和节水灌溉工程管护经费尚未得到充分保障，专业化、社会化管理服务体系还不健全，信息化发展滞后，农业节水管理效率不高，服务能力明显不足。

4. 节水投入与节水需求不平衡，两手发力不充分

灌溉工程设施薄弱，节水改造资金需求大，尽管国家不断加大节水改造投资力度，但与需求相比仍有较大缺口。大中型灌区骨干工程改造亩均投资不足 800 元（1 亩＝1/15hm²），不及实际需求的一半，且投资与建设标准相对较低，不能满足农业节水和农业现代化发展要求。有限的投资主要来源于各级政府财政，多渠道投融资机制尚未全面建立，利用社会资本、投融资手段明显不足。

二、农业节水灌溉面临的新形势

（一）建设农业强国要求节水灌溉高标准发展

建设供给保障强、科技装备强、经营体系强、产业韧性强、竞争能力强的农业强国，需要夯实灌排工程基础设施，提高建设质量和标准，显著提升抗御水旱灾害的能力，增强农业生产应对气候变化的韧性。发展现代设施农业和集约化农业，需要大力发展高效灌溉、精准灌溉、智慧灌溉以及水肥一体化，提高农产品产量、品质和效益。

（二）夯实粮食安全根基要求节水灌溉加快发展

在我国水土资源条件制约下，夯实粮食安全根基重在提高耕地粮食单产能力，加快节水灌溉工程特别是高效节水灌溉工程建设，提高灌溉水利用效率与效益，用有限的农业水资源满足灌溉用水需求；水土资源尚有潜力的地区，通过节水改造和水源开发，合理扩大耕地灌溉面积，大幅度提高粮食和农产品综合生产能力。

（三）建设现代化国家要求节水灌溉高质量发展

农业农村现代化是国家现代化建设重要内容。实施乡村振兴，推进国家现代化，需要坚持人与自然和谐共生的发展理念，采用先进技术、现代化装备建设节水灌溉工程，健全管理制度与机制，提升节水灌溉持续服务能力，实施信息化、智慧化管理提高农业节水管理效率和效益，以节水灌溉高质量发展促进农业现代化发展，加快国家现代化进程。

（四）走文明发展道路要求节水灌溉全面发展

走生产发展、生活富裕、生态良好的文明发展道路，需要统筹节水与生态，系统治理、全面发展。在节水灌溉发展中，采用低碳绿色、环境友好的新技术、新材料、新工艺；在河湖湿地萎缩、河流断流、地下水超采等区域，将节水灌溉与生态恢复密切结合，强化深度节水和控水，减少农业水资源消耗，满足自然生态用水需求。

三、新时期节水灌溉高质量发展目标与任务

节水灌溉高质量发展根本特征是先进、精准、高效、低碳、生态，实现节水、增效、省工、省肥、节地、节能、减碳（"一增六减"）综合效益。

《国家节水行动方案》提出，到2035年，形成健全的节水政策法规体系和标准体系、完善的市场调节机制、先进的技术支撑体系，水资源节约和循环利用达到世界先进水平，形成水资源利用与发展规模、产业结构和空间布局等协调发展的现代化新格局。按照《国家节水行动方案》提出的远景目标要求，农业节水应该加快发展步伐，到2035年，形成完善的农业节水工程体系、健全的管理体系、先进的科技支撑体系，实现"技术先进、节水高效、管理科学、绿色低碳、生态良好"的目标，节水灌溉达到世界先进水平。

新时期节水灌溉高质量发展重点任务如下。

（一）加快实施大中型灌区骨干工程现代化升级改造

对灌区渠首和水源工程、病险工程、关键输配水和排水建筑物、渠沟道等骨干灌排工程进行高质量、高标准升级改造；具备条件的区域，根据科学合理、经济可行的原则对输水渠道进行管道化改造，提高输水效率和工程设施现代化水平；统筹灌溉工程与排水工程、农田系统与生态系统、工程措施与非工程措施，对灌区进行系统治理；灌区工程设施与区域生态环境相协调、相融合。

（二）大力推进大中型灌区田间工程和小型灌区现代化改造

结合高标准农田建设、乡村振兴和农业现代化，按照节水灌溉、高标准农田标准，对田间工程进行节水改造，与大中型灌区骨干工程同步，消除"中梗阻"；加快小型灌区现代化升级改造，渠沟田林路草系统治理。大力推广管道输水、渠道防渗新技术，在旱作区加快推广喷微灌等高效节水灌溉和水肥一体化技术，提高灌溉效率与效益，实现节水增效；在南方水稻种植区全面推广水稻节水灌溉技术、排水沟渠生态治理技术，实现节水、增效、减排、防污综合效益。水利措施与农业措施结合，最大幅度提高节水效益。

（三）持续深化节水管理改革

全面推进灌区标准化规范化管理和农业水价综合改革，实现节水灌溉工程持续良性运行，充分发挥工程效益；加快完善用水计量和管理设施，推进灌溉用水精细化管理；全面实施灌溉用水耗水双控、定额管理，超定额累进加价；健全并强化农业节水激励机制，激发用水者内生节水动力。

（四）加快推进农业节水信息化智慧化管理

制定灌区管理信息化、数字化建设技术标准，开展灌区信息化、数字化和农业智慧灌溉示范建设，因地制宜加快实施农业节水信息化、数字化管理，全面提升管理能力和服务水平。

四、重点突破，创新驱动农业节水高质量发展

以问题为导向，采取有效措施，综合施策，加快推进农业节水高质量发展。

（一）健全政策制度，用水约束与节水激励并举

一是出台以水资源为刚性约束的农业节水指导意见和政策措施，对区域水资源刚性约束指标、灌溉规模和用水耗水双控、节水行动和节水监督考核提出具体政策措施，建立以水定地、以水定产制度；二是健全完善节水灌溉产品和设备购置补贴政策，增加补贴额度，鼓励农民用水者自觉应用节水技术和设备；三是强化农业节水扶持、节水激励和水市

场相关政策，使节水"有利可图"，真正起到激励作用，激发农业用水主体节水的主动性；四是制定灌区和节水灌溉工程良性持续运行保障政策，从机制创新、运维规范、经费保障、专业化与社会化服务保障等方面提出具体指导和要求，促进节水灌溉管理与服务健康可持续；五是建立农业节水政策实施监督检查与评估机制，发现问题及时纠正，使政策实用、管用、真用。

（二）强化两手发力，加大农业节水投入

一是在现有大中型灌区现代化升级改造、高标准农田建设等投资渠道基础上，拓展融资渠道，使节水灌溉投入长效稳定增长；二是不断加大各级公共财政对大中型灌区骨干工程投入力度，提高对大中型灌区田间节水工程和小型灌区节水改造财政补助标准；三是探索基于"节水量"目标导向的小型灌区和大中型灌区田间节水工程投资财政补助模式，由以项目内容为依据进行投资补助转变为以项目结果为依据进行投资补助，保障实现节水效益；四是在适宜地区和集约化农业区，探索实施农业合同节水工程建设和管理专业化服务，拓宽节水灌溉投资渠道；五是建立不同投资主体效益分享有效保障机制，吸引社会资本深度参与节水灌溉投资与运维服务，用"两手发力"加快农业节水创新发展；六是长效稳定使用债券、低息长期贷款等农业节水的投融资工具，支持节水灌溉高质量发展。

（三）增强管理与服务，实现可持续发展

一是建立水利、农业等农业节水部门协调联动常态化机制，建立联席会议制度，协同推进大中型灌区现代化升级改造、高标准农田建设，在项目立项、规划和实施中，骨干工程节水与田间工程节水同步推进、无缝衔接；二是建立农业节水投资绩效动态评估机制，实施项目投资精准管理；三是将"先建机制、后建工程"制度化，将机制健全、管理规范、经费保障作为农业节水工程投资建设的前置条件；四是根据农业现代化、建设农业强国要求，制修订农业节水工程标准，全面提高建设标准和工程质量；五是强化取水许可制度，健全农业用水定额标准，完善用水计量设施，全面实施农业用水"总量控制、定额管理"，超定额累进加价；六是健全农业节水专业化、社会化服务体系与基层服务体系，扶持发展农民用水合作组织，提升农业节水全链条管理、服务与运维能力。

（四）加强技术创新，促进高质量发展

一是将农业节水技术创新作为国家重点支持领域，增加科研经费，建立产学研用相结合、跨领域联合攻关有效机制，针对农业节水关键卡脖子技术联合攻关，尽快取得国际领先成果；二是需求牵引、重点突破，围绕高效灌溉、节水增效、节水减排防污、节水减碳、灌区现代化等开展技术与设备研发，尽快形成完整自主的农业节水技术体系和设备系列；三是完善科研成果转化机制，加大创新成果开放和共享力度，加快科技成果转化与应用，把新技术新成果更多更快地应用于生产实际；四是加强节水灌溉制度、高效水肥调控等灌溉试验基础研究，从试验田到农田开展长系列观测试验、机理研究、监测评估，为节水灌溉发展提供科学依据。

（五）催化效益驱动，激发农业节水源动力

一是将节水灌溉高质量发展与农业现代化、乡村振兴紧密结合，在设施农业区、经济作物种植区、集约化农业区、农业合作社和种植大户经营区，规模化全面推进农业节水，

特别是高效节水灌溉，实现节水、增效、减支、减污多赢，以最大化节水者利益驱动节水发展，调动用水户自主节水积极性；二是加强节水灌溉产品和设备认证，严格市场准入机制，建立公平竞争的市场环境，让落后企业出局，让优质企业、优质产品获取合理收益回报，驱动企业技术创新、产品升级换代；三是加快农业水权改革步伐，积极探索农业水权跨行业跨区域转让，催化农业节水经济收益提升，充分体现节水的资源价值，增强节水的原生驱动力。

参 考 文 献

[1] 中共中央　国务院关于做好二〇二三年全面推进乡村振兴重点工作的意见 [N]. 人民日报，2023 - 02 - 14.
[2] 国家发展改革委，水利部. 国家节水行动方案 [Z]. 2019.
[3] 水利部办公厅. 关于加强农业用水管理大力推进节水灌溉的通知 [Z]. 2022.
[4] 水利部，国家发展改革委，财政部. 关于推进用水权改革的指导意见 [Z]. 2022.
[5] 水利部. 中国水利统计年鉴 2021 [M]. 北京：中国水利水电出版社，2021.
[6] 中国灌溉排水发展中心. 2020 年度全国灌溉水有效利用系数测算分析成果报告 [R]. 2020.

绿色低碳发展理念下我国节水工作的思考

张继群，王　爽

（水利部节约用水促进中心）

摘　要：水资源作为基础性自然资源和战略性经济资源，与资源利用效率、生态碳汇能力、能源结构转型升级、经济发展路径等碳达峰、碳中和战略关注问题息息相关。基于当前节水管理现状，从水资源优化配置与高效利用、节水标准与定额、节水技术推广应用与创新集成、污水处理与回用、节水政策与宣传科普五个方面，提出低碳节水管理的思考建议，为水利行业绿色低碳发展提供参考。

关键词：节水；碳达峰；碳中和；减碳增汇

一、绿色低碳发展与碳达峰、碳中和目标

习近平总书记在全国生态环境保护大会上强调，我国经济社会发展已进入加快绿色化、低碳化的高质量发展阶段，生态文明建设仍处于压力叠加、负重前行的关键期。必须以更高站位、更宽视野、更大力度来谋划和推进新征程生态环境保护工作，谱写新时代生态文明建设新篇章。立足新发展阶段，应深入贯彻党中央决策部署，坚持把绿色低碳发展作为解决生态环境问题的治本之策，以经济社会发展全面绿色转型为引领，着力构建绿色低碳循环发展经济体系，加快形成节约资源和保护环境的产业结构、生产方式、生活方式、空间格局。

碳达峰、碳中和（简称"双碳"）是绿色低碳发展的重要组成部分，也是实现绿色低碳发展的必由之路。实现"双碳"目标是党中央统筹国内国际两个大局作出的重大战略决策，是着力解决资源环境约束突出问题、实现中华民族永续发展的必然选择，是构建人类命运共同体的庄严承诺。为确保如期实现"双碳"目标，我国已陆续发布能源、工业、减污降碳、科技支撑、城乡建设等重点领域和建材、有色金属等重点行业碳达峰实施方案，以及财政金融价格政策、人才培养体系、标准计量体系等保障方案，形成目标明确、分工合理、措施有力、衔接有序的碳达峰、碳中和"1＋N"政策体系，立好碳达峰、碳中和工作的"四梁八柱"。其中，"1"是指党中央、国务院印发的《中共中央　国务院关于完整准确全面贯彻新发展理念做好碳达峰碳中和工作的意见》（以下简称《意见》），是管总、

原文刊载于《中国水利》2023年第17期。

管长远的,在政策体系中发挥统领作用。《意见》与《2030年前碳达峰行动方案》共同构成贯穿碳达峰、碳中和两个阶段的顶层设计。"N"是指一系列支撑保障方案。国务院及各部门出台的碳达峰、碳中和相关文件详见表1。

表1 国务院各部门出台的碳达峰、碳中和相关文件

序号	部门	出台文件	出台时间
1	国务院	《关于加快建立健全绿色低碳循环发展经济体系的指导意见》	2021年2月
2	住房城乡建设部等十五部门	《关于加强县城绿色低碳建设的意见》	2021年5月
3	国务院国资委	《关于推进中央企业高质量发展做好碳达峰碳中和工作的指导意见》	2021年11月
4	国家发展改革委、国家能源局	《关于完善能源绿色低碳转型体制机制和政策措施的意见》	2022年1月
5	国家发展改革委等四部门	《高耗能行业重点领域节能降碳改造升级实施指南(2022年版)》	2022年2月
6	生态环境部办公厅	《关于做好2022年企业温室气体排放报告管理相关重点工作的通知》	2022年3月
7	税务总局	《支持绿色发展税费优惠政策指引》	2022年5月
8	财政部	《财政支持做好碳达峰碳中和工作的意见》	2022年5月
9	教育部	《加强碳达峰碳中和高等教育人才培养体系建设工作方案》	2022年5月
10	生态环境部等七部门	《减污降碳协同增效实施方案》	2022年6月
11	农业农村部、国家发展改革委	《农业农村减排固碳实施方案》	2022年6月
12	住房城乡建设部、国家发展改革委	《城乡建设领域碳达峰实施方案》	2022年7月
13	工业和信息化部、国家发展改革委、生态环境部	《工业领域碳达峰实施方案》	2022年8月
14	科技部等九部门	《科技支撑碳达峰碳中和实施方案(2022—2030年)》	2022年8月
15	工业和信息化部等七部门	《信息通信行业绿色低碳发展行动计划(2022—2025年)》	2022年8月
16	工业和信息化部等六部门	《加快电力装备绿色低碳创新发展行动计划》	2022年8月
17	教育部等九部门	《建立健全碳达峰碳中和标准计量体系实施方案》	2022年10月
18	工业和信息化部等四部门	《建材行业碳达峰实施方案》	2022年11月
19	工业和信息化部、国家发展改革委、生态环境部	《有色金属行业碳达峰实施方案》	2022年11月
20	国家标准委等九部门	《关于统筹节能降碳和回收利用加快重点领域产品设备更新改造的指导意见》	2023年2月
21	国家标准委等十一部门	《碳达峰碳中和标准体系建设指南》	2023年4月

各省(自治区、直辖市)认真贯彻落实党中央、国务院关于实现碳达峰、碳中和的重大战略决策,积极稳妥推进碳达峰、碳中和工作。通过成立省级碳达峰、碳中和工作领导

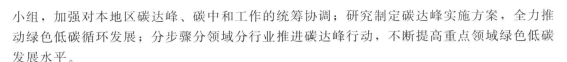

小组，加强对本地区碳达峰、碳中和工作的统筹协调；研究制定碳达峰实施方案，全力推动绿色低碳循环发展；分步骤分领域分行业推进碳达峰行动，不断提高重点领域绿色低碳发展水平。

实现碳达峰、碳中和，主要有减排与增汇两种途径，各行业、各领域依据自身特点探索"双碳"目标实现的有效路径，着力推动发展方式绿色低碳转型。在绿色低碳发展背景下，节水工作应坚持以"节水优先、空间均衡、系统治理、两手发力"治水思路为引领，围绕水资源优化配置与高效利用、节水标准与定额、节水技术推广应用与创新集成、污水处理与回用、节水政策与宣传科普等方面，优化细化制度和政策措施，通过管理手段科学合理降低水资源开发利用中的碳排放，实现水资源低碳管理和高效利用，推动水利领域绿色低碳转型。

二、节水工作助力实现碳达峰、碳中和的对策建议

（一）持续推进水资源优化配置与高效利用

推进水资源优化配置与高效利用，是均衡水与发展的关键措施，是缓解我国水资源供需矛盾、保障水安全的必然选择，对实现高质量发展、建设美丽中国具有重要意义。水资源作为基础性自然资源和战略性经济资源，是生态与环境的控制性要素，是同时实现经济社会发展目标和"双碳"目标的重要因素。因此，谋划节水工作，应以国家"双碳"目标与水资源高效利用实施路径协同等重大问题研究为基础，并引入相关政策约束。

1. 在规划文件中增加减碳增汇的目标、任务

在节水型社会建设规划、用水总量和强度双控目标等节水政策文件中增加减碳与增汇的目标、任务。尤其在用水总量控制方面，要以区域全行业用水总量指标为基础，针对电力、钢铁、建材、化工等化石能源消耗大户，单独制定区域水资源消耗总量指标，从而控制区域化石能源总量，并配套制定相关的水权交易体系，用于化石能源生产行业用水总量指标交易。

2. 研究并推动出台水利行业碳达峰、碳中和实施方案

围绕工作原则、主要目标、重点任务、重大行动、政策保障、组织实施等方面，编制水利行业碳达峰、碳中和实施方案，发挥水资源节约集约利用对"双碳"战略的支撑保障作用。还可制定重点流域碳达峰、碳中和实施方案。

3. 在节水评价中融入减碳增汇评价

在规划和建设项目节水评价的技术要求、指导意见及区域节水评价中增加减碳与增汇方面的评价指标，在开展节水评价时同步开展减碳增汇评价。

4. 在建设项目水资源论证、取水许可、计划用水管理中纳入减碳增汇相关要求

对化石能源消耗量大的项目采用更加严格的差异化准入条件和要求，严格水资源论证、取水许可审批、计划用水核定和下达管理，提档升级用水方式、用水工艺、用水效率。

（二）丰富完善节水标准与定额

近年，我国节水标准化工作稳步推进，特别是 2019 年以来，水利部牵头编制由 105 项用水定额和 42 项节水标准组成的节水标准定额体系，推动制定不同区域不同行业节水

标准与定额，对支撑取水许可、计划用水管理、水效标识制度、水效领跑者引领行动等工作发挥了巨大作用。节水标准与定额作为衡量节约用水的标尺，是促进节水降碳绿色发展的有效举措，对如期实现"双碳"目标具有重要意义。在"双碳"目标新形势下，应丰富完善节水领域的碳达峰、碳中和相关标准，充分发挥标准助推实现"双碳"目标的基础引领作用。

1. 完善节水标准体系

在现行标准体系中，增加减碳增汇相关术语、计量、核算、检测认证、评估、监管等内容和要求。比如在节约用水术语中，补充"碳排放"等术语定义；在计量中，围绕碳排放计量体系、提升碳排放计量监测能力等方面提出要求；在计算中，增加用水产品碳排放核算；在评价中，增加低碳产品评价指标，建立节水节能效果精准评价标准体系。

2. 分类制定用水定额

在按照用水定额编制技术导则等标准规范开展用水定额编制工作时，对所涉及的产品、工艺按碳排放量大小进行分类分级。针对化石能源、交通运输、建筑等碳排放量较大的行业，尤其是电力、钢铁、水泥等，从严制定用水定额指标，探索推动用水定额强制性国家标准制定。对碳排放量较小的行业或零排放行业可以适当放宽用水定额指标。

（三）促进节水技术推广应用与创新集成

在我国水资源和环境问题都严峻的情况下，节水科技创新发展是推动节水事业高质量发展的重要基础。近年，国家陆续出台了一系列政策文件，加快节水关键技术装备研发、推广和产业化，工业、农业、服务业等领域均涌现出一批先进适用的节水技术产品，为推动各行业用水效率提升奠定了坚实基础。随着"双碳"目标的提出，我国生态文明建设进入以降碳为重点战略方向、推动减污降碳协同增效、促进经济社会发展全面绿色转型的关键时期，节水技术创新对绿色低碳发展的关键支撑作用愈加凸显。基于"双碳"目标及节水事业发展的现实需求，应在节水技术装备研发、推广和产业化过程中纳入减碳增汇技术。

1. 将节水前沿科技与低碳零碳负碳关键核心技术攻关相结合

加强节水重点领域减碳关键技术突破，深化节水科技赋能，以科技创新引领绿色低碳发展。如节水灌溉方面，开展太阳能光伏提水灌溉节水技术研发与推广；水源供给方面，开展橡胶坝供水技术推广；区域层面，建设水能资源实时监测与智能管理信息平台，形成多部门推动资源节约和碳减排的合力；引调水工程方面，因地制宜推动风力发电、光伏发电等清洁能源建设，科学有序实施既有工程的绿色低碳转型。

2. 加强节水降碳技术征集与推广应用

组织征集、筛选、挖掘节水降碳工艺、技术和装备的成果和需求，分类建立成果清单和需求清单，构建产业技术创新战略联盟，加强产学研结合，促进技术创新体系建设。

（四）提升污水处理与回用水平

污水资源化利用，是指污水经无害化处理达到特定水质标准，作为再生水替代常规水资源，用于农业灌溉、工业生产、居民生活、市政杂用、生态补水、回灌地下水等，以及从污水中提取其他资源和能源。推进污水资源化利用对优化供水结构、增加水资源供给、缓解水资源供需矛盾、减少水污染、保障水生态安全具有重要意义。2021年国家发展改

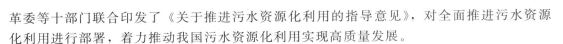

革委等十部门联合印发了《关于推进污水资源化利用的指导意见》，对全面推进污水资源化利用进行部署，着力推动我国污水资源化利用实现高质量发展。

污水处理与回用是节水降碳的重要途径。现有的污水处理技术包括沉淀、筛选等物理法，氧化还原膜分离等化学法，以及活性污泥、生物膜等生物法。污水处理与回用的碳排放包括直接排放和间接排放，直接排放主要源于污水、污泥处理过程中产生的甲烷等温室气体，间接排放是处理过程中消耗的电能、燃料、化学物质在生产和运输过程中排放的甲烷和二氧化碳等温室气体。围绕上述碳排放量大的关键环节，应采用先进适用的工艺技术和设备，推进污水处理厂节水节能降耗。

1. 加强污水处理厂的技术、设备研发应用

研发和推广使用污水处理厂污泥沼气热电联产、水源热泵等热能利用技术，以及高效水力输送、混合搅拌、鼓风曝气装置等高效低能耗设备。

2. 优化污水处理设施能耗和碳排放管理

测算城镇污水处理和资源化利用的碳排放量，因地制宜推进农村生活污水集中或分散式治理及就近回用，探索推广污水社区化分类处理和就地回用。

3. 开展人工湿地水质净化工程和再生水调蓄设施建设

因地制宜建设人工湿地水质净化工程、再生水调蓄设施，构建区域再生水循环利用体系。

（五）加强节水政策与宣传科普

节水工作要主动融入和服务新发展格局，发挥节水降碳增效对碳达峰、碳中和行动的促进作用。要在节水政策与科普宣传中融入减碳增汇相关要求，进一步推进节水领域碳减排，增强全社会节水降碳意识。

1. 在节水考核中增加减碳增汇指标

在最严格水资源管理制度考核（节水考核）中纳入各省份减碳增汇相关要求及考核指标，并根据不同省份的自然条件、资源基础和经济社会条件合理制定指标。

2. 建立节水降碳激励措施

利用好水资源费（税）征收的经济杠杆，建立健全差异化的水资源费（税）征收标准体系，调整化石能源生产和非化石能源生产的成本构成，研究对化石能源、交通运输、建筑等碳排放量大的行业取用水，从高制定水资源费（税）征收标准。探索将增收的水资源费（税）专项用于减排降碳的可行性。

3. 加大节水宣传和科学普及力度

深入开展全民宣传教育，通过多种传播渠道和方式广泛宣传节水减排法规、标准和知识，在全社会营造节水降碳的浓厚氛围。

三、结语

围绕"双碳"目标的实现，我国节水工作应加强谋划和顶层设计，选择科学合理的实施路径。要善用系统思维统筹考虑节水的环境效益，厘清节水过程的碳排放行为，从促进节水与减碳协同增效上发力，持续推进水资源优化配置与高效利用，丰富完善节水标准与定额，促进节水技术推广应用与集成创新，提升污水处理与回用水平，加强节水政策与宣

传科普,着力实现低碳水资源管理模式,推进节水工作取得新成效。

参 考 文 献

［1］ 中共中央 国务院关于完整准确全面贯彻新发展理念做好碳达峰碳中和工作的意见［Z］. 2021.

［2］ 新华社. 习近平在全国生态环境保护大会上强调 全面推进美丽中国建设 加快推进人与自然和谐共生的现代化［EB/OL］. 2023 - 07 - 25.

［3］ 新华社. 习近平主持召开中央财经委员会第九次会议［EB/OL］. 2023 - 07 - 25.

［4］ 国务院新闻办公室. 中国应对气候变化的政策与行动［M］. 北京:外文出版社,2021.

［5］ 国务院. 2023 年前碳达峰碳中和行动方案［Z］. 2021.

［6］ 水利部编写组. 深入学习贯彻习近平关于治水的重要论述［M］. 北京:人民出版社,2023.

［7］ 左其亭,邱曦,钟涛. "双碳"目标下我国水利发展新征程［J］. 中国水利,2021（22）:29 - 33.

［8］ 陈茂山,陈琛,刘定湘. 水利助推实现"双碳"目标的四大路径［J］. 水利发展研究,2022（8）:1 - 4.

［9］ 国家发展改革委,水利部,住房城乡建设部,等. "十四五"节水型社会建设规划［Z］. 2021.

［10］ 王浩,游进军. 锚定国家需求以水资源优化配置助力高质量发展［J］. 中国水利,2022（19）:20 - 23.

［11］ 水利部办公厅. 2019 年水利系统节约用水工作要点［Z］. 2019.

［12］ 王金南,严刚,雷宇. 专家解读 | 协同推进减污降碳助力实现美丽中国建设和"双碳"目标［EB/OL］. 2023 - 07 - 25.

［13］ 国家发展改革委,科技部,工业和信息化部,等. 关于推进污水资源化利用的指导意见［Z］. 2021.

［14］ 生态环境部,国家发展改革委,工业和信息化部,等. 减污降碳协同增效实施方案［Z］. 2022.

［15］ 生态环境部办公厅. 人工湿地水质净化技术指南［Z］. 2021.

发展节水产业是推进
中国式现代化的有益探索

张　旺[1]，李新月[1]，齐连惠[2]

（1. 水利部发展研究中心；2. 北京易伟航科技有限公司）

摘　要： 深入贯彻落实习近平总书记关于发展节水产业的重要讲话精神，充分认识发展节水产业在推进中国式现代化进程中的作用，客观分析我国节水产业发展的实际情况，把脉节水产业发展中的困难问题，研究提出发展节水产业的政策措施建议，有益于推动我国节水产业从小到大、从弱到强。

关键词： 节水产业；内涵和特征；发展情况；困难问题；政策措施

习近平总书记在 2023 年考察广东时强调，推进中国式现代化，要把水资源问题考虑进去，以水定城、以水定地、以水定人、以水定产，发展节水产业。认真贯彻落实习近平总书记重要讲话精神，站在推进中国式现代化战略高度，充分考虑中华民族伟大复兴进程中的水资源问题，大力发展节水产业，全面推动全社会节水，节约集约利用水资源，促进经济社会高质量发展，意义重大。充分认识发展节水产业在推进中国式现代化进程中的作用，客观分析我国节水产业发展的实际情况，把脉节水产业发展中的困难问题，研究提出发展节水产业的政策措施建议，有益于推动我国节水产业从小到大、从弱到强。

一、充分认识发展节水产业在推进中国式现代化进程中的作用

从目的上看，发展节水产业是为了在相关经济活动中减少水资源使用总量、提高水资源利用效率效益，实现水资源节约集约利用。发展节水产业是绿色发展的题中之义，对于生态文明建设、建设美丽中国具有重要意义和作用，是怎么强调也不过分的。这里，我们着重从推进中国式现代化进程阐述发展节水产业的重要作用。

推进中国式现代化，为人类文明创造新形态，是一项伟大而艰巨的事业，但过程中面临着诸多挑战，水资源短缺问题是一个重要方面。我国缺水且水资源分布很不均衡，同时叠加工业化发展中后期阶段、大国竞争、发展与安全、经济增长等因素，无论是保障粮食安全、做强做优实体经济、推动传统产业转型升级，亦或是新一代信息技术、高端装备制造、新材料、新能源等战略新兴产业发展，又或是解决南北发展不平衡不协调问题，解决

原文刊载于《水利发展研究》2023 年第 11 期。

任何一个问题，都必须充分考虑水资源如何支撑和保障。

（一）发展节水产业可以为水资源短缺条件下推动战略新兴产业发展探索新的路径

战略新兴产业是引导未来经济社会发展的重要力量。党的二十大提出，推动战略性新兴产业融合集群发展，构建新一代信息技术、人工智能、生物技术、新能源、新材料、高端装备、绿色环保等一批新的增长引擎。仅从发展新一代信息技术来看，新一代信息技术产业中芯片已经成为现代人类发展的基石，关系到国家安全，关系到推进中国式现代化进程，关系到经济社会各个方面。芯片制造过程中需要使用超纯水反复清洗芯片基底、蚀刻图案、抛光层和冲洗组件，制作超纯水要使用几倍的自来水，导致芯片制造用水量相当惊人，是名副其实的"用水怪兽"。台积电（TSMC）作为全球最先进成熟芯片制造代工企业，其最新年报显示，2021年出货量相当于1420万片12英寸晶圆，用水量达到8280万 m^3。2022年出货量相当于1530万片12英寸晶圆，用水量估测达到8920万 m^3。2022年台积电占全球IC行业总销售额（不包括存储芯片）的30%。除台积电外，全球芯片制造还有韩国的三星，美国的英特尔、英伟达、高通等主要企业。我国国内芯片制造仅占全球产量的15%。

按照牢牢把握推进中国式现代化的主动权、实现高水平科技自立自强和关键核心技术自主可控的要求，我国要基本实现对芯片自主生产制造和出货，粗略测算，仅芯片（不包括存储芯片）制造每年就大致需要近3亿 m^3 的自来水。而且随着芯片工艺制程先进程度的提高，使用超纯水反复清洗的次数会大大增加，用水量也会随之快速增加。水资源安全不仅攸关芯片制程良率，甚至会影响到以新一代信息技术为基础的国家安全、中国式现代化进程和经济社会各个方面。在水资源短缺且极不均衡约束条件下，发展节水产业，支撑我国新一代信息技术发展，支撑人工智能、生物技术、高端装备制造、新材料、新能源等战略新兴产业发展中的水资源问题，推动我国现代化健康发展，意义重大。

（二）发展节水产业可以为解决南北方发展不协调不平衡问题提供推动力

中国式现代化是全体人民共同富裕的现代化。但目前我国南北方地区发展不平衡、不协调，而且这种不平衡不协调的程度还在加深，也正在影响着经济发展全局和长期可持续性。仅从人均GDP看，2021年全国人均GDP为80657元，其中南方地区人均GDP为87665元，北方地区人均GDP为70328元，南北方相差17337元。而且2014年南北方开始分化以后差距仍然在扩大。分析其原因，一个重要方面是南北方水资源要素与其他经济社会发展要素不匹配，制约着北方地区土地、能源、人口等比较优势要素的发挥，也影响着北方地区生态环境、发展环境。

从产业结构升级理论和不平衡增长理论看，水资源保障程度的提升对采掘工业、原料工业及加工工业等重工业的发展起到推动作用，会逐步带动其他关联产业发展，推动产业调整升级，向着更高层次发展。发展节水产业，一方面在现有水资源条件下，逐步建立与之相适应的现代化制造与供应链体系，减轻因水资源条件的不平衡不协调造成的影响，促进经济发展和收入增长。另一方面，进一步巩固北方在节水产品技术开发、生产制造和使用上的先发优势，不断通过产业创新与技术突破等，实现绿色产业结构的升级改造，带动整体经济发展，缩小与南方地区发展差距。

（三）发展节水产业能够为建立现代化产业体系、壮大实体经济增加新的着力点

习近平总书记指出，作为一个大国，推进中国式现代化，必须促进加快建设以实体经济为支撑的现代化产业体系。只有构建起以实体经济为支撑的现代产业体系，才能促使经济增长动力机制从要素驱动转向创新驱动，推动产业体系不断升级。

水资源是现代化产业发展的物质基础。大力推动发展节水产业，不但可以为全社会实现水资源节约集约利用探索可行的途径，不断提高节水产业的市场集中度和产业规模，也可以夯实我国现代化产业体系中节水产业链的物质技术基础，通过节水产业的技术创新和升级迭代，在一定程度和领域上推动制造业高端化、智能化、绿色化发展。

节水产业是壮大实体经济的直接参与者。无论从节水技术开发、产品制造、资源利用看，还是从节水产品设备设施使用服务等方面看，这些经济活动本身就是实体经济的一部分，同时还围绕这些经济活动需要开展新一代信息技术、技术研发、设备设施改造、装备技术升级等，服务于节水产业发展，巩固和壮大实体经济，培育新的经济增长点，拉动和升级消费需求，推动经济增长。粗略计算，培育和发展节水产业，可以撬动 4 万亿元左右的市场规模，吸引数十万家相关企业发展节水业务或板块，带动数以百万计的人口就业。

二、目前我国节水产业发展情况

准确把握目前我国节水产业发展的基本情况，是发展节水产业的基础和前提。从产业分布看，节水经济活动广泛分布于国民经济三大产业之中，涉及节水产品设备设施的研发、生产和制造以及运营服务等活动。由于目前我们没有开展节水产业统计，无法获取完整的节水产业数据资料，只能从近年来推动合同节水管理、农业节水灌溉、工业企业节水和非常规水源开发利用情况，来大致考察目前我国节水产业的发展情况。

（一）合同节水管理进展情况

据地方填报资料，目前全国节水服务企业共 326 家，实施规模以上合同节水管理项目 448 个，总投资额为 70.82 亿元，年节水量约 3.5 亿 m^3。从企业分布看，东部地区 175 家，占 55.4%，中部地区 53 家，占 16.8%，西部地区 88 家，占 27.8%（未包括云南、青海、西藏、江苏、新疆由水行政主管部门汇总填报，其他由企业自主填报）。节水服务企业分布与所在地区经济发展程度相关，同时也与水资源短缺程度密切相关。从掌握的企业经营状况看，2019—2021 年其中 156 家节水服务企业实现营业收入分别为 40.1 亿元、30.2 亿元、37.9 亿元，实现净利润分别为 2.1 亿元、2.7 亿元、2.8 亿元，成本利润率分别达到 5.5%、9.8%、8.0%，近两年分别高于全国规模以上工业企业成本利润率 6.7%、6.5%。从业人员规模看，156 家企业人数合计 42225 人，其中从事节水业务的人员总数 6061 人，占比约为 14.4%。与产业发展需求相比，从业人员规模显得微不足道。从企业性质看，民营企业占 69%，国有企业占 10%，外资和其他企业占 21%。民营企业在节水产业发展中发挥了主力军的作用。

（二）农业节水灌溉领域情况

农业节水灌溉是我国发展节水产业的重要领域。近年来节水灌溉面积快速增加，2020年比 2015 年增加了 3.11 亿亩，达到 3.78 亿亩。《乡村振兴战略规划（2018—2022 年）》

提出"至 2022 年高效节水灌溉面积达到 4 亿亩"。节水灌溉设备市场规模逐年扩大，2015 年为 604.4 亿元，到 2020 年达到 1150 亿元，增长了近 1 倍。节水灌溉新注册企业数量也呈现增长态势，2022 年 1—8 月节水灌溉新注册企业数量达 581 家。总的看来，节水灌溉设施市场发展比较迅速，市场集中度在提高，节水灌溉市场规模在扩大。

（三）工业企业节水领域情况

工业节水技术工艺应用是我国节水产业发展的重要领域。2022 年我国工业用水量为 968.4 亿 m^3，占总用水量的 16%。我国加强了工业节水技术工艺推广应用，工业和信息化部、水利部等部门联合发布了四批《国家鼓励的工业节水工艺、技术和装备目录（2021）》及《高耗水工艺、技术和装备淘汰目录（第一批）》，不断推动共性通用技术、钢铁行业、石化化工行业等 15 大类 152 项工业节水工艺、技术装备升级改造和产业化应用。钢铁、火电、纺织染整、造纸等行业大量采取用水减量技术、循环重复用水技术、废水深度处理及回用技术等提高用水效率，工业用水总量得到有效控制，万元工业增加值用水量明显下降，用水效率得到明显提升。

（四）非常规水开发利用进展情况

再生水、集蓄雨水、海水及海水淡化水、矿坑（井）水、微咸水等非常规水源利用也是节水产业发展的重要领域。水利部、国家发展改革委专门出台加强非常规水源配置利用的指导意见，要求进一步扩大非常规水利用规模，形成先进适用成熟的再生水配置利用模式，将非常规水源纳入统一配置。在节水型社会建设规划、工业绿色发展规划以及国家鼓励的工业节水工艺、技术和装备目录中，把非常规水开发利用作为实施的重要内容，不断推动污水处理、海水淡化、雨水集蓄、微咸水等非常规水利用技术进步、产业应用，近年来非常规水利用量快速增长，2022 年非常规水源供水量达 175.8 亿 m^3，较 2012 年的 44.6 亿 m^3 提高了 2.9 倍，较 2020 年的 128.1 亿 m^3 提高了 37%。北京、天津、山西、山东等地非常规水源利用量占比分别达到 30%、17.9%、8.9% 和 8%。从全国范围来看，目前非常规水利用市场尚处于初级阶段。

三、发展节水产业面临的困难和问题

总体上看，还没有形成节水型生产生活方式，节约用水还有较大发展空间，节水产业无论从规模、市场结构、技术水平和培育发展推动等各方面来看，都有较大差距，节水产业基本上呈现"低、小、弱、散"等特点。

（一）对节水产业认识不足，推动发展措施缺力

从现实情况看，习近平总书记提出发展节水产业的要求已经有一段时间，但我们对什么是节水产业以及如何发展节水产业仍然认识不清、重视不够，没有形成一套完整系统的发展节水产业的思路，提出的一些办法措施的系统性和逻辑性不强，对在发展节水产业上如何用好"两手发力"的理解还不到位，路径依赖、传统思维仍然左右着我们的工作，不善于利用市场配置资源的办法解决问题，加之部门职能职责原因，往往较易站在部门角度思考和解决问题、提出方案和措施，这些办法措施很难形成合力，难以有效推动整个节水产业发展。

（二）节水产业市场集中度低，集群发展态势尚未形成

从调查结果看，我国的节水产业仍然处于萌芽阶段，虽然民营企业在节水产业发展中发挥了主力军的作用，但是无论是从节水服务企业的数量、分布、产业从业人员规模，还是从龙头企业产生的作用来看，都表明还没有形成节水产业的集群发展态势。头部企业的规模和体量与产业发展需求相比还有较大差距，引领作用不明显，产业迭代升级缓慢，以节水为主营业务的企业少之又少，节水业务依附性明显。

（三）节水企业小和弱问题突出，社会资本参与动力不足

与产业发展需求万亿级规模相比，目前节水产业的差距巨大，甚至即使我们把节水服务企业扩大到百倍，节水产业的规模仍然太小，无法与环境保护产业规模相提并论，从事节水专业化技术研发、生产制造和运营服务的企业规模更小，缺乏具有世界领先水平的企业、国际品牌和产品。节水企业体量小，普遍存在融资难、融资贵问题，农业水价普遍较低，甚至无法弥补成本支出。头部企业不明显，节水产业发展缺乏引领力和推动力。节水项目过度依赖政府投入，行政手段对市场配置资源产生挤出效应，导致节水产业发展驱动力不够。政府和企业之间信息不对称，民营企业对节水项目投资运营积极性普遍不高。

（四）节水技术创新不足，节水产业发展乏力

除新一代信息技术带动产生的监测计量等技术外，长时期农业节水灌溉技术、工业节水工艺等没有发生革命性的变革。节水技术创新体系不完善，自主创新能力不强，多数企业没有核心技术，高端设备被外国垄断，部分关键设备仍需要进口，核心技术和关键工艺、材料、零部件受制于人的现象依然存在，企业核心竞争力不强，抗风险能力低，企业生命周期短。节水产品和设备成套化、系列化、标准化水平低，水效等级偏低，使用复杂，寿命可靠性较差，产品质量监督抽查合格率长期低位徘徊，用户体验不好。

（五）节水产业发展基础支撑不足，推动产业发展缺乏有力推手

没有建立节水产业统计体系，无法掌握节水产业发展的相关数据资料，虽然在调查中我们粗略了解节水产业发展的情况和问题、困难，但这是不完整的，甚至是片面的，对于指导工作是远远不够的。缺乏有效推动节水产业发展的策略和路径，多数企业并不了解国家对节水产业发展的引导和支持作用，大量企业（甚至从事节水的企业）不知道国家对节水的财政、金融、税收支持政策有哪些，也不了解国家鼓励支持节水产业发展的政策有哪些。企业在从事节水研发、生产制造和销售等经济活动中得不到培训、指导和服务，更不用说孵化、助推等支持措施，政府政策实施过程中缺乏有效的传导沟通机制，在发展节水产业过程中政府、企业之间缺乏粘合剂。

四、推动发展节水产业的建议

（一）充分认识发展节水产业的重要意义

要深刻理解和准确把握习近平总书记在广东考察时重要讲话精神，充分认识发展节水产业在推进中国式现代化进程中的作用，不断探索水资源短缺和时空分布极不均衡条件下更高层次、更加先进工业化的发展路径，不断探索实现人与自然和谐共生的道路方法；充

分认识发展节水产业对于构建现代化产业体系、壮大实体经济的作用，在水资源节约集约利用中推动新一代信息技术、人工智能、生物技术、新能源、新材料、高端装备、绿色环保等战略性新兴产业的快速发展，推动节水产业链上中下游企业的健康成长壮大；充分认识发展节水产业在解决南北方发展不协调不平衡中的作用，为国家区域协调发展重大战略实施提供水资源支撑。

（二）加快研究发展节水产业的系统思路和措施

深入开展节水产业和相关行业推动产业发展的调查研究，借鉴相关产业发展经验做法，尊重节水产业发展的规律，充分发挥市场机制配置资源的决定性作用，把节水产业作为我国重点产业发展的领域方向，研究提出指导我国节水产业发展的纲领性文件，明确发展节水产业的基本思路、目标指标和主要任务，编制近期和中长期节水产业发展规划，指导引导节水产业发展。组织权威研究机构开展节水产业发展引导基金、财政补助政策、税收优惠等一系列政府鼓励引导节水产业发展的政策措施的分析研究，包括研究提出节水产业技术创新政策和节水产业发展标准规范等，加快培育、发展、壮大节水产业。

（三）在推动节水产业发展中充分发挥行业组织的独特作用

在政府与市场主体之间建立政府政策的有效传导沟通机制，发挥其在市场培育、产业组织、政策引导方面的作用。依托节水产业行业组织，强化开展相关基础工作，包括开展节水产业普查摸清底数、服务对接节水企业掌握实际政策需求、建立常态化的节水产业统计体系和信息平台、推动节水技术创新和推广应用，做好服务企业工作。充分发挥行业中介组织在节水产业发展初始阶段的推动作用，针对不同行业（尤其是高耗水行业）、不同层次（高管、经理和一般职工）组织开展大规模宣传及培训，宣传国家发展节水产业相关政策文件要求，使社会企业认识和了解政府的态度、政策措施，使社会众多企业参与到节水技术研发、产品设备设施生产制造和销售服务等活动中。

（四）高度重视科技创新在节水产业发展中的作用

依托高水平的高校、研究机构、企业、中介组织等，组织建立全国性的产学研联盟，建设一批产业集聚、优势突出、产学研用有机结合、引领示范作用显著的节水产业示范基地，组织卡脖子技术攻关，开展节水技术研发和应用，强化节水技术系统集成，不断提高节水产品、设备和装置的设计、制造、建设及应用等工程技术水平。支持节水企业技术创新，鼓励企业加大研发投入，搭建科技成果转化平台，重点抓好高耗水重点行业节水技术改造，积极研发和大力推广少用水和不用水的节水生产工艺技术和设备，提高工业用水循环利用率，降低单位产品取水量。

（五）下大力气开展节水产业的培育和发展

政府和市场"两手发力"，在国家节水产业发展引导基金支持下，充分利用财政、金融、税收、技术等手段，积极孵化、培育节水产业，鼓励节水产业龙头企业发展，培育专精特新企业，重视"独角兽"企业培育成长，培育一批具有较大体量、具有创新能力的头部企业作为"链长"，引领和带动全产业链的扩张和发展。遴选节水产业示范标杆，持续开展用水产品水效领跑者遴选工作，大力推广合同节水管理和节水认证等。加强与国际组织和其他国家的合作，共享技术和经验，积极参与国际节水标准的制定和推广，提高我国在国际上的话语权和影响力，推动节水产业的国际化发展，为国内企业拓展海外市场提供支持。

参 考 文 献

［1］ 李国英．为以中国式现代化全面推进中华民族伟大复兴提供有力的水安全保障［N］．人民日报，2023-07-26．

［2］ 郁建兴，沈永东．行业协会在产业升级中的作用：文献评论［J］．中国行政管理，2011（9）：53-58．

节水措施对碳排放影响
及节水低碳目标实施路径浅议

翟家齐[1]，王秀青[2]，张　舰[3]，李　爽[1,4]，钤会冉[1,4]

（1. 中国水利水电科学研究院；2. 山东省德州市平原县水利局；

3. 山东省德州市水利局；4. 郑州大学水利与交通学院）

摘　要： 节约用水是国家意志和重要战略，实现碳达峰、碳中和是党中央的重大战略决策。在水资源节约集约利用中助力"双碳"目标实现，是当前节水管理工作面临的新挑战。基于行业用水过程及节水措施特点，系统解析了农业节水、工业节水、城镇生活节水的主要措施及其对碳排放的影响，梳理分类了节水强减碳、节水弱减碳、节水不减碳等行业节水措施，提出了行业节水减碳助力碳达峰、碳中和的实施路径及综合保障应对策略，为提升水资源及能源利用效率、深化节水与绿色低碳管理工作提供参考。

关键词： 农业节水；工业节水；城镇生活节水；碳排放影响；碳达峰；碳中和

一、实现"双碳"目标与落实"节水优先"方针关系

联合国政府间气候变化专门委员会（IPCC）2021 年发布的报告显示，"人类活动导致地球变暖"这一结论已经非常明确。大气中二氧化碳的浓度处于近 200 万年的最高点，导致气候变暖、冰川融化、冻土消融、海平面上升，气候循环异常加剧极端高温、暴雨、洪水、干旱问题。按照《巴黎协定》的温控目标，即 21 世纪全球平均气温较前工业化时期上升幅度控制在 2℃ 以内，并努力将温升幅度限制在 1.5℃ 以内，必须在 2050 年实现全球范围内的温室气体"净零排放"。

我国是全球最大的发展中国家，全球碳减排行动深刻影响乃至制约我国经济社会可持续发展。2020 年 9 月，我国提出力争 2030 年前实现碳达峰、2060 年前实现碳中和的"双碳"目标。2021 年，《中共中央　国务院关于完整准确全面贯彻新发展理念做好碳达峰碳中和工作的意见》明确提出把碳达峰、碳中和纳入经济社会发展全局；2022 年，国家发展改革委、科技部、生态环境部、农业农村部、水利部等相继发布了行业领域的碳达峰、碳中和行动实施方案，全面支持推动各行业开展固碳增汇、节能减排技术及装备的研发

原文刊载于《中国水利》2023 年第 19 期。

推广。

水利是基础性、公益性行业，实现"双碳"目标与落实"节水优先"方针息息相关。大力实施国家节水行动，加强各行业水资源节约集约利用，提高水资源利用效率，直接影响全社会碳排放目标的实现。因此，迫切需要摸清各行业节水措施与碳排放、碳中和的作用关系，掌握主要节水措施的减碳固碳效应，探索"双碳"目标下的节水实施路径及未来应对策略，支撑新时期经济社会高质量发展。

二、各行业节水措施与碳排放关系分析

（一）农业节水与碳排放

农业兼具碳源、碳汇双重属性。一方面，农业生产通过农田、林地、草地等生态系统的光合作用进行生物固碳，提升农田土壤有机质含量，进而增加土壤固碳容量，是农业固碳减排、应对气候变暖的重要途径；另一方面，农业生产是全球第二大温室气体排放源，据统计，我国农业温室气体排放的主要来源依次是畜牧养殖（占比 39.8%）、农业物资与农地利用（占比 30.4%）、水稻种植（占比 21.9%）、农田土壤（占比 7.9%），其中农业物资与农地利用的碳排放呈显著增长趋势，是未来农业控制碳排放的关键领域。

水是农业生产的关键要素之一，农业灌溉用水变化直接影响碳源、碳汇的动态变化。2021 年全国农业用水量占总用水量的 61.6%，其中 90% 用于种植业灌溉。农业节水措施直接影响农田水循环过程，减少灌溉用水量可相应降低农业生产中的化石能源消耗，并引起农田作物、土壤的碳吸收及碳排放变化。农业节水措施种类多样，如应用广泛的渠道衬砌、喷微灌、滴灌等工程节水措施，秸秆还田、地膜覆盖、间套作等农艺节水措施，以及水价、灌溉制度等管理节水措施。根据各类农业节水措施产生的碳排放或碳吸收效应，将其划分为节水减碳型、节水固碳增汇型和节水不一定减碳型三种类型。

1. 节水减碳型

比较典型的如喷微灌、滴灌等高效节灌技术。与传统的大田漫灌相比，滴灌能够实现节水 60%、能耗降低 19%、碳排放强度降低 33%；喷微灌技术的碳减排效果与滴灌措施相当；低压管道输水灌溉技术也具有较好的节水减碳效果，比土渠灌溉可节水 45% 左右，比渠道灌溉降低能耗 30%。针对水稻种植排放的甲烷等温室气体，节水抗旱稻培育技术能够有效改善稻田土壤透气性，降低土壤中的厌氧产甲烷菌活性，减少甲烷排放量，与传统种植模式相比，该技术可降低甲烷排放量达 90%，且具有高产优质、节水抗旱、少肥少药、适于轻简化栽培的特性。此外，稻田干湿交替灌溉技术通过保持田间水层自然下落，在土壤开始干裂时进行灌溉，如此循环往复，在保障作物生长用水的同时减少用水量，提高土壤溶氧性，进而加快土壤甲烷氧化菌代谢，减少稻田甲烷排放量；试验表明，在减少 70% 灌溉用水的情况下，干湿交替灌溉的稻田甲烷排放量比持续淹水灌溉的减少了 97%，也是稻田甲烷减排的有效技术方法之一。另外，可通过调整种植结构，合理安排粮食作物与经济作物种植比例，增加玉米、马铃薯等低耗水、低耗能、低排放种类作物，适度控制经济作物种植面积，以支撑农业碳减排目标。

2. 节水固碳增汇型

该类措施在实现节水、减排的同时，能够有效增加土壤有机碳，增加农田碳汇，比较

典型的如保护性耕作、秸秆还田、麦油套稻技术、水肥耦合技术等。其中，旋耕、免耕等保护性耕作管理措施能够有效提升土壤有机碳浓度和储量，同时减少水土流失，降低农业生产成本，促使农田土壤碳库逐步恢复至原有水平。秸秆还田则是利用秸秆中含有的大量有机质增加土壤外源有机质，经微生物同化或加工后以微生物或代谢物形式形成稳定的土壤有机碳库，尤其是对增加表层土壤中的轻组有机碳含量效果显著；秸秆还田还能够加速原有土壤碳库的周转速率，恢复耕作对土壤碳库的不利影响；秸秆还田与免耕技术配合效果更佳，干旱期减少土壤有机碳等养分流失，雨季则缓冲大雨对土壤的侵蚀，减少养分流失，能够持续提升土壤可持续利用能力。麦油套稻技术是一项用于南方水稻种植区的低碳节水技术，通过在麦子（油菜）中后期套播水稻，麦子（油菜）收割时高留茬，秸秆等就地散开或就近埋入，自然腐解还田，能够显著增加土壤有机质含量，改善土壤理化性状，较常规稻作和机插稻每公顷可减排二氧化碳 1.2t 以上。水肥耦合技术则是通过合理施用氮肥等肥料，提升肥料利用率，增加作物产量，减少碳排放，与节水高效灌溉技术、农艺节水技术等其他措施相结合效果更佳。

3. 节水不一定减碳型

地膜覆盖栽培技术通过改善水分利用效率显著减少了灌溉水量，但同时也影响了土壤中有机碳的分解及甲烷、氧化亚氮等温室气体排放过程，其综合效果尚存在不确定性。有关研究认为旱地的地膜覆盖对温室气体的净通量影响不大，在水田使用地膜可以减少甲烷排放，但会增加氧化亚氮排放，减少土壤有机碳储量。

（二）工业节水与碳排放

工业具有显著的高耗能、高排放特征，是全球第一大碳排放源，其中电力、钢铁、造纸是代表性的高排放行业，其生产中的能源消耗和碳排放与用水、节水过程密切相关。考虑到工业细分行业的差异性，以电力、钢铁和造纸行业的节水与碳排放为例进行详细分析。

1. 电力行业

据统计，电力行业碳排放占我国碳排放总量的 40%，其中火电仍是我国电力碳排放的主要来源，且火电生产用水量占工业用水总量的 38%～40%，是典型的高耗水、高排放行业。火电生产用水主要包括冷却用水、除尘与除渣用水、脱硫系统用水和非生产用水，其中冷却水系统为第一大用水户，用水量占总量的 70%。根据火力发电用水特点，其节水措施可以分为空冷技术、节水设备系统、多水源高效利用、厂区废水回收利用四大类型，结合各类技术的节水、节能及减排效果，将节水措施细分为节水强减碳型、节水弱减碳型和节水不一定减碳型三大类。

（1）节水强减碳型。典型技术如干式除尘除灰和排渣系统、活性炭/焦干法脱硫节水设备系统、大容量超临界机组等，均具有较好的节水、节能、减排效果，是目前的主流火电节水减碳措施。

（2）节水弱减碳型。典型技术是空冷技术，其中直接空冷可实现冷却环节零耗水，但需要增加电力的消耗，间接增加了碳排放，总体减碳效应不显著。

（3）节水不一定减碳型。废污水利用、海水淡化等技术提高了火电用水保障，实现园区废水零排放，但水处理过程的耗能间接增加了碳排放，虽然节水效果显著，但不一定利于减碳。

2. 钢铁行业

钢铁行业碳排放量在工业领域仅次于电力行业，占全国碳排放总量的 15％～17％，耗水量占工业总耗水量的 10％，废水排放量则占工业废水总排放量的 14％，是典型的高物耗、高水耗、高排放行业。钢铁生产中的主要节水措施包括无/微水工艺、设备节水、非常规水利用、废水处理与重复利用、管理节水等。根据不同措施的节水碳减排效应，将其分为节水强减碳、节水弱减碳和节水不一定减碳三种类型。

（1）节水强减碳型。代表性技术有干熄焦技术、高炉煤气干法除尘技术、转炉烟气干法除尘技术，这些技术均具有很好的节水、节能、减排效果。以炉容 2500m³、年产铁水 200 万 t 的高炉为例，与湿法除尘相比，采用煤气干法布袋除尘技术每年可直接节约新水 60 万 m³，节约用电 504 万 kWh，工序能耗降低 0.34kgce/t，间接增加发电量 2000 万 kWh，间接降低工序能耗 6.1kgce/t。

（2）节水弱减碳型。代表性技术有高炉鼓风脱湿技术、转炉煤气余热回收、氧化燃料燃烧器、焦炭水分控制等，这些技术节水效果显著，但节能减排效果相对不明显。

（3）节水不一定减碳型。钢铁厂区较为常见的再生水利用技术、海水淡化技术等，有效缓解了水资源短缺问题，提升了水资源利用效率，但其能耗及成本不容忽视，节水但不一定减碳。

3. 造纸行业

造纸行业是重要的基础原材料产业，而水是制浆造纸的生产媒介，目前还难以通过其他物质替代。造纸行业耗水量大、排污量大，是降碳减排的重点行业之一。2019 年工业和信息化部、水利部发布了《国家鼓励的工业节水工艺、技术和装备目录（2019 年）》，其中造纸行业共遴选了 13 项节水技术装备，按照节水减碳的效果划分，分类如下：

（1）节水强减碳技术 6 项，包括网、毯喷淋水净化回用技术，造纸梯级利用节水技术，纸浆中高浓筛选与漂白技术，多段逆流洗涤封闭筛选技术，纸机干燥冷凝水综合利用技术，置换压榨双锟挤浆机节水技术。

（2）节水弱减碳技术 6 项，包括网、毯高压洗涤节水技术，纸机白水多圆盘分级与回用技术，碱法蒸煮和碱回收蒸发系统污冷凝水分级、汽提及回用技术，造纸行业备料洗涤水循环节水技术，透平机真空系统节水技术，干法剥皮技术。

（3）节水不一定减碳技术 1 项，为纸机湿部化学品混合添加技术。

此外，光催化氧化技术和生物絮凝剂方法能够有效降低造纸废污水处理能耗及成本，在其他工业废水及生活废水处理中也有应用。

（三）城镇生活节水与碳排放

城镇生活用水节水涵盖水的生产、运输、耗用、排放处理等多个环节，每个环节用水量都与能源消耗、碳排放呈正相关关系，节水增效、节能减排是城镇生活节水的核心目标。通过解析城镇生活用水的产—输—耗—排全过程与耗能的关系及其碳排放效应，发现水的耗用、输送是耗能及碳排放最多的两个环节。

1. 取水生产环节的能耗和碳排放

地表水和地下水是生活饮用水的主要水源，通过取水管网输送至自来水水厂进行生产处理，这个过程中的能耗主要来源于设备运行及后续加氯、絮凝剂、消毒剂等水处理消毒环节，大量能耗相当于间接增加了碳排放。另外，非饮用水的取水环节也类似，其碳排放主要来源于取水的能耗。

2. 管网输送环节的能耗和碳排放

管网输送环节的水耗主要来源于管网漏损。我国现状城市公共供水管网漏损率约为10%，大量供输水耗间接增加了该环节的能源消耗。研究表明，城市供水用电所排放的温室气体占用电总排放量的百分比与供水管网的漏损率呈正相关关系。直接能耗主要来源于管网系统的运行，如二级加压泵站、末端加压泵站等供水管网设备日常运行的电能消耗。通过调整管网运行方式能够有效提升供水效率及减少能耗，在流量相同情况下，变频变压供水、变频恒压供水、全速供水三种供水方式中，变频变压供水方式能耗最低，节能效果最明显，水泵运行效率最高。

3. 终端耗用环节的能耗和碳排放

水资源终端耗用产生的能耗占城镇生活用水总能耗的50%以上。家庭用水是水资源终端消费的主体，是城镇生活节水节能潜力最大的环节。家庭中耗水耗能最大的环节包括淋浴、洗衣、烹饪和饮用，据调查统计，北京市家庭淋浴平均每人每天用水29.8L，同时消耗电量2.76kWh。使用节水节能型设备，是减少家庭用水量、降低耗电量、减少碳排放的最有效措施。

4. 排放处理环节的能耗和碳排放

该环节的碳排放主要是甲烷等温室气体的直接排放和处理污水污泥所需能耗导致的间接排放。由于直接排放测算难度大、难以调控，目前的处理措施主要集中在减少间接排放。污水处理技术按作用原理可分为物理法、化学法、物理化学法和生物处理法四大类，目前我国污水处理以微生物处理技术为主，即通过电力、蒸汽、煤炭等能源输入，利用微生物基本生理功能实现水中污染物的分解和转化，进而实现污水达标排放。污水处理过程伴随着大量能耗及碳排放，需要结合具体需求选取合适的工艺技术。

三、各行业节水与"双碳"目标实施路径

推进各行业节水工作、推广节水技术时，需要兼顾节水、节能双重指标及效果，支撑节水优先与"双碳"目标的同步实现。

（一）农业节水方面

按照固碳、减排的思路推动新时期农业节水工作，丰富节水固碳增汇型农业节水先进技术名录，加大保护性耕作、秸秆还田、作物套种、水肥耦合等能够显著增加农田土壤有机质、增强农田土壤固碳容量、减少农田碳流失的节水技术方法推广力度，鼓励条件适宜地区优先采用节水固碳增汇型的节水技术；持续推进节水减碳型技术成果的研发与推广应用，合理调整种植结构，在适宜地区增加高效节灌技术应用面积，支持节水抗旱稻的培育及稻田节水减碳灌溉技术的研发应用，减少稻田甲烷排放，支撑农业水资源高效利用，实现减碳目标。

（二）工业节水方面

在我国清洁能源快速发展、能源结构转型调整大背景下，工业节水减碳目标应重点从

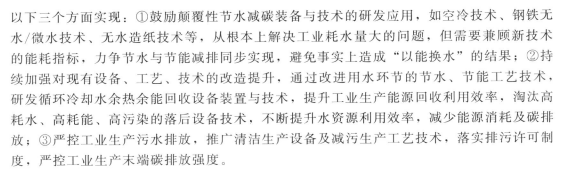

以下三个方面实现：①鼓励颠覆性节水减碳装备与技术的研发应用，如空冷技术、钢铁无水/微水技术、无水造纸技术等，从根本上解决工业耗水量大的问题，但需要兼顾新技术的能耗指标，力争节水与节能减排同步实现，避免事实上造成"以能换水"的结果；②持续加强对现有设备、工艺、技术的改造提升，通过改进用水环节的节水、节能工艺技术，研发循环冷却水余热余能回收设备装置与技术，提升工业生产能源回收利用效率，淘汰高耗水、高耗能、高污染的落后设备技术，不断提升水资源利用效率，减少能源消耗及碳排放；③严控工业生产污水排放，推广清洁生产设备及减污生产工艺技术，落实排污许可制度，严控工业生产末端碳排放强度。

（三）城镇生活节水方面

随着人口持续向城镇区域集中，人民群众对高质量幸福生活的追求也在不断提升。推动城镇生活的节水与节能减排主要从以下三个环节入手：①在水的生产输送环节，合理规划水源及水厂布局，升级水厂节能降耗设备工艺，优化供水管网体系，降低输水管网漏损率，加强供输水保障，减少能耗与碳排放；②在生活耗用环节，重点实施节水节能器具的认证推广，提高生活节水节能器具普及率，加大节水节能宣传与奖励力度，提倡生活废污水的合理再利用，提升生活品质的同时实现节水节能减排；③在末端排污处理环节，改造排污管网系统，优化升级污水处理设备及工艺，完善再生水利用设施及政策，促进城市用水节约与绿色低碳。

四、节水与"双碳"目标的综合保障应对策略

（一）加强节水低碳领域科技创新

通过新技术研发应用持续推动水电、太阳能、风电等清洁能源发展，从结构层面优化能源发展布局、降低碳排放总量，支撑碳达峰、碳中和目标；加强颠覆性节水工艺、近零排放技术装备、碳汇碳捕获利用与封存等节水、减排潜力大的创新技术研发与推广，提升全社会节水与低碳发展水平；深化非常规水源低碳利用理论技术、工艺与装备的研发应用，算清非常规水源利用的碳排放账，设计推广绿色低碳的非常规水源利用模式，促进水的循环高效利用与绿色节能减排。

（二）完善节水、节能减排相关政策法规制度体系

建立健全节水节能标准，清查和评价现有标准，制（修）订重点行业单位产品的能耗限额、水耗限额、产品能效、污染物排放等标准，建立完善的节水节能标准体系；加大财税金融支持力度，统筹整合利用转型升级、节能减排、污染防治、节水减排等各类财政政策，重点支持绿色技术研发改造；全面推进节水节能精细化管理水平，重点加强企业节水节能监测计量管理，降低单位产品水耗能耗；强化宣传引导与监督管理，引导各行业采取措施节水减排、提质增效，增强全社会的节水节能意识，降低社会用水及耗能。

（三）依托数字化技术实现智能化低碳管理

深度结合数字化技术，强化符合节水低碳标准的人才队伍建设，推动行业节水节能的数字智能、绿色低碳协同管理，应用数字化技术优化节水减碳解决方案，建立智能化的节水减碳管理体系；深化水、碳足迹数字化管理，实现水、碳资产看得见、算得清、管得

住，建设涵盖水、碳指标的监测、核算、优化、交易资产管理体系，促进节水与碳排放管理的有效衔接。

参 考 文 献

[1] 姜克隽. IPCC 第三工作组第六次评估报告：全球减缓走向何方？[J]. 气候变化研究进展，2020，16（2）：2.

[2] 左其亭，邱曦，钟涛. "双碳"目标下我国水利发展新征程 [J]. 中国水利，2021（22），29-33.

[3] 夏四友，赵媛，许昕，等.1997—2016 年中国农业碳排放率的时空动态与驱动因素 [J]. 生态学报，2019（21）：7854-7865.

[4] 张慧芳，赵荣钦，肖连刚，等. 不同灌溉模式下农业水能消耗及碳排放研究 [J]. 灌溉排水学报，2021（12）：119-126.

[5] 梁春玲，刘群昌，王韶华. 低压管道输水灌溉技术发展综述 [J]. 水利经济，2007（5）：35-37.

[6] 邸超，李海波. 稻田碳减排措施研究进展 [J]. 现代农业科技，2023（14）：17-20.

[7] ALESSANDRA L，ALESSANDRO E A，BRUCE L，et al. Alternate wetting and drying of rice reduced CH_4 emissions but triggered N_2O peaks in a clayey soil of central Italy [J]. Pedosphere，2016（4）：533-548.

[8] 郭勋斌，顾克礼，季宏，等. 低碳节水稻作"麦（油）套稻"高产稳产技术研究与实践 [J]. 科技创新导报，2013（36）：12-13.

[9] YU Y，ZHANG Y X，XIAO M，et al. A meta-analysis of film mulching cultivation effects on soil organic carbon and soil greenhouse ga sfiuxes [J]. Catena，2021（2）：206.

[10] 杜效鹄，王继琳，张妍. 电力系统碳排放预测与分析 [J]. 中国能源，2022（8）12-19.

[11] 赵晶，吴迪，回晓莹，等. 我国火力发电行业用耗水情况与节水潜力分析 [J]. 华北水利水电大学学报（自然科学版），2021（2）：95-103.

[12] 车德竞，孟洁，陈永辉，等. 未来 20 年我国大力发电用水情况预测分析 [J]. 电力建设，2013（8）：17-21.

[13] 张锁江，张香平，葛蔚，等. 工业过程绿色低碳技术 [J]. 中国科学院院刊，2022（4）：511-521.

[14] 张琦，王小壮，许立松，等. 钢铁流程资源-能源-碳排放耦合关系及分析 [J]. 钢铁，2020（10）：103-114.

[15] WANG C，ZHENG X，CAI W，et al. Unexpected water impacts of energy-saving measures in the iron and steel sector：Tradeoffs or synergies？[J]. Applied Energy，2017，205（1）：1119-1127.

[16] 工业和信息化部，水利部. 国家鼓励的工业节水工艺、技术和装备目录（2019）[Z]. 2019.

[17] Kate Smith. 中国城市供水系统能耗研究 [D]. 北京：清华大学，2015.

[18] RONNIE C，GRAY W，BARRY N. Energy Down the Drain：The Hidden Costs of California's Water Supply [R]. 2004.

[19] 王海叶，赵勇，李海红，等. 缺水型特大城市家庭水能关系分析与改进措施 [J]. 水电能源科学，2016（11）：44-48.

新时期节水产业高质量发展认识与思考

刘劲松[1]，王高旭[2]，夏超凡[1]，朱世云[3]，许　怡[2]

（1. 江苏省节约用水办公室；2. 南京水利科学研究院；
3. 江苏省水利工程科技咨询股份有限公司）

摘　要： 为推动新时期节水产业高质量发展，探讨了节水产业的定义和内涵，针对节水产业发展现状与问题，提出明确产业主体、坚持"两手发力"、做好供需匹配的节水产业高质量发展思路和"问诊供需关系、服务供需对接、畅通供需循环"的"三步走"新时期节水产业高质量发展路径，以期为节水产业的高质量发展提供参考和依据。

关键词： 节水产业；产业主体；高质量发展；供需匹配；节水医院

发展节水产业是贯彻新发展理念、推进高质量发展的内在要求，是落实习近平总书记"节水优先、空间均衡、系统治理、两手发力"治水思路和关于治水的重要论述精神的重要举措。推动节水产业高质量发展，是在发展节水产业的基础上，通过技术创新、产业升级和政策支持等手段，促进水资源高效利用和产业可持续发展，在满足经济社会发展需求的同时有效保护水资源，推动高质量发展。水利部高度重视节水产业发展，面对这一发展机遇，应加大节水科技创新力度，加快推进节水科技创新和节水产业创新深度融合，以节水产业发展助力经济社会绿色低碳高质量发展。

一、节水产业内涵及发展现状

1. 节水产业的定义

节水产业是国民经济系统中面向生活、生产、生态领域，以控制用水总量和强度为主要目的所进行的研发设计、生产制造、工程承包、管理服务等一系列活动的总称。

与节水产业相关的企业主要从事工艺、设备、技术等节水产品的研发设计、生产制造、建设安装等，或提供设计、咨询、规划、管理、监测等节水服务。

2. 节水产业的发展历程及趋势

节水产业主要经历了3个发展过程（图1）。在"节水1.0"时代，以城镇节水和农业节水为主导，以节水产品的生产及节水工程建设为主；在"节水2.0"时代，在城镇节水

原文刊载于《中国水利》2024年第12期。

和农业节水基础上，工业领域节水逐步加强，节水相关制度建设不断推进；近年，节水产业逐步呈现全面化、系统化、信息化、产业化发展趋势，节水领域也扩展到全业态，形成了制造业、服务业与数字产业相结合的节水产业新格局，进入"节水3.0"时代。

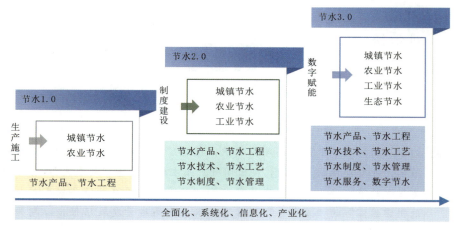

图 1　节水产业发展历程

3. 节水产业的内涵

习近平总书记要求突出构建以先进制造业为骨干的现代化产业体系这个重点，以科技创新为引领，统筹推进传统产业升级、新兴产业壮大、未来产业培育。因此，节水产业不是另起炉灶，而是对传统产业的融合升级。节水产业是第一、第二、第三产业高度融合的产业，融合升级要依据区域水资源情势及产业基础等条件因地制宜地进行，才能稳步健康发展。

4. 节水产业发展现状

党的十八大以来，水利部贯彻落实习近平总书记治水思路，深入实施国家节水行动，全社会水资源利用效率、效益持续提升。目前我国节水产业初具规模，涵盖农业节水灌溉、工业废水处理、生活节水器具、管网漏损控制、污水再生利用、海水淡化、智慧节水等领域，基本形成了从研发设计、产品装备制造到工程建设、服务管理的全产业链条。其中，节水服务管理又延伸出节水运营、技术、信息、金融等多个方向。合同节水管理有效推广，截至 2023 年年底全国已实施合同节水管理项目 700 余个，吸引 400 多家节水服务企业参与，年节水量超过 4 亿 m^3，项目平均节水率达 20% 以上，全国建成的 1546 所节水型高校中实施合同节水管理的超过 300 所。合同节水管理项目实施省份已达 31 个，范围涵盖工业、农业和城镇生活等 10 个领域，涌现出了"合同节水＋水权交易""资源置换型""效果保证＋效益分享"等创新模式。

对标新时期高质量发展要求，目前节水产业发展仍存在较多困难。一是内生发展动力还未完全激发，用水户的节水需求潜力还未充分挖掘；二是节水产业相关企业分散在较多领域，总体呈现小而散的特点，聚集度和品牌力不强；三是需求与供给信息通道不畅，用水户与产业主体之间未形成有效链接；四是政策保障及创新能力偏弱，缺乏行之有效的约束和激励政策，创新投入不足，相关产品和技术与国际先进水平仍存在一定差距。

二、节水产业高质量发展思路

推动节水产业高质量发展，应厘清节水产业三大主体定位，明确节水产业高质量发展思路。要把握有为政府和有效市场、需求方与供给方两对关系，通过政府主体、用户主体和产业主体协同发力，坚持"两手发力"，做好供需匹配。

1. 明确产业主体

通过对节水产业中政府与市场、需求与供给这两对关系的调研与分析，将节水产业分为政府主体、用户主体及产业主体三大类，各主体协同发力，推动节水产业高质量发展（图2）。

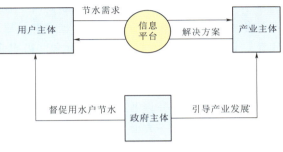

图2　节水产业各主体关系

（1）政府主体。节水产业的政府主体主要为水行政主管部门，是节水产业发展的主要推动者。政府主体主要负责统筹节水产业各主体间的关系，督促用水户节水达标，引导节水产业发展。

（2）用户主体。节水产业的用户主体主要为计划用水户，是节水市场需求方。计划用水户数量众多，节水改造、新建节水项目、合同节水管理等需求空间十分广阔。

（3）产业主体。产业主体是市场配置服务的主体，针对用水户提出的节水需求提供节水产品与服务，解决用水户节水问题，主要包括节水产业相关企业、节水产业园、节水科技创新中心、"节水医院"等。"节水医院"是一种创新机制模式，能提供咨询、方案设计、实施、设备供应、技术研发、投融资服务等全套节水综合服务。在运行环节上，计划用水户是潜在"患者"，具体的节水问题是"疾病"，节水相关企业是"医生"，各种节水产品和技术是"药品"。在运作模式上，节水专家与平台共同"会诊"，对"患者"进行"节水诊断"，向"患者"推荐适合的"节水医生"，并根据诊断结果开出"药方"，如遇复杂的问题还可由"节水医院"组织专家、研究机构、相关企业等进行"会诊"，做出综合判断，制定系统的解决方法。

2. 坚持"两手发力"

节水产业的高质量发展，必须坚持"两手发力"，通过有为政府和有效市场的协同作用，逐步形成相互协调、相互促进的产业格局，共同推动节水产业高质量发展。

（1）政府方面。水行政主管部门需要加强对计划用水户的管理，倒逼或激励用水户产生节水需求。同时促进产业发展，包括指导节水产业园、节水科技创新中心等的建设，规范企业、"节水医院"和节水产业协作联盟（信息平台）的运行。

（2）市场方面。节水产业园是推动节水产业发展的具体抓手，需持续完善对其的优惠政策，发挥产业集群优势，让园区企业业务涵盖节水产品的研发、生产和销售各环节，并提供节水设计、咨询、管理和金融等各种服务，不断延长产业链。产业园中的"节水医院"由各类节水服务企业提供技术支撑，为计划用水户提供"节水诊断"，根据诊断情况开出"节水药方"。节水科技创新中心是节水产业创新发展的重要载体，由高校、科研院所和园区相关创新企业共同组建，由产业园提供办公场所和孵化场所，深化"政产学研用"服务交流，确保节水产业技术研发面向市场，研究成果可落地，真正实现从节水技术到节水产品的转变。

3. 做好供需匹配

（1）需求挖掘。计划用水户是节水市场的重要需求方，其需求主要来源于两方面。一是自主节水意愿，此为内因。根据前期调研，企业随着自身发展产生节水改造的需求，但一些计划用水户缺乏相应改造技术，也没有可靠的渠道来寻求节水改造解决方案（包括节水工艺、设备和服务），节水改造体量大、需求多、方案少，阻碍了节水市场的发展。二是节水管理要求计划用水户节水，此为外因。水行政主管部门通过节水"三同时"制度、计划用水、用水定额管理等节水管理方式，尤其是针对高耗水行业的用水定额对标达标行动，倒逼计划用水户开展节水改造。

（2）供给配套。一方面开展节水产业调查，将市场主体分布、主要节水产品、节水技术与服务种类等信息提供给各级水利部门、节水产业园。另一方面，节水科技创新中心加大节水供给侧创新力度，加强节水关键技术研究，为市场提供新的节水产品、技术与服务。

三、节水产业高质量发展路径

以"需求侧发力，供给侧配套"为指引，通过"问诊供需关系、服务供需对接、畅通供需循环"的"三步走"方式，激发节水市场活力，促进新时期节水产业高质量发展（图3）。

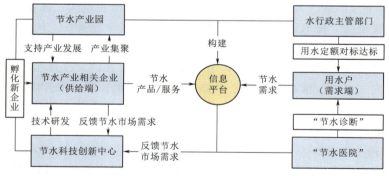

图 3　节水产业发展路径

1. 问诊供需关系

水行政主管部门通过节水管理工作，尤其是针对高耗水行业的用水定额对标达标行动，督促用水户节水，倒逼用水户开展节水改造。"节水医院"对有节水改造需求的用水户进行"节水诊断"，找到"症结"所在，开具"节水药方"，即制定"一户一策"，为用水户提供节水改造方案，用水户通过"节水药方"向市场寻求相应的节水产品、技术和服务等。

2. 服务供需对接

节水产业协作联盟（信息平台）作为重要的供需对接平台，连接用水户和节水产业有关企业。用水户将节水改造需求反馈给节水产业协作联盟，节水产业协作联盟为计划用水户推荐相应的企业，企业为用水户提供相应的节水产品、技术和服务。节水科技创新中心联合企业加强产品研发和技术升级，将新的节水产品、技术与服务推向节水市场，进一步提升水资源节约集约利用水平。通过需求牵引供给、供给创造需求的模式，开拓更大的节水市场。

3. 畅通供需循环

当用水户有全新的节水改造需求时，"节水医院"和节水产业协作联盟将新的市场需求反馈给节水科技创新中心，节水科技创新中心有针对性地研发新技术，产业园有关企业将新技术转化为新产品，服务计划用水户进行节水改造。此外，节水产业园和节水科技创新中心依托关键技术优势，孵化新的企业，培育专精特新"小巨人"企业，壮大节水产业市场主体规模。

四、节水产业高质量发展保障措施

1. 政策制度保障

强化节水条例引领，构建顶层设计政策框架，加快编制完成节水产业发展指导意见，建立统计调查制度，研究制定切实可行的节水相关约束性政策和激励性政策，推动节水创新链、产业链、资金链、政策链协同发力，保障节水产业相关工作做深做实。

2. 标准体系保障

充分调研国内国际行业节水现状，研究制定或修编高耗水行业用水定额先进值标准，动态修订完善用水定额体系，并在取水许可、节水评价等日常管理过程中严格执行用水定额标准；针对农业节水灌溉、工业废水处理、污水再生利用、海水淡化等领域，分类研究制定节水相关标准规范。

3. 市场培育保障

进一步激发市场活力，培育扶持龙头企业，同时集聚产业力量，融合升级节水产业，打造覆盖研发设计、产品制造、施工建设、运营管理、咨询服务等全产业链条的节水产业园区。依托节水产业园区，搭建节水产业供需匹配交流平台，充分挖掘节水市场需求潜力，大力推广合同节水管理。

4. 科技创新保障

大力支持节水产品、技术、服务等的研发，加快建设一批节水科技创新中心，深化"政产学研用"综合服务交流，鼓励地方依托产业园、高校、科研院所等建立节水科技成果孵化中心，完善先进技术成果的应用推广机制，强化科技创新对节水产业发展的支撑保障作用。

5. 宣传教育保障

提升节水宣传质量与社会参与度，营造全社会节水良好氛围，搭建节水国际交流平台，与新加坡等节水水平领先的国家和地区开展交流合作，举办全国节水产业大会、国际节水产业大会等活动，扩大产业影响力，进一步推动节水产业健康可持续发展。

参 考 文 献

［1］ 李国英．《深入学习贯彻习近平关于治水的重要论述》序言［J］．中国水利，2023（14）：1-3．

［2］ 大力推进节水产业创新发展——水利部部长李国英谈发展节水产业（节选）［J］. 水利科学与寒区工程，2023，6（11）：157.

［3］ 王浩，刘家宏. 新时代国家节水行动关键举措探讨［J］. 中国水利，2018（6）：7-10.

［4］ 杨国华，陈梅. 以合同节水管理推动节水产业发展［J］. 中国水利，2023（23）：22-25.

［5］ 陈思杰. 发动政府科技市场力量推动节水产业发展壮大［N］. 中国水利报，2023-11-23（5）.

［6］ 李存才. 合同节水管理向纵深推进［N］. 中国财经报，2024-05-16（3）.

［7］ 陈洁. 基于生态系统的战略性新兴产业创新驱动因素研究——以水资源循环利用与节水产业为例［J］. 人民珠江，2017，38（12）：1-4.

［8］ 张旺. 发展现代节水产业促进用水效率效益提高的认识和建议［J］. 水利发展研究，2015，15（1）：24-27.

［9］ 马妍，刘峰. 基于合同管理模式的节水产业税收政策研究［J］. 水利经济，2017，35（5）：53-56，74，77.

［10］ 金观平. 发展壮大节水产业新业态［N］. 经济日报，2023-08-16（1）.

［11］ 任亮，董小涛，王崴. 供给侧改革视阈下推广合同节水管理的思考［J］. 人民黄河，2022，44（S1）：33-35.

［12］ 王华，卢顺光. 合同节水管理模式及其运行机制框架［J］. 中国水利，2015（19）：6-8，12.

［13］ 杨延龙，张华威，刘世泽. 新阶段合同节水管理高质量发展分析及策略研究［J］. 水利发展研究，2024，24（1）：32-36.

［14］ 程继军，邢金良. 我国工业节水的进展、成效与展望［J］. 中国水利，2023（7）：6-10.

水资源节约集约利用理论体系与应用实践

左其亭[1,2]，张书齐[1]，全志淼[1]

（1. 郑州大学水利与交通学院；2. 郑州大学黄河生态保护与区域协调发展研究院）

摘　要： 水资源节约集约利用是促进全社会节约用水、保障国家水安全、促进生态文明建设、助力高质量发展的重要举措。通过梳理水资源节约集约利用的提出背景及历程，深入剖析水资源节约集约利用的概念内涵，提出了水资源节约集约利用理论体系框架，包括基础理论、符合原则与研究内容。重点分析了水资源节约集约利用理论在节水型社会建设、水利高质量发展、人与自然和谐共生以及水资源刚性约束制度建设中的应用实践，旨在为我国现代水资源利用提供理论支撑和实践指导。

关键词： 水资源节约集约利用；理论体系；应用实践；人水关系；节水

水资源是保障经济社会发展、维护生态环境健康的基础，是衡量区域高质量发展水平的重要标志。一直以来，节约集约用水是国家水资源管理工作的基本思想和重要抓手。近年来，经济社会快速发展对水资源的需求不断增加，致使水资源供需矛盾日益突出，并引发一系列资源、环境问题，制约着高质量发展水平。为此，国家相继出台相关政策和法律法规，以系统化、制度化的方式推进水资源管理工作，如《国家节水行动方案》和《黄河流域水资源节约集约利用实施方案》等文件，明确水资源节约集约利用的重要性和具体措施，特别是《节约用水条例》的颁布，为水资源节约和高效利用提供了坚实的法律保障。水资源节约集约利用成为现阶段水利工作的重点内容。

基于上述背景，水资源节约集约利用成为当前国内研究的热点问题，并涌现出了一系列关于水资源节约集约概念内涵、评价体系、制度建设、节水技术和措施创新等的研究。然而，现有的研究成果缺少系统性的水资源节约集约利用理论体系总结。同时，随着国家对水利高质量发展和生态文明建设要求的不断提升，水资源节约集约利用的概念内涵有待进一步丰富完善，亟须从系统的角度构建其理论体系框架。

一、提出背景及历程

1. 提出背景

我国水资源总量丰富，但人均占有量低，时空分布极不均衡，水资源短缺已成为制约

原文刊载于《中国水利》2024 年第 13 期。

经济社会发展的瓶颈。在此背景下，部分地区水资源开发利用已接近甚至超过上限，河湖生态功能退化、地下水超采等问题日益突出。随着工业化、城镇化进程加快，水资源供需矛盾进一步凸显。因此，转变现有的用水方式，实现水资源节约集约利用，全面提高水资源利用效率与效益，对于破解水资源瓶颈制约、实现人水关系协调发展具有重要意义。

在国家层面，节水工作已上升为重大战略决策。习近平总书记高度重视节水工作，提出"节水优先、空间均衡、系统治理、两手发力"治水思路。在此背景下，推进水资源节约集约利用，是响应国家号召、落实习近平总书记治水思路和关于治水的重要论述的重要举措。

2. 提出历程

1988年，《中华人民共和国水法》颁布，标志着我国水资源管理法律体系的初步建立，其中强调了合理开发、利用和节约用水的重要性。2002年、2009年、2016年，《中华人民共和国水法》经过多次修改完善，进一步明确了节约和保护水资源的基本原则，健全了管理体制，突出了节约用水的法制化和科学化。2009年，《中华人民共和国循环经济促进法》颁布，其中包含了水资源的循环和节约利用原则，倡导高效用水。2011年，随着水资源短缺形势日益严峻和最严格水资源管理制度的确立，国家明确了水资源开发利用、用水效率和水功能区限制纳污"三条红线"，重点突出了节约用水的具体措施和管理要求。2016年，《水利改革发展"十三五"规划》发布，强调了节水优先方针，为节约用水提供了政策支持。2019年，《国家节水行动方案》发布，全面阐述了我国节水的战略和具体行动计划，明确了在全国范围内推进节水行动的目标和措施。2021年，《"十四五"节水型社会建设规划》发布，明确了节水型社会建设的目标和路径，是推动水资源节约集约利用的重要指导文件。同年，《黄河流域水资源节约集约利用实施方案》印发，明确要求提升流域水资源节约集约利用水平。2024年，国务院颁布《节约用水条例》，系统规定了节约用水的原则、措施和管理机制，完善了我国节约用水的法治体系，为经济社会可持续发展提供了坚实的法律保障。

由上述内容可知，水资源节约集约利用一直是我国水利工作的重点内容。《节约用水条例》的颁布不仅完善了我国水资源管理的法律体系，更为推动水资源节约集约利用理论提供了制度保障，为落实节水优先方针、推进水资源高效利用和集约管理奠定了基础，有助于解决水资源短缺和分布不均的问题、促进我国经济社会可持续发展和生态文明建设。

二、水资源节约集约利用理论体系

（一）概念辨析

1. 水资源节约

根据《节约用水条例》第二条，节水是指"通过加强用水管理、转变用水方式，采取技术上可行、经济上合理的措施，降低水资源消耗、减少水资源损失、防止水资源浪费，合理、有效利用水资源的活动"。这一定义明确了节水的内涵，即通过管理、技术、经济等多种手段，减少水资源浪费，提高水的利用效率。

2. 水资源集约

水资源集约是以节约为基础，进一步强调以相对较少的水资源消耗实现较大的经济、社会和生态效益，是一种高级的资源利用理念。要求在坚持总量控制的前提下，通过优化水资源配置，最大限度提高水资源利用效率和综合效益。在空间维度，强调水资源开发利用与国土空间开发和人口、产业、城市布局的匹配优化。在效益维度，侧重于优化水资源配置方式，提高利用效率，在保障用水总量不突破上限的情况下创造更多的效益。

3. 水资源节约集约利用的概念及内涵

水资源节约集约利用，是将节约和集约理念有机结合，强调在发展经济的同时最大限度地节约水资源，提高水资源利用效率和效益的过程。它既包括减少不合理用水需求的节流措施，也包括优化配置、提升效率的开源措施。它要求科学审视人类社会发展与水资源的关系，在总量约束下优化水资源配置，最大程度创造经济、社会和生态综合效益。为此，本文提出水资源节约集约利用的定义为：以节约和集约利用水资源为核心，通过规划引领、工程措施、技术创新、机制建设等多种手段，最大限度地节约水资源，实现水资源高效利用，推动高质量发展，引领社会绿色转型，维护生态环境健康，促进人水关系和谐发展。其内涵可从以下五个方面来解读。

（1）实现水资源高效利用。通过先进的节水技术和严格的用水管理，提高农业灌溉、工业用水、城镇供水各环节的用水效率，促进水资源在不同行业和部门高效配置，最大程度地发挥水资源效益。

（2）推动高质量发展。根据水资源承载能力优化经济发展布局，调整产业结构，推动产业转型升级。通过节水减排、水循环利用等措施，淘汰落后产业，促进产业技术创新，发展节水产业，为经济转型发展注入新的动力。

（3）引领社会绿色转型。实施节水教育和行为引导，促进公众养成节水意识和习惯，培育绿色生活方式和消费模式，推动构建节水型社会，促进生产、生活方式绿色变革。

（4）维护生态环境健康。统筹兼顾生产、生活、生态用水需求，在加强用水总量控制的同时，加大水生态保护力度，推进河湖生态修复，维护水生态系统健康，为生态文明建设提供水资源和水环境保障。

（5）促进人水和谐发展。正确处理人类生产生活用水与生态用水的关系，推进水资源开发利用、配置、节约和保护，在满足人类社会发展需求的同时，尊重水资源的自然属性，维护水资源的生态功能，实现人水和谐。

（二）理论体系框架

基于对水资源节约集约利用概念内涵解读，总结其理论体系框架见图1。水资源节约集约利用理论应包含六大基础理论、符合五大原则、围绕四大内容开展研究工作。

1. 基础理论

（1）可持续发展理论。可持续发展理论强调既满足当前需求，又不损害后代满足其需求的能力，实现经济、社会和环境的协调发展。其核心在于追求经济增长、社会公平和环境保护的平衡。水资源节约集约利用需立足于可持续发展理论，科学认识水资源的有限性和可持续发展的重要性，重视水资源开发利用的效率和保护管理，确保水资源的长期可用性和生态系统的健康。

（2）生态文明理论。生态文明理论倡导人与自然和谐共生，主张通过合理开发和利用水资源，保护水生态环境，恢复受损水体，促进生物多样性，在利用水资源的同时维护水系统的生态效益。水资源节约集约利用需落实生态文明理论，防止水资源浪费，维护水生态环境健康。

（3）资源供需理论。资源供需理论旨在追求资源可用性与社会需求之间的平衡，提供完善的水资源分配方案。水资源节约集约利用应以资源供需理论为基础，综合考虑水资源的可用性和各部门的用水需求，制订合理的水资源配置方案，并采取调水、节水和再生水利用等措施，缓解供需矛盾。

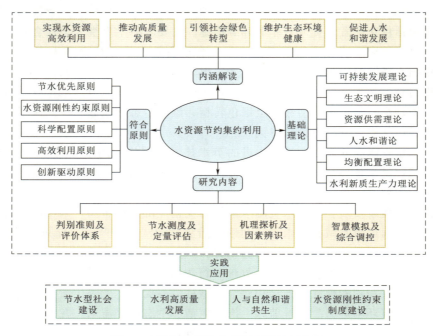

图1　水资源节约集约利用理论体系框架

（4）人水和谐论。人水和谐论倡导人文系统与水系统之间和谐相处，提倡在尊重自然水循环和水体功能的基础上，合理满足人类需求，实现二者的良性循环。水资源节约集约利用是调控人水关系的重要举措，应遵循人水和谐论，确保水资源开发利用在保障水系统具备自我维持与更新能力的条件下，推动人文系统良性发展。

（5）均衡配置理论。均衡配置理论关注水资源的最优分配，主张通过科学管理和经济手段，优化水资源配置，实现最大效率和公平性。基于该理论，水资源节约集约利用要求既要提高资源利用效率，又要确保各用水部门和区域的公平获取权利，以实现社会效益、经济效益和环境效益的最大化。

（6）水利新质生产力理论。水利新质生产力理论倡导通过引入先进技术、创新实践和高效管理系统，提升水资源利用的生产力和效益，实现水资源的高效利用和管理，推动水资源管理体系的现代化。水利新质生产力理论为水资源节约集约利用提供了前沿的理论支撑，通过科学技术和管理创新，推动水资源利用效率和效益的全面提升。

2. 符合原则

（1）节水优先原则。节水优先原则是水资源节约集约利用的核心理念之一，强调在水资源管理中首先要注重节约用水，要求在各类用水项目的规划和实施过程中，优先考虑通过技术创新、管理优化和行为引导等手段，最大限度地减少水资源消耗和浪费。节水优先原则为实现水资源节约集约利用提供了明确的指导方向。

（2）水资源刚性约束原则。水资源刚性约束制度是水资源管理的重大革新措施。水资源刚性约束原则涵盖三个关键方面：首先，确定水资源开发利用上限，科学设定水体管控标准，限制水资源的开发利用上限；其次，控制水资源消耗需求，合理规划当地经济社会发展，严格控制用水总量；最后，规范水资源利用行为，加强用水过程管理，推进再生水利用，提高水资源循环利用水平，形成节水型生产、生活方式，全面提升水资源利用效率。水资源刚性约束原则为实现水资源节约集约利用提供了坚实的制度保障。

（3）科学配置原则。科学配置原则要求在制订水资源配置方案时，充分考虑区域差异和用水需求，科学配置多种水资源，优化配置结构，最大程度地发挥水资源效益。科学配置原则为水资源节约集约利用提供了科学的方法支持。

（4）高效利用原则。高效利用原则强调应用合适的管理模式和技术手段，提高水资源利用效率，减少资源浪费，实现高效用水。该原则要求在农业、工业、生活等各领域推广有效的管理方式和科学的用水途径，提升水资源利用效益。高效利用原则为水资源节约集约利用提供了明确的操作路径。

（5）创新驱动原则。创新驱动原则旨在通过不断优化管理模式、创新技术手段，推动水资源节约集约和高效利用。该原则要求积极研发和推广新技术、新设备和新模式，提升水资源管理的现代化和智能化水平，推动水资源利用方式的转型升级。创新驱动原则为水资源节约集约利用提供了持续动力和源源不断的发展潜力。

3. 研究内容

（1）判别准则及评价体系研究。建立科学合理的标准和方法，评估水资源节约集约利用水平。判别准则包括制定用水定额和用水效率标准，从而明确用水过程中的节水目标和规范。评价体系是基于判别准则，通过系统的定量和定性分析，全面评估节水措施的实施效果。定量评价主要依赖数据分析和模型计算，如实际用水量的测量、节水前后的效益对比分析等。定性评价则结合专家评估、现场调查和用户反馈，分析节水措施的实际应用效果和存在的问题。通过构建综合评价体系，全面分析各类节水措施的优势和不足，确保节水工作的高效推进。

（2）节水测度及定量评估研究。通过量化分析和模型计算，评估水资源节约集约利用的效果和影响。节水测度是通过统计分析、效能测定等手段，量化用水过程的节水效果，为进一步优化用水管理提供依据。定量评估是利用模型计算和数据分析，全面评估节水措施的成本效益和环境效益，为政策制定提供科学依据。二者的有机结合可科学揭示节水措施的整体效益和可行性，有助于不断优化节水策略，提高水资源利用效率，推动水资源节约集约利用的科学化、规范化和高效化。

（3）机理探析及因素辨识研究。深入分析水资源节约集约利用的内在机制和影响因素。机理探析是聚焦水资源在经济、社会、环境系统中的相互作用，通过系统动力学、生态模型等方法，揭示水资源利用的关键环节和影响因素，为优化管理提供理论依据。因素辨识是通过统计分析、因子分析和情景模拟等方法，辨识影响节水效益的关键因素，从而制定科学合理的节水措施。水资源节约集约利用的机理探析及因素辨识研究深入探析了水资源利用的复杂过程，明确了节水利用的重点，为节水实践提供坚实的理论基础。

（4）智慧模拟及综合调控研究。在综合考虑水资源、经济、社会和环境等多方面因素的基础上，制定和实施系统的水资源管理策略和调控措施。智慧模拟是利用先进计算技术和大数据分析，对水资源供需进行动态监测和预测，模拟管理措施的影响，提供优化方案，实现对水资源利用的精细化管理和实时调控。综合调控是在智慧模拟的基础上，协调各类用水需求，优化水资源配置，推进资源循环利用。水资源节约集约利用的智慧模拟及综合调控研究有助于实现水资源可持续利用、经济社会协调发展和生态环境保护，确保节水措施的综合性和长效性。

三、水资源节约集约利用应用实践

1. 在节水型社会建设中的实践

节水型社会建设是指在经济社会活动中全面推行节约用水的理念、技术和管理措施，2002年启动全国第一个节水型社会建设试点，到2014年完成100个试点验收。全面推进节水型社会建设，提升水资源利用效率和效益，是贯彻生态文明思想和节水优先方针的重要举措。节水型社会建设作为社会主义现代化建设的重要组成部分，其基本内涵包括提升水资源利用效率，优化水资源配置，推进节水技术和管理措施，强化公众节水意识，完善节水政策和法规，推动农业、工业和城镇节水，以及非常规水源的开发利用。

水资源节约集约利用是节水型社会建设的核心，以"四水四定"红线约束意识为核心，遵循节水优先、水资源刚性约束、科学配置、高效利用、创新驱动五项原则，围绕增强节水意识、强化刚性约束、补齐设施短板、强化科技支撑、健全市场机制五方面开展节水实践，从而推动生产、生活用水转型升级，推广节水新设备、新技术，保障节水措施有效实施，全面推进节水型社会建设。

2. 在水利高质量发展中的实践

水利高质量发展是中国整体高质量发展的重要组成部分，是其在水利行业的具体体现，是一种高标准保障水安全、高效支撑经济发展、高度满足人民幸福、维护生态健康和弘扬水文化的高水平水利发展模式。新阶段水利高质量发展围绕完善流域防洪工程、实施国家水网重大工程、复苏河湖生态环境、推进智慧水利建设、建立健全节水制度政策、强化体制机制法治管理六条实施路径全面提升国家水安全保障能力。

在水利高质量发展过程中，水资源节约集约利用理论起到了重要的指导作用，而节水实践也是其重要组成部分。主要包括：①水资源节约集约利用理论强调节水优先，推动严格的水资源总量管理、用水定额控制和水价机制创新，有利于从源头上减少水资源浪费，为水利高质量发展奠定基础，旨在确保水资源开发利用总量得到有效控制，最大限度避免水资源浪费行为；②水资源节约集约利用保障了水资源供给的系统性和可靠性，通过完善区域水资源配置方案、优化工程建设规划和运行管理模式，助力重大水利工程的建设与运营；③水资源节约集约利用有利于改善水资源利用方式，缓解水环境压力，维护生态健康，促进河湖生态环境修复；④水资源节约集约利用积极引进信息化、数字化技术，有助于推动水资源精细化管理和智慧水利建设进度，提升国家水利工作智能化水平；⑤水资源节约集约利用强化全社会节水意识，规范用水行为，为建立健全节水机制和丰富国家水文化内涵提供了重要支撑。

3. 在人与自然和谐共生中的实践

党的十九大报告指出坚持人与自然和谐共生、我们要建设的现代化是人与自然和谐共生的现代化。实现人与自然和谐共生是在全面推进社会主义现代化建设进程中为满足新时代的发展需求而提出的新目标，不仅是对生态文明建设的进一步深化，也是促进经济、社会和生态环境协调发展的必然要求。它倡导人类社会和自然界在达到稳定、平衡、协调发展并保证生态良好的前提下，推动经济、社会、生态、资源、景观、文化的共生和持续发展。

资源高效安全利用是人与自然和谐共生思想的基本遵循。因此，水资源节约集约利用是实现人与自然和谐共生的关键一环。水资源节约集约利用理论不仅强调对自然资源的合理开发和利用，更是维护生态环境的重要指南。践行水资源节约集约利用可以减少对水资源的过度开采，缓解水资源紧张状况，确保河湖、湿地等水体的生态流量，维护水生态系统的健康与稳定；也可以协调经济社会发展需求，推动社会绿色转型，改善人水关系，推动人与自然和谐共生。

4. 在水资源刚性约束制度建设中的实践

水资源刚性约束制度建设源于我国严峻的水资源形势和对高质量发展的需求。2014年，习近平总书记在中央财经领导小组第五次会议上提出，"把水资源、水生态、水环境承载能力作为刚性约束"。当前，水资源刚性约束制度已成为水资源管理领域的研究热点和制度建设重点，其基本内涵包括总量控制、需求管控、效率约束、监督管理四个方面。该制度可确保经济社会发展在水资源承载能力范围内进行，实现水资源的可持续利用和生态环境的协调发展。

水资源刚性约束制度与水资源节约集约利用互为依托。前者是后者的制度保障，通过科学化和规范化的制度体系保障节水实践的顺利开展。后者是前者重要目标的实现路径，具体包括：①水资源节约集约利用理论作为水资源刚性约束制度的基本主线，可利用水资源节约集约利用理论引导制定更加科学合理的水资源管理政策和措施；②以水资源节约集约利用实践为参考，探析节水行为在人水耦合系统中的作用机理和影响效果，有助于在制定水资源刚性约束制度建设过程中统筹考虑经济、社会、生态等综合效益，推动实现人类社会和生态环境的协调发展。

四、结语与展望

水资源节约集约利用是我国水利现代化和生态文明建设的重要内容和必由之路。本文仅对其理论体系和实际应用进行了初步探讨，旨在完善水资源节约集约利用理论，为节水实践提供参考。随着国家发展模式变化和研究的深入，需结合多学科知识对水资源节约集约利用的理论体系、技术方法、实践措施进行系统研究，以期为国家高质量发展和生态文明建设提供坚实的水资源保障。

1. 水资源节约集约利用的理论创新方向

理论创新是实现水资源节约集约利用的基础。进一步深化对水资源节约集约利用与经济社会发展关系的研究，包括人水关系作用机理研究、水资源-经济社会-生态耦合关系与节水潜力研究、节水行为碳排放量测度与减碳效益研究、节水行为下经济-气候-环境协同权衡关系研究等，逐步完善水资源节约集约利用学科体系与理论方法。

2. 水资源节约集约利用的技术创新方向

技术创新是实现水资源节约集约利用的重要支撑。需要加强节水技术和智能化设备的研发与应用，包括：①农业水资源节约集约利用。通过发展高效节水灌溉技术，提升农业用水效率；推广滴灌、喷灌等先进灌溉技术，结合智能化灌溉管理系统，实现精准用水。②工业水资源节约集约利用。研发和应用先进的水处理技术，推动工业用水循环利用；减少工业废水排放，提升废水回用率。③城镇水资源节约集约利用。加强城镇供水管网漏损治理，推广节水型器具和设备，建立智能化水务管理系统，提升供水效率和用水管理水平；开发非常规水源利用技术，如海水淡化、再生水利用等，拓宽水资源供给渠道。

3. 水资源节约集约利用的制度创新方向

制度创新是推动水资源节约集约利用的重要保障。需进一步完善水资源管理法律法规体系建设，包括：①建立健全用水定额管理制度，制定严格的用水定额标准，确保用水过程中的节水目标和规范。②推进水价机制改革，实行阶梯水价，推动市场化调配水资源，提高用水效率。③完善用水权交易制度，促进水资源在不同行业和地区之间的合理配置。

参 考 文 献

［1］ 左其亭，王鹏抗，张志卓，等．黄河流域水资源利用水平及提升途径［J］．郑州大学学报（工学版），2023，44（3）：12-19.

［2］ 左其亭，吴青松，纪义虎，等．区域水平衡及失衡程度度量方法［J］．水利学报，2024，55（1）：1-12.

［3］ 韩宇平，黄会平．水资源集约利用概念、内涵与模式［J］．中国水利，2020（13）：43-44.

［4］ 张修宇，康惠泽，李颖博．人民胜利渠灌区水资源节约集约利用评价研究［J］．人民黄河，2023，45（11）：81-85.

［5］ 李跃红，蒋晓辉，张琳．黄河流域水资源节约集约利用能力评价［J］．南水北调与水利科技（中英文），2023，21（4）：731-741.

［6］ 翟家齐，赵勇，刘宽，等．干旱区灌溉绿洲农业节水潜力形成机制与评估方法［J］．水利学报，2023，54（12）：1440-1451.

［7］ 李舒，张瑞嘉，蒋秀华，等．黄河流域水资源节约集约利用立法研究［J］．人民黄河，2022，44（2）：65-70.

［8］ 冯利海，苏茂荣，冯雨飞，等．建立水资源刚性约束制度　全面提升水安全保障能力［J］．人民黄河，2021，43（S2）：48-49，53.

［9］ 郝有茹，杨柳，朱记伟，等．西安市城镇居民阶梯水价优化及节水效果研究［J］．水资源与水工程学报，2023，34（6）：35-43，51.

［10］ 边晓南，李楠，夏文君，等．基于大数据技术的高效节水灌溉应用研究［J］．人民黄河，2022，44（8）：157-162.

［11］ 王福平，杨国威，赵雷．基于模糊控制技术的智能节水灌溉系统设计［J］．人民黄河，2017，39（1）：141-144.

［12］ 乔建华．深入贯彻习近平总书记治水重要论述精神　奋力推进新阶段海河流域水利高质量发展

[J]. 中国水利，2023（24）：48-49.

[13] 左其亭，胡德胜，窦明，等. 基于人水和谐理念的最严格水资源管理制度研究框架及核心体系
[J]. 资源科学，2014，36（5）：906-912.

[14] 刘小勇，李发鹏. 抓好《节约用水条例》贯彻实施　推进水资源节约集约利用 [J]. 中国水利，
2024（7）：9-12.

[15] 左其亭，张云，林平. 人水和谐评价指标及量化方法研究 [J]. 水利学报，2008（4）：440-447.

[16] 左其亭. 水资源可持续利用研究历程及其对我国现代治水的贡献 [J]. 地球科学进展，2023，38
（1）：1-8.

[17] 谢瀚鹏，古小刚. 黄河流域生态保护和高质量发展视域下的绿色信用制度 [J]. 人民黄河，2024，
46（3）：12-16，32.

[18] 左其亭，钟涛，张志卓，等. 水利高质量发展的判别准则及评价体系 [J]. 水资源与水工程学报，
2022，33（5）：109-117，123.

[19] 李国英. 推动新阶段水利高质量发展　全面提升国家水安全保障能力——写在2022年"世界水
日"和"中国水周"之际 [J]. 中国水利，2022（6）：2+1.

[20] 左其亭，凌敏华，张羽. 水资源刚性约束制度研究框架与展望 [J]. 水利水电快报，2024，45
（3）：6-11.

流域水资源节约集约利用机制的完善

——以《黄河保护法》为视角

于文轩，邵经纬

（中国政法大学）

摘　要： 流域水资源节约集约利用机制对水资源的有效利用具有重要作用。黄河流域在水资源节约集约利用方面面临水资源刚性约束不够、配置不合理、节水产业发展不完善、非常规水源利用不足等问题。为此，《中华人民共和国黄河保护法》（以下简称《黄河保护法》）以专章的形式规定了加强黄河水资源节约集约利用的具体内容，包括优化水资源配置、强化水资源刚性约束、推动重点领域节水工作、重视非常规水源利用等。建议进一步健全工作机制，加强政策激励，优化监督评估机制，以期更好地发挥流域水资源节约集约利用机制的作用。

关键词： 黄河保护法；水资源；节约集约利用；刚性约束

黄河流域最大的矛盾是水资源短缺。黄河水资源总量不到长江的 7％，人均占有量仅为全国平均水平的 27％，水资源利用较为粗放，农业用水效率不高，水资源开发利用率高达 80％，远超一般流域 40％生态警戒线。《黄河保护法》在立法目的中明确规定了要推进水资源节约集约利用，并且以专章规定了加强水资源节约集约利用的具体要求。

一、黄河流域水资源节约集约利用的现状与问题

黄河流域水资源节约集约工作已取得较大成效，但是仍存在水资源利用刚性约束不够、水资源配置不合理、节水产业发展不完善、非常规水源利用不足等问题。

（一）水资源利用刚性约束不够

黄河流域的传统产业占比较高，高耗水企业多，煤化工企业占全国的 80％以上，此种产业结构使得水资源利用问题更加突出。同时，黄河流域各省份对干流、支流和地表水、地下水的管理制度不完善，普遍存在取水不规范问题，无证取水与超采问题突出。例如，第二轮第五批中央生态环境保护督察在向陕西省、宁夏回族自治区反馈督察情况时，

原文刊载于《水利发展研究》2023 年第 3 期。

公布了部分违规取水问题，陕西省西安市禁采区、限采区约 30 家工业企业无证取水；2020 年宁夏回族自治区石嘴山市从黄河取水 11.16 亿 m³，超取水指标 19.2%。此外，有些地方忽视水资源承载能力，违规建造人工水景观，例如宁夏回族自治区 2020 年排查出 26 个"挖湖造景"突出问题项目，河南省中牟县牟山湿地公园借引黄灌溉之机建设人工湖来发展旅游业。此类违规行为造成了黄河水资源的浪费，进一步加剧了黄河水资源利用的严峻形势。

（二）水资源配置不合理

黄河流域由于存在水资源紧张，供需矛盾突出的问题，水资源统一配置尤为重要。1987 年颁布的《黄河可供水量分配方案》（以下简称黄河"八七"分水方案）为黄河水资源统一配置提供了依据，但随着社会经济的发展以及气候状况的变化，黄河水量大幅度下降。另外，黄河水资源的配置背景有较大的变化，上下游、左右岸地区的社会经济状况有了很大不同，以南水北调工程为代表的跨流域调水工程也已运行通水，这些新变化对黄河水资源合理配置提出了新的要求。同时，黄河"八七"分水方案仅对黄河地表水利用分配进行了规定，未对黄河地下水分配进行要求。例如，山西省黄河水量的分配指标为 43.1 亿 m³，但其地表水耗水量仅约 10 亿 m³，为此大量开采地下水资源，地下水超采现象普遍，导致地下水位大幅下降。这使得黄河流域的各地区围绕引黄供水、防洪排涝等问题产生了较大的利益冲突，引发了一些水事纠纷。

（三）节水产业发展不完善

黄河流域的产业发展既对水资源有着较大的依赖，又对水资源存在着较大的消耗。一方面，黄河流域的农业占比较大，且主要以传统农业为主，水资源需求量大。黄河流域是我国的粮食生产核心区，黄淮海平原、汾渭平原、河套平原是农产品主产区，水资源的短缺严重限制了黄河流域农业的发展。同时，黄河流域存在农业用水粗放等问题。以宁夏回族自治区为例，2020 年宁夏回族自治区农业取水量占取水总量的 83.5%，农业耗水量占全区总耗水量的 78.4%，灌溉水有效利用系数仅为 0.551。另一方面，在黄河流域的产业结构中，传统重工业占比较高，其中存在着较多以煤化工为代表的高耗水产业。一些地方忽视水资源禀赋与环境承载能力，盲目发展了大批高耗水项目，例如，在第二轮第三批中央生态环境保护督察中曾发现，山西省晋中市介休、平遥、灵石等县（市）盲目上马了一批高耗水、高耗能、高污染的焦化项目。产业结构的不合理，导致这些地区用水多而效益低，使得黄河流域本就稀缺的水资源变得更加捉襟见肘。

（四）非常规水源利用不足

在常规水资源紧缺的情况下，积极发展非常规水源非常重要。然而，黄河流域的非常规水源利用工作进展较为缓慢，非常规水源的转化效率相对较低，许多地区的中水回用工作推进不力。例如，西安市市政用水中再生水使用比例仅为 8%，宝鸡市 2021 年再生水利用率仅为 5.7%，咸阳市城市再生水利用近乎没有。非常规水源利用的不足，使得黄河流域常规水资源未能得到有效替代，水资源难以得到有效利用。

二、《黄河保护法》关于流域水资源节约集约利用的规定

针对黄河流域水资源短缺的问题，《黄河保护法》不仅对此作出了原则性要求，而且

以专章的形式对流域水资源节约集约利用的具体制度作了规定，要求要统一黄河水资源的配置和调度，把水资源作为最大的刚性约束，全面实施节水控水的行动，加强水资源合理利用，为流域水资源节约集约利用工作提供了依据和行动指南。

（一）优化黄河流域水资源配置

水资源的合理配置在水资源节约集约利用工作中具有基础性地位。《黄河保护法》在黄河流域水资源配置原有的工作基础上进一步优化，对黄河分水方案和水资源调度制度作出规定，并对地下水资源的配置提出了明确要求，弥补了黄河水资源配置制度的不足。

其一，明确黄河分水方案。《黄河保护法》明确规定国家对黄河水量实行统一配置，并对黄河水量分配方案的确定流程作了明确要求。这一规定对黄河水资源统一配置提供了法律依据，有助于缓解上中下游的用水矛盾。

其二，完善黄河流域水资源调度制度。《黄河保护法》规定国家对黄河流域水资源实行统一调度，要求依据水情的变化情况实行动态调整。依此规定，在黄河水资源调度中应当根据河流水文情况和社会发展情况等，统筹干支流水资源调度。这有利于加强与南水北调工程等跨流域调水工作的衔接，使黄河水资源的调度更加科学合理。

其三，确定地下水取水总量控制指标。《黄河保护法》要求制定黄河流域省级行政区域地下水取水总量控制指标，对省级指标和市县级指标作出明确要求。这一规定为黄河流域地下水取水工作的开展提供了依据，有利于加强黄河流域地下水开发利用管控，做好黄河流域的地下水采补平衡，有助于推动实施重点区域地下水超采综合治理。

（二）强化黄河流域水资源刚性约束

把水资源作为最大的刚性约束，是黄河流域社会经济发展和生态环境保护的关键。《黄河保护法》要求强化黄河流域水资源的刚性约束，把"四水四定"原则作为黄河流域发展的约束性原则，并要求实行强制性用水定额管理制度，为黄河水资源管理工作划定了红线。

其一，实行"四水四定"原则。《黄河保护法》在"总则"中规定了国家在黄河流域实行水资源刚性约束制度，坚持以水定城、以水定地、以水定人、以水定产。"四水四定"原则旨在将水资源开发利用限定在水资源承载力范围内，既要保障社会经济高质量发展，又要使生态环境得到有效保护。这一原则的确立，为黄河水资源节约集约利用提供了原则性指导。

其二，明确用水指标和用水过程管理制度。《黄河保护法》对黄河水资源的取用指标和取水许可制度作出了规定。这是对水资源消耗总量和强度双控的具体落实，有助于减少违规取用水、不合理取水等现象，保障黄河水资源依法依规利用。同时，《黄河保护法》还要求实行水资源差别化管理，开展黄河流域水资源评价和承载能力调查评估，并以此为依据划定水资源超载地区、临界超载地区、不超载地区，从而在不同的地区采取不同的治理方案，不同地区规定不同的取水许可要求。

其三，实行强制性用水定额管理制度。《黄河保护法》要求实行强制性用水定额管理制度，由有关部门组织制定黄河流域高耗水工业和服务业强制性用水定额，各地区的取水量应当符合用水定额的要求。实施强制性用水定额管理制度，有助于解决当前黄河流域用水定额制度存在的问题，形成科学合理的定额标准体系。尤其是针对重点地区、重点行业、重点产品制定严格的用水定额标准，有助于发挥水资源的硬约束和硬杠杆作用，淘汰不合标准的高耗水产业，促进相关地区产业结构的调整和升级。

（三）推动黄河流域重点领域节水工作

开展全领域的节水控水行动，加强重点领域的节水工作，对黄河水资源的节约集约利用发挥着重要作用。《黄河保护法》对产业发展作出了明确规定，要求强化农业节水增效、加强工业节水减排、推动城镇节水降损，着力推进节水型社会建设。

其一，强化农业节水。《黄河保护法》规定，黄河流域要组织发展高效节水农业，采取系列农业节水措施，不断减少农业的水资源消耗量。据此，在黄河流域组织发展高效节水农业，一方面要推行节水灌溉，对重点灌区进行节水改造，推广高效节水灌溉技术，建设高标准农田；另一方面，还需要在黄河流域大力发展旱作农业，选育推广抗旱抗逆等节水品种，扩大低耗水和耐旱作物种植比例，针对黄河上中下游不同的耕作条件，发展不同的节水种植模式。此外，还应稳步推进畜牧渔业的节水工作。

其二，加强工业节水。《黄河保护法》要求工业企业优先使用国家鼓励的节水工艺、技术和装备，大力推动高耗水产业的节水改造工作。工业节水是黄河水资源节约集约利用工作中尤为重要的方面。通过限制高耗水产业，发掘企业节水降耗的潜能，推广先进的节水技术和装备，可有效提高水资源利用效率，减少水资源不必要浪费，促进产业转型升级，推动工业产业高质量可持续发展。

其三，厉行生活节水。《黄河保护法》对公共机构用水和居民日常生活用水作出规定，要求组织实施城乡老旧供水设施和管网改造，建立促进节约用水的水价体系，采取系列节水方式，推动节水型城市的建设；同时，加大节水宣传，培养居民的节水意识，营造良好的节水氛围。

（四）重视非常规水资源利用

推进黄河流域水资源节约集约利用工作，还应加强非常规水源的有效利用，提高水资源的利用效率。《黄河保护法》要求加强再生水、雨水、矿井水等非常规水源的利用，提高水资源利用技术。

其一，加强再生水利用。《黄河保护法》重视再生水的利用，要求推进污水资源化利用。污水的资源化利用可以对黄河的常规水资源利用起到替补性作用，有助于减少常规水的开采。为此，应合理布局污水再生利用设施，积极推进区域污水资源化利用，开展污水资源化利用示范城市建设。

其二，促进雨水、矿井水、苦咸水、海水淡化水利用。《黄河保护法》鼓励加大对雨水、矿井水、苦咸水、海水淡化水的利用，积极提高非常规水利用的比例。为此，应当逐步推广中水回收利用技术，建造雨水集蓄利用设施，发展苦咸水水质改良和淡化利用技术。

三、流域水资源节约集约利用机制完善建议

工作机制的健全，政策的引领与激励，以及监督评估体系的优化，对于完善流域水资源节约集约利用机制具有重要意义。

（一）健全工作机制

流域水资源节约集约利用工作的有效开展，在很大程度上取决于工作机制。工作机制主要包括两个方面：一是流域协调机制；二是地方政府的实施机制。流域水资源的统一配置与统一调度、用水定额标准的制定、流域"四水四定"原则的落实等重大问题，均需要基于流域协调机制解决。因流域涉及多个地区，各地区出于自身利益的考虑，往往会针对水资源的利用产生不同的诉求，这就需要由协调机构来协调跨地区、跨部门之间的各种分歧。《黄河保护法》规定了国家建立黄河流域生态保护和高质量发展统筹协调机制，但未对相关机制的组织方式、启动程序、责任承担等内容进行规定。因此，需要相应的配套文件，对流域协调机制的实施作出具体规定，以确保最大程度发挥流域协调机制的作用。另外，流域水资源节约集约利用工作离不开地方政府的落实与执行，地方政府既要统筹本地区的水资源节约集约利用工作，同时也要确保将其落实到具体工作之中。

（二）加强政策激励

流域水资源节约集约利用还需要充分发挥政策激励的作用。可发挥税收政策的激励作用，对涉及节水、水资源高效利用方面的内容少征或免征税，通过财税杠杆，发挥价格机制作用。可进一步完善水权交易制度，强化水权交易监管，发挥市场对水资源的配置作用，促进全领域、全方位实现水资源节约利用。另外，还可以建立健全工农业用水精准补贴和节水奖励机制，调动工农业从业者的节水积极性。《黄河保护法》规定国家支持设立黄河流域生态保护和高质量发展基金。可利用好发展基金，使其向水资源节约集约利用方面倾斜，推动节水工作更有效地开展。

（三）优化监督评估体系

流域水资源节约集约利用机制的完善，还需要不断优化监督评估机制。可以水资源评估制度为手段，对水资源现状和水资源开发利用情况进行科学评估，基于评估标准分析流域水资源的承载能力，并以此为基础做好流域水资源节约集约利用规划，开展水资源开发利用工作。同时，严守水资源利用红线，压实流域各级政府的责任，把节水工作情况纳入当地党政领导班子和领导干部政绩考核依据。可定期由有关部门开展水资源节约集约利用督察工作，督促政府、企业和其他有关单位做好节水用水的工作，遏制不合理用水需求。

四、结语

流域水资源节约集约利用机制对流域水资源合理利用发挥着十分重要的作用。对于黄河这样水资源短缺、水资源开发利用率很高的河流而言，水资源节约集约利用机制至关重要。《黄河保护法》就此作出了较为详细的规定。在进一步工作中，应健全工作机制，发挥政策激励的作用，优化监督评估体系，从而形成更为完整的流域水资源节约集约利用机制，为《黄河保护法》的有效实施保驾护航。

参 考 文 献

[1] 习近平. 在黄河流域生态保护和高质量发展座谈会上的讲话 [J]. 求是，2019（20）：4-11.

[2] 贾绍凤，梁媛. 新形势下黄河流域水资源配置战略调整研究 [J]. 资源科学，2020，42（1）：

29 - 36.

［3］ 王忠静，娄俊鹏 . 关于黄河"八七"分水方案调整的几点思考［J］. 人民黄河，2022，44（8）：1 - 5.

［4］ 刘扬扬，王孟，邓瑞，等 .《长江保护法》施行后流域水资源保护的思考［J］. 人民长江，2021，52（10）：135 - 140.

［5］ 中央第四生态环境保护督察组向宁夏回族自治区反馈督察情况［EB/OL］. 2022 - 03 - 21.

［6］ 中央第三生态环境保护督察组向陕西省反馈督察情况［EB/OL］. 2022 - 03 - 21.

［7］ 中央第一生态环境保护督察组向山西省反馈督察情况［EB/OL］. 2021 - 07 - 20.

空间均衡，推动实现人口经济与资源环境协调发展

锚定国家需求
以水资源优化配置助力高质量发展

王　浩，游进军

（中国水利水电科学研究院 流域水循环模拟与调控国家重点实验室）

摘　要： 水资源优化配置是协调经济社会发展与生态环境保护的重要手段。新形势下国家战略对水资源安全保障提出更高要求，通过辨识区域水情和水问题特征，分析了近十年我国水资源配置研究和实践坚持以国家需求为导向、以均衡协调为目标的特点，总结了取得的重要理论技术创新与重大应用实践成果，提出了未来水资源配置在理论、技术、实践等方面进一步提升的方向。

关键词： 水资源；优化配置；理论；技术；实践

水资源配置是均衡水与发展的关键措施。统筹水与经济社会发展、生态文明建设的关系，以"节水优先、空间均衡、系统治理、两手发力"的治水思路为指引，研究适应区域特征和国家战略需求的水资源配置理论方法，对我国具有格外重要的意义，也是引领近十年水利改革发展、创新突破并取得实际成效的主线。

一、新形势下国家战略对水资源安全提出更高要求

近十年国内国际形势发生巨大变化，我国进入新发展阶段。一是城市群规模扩大，城镇化率从2010年的49.7％提高到2020年的63.9％，对资源能源保障和生态环境保护要求提高；二是经济转型，从规模扩张转向质量提升，更重视资源节约集约利用和节能减排；三是经济全球化受阻，贸易壁垒加剧，内需成为发展主动力，需要更多立足自身保障粮食、能源等国家安全。应对复杂形势变化，国家提出了"一带一路"倡议，深入推进生态文明建设，实施京津冀协同发展、长江经济带、黄河流域生态保护和高质量发展等国家重大战略，明确区域发展重点目标，引领区域发展发生历史性变化。

新形势下的国家战略对水资源安全保障提出了更高要求，具体表现在：①突出节约集约利用，处理好水与经济社会、生态环境的关系，经济社会发展不能超出当地水土资源承载能力；②增强供水安全，应对城镇化水平和产业转型带来的用水集中度提高、供水保障水平提高和应急能力提升等的多重要求；③保障重点，合理布局，满足粮食安全、能源安

原文刊载于《中国水利》2022年第19期。

全、生态安全和区域战略发展需求；④创新配置模式，更好认识水的多重效应，发挥市场机制配置资源的作用，调控水资源产生综合的经济、社会和生态效益。

面向新的要求，近十年的水资源配置研究和实践，正是以"节水优先、空间均衡、系统治理、两手发力"的治水思路为指引，探索有助于高质量发展的路径。

二、区域水情特征

我国人均水资源不足世界平均水平的 1/3，受气候、地形地貌影响，降水径流时空分布差异相对世界其他区域更为显著，呈现南多北少、雨热同期的特点。南方地区人均水资源量接近 3000m³，北方地区不足 1000m³，其中黄淮海流域不足 500m³，海河流域不足 250m³，低于严重缺水标准。经济水平提升则缺水损失增加，有限的水资源条件导致供需矛盾更加突出，区域、用户用水竞争加剧，不同区域表现出不同的问题，水资源成为发展的制约性因素。

1. 西北内陆区：资源约束紧张

西北内陆区面积占全国 1/3 以上，土地资源丰富，能源富集，光热充足，是国家粮食安全的战略后备区，但水资源短板明显。区域平均径流深不足 40mm，干旱少雨、生态脆弱，水资源供需矛盾突出，水资源配置是平衡生态保护和经济社会发展的核心。西北地区的后发优势带来持续增长空间，需要利用好能源、资源优势，在生态安全的前提下推动经济社会健康发展。要从根本上解决该区域严重缺水问题，支撑国家战略，迫切需要完善水资源配置格局，以水资源刚性约束控制发展规模、提高发展质量，优化供给结构，提升水资源利用效率，增强水资源承载能力。

2. 黄淮海、松辽流域：用水竞争强烈

黄淮海流域面积占全国 15%，人口占全国的 1/3，经济总量、工农业产值、耕地和灌溉面积均占全国 30% 以上，但水资源量仅占全国 7%。其中京津冀地区是我国乃至世界范围内人类活动对水循环扰动强度最大的区域，以占全国 0.7% 的水资源承载着全国 5% 的耕地、8% 的人口、9% 的经济总量。为了支撑经济社会发展，长期过度开发水资源，不同区域和行业用水竞争强烈，形成城市挤占农村、农村挤占生态的用水模式，河道断流、湖泊湿地萎缩、地下水水位持续下降，付出了巨大的生态环境代价。松辽流域也存在有限水资源条件下的多用户强烈竞争用水问题。因此，水资源配置必须以国家战略为导向，从经济、社会、生态、环境多角度评价综合效应，建立科学决策机制和有序供用水格局，促使从低效用水向高效用水转变。

3. 南方地区：综合调控不足

南方地区总体水量充沛，虽然局部区域存在水资源短缺、竞争性用水矛盾，但具备流域内部调控解决的条件。因此，水资源配置应侧重水的综合调控利用，协调不同用水目标，解决焦点问题，优先保障重点需求，兼顾一般需求，一水多用、循环利用，减少环境负效应，提高综合效益。

三、近十年水资源配置理论技术创新

围绕主要水问题和发展需求，近十年我国在深化水循环机理研究基础上，结合信息技

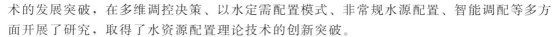

术的发展突破，在多维调控决策、以水定需配置模式、非常规水源配置、智能调配等多方面开展了研究，取得了水资源配置理论技术的创新突破。

1. 深化机理强基础

伴随监测能力提升，从自然和社会两方面强化了水循环机理过程基础研究。在自然水循环方面，揭示了寒区、旱区、高原等原有水文模拟分析薄弱区域的水循环演变机理，建立了基于"水分-能量-物质"全过程模拟的流域水循环模拟方法，以及不同水文过程的生态效应模拟、水量水质联合评价模拟，初步构建了水资源动态评价的概念框架与技术体系。在社会水循环方面，通过建立农田、城市、工程等不同类型经济社会活动对水循环过程作用的参数化和函数化表达，科学描述了人类活动对水循环分项过程的作用机理，揭示了自然和社会水循环过程相互作用规律，构建了"实测-分离-耦合-建模-调控"的二元水循环科学范式，为水资源调控的综合效应分析评价提供了基础。

2. 多维调控提韧性

针对流域经济社会发展与生态保护矛盾突出的特点，剖析与水循环密切相关的资源、经济、社会、生态和环境五维属性及其相互关系和临界特征，提出人类活动影响下的水循环多维临界调控理论框架、调控准则、决策机制和调控方法，建立多维整体调控方法体系。通过水资源多维调控提供符合水循环特征的高效用水调控模式和应对措施，可为解决竞争性用水矛盾提供决策支持。通过识别各个目标的临界阈值，提供不同维度的保障底线，避免极端事件和不合理水量调配导致系统进入不可逆状态，建立极限状态和应急状态调控原则，增强系统韧性。

3. "四水四定"优用水

将水资源作为最大刚性约束，从"以需定供"转向"以水定需"，提出"四水四定"水资源配置理念。通过解析水与"城地人产"内在关系，分析相应的控制指标，提出"四水四定"协调优化准则，优化行业用水分配，形成系统分析方法和模型工具，统筹"城地人产"规模控制和水量协调分配。通过"四水四定"以水资源条件优化确定区域经济社会发展边界，引导"适水发展"，改变水资源供需理念，有助于构建与水资源承载力相适应的发展布局，促进水资源与人口经济协调，落实水资源刚性约束的管控措施。

4. "水-能-粮"协同调控

水是粮食生产和能源产业的支撑体，水与粮食、能源具有复杂的协同竞争关系，其协同调控是实现经济社会可持续发展的关键途径，对保障国家安全具有战略意义。近期研究突破包括：构建社会水循环全过程能量消耗模拟方法与参数体系，提出以能量耗用为统一度量标准的自然-社会水循环强度评价方法，建立不同尺度水循环能流图；基于粮食流动过程提出全口径虚拟水量化表达方法，实现虚拟水流动路径解析和通量核算；开发了水-能源-粮食量化均衡模型工具箱，揭示了能源开发的风险链。通过系列创新突破，提出基于"水-能-粮"纽带关系的协同安全保障战略，为新时期同步实现我国水安全、能源安全、粮食安全提供了理论支撑。

5. "低碳"配置促减排

"双碳"战略对水利行业提出了新的挑战，近十年相关研究以革新传统水资源配置模式为突破口，探索面向低碳目标的水资源合理配置理论与关键技术，在已有的"供水低能耗"的经济性目标基础上，逐步向"以流域层面统筹、区域层面协调、工程层面兼顾"的低碳配置理论发展，设定"区域碳源-碳汇平衡""供水全链条碳排放最低"优化目标，分析配置全过程的碳排放效应，将碳减排作为用水综合效益的重要组成部分，引导水在行业间的分配和流转。

6. 智慧调配助决策

随着保障要求提升，水资源配置决策精细程度不断提升，同时大数据、人工智能等技术革新对决策方式带来深刻变化。智能技术的应用提升了水资源配置的精细过程处理分析能力，配置与调度多维协同得到进一步拓展。通过大数据和人工智能技术应用，推动了配置技术由刚性配置向柔性配置、从静态配置向动态配置提升，从宏观水量配置向实时调度决策转型，建立融合预报、预警、预演和预案的辅助决策支撑体系，实现从水量配置到实时水量调配、城市给排水调配，使水资源配置和调度的衔接更浑然一体。

7. 多水源配置强保障

强化了外调水与本地水、非常规水与常规水的联合配置。对于外调水，主要是从与本地水的联合配置模式、水价体制、调水生态修复效应等角度开展研究，提出优化外调水利用的可行模式，在南水北调东中线一期等工程中进行应用探索。对于非常规水源，主要从开发利用技术和协同配置模式两方面开展了研究。围绕不同类型非常规水源特性，探索了再生水高效低碳处理、海水淡化膜处理、城乡雨洪补源与高效利用、苦咸水脱盐净化等技术。通过不同水源、用户及开发利用风险约束之间的协同关系，研究常规和非常规水源的协同配置方法和综合利用模式，提出了污水资源化利用实施方案，明确了非常规水源纳入统一配置体系的具体对策措施。

四、优化配置增强水资源保障能力

在理论技术研究基础上，开展了一系列重大实践工作，从供需两侧开源节流，优化配置格局，为国家战略的实施推进提供了安全高效的水资源保障。

1. 高效用水见真章

通过优化配置推动实现水资源高效利用，不仅保障了重点行业的供水安全，同时促进了水资源的高效流转，倒逼产业结构调整和转型升级。2021年我国万元GDP用水量、万元工业增加值用水量较2012年分别下降45%和55%，农田灌溉水有效利用系数从2012年的0.516提高到2021年的0.568。自2019年4月《国家节水行动方案》印发实施以来，全国31个省级行政区都建立了部门协调机制或者节水联席会议制度，出台了省级节水实施方案。非常规水源纳入了水资源统一配置，全国非常规水利用量从2012年的44.6亿m^3增加到2021年的138.3亿m^3，缺水城市再生水利用率从2012年的不足10%提高到2021年的20%左右。

2. 生态保障渐落地

生态流量一直是研究热点，早期仅在生态问题突出河流开展了实践探索。近十年，随着生态文明理念深入人心，生态水量保障得到社会关注和认可，水利部明确提出将生态用水纳入水资源统一配置，生态流量管理实践全面铺开。2020年起，水利部制定出台了河湖生态流量管理政策措施，分四批印发了171条跨省重点河湖的生态流量保障目标，地方制定了省内重点河湖生态流量保障目标并纳入最严格水资源管理制度考核，基本建立了保障河湖生态流量（水位）的管理体系，切实保障了河湖基本生态用水。地下水生态保护也落到实际行动，2014年以来，通过"节、控、换、补、管"等措施实施华北地下水超采综合治理，截至2021年年底，治理区浅层地下水、深层承压水较2018年平均回升1.89m、4.65m，成效明显。2022年启动母亲河复苏行动，华北地区的永定河、潮白河、滹沱河等一批断流多年的河流恢复全线通水，白洋淀重现生机，断流干涸近百年的京杭大运河黄河以北段全线过流贯通，实现了与永定河的百年交汇。

3. 水网动脉显成效

2013年和2014年南水北调东中线一期工程先后通水，"四横三纵"的国家水网初见轮廓。通水以来北调水量逐步增加，累计调水超过565亿m³，直接受益人口达1.5亿，改善了40多座大中型城市的供水条件，向50多条河流生态补水近90亿m³，解决了北方地区缺水的燃眉之急。通过东中线一期工程串联本地水源，形成黄淮海平原多源互济的配置格局，有效支撑了受水区经济增长，拓展了区域发展空间。

除了提升常态供水能力，东中线一期工程还发挥了应急保障作用，通过中线工程向密云水库反向输水、地下水水源地补水提高了北京市的水源储备应急能力，通过东线调水在2015—2017年的胶东大旱中确保了青岛、烟台、潍坊、威海等城市供水。骨干调水工程在极端情况可以提供可靠的应急备用能力，对保安全、稳民心起到不可替代的作用。南水北调东中线一期工程在保障供水安全、恢复生态、改善环境等多个方面发挥了巨大的综合效益，有力保障了京津冀协同发展、雄安新区建设、黄河流域生态保护和高质量发展等国家战略实施，证明了国家水网在促进水资源优化配置、保障国家战略发展目标中具有基础性作用。

4. 水网建设成规模

近十年开展了各级水网建设，发挥了较好的规模效益。东北地区建成引绰济辽、大伙房水库输水等工程，初步形成连通松辽的水网；中部地区实施引江济淮、鄂北地区水资源配置，与南水北调主动脉衔接，增强了区域整体水量调配能力；西部地区开展了引汉济渭、滇中引水一期、重庆渝西水资源配置、向家坝灌区一期、引洮供水二期等工程，形成省级水网骨干；东南沿海地区建成珠江三角洲水资源配置工程、福建平潭及闽江口水资源配置工程、韩江榕江练江水系连通等工程，改变了沿海地区供水连通性弱、保障程度低的问题；福州、广州等城市建立以监测预警（"眼"）、调度决策（"脑"）、指挥与自动化控制（"手"）相结合的以城区为主体的联排联调，推进了城市水网的综合调配控制。随着省级水网先导区建设的推进，区域水网逐步融合，为构建"三纵四横"为骨干的国家水网布局夯实了基础。

总结近十年的成效，我国水资源配置研究和实践始终坚持以问题导向、目标导向为核心，以科学认知为基础，锚定国家发展战略和社会需求，通过水资源优化配置促进经济发展与资源、环境相协调，以水资源"空间均衡"助力经济社会高质量发展。在此过程中，水资源配置理论技术不断深化并得到实践检验，取得了长足发展，处于国际领先水平，有力支撑了水资源安全保障。

展望未来，我国的水资源配置将适应水情、工情、国情变化的需求，全面提升理论方法与实践能力。理论方面，需要深入解析自然-社会交互作用和协调演化机制，拓展多维均衡协同的水资源配置内涵和范围；技术层面，需要加强水资源评价、配置、调度、管理的有机结合，形成水资源全过程综合动态决策，依托信息技术的革新推动水资源配置向精细化、动态化、智能化方向发展；实践层面，将进一步促进国家骨干水网与地方水网的融合，支撑国家水网科学构建和水资源智能调控，推动水土资源多要素协同配置，探索经济社会发展布局的适应性调整应对策略，持续助力新阶段高质量发展。

参 考 文 献

[1] 李国英. 新时代水利事业的历史性成就和历史性变革 [N]. 学习时报，2022-10-12 (1).
[2] 王浩，游进军. 中国水资源配置30年 [J]. 水利学报，2016，47 (3)：265-271，282.
[3] 赵勇，王庆明，王浩，等. 京津冀地区水安全挑战与应对战略研究 [J]. 中国工程科学，2022，45 (5)：8-18.
[4] 王浩，贾仰文. 变化中的流域"自然-社会"二元水循环理论与研究方法 [J]. 水利学报，2016，47 (10)：1219-1226.
[5] 游进军，王浩，牛存稳，等. 多维调控模式下的水资源高效利用概念解析 [J]. 华北水利水电大学学报（自然科学版），2016，37 (6)：1-6.
[6] 游进军，杨益，王婷，等. 水资源供需形势分析方法与调控方向初探 [J]. 中国水利，2020 (21)：20-22.
[7] 严子奇，周祖昊，王浩，等. 基于精细化水资源配置模型的坪山河流域生态补水研究 [J]. 中国水利，2020 (22)：28-30，33.
[8] 王浩，许新发，成静清，等. 水资源保护利用"四水四定"：基本认知和关键技术体系 [J]. 水资源保护，2023，39 (1)：51-54.
[9] 王红瑞，赵伟静，邓彩云，等. 水-能源-粮食纽带关系若干问题解析 [J]. 自然资源学报，2022，37 (2)：307-319.
[10] 严登华，秦天玲，张萍，等. 基于低碳发展模式的水资源合理配置框架研究 [J]. 水利学报，2010，41 (8)：970-976.

认真践行"节水优先、空间均衡、系统治理、两手发力"治水思路 加快实施水资源刚性约束制度

摘 要： 近年来，水资源管理工作认真贯彻落实习近平总书记"节水优先、空间均衡、系统治理、两手发力"治水思路，相关工作取得积极进展和成效。在学习研究"节水优先、空间均衡、系统治理、两手发力"治水思路、总结水资源管理工作的基础上，以加快实施水资源刚性约束制度为主线，提出了当前和今后一个时期水资源管理的思路和重点。

关键词： 水安全；水资源管理；刚性约束；中国式现代化

2014 年 3 月 14 日，习近平总书记在中央财经领导小组第五次会议上提出了"节水优先、空间均衡、系统治理、两手发力"治水思路，这是习近平总书记关于治水重要论述的思想主线。"节水优先、空间均衡、系统治理、两手发力"治水思路高瞻远瞩、内涵丰富、思想深邃，科学回答了如何处理好水资源开发利用增量与存量的关系、水资源与经济社会发展的关系、治水要素之间的关系，为新时代水利事业发展提供了行动指南，是做好当前和今后一个时期水资源管理工作的根本遵循。

一、深入学习领会"节水优先、空间均衡、系统治理、两手发力"治水思路的内涵要义

"节水优先、空间均衡、系统治理、两手发力"治水思路具有鲜明的思想性、理论性、战略性、指导性、实践性，贯穿着辩证唯物主义和历史唯物主义思想。继关于保障国家水安全重要讲话后，习近平总书记先后主持召开会议研究部署深入推动长江经济带发展、黄河流域生态保护和高质量发展、推进南水北调后续工程高质量发展并发表一系列重要讲话，都体现了"节水优先、空间均衡、系统治理、两手发力"治水思路的内涵要义，是做好水资源管理工作的行动指南，要全面贯彻落实到水资源管理工作实践中。

原文刊载于《水利发展研究》2024 年第 3 期。

1. 提高思想认识，切实增强做好水资源管理工作的使命感、责任感、紧迫感

习近平总书记指出，水安全是涉及国家长治久安的大事，全党要大力增强水忧患意识、水危机意识，从全面建成小康社会、实现中华民族永续发展的战略高度，重视解决好水安全问题；推进中国式现代化，要把水资源问题考虑进去。水资源问题事关国家长治久安，事关经济社会发展，事关群众切身利益，必须坚持从政治的高度看待水资源问题，必须清醒地认识水资源在经济社会发展中的战略地位，必须始终站在党和国家事业发展的全局高度思考谋划推进水资源管理工作，统筹好经济发展和生态保护，统筹好效率和公平，统筹好生活、生产和生态用水，切实增强水安全保障能力，提高水资源利用效率，改善水生态环境状况，为全面建设社会主义现代化强国提供有力的水资源支撑保障。

2. 落实任务措施，坚定走好水安全有效保障、水资源高效利用、水生态明显改善的集约节约发展之路

习近平总书记强调，当前的关键环节是节水，从观念、意识、措施等各方面都要把节水放在优先位置；要把水资源、水生态、水环境承载能力作为刚性约束，贯彻落实到改革发展稳定各项工作中，要坚决落实以水定城、以水定地、以水定人、以水定产；要有序实现河湖休养生息，让河流恢复生命、流域重现生机；要推动建立水权制度，明确水权归属，培育水权交易市场。把这些重要论述贯彻落实到水资源管理工作中，一要强化水资源节约集约利用，把节水体现在水资源管理各个环节，在水资源论证、取水许可、水生态保护、水资源超载问题治理等工作中把节水放在优先考虑的位置；二要加快用水权初始分配，确定水资源刚性约束指标，明确重点河湖生态流量底线和水资源开发利用上限；三要严格取用水监督管理，按照确定下来的刚性约束指标，严格水资源论证和取水许可管理，控制水资源开发利用总量；四要强化水生态保护治理，针对已经出现的河湖过度开发利用、地下水超采等突出问题，加快超载治理，复苏生态环境，还水于河，还水于地下。

3. 把握路径方法，坚持运用科学的水资源管理工作原则方法

习近平总书记关于治水重要论述是习近平生态文明思想的重要内容，是做好水资源管理工作的根本遵循，我们必须坚持好、运用好贯穿其中的立场、观点和方法。一是坚持问题导向。习近平总书记关于治水重要论述体现了鲜明的问题意识和问题导向。要紧紧围绕解决我国存在的水资源短缺严重、水生态损害严重、水环境污染严重等问题，补齐水资源管理的短板弱项，调整思路，明确重点，按照客观规律对水资源进行合理开发、有效利用和节约保护，提高水资源管理能力与水平。二是坚持系统观念。系统观念是辩证唯物主义的重要认识论和方法论，是具有基础性的思想方法。在水资源管理中，要以系统论的思想方法看问题，坚持山水林田湖草沙系统治理，坚持以流域为单元统一规划、统一治理、统一调度、统一管理，统筹生活、生产和生态用水，统筹地表水、地下水，统筹当地水、外调水，优化水资源配置格局，强化水资源刚性约束，改善水生态环境质量。三是坚持改革创新。着力通过改革创新，破解体制机制障碍，增强发展动力和活力，促进问题解决，将制度优势转化为治理效能。要充分发挥政府和市场作用，强化水资源管理法治体制机制建设，加快推动实施水资源刚性约束制度，加快用水权初始分配，严格取用水监督管理，强化水资源监督考核，把政府该管的从严从细管好；要充分发挥市场机制作用，建立符合市场导向的水价形成机制，推进用水权市场化交易，推进水资源费税改革，创新水利投融资

体制机制，探索建立水生态产品价值实现机制，促进水资源节约集约利用。

二、近年来水资源管理贯彻落实工作进展成效

近年来，水资源管理认真贯彻落实习近平总书记"节水优先、空间均衡、系统治理、两手发力"治水思路，以强化水资源的刚性约束作用为主线，加快推动建立水资源刚性约束制度，严格取用水监督管理，着力复苏河湖生态环境，加快水生态保护修复和地下水超采治理，取得积极进展和成效。

1. 水资源刚性约束制度体系初步建立

贯彻落实习近平总书记关于"把水资源作为刚性约束"的要求，加快推动建立水资源刚性约束制度，健全水资源刚性约束指标体系。一是水资源刚性约束制度文件即将发布实施。按照党中央、国务院决策部署，水利部会同有关部门研究起草了关于研究建立水资源刚性约束制度的文件，目前文件已经中央深改委审定，有望近期发布实施。这个文件将作为今后一段时期全国水资源工作重要的纲领性文件，在水资源管理历程中具有里程碑意义。二是重点河湖生态流量保障实现重要突破。累计确定了 171 条跨省河湖、546 条省内河湖共 1355 个断面的生态流量目标，实现了跨省河湖生态流量保障体系全覆盖。通过水量调度、监测预警、通报考核等措施，全方位加强河湖生态流量监管，各省份纳入考核的生态流量满足率均在 90％以上。三是江河流域水量分配任务基本完成。全国计划开展水量分配的 95 条跨省重要江河已累计批复 92 条，基本完成全国跨省重要江河流域水量分配任务。各省份累计批复了 372 条省内跨地市江河水量分配方案。四是地下水管控指标确定工作取得重要进展。全面完成 31 个省份地下水取水总量控制、水位控制地下水管理指标确定成果技术审查，辽宁、黑龙江、上海等 20 个省（直辖市）的成果已经省级人民政府批复实施。

2. 取用水监督管理得到切实加强

深入贯彻"四水四定"原则，根据确定下来的水资源管控指标对取用水进行严格监管，促进水资源条件与经济社会发展相适应。一是取用水管理专项整治行动全面完成。在全国范围部署开展了取用水管理专项整治行动，基本掌握了全国近 590 万个取水口的分布情况，整治解决了 427 万个取水口违法违规取用水问题，有效规范了取用水秩序。二是加快取用水监测计量体系建设。制定印发《关于强化取水口取水监测计量的意见》，扩大监测计量覆盖面，提高监测数据质量。截至 2023 年年底，接入全国取用水管理平台的规模以上取水在线计量点超过 13 万个，规模以上取水在线计量率达到 75％，5 万亩以上大中型灌区渠首取水口取水基本实现在线计量。联合国家电网有限公司推进农灌机井"以电折水"。三是严格水资源论证和取水许可管理。切实强化规划和建设项目水资源论证，发挥水资源在区域发展、规划决策和项目布局中的刚性约束作用，对黄河流域地表水超载的 13 个地市、地下水超载 62 个县暂停新增取水许可。全面推广应用取水许可电子证照，全国已发放电子证照 63 万套。四是实行最严格水资源管理制度考核。水利部会同国家发展改革委等 9 部门每年开展最严格水资源管理考核工作，改进考核内容和方式方法，把节约用水、水资源监管、水资源保护、河湖长制、农村饮水安全、智慧水利建设等均纳入考核，发挥考核"指挥棒"作用，推动水资源管理重点工作落实。

3. 水生态保护修复治理取得明显成效

牢记习近平总书记关于"让河流恢复生命、流域重现生机""开展地下水超采漏斗区综合治理"等重要嘱托，切实加强河湖生态保护修复和地下水保护治理工作。一是组织实施母亲河复苏行动。聚焦河道断流、湖泊萎缩等问题，选取 88 条（个）河湖开展母亲河复苏行动。通过加大节水力度、多水源联合调度、河湖生态补水、河道疏浚、河湖输水通道建设等措施，"一河（湖）一策"推动治理修复。二是持续开展华北河湖生态补水。充分利用南水北调工程建成通水有利条件，统筹多水源向京津冀 7 个水系 30 余条河湖实施生态补水，截至 2023 年累计补水超过 300 亿 m^3，永定河、潮白河、大清河、滹沱河等长期断流河道实现全线水流贯通，白洋淀重现生机，京杭大运河 2022 年、2023 年连续两年实现全线水流贯通。三是持续推进地下水超采综合治理。完成华北地区地下水超采综合治理近期治理目标，治理区约 90% 区域初步实现采补平衡。在此基础上，巩固拓展华北地区地下水超采综合治理成效，全面推进三江平原、松嫩平原、辽河平原、西辽河流域、黄淮地区、鄂尔多斯台地、汾渭谷地、河西走廊、天山南北麓、北部湾等 10 个重点区域下水超采综合治理。四是切实加大地下水保护监管力度。推动《地下水管理条例》于 2021 年颁布施行，联合有关部门印发《地下水保护利用管理办法》。建立地下水水位变化通报机制，压实地方人民政府地下水治理与保护主体责任。

4. 水资源管理重点领域改革扎实推进

贯彻落实习近平总书记关于"让市场在资源配置中起决定性作用，同时要更好发挥政府作用"等重要指示要求，扎实推进水资源税改革和用水权改革等工作。在水资源税改革方面，习近平总书记高度重视资源税杠杆调节作用，强调税收是解决水问题的重要手段。2016 年 7 月，财政部、税务总局、水利部联合在河北省率先开展水资源税改革试点。2017 年 12 月，进一步将北京、天津、山西、内蒙古、山东、河南、四川、陕西、宁夏 9 省（自治区、直辖市）纳入试点范围。水资源税改革试点在抑制地下水超采、转变用水方式、促进节水改造、规范取用水行为等方面取得了明显成效。目前，正在联系有关部门研究制订进一步推开水资源税改革的政策措施。在用水权改革方面，2014 年以来，水利部选择在宁夏、江西、湖北、内蒙古、河南、甘肃、广东等 7 省（自治区）开展了水权交易试点，出台了《水权交易管理暂行办法》，经国务院同意成立了中国水权交易所。2022 年，水利部联合国家发展改革委、财政部制定出台了《关于推进用水权改革的指导意见》，对当前和今后一个时期的用水权改革工作作出总体安排和部署，加快用水权初始分配和明晰，因地制宜推进区域水权、取水权、灌溉用水户水权等多种形式的用水权市场化交易，并将用水权改革纳入最严格水资源管理考核。截至 2023 年年底，中国水权交易所累计促成用水权交易 11382 单、交易水量 42.86 亿 m^3。

三、下一步水资源管理的思路和重点举措

深入贯彻落实习近平总书记"节水优先、空间均衡、系统治理、两手发力"治水思路和关于治水重要论述精神，以实施水资源刚性约束制度为主线，以维系良好生态和保障经济社会高质量发展用水需求为目标，坚持精打细算用好水资源，从严从细管好水资源，控制水资源开发利用总量，强化取用水监督管理，持续复苏河湖生态环境，夯实水资源管理

能力支撑，推动经济社会发展以水而定、量水而行，为全面建设社会主义现代化国家提供强有力的水资源支撑。

1. 控制水资源开发利用总量

深入贯彻"四水四定"原则，严格取用水总量控制，严控水资源开发利用上限，严守水生态保护底线。一是强化河湖生态流量保障。推动将河湖生态用水保障纳入河湖长制，制定出台河湖生态流量监督管理办法，健全生态流量监测预警响应机制。二是强化地下水取水总量和水位双控。推动各省地下水取水总量、水位控制指标尽快批复实施并严格监管。完善地下水水位变化通报、技术会商、约谈机制，压实地方人民政府落实地下水保护责任。三是科学确定流域区域可用水量。统筹经济发展和生态保护用水，确定流域区域可用水量，将可用水量明确到具体水源，完善水资源刚性约束指标体系。四是切实强化规划水资源论证。推进相关行业规划、重大产业和项目布局、各类开发区和新区规划开展水资源论证。配合国家发展改革委制订规划水资源论证具体办法。

2. 强化取用水监督管理

从严从细加强取用水事前事中事后监管，不断提升发现问题、解决问题的能力和水平，切实规范取用水及管理秩序。一是严格水资源论证和取水许可监管。加强取水许可电子证照管理，动态全面掌握各类取水口信息，完善水资源论证相关技术标准。二是强化违规取用水问题查处整改。充分利用信息化手段对违规取用水问题进行动态排查，严厉打击违法取水行为，对违法违规取用水行为责令限期改正并依法予以处罚。三是完善取用水监测计量体系。制定全国水资源监测体系建设总体方案，建立取水计量设施（器具）档案，将规模以上取水在线计量数据全面接入全国取用水管理平台，联合国家电网有限公司加快推进农业灌溉机井"以电折水"取水计量。四是加快建立取用水领域信用体系。推动与有关部门联合制定印发《关于开展取用水领域信用评价的指导意见》，将取用水领域违法违规和弄虚作假等行为计入信用记录，切实强化取用水信用监管。

3. 持续复苏河湖生态环境

统筹水资源、水生态、水环境，深入推进大江大河和重要湖泊保护治理，强化地下水超采综合治理，维护河湖健康生命。一是推进水资源承载状况评估和超载治理。开展黄河流域水资源承载状况和超载治理情况评估，并实施分类管理。在其他流域开展水资源承载状况评估。二是加强地下水分区管控。公布新一轮地下水超采区划定成果，严格地下水超采区、禁采区、限采区取用地下水监管。三是深入推进母亲河复苏行动。加快推进88条（个）母亲河（湖）复苏行动，进一步做好华北地区河湖生态补水，持续实现京杭大运河水流全线贯通。四是加强饮用水水源地安全保障监管。修订全国重要饮用水水源地名录，建立省内集中式饮用水水源地名录，完善分级管理体系。制定饮用水水源地水利监督管理办法，建立名录动态调整机制，做好重要饮用水水源地安全评估。五是持续推进地下水超采治理。全面推进华北地区和10个重点区域地下水超采综合治理，持续推进南水北调工程受水区地下水压采。

4. 夯实水资源管理能力支撑

不断完善法规政策标准，强化法制体制机制建设，提升水资源管理信息化水平，加强水资源管理改革与能力建设。一是抓好水资源管理法治建设。积极推动完善用水权改革、取用水管理、水生态保护、地下水治理等方面的制度规定，加快推进《取水许可和水资源费征收管理条例》修订立法前期工作。二是加快推进水资源管理信息化建设。完善全国取用水管理平台、国家水资源信息管理系统，切实加强水资源管理信息数据共享和业务应用。三是深入推进重点领域改革。加快用水权初始分配和明晰，规范开展用水权交易，强化用水权交易监管。配合有关部门积极推进水资源税改革。四是提升用水统计调查能力水平。加强用水统计调查数据核算管理，严格落实防范和惩治水利统计造假、弄虚作假责任制，健全用水统计数据分析发布机制。五是发挥好考核的"指挥棒"作用。制订水资源刚性约束考核办法。完善考核内容，优化考核指标，改进考核机制，推动水资源刚性约束制度重点任务落实。

参 考 文 献

［1］ 水利部编写组．深入学习贯彻习近平关于治水的重要论述［M］.北京：人民出版社，2023.
［2］ 李国英．为以中国式现代化全面推进强国建设、民族复兴伟业提供有力的水安全保障——在2024年全国水利工作会议上的讲话［J］.水利发展研究，2024，24（1）：1-10.
［3］ 李国英．为以中国式现代化全面推进中华民族伟大复兴提供有力的水安全保障［J］.水利发展研究，2023，23（7）：1-2.
［4］ 李国英．坚持系统观念　强化流域治理管理［J］.水利发展研究，2022，22（11）：1-2.
［5］ 李国英．深入贯彻新发展理念　推进水资源集约安全利用——写在2021年世界水日和中国水周到来之际［J］.水利发展研究，2021，21（3）：1-2.
［6］ 于琪洋．加快推动建立落实水资源刚性约束制度　为推进中国式现代化提供有力水资源保障［J］.中国水利，2023（24）：9-10.
［7］ 杨得瑞．推进中国式现代化水资源管理的担当和作为［J］.中国水利，2023（19）：1-4.
［8］ 杨得瑞．建立水资源刚性约束制度　科学推进实施调水工程［J］.中国水利，2021（11）：1-2.
［9］ 郭孟卓．践行习近平生态文明思想　大力推进水资源保护工作［J］.中国水利，2022（1）：1-3.
［10］ 郭孟卓．守住水资源开发利用上限为保障国家水安全尽责［J］.水利发展研究，2023，23（10）：1-5.

我国水资源调度发展历程与展望

程晓冰

（水利部调水管理司）

摘 要： 开展水资源统一调度，是深入学习贯彻习近平生态文明思想、实现空间均衡的重要抓手，是强化水资源刚性约束、优化水资源配置的重要措施，也是推动新阶段水利高质量发展、复苏河湖生态环境的重要支撑。本文系统梳理了我国水资源调度发展历程和新时代取得的成效，从实践中总结出坚持系统观念、坚持遵循规律、坚持循序渐进、坚持数字赋能等4方面重要经验，对照水资源调度工作面临的新形势新任务新要求，提出推进流域统一调度、支撑国家水网建设、持续强化生态调度、提升调度管理水平等今后重点工作思考。

关键词： 水资源调度；空间均衡；国家水网建设；河湖健康；调度管理

水是战略性经济资源、控制性生态要素，是人类生存和经济社会发展的重要保障。中华民族的发展史就是一部治水史。调度是治水的重要环节，是"水害"向"水利"转化的重要手段。随着时代发展和科技进步，水资源调度的概念逐渐形成并不断发展和完善，水资源调度的工作实践也日趋深入，积累了宝贵的经验。

一、水资源调度发展历程

（一）古代利用水利工程调配水资源

我国是传统的水利大国，为兴水利、除水害，历史上修筑了数以万计的水利工程。据统计，我国古代水利工程中，引水工程数量最多。其中，引水工程越过分水岭、跨区域的，可以称为调水工程。与现代跨流域调水工程相比，只是含义、功能和规模略有差异。

我国调水工程历史悠久。公元前486年修建的邗沟，引长江水入淮河，是历史上第一条沟通长江流域与淮河流域的跨流域人工渠道；公元前360年开凿的鸿沟工程，引黄河水进入淮河；始建于公元前256年的都江堰，引岷江水入成都平原，使成都平原成为"水旱从人"的天府之国；始建于公元前246年的郑国渠，引泾河水灌溉关中地区，最后东注洛水，使贫瘠的渭北平原变成富饶的八百里秦川；公元前214年建成的灵渠，引湘江水入漓

原文刊载于《中国水利》2023年第17期。

水，畅通了长江流域与珠江流域，为秦朝统一岭南创造了有利的运输条件。

时至今日，部分调水工程仍发挥着重要作用。以中国古代杰出的调水工程之一——京杭大运河为例，它是世界上最长的古代运河，南起浙江杭州，北至北京，流经浙江、江苏、山东、河北、天津、北京6个省（直辖市）。早在魏晋时期，已经形成了沟通滦河、海河、黄河、淮河、长江各大流域直至杭州通钱塘江的水运网；隋唐宋三代开通了永济渠、通济渠，形成了由邗沟、江南运河及上述两渠构成的南北大运河；元代以后，修通惠河、会通河，并对北运河、南运河、邗沟等重要河段进行维修管理，完善了运河的水运功能，形成了今天的京杭大运河格局。自古以来，京杭大运河不仅在南北交通中扮演着重要角色，对经济、文化、社会的发展更起到了不可估量的作用。

（二）新中国成立后逐步探索流域统一调度

水资源调度与人类社会的发展及其对水资源开发利用的实际需求密切相关。随着认识水平的提高、科学技术的进步和调度实践的深入，人类对于水资源调度的认识和理解不断深化。水资源调度的范围从小区域逐步发展到大流域，甚至是跨流域。水资源调度的模式从传统的"以需定供"和"以供定需"发展到现在综合考虑供需平衡的"可持续发展"模式。水资源调度目标从最初简单的水量分配到目前协调考虑流域和区域经济、环境和生态各方面需求，进行有效的水量宏观调控。

1. 黄河水量统一调度

黄河首开我国大江大河统一调度的先河，开启了流域水资源统一调度的篇章。黄河流域是中华文明的发祥地，随着经济社会发展，流域内水资源短缺、水资源供需矛盾加剧，导致河流断流、地下水超采、湖泊萎缩干涸，出现生态环境恶化问题。1987年国务院批复的《黄河可供水量分配方案》（简称"八七"分水方案），确定黄河年度可供耗水量指标及各省（自治区）引黄耗水指标。在"八七"分水方案批复后10年间，断流问题依然存在。1997年，黄河断流最为严重，断流河段最长达700多km，约占黄河下游河道长度的90%，利津水文站全年累计断流226天，为有史以来断流天数最多，创下多个断流之最，引起社会各界的高度关注。

1998年原国家计委、水利部联合颁布《黄河水量调度管理办法》，授权水利部黄河水利委员会对黄河水量进行统一调度。1999年3月1日，黄河水利委员会发布了第一份调度指令，正式启动黄河水量统一调度，此后黄河实现了从频繁断流到河畅其流的巨变。

2. 黑河水量统一调度

黑河是我国第一条实施水资源统一调度的内陆河流。黑河发源于祁连山北麓，流经青海、甘肃和内蒙古3省（自治区）。由于水资源总量不足，黑河流域中下游区域水资源供需矛盾突出。20世纪60年代以来，受人口增多、工农业发展、水资源总量不足等因素综合影响，黑河下游水量锐减，尾闾河道断流，西居延海和东居延海分别于1961年、1992年干涸。

1997年国务院批准了《黑河干流水量分配方案》，2000年开始实施"全线闭口、集中下泄"的统一调度措施，2002年将水送至干涸10年之久的东居延海，2003年送水至西居延海。2004年起黑河尾闾东居延海实现历史性持续不干涸，被誉为一曲"绿色的颂歌"，

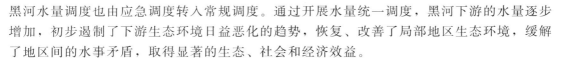

黑河水量调度也由应急调度转入常规调度。通过开展水量统一调度，黑河下游的水量逐步增加，初步遏制了下游生态环境日益恶化的趋势，恢复、改善了局部地区生态环境，缓解了地区间的水事矛盾，取得显著的生态、社会和经济效益。

3. 引江济太水资源调度

太湖流域人口集中，经济发达，城镇化程度高。20 世纪 90 年代以来，太湖蓝藻水华频繁出现，影响周边重要城市供水安全。按照 2001 年 9 月国务院太湖水污染防治第三次工作会议提出的"以动治静、以清释污、以丰补枯、改善水质"的水资源调度方针，太湖流域实施以引江济太为重点的流域水资源统一调度。自 2002 年实施引江济太以来，至 2022 年，该调水工程已通过望虞河引长江水 360.4 亿 m³，年均 17.2 亿 m³；通过望虞河入太湖水量 162.9 亿 m³，年均 7.8 亿 m³；通过太浦河向下游供水 314.5 亿 m³，年均 15.0 亿 m³，为区域水环境、水生态安全提供了坚实有效的水资源保障。

因此，从历史经验看，水资源统一调度是维护河湖健康生命的关键举措。

二、新时代水资源调度成效

党的十八大以来，中国特色社会主义进入新时代，习近平总书记提出"节水优先、空间均衡、系统治理、两手发力"治水思路，新思路新形势对水资源调度工作提出更高要求。调水工程和水资源调度分别从空间和时间上统筹安排，科学合理配置水资源，为落实空间均衡发挥重要支撑作用。党的二十大开启了以中国式现代化全面推进中华民族伟大复兴的新征程，贯彻落实习近平生态文明思想，践行习近平总书记关于治水重要论述精神，建设人与自然和谐共生的现代化，必须将流域水资源统一调度落实、落地。水利部党组在推动新阶段水利高质量发展六条实施路径中明确提出"实施国家水网重大工程""复苏河湖生态环境"。水资源调度是复苏河湖生态环境的重要手段，是加快构建国家水网的必然要求。

这期间，流域管理机构、地方各级水行政主管部门创新体制机制，提升管理水平，推动新阶段水利高质量发展。特别是 2018 年机构改革后，中央批复水利部"三定"规定，明确将"负责重要流域、区域以及重大调水工程的水资源调度"列为主要职责之一，水资源调度工作进一步强化，体系更加健全，组织更加有力，成效更加突出，不断开创工作新局面。

（一）水资源调度管理体制机制不断完善

1. 出台调度管理制度文件情况

坚持问题导向、目标导向、结果导向，在深入调查研究的基础上，梳理水资源调度工作存在的突出问题，水利部编制印发了《水资源调度管理办法》。在总结已有水资源调度管理经验的基础上，按照落实最严格水资源管理制度的相关要求，站在流域角度，明确调度目标并开展统一调度；明确国务院水行政主管部门、流域管理机构和地方水行政主管部门之间的水资源调度管理权限；建立调度协商协调、调度预警、生态补水、信息共享等机制；按照水资源调度管理的系统性要求，统筹生活、生产、生态等用水，从调度方案和年度调度计划编制、调度实施、监督检查、责任追究等环节明确水资源调度管理的内容和要求，推进水资源调度管理的规范化和制度化。

2. 加强配套制度建设情况

2022年，确定了第一批开展水资源调度的跨省江河流域及重大调水工程名录，涉及跨省江河55条、调水工程11项，明确审批备案要求；印发《关于进一步加强流域水资源统一调度管理工作的通知》，对强化流域管理机构统一调度职能、加强流域水资源统一调度管理提出要求；制定水资源调度方案与年度调度计划编制技术指南，完善水资源调度技术体系。同时，流域和省级水资源调度制度建设也取得积极进展，如：出台了《水利部长江水利委员会水资源调度管理实施细则》《四川省水资源调度管理办法》《内蒙古西辽河流域水量调度管理办法（试行）》，北京、河北、上海、安徽、山东、河南等省级水行政主管部门还分别出台了水资源调度管理办法或实施细则。

3. 健全调度管理工作机制情况

组织流域管理机构、省级水行政主管部门明确水资源调度管理机构和责任人，完善水资源调度组织体系，建立健全协商、协调、预警、生态补水及信息共享等工作机制。如：长江水利委员会、太湖流域管理局形成了流域调度协商会商机制，黄河水利委员会、淮河水利委员会、松辽水利委员会建立了生态流量预警响应机制，海河水利委员会建立了生态补水机制，珠江水利委员会完善了水资源调度信息共享机制。各省级水行政主管部门均明确了水资源调度管理机构及调度责任人，进一步压实调度责任。河北、山东、广东、重庆等省级水行政主管部门专设调水管理处，落实相关职能职责。

（二）水资源统一调度有序推进

1. 开展跨省江河调度

黄河、西江等51条跨省江河流域实行水资源统一调度，坚持系统观念，统筹多目标调度，成效明显。长江开展干支流水库群联合调度，有效应对1961年以来最严重长时间气象水文干旱；黄河实现连续24年不断流；黑河东居延海实现连续19年不干涸；太湖连续15年实现确保饮用水安全和不发生大面积水体黑臭目标；京杭大运河两次实现全线水流贯通，沿线河湖生态环境明显改善；漳河实现全线贯通，沿线水事稳定和供水安全得到有力保障；韩江流域60年来最严重旱情得到有效化解；白洋淀水面稳定在250km² 以上，助力京杭大运河全线贯通。

2. 开展省内江河调度

各省级水行政主管部门确定了本行政区域内开展水资源调度的江河流域名录，推动开展水资源统一调度。截至2023年4月，31个省（自治区、直辖市）已印发名录涉及河流270条。省内江河调度成为水资源统一调度向全国范围纵深推进的有力抓手。

3. 规范调水工程调度

建立调水工程台账，共236项已建在建大中型调水工程列入台账，作为调水工程行业管理基础数据底板。实行分级管理，11项重大调水工程调度纳入水利部统一管理，其中7项已建工程均已按要求开展水资源调度；省级水行政主管部门印发确定省级调水工程名录，80项调水工程纳入名录管理。明确管理标准，稳步推进调水工程标准化管理，广东省东深供水工程、浙江省浙东引水工程、山东省胶东调水工程等标准化管理工作逐步规范，调度能力和水平进一步提升。同时，深化提质增效研究，促进工程综合效益持续有效发挥。

（三）生态调度成效更为显著

1. 开展母亲河复苏行动

永定河流域生机重现，自 2021 年首次批复水量调度计划以来，4 次实现全线流动，沿线地下水水位明显回升，生态廊道逐步稳定，沿线群众获得感、幸福感大幅度提升。2021 年 9 月 27 日永定河实现 26 年来首次全线流动；2022 年实现春秋两次全线流动，与京杭大运河实现世纪交汇，实现全年全线流动 123 天，全线有水（冰）195 天；2023 年 3 月 22 日"世界水日"当天，再次迎来春季全线流动。西辽河生态逐步改善，干流过水河段逐年延长，2022 年总办窝堡枢纽实现自 2002 年以来首次过水，2023 年春季干流水头到达总办窝堡枢纽以下约 57.15km，实现干流过水长度 135.15km，对打好科尔沁、浑善达克两大沙地歼灭战具有重要意义。漳河实现全线贯通，并通过漳卫新河实现贯通入海，2023 年，截至 6 月 30 日累计全线贯通 89 天。

2. 开展重点流域生态调度

黄河自 2020 年开展全流域生态调度，将生态调度由干流向支流、由下游向全河、由河道内向河道外不断扩展，重点河流生态流量全部达标，河流生态廊道功能得到有效提升。长江干流积极推进流域生态调度试验，将金沙江乌东德、白鹤滩等梯级水库全部纳入生态调度范围。黑河流域实施"全线闭口、集中下泄""限制引水""洪水调度"等措施，全力统筹生活、生产、生态用水。

3. 推动改善重要湖泊湿地生态

通过及时启动调水工程生态补水，保障了太湖、滇池等重点湖泊生态安全。通过生态补水，塔里木河尾闾台特玛湖水面面积和湿地生态环境不断改善。乌梁素海生态系统持续向好，生物多样性逐步恢复。黑河流域生态环境明显改善，东居延海水面面积长年保持在 35km² 以上，额济纳绿洲面积稳步扩展。向海、莫莫格等湿地生态用水得到有效补充。引黄入冀补淀支撑白洋淀生态水位达标率达到 100%。牛栏江—滇池补水持续发挥效益，滇池水质不断改善。宁夏回族自治区免收 2022 年河湖湿地生态补水水费，首次向银川滨河湿地、惠农简泉湖湿地补水，有效支撑河湖生态复苏。

三、水资源调度经验及运用分析

经过长期实践探索，水资源调度工作积累了丰富而宝贵的经验，应进一步总结并上升为规律性认识。

1. 坚持系统观念

流域性是江河湖泊最根本、最鲜明的特性，应坚持"上下游、干支流、左右岸统筹谋划"。在水资源统一调度工作中，水利部充分发挥顶层谋划设计与综合协调各方的作用，流域管理机构切实履行流域治理管理"四个统一"（统一规划、统一治理、统一调度、统一管理）的工作职责，地方水行政主管部门根据相关任务分工有序开展水资源调度保障与实施工作，成效显著。实践证明，水资源调度工作必须坚持系统观念，上下游、干支流、左右岸，生活、生产、生态用水系统考虑，牢固树立"一盘棋"思想，统筹协调各方面利益。

2. 坚持遵循规律

河流是遵循自然规律的生命体，只有立足河流的内在规律，才能有效提升水资源调度水平，维护河流健康生命，实现人与自然和谐共生。以永定河水量调度为例，通过精准把握河流自然水文律动规律，不断优化水资源调度模式，建立了春季多水源补水、夏季洪水资源化利用、秋季补水储冰结合、冬季蓄冰保水的多手段调度格局，为实现全年全线有水奠定了良好基础。要继续加强水资源统一调度与生态补水规律研究，尊重自然界河流生存的基本权利，建构河流伦理。

3. 坚持循序渐进

实施水资源统一调度，特别是复苏河湖生态环境不可能一蹴而就，需统筹安排、循序渐进。永定河从 2021 年首次实现全线流动，到 2022 年两次实现全线流动，再到 2023 年力争实现全年全线有水目标；西辽河从 2021 年常年干涸的莫力庙水库首次实现生态补水，到 2022 年实现总办窝堡枢纽自 2002 年以来首次过水，再到 2023 年干流水头近 25 年来首次到达通辽规划城区界，向着逐步恢复全线过流的总体目标不断迈进。要结合流域实际，科学合理设定调度目标，久久为功、持续推进，确保水资源调度各项工作任务顺利完成。

4. 坚持数字赋能

水资源调度是强化流域治理管理的重要内容，必须以流域为单元，以数字孪生建设作为强大技术支撑。通过强化预报、预警、预演、预案能力，实现风险提前发现、预警提前发布、方案提前制订、措施提前实施，动态调整优化调度方案，不断提高调度精细化水平。

四、今后工作展望

开展水资源统一调度，是深入学习贯彻习近平生态文明思想、实现水资源"空间均衡"的重要抓手，是强化水资源刚性约束、优化水资源配置的重要措施，也是推动新阶段水利高质量发展、复苏河湖生态环境的重要支撑，必须坚定不移地做下去。

1. 推进流域统一调度

继续推进跨省江河调度，对已开展水资源统一调度的跨省江河流域，进一步规范调度行为，提高调度水平；印发开展水资源调度的跨省江河流域名录（第二批），将已经批复水量分配方案的跨省江河全部纳入，加快启动水资源调度。有序推进省内江河调度，根据需要及时更新省级名录。

2. 支撑国家水网建设

结合国家水网建设，心怀"国之大者"，前瞻性思考、全局性谋划，推进调水工程标准化管理及精准精确调度。进一步规范重大调水工程水资源调度行为，加快推进重大调水工程标准化管理。督促流域管理机构、省级水行政主管部门强化管辖范围内调水工程调度管理，完善管理制度，严格调度计划实施，推进省级名录内调水工程规范开展调度。

3. 持续强化生态调度

落实母亲河复苏行动工作部署，结合流域水情因地制宜开展生态调度，让越来越多的河流恢复生命，流域重现生机。持之以恒复苏永定河，实现永定河全年全线有水；继续开展西辽河流域生态调度，逐步实现恢复西辽河全线过流总体目标；保障漳河全线贯通；视

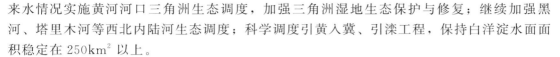

来水情况实施黄河河口三角洲生态调度，加强三角洲湿地生态保护与修复；继续加强黑河、塔里木河等西北内陆河生态调度；科学调度引黄入冀、引滦工程，保持白洋淀水面面积稳定在 $250km^2$ 以上。

4. 提升调度管理水平

开展水资源调度管理条例立法前期工作，完善水资源调度管理制度，为加强流域统一调度提供法治保障。进一步夯实基础工作，流域管理机构要全面准确掌握流域内水资源调度基本情况，逐步摸清流域内重要干支流用水量、流域调入调出水量等基础信息。加快推进江河流域和重大调水工程数字孪生建设，提高"四预"能力，确保调度决策精准安全有效。

参 考 文 献

［1］ 中共中央宣传部 . 习近平新时代中国特色社会主义思想学习纲要（2023 年版）［M］. 北京：学习出版社，人民出版社，2023.

［2］ 习近平 . 高举中国特色社会主义伟大旗帜　为全面建设社会主义现代化国家而团结奋斗——在中国共产党第二十次全国代表大会上的报告［J］. 党建，2022（11）：4-28.

［3］ 中共中央宣传部，中华人民共和国生态环境部 . 习近平生态文明思想学习纲要［M］. 北京：人民出版社，2022.

［4］ 习近平 . 论坚持人与自然和谐共生［M］. 北京：中央文献出版社，2022.

［5］ 李国英 . 加快建设数字孪生流域　提升国家水安全保障能力［J］. 中国水利，2022（20）：1.

［6］ 水利部编写组 . 深入学习贯彻习近平关于治水的重要论述［M］. 北京：人民出版社，2023.

［7］ 李国英 . 为以中国式现代化全面推进中华民族伟大复兴提供有力的水安全保障［N］. 人民日报，2023-07-26（11）.

［8］ 李国英 . 深入贯彻落实党的二十大精神　扎实推动新阶段水利高质量发展——在 2023 年全国水利工作会议上的讲话［J］. 中国水利，2023（2）：1-10.

［9］ 李国英 . 坚持系统观念　强化流域治理管理［J］. 中国水利，2022（13）：2+1.

［10］ 李国英 . 推动新阶段水利高质量发展　为全面建设社会主义现代化国家提供水安全保障——在水利部"三对标、一规划"专项行动总结大会上的讲话［J］. 水利发展研究，2021，21（9）：1-6.

［11］ 李国英 . 维持黄河健康生命［M］. 郑州：黄河水利出版社，2005.

［12］ 国家水网建设规划纲要［J］. 中国水利，2023（11）：1-7.

［13］ 何建章 . 战国策注释［M］. 北京：中华书局，1990.

［14］ 程晓冰 . 强化水资源统一调度　助力水利高质量发展［J］. 中国水利，2022（21）：23-24，36.

［15］ 郑连第 . 中国历史上的跨流域调水工程［J］. 南水北调与水利科技，2003（S1）：5-8，48.

［16］ 郏凤山，任光照 . 中国古代调水工程的实践［J］. 中国科技史料，1980（2）：110-114.

［17］ 孙卫，邱立军，张园园 . 水资源统一调度工作进展及有关考虑［J］. 中国水利，2020（21）：8-10，7.

［18］ 王慧，王文元 . 夯基础　抓重点　出亮点　推动调水管理工作取得新成效——访水利部调水管理司司长程晓冰［J］. 中国水利，2022（24）：38-39.

［19］ 水利部调水管理司负责同志解读《调水工程标准化管理评价标准》［J］. 水利建设与管理，2022，42（11）：83-84.

空间均衡——必须树立人口经济与资源环境相均衡的原则

吴　强，高　龙，李　淼

（水利部发展研究中心）

摘　要： 文章从"空间均衡"是贯彻落实新发展理念的必然选择、是实现人与自然和谐共生的内在要求、是做好新时代水利工作的客观需要等方面，深刻领会了"空间均衡"的重大意义。从水与人口均衡、经济均衡、其他资源（土地等）匹配等内容方面，从全国均衡、流域均衡、区域均衡、城乡均衡等范畴，从强化约束、双向调整、动态平衡等方向，从水生态环境良好、水资源保障有力、水利基本公共服务均等化等标准，多角度分析了"空间均衡"的深刻内涵和精神实质。在此基础上提出了贯彻落实"空间均衡"的总体思路和主要举措：强化水资源刚性约束，持续推动经济社会发展布局与水资源承载能力相适应；健全水利规划体系，进一步优化细化水资源开发利用与节约保护的总体格局；加快完善水利基础设施网络，不断提升水资源供给保障能力和高效利用水平。

关键词： 水资源管理；水利工程；空间均衡；人口经济；资源环境

习近平总书记提出的"节水优先、空间均衡、系统治理、两手发力"治水思路，为做好新时代水利工作提供了科学的思想武器和行动指南。"空间均衡"是习近平总书记治水思路的重要内容，是水利工作必须遵循的根本原则。我们要深刻学习领会"空间均衡"的重大意义，准确把握"空间均衡"的深刻内涵和精神实质，在水利实际工作中坚决贯彻落实。

一、深刻领会"空间均衡"的重大意义

习近平总书记指出，面对水安全的严峻形势，发展经济，推进工业化、城镇化，包括推进农业现代化，都必须树立人口经济与资源环境相均衡的原则。"有多少汤泡多少馍"。要加强需求管理，把水资源、水生态、水环境承载能力作为刚性约束，贯彻落实到改革发展稳定各项工作中[1]。要按照人口资源环境相均衡、经济社会生态效益相统一的原则，整

原文刊载于《水利发展研究》2018年第9期。

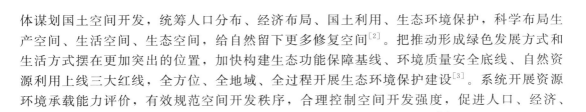

体谋划国土空间开发，统筹人口分布、经济布局、国土利用、生态环境保护，科学布局生产空间、生活空间、生态空间，给自然留下更多修复空间[2]。把推动形成绿色发展方式和生活方式摆在更加突出的位置，加快构建生态功能保障基线、环境质量安全底线、自然资源利用上线三大红线，全方位、全地域、全过程开展生态环境保护建设[3]。系统开展资源环境承载能力评价，有效规范空间开发秩序，合理控制空间开发强度，促进人口、经济、资源环境的空间均衡，将各类开发活动限制在资源环境承载能力之内[4]。

习近平总书记的重要论述，站在生态文明建设全局高度，提出了"空间均衡"的重大概念，其主要包含两层含义：一是必须将人类开发活动限制在资源环境承载能力范围内，人口规模、产业结构、增长速度不能超出水土资源承载能力和环境容量；二是把握人口、经济、资源环境的平衡点推动发展，达到人口经济与资源环境均衡发展的理想状态。具体到水利工作，就是要将水资源、水生态、水环境承载能力作为刚性约束，促进经济社会发展布局与水资源条件相匹配。"空间均衡"是贯彻落实新发展理念的必然选择，是实现人与自然和谐共生的内在要求，是解决水利发展不充分不平衡问题的现实需要，对做好新时代水利工作具有重大指导意义。

（一）"空间均衡"是贯彻落实新发展理念的必然选择

"创新、协调、绿色、开放、共享"的发展理念，是我国改革开放近 40 年对于发展问题的经验总结与理论提升，是我国关于发展观念的又一次理论创新，是"十三五"时期乃至更长时期指导全国、统一思想、协调行动的总原则、总要求。习近平总书记强调："新的发展理念就是指挥棒，要坚决贯彻"。"空间均衡"是贯彻落实新发展理念的必然选择，为水利工作指明了方向。

1. 从协调发展看

推动"一带一路"建设、京津冀协同发展、长江经济带建设 3 大战略和"四大板块"协调发展，必须以提高水资源要素与其他经济要素的适配性为目标，统筹优化全国及重点区域水资源开发利用总体布局，加快完善水利基础设施网络，强化全国、流域及区域水资源统一调度，实现水利与经济社会协调发展。

2. 从绿色发展看

推动循环经济、绿色经济和低碳经济发展，必须正确把握水资源生态保护和经济发展的关系，坚持节水优先、保护优先，以水定产、以水定城，充分发挥水资源管理红线的刚性约束作用，促进经济社会发展布局与水资源条件相匹配，以水资源可持续利用支撑经济社会可持续发展，以水生态环境优美助力美丽中国建设。

3. 从共享发展看

保证广大人民群众共享发展成果，必须着力解决影响人民群众生命健康、生活质量、生产发展的突出水利问题，促进全国不同区域、流域不同省份水利基本公共服务均等化，让人民群众有更多的获得感。

（二）"空间均衡"是实现人与自然和谐共生的内在要求

坚持人与自然和谐共生是习近平新时代中国特色社会主义思想的 14 项基本方略之一，也是习近平生态文明思想的首要原则。习近平总书记强调："给自然生态留下休养生息的时间和空间""让自然生态美景永驻人间，还自然以宁静、和谐、美丽"，这就必然要求将各类开发活动限制在资源环境承载能力之内，达到人口经济与资源环境相均衡的状态。

1. 从自然规律看

受地质地貌、气候等多种因素决定，不同地区的自然资源禀赋和环境容量均存在较大差异。无论是土壤、矿石等非可再生资源，还是森林、草原、水等可再生资源，其在一定空间或时间范围内的最大供给和可持续供给能力都是有物理极限的，一旦突破其供给承载能力就会导致损害甚至不可逆转的严重破坏，如过度利用地表水导致河道断流、持续超采地下水导致地面沉降等。

2. 从社会规律看

人的需要是推动社会向前发展进步的原始动力，随着人类社会不断进步、生产力水平不断提高、人口不断增加，人们逐渐向资源禀赋条件和生态环境较好的区域集中，逐步形成大的城市和城市群，对资源环境的需求和开发利用强度也急剧增加。当人口密度和开发利用强度超过资源环境承载能力，就会产生各种问题和矛盾，如当前我国北京、上海等特大城市普遍存在的"城市病"，制约人口的进一步集中。

3. 从历史规律看

我国历史上的基本经济区（经济中心）从黄河流域逐步向长江流域转移，很大程度上是因为在当时的社会发展模式和生产力水平下，黄河流域已经无法继续承载庞大的人口经济规模，只能向水土资源更加丰富、环境承载力空间更大的长江流域发展。而位于两河流域曾创造4大古代文明之一的古巴比伦，则由于大规模城市化进程、粮食需求急剧增长，导致过度开垦、灌溉，造成土壤盐碱化、农作物产量大幅下挫，最终国力衰退并最终被外敌攻陷、文明消失。

（三）"空间均衡"是做好新时代水利工作的客观需要

习近平总书记在保障国家水安全重要讲话中，透彻分析了我国基本国情水情特点，精辟阐述了治水兴水的重大意义，深入剖析了我国水安全新老问题交织的严峻形势，在此基础上提出了"节水优先、空间均衡、系统治理、两手发力"治水思路，明确了10个方面的重大任务，为做好新时代水利工作指明了方向。"空间均衡"是习近平总书记治水思路的重要内容，是做好新时代水利工作必须遵循的根本原则。

1. 从基本国情水情看

人多水少、水资源时空分布极不均匀、与土地资源布局不相匹配，这种水土资源分布的天然不均匀、不匹配，使得我国经济社会发展面临异常复杂的边界条件和刚性约束。如何实现人口经济与资源环境均衡发展、不断优化发展布局，是我国经济社会发展必须解决的重大课题，也对水利工作提出重大挑战。

2. 从近年水利实践看

经过新中国成立近70年的探索发展，我国水利建设取得了举世瞩目的巨大成就，水资源供给保障能力显著提升，为经济社会发展、人民安居乐业作出了突出贡献。但必须清醒认识到，我国还面临着新老水问题交织的严峻形势，特别是水资源短缺、水生态损害、水环境污染等新问题愈来愈突出，根本原因在于许多地区人口经济规模与水资源环境条件不匹配，水资源开发利用过度突破了水资源水环境的承载能力。

3. 从水利长远发展看

我国社会主义现代化建设已进入新时代，社会主要矛盾发生了重大转化，全面建成小康社会、建设社会主义现代化强国，要求我们必须坚持"空间均衡"的根本原则，着力解决水利发展不充分不平衡问题，为经济社会可持续发展提供更加有力的支撑，不断提升水利基本公共服务均等化水平，让广大人民群众共享水利改革发展成果。

二、准确把握"空间均衡"的深刻内涵和精神实质

准确把握"空间均衡"的深刻内涵和精神实质，关键是要准确把握均衡的内容（谁和谁均衡）、均衡的范畴（在什么空间尺度上均衡）、均衡的方向（实现均衡的路径）、均衡的标准（达到均衡的条件）等。

（一）均衡内容

"空间均衡"是指人口经济与资源环境之间的均衡状态。水既是一种重要的自然资源和经济资源，也是生态环境4大核心元素（大气、水、土壤、生物）之一，具有资源、环境双重属性。从水的角度考虑，均衡内容主要表现为水与人口、经济以及土地等其他资源之间的均衡。

1. 水与人口均衡

以城市（镇）、乡村集镇等人口密集区为重点，保障城乡居民生命财产安全和生活用水需求，保持良好水质，打造舒适美丽水环境水景观。

2. 水与经济均衡

以重点区域、重点产业、重点企业等为重点，实现水资源配置及防洪标准与经济发展布局之间相互均衡。

3. 水与其他资源（土地等）匹配

科学把握水、土等资源开发利用强度和开发节奏，促进水资源与土地、矿产、能源等其他资源均衡开发，最大程度地发挥各种资源的综合利用价值。

（二）均衡范畴

"空间均衡"是建立在一定空间尺度上的概念，是指在一定空间范畴内的均衡，例如全球范畴、国家范畴等。从我国水治理工作实际情况来看，要分层次推动全国、流域、区域以及区域内城乡之间等不同层面的空间均衡。

1. 全国均衡

坚持"全国一盘棋"，统筹谋划、协调推进"四大板块"区域协调发展战略布局和"四横三纵"水资源开发利用与节约保护总体格局，实现全国东中西部、南北方之间的均衡发展。

2. 流域均衡

遵循水的流动特性和流域属性，综合考虑水土资源条件科学布局产业发展，兼顾公平与效率优化配置水资源、共抓水保护、强化水支撑，实现流域上下游、左右岸均衡发展。

3. 区域均衡

以编制省、市、县级行政区域多规融合总体规划为抓手，以区域水土资源承载能力为

刚性约束，科学谋划经济社会发展规模、结构和布局，实现区域内不同地区之间的均衡发展。

4. 城乡均衡

坚持城乡涉水基本公共服务均等化导向，在不断巩固和提升城市（镇）核心区水安全保障能力的同时，突出加强农村水利薄弱环节建设，因地制宜地推进城乡水务一体化，实现城市（镇）与农村之间的均衡发展。

（三）均衡方向

空间均衡与否，实质上是由水与其他均衡内容之间的供需关系决定的。一般来讲，从不均衡状态到均衡状态，有不同的方向选择和实现路径，例如增加供给或减少需求等。长期以来，我国解决水资源供需矛盾的主导思想是根据经济社会发展用水需求千方百计加大供给，事实证明这种模式是不可持续的。新形势下，必须转换思路，以水主导调整水资源与经济社会发展的供需关系，实现空间均衡。

1. 强化约束

坚持因水制宜、量水而行，以水资源水环境承载能力为刚性约束，划定全国及各流域、各区域的水资源开发利用及节约保护控制红线，以水定城、以水定地、以水定人、以水定产。

2. 双向调整

根据水资源水环境承载能力，合理控制人口经济规模和布局；按照"确有需要、生态安全、可以持续"原则，通过建设运用引调水工程等重大水利工程，优化调整水资源环境布局以适应经济社会高效发展需求。

3. 动态平衡

一定时期内均衡状态是相对稳定的，但随着经济社会布局等宏观局势、气候环境等自然条件、水资源开发利用节约保护等技术能力的深刻变化，水与需求端之间的均衡界面将发生一定幅度的移动，需进行适应调整以实现新的优化平衡。

（四）均衡标准

"空间均衡"是一种相对平衡、动态发展的状态，很难用确定的量化指标进行描述。从水资源与人口经济的关系角度分析，"空间均衡"的标准是实现人水和谐，具体可从以下几个方面进行判断。

1. 水生态环境良好

将各类开发活动控制在水资源、水环境承载能力范围内，保障河道生态基流，维持河流健康生命，实现河畅、水清、岸绿、景美。

2. 水资源保障有力

在承载能力范围内，加快完善水利基础设施网络，提高水资源调配及综合利用水平，实现水资源合理开发、优化配置、高效利用和有效保护，以水资源可持续利用支撑经济社会可持续发展。

3. 水利基本公共服务均等化

着力解决广大人民群众最关心、最直接的水问题，实现城乡居民防洪安全、饮水安全等水利基本公共服务均等化。

三、贯彻落实"空间均衡"的总体思路和主要举措

（一）总体思路

在充分节水的前提下，坚持供需两侧发力，控需为主、开源为辅，综合采取管理措施和工程措施，强化水资源水环境承载能力刚性约束，优化水资源开发利用总体格局，提升水资源保障能力和高效利用水平，推动经济社会发展布局与水资源承载能力相适应，以水资源可持续利用促进经济社会可持续发展。

（二）主要举措

1. 强化水资源刚性约束，持续推动经济社会发展布局与水资源承载能力相适应

大力加强需求侧管理，坚持以水定需、量水而行、因水制宜，不断强化实化水资源刚性约束，持续推动经济社会发展布局与水资源承载能力相适应。近年来，我们推动实行最严格水资源管理制度，划定了覆盖全国、省、市、县4级行政区域的水资源开发利用红线，严格用水总量控制；推行规划水资源论证制度，强化用水需求管理；严格取水许可审批，严控不合理用水需求，取得了一定成效。下一步，要以全面落实最严格水资源管理制度为核心，继续抓好以下工作。

（1）突出抓好水资源消耗总量和强度双控行动。健全水资源消耗总量和强度控制指标体系，在国务院确定的2020年各省（自治区、直辖市）控制目标基础上，逐级分解建立省、市、县3级行政区域用水总量及用水强度控制指标体系，除已纳入最严格水资源管理制度考核的红线指标外，可根据地下水压采、重点行业节水等工作需要，因地制宜增加地下水取用总量、分行业用水效率等辅助性、支撑性指标；结合"十三五"规划中期评估结果，提前谋划制定"十四五"规划控制目标。推进江河流域水量分配，加快完成59条跨省重要江河流域水量分配，有序推进省级行政区内跨市、县江河流域水量分配，在保证重点河段（断面）生态水量（水位）前提下，将用水总量控制指标落实到具体河流（湖）和水源；依据批复的江河流域水量分配方案及调度方案、年度调度计划等，科学实施水量调度管理。加强用水定额管理，综合考虑水资源禀赋、用水现状、节水潜力、产业结构优化升级等因素，分区域制定并定期修订覆盖主要农作物、工业产品及生活服务行业的用水定额体系；严格实行用水计划管理，强化行业和产品用水强度控制。

（2）强化实行水资源论证和取水许可制度。建立健全规划和建设项目水资源论证制度，完善规划水资源论证相关政策措施，抓住《中华人民共和国水法》修订及节约用水条例拟定等有利契机，积极推动规划水资源论证制度入法；大力推进国民经济和社会发展规划、城市总体规划、重大建设项目布局等规划水资源论证工作，坚决守住水资源承载能力底线及开发利用控制红线；严格执行建设项目水资源论证制度，原则上禁止水资源短缺地区、生态脆弱地区发展高耗水项目，对未依法完成或通过水资源论证的建设项目，一律不许立项建设，擅自开工建设和投产使用的，依法责令停止并追究相关单位和人员责任。严格实施取水许可，从严核定许可水量，对取用水总量已达到或超过控制指标的地区，暂停审批建设项目新增取水，同时要研究制定相关工作方案，统筹采取疏解产能、优化结构、大力节水等多种措施压减存量用水；对取用水总量接近控制指标的地区，限制审批建设项目新增取水；对不符合国家产业政策、行业用水定额标准及其他取水许可审批规定的建设

项目取水申请，不予批准并向社会公告。

（3）加强水资源管理控制目标考核及问责。全面实施最严格水资源管理制度考核，逐级建立用水总量和强度控制目标责任制，完善考核评价体系，突出双控要求。进一步完善考核组织实施工作，提升考核层级、精简考核内容、优化考核程序、缩短考核时间，国家考核争取在3月底前形成初步考核结果，经国务院批准后报送干部主管部门，作为对各省（自治区、直辖市）政府领导班子和相关领导干部综合考核评价的重要依据。建立完善用水总量和强度双控责任追究制，严格责任追究，对落实不力的地区，采取通报、约谈等措施予以督促；对因盲目决策、渎职失职造成水资源浪费和水环境破坏等不良后果的相关责任人，依法依纪追究责任。推动建立国家水资源督察制度，加强对各地落实最严格水资源管理制度情况的检查督导，确保水资源管理重点目标任务落到实处。

（4）强化水资源安全风险监测评估预警。抓紧建成国家水资源管理系统，健全完善水资源监测、用水计量与统计等监控技术、标准和管理制度体系，加强省界等重要控制断面、水功能区以及地下水水量水质监测能力建设。健全水资源承载能力评价及安全风险评估机制，以省、市、县3级行政区为单元，定期开展水资源承载能力评价，从水旱灾害、水供求关系及发展态势、河湖生态需水、地下水开采与保护、水功能区水资源质量状况等方面，科学评估全国及重点区域水资源安全风险。建立水资源承载能力及安全风险预警机制，建立完善预警体系，及时发布预警信息；针对不同等级和类型的水资源安全风险，分别制定有针对性的应急预案和管控措施，加强水资源风险防控。

2. 健全水利规划体系，进一步优化细化水资源开发利用与节约保护的总体格局

在坚持节水优先前提下，按照开发与保护并重的思路，抓紧健全完善水资源规划体系，不断优化细化水资源开发利用与保护的总体格局。近年来，我们在国务院批复的《全国水资源综合规划》基础上，围绕全力保障国家水安全和支撑国家重大区域发展战略，编制印发了《全国水资源保护规划》《全国水中长期供求规划》《京津冀协同发展水利专项规划》《长江经济带发展水利专项规划》等重大水利规划，进一步细化了全国及重点区域水资源开发利用布局。下一步，要重点抓好以下工作。

（1）适时修订完善《全国水资源综合规划》等。2010年国务院批复印发的《全国水资源综合规划》确定了到2030年我国水资源宏观配置、开发利用、节约保护的总体格局，明确提出到2020年和2030年，全国用水总量分别控制在6700亿 m^3 和7000亿 m^3 以内。党的十八大以来特别是2014年习近平总书记治水思路提出以来，我国治水理念和思路发生重大变化，水资源开发利用态势也发生明显转变，近3年全国用水总量基本稳定在6100亿 m^3 左右，远低于《全国水资源综合规划》确定的2020年控制目标。深入贯彻落实"节水优先、空间均衡、系统治理、两手发力"治水思路，需要在我国改革发展新的形势和大环境下，科学研判和统筹考虑经济社会发展需求、生态文明建设要求、气候变化影响等因素，进一步调整优化全国中长期水资源配置总体格局。今后一段时间，应结合推进国家节水行动、华北地下水超采治理、生态水库规划建设等重点工作，在组织完成第三次全国水资源调查评价基础上，适时启动《全国水资源综合规划》等相关规划修订完善工作，为全面贯彻落实习近平总书记治水思路、推动实现人口经济与水资源环境均衡发展提供更加科学有力的规划支撑。

（2）编制实施非常规水资源利用等方面规划。加大非常规水资源开发利用是实现节水优先和系统治理的重要手段，对优化我国水资源配置格局、缓解水资源供需矛盾具有重要作用。据统计，2015 年全国非常规水资源供应量仅为 62 亿 m^3，约占全国总供水量的 1%，比重严重偏低。国家"十三五"规划纲要明确提出"加快非常规水资源利用，实施雨洪资源利用、再生水利用等工程""推动海水淡化规模化应用"。国家发展和改革委员会会同有关部门编制印发了再生水利用、海水利用的专项规划，提出了我国"十三五"时期推进再生水及海水利用的目标任务和空间布局。下一步，要抓紧编制雨洪资源、矿井水、微咸水等其他非常规水资源利用规划，加大利用规模；同时要加强部门协调和规划衔接，推动各类非常规水资源与常规水资源统一规划、统一配置、统一调度，实现区域水资源的最优化配置与最高效利用。

（3）编制实施重点流域和区域水资源相关规划。我国江河湖泊众多、水系复杂，流域面积 1 万 km^2 及以上河流有 228 条，湖泊面积 100km^2 及以上湖泊有 129 个[5]。这些江河湖泊流域面积大，水资源开发利用任务多样、重点不一。近年来，国家层面已先后批复《南运河综合治理规划》《青海省三江源区水资源综合规划》《红碱淖流域水资源综合规划》《沁河流域综合规划》等一批重点流域和区域水资源相关规划，对相关流域和区域水资源开发利用工作做出了顶层设计和针对性布局。下一步，要按照实行最严格水资源管理制度和水资源消耗"双控"行动要求，在国务院批复的《全国水资源综合规划》、七大江河流域综合规划等确定的总体格局下，结合主要江河水量分配方案编制等工作，抓紧编制实施其他重点流域综合规划，进一步细化流域和区域水资源开发利用布局。

3. 加快完善水利基础设施网络，不断提升水资源供给保障能力和高效利用水平

适应和引领经济发展新常态，围绕推进供给侧结构性改革，坚持按照"确有需要、生态安全、可以持续"原则，统筹规划、集中力量加快建设一批补短板、增后劲，强基础、利长远，促发展、惠民生的水资源配置工程，不断提升供水保障能力和水资源高效利用水平。近年来，在全力抓好南水北调东中线一期工程建设、如期实现全线供水目标的同时，依据相关规划，严格筛选、科学论证、加快推进 172 项节水供水重大水利工程。截至 2018 年 6 月底，已有 129 项开工建设，在建投资规模超过 1 万亿元，南水北调东中线一期、云南牛栏江滇池补水、河南河口村、江西浯溪口等一批重大工程初步建成并发挥效益，为实现稳增长、保就业、惠民生等作出了积极贡献。下一步，要继续抓好以下工作。

（1）围绕解决结构性、效率性缺水问题，大规模推进重大农业节水工程，大力推进非常规水源开发利用，将非常规水源纳入水资源统一配置。持续推进并尽快完成大中型灌区续建配套与节水改造任务，启动实施大中型灌区现代化改造工作，完善灌排设施体系，提高灌区管理效率和管理水平；在水土资源条件具备、承载能力空间较大的地区，规划新建一批节水型、生态型大型灌区，改善农业生产条件和生态环境，提高农业综合生产能力；在粮食主产区、水资源开发过度区、生态环境脆弱区等重点地区，以灌区（灌域）或县、乡为单元大规模集中发展高效节水灌溉。加大雨洪资源、微咸水、矿井水、海水、再生水等非常规水资源开发利用力度，并纳入区域水资源统一配置；加强城镇雨水收集、处理和资源化利用，结合城市用地情况，科学布局建设雨水调蓄设施，恢复城市雨水的自然循

环，增加对雨洪径流的滞蓄利用能力；加大海水淡化和直接利用力度，因地制宜地建设海水淡化或直接利用工程；以缺水地区和水污染严重地区为重点，大力推动污水处理和再生水利用设施建设，通过分质定价、财政补助、税收优惠等措施，鼓励工业企业自建污水处理设施并循环利用再生水，鼓励城市绿化、生态景观等优先使用再生水；积极实施人工增雨（雪），科学开发利用空中云水资源。

（2）围绕解决工程性、资源性缺水问题，加快重点水源工程和应急水源工程建设，在全面强化节水、治污、控需前提下，实施一批必要的重大引调水工程。依据国家批复的相关规划或实施方案，在水资源承载能力空间较大、工程性缺水严重的地区，加快推进一批大、中型水库等重点水源工程立项建设，增强城乡供水保障能力和战略储备；以京津冀、长三角、珠三角等重点区域、城镇群和城市为重点，率先建立应对重、特大干旱及重大突发水污染事件的多水源战略储备体系，对水源单一、调节性能差、应急能力不足的城市，要在对现有供水水源及输配水设施挖潜改造的基础上，统筹考虑在建和规划水源供给能力，合理布局、加快推进城市应急备用水源建设，完善城市供水格局，增强城市应急供水能力和保障水平。在全面强化节水、治污、控需的前提下，综合考虑生态安全、资源匹配、技术可行、经济合理等因素，论证实施一批必要的跨流域、跨区域重大引调水工程，疏通水资源调控动脉，优化水资源配置格局，提升水土资源的匹配度及综合承载能力，保障重要经济区和城市群供水安全，"十三五"期间加快南水北调东中线一期受水区配套工程及云南滇中引水、陕西引汉济渭、安徽引江济淮、内蒙古引绰济辽等区域性引调水工程建设，争取尽早建成、充分发挥效益；积极推进南水北调东中线二期工程前期工作和开工建设，因地制宜地实施一批河湖水系连通工程；进一步深化南水北调西线工程前期论证。

（3）围绕实现水资源综合开发和高效利用，强化水资源统一调度，提升水资源综合效益，创新管理体制机制，保障工程长效良性运行。强化流域水资源统一调度，统筹流域上下游、左右岸、干支流需求，兼顾防洪安全和供水效益，按照安全第一、风险可控、效益最大的原则，科学制订实施各类水利工程的调度运行方案，积极推进流域干、支流梯级水库群联合调度，提高工程调度科学化、规范化、精细化水平，促进流域水资源效益最大化；加强完善水文监测和洪水预报，提高洪水预报特别是中长期预报精度，稳步实施水库汛限水位动态控制，充分利用雨洪资源，提升水资源综合利用效益。坚持两手发力，鼓励和吸引社会资本参与水资源开发利用工程建设运营，按照权、责、利一致原则，落实工程管护主体和管护经费，制定实施合理的供水价格形成机制及公益性服务补偿机制，保障社会资本的合法权益；大力推进水利工程规范化、标准化管理及信息化建设，建立健全工程运行管理制度体系及安全生产应急预案体系，加强工程设施岁修、日常管护、安全监测，保障工程安全和长效良性运行。

参 考 文 献

[1] 习近平. 在中央财经领导小组第五次会议上的讲话 [Z]，2014-03-14.
[2] 习近平. 在十八届中央政治局第六次集体学习时的讲话 [Z]，2013-05-24.

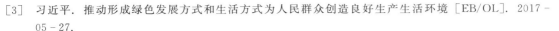

［3］习近平.推动形成绿色发展方式和生活方式为人民群众创造良好生产生活环境［EB/OL］.2017 -
　　05 - 27.

［4］习近平.认真谋划深入抓好各项改革试点积极推广成功经验带动面上改革［EB/OL］.2017 -
　　05 - 23.

［5］水利部,国家统计局.第一次全国水利普查公报［M］.北京：中国水利水电出版社,2013.

水资源空间均衡理论方法与对策措施研究

郦建强[1]，王　平[2]，何　君[1]，郭旭宁[1]

（1. 水利部水利水电规划设计总院；2. 陕西省水利电力勘测设计研究院）

摘　要： 为了全面贯彻落实习近平总书记"节水优先、空间均衡、系统治理、两手发力"治水思路和"黄河流域生态保护和高质量发展"座谈会讲话精神，本文按照"概念—标准—手段—对策布局"的工作方法，在分析水资源空间均衡概念内涵和基本特征基础上，探究了水资源空间均衡的理论基础，构建了水资源空间均衡评价指标体系，提出了水资源空间均衡评价方法，识别影响水资源空间均衡的不利因素，从"约束倒逼"和"优化提升"两方面，按照"节、退、调、保、配、管"提出了水资源空间均衡对策措施，为落实以水而定的要求、实现空间均衡目标提供了重要技术支撑。

关键词： 空间均衡；以水定需；要义分析；空间均衡评价；对策措施

2014 年 3 月 14 日，习近平总书记提出"节水优先、空间均衡、系统治理、两手发力"治水思路，赋予了新时期治水新内涵、新要求、新任务。2019 年 9 月 18 日，习近平总书记在郑州黄河流域生态保护和高质量发展座谈会上指出："要坚持以水定城、以水定地、以水定人、以水定产，把水资源作为最大的刚性约束，合理规划人口、城市和产业发展，坚决抑制不合理用水需求"。落实习近平总书记"节水优先、空间均衡、系统治理、两手发力"治水思路，特别是空间均衡要求，其核心就是坚持以水而定、量水而行。鄂竟平部长在 2019 年全国水利工作会议上指出："空间均衡，核心就是坚持以水定需，根据可开发利用的水资源量，合理确定经济社会发展结构和规模。落实空间均衡，必须搞清楚当地都有哪些水可以用；必须搞清楚对水的需求是什么，哪些是合理的需求、刚性的需求，要予以保证，哪些是不合理的需求，要予以遏制"。

空间均衡理论是在一般均衡理论基础上发展起来的。国外的研究起步较早，其发展经历了区域分工、区位选择和新经济地理条件下的空间均衡三个阶段。目前，我国对空间均衡的概念内涵研究尚处于起步阶段，研究较多集中于国家政策引领下的国土资源空间均衡发展理论分析和宏观评估方面。国家近年来出台的有关生态文明建设、资源环境管控、国土空间规划等相关文件中，"空间均衡"词条出现频次较高，政策实践已领先于理论研究。

原文刊载于《中国水利》2019 年第 23 期。

一、水资源空间均衡要义分析

1. 概念内涵

根据《地理学名词（第二版）》，空间均衡是指空间的经济供应与需求平衡，由它分析空间结构。2010 年国务院印发的《全国主体功能区规划》提出"要按照人口、经济、资源环境相协调以及统筹城乡发展、统筹区域发展的要求进行开发，促进人口、经济、资源环境的空间均衡"。2015 年中共中央、国务院印发的《生态文明体制改革总体方案》提出"树立空间均衡的理念，把握人口、经济、资源环境的平衡点推动发展，人口规模、产业结构、增长速度不能超出当地水土资源承载能力和环境容量"。

本文认为"空间均衡"就是流域或某一区域范围内人口经济社会发展与资源环境相均衡。落实到水资源，核心就是"以水定需"，通过"四定"落实"空间均衡"。这里的"水"指的是在保障生态水量前提下可供人类持续开发利用的水资源（包括自产水和外调水），"需"指的是保障经济社会高质量发展和生态文明建设用水安全的需水量，"定"指的是"约束倒逼"和"优化提升"供需双向发力，在需求侧把水资源承载力作为刚性约束贯彻到改革发展稳定各项工作中，坚决抑制不合理用水需求，在供给侧通过水资源配置、调度、管理等，构建科学合理、运行高效的供配水体系。

2. 基本特征

要达到"空间均衡"，就要坚持"以水定需"。在需水端，要实现水的需求刚性合理；在供给端，要实现水的开发规模适度；在供需两端，要实现高质量的平衡。因此，可将水资源空间均衡基本特征总结为三大特征：

一是水的需求——刚性合理。满足人民美好生活需要的生活用水、符合国家最新产业政策和用水定额标准的生产用水、满足健康水生态需要的生态用水均为合理需水。

二是水的开发——规模适度。水资源的开发利用不超过水资源水环境水生态的承载能力，也就是在保障基本生态用水的前提下，可以持续利用的水资源规模，包括当地水资源、非常规水源和外调水。

三是水的供需——高质量供需平衡。通过动态的供需双向调节，用水效率达到与资源环境条件和经济社会发展水平相适应的节水水平、供水水源结构达到最优、经济社会刚性合理需水得到满足、生态文明建设用水需求能够满足，最终达到人口、经济与资源环境相均衡。

3. 理论基础

水利部曾提出水是重要的自然资源，有其自身运行的自然规律、生态规律；水进入了人类社会，治水活动又需要遵循经济规律和社会规律。自古以来，人类治水实践就是不断发现规律、认识规律、遵循规律、利用规律的过程。基于水资源—经济社会—生态环境协同发展的水资源空间均衡，涉及自然、社会、经济与生态环境等领域，要在把握自然规律、社会规律、经济规律和生态规律的基础上，界定空间均衡的核心要义。

"空间均衡"应遵守的自然规律一般是指保障水资源可持续利用的水循环规律，包括物质循环（水沙的运移和搬迁，水盐的运动与平衡等）、能量循环（水能资源的积累与消耗，温能的扩散等）、化学循环（化学物质的产生、运移与降解等）以及生物循环（生物产生、繁殖与迁移等）。

"空间均衡"应遵守的社会规律一般是指维持人类社会公平发展的水资源利用的公平性，包括区域、行业、上下游、左右岸之间的公平。

"空间均衡"应遵守的经济规律一般是指维持经济可持续发展的水资源的高效利用。

"空间均衡"应遵守的生态规律也即生态系统的演变规律，一般是指维持生态系统良性循环的生态环境需水量及其需水过程。因此，水资源空间均衡的实质就是实现水资源—经济社会—生态环境各系统功能的良性互动与动态平衡。

二、水资源空间均衡评价方法

1. 指标体系

从"以水定需"这一核心要义出发，"空间均衡"评价必须紧紧抓住"水""需""定"这三个核心要素。因此，在节水优先的前提下，"空间均衡"评价包含需水端的刚性合理需水评价、供给端的开发利用规模适度评价，以及供需两端的高质量供需平衡评价。基于这三方面的评价特征，选取相应的评价指标（表1），明确指标阈值，开展水资源空间均衡度评价。

表1   "空间均衡"评价指标

空间均衡基本特征	评 价 指 标
水的需求——刚性合理	合理用水比例 刚性需水满足程度
水的开发——规模适度	地表水资源开发利用率 水资源总量开发利用率
水的供需——高质量供需平衡	节水水平 非常规水利用率 基本生态需水满足程度 缺水率

（1）水的需求——刚性合理评价。采用合理用水比例、刚性需水满足程度作为需水是否刚性合理的评价指标。在评价阈值标准制定方面，目前有多部规范标准从不同角度对水资源需求分析的相关内容进行了规范，但尚不明确如何区分水资源的刚性合理需求，下一步要基于对不同行业用水需求刚性合理的细类划分，完善合理用水占比和刚性需水满足程度的指标阈值。

（2）水的开发——规模适度评价。采用地表水资源开发利用率、水资源总量开发利用率作为水资源开发是否规模适度的评价指标。以主要河流为计算单元，利用新一轮水资源调查评价成果，测算不同水系的地表水资源开发利用率、地下水资源开发利用率和水资源总量开发利用率。在河湖生态水量（流量）研究、水资源承载能力评价等相关工作基础上，综合分析河流开发利用潜力及超载情况，确定出逐条河流水资源开发利用上限，完善其评价阈值标准。

（3）水的供需——高质量供需平衡评价。采用节水水平、非常规水利用率、基本生态需水满足程度、缺水率作为供需是否高质量平衡的评价指标。其中，非常规水利用率反映了供水结构的优化程度，缺水率和生态需水满足程度侧重反映经济社会需水和生态文明建设用水的满足程度。

2. 评价方法

根据工作需求和区域情况，可选取不同的计算单元，在对水的需求——刚性合理、水的开发——规模适度、水的供需——高质量供需平衡进行分项评价的基础上，采用短板法、加权平均法、风险矩阵法等系统综合评价方法，开展水资源空间均衡度评价，对各评价单元是否均衡给出定量和定性相结合的总体判断。

对"空间均衡度"评价结果，考虑采用高水平均衡、中水平均衡、低水平均衡、不均衡、严重不均衡等 5 个评价级别表示。水资源空间均衡度评价是落实空间均衡的一项具体措施，是做好水资源配置与管理工作的重要抓手。

3. 不均衡因素识别

根据水资源空间均衡评价结果，从区域水资源演变、水资源平衡状况、水资源与城镇农业生态空间布局的匹配状况，以及水资源与人口、经济社会、生态环境均衡等方面分析存在问题，找出空间不均衡的关键因素，如不合理的产业布局、用水的浪费、供水工程未达效等，在此基础上进一步解析不均衡关键因素产生的深层次原因。

三、对策措施

把水资源作为最大刚性约束，坚持"以水定城、以水定地、以水定人、以水定产"，从"约束倒逼"和"优化提升"两方面，提出空间均衡对策措施，保障经济社会高质量发展和生态文明建设用水需求，实现水资源—经济社会—生态环境相均衡。

1. 约束倒逼，坚决遏制不合理需水

节，即强化节约用水。加强农业、工业、服务业等重点行业和领域节水，研究提高水资源利用效率与效益的对策措施。严格实施区域流域用水总量和强度控制，强化节水监督考核。在农业节水方面，重点推进节水灌溉、节水养殖、农村节水器具推广等，开展节水型灌区、节水养殖场等示范区建设。在工业节水方面，重点推进节水改造，推广水循环梯级利用，加快节水及水循环利用设施建设。在城镇节水方面，重点是紧抓节水型城市建设，提高城市节水工作系统性。

退，即退减不合理用水。在实施高效节水措施的基础上，采取各类措施退减不合理用水，包括过度开发的地表水、超采的地下水和节水不够导致浪费的水。

调，即调整产业结构。以水资源承载能力为最大刚性约束，以水定需，调整人类不合理的用水行为。农业种植结构调整方面，重点推进适水种植和量水生产，扩大低耗水和耐旱作物的种植比例，实施轮作休耕、季节性休耕、旱作雨养等措施。在产业布局结构调整方面，重点推动产业有序转移流动，优化产业布局和结构，鼓励创新型产业、绿色产业结构，推动高耗水工业结构调整。

2. 优化提升，提高水资源承载能力

保，即保护河湖水生态。根据流域区域水资源条件、开发利用程度、生态环境特点和水资源供需形势，重点以保护水资源可持续更新能力、保障生态水量下泄、恢复河湖生态功能为主，研究水土保持、水源地保护、河道围堤套堤拆除、重点河段生态廊道修复治理等各类措施。

配，即优化水资源配置。综合平衡流域区域经济社会发展、生态环境保护对水资源的需求，统筹考虑各类工程措施与非工程措施，将本地地表水、地下水开发利用水平控制在合理范围内，提高非常规水利用水平，必要时科学谋划新建调水工程，进一步完善水资源配置体系，通过多水源多渠道措施提高流域区域空间均衡水平，保障水资源与经济社会、生态环境均衡协调发展。

管，即加强水资源监管。针对水资源管理的薄弱环节，从生态流量水量监管、用水总量控制、水资源统一调度、取水口监管、健全水资源监测体系、水价改革等方面，提出具体管控措施。强化水资源最大刚性约束作用，确定"以水定城、以水定地、以水定人、以水定产"的约束性指标，同时为相关部门编制经济社会发展规划、国土空间规划等提出意见建议。

参 考 文 献

[1] 郦建强，王平，郭旭平，等.水资源空间均衡要义及基本特征研究 [J].水利规划与设计，2019
    (10)：1-6.
[2] 地理学名词审定委员会.地理学名词 [M].2版.北京：科学出版社，2007.
[3] 国务院.关于印发《全国主体功能区规划》的通知 [Z].2010.
[4] 中共中央，国务院.关于印发《生态文明体制改革总体方案》的通知 [Z].2015.
[5] 鄂竟平.弘扬新时代水利精神　汇聚水利改革发展精神力量 [N].学习时报，2019-09-16.

基于淮安市淮阴区"四水四定"试点的水资源刚性约束制度探讨

黄昌硕[1,2]，莫李娟[3]，杨军飞[1]，王　炜[4]

（1. 南京水利科学研究院　水文水资源与水利工程科学国家重点实验室；

2. 长江保护与绿色发展研究院；3. 太湖流域水文水资源监测中心；

4. 江苏省南京市水资源管理中心）

摘　要：建立水资源刚性约束制度，落实以水定城、以水定地、以水定人、以水定产，对于实现区域水资源的可持续利用具有重要意义。本文以江苏省首批水资源刚性约束试点地区淮安市淮阴区为例，分析了淮阴区可持续发展与水资源刚性约束制度建设的必要性。以水资源为刚性约束，构建了淮阴区"四水四定"13项指标体系，解析了刚性约束制度体系内涵，构建了淮阴区水资源刚性约束制度体系，提出制定水资源调度制度、建立淮阴区水资源费征收准则等建议。

关键词："四水四定"；可持续发展；水资源刚性约束；制度体系；淮阴区

党的十八大以来，习近平总书记多次就治水发表重要讲话，明确提出"把水资源作为最大的刚性约束"，强调全方位贯彻"四水四定"原则。

开展"四水四定"方案编制工作，建立水资源刚性约束制度，强化水资源对经济社会发展的引导约束和保障，合理规划人口、城市和产业发展，不断提升水资源监管能力和水平，抑制不合理用水需求，更好保障合理用水需求，促进水资源的节约集约利用，对于实现区域水资源可持续利用具有重要意义。为了探索水资源刚性约束指标体系构建与相关制度建设，并为水资源刚性约束制度积累经验，江苏省水利厅印发《江苏省水利厅关于开展水资源刚性约束"四定"试点工作的通知》，其中明确了包括新区、工业园区在内的 8 个地区作为全省首批试点。本文以试点之一的淮安市淮阴区为例，探讨水资源刚性约束制度的构建。

一、淮阴区"四水四定"开发利用现状

1. 淮阴区水资源概况

淮阴区地处江淮平原中东部，位于淮河流域下游，属暖温带半湿润季风气候，四季分

原文刊载于《中国水利》2024 年第 15 期。

明，季风显著。2020 年，淮阴区地区生产总值 549.76 亿元，全年粮食种植面积 147.82 万亩（1 亩 = 1/15hm²，下同），全区常住人口 74.86 万人，常住人口城镇化率为 57.25%，与 2015 年统计结果相比提升了 7.43%，经济结构进一步优化，三次产业增加值比例由 2019 年的 14.04∶40.13∶45.83 调整优化为 2020 年的 14.31∶38.21∶47.48。

淮阴区河网密布，水域面积 229.66km²，占总面积的 18.17%。主要河道有 13 条，灌溉沟渠 163 条。淮阴区多年平均年水资源量为 4.03 亿 m³，50%、75%、95% 频率条件下，水资源总量分别为 3.85 亿 m³、2.54 亿 m³、0.92 亿 m³；2020 年淮阴区 50%、75%、95% 保证率年型可用水量分别为 5.7 亿 m³、6.25 亿 m³、3.86 亿 m³。当地水资源年内分配不均，年际变化较大，更多依赖于外来水资源和水利工程调度，即洪泽湖上游来水（淮水）、江水北调（江水）或沂水下泄（沂水）。

2. 淮阴区"四水四定"现状分析

"四水四定"根据不同地区"城、地、人、产"的独特性呈现不同特性。

（1）"以水定城"现状（表 1）。淮阴区城镇化率逐年提高，而城镇居民生活用水量却在 2020 年出现下降趋势，城镇各方面的用水水平与用水效率逐年提高。

表 1 　　　　　　　　　　　淮阴区"以水定城"现状

年　　份	2015 年	2016 年	2017 年	2018 年	2019 年	2020 年
城镇居民生活用水量/m³	1788	1852	1899	1994	2018	2016
城镇化率/%	49.82	51.53	53.12	54.33	55.44	57.25

（2）"以水定地"现状（表 2）。淮阴区农田灌溉用水量与农业播种面积近几年变化不大，农田灌溉亩均用水量稳定在 136～147m³。

表 2 　　　　　　　　　　　淮阴区"以水定地"现状

年　　份	2015 年	2016 年	2017 年	2018 年	2019 年	2020 年
农田灌溉用水量/万 m³	28107	27811	28337	29771	28165	29753
农业播种面积/万亩	202.01	203.51	201.15	203.66	203.49	206.09
亩均灌溉用水量/m³	139.14	136.66	140.88	146.18	138.41	144.37

（3）"以水定人"现状（表 3）。淮阴区城镇人口总量与城镇居民生活用水量呈逐年上升的趋势，农村人口总量与农村居民生活用水量呈现出逐年下降的趋势，农村生活用水定额与城镇生活用水定额比较稳定。

表 3 　　　　　　　　　　　淮阴区"以水定人"现状

年　　份	2016 年	2017 年	2018 年	2019 年	2020 年
农村人口/万人	37.88	36.73	35.89	34.95	32
农村居民生活用水量/万 m³	1272	1233	1218	1201	1077
农村生活用水定额/[m³/(人·d)]	91.99	91.97	92.97	94.14	92.20
城镇人口/万人	40.27	41.62	42.69	43.48	42.86
城镇居民生活用水量/万 m³	1852	1899	1994	2018	2016
城镇生活用水定额/[m³/(人·d)]	125.99	125.00	127.96	127.15	128.86

（4）"以水定产"现状（表4）。淮阴区工业用水量与工业增加值在 2018 年之前逐年上升，而在 2018 年之后出现下降趋势，万元工业增加值用水量逐年递减。

表 4   淮阴区"以水定产"现状

年　　份	2015 年	2016 年	2017 年	2018 年	2019 年	2020 年
工业用水量/万 m³	1189	1195	1289	1383	1142	1086
工业增加值/亿元	144.25	156.51	174.6	193.26	167.04	164.11
万元工业增加值用水量/m³	8.24	7.64	7.38	7.16	6.84	6.62

二、淮阴区"四水四定"指标体系构建

高质量发展应以水资源作为刚性约束，注重生态保护、水资源利用和经济发展布局的系统性、整体性、协同性，根据水资源承载能力，优化人口规模、城市布局、产业结构、生态建设。通过实施"四水四定"试点方案，在城市发展、产业结构调整等社会发展过程落实节水优先方针，坚决落实以水定城、以水定地、以水定人、以水定产，走好水安全有效保障、水资源高效利用、水生态明显改善的集约节约发展之路，使最严格水资源管理制度有效落实，生态用水得到有效保障，用水方式进一步向节约集约和循环利用转变，用水效率和效益稳步提高。

根据总体目标，结合淮阴区最严格水资源管理制度、节水型社会建设规划和经济社会发展实际，按可监测、可评价、可达到、可考核的原则，构建淮阴区"四水四定"13 项指标体系（表5）。

表 5   淮阴区"四水四定"指标体系

类　　型	指　　标	属　　性
综合性指标	用水总量控制指标（万 m³）	约束性
	地下水管控指标（万 m³）	约束性
	地下水水位管控（m）	约束性
	万元地区生产总值用水量较 2020 年下降率（%）	约束性
以水定城	城镇管网漏损率（%）	预期性
	水质考核断面达标率（%）	预期性
	生态水位保障程度（%）	预期性
以水定地	农田灌溉水利用系数	预期性
	高效节水灌溉面积占比（%）	预期性
以水定人	生活供水保证率（%）	预期性
	应急备用水源地建设（个）	预期性
以水定产	再生水利用率（%）	预期性
	万元工业增加值用水量较 2020 年下降率（%）	约束性

三、淮阴区水资源刚性约束制度建设

1. 刚性约束制度体系内涵解析

单纯依靠计划或者单纯依靠市场调节都不能实现水资源刚性约束，要在界定可用水量的基础上建立适合的水资源分配制度，通过严格的制度约束，规范经济主体的经济行为，达到提高水资源利用效率和保护生态环境的目的。通过有效的制度安排，可为人们在水资源利用与管控方面提供一个基本框架，以此规范人们的经济关系，并对用水户的用水行为进行监督，引导主动约束，因此，保障水资源刚性约束制度落地必须依靠整套复合的制度安排。淮阴区水资源刚性约束制度建设就是将可用水量与淮阴区未来发展结合起来，根据可用水量，将未来的"城、地、人、产"规模控制在合理范围内，同时优化不同水源，以保障和支撑淮阴区"城、地、人、产"的发展。

淮阴区水资源刚性约束制度体系构建以水资源刚性约束为抓手，以"以水定城、以水定地、以水定人、以水定产"为目标，从水资源管理与保护和水资源节约两个方面出发，立足于用水总量和强度双控管理、用水效率控制、纳污总量控制、节约用水利益调节、节水绩效考核与公众参与机制等制度层面，全面落实以"三条红线"为核心的最严格水资源管理制度和"四水四定"计划，强化科技创新，健全节水绩效考核与公众参与机制。以健全严格的法律体系、完备协调的管理体制、灵活顺畅的运行机制，为淮阴区落实水资源刚性约束制度提供基础保障。淮阴区水资源刚性约束制度体系见表6。

表6　　　　　　　　　　　淮阴区水资源刚性约束制度体系

分　类	制　　度	类　型
水资源管理与保护	最严格水资源管理制度	◎
	"四水四定"联席会议制度	★
	水权改革（交易）制度	★
	规划水资源论证制度	◎
	取水许可"放管服"制度（取水许可告知承诺制）	☆
	用水总量管理制度	◎
	水资源监管制度	◎
	用水统计调查制度	☆
	取水许可管理办法	☆
	水资源费（税）征收和使用管理试点制度	★
	水价制度	◎
	地下水管理与保护制度	◎
	水功能区域达标率管控制度	◎
	生态流量（水位）保障制度	◎
	饮用水水源地管理制度	◎

续表

分　类	制　　度	类　型
节约用水管理	水资源计量监控制度	◎
	用水总量和强度双控制度	◎
	用水定额管理制度	☆
	节水评价制度	☆
	节水"三同时"制度	☆
	水务经理管理制度	☆
	节水激励补偿政策	☆

注："◎"为现状已有，需要持续推进的制度和管理机制；"☆"为现状已有，但需要根据新形势进一步完善的制度和管理机制；"★"为需要新建立的制度和管理机制。

2. 发展建议

把水资源作为刚性约束的制度体系涉及面广，需要系统谋划，明确路径和时间表，有计划、分步骤地加以推进，可进一步划分为近期、远期水资源刚性约束制度体系建设。不同于国家层面、流域层面或省市层面，市县区层面很多制度须立足于上一层级的制度，在严格贯彻落实上一层级管理制度或分配制度的同时，应结合本地实际，有选择地探索符合淮阴区的水资源刚性约束制度和管理方式。

目前，淮阴区亟须制定水资源调度制度，主要包括水资源调度方案和计划编制与执行方案，并结合实际情况制定淮阴区水资源调度方案，根据调度方案严格执行调度计划。此外，淮阴区水资源有偿使用制度建设方面略显薄弱，因此，建立淮阴区水资源费征收准则必要而迫切，以用于水资源的节约、保护和管理，规范水资源费使用管理。

四、结语

为了确保淮阴区的可持续发展，需将水资源的可用量与城市扩张、人口增长及产业发展紧密结合。在规划城市、人口和产业规模时，将水资源需求控制在合理范围内，确保资源的可持续利用。需要建立严格的制度约束，即通过水资源刚性约束制度，规范经济主体的用水行为，提高水资源的利用效率，同时保护水环境，为居民提供优质的生活环境。

参 考 文 献

［1］ 王若禹，赵志轩，黄昌硕，等."四水四定"水资源管控理论研究进展［J］.水资源保护，2023，39（4）：111-117.

［2］ 杨研，夏朋，梁宁."四水四定"制度体系构建思考［J］.中国水利，2023（9）：51-54.

［3］ 王浩，许新发，成静清，等.水资源保护利用"四水四定"：基本认知与关键技术体系［J］.水资源保护，2023，39（1）：1-7.

［4］ 马睿，李云玲，邢西刚，等.水资源刚性约束指标体系构建及应用［J］.人民黄河，2023，45（4）：76-80.

［5］ 陈飞，王慧杰，李慧，等.黄河流域实行水资源刚性约束制度的立法思考［J］.中国水利，2023（5）：23-26.

［6］ 郭孟卓. 对建立水资源刚性约束制度的思考［J］. 中国水利，2021（14）：12 - 14.

［7］ 刘艳菊，杨瑞祥. 南方丰水地区水资源刚性约束用水总量管理探讨——以珠江流域为例［J］. 人民珠江，2023，44（6）：36 - 40.

［8］ 曹鹏飞，陈梅，王若男. 落实计划用水制度　加强水资源刚性约束［J］. 水利发展研究，2021，21（5）：71 - 75.

［9］ 吴义泉，吴强，成静清，等. 水资源刚性约束制度下南北方差别化管控的几点思考［J］. 水利发展研究，2022，22（3）：34 - 38.

［10］ 陈苏春，李进兴，温进化，等. 永康市水资源刚性约束协同推进机制探索与实践［J］. 中国水利，2020（21）：53 - 54，62.

［11］ 王文生. 坚持节水优先把水资源刚性约束真正立起来强起来硬起来［J］. 中国水利，2021（11）：5 - 6.

［12］ 王彦兵，李聪敏，赵志轩. 基于刚性约束的宁夏水资源管理对策［J］. 中国水利，2023（1）：45 - 48.

［13］ 刘同凯，贾明敏，马平召. 强化刚性约束下的黄河水资源节约集约利用与管理研究［J］. 人民黄河，2021，43（8）：70 - 73，121.

［14］ 李舒，张瑞嘉，蒋秀华，等. 黄河流域水资源节约集约利用立法研究［J］. 人民黄河，2022，44（2）：65 - 70.

新形势下科学推进我国调水工程
规划建设的若干思考

何　君[1,2]，郦建强[1,2]，李云玲[1,2]，徐翔宇[1,2]，高兴德[1,2]

（1. 水利部水利水电规划设计总院；2. 水利部水利规划与战略研究中心）

摘　要： 我国基本水情是夏汛冬枯、北缺南丰，水资源时空分布不均衡。开展跨流域、跨区域调水是实现水资源空间均衡的必要手段和有效途径。本文梳理了我国调水工程建设基本情况，对已建调水工程成效及存在问题进行了剖析，结合新时代新征程建设现代化高质量水利基础设施网络的新要求，分析了调水工程建设面临的形势与挑战。并从持续开展已建调水工程提质增效、加快推进骨干输配水通道建设、加强调水工程科学管理等方面，提出新形势下推进我国调水工程规划建设的相关提议。

关键词： 调水工程；空间均衡；问题与挑战；国家水网；规划论证

受水资源禀赋条件和不合理的开发利用方式等影响，我国水资源安全保障存在的不均衡、不协调、不充分、不可持续等问题十分突出，尤其是水资源时空分布极不均衡，与人口、资源和生产力布局不匹配。新中国成立后，我国建设了一系列调水工程，为保障国家和区域经济社会可持续发展发挥了重要作用，但在带来巨大效益的同时，调水工程也存在一些负面影响，社会上存在一定争议。新时代新征程，如何结合国家水网建设实施科学调水，合理布局建设一批重大水资源配置工程，切实增强水利基础设施网络系统性、综合性、强韧性，对提升我国水资源统筹调配能力和水安全保障能力、从根本上解决水资源空间失衡问题，具有重要而紧迫的理论和现实意义。

一、我国调水工程建设基本情况

调水工程是为满足生活、生产、生态刚性合理需水，实现"空间均衡"和水资源优化配置而兴建的一类跨流域、跨区域水资源配置工程。与调水工程相关的是引水工程，全国水利普查中采用"引调水"作为一类工程进行统计。分析认为，引水多指自流方式取水，而调水包括自流、提水等多种取水形式。此外，引水一般为本地水的配置，而调水一般指在空间上跨流域、跨区域的远距离输水。本研究将调水工程的统计范围确定为跨水资源二

原文刊载于《中国水利》2023 年第 22 期。

级区或独立水系，年调水量在 1 亿 m³ 以上的大中型调水工程以及盐环定扬黄、引红济石等部分年调水量在 1 亿 m³ 以下的跨省、跨水资源一级区调水工程。对黄河下游的引黄灌区，仅统计干渠跨省的大中型工程。按照上述统计口径，截止到 2022 年年底，全国已建在建的调水工程共 149 项，设计年调水能力 1406 亿 m³，其中，已建调水工程 121 项，在建工程 28 项。

按照工程规模划分，大（1）型（设计年调水量≥10 亿 m³）调水工程 32 项，占调水工程总数的 21％，设计年调水量 1005 亿 m³，占设计总调水规模的 71％；中型（设计年调水量为 1 亿～3 亿 m³）调水工程 55 项，占调水工程总数的 37％，设计年调水量 105 亿 m³，仅占设计总调水规模的 7％。按照工程任务划分，已建在建的大中型调水工程中，有 69％的调水工程具有生活、工业、农业、生态等多目标供水任务，其中一半以上的调水工程兴建于 2000 年以后。按照跨流域情况划分，跨水资源一级区、二级区的调水工程分别为 61 项、42 项，其中跨水资源一级区的调水工程设计年调水量 594 亿 m³，占总调水规模的 42％。按照跨行政区域情况划分，跨省级行政区的调水工程 15 项，设计年调水量 290 亿 m³，占总调水规模的 21％。调水工程在实现水资源空间均衡配置、解决水资源供需矛盾方面作用巨大，但部分调水工程，受水源不足和受水区配套工程不完善等因素影响，未能充分发挥工程效益，44％的调水工程近 3 年实际调水量未达到设计调水量的 80％。

二、已建调水工程成效及存在问题

1. 建设成效

经过多年建设，我国已建成世界上规模最大的调水工程体系。随着南水北调东中线等一批重大跨流域调水工程相继建设，跨流域、跨区域水网格局逐步形成，水资源配置格局不断优化，为高质量发展提供了强有力的支撑和保障。

（1）优化了水资源时空配置格局。目前全国已建调水工程的年调水规模相当于 2021 年全国用水总量的 1/7。南水北调东中线一期工程、东深供水、江水北调、引滦入津、吉林省中部城市引松供水、万家寨引黄入晋等调水工程的相继建成，对优化水资源配置格局发挥了不可替代的作用。

（2）提升了供水安全保障能力。调水工程在保障区域用水安全、促进国民经济可持续发展方面发挥了重要作用。如引黄济青工程已成为山东省青岛市主要水源，占青岛城区日供水量的 95％以上。东深供水工程 50 多年来一直为香港稳定供水，担负着香港 70％～80％、深圳 50％以上、东莞沿线 8 镇 80％左右的供水重任。

（3）保障了人民群众饮水安全。通过实施调水工程，极大地改善了受水区供水水质，增进了民生福祉。监测数据表明，南水北调中线一期工程通水以来地表水水质稳定保持在Ⅱ类以上，Ⅰ类水在监测断面占比逐年提升，由 2015 年的 22％提升至 2018 年的 82％。北京市自来水集团监测显示，使用南水北调水后自来水水质明显改善，硬度降低、水碱减少。因南水北调中线一期工程，河北省黑龙港地区 700 多万人结束长期饮用高氟水、苦咸水的历史。胶东调水工程在保障城市供水的同时，还解决了历史上广北、寿北、潍北等高氟区 75 万人饮水困难问题。

（4）复苏了河湖生态环境。调水工程在新时代被赋予了新的历史使命，生态补水逐渐成为发挥调水工程生态效益的主要手段。南水北调东中线一期工程沿线受水区通过水资源置换、压采地下水、向沿线河流生态补水等方式，有效缓解了城市生活生产用水挤占农业用水、超采地下水的问题。牛栏江滇池补水工程自 2013 年年底建成运行，已累计向滇池和昆明城市供水 45 亿 m³，有效改善了滇池生态环境。长江下游省份通过引调长江水，增强区域水体流动性，加大水环境容量，提升水体自净能力，持续改善沿江城市水环境。

2. 突出问题

总体来看，调水工程在解决水资源空间分布不均、实现水资源"空间均衡"方面发挥着至关重要的作用。但一段时间以来，各地调水工程建设与国家水资源配置自上而下的战略布局协同不够。部分调水工程的谋划更多着眼于投资拉动，对有关项目本身在落实"节水优先"要求、均衡配置水资源、减缓生态环境影响、实现经济合理性等方面论证不够，往往宏观定性分析多，微观定量分析不足。因此，要聚焦调水工程实践中遇到的新问题、建管体制机制方面存在的深层次问题和科学调水面临的突出问题，系统谋划新时期调水的新思路和新方法。

（1）调水工程顶层设计中"多规合一"统筹不够。当前我国 70％以上的城市群、90％以上的能源基地、60％以上的粮食主产区位于水资源紧缺地区，其中大部分地区水资源已严重超载或临界超载。以水定需并没有严格贯彻到国民经济社会发展规划和各行业规划中。调水工程建设往往被动满足水资源超载区的行业用水需求，所谓"保障经济社会发展"成了"要多少馈给多少汤"，而不是满足真正的刚性合理需求。要对调水从理念和思路上进行再认识，全国一盘棋科学系统谋划调水工程体系，避免调水工程单个规划、单独运行、任务重叠。在构建国家水网主骨架、畅通国家水网大动脉、推进区域水网和省市县水网建设过程中，要更加注重从顶层设计上实现"多规合一"，确保水资源开发利用格局与国土空间布局、自然生态系统格局相协调，人口经济与资源环境均衡。

（2）调水工程规模论证中落实"节水优先"要求不足。我国调水相关工作在落实"以水定城、以水定地、以水定人、以水定产"方面仍有差距。目前在调水工程项目论证过程中，对流域区域可利用水资源情况、经济社会发展用水情况以及水与经济社会发展及生态环境之间作用关系的分析不够深入，存在受水区节水定位不明确、节水潜力分析不充分等问题。在调水工程规模论证中，需要进一步按照明确节水定位、研判节水潜力、预测刚性需求、实现高水平水资源供需平衡的要求，开展更为充分的节水评价。

（3）调水工程水源分析中对可调水量估算偏于乐观。可调水量分析是调水工程设计中的一大难点。可调水量的确定过程是平衡河湖生态需水和经济社会需水的过程，要以保障河湖生态水量和留足本流域用水需求为前提，不能脱离河流的实际情况。部分调水工程在规划论证时，不顾河流自然禀赋条件，对河流的生态功能定位、生态保护目标和生态水文过程论证不充分，特别是调水对水源区水资源自身演变情势的影响、水生态环境影响以及对整个流域的综合叠加影响分析不深入，简单采用 40％开发利用率这一指标作为调水阈值，往往造成可调水量估算偏于乐观。应充分认识到，对刚性需水无法满足的水资源超载区，谋划开拓外来水源、建设调水工程是合理的，但调水毕竟是不得已的事，对调水阈值的确定要经过科学审慎地论证，确保调水不影响河流健康生命形态。

（4）调水工程设计运行中难以实现责权利相统一。责权利相统一的工程管理体制机制要求调水工程利益共享、责任共担、风险共抗。部分调水工程在规划设计阶段压低造价，转嫁成本，造成不实的经济及财务评价，在工程运行中水费难收，亏损运营。部分调水工程存在建设初期配套工程不完善、实际用水需求与设计值有差距等问题。特别是调水主体工程与配套工程未能同步建成、区域水资源形势变化等原因，导致工程效益不能充分发挥。部分工程存在运营成本倒挂等问题，受水区尚未全面推进水价综合改革，外调水和本地水供水价格协调机制难以形成。此外，调水工程不仅涉及复杂的水量调配，还涉及涉水利益的有效均衡调控，亟须在行政管理方面协调受水区与水源区的水资源供需匹配性，建立水源区生态补偿机制，取得水源区与受水区的双赢；在运行管理方面，推进水量调度规范化、工程管理标准化、调度决策智能化等建设。

三、新时期调水工程规划建设面临的新形势

从调水工程发展历程来看，调水工程的功能作用与时代背景密切相关。我国调水工程建设经历了农业社会以军事和漕运为主、新中国成立初期以农业灌溉供水为主、改革开放以来以城市生活和工业供水为主以及当前综合利用兼顾生态修复为主的不同阶段。从世界范围来看，著名的调水工程有美国的中央河谷工程、德国的巴伐利亚州调水工程、埃及的西水东调工程、澳大利亚的雪山调水工程等，这些调水工程都是从根本上解决不同国家和区域水资源短缺、拓展发展空间的核心举措。对我国而言，南水北调等重大工程的实施，为国家水网建设提供了有力支撑。进入新征程，如何将习近平总书记对构建国家水网、建设现代化高质量水利基础设施网络的决策部署落实到调水工程建设中，发挥出调水工程作为水网主骨架大动脉的核心作用，完善调水工程管理体制机制，提高水利公共服务水平和质量效率等，都是当前和今后一段时期调水工程建设面临的新挑战。

1. 习近平总书记的系列重要讲话和指示批示精神对调水工程规划建设提出了根本性要求

习近平总书记多次针对治水工作发表重要讲话，提出一系列新思想新战略新要求。明确提出"节水优先、空间均衡、系统治理、两手发力"治水思路，强调要"通盘考虑重大水利工程建设"。在江苏考察江都水利枢纽时强调"要确保南水北调东线工程成为优化水资源配置、保障群众饮水安全、复苏河湖生态环境、畅通南北经济循环的生命线""要把实施南水北调工程同北方地区节约用水统筹起来，坚持调水、节水两手都要硬"。在推进南水北调后续工程高质量发展座谈会上强调"要深入分析南水北调工程面临的新形势新任务，科学推进工程规划建设，提高水资源集约节约利用水平"。在中央财经委员会第十一次会议提出"要加强交通、能源、水利等网络型基础设施建设，把联网、补网、强链作为建设的重点，着力提升网络效益"。这些明确要求，为今后一个时期科学推进全国调水工程规划建设提供了根本遵循。

2. 贯彻落实党中央决策部署、深入推进"三新一高"、建设国家水网的战略安排，要求系统推进重大引调水工程建设

我国已转向高质量发展阶段，推动经济体系优化升级，构建新发展格局，要求加快补齐基础设施等领域短板，在更高水平上保障国家水安全。2023年5月，中共中央、国务

院印发的《国家水网建设规划纲要》明确提出，到 2035 年，基本形成国家水网总体格局，国家水网主骨架和大动脉逐步建成，省市县水网基本完善，构建与基本实现社会主义现代化相适应的国家水安全保障体系。跨区域、跨流域重大调水工程作为强基础、增功能、利长远的重大项目，是国家水网主骨架和大动脉建设的核心。贯彻落实"三新一高"，牢牢把握"国之大者"，要把谋划推动重大引调水工程建设作为重要抓手，统筹谋划、整体推进、有序实施，为建设高质量、高标准、强韧性的安全水网提供新的动力。

3. 实现水利高质量发展，统筹好调水与节水，统筹工程投资和效益，要求进一步深化调水工程论证

随着气候变化及人类活动影响加剧，我国水资源空间失衡问题可能会更加突出。鉴于我国水问题的复杂性和治水的艰巨性，与构建新发展格局、推动高质量发展的要求相比，迫切需要以更高标准筑牢国家水安全屏障。今后，一方面要从国家区域发展的大战略出发，在国家水网框架下，坚持新阶段水利高质量发展战略的坚定性与调水策略的灵活性，兴建必要的调水工程；另一方面，要深化调水工程论证，深化节水与调水措施的效益代价比选，优化确定节水目标和调水方案。要科学审慎论证调水方案，对水资源开发利用进行严格监管，抑制不合理用水需求，确保经济社会发展不超过水资源水生态水环境的承载能力。要统筹工程投资和效益，深化调水工程规模、移民安置和社会影响论证，加强多方案比选，尽可能减少征地移民数量。要坚持两手发力，深化工程建设和运行方案论证，创新水网建设管理体制，建立健全调水工程良性运行机制和落实全生命周期管理。

4. 站在人与自然和谐共生的高度谋划发展，要求重视复苏河湖生态环境，建设绿色调水工程

新征程上，我国河湖水域空间保护、生态流量水量保障、水质维护改善、生物多样性保护等仍面临严峻挑战。要重视生态环境保护，以提升生态系统多样性、稳定性、持续性为目标，锚定推动新阶段水利高质量发展目标路径，深化调水水源和调水区生态环境影响论证。在保障调出区生态安全的前提下，结合区域水资源供需形势，将"母亲河"等重要河湖的生态流量保障目标纳入重大调水工程论证目标。进一步充分发挥调水工程河湖生态补水效益，保障河湖水量水质，维持河湖生态廊道功能，扩大优质水生态产品供给。综合而言，要通过建设系统化、协同化、绿色化、智能化的调水工程，推动水利高质量发展，支撑美丽中国建设目标。

四、新形势下推进调水工程规划建设的相关建议

1. 按照"空间均衡"要求，科学推进调水工程规划建设

要坚持用系统论的思想方法分析问题，先节水后调水、先治污后通水、先环保后用水。按照"空间均衡"的原则与要求，处理好开源和节流、存量和增量、时间和空间的关系，科学研判水资源长远供求趋势、区域分布、结构特征，科学规划全国水资源配置体系，科学确定工程规模和总体布局，有序推动跨区域、跨流域调水工程建设，实现调水工程综合效益最大化。在供给侧，优先保障合理生态用水，统筹考虑本地自产水、非常规水和外调水，确定可以持续利用的水资源开发规模。在需求侧，促进水资源节约集约利用，在充分节水的前提下，保障人民群众美好生活、经济社会高质量发展和生态文明建设的刚

性用水需求。结合新形势新要求，动态评估水资源供求形势，全国一盘棋统筹谋划水资源空间均衡配置格局，分区研判调水工程实施的必要性、可行性与经济性，提出重大调水工程实施建议。

2. 统筹存量与增量，持续开展已建调水工程提质增效

要在充分发挥现有调水工程作用的前提下，统筹推进调水工程规划建设。

一是优化调整已建调水工程功能。对已建调水工程，结合水源区水资源演变情势及受水区用水需求形势新变化，考虑工程现状达效情况，因地制宜研究已建工程扩大受水区范围、调整供水对象等提质增效方案。

二是完善已建调水输配水体系。针对已建调水工程输水能力不足、在线调蓄能力不足、调度能力不足等突出问题，研究通过改造取水口扩大渠道输水能力、增加在线调节水库、优化调度方案等措施，多措并举提升工程输水能力。

三是提升已建调水工程效益。强化已建调水工程对区域经济社会发展的支撑作用，主动推进水资源供给侧与需求侧的精准对接，积极培育和发展用水市场，运用市场手段，引导水资源向特色产业和现代农业等高效集约行业配置。锻造并延伸调水产业链，培育调水区绿色转型发展的新业态、新模式，构建调水区生态产品价值实现的制度条件。

3. 依托国家水网总体框架，加快推进骨干输配水通道建设

依据国家水网建设规划纲要及相关区域水网规划成果，加强国家骨干水网、省市县水网之间的衔接，合理布局建设一批跨流域、跨区域重大水资源配置工程，形成南北、东西纵横交错的骨干输配水通道。一是加快完善南水北调工程总体布局，扎实推进东、中、西线等后续工程高质量发展，畅通国家水网大动脉。二是统筹考虑重要经济区、重要城市群、能源基地、粮食主产区、重点生态功能区水安全保障需求，优化水资源调配体系，推进跨流域、跨区域重点调水工程建设。三是规划国家战略接续水源，建设一批战略备用输配水通道，增强抗御风险能力。

4. 完善调水工程管理机制，提高建设管理现代化水平

锚定推动新阶段水利高质量发展目标路径，完善调水管理制度，强化调水工程标准化管理，提高管理现代化水平。

一是建立调水工程管理制度体系。建立健全调水工程调度管理、后评估管理等各项制度，深化水资源供需形势分析和调水工程论证机制改革。

二是加强调水工程标准化管理。从工程状况、安全管理、运行管护、管理保障和信息化建设等方面，实现调水工程全过程标准化管理。积极推进工程管养分离，促进工程管理专业化、物业化。

三是数字赋能提高调水管理现代化水平。加强调水工程数字化建设，推进智慧调水业务应用，全面提高工程调度管理智能化水平。

五、结语

重大调水工程是国家水网大动脉和骨干输水通道。在全面建设社会主义现代化国家、向第二个百年奋斗目标进军的新征程上，需要加快重大调水工程建设，充分发挥以调水工程为"纲"的水网体系优势及综合效益，更高水平保障国家水安全。在全面梳理我国调水

工程建设基本情况、研判已建调水工程成效及存在问题的基础上，提出要加快推进已建调水工程提质增效，并按照国家水网和新阶段水利高质量发展新要求，系统谋划新时期科学调水的新思路和新办法，审慎开展调水工程规划论证，完善调水工程布局，加快推进骨干输配水通道建设，加强调水工程科学管理，有效应对新时期调水工程规划建设面临的新挑战。

参 考 文 献

［1］ 李原园，李云玲，何君．新发展阶段中国水资源安全保障战略对策［J］．水利学报，2021（11）：1340-1346，1354.

［2］ 李国英．新时代水利事业的历史性成就和历史性变革［N］.学习时报，2022-10-12.

［3］ 中华人民共和国水利部．中国水资源公报（2021）［M］.北京：中国水利水电出版社，2022.

［4］ 孙永平．跨流域调水工程绿色运行绩效提升路径探析［J］.中国水利，2022（23）：70-72，78.

［5］ 耿思敏，夏朋．社会关切的调水工程影响问题刍议［J］.水利发展研究，2020（10）：84-89.

［6］ 朱程清．以落实空间均衡为目标扎实推进科学调水［J］.中国水利，2021（11）：3.

［7］ 沈凤生．新阶段科学推进调水工程建设的若干思考［J］.中国水利，2021（11）：10-11.

［8］ 郦建强，杨益，何君，等．科学调水的内涵及实现途径初探［J］.水利规划与设计，2020（5）：1-4.

［9］ 肖雪，李清清，陈述．基于高质量供需平衡的区域水资源优化调控方案——以京津冀地区为例［J］.人民长江，2022（8）：100-105.

［10］ 李原园，黄火键，李宗礼，等．河湖水系连通实践经验与发展趋势［J］.南水北调与水利科技，2014（4）：81-85.

［11］ 沈滢，毛春梅．国外跨流域调水工程的运营管理对我国的启示［J］.南水北调与水利科技，2015（2）：391-394.

系统治理，建设造福人民的"幸福河湖"

我国江河演变新格局与系统保护治理

胡春宏，张晓明

（中国水利水电科学研究院 流域水循环模拟与调控国家重点实验室）

摘　要： 系统治理是我国新时期治水实践的根本遵循。近几十年来，受自然气候演变与强人类活动影响，我国江河"量-质-域-流-生"过程，特别是水沙通量及其过程发生了显著变化，导致河流水沙来源变化、河道冲淤转换、河床与河势形态演变、江湖关系变化及河口三角洲造陆减缓与蚀退等。我国江河演变呈现新的格局，给江河湖库防洪安全、生态安全和沿岸经济发展带来新的挑战。面对治水新形势，需从生态系统整体性和流域系统性出发，科学认知江河水沙情势变化规律与发展趋势，统筹确定流域适宜治理度与水沙调控临界阈值体系，系统推进流域"量-质-域-流-生"协同修复，优化布局水土流失治理格局，持续提升水沙调控及优化配置利用体系整体合力，保护河口生境系统，保障江河长久安澜，筑牢国家水安全防线。

关键词： 水沙情势；江河演变；流域治理度；系统治理；泥沙资源化利用

江河是地球生命的主动脉，是人类文明的发源地。江河保护与发展事关国计民生，是治国安邦之要。2021 年 10 月，习近平总书记在深入推动黄河流域生态保护和高质量发展座谈会上指出，"继长江经济带发展战略之后，我们提出黄河流域生态保护和高质量发展战略，国家的'江河战略'就确立起来了"。国家"江河战略"深入践行以人民为中心的发展思想，统筹水环境、水生态、水资源、水安全、水文化等不同领域和山水林田湖草沙等不同要素，开创了系统治理、综合治理和源头治理的国家江河治理新模式，笃定了将大江大河打造成为造福人民的幸福河的目标要求，是新阶段水利高质量发展的行动指南与根本遵循。

实施山水林田湖草沙一体化保护和系统治理，我国江河湖泊面貌实现历史性改善，越来越多的河流恢复生命，越来越多的流域焕发生机。永定河等一批断流多年的河流实现全线通水，华北明珠白洋淀水面面积稳定在 250km² 以上。2013—2022 年，全国治理水土流失面积 60.2 万 km²，水土流失面积和强度实现"双下降"；全国洪涝灾害年均损失占国内生产总值的比例，由上一个十年的 0.55% 降至 0.27%；国内生产总值同比增长 69.7%，但用水总量总体稳定在 6100 亿 m³ 以内。以南水北调工程为代表的重大跨流域、跨区域

原文刊载于《中国水利》2024 年第 7 期。

引调水工程的实施，提升了科学配置区域水资源的能力，有效平衡了生产力布局需求。随着"把脉"江河、系统治理，我国江河水沙情势发生趋势性演变，引发了江河生态格局新变化，如河道输沙量锐减、河道冲淤转换、沿程泥沙分布调整、河床与河势演变、江湖关系变化、河口三角洲造陆减缓与蚀退等问题，给江河湖库防洪安全、生态安全带来新的挑战。针对新老水问题，江河保护治理需坚持系统治理"治已病"，还要建立长效机制"治未病"，让江河永葆生机活力。

一、江河水沙情势变化

江河水沙情势变化是全球关注的重点问题。据统计，近 60 多年来，世界大河中有 24% 的河流径流量发生显著变化，40% 的河流输沙量发生显著变化。亚洲河流的径流量和输沙量下降趋势最为显著，而南美洲亚马孙河的含沙量则呈上升趋势。近 10 年，全球河流进入海洋的年径流量与多年平均值相比基本持平，而年输沙量下降了 20.8%。输沙量减少主要是由于流域水土保持和水利工程建设等人类活动对流域产流产沙和泥沙输移的影响造成的，特别是大坝建设。

1. 我国江河水沙情势总体变化

据 1956—2020 年数据统计，我国 12 条主要河流年均径流总量为 14035 亿 m^3，年均输沙总量为 14.03 亿 t。年均径流总量 M-K 检验值处于 $-1.96 \sim 1.96$ 区间（图 1），表明年均径流总量随时间变化相对稳定。如 2010—2020 年年均径流总量为 14655 亿 m^3，与 20 世纪 50 年代的 15237 亿 m^3 相差不显著。2020 年年均输沙总量 M-K 检验值为 -8.25（图 2），表明年均输沙总量呈持续减小态势，如 20 世纪 50 年代年均输沙总量为 26.52 亿 t，90 年代减至 13.04 亿 t，2011—2020 年仅为 3.81 亿 t。与 1956—2020 年平均值比较，2000—2020 年我国南方河流径流量基本持平，北方河流中除松花江径流量近期略有增加外其他河流均呈减小趋势，而内陆河塔里木河径流量基本持平，黑河与疏勒河分别偏大 14% 和 26%；输沙量方面，松花江、钱塘江和疏勒河持平或偏大，其他河流偏小 30%～97%（图 3、图 4）。

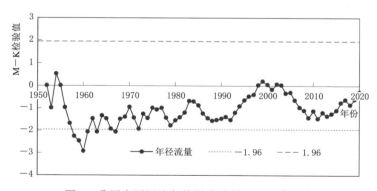

图 1　我国主要河流年均径流总量 M-K 值变化

2. 典型河流水沙变化

（1）长江。受水土保持措施、水利工程和引调水工程等综合影响，长江上游径流量变

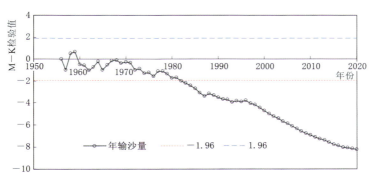

图 2　我国主要河流年均输沙总量 M－K 值变化

图 3　我国主要河流近期年径流量与多年均值比较

图 4　我国主要河流近期年输沙量与多年均值比较

化不大,干流输沙量大幅度减少。如图 5 所示,与三峡水库蓄水前相比,三峡库区以上河段 2003—2020 年各站年均径流量减少 1.22%～2.96%,年均输沙量减少 63.14%～93.74%。三峡水库蓄水运用后大量泥沙拦截在库区,与蓄水前相比,2003—2020 年坝下游河道各站年均径流量减少 0.89%～3.46%,年输沙量减少 68.62%～92.91%,且年输沙量减少幅度沿程递减。受沿程河床冲刷与江湖汇入补给等影响,中下游江湖系统由泥沙淤积转变为泥沙供给,导致长江干流年均输沙量沿程递增。

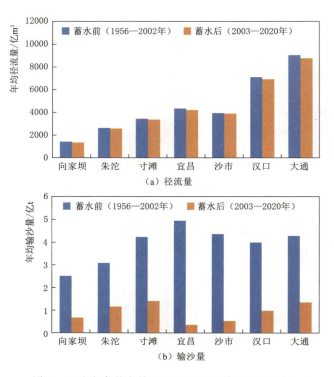

图 5　三峡水库蓄水前后长江干流河道主要水文站
年均径流量和输沙量变化

（2）黄河。黄河输沙量约占我国江河的 60％，是世界上输沙量最大的河流。黄河潼关站 1919—1959 年年均径流量和输沙量分别为 426 亿 m^3 和 16 亿 t，2010—2020 年年均径流量和输沙量相对 1919—1959 年分别减少 30％和 89％（图 6）。黄河上游头道拐站 1919—1986 年年均径流量和输沙量变化不大，而 2000—2020 年年均径流量则减少 25％，1987—2020 年年均输沙量减少 65％。黄河下游花园口站 2010—2020 年年均径流量和输沙量较 1950—1986 年分别减少 30％和 90％。河口利津站 2010—2020 年年均径流量和输沙量较 1952—1986 年分别减少 48％和 86％（图 7）。

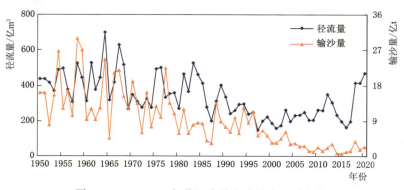

图 6　1950—2020 年黄河中游潼关站水沙量变化

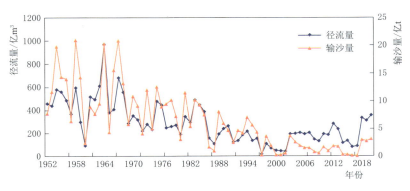

图 7　1952—2020 年黄河下游利津站水沙量变化

（3）淮河。淮河年径流量 1960 年前后增减变化幅度较大，而后各年代增减相间，但年输沙量呈显著减少趋势，从 20 世纪 50 年代的 2237.3 万 t 减至 2010 年的 364.4 万 t，减幅约 84%（图 8）。

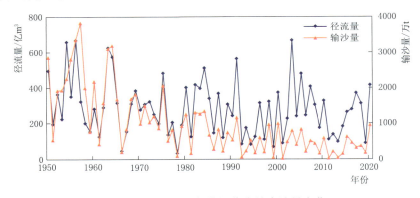

图 8　1950—2020 年淮河代表站水沙量变化

（4）海河。海河年径流量和年输沙量均呈明显减少态势。代表站年均径流量从 20 世纪 50 年代的 156.9 亿 m³ 逐步减至 2010 年的 29.4 亿 m³，减幅约 81%。代表站年均输沙量从 20 世纪 50 年代的 15078.5 万 t 减至 2010 年的 121.0 万 t，减幅近 99%。

（5）珠江。珠江年径流量在多年平均值 2836 亿 m³ 上下波动，没有明显的变化趋势。珠江代表水文站年输沙量在 1997 年后呈减少趋势，1997—2020 年年均输沙量为 0.34 亿 t，比 1957—1997 年年均输沙量 0.81 亿 t 减少 58.0%。

（6）松花江。松花江佳木斯站年均径流量从 20 世纪 50 年代的 831.9 亿 m³ 减至 2000 年以后的 409.0 亿 m³，减幅约 50.0%；年均输沙量从 20 世纪 50 年代的 1411.0 万 t 减至 20 世纪 70 年代的 710.3 万 t，2010 年后则增至 1300.1 万 t，与 20 世纪 50 年代相当（图 9）。

二、江河演变新格局

从上述分析可知，近几十年我国年降水量总体稳定，但河道的来水来沙条件和边界条

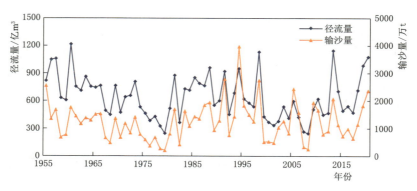

图 9　1955—2020 年松花江佳木斯站水沙量变化

件发生显著变化，河流水量、水质、水域、水流和水生生物等自然条件也发生了不同程度的改变，对河流系统功能发挥产生深远影响，江河演变呈现新格局。

1. 入河泥沙量锐减，水沙关系发生变化

人类活动是河流输沙量发生变化的主导因素。其中，干流输沙量主要受到大型水库调蓄影响，支流输沙量则主要受到水土保持措施以及局部极端气候事件影响。

黄土高原严重的水土流失是黄河"沙多"的主要根源。随着近几十年来水土保持工作全面开展，皇甫川、窟野河、无定河、延河、汾河、北洛河和渭河等主要产沙区的入黄沙量大幅度减少，其中，2010 年较 1956—1986 年减少 88%～99%；2010 年以来入黄的年均水量和沙量较 1919—1959 年分别减少 30% 和 89%，黄河新的水沙关系形成。

长江上游干支流径流量入库比例总体变化不大，但随着金沙江、岷江、嘉陵江、乌江梯级水库逐步建成，干支流来沙量占三峡入库来沙比例较蓄水前降低 70%。三峡水库又将入库沙量的 76% 拦在库区，致使出库水流含沙量极低，接近清水，长江中下游干流全线发生不饱和水流冲刷。同时，三峡及上游控制性水库在 9—10 月集中兴利蓄水，长江中下游干流流量锐减，导致江湖水沙关系发生变化。

2. 河道冲淤转换，河床河势演变调整

黄河新的水沙关系使得黄河水沙运动和河道演变规律发生了新的变化。上游随着龙羊峡、刘家峡水库联合调度运用，宁蒙河段大流量过程减少，输沙动力减弱，导致河道淤积萎缩，形成新"悬河"。其中，内蒙古河段形成 268km 的"悬河"，防凌防洪形势严峻。2002 年实施调水调沙以来，黄河中游小北干流河段持续淤积局面有所减缓，潼关高程降低，下游主槽得到全线冲刷，河道由累积性淤积转为累积性冲刷，缓解了"二级悬河"不利态势。

来水来沙条件的显著改变也打破了长江干流河道原有相对平衡的状态：上游处于水库库区的河道由自然条件下侵蚀转变为堆积，中下游河道则由相对平衡的状态转变为以冲刷为主的再造过程（图 10、图 11）。三峡水库库区及坝下游河道总体河势基本稳定，但局部河段河势发生了显著调整，崩岸时有发生，如坝下游的弯曲河道特别是急弯段，出现了"渐进"或"突变"式撇弯切滩。未来相当长的时间内三峡水库坝下游河道输沙处于不饱和状态，以冲刷为主的冲淤变化和河床再造将持续很长时间，影响深远。

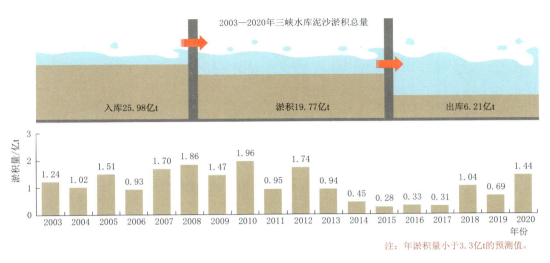

图 10　三峡水库年均泥沙淤积量与泥沙分布

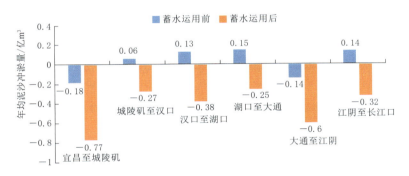

图 11　三峡水库蓄水前后中下游河道沿程泥沙冲淤量

3.自然与人为影响交织，江湖关系失调

洞庭湖和鄱阳湖是长江中游仅存的两大通江湖泊。长江干流对两湖出流有顶托作用，而两湖出流又对长江干流水位有一定壅高影响。20世纪70年代至2003年期间，长江中下游干流河道冲淤基本平衡，两湖水文情势无趋势性变化。随着上游来沙锐减和水库拦沙影响，中下游干流全线冲刷，枯水期流量对应水位显著降低，且因水库兴利蓄水，长江中下游干流流量减少，共同导致9—10月长江中下游干流水位显著降低。由此，长江对两湖出流顶托作用减弱，导致湖泊水位消落速率加快，水位降低，枯水期提前（图12、图13）。

长江与两湖相互作用、相互影响，塑造了两湖季节性涨落的水文节律，形成两湖在长江乃至全球生态系统和生物多样性维系方面的重要地位和独特价值。然而，长江分流入洞庭湖水量减少、断流时间延长是长期的、趋势性的，不可逆转，直接影响湖泊湿地生态系统和滨湖区水资源开发利用等。江湖关系演变及其调控成为未来长江大保护面临的最重要、最复杂的问题之一。

4.河口造陆减缓，三角洲湿地萎缩

流域生态系统健康维系需要特定的生态过程特别是水沙过程的支撑，而水沙过程变化

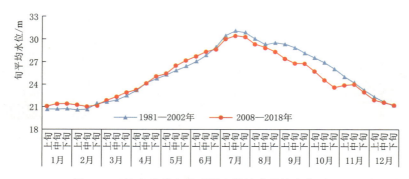

图12　三峡水库蓄水前后洞庭湖城陵矶站水位对比

图13　三峡水库蓄水前后鄱阳湖星子站水位对比

影响河道冲淤，又影响河道水文生态过程。

黄河入海口利津站来沙量从20世纪50—60年代的12亿t/a减少到2011年之后的1亿t/a，减少了90%以上，径流量也相应减少了约70%。三角洲区域的洪水量级和持续时间也大为减少，基于自然节律的滩槽水力联系减弱甚至丧失，导致刁口河故道蚀退超过10km，面积超200km²，海岸线普遍侵蚀后退。同时，黄河口单一的入海流路使三角洲绝大部分区域无法与黄河连通，"河-海-陆"水文连通受阻，打破了河流、沼泽、海滩的自然连通格局，引起湿地生态系统逆向演替，给沿岸经济发展与湿地生态保护带来严重威胁。

近20年来长江口来沙量显著减少，长江口河床冲刷已逐渐显现，造陆速率降低，河道主槽容积扩大，江心沙洲缩小，河口咸潮上溯，直接影响三角洲滩涂土地资源开发利用。

为此，需要调控江河流域水沙关系，维系全流域水沙平衡，降低流域来沙量变化和河口外水沙的不确定性影响，以稳定河势，保护河口生态系统。

三、江河保护与系统治理

水沙情势是流域生态保护和高质量发展最基础的边界条件。践行国家"江河战略"，统筹推进江河保护治理各项工作，关键是基于江河演变新格局下水沙关系协调与河流健康需求，针对性地提出新水沙条件下全流域适宜治理度与水沙调控临界阈值体系，从生态系

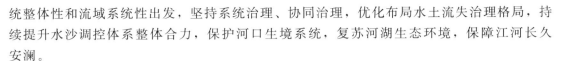

统整体性和流域系统性出发，坚持系统治理、协同治理，优化布局水土流失治理格局，持续提升水沙调控体系整体合力，保护河口生境系统，复苏河湖生态环境，保障江河长久安澜。

1. 坚持系统观念，统筹推进江河保护治理

国家"江河战略"是基于系统思维，以流域为单元，以江河为纽带，以促进人水和谐共生、建设幸福江河为目标，支撑国家生态保护和高质量发展的重大战略。江河保护治理需以促进江河生态系统良性永续循环、增强生态屏障质量效能为出发点，遵循自然生态原理，运用系统工程方法，充分考虑江河上中下游的差异，统筹谋划，共同抓好大保护，加快形成系统治理、综合治理、源头治理的新模式，综合提升江河生态系统稳定性。

一是强化江河上游水源涵养。针对重点区域，通过自然恢复和实施重大生态保护修复工程，遏制生态退化趋势，全面保护山水林田湖草沙生态要素，强化水源涵养功能，实现生态良性循环发展。

二是抓好江河中游水土保持。基于水土保持率目标与流域适宜治理度，优化水土流失治理格局，科学论证、严格管控水土流失严重、生态脆弱的区域开展生产建设活动，改善中游地区生态面貌。黄土高原以减少入河泥沙、协调水沙关系为重点，推进塬面保护、坡耕地与沟道综合整治、小流域综合治理等重点工程；长江流域重点推进红壤区崩岗治理与石漠化区生态系统保护，防止土地石漠化蔓延；松辽流域突出保护好黑土地资源，改善和修复农田生态环境，稳步恢复提升黑土地地力。

三是加强江河下游及河口保护。加大河口三角洲湿地生态系统保护修复力度，构建绿色生态走廊，提升河道生态功能，改善入海口生态环境。

2. 科学认知水土保持临界效应，确定流域适宜治理度

黄河的问题，表象在黄河，根子在流域。流域内山水林田湖草沙是一个生命共同体，生态保护要兼顾流域生态的不同组成要素，实施系统性保护治理。同时，坚持流域高质量发展的准则，即"有多少汤泡多少馍"，以水而定、量水而行。党的十八大以来，全国水土流失面积从 294.9 万 km^2 下降至 262.76 万 km^2，黄土高原已经历史性实现了主色调由"黄"转"绿"。然而，面向新时代生态文明、美丽中国和幸福河湖建设目标，水土流失预防和治理到什么程度才算"行"与"好"？

从发生规律来看，水土流失作为自然过程不可能完全消失，且流域生态工程建设规模受限于区域资源环境的自然禀赋，布局则需因地制宜、因害设防。而水土保持生态工程的水沙调控效能存在临界效应，即不随措施规模的扩展而持续放大。临界效应说明，水土流失治理不可能将河流泥沙含量减到零或较低的数值，同时，水土保持措施布局及规模存在适宜度。从干流河道冲淤与中水河槽维系来说，若上中游水土流失治理将入河泥沙减至清水状态，那么中下游河道将面临剧烈冲刷、产生畸形河湾发育等诸多威胁防洪安全的问题，沿河取水工程将面临取不到水，河口将面临海水入侵、三角洲蚀退等诸多威胁河口生态环境与稳定的问题。因此，流域水土保持须充分考虑措施效能发挥的临界效应，基于自然资源禀赋和经济社会发展需求确定流域适宜治理度，以科学调控入河水沙量及其过程，实现流域、河道与河口各系统及全流域水沙动态平衡。

3. 系统推进流域"量-质-域-流-生"协同修复，复苏河湖生态环境

河湖生态系统是以河湖水系为纽带，综合上下游、左右岸、干支流的经济-社会-自然复合系统，通过物质转移和能量交换，形成山水林田湖草沙等要素相互依存、紧密联系的有机链条和统一整体，在自然状况下处于相对稳定的动态平衡状态。复苏河湖生态环境的目标就是从生态系统整体性和流域系统性出发，实施"量-质-域-流-生"多要素协同保护与修复，山水林田湖草沙多系统协调，维护河湖生态系统功能。

水土保持是河湖生态环境治理和保护的源头，与水环境管理互为促进、紧密结合。复苏河湖生态环境关键是以流域为单元，结合河流水量及其过程、水质、水域空间、水流连通性、水生态等条件，坚持系统治理、综合治理和协同治理，充分发挥水土保持的"拦沙减淤、净化过滤、调节反补、开源引流、减排增汇"作用，统筹水量、水质、水动能、水生态，协调上下游、左右岸、水域陆域，维系生态廊道，提升生态功能，保障生态安全。我国七大水系、十大流域片乃至各流域上中下游经济社会特点和生态环境状况有所差异，面临的核心问题都具有独特性。因此，流域保护治理的模式也不一样，需针对流域具体问题因地制宜，科学施策。

4. 持续提升水沙调控体系整体合力，保障江河长久安澜

流域水土保持需维系适宜治理度以调控入河水量、沙量及其过程，水利枢纽需优化联合调度运用以调整河道水流结构，进而塑造河道形态及有利于下游河道减淤和水库库容长期保留的水沙过程。因此，流域水土保持措施、控制性水库与干流河道共同构筑河流水沙调控体系，对来水来沙过程进行科学调节，将天然状态下不协调的水沙关系塑造为尽可能协调的水沙关系。

目前，黄河流域基本形成了以上中游水土保持、中游干支流水库、下游堤防、河道整治、分滞洪工程为主体的"上拦下排、两岸分滞"的水沙调控体系。未来精准布局黄土高原水土流失治理格局，构建动力强劲的水沙调控工程体系，塑造与维持黄河基本输水输沙通道，改造下游河道并解放滩区，维持黄河口相对稳定流路，以持续提升水沙调控体系整体合力。长江上游以三峡水库为核心的控制性水利枢纽工程陆续建成后，中下游防洪形势有所缓解，但防洪安全仍面临一系列问题。如：三峡水库坝下河道发生长时间、大范围的剧烈冲刷，局部河势变化剧烈，岸线崩退、支汊发展、切滩撤弯等现象时有发生，库尾变动回水区泥沙淤积问题较为突出。稳定安全的河势是堤防稳固和泄洪的基本保证，也是沿岸取排水口正常运行的基本条件。为此，针对中下游河道冲淤与河势控制，构建护岸、护底、潜堤工程，以及支汊串沟封堵工程和滩涂圈围工程。针对水库泥沙淤积，通过沙峰调度、库尾减淤调度和梯级水库联合调度，以"蓄清排浑"和"调沙提效"方式对泥沙进行实时动态调控。针对三峡水库蓄水运用后江湖关系变化，通过在湖泊出口建闸及其科学调度，调控两湖水资源和湿地生态环境，以协调防洪、供水、航运、生态环境保护之间的关系。

5. 优化水工程联合调度，保护河口生境系统

河流泥沙是河道冲淤、河口地貌塑造、岸滩演变的主要驱动因子。江河入海泥沙锐减导致河口河势不稳、滩槽易动、三角洲蚀退、航道回淤、海水入侵、污染累积和灾害频发。黄河口作为全球新生河口湿地的典型代表，自1999年小浪底水库运行以来，淤积在

河口三角洲前缘的泥沙量较 1996 年以前清水沟流路河口时期显著减少，三角洲的淤长速率减缓，河口滨海区蚀退，湿地生态系统出现退化。长江口为径流与潮汐共同作用的多级分汊和中等强度的潮汐河口，来沙量锐减致使河口近岸冲蚀，岸线崩塌，河道主槽容积扩大，江心沙洲缩小，威胁河口区域防洪安全、供水安全与滩涂湿地生态保护。

河口保护的基础是河势稳定。为此，针对新的水沙条件，需强化气候变化和人类活动耦合驱动下河口系统稳定性及演变趋势预测与预警，调控入海水沙量与动力过程，以维持河口及三角洲淤蚀平衡。稳定河口流路，减少海岸蚀退，维持自然岸线稳定，促进三角洲整体生态环境质量提升。黄河口需推进现行流路淡水湿地生态补水，实施主河槽、滩地及整个三角洲横向连通，保证三角洲湿地生态系统的良性维持。长江口则需结合长江大保护背景，实施河势稳定工程，培育滩涂，推进整治工程的生态化，保护优良的生态环境。

6. 推进流域泥沙资源化利用，优化配置水土资源

多沙河流诸多问题的症结在于泥沙，如何将泥沙作为一种资源与水资源一起优化配置和综合利用，给泥沙以出路是解决河流泥沙问题的基本思路。泥沙具有自然资源的有效性、可控性和稀缺性，在系统考虑流域泥沙的离散性、吸附性、可搬运性等属性，以及水沙不可分性、不协调性、时空分布不均匀性、产生异源等特征基础上，实现对泥沙在全流域的合理配置与资源化利用。

流域泥沙资源优化配置涉及水力配置、工程配置、生物配置和机械措施配置等技术系统。资源化利用途径则涉及直接利用和转型利用等方式。在资源化配置时，通过流域面上梯田和淤地坝措施实现固沙保肥和拦沙造地，结合河道水库拦沙、引水引沙、人工放淤、河槽冲淤、洪水淤滩、河口造陆和深海输沙等，针对性地直接利用粗、细泥沙。同时，通过利用泥沙生产建筑用砖类、高端装饰材料、型砂、微晶玻璃，以及改良盐碱地等路径实现泥沙资源的转型利用。黄河三门峡水库和小浪底水库累计淤积泥沙约 150 亿 t，下游河道累计淤积约 100 亿 t，泥沙资源化利用潜力大。为此，从全流域视角，按照干流泥沙空间归属地科学设置泥沙配置单元，并基于水沙运动特性与水沙关系协调性维持，优化配置保水滞沙、水库拦沙、引水引沙、滩区放淤、挖沙固堤、河槽冲淤、洪水淤滩和输水输沙等利用模式，全面、科学、高效地配置泥沙资源。

四、结语

江河生态系统是一个有机整体，流域又是一个复杂的地域综合体。国家"江河战略"明确了新时代江河保护治理的目标与路径，科学回答了如何处理好江河资源保护治理节约的优先关系、生态保护和高质量发展的协同关系、山水林田湖草沙生命共同体的耦合关系、流域与区域的统筹关系、水资源与生产力布局的适配关系等重大理论与实践问题。江河泥沙问题作为全球性的难题，直接影响国家的江河保护治理、防洪减灾和生态环境保护等诸多战略对策。受气候变化与强人类活动综合影响，我国主要江河水沙通量与水沙过程发生趋势性变化，江河演变呈现新格局，河流生态及其生态功能发挥随之发生正向或负向变化。面对治水新形势，在强化对江河湖库、河口演变及效应进行长期监测和跟踪研究基础上，坚持系统保护治理理念，科学确定流域适宜治理度，系统推进河流"量-质-域-流-生"协同修复，优化水工程联合调度，持续提升水沙调控体系整体合力，保护河口生境系

统，推进流域泥沙资源化利用，复苏河湖生态环境，优化配置全流域水土资源，保障江河长久安澜。

参 考 文 献

［1］ 李国英. 为以中国式现代化全面推进强国建设、民族复兴伟业提供有力的水安全保障——写在 2024 年"世界水日"和"中国水周"之际 ［N］. 人民日报，2024 - 03 - 22 （15）.

［2］ 李国英. 坚持系统观念 强化流域治理管理 ［N］. 人民日报，2022 - 06 - 28 （10）.

［3］ 胡春宏，张晓明，于坤霞，等. 黄河流域水沙变化趋势多模型预测及其集合评估 ［J］. 水利学报，2023，54 （7）：763 - 774.

［4］ 胡春宏，张治昊，张晓明. 维持黄河流域水沙平衡的调控指标阈值体系研究 ［J］. 水科学进展，2023，34 （5）：647 - 659.

［5］ 蒲朝勇. 开拓进取攻 坚克难 全力推进新阶段水土保持目标任务落地见效 ［J］. 中国水利，2023 （24）：19 - 20.

［6］ 胡春宏，方春明，史红玲. 三峡工程重大泥沙问题研究进展 ［J］. 中国水利，2023 （19）：10 - 16.

［7］ 胡春宏，张双虎. 长江经济带水安全保障与水生态修复主要策略研究 ［J］. 中国工程科学，2022，24 （1）：166 - 175.

［8］ 韩玉芳，窦希萍. 长江口综合治理历程及思考 ［J］. 海洋工程，2020，38 （4）：11 - 18.

［9］ WANG Z H, SAITO Y, ZHAN Q, et al. Three - dimensional evolution of the Yangtze River mouth, China during the Holocene: impacts of sea level, climate and human activity ［J］. Earth Science Reviews, 2018 （185）: 938 - 955.

［10］ 许全喜，董炳江，袁晶，等. 三峡工程运用后长江中下游河道冲刷特征及其影响 ［J］. 湖泊科学，2023，35 （2）：650 - 661.

［11］ LI L, JNIJ R, CHANG F, et al. Global trends in water and sediment fluxes of the world's large rivers ［J］. Science Bulletin, 2020 （65）: 62 - 69.

坚持系统观念 推动全民治水 实现"治水要良治"

吴浓娣，严婷婷

(水利部发展研究中心)

摘 要： 建立政府引领、市场运作、公众参与的全民治水体系，是水治理理念的重大突破和提升，也是全面深入贯彻落实"节水优先、空间均衡、系统治理、两手发力"治水思路的关键之所在，更是水利高质量发展的必然要求和趋势所向。进入新发展阶段，要把握好政府、市场和公众的角色定位，在总结地方实践经验的基础上，加大政策协同创新力度，健全市场机制，激发公众参与，把保障水安全转化为全体人民的自觉行动，真正实现"治水要良治"。

关键词： 系统治理；全民治水；政府；市场；公众

党的十九届四中全会提出要坚持和完善共建共治共享的社会治理制度，完善群众参与基层社会治理的制度化渠道，构建基层社会治理新格局。党的二十大报告从推进国家安全体系和能力现代化的高度，强调健全共建共治共享的社会治理制度，提升社会治理效能，提出要着力推进基层群众自治，促进群众自我管理、自我服务、自我教育、自我监督，努力形成社会治理人人参与、治理成果人人共享的生动局面。共建共治共享作为一个新的治理理念，体现了鲜明的问题意识和目标导向，体现了我们党对中国社会治理实践规律性认识的进一步升华，是全面推进中国式现代化的有机构成。

水是生存之本、文明之源。习近平总书记指出，"治水即治国，治水之道是重要的治国之道"[1]。水运连着国运，兴利除害、安邦利民是水利的本色。水利领域要坚持以习近平新时代中国特色社会主义思想为指导，主动融入国家治理体系建设，全面贯彻落实习近平总书记关于治水的重要论述精神，坚持系统观念，建设人人有责、人人尽责、人人享有的水治理共同体，加快构建政府引领、市场运作、公众参与的全民治水体系，实现"治水要良治"，以水利现代化夯实"中国之治"的基石。

一、推动全民治水是坚持系统治理的应有之义

党的十八大以来，在习近平总书记"节水优先、空间均衡、系统治理、两手发力"治

原文刊载于《水利发展研究》2024 年第 3 期。

水思路的指引下，我国水利事业解决了许多过去长期想解决而没有解决的问题，干成了许多过去长期想干而没有干成的大事。江河湖泊面貌焕然一新，水旱灾害防御能力和水安全保障能力不断提升，水利在有力支撑保障经济社会高质量发展的同时，也较好实现了自身的高质量发展。当然，在以中国式现代化全面推进强国建设实现民族复兴伟业的要求面前，我们还存在不少差距，需要百尺竿头，更进一步，持续完善共建共治共享的水治理制度，积极探索推动全民治水，为中国式现代化守护好青山碧水。

习近平总书记提出"治水要良治"，良治的内涵之一是要善用系统思维统筹水的全过程治理[1]。系统治理本身蕴含着丰富的内涵，包括主体、对象、内容、环节和方法等多个方面[2]，其核心是主体。治理的对象、内容、环节和方法是否系统全面、科学有效，均取决于治理主体的谋划，所谓"知其理，方能得其法；得其法，方能善其治"。治水主体应该是多元的，因为水具有包容性、公共性、共享性，正如《水经注》所言"天下之多者水也，浮天载地，高下无所不至，万物无所不润"。但同时，水的包容性、公共性、共享性也带来了"公地悲剧"的难题。全球首位女性诺贝尔经济学奖获得者奥斯特罗姆指出："任何时候，一个人只要不被排斥在分享由他人努力所带来的利益之外，就没有动力为公共的利益做贡献，而只会选择做一个搭便车者。"[3]作为公共资源，水治理在全球都是一个颇具争议的难题。

近年来，我国的治水工作坚持系统治理，取得了一系列突破。政府主导的水治理体系已经基本形成，市场化运作成效初显，公众参与也已经有了一定的社会基础，政府、市场和公众共同发力的"全民治水"已初具雏形。政府层面，经过多年实践，我国已基本形成了以法律为基础、以国务院批复的部门"三定规定"为依据，水行政主管部门为主、多部门合作的水治理体制[4]。特别是党的十八大以来，治水工作不断强化系统观念，加强中央和地方以及各部门之间的统筹衔接和协调配合。《中华人民共和国长江保护法》《中华人民共和国黄河保护法》先后出台实施，河湖长制工作部际联席会议制度、节约用水工作部际协调机制等先后建立，政府各层级、各部门携手推进治水，体现了政策和行动的协同性。市场层面，水价改革取得积极进展，用水权市场化交易日趋活跃，市场在治水工作中的作用日益显著。各地鼓励吸引各类社会资本参与水利，不断做大做强做优水利企业，提升投融资能力和市场化运作水平，充分发挥企业在水利工程募投建管等方面的重要作用[5]。金融贷款和社会资本占水利总投资的比例逐步提高，从"十二五"时期的13%提高到"十三五"时期23%[6]，2023年达到近30%。公众层面，"节水护水人人有责"的氛围日益浓厚，公众参与的方式也逐渐丰富，已从最初水利工程建设期的投工投劳扩展到日常的工作和生活当中，公民节约用水行为日益规范。全面推行河湖长制以来，在全国省市县乡村5级120万名河湖长中，包含巡河员、护河员在内的村级河长占到了75%，群众力量成为守护河湖的"最前哨"。公民节水意识普遍增强，越来越多的人成为节约用水的参与者、实践者和推动者。

治水主体多元化，是水治理理念的重大突破和提升，是系统治理的大本大宗，也是全面深入贯彻落实"节水优先、空间均衡、系统治理、两手发力"治水思路的关键之所在，更是水利高质量发展的必然要求和趋势所向。

二、地方实践彰显了"全民治水"的巨大潜力

构建政府引领、市场运作、公众参与的"全民治水"制度体系，不可能一蹴而就，而是一个循序渐进的过程。一些地方"摸着石头过河"，先行先试，取得了积极成效，对于未来在全国更大范围推进"全民治水"具有重要的参考借鉴意义。

（一）官民共举促浦阳江脱胎换骨

浦江县曾是浙江全省最脏、环境最差的县，浦阳江（浦江段）生活污水排放、畜禽养殖污染以及水晶、家纺等产业水污染严重。从 2013 年起，浦江县打响了全省"五水共治"的第一枪，开展水环境综合整治，出境水质从整治前的连续 8 年劣 V 类稳定提升至地表水Ⅲ类。浦阳江（浦江段）实现了从"七彩河""垃圾河"到"最美家乡河"的转变，得益于政府各部门的协同治理，也离不开当地群众的积极支持和主动参与。

政府深谙"问题在水里，根子在岸上"的道理，清楚治水不能靠水利部门单打独斗，成立了由不同部门牵头的 16 个小组，各司其职，秉持生态优先理念，立足山水林田湖草一体化保护和系统治理，共推浦阳江（浦江段）综合治理，从全面推进产业转型升级着手，从根上解决"水污染源头"和"经济发展路子"问题。同时积极搭建平台，凝聚各方力量共抓综合整治，实现了生态环境保护和经济发展双赢。

浦江县治水，治出的不仅是绿水青山和金山银山，更是治出了政府主导、社会协同的"良治"模式。五轮整治行动，万人参与"清三河"；302 支义务护水队，巡查促改乱扔垃圾等十大陋习；河道长效管理工作要求写进了村规民约，村民在自治过程中，从观念到行动实现了从"要我治水"到"我要治水"的转变，形成了人人参与、人人监督、人人有责、人人尽责的社会治理共同体。当地群众水生态环境保护意识和主动参与意识明显提高。"15 分钟亲水圈"更是拉近了公众与水的距离。

课题组曾经于 2022—2023 年连续 2 年在浦江县进行了 400 余份的问卷调查，大多数受访者为在当地居住时间长达 10 年以上的本地居民，亲历过水生态水环境由差到好的转变过程。调查结果分析显示，在认可度方面，绝大多数受访者对治理后的河湖面貌以及治水政策表示肯定（图 1 和图 2），认识到了良好水生态水环境对提升自身幸福感的重要性。在支持度方面，很多受访者对未来河流状况持续改善充满信心和希望，愿意以各种方式积极参与治水。99% 的受访者支持已采取的相关措施，89% 的受访者愿意为河流水量、水质、生物多样性、河湖管理以及休闲旅游等状况的进一步改善而支付一定费用（图 3），其中，70% 给出了具体的支付金额，约 20% 愿意每年支付 100 元以上。受访者对于河流状况改善的平均支付意愿约为每人每年至少 130 元，如按浙江省常住人口约 6500 万人计算，支付总额可占到 2023 年全省水利建设总投资的十分之一。良好的群众基础，为浦江的治水工作进一步向"良治"迈进提供了有力支撑。

浦阳江（浦江段）的成功治理表明，系统治理作为新时代治水思路的重要组成部分，它既是一种方式方法，更是一种思想理念。落实"系统治理"，需要政府主导，也需要公众的支持和参与。

（二）"一滴水"让青山长青

青山村位于浙江余杭区，以小（2）型龙坞水库为水源地，早年间由于村民在水库上

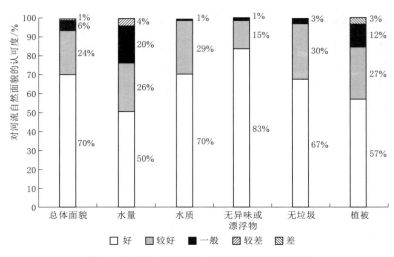

图 1　受访者对河流自然面貌的认可度统计

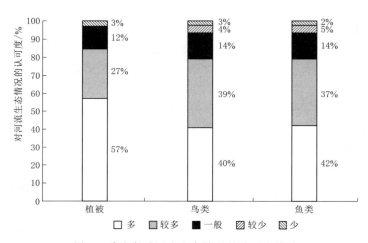

图 2　受访者对河流生态情况的认可度统计

游汇水区内大量使用化肥和除草剂种植毛竹，导致水库水质一度达到劣Ⅴ类，严重影响饮水安全。2014 年，青山村以龙坞水库水源地保护为契机，运用公益组织发起的"水基金"，通过林权流转和自然恢复的方式解决了水源地面源污染等问题，用"一滴水"将无名山村打造成了"未来乡村"。政府搭台、企业唱戏、公众参与一起造就了"网红"青山村。

　　青山村的蜕变始于公益组织的市场化运作。国际公益组织大自然保护协会联合阿里巴巴公益基金会、万向信托等合作伙伴作为发起人，组建善水基金信托（图 4），除了从事水生态治理、环境保护等公益事业外，基金建立了自我"造血"的市场运作机制，成立了晴山公司，从事产业开发和市场运营，以经营收益反哺基金。

　　政府积极介入，为基金的良性运行建立外部"输血"机制。当地政府发起了"自然好

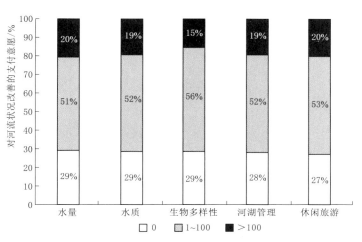

图 3　受访者对河流状况改善的支付意愿统计

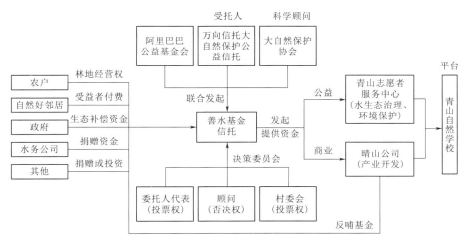

图 4　善水基金运作机制

邻居"计划❶，与余杭水务集团同为水源地治理的受益者，分别以生态产业经营和供水收入为来源，为基金注入生态补偿和捐赠资金。经过近 10 年的调整和完善，得益于上下游协作、"受益者付费"的市场机制，基金目前已实现自主运转。

　　新老村民共同参与，助推乡村振兴和共同富裕。治理后的青山村，通过谋划新业态、创建好环境，用绿水青山给老村民带来金山银山，同时吸引了新村民入驻。随着"未来乡村"党建联盟、新社会阶层人士联谊会分会"青山同心荟"的成立，"党建引领、依规治理、居民自治"的民主协商共治体系逐步形成。通过青山志愿者服务中心、青山自然学校开展宣传教育，通过"自然好邻居"计划鼓励绿色经营，培养村民形成尊重自然、保护自

───────────────

　　❶　加入计划的村民，需承诺采用"近自然"的方式从事生产经营，为来访者提供绿色农家饭和民宿服务等，降低对自然的影响。政府对加入计划的农户，提供技能培训、经营指导等帮助，在旅游客源导流、物质奖励、优先开展业务合作等方面进行倾斜。

然的思想观念和生产生活方式，形成了水资源保护意识提高、绿色产业蓬勃兴旺、基层组织独具特色的发展模式，同时带动周边乡镇实现共富。

从青山村的实践看，水资源保护行动发起于公益组织、成熟于市场化运作、稳定于公众自我管理。整个过程，政府并没有作行政干预，而是以服务者的角色出现，确保青山村模式长效发展。这证明当治水成果为公众所共享时，公众有意愿、也有能力承担起治水管水兴水的责任。

全国各地公众参与治水的案例还有很多，建设公众监督平台、开展特色巡河活动以及节水宣传进机关、进社区、进校园等公众参与方式逐步普遍化、常态化，证明现阶段推进全民治水已具备了一定的社会基础。

三、未来推动全民治水的路径和建议

推动全民治水的根本目的，在于求取水治理效能的最大公约数，通过共建共治共享给全社会带来实实在在的利益，促进社会公平正义，实现人人共享治水成果的目标，不断增强人民群众的获得感、幸福感、安全感。要在正确把握好各主体角色定位的基础上，充分发挥政府引领作用，搭建平台，激发其他主体参与水治理的积极性、主动性，逐步实现"治水要良治"。

（一）把握好各主体的角色定位

推动"全民治水"既适应国家治理的政策要求，也已具备一定的实践基础，需要正确认识政府、市场和公众三者在水治理中的角色定位。图5参考借鉴关于社会治理的相关研究成果[7]，尝试对水治理中三者的相互作用予以解释。图5中B点以下代表公众参与度低，越往下，意味着水治理的效能越低；而A点以上则代表过多依赖公众参与，意味着政府缺位和市场失灵，极易导致管理失控；最理想的状态是在O点，但是现实中，绝对的理想状态很难达到，需要各方协同共治，努力在AB范围内实现治理效能的最大化。

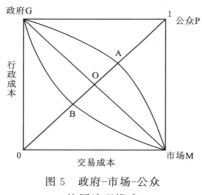

图5　政府-市场-公众协同治理模式

首先，"全民治水"绝不代表政府可以缺位，水的公益性、基础性、战略性决定了政府必然是治水的重要主体，需要发挥好引领作用；但政府也不能越位，能够交给市场做的一定要交给市场，同时要善于发挥公众的作用，激发其他主体参与水治理的积极性，否则不但行政成本会一直居高不下，治理效能也很难提升。其次，"全民治水"要求市场发挥积极作用，使水的价值在市场交易中得以实现和提升，从而促进市场反哺水治理；但市场也不是万能的，离开政府的有效调控，交易成本攀升，最终导致市场失灵。最后，"全民治水"必须依靠公众参与才可持续，而公众参与必须与政府调控和市场运作相协调，需要把握好度，否则难以达到有效目的。

因此，"全民治水"需要政府、市场、公众形成合力，做到人人有责，充分发挥人民群众首创精神，调动市场和公众积极性；做到人人尽责，最大限度地激发社会活力，形成

"1＋1＞2"的效用；做到人人享有，有效协调各方利益关系，促进发展成果共享。现阶段更需要政府率先转变观念，充分发挥好引领作用，既要做好管理者，又要做好服务者，为市场运作和公众参与搭建平台，为实现"治水要良治"奠定坚实基础。

（二）充分发挥政府引领作用

1.加强政策协同创新

政府要突破行政边界和部门职能等体制机制的制约，促进各部门间实现资源共享、优势互补、协同推进，将一元治理调整为综合治理。

首先，要做好顶层设计，推动政策协同，优化政策供给。2023年中央经济工作会议强调，要加强宏观政策取向一致性，加强政策协调配合，确保同向发力。在政策优化过程中，要减少政策执行主体在时间和空间上的冲突和对抗，要注重执行机制在跨部门、跨地区间进行有机协调和配合，充分发挥政策的整体功能。为此，水利部门要进一步强化前瞻性思考、全局性谋划，将治水政策与国家重大战略、乡村振兴政策、相关产业政策等相结合，与发展改革、财政、自然资源、农业农村等部门协同推进水利事业，使水利真正成为经济社会高质量发展的助推器。

其次，要注重因地制宜，强调精准施策，发挥政策效能。政策取向一致性是在宏观层面原则性、方向性的要求，不是要事事"照本宣科"、搞"一刀切"。各地有不同的社会经济发展条件和资源禀赋，应在符合大政方针导向、统筹发展和安全的前提下，结合流域区域实际进行政策创新，按照共建共治共享的理念，积极回应当地人民群众的现实需求，不仅重视人水关系的和谐，更关注人与人、人与社会关系的互动，将水安全保障和"以人民为中心"深度融合。如在水生态产品价值实现方面，国家、部委尚未出台专项政策，各地可积极探索盘活现有涉水资产资源的路径，在资产运营、税收减免、财政奖补、金融贷款等方面加大创新力度，推动建立和完善"保护者受益、使用者付费、损害者赔偿"的价值实现机制，调动各方参与水利工程建设运营的积极性和主动性[8]。

2.健全市场机制

保障水资源安全，无论是系统修复生态、扩大生态空间，还是节约用水、治理水污染等，都要充分发挥市场的资源配置作用。我国水利投资自2022年以来连续2年突破1万亿元，持续高位的资金需求对市场化改革提出了更高要求，亟须通过市场机制充分转化水资源价值，破解水利工程建设运营资金难题。

首先，要发挥水价的杠杆作用。价格是价值的表现形式，长期过低的水价会造成水资源价值无法充分体现，带来多重负面影响。已建供水工程的运营企业收入不足弥补成本，需要政府财政补贴；新建工程预期收益低，吸引不到更多企业参与；用户水费支出少，没有节水意识，造成缺水状况加剧，又需要政府投资新建供水配水工程，形成恶性循环。因此，有必要加快水价改革，探索根据不同用途实行差别定价，鼓励有条件的水利工程的供水价格实行协商定价，健全有利于节水、与投融资需求相适应的水价形成和动态调整机制。

其次，要推动用水权有偿取得。水权交易是用水权在合理界定和分配的前提下，通过市场机制实现其在区域间、行业间、用水户间流转，有利于水资源高效利用和优化配置。进一步推动用水权改革，要在国家加快完成省、市、县三级用水权确权的基础上，鼓励各地根据水资源作为生产要素的价值，结合本地条件推动用水权有偿取得，突破当前水权交易的"免费取得"限制，为用水权实现更广泛、更活跃的市场化交易创造前提。

3. 激发公众参与

习近平总书记指出，"一切治理活动，都要尊重人民主体地位，尊重人民首创精神，拜人民为师"。要基于有为政府与有效市场的系统结合，充分相信群众、依靠群众，创造各种条件鼓励公众参与水治理。

首先，要使公众充分享有治水红利。在政策制定上要做到"民之所好好之，民之所恶恶之"，确保政策更加贴近实际，促进政策更加深入人心。要将建设防洪工程、优化水资源配置、复苏河湖生态等治水工作，与满足群众休闲娱乐等更高层次的精神需求相结合，打造具有本地特色的"亲水圈"，集中发展滨水经济，引导公众从内心亲近水、喜爱水，使公众切身感受到水利高质量发展带来的红利，真正成为受益者，拥有幸福感，从而提高参与治水的热情和主动性。

其次，要引导公众建立水资源有偿使用的意识。结合浦江县的治水经验和公众支付意愿调查，政府应在切实提高群众对治水的获得感、认同感的基础上，通过全方位、多种形式的宣传和教育，提高社会公众对水资源价值、水生态产品消费的认识，"观其所由，察其所以，审其将然"，引导培养节水惜水护水的生活方式和消费模式，为水资源价值转化、反哺水利工程营造良好的社会推广机制。

最后，要拓宽公众参与治水的途径。在治水政策制定过程中，参考青山村的水基金运作机制、民主议事机制等方式，尽可能倾听公众意见、反映公众需求，真正解决公众急难愁盼的水问题，让公众享受更贴心、更高品质的水生态产品和服务。通过"以奖代补"等制度设计，鼓励公众参与治水，使他们不仅是治水红利的受益者、消费者，更要成为治水的参与者、监督者。

水是地球的乳汁，生命的摇篮，这是共通的道理，古今中外概莫能外。习近平总书记史无前例地把水安全提升到保障国家安全的战略高度。水利要紧跟国家政策导向和发展战略，以习近平总书记"节水优先、空间均衡、系统治理、两手发力"治水思路为根本遵循，顺应时代要求，坚持系统观念，谋划建立多元共治体系，充分发挥各方主体的主观能动性，汇聚无穷智慧和力量，上下同心、齐抓共管、众志成城，把保障水安全转化为全体人民的自觉行动，真正实现"治水要良治"，不断实现人民对美好生活的向往，在推动中国式现代化进程中不断创造新的历史伟业。

参 考 文 献

[1] 水利部编写组. 深入学习贯彻习近平关于治水的重要论述 [M]. 北京：人民出版社，2023.
[2] 水利部发展研究中心. 学习践行新时代治水思路——系统治理 [M]. 北京：中国水利水电出版社，2023.
[3] 埃莉诺·奥斯特罗姆. 公共事物的治理之道 [M]. 余逊达，陈旭东，译. 上海：上海世纪出版股份有限公司，2016.
[4] 《完善水治理体制研究》课题组. 我国水治理及水治理体制现状分析 [J]. 水利发展研究，2015，15 (8)：9-12.

［5］　李国英．为以中国式现代化全面推进强国建设、民族复兴伟业提供有力的水安全保障——在 2024 年全国水利工作会议上的讲话［J］．水利发展研究，2024，24（1）：1－10.

［6］　陈茂山，庞靖鹏，严婷婷，等．完善水利投融资机制助推水利高质量发展［J］．水利发展研究，2021，21（9）：37－40.

［7］　傅军．元道启发式增长理论及赶超战略［J］．北京大学学报（哲学社会科学版），2020，57（6）：113－125.

［8］　吴浓娣，庞靖鹏．关于水生态产品价值实现的若干思考［J］．水利发展研究，2021，21（2）：32－35.

木兰溪流域系统治理总体思路与格局

杨　晴，张建永，唐景云

（水利部水利水电规划设计总院）

摘　要：本文围绕"造福人民的幸福木兰溪"治理目标，分析了福建木兰溪流域治理现状和存在问题，研究了木兰溪流域系统治理面临的新要求，着眼系统思维，从完善流域水网工程体系、防洪（潮）涝减灾体系、河湖生态环境治理体系、流域监督与管理服务体系和发展水美经济等方面提出了木兰溪开展系统治理的总体思路，提出了木兰溪流域保护和治理的总体格局。

关键词：木兰溪；系统治理；总体思路

一、流域治理现状与问题

福建木兰溪流域治水历史悠久。远古时期，流域下游的兴化平原本为一片汪洋，古代先民为了拓展生存空间，圩田洗卤、向海争地，流域下游海岸线不断向海扩展，将海退滩涂改造为南北洋平原千顷良田，留下了丰富的水文化物质与精神遗产。宋代木兰陂水利枢纽工程成功地把咸水和淡水分开，结束了围塘而居、靠水塘灌溉的历史，提升了农业生产的自主自控能力，稳固了耕作条件。同期建设的南北洋感潮河段堤防，固定了木兰溪下游感潮河段的主河道，结束了木兰溪咸水淡水无序漫滩的历史；开沟填塘的革命性举措，触发了南北洋大规模的土地整理与河网改造活动，形成了集灌溉引水、蓄水、排水、航运行船为一体的纵横交错、便捷发达的南北洋水系，造就了闻名遐迩的福建四大平原之兴化平原。

木兰溪流域由于其特殊的地形和气候条件，具有水资源"丰枯不均、洪旱急转"，水患、干旱灾害频发的特点。近年来，由于流域经济社会快速发展，水患尚未得到根治，水资源短缺、水环境污染、水生态损害等新的水问题更为凸显。在供水安全保障方面，骨干水资源配置体系尚不完善，城镇用水挤占农业灌溉和生态环境用水较为严重，水资源调配能力不足，供水保障整体还处于低水平的紧平衡状态。在防洪（潮）排涝减灾方面，防洪（潮）治涝标准偏低，南北洋平原洪涝潮交织引起的灾害问题仍较为突出，一些重要乡镇的支流防洪保护圈未闭合；受高潮位顶托，平原河网区行洪、排涝不畅。在流域生态环境保护方面，流域中上游农业面源污染和城乡生活污染治理水平较低，河流廊道纵向连通性

原文刊载于《中国水利》2023 年第 6 期。

较差；南北洋河网滨河水生态空间受城市发展挤占较为严重，入河排污口分布集中，大部分内河、内湖水质难以满足Ⅳ类标准；木兰溪河口兴化湾大片围塘养殖，近岸局部海域水质较差；外来物种入侵，原生红树林、芦苇等湿地植被退化，滨海大型候鸟的栖息和觅食地面积缩减。

二、流域空间开发与保护需求

木兰溪流域综合治理是习近平生态文明思想的生动实践。1999年，时任福建省委副书记、代省长习近平同志亲自擘画、全程推动木兰溪治理，坚持造福大众的人民观、综合治理的系统观、多方发力的协同观、同生共融的和谐观，提出了"变害为利、造福人民"的治理原则，强调"既要治理好水患，也要注重生态保护；既要实现水安全，也要实现综合治理"的总体要求。

结合莆田市国土空间规划，针对木兰溪流域地形地貌和水系特点，围绕流域"一湾两洋、三区七廊"生态空间保护、城镇产业和农业生产空间开发布局，分析流域空间开发与保护需求。

（1）一湾：指沿海兴化湾。木兰溪自陆地流向兴化湾口，海湾紧靠大陆一侧的"南北洋"为莆田市经济中心，兴化湾沿海分布有红树林、河口湿地等。现状兴化湾近海水质局部污染，生境条件较差；海堤整体防护标准低，部分区域尚缺少海堤保护。兴化湾是莆田市水生态保护修复和防潮治理的重点区域。

（2）两洋：指木兰溪流域下游及滨海平原区，以木兰溪为界分为南、北两洋。该区域是莆田市主城区所在地，人口密集、经济发达，是城镇、产业、农业发展的重点区域；南、北两洋水系呈河网状，中心区域分布有面积达65km² 的城市生态绿心。该区域受洪水、干旱水情影响，一方面洪涝灾害问题严重，另一方面供用水矛盾突出，水生态环境亟待改善。两洋是流域防洪保安、城乡供水、生态环境保护与修复的重点区域，也是实现流域高质量发展的重点区域。

（3）三区：包括木兰溪流域中上游的山地生态安全屏障区、低山丘陵生态农业发展区、河谷生态城镇发展区。

——山地生态安全屏障区，位于流域北部、西部、南部山区，是木兰溪干支流源头区，分布有全市重要饮用水水源保护区、自然保护区、风景名胜区、森林公园、生态公益林、25°以上山体等生态底线区，是生态保护与水源涵养的核心空间，同时也是绿色农业的主要发展空间，具有重要的水源涵养、生态保护、洪水及水资源调蓄功能。

——低山丘陵生态农业发展区，位于干流和主要支流两岸的低山丘陵区，是流域内农业生产的重点区域，存在水土流失和面源污染问题，农业、农村、城镇发展对河流水环境影响较大，需推动发展低污染的绿色生产方式，加强水土保持和农村水系整治，建设美丽宜居乡村。

——河谷生态城镇发展区，位于木兰溪中上游河谷区域，分布有仙游城区及部分乡镇，部分河段防洪除涝标准低，涉水空间被压缩、水环境污染问题突出，需采取防洪排涝、水生态修复、水环境治理等综合措施，提升水安全保障能力。该区域水文化、水景观资源丰富，具备进一步开发利用的条件。

（4）七廊：指木兰溪"一干六支"生态廊道，即木兰溪干流、延寿溪、仙水溪、大济溪、龙华溪、柴桥头溪、苦溪，总长295km，是木兰溪流域的行洪通道，也是优质水资源、良好水生态环境的重要载体。需要强化对生态廊道空间保护，避免经济活动对行洪空间的挤占，同时，还需要对水生生境、生物资源等进行保护。

三、流域系统治理新要求

木兰溪流域系统治理要加强前瞻性思考、全局性谋划、战略性布局、整体性推进，运用整体思维统筹考虑木兰溪流域的各类涉水相关问题，把握陆海统筹、河海联动，实现绿色发展、河海同治。为了继续绘制好木兰溪流域系统治理的新蓝图，以建设造福人民的幸福木兰溪为目标，统筹山水林田湖草海系统治理，统筹水生态修复、水环境治理、水资源配置、水灾害防治、水景观建设、水文化传承、水管理创新、水产业发展，推进流域水治理能力与治理体系现代化，形成流域保护与发展新格局，打造流域系统治理的"木兰溪样本"。

1. 从生态系统整体性和流域系统性着眼

以形成国土空间开发保护格局为目标，统筹山水林田湖草海各要素的内在关系，统筹涉水治理措施与涉水约束管控的关系，统筹流域上下游、左右岸、干支流、陆地和近岸海域、城镇和农村之间的关系，以低环境影响代价、高质量发展为根本遵循，以涉水空间各项功能全面提升为根本目的，全方位、多层次开展全流域系统治理。

2. 从流域水资源的空间和时间特点着眼

运用系统思维，把握流域水循环的内在规律，统筹水资源配置、开发利用、节约保护等环节，统筹水环境、水生态、水资源、水灾害、水文化、水产业和水管理等方面有机联系；完整、准确、全面贯彻新发展理念，正确处理发展和保护的关系，以生态优先、绿色发展为遵循，统筹解决好新老水问题，推动实现人水和谐共生。

3. 从满足人民对日益增长的美好生活向往着眼

不仅要统筹"水资源、水灾害、水环境、水生态"综合治理，更要考虑"水文化、水景观、水产业、水管理"等涉水功能和涉水服务融合发展；既要以水生态修复、水环境治理、水资源配置、水灾害防治为根本，提升生态系统质量和功能的可持续性，又要以水景观建设、水文化传承、水管理创新、水产业发展为抓手，引导驱动经济社会全面绿色转型，促进流域高质量发展。

4. 从流域涉水空间保护与可持续利用角度着眼

不断调整、优化流域生态保护格局和经济发展布局。木兰溪流域人多地少的空间地理经济格局，要求以问题为导向，以目标为引领，进一步总结历代先民在莆田创造沧海桑田的经验，既要遵循流域水循环系统的自然规律，又要以创新思维研究涉水生态空间合理置换，精准制定陆海统筹、河海联动共治的新方略，推动木兰溪河口与兴化湾海域形成水生态环境保护、水灾害治理、水产业发展新格局，防范和化解流域重大水灾害风险。

四、流域系统治理总体思路

坚持系统思维，落实"节水优先、空间均衡、系统治理、两手发力"治水思路，以建设"造福人民的幸福木兰溪"为目标，抓住"水"这个"牛鼻子"，统筹山水林田湖草海系统治理，统筹护水、治水、活水、管水新举措和新布局，统筹解决各项水问题，为流域生态环境高水平保护和经济社会高质量发展提供支撑和保障。

1. 从提高水资源保障能力和保障质量角度布局，加快完善以蓄为主、内连外调、畅流活水、时空均衡的流域水网工程体系

流域上游山区以涵养保源为主，持续进行水源涵养和重要水源地保护，巩固流域内水源涵养保护和供给能力。流域中下游形成"两保一优、三节三增"的水资源利用新格局，从保障城乡生活、工业和农业供水，保障生态流量，优化水资源配置角度出发，以节水优先为方向，开展农业、工业、城镇生活等全社会节水行动，严格控制用水总量；合理开发本地水、域外水、非常规水等水资源，充分挖掘外流域供水潜力，通过外引内连，实现水资源互连互通、丰枯互补，全面提高生活、生产、生态水量的保障程度，提升水资源对经济社会可持续发展和生态环境保护的支撑能力。

2. 从防控流域洪潮遭遇、洪旱急转的重大灾害风险角度布局，构建上调蓄、中分洪、下滞排、口拦挡的防洪（潮）涝减灾体系

一是以蓄调量，增加上游山区水库的防洪调洪任务，尽可能减少中下游平原区洪峰流量，对水库汛期水位开展动态运用，发挥蓄洪补枯作用；保留并强化下游兴化平原的蓄涝防灾功能，科学确定城市蓄涝区的蓄水水位和时间，进一步提高城市调蓄洪涝水量的能力，适应区域洪涝丰枯变化。二是以用带分，在木兰溪中游结合供水灌溉、出海新通道、生态补水等经济社会综合利用要求，论证布局新通道增加分洪能力的可行性，减轻下游平原区的蓄洪压力。三是以排增泄，在兴化平原布局排涝闸泵，增加区域外排能力，减轻洪潮、洪涝遭遇的淹没损失。四是以挡定水，近期在木兰溪河口布局宁海闸，外挡出海口的潮水入侵，内调河网的丰枯水位，针对兴化平原河网、木兰溪河口不同时段的来水条件，调节宁海闸内、闸外水位，有效衔接河口水位和外海潮位关系，减轻外海潮汐高水位对河口淤积、行洪能力影响。与此同时，要改善河口枯水水位变幅条件，有效减轻对河道排水、蓄水、景观产生的不利影响；针对兴化湾海域高潮位对木兰溪行洪排涝的顶托影响，研究在兴化湾海域布局减潮设施，降低潮位对流域行洪排涝的影响，系统化解流域洪涝潮交织引起的灾害风险。

3. 从防治水污染、提升水环境质量角度布局，推动构建源头控制、过程削减、末端治理、生态扩容的河湖生态环境治理体系

复苏河湖生态环境的目标就是从生态系统整体性和流域系统性出发，维护河湖生态系统功能，提升水生态系统质量和稳定性。要通过推进绿色经济发展，加快流域产业结构优化调整，促进区域产业转型升级，推进清洁生产，废污水循环利用，减少污染源排放。要减少农药化肥使用，打造生态农业。强化综合治污，系统完善污水管网和污水处理厂布局，构建就近、就便、就用、立体综合的污水处理系统，实现污水有效收集，增加水循环利用途径，提高再生水循环利用量。要加强生态净化，因地制宜、因时制宜，有效恢复河湖湿地生态空间，推进湿地保护和建设，采取生态修复与治理措施，提升水体自净功能，实现立体综合治污。要实施连通补水，结合防洪、排涝、供水等综合利用要求，推进河湖水系的有效连通，布局清水廊道和排水通道，实施综合生态调度，提升河网水动力条件。

4. 从强化涉水事务监督与涉水服务管理的角度布局，着力构建管控有力、功能协同的流域监督与管理服务体系

木兰溪防洪工程

要成立市委统一领导下的水资源管理领导小组，建立多部门联动的涉水重大事务协商、协调机制。在水资源综合管理方面，对水资源进行最严格的刚性约束管理，实施水资源统一管理和监督，实现统一水权分配、统一流域规划、统一水资源配置、统一水资源调度，统一取水管理。在河湖保护与管理方面，科学开展水源涵养与水土流失防治区、饮用水水源地、珍稀鱼类栖息地、水利工程管理与保护范围、河湖水域岸线管理范围等涉水空间划定工作，并纳入国土空间管控体系。在涉水服务体系构建方面，打通机制性梗阻，建立流域水利信息共享服务平台，推动政策制度和市场机制两手发力，健全水价、水权水市场、水利投融资和水生态补偿机制等，激发内生动力，保障生态绿色可持续发展。

5. 从构建涉水产业、提高水利用价值的角度布局，激发绿水青山转化为金山银山新动能

要尊重自然规律和经济发展规律，探索发展生态效益型经济，以富民为导向因地制宜推动生态产业发展。以水为脉，延长以水为核心要素的绿色产业链；以水聚财、以水发力，发展低耗节水新兴产业和绿色水美经济，立足生态优势，融合水文化水景观，建立生态产品价值实现机制，促进经济社会高质量发展，实现山水资源增值，打造田园幸福生活。

五、流域系统治理的总体格局

围绕木兰溪流域"一湾两洋、三区七廊"空间开发与保护需求，以保障南北洋平原区和木兰溪河谷区的水安全为重点，以"一干六支"生态廊道保护为基础，骨干输排水网络构建为纽带，东圳水库为中枢节点，统筹推进木兰溪流域保护和治理。

1. 山海保护、治污畅流

严格保护流域中上游山区和兴化湾的生态环境，巩固水源涵养、水源地保护能力，提升河口湿地生物多样性；实施城乡截污控污，加强"两洋"水资源合理调配，提升"两洋"的水动力条件，改善水生态环境；在"七廊"重点围绕"盛水的盆"和"盆里的水"，建立沿河岸线生态防护和管控带，强化生态流量保障，建成绿色生态水系廊道。

2. 一核多源、内连外调

以东圳水库为核心，以外度水库、金钟水库以及闽江"一闸三线"等外调水为补充，新建虎爪垅等水源水库，形成常备结合的多水源供水格局；流域内构建"三纵三横"的水资源配置工程格局，流域外挖掘闽江"一闸三线"工程供水潜力，将闽江水调至东圳水库，实现外引内连、相互贯通，整体提升莆田市城乡供水安全保障能力。

3. 上蓄下排、中滞外挡

适度增加流域上游部分已建及规划大中型水库的防洪调洪任务，推进中下游河堤达标建设、海堤提升改造，结合分洪、河道疏浚、排涝泵站等措施，整体提高木兰溪流域防洪潮治涝标准；利用南北洋的湖泊湿地增加城市蓄涝能力，建设挡潮工程，改善河口区域水位调节能力；综合整治"七廊"河道，保障沿河村镇及耕地的防洪安全。

4. 三区一线、十珠成链

按照"河流为线，村镇为珠，引线串珠，以珠带面"的思路，依托木兰溪干流廊道连通海丝历史展示区、世遗灌溉展示区和自然山水休闲区；依托莆田市木兰溪源、官杜陂、九鲤湖、东圳水库、木兰陂、木兰溪治理奠基处、泗华陂、宁海桥、国清塘、镇海堤等10个水文化景观和自然山水风光节点，形成"山、海、河、城"相互交融的水文化景观保护与利用产业链。

5. 绿色转型、示范样板

根据流域生态农业发展、文化景观聚集、绿色工业转型、现代服务业提升等不同产业发展区的定位和特色，全面提升资源利用效率和节水减排水平，加快发展方式绿色转型。综合流域资源要素，提升生态产品供给能力；推动从"拥溪发展"到"跨溪融合"，统筹布局流域生态农业示范中心、工业发展绿色转型示范中心和城市生态绿心示范中心，突出绿色转型示范引领和样板作用。

6. 数字孪生、智慧智能

以支撑全流域智慧化精细化管理为导向，打造"数字流域"样板。以"数字化场景，智慧化模拟，精准化决策"为路径，补齐监测站网，建设流域数字孪生模拟系统，支撑全流域一体化精细化管理业务应用的创新。完善流域一体化管理长效机制，推进流域管理关键制度与管理体制改革。

通过实施木兰溪流域山水林田湖草海系统治理工程、防洪（潮）治涝提升工程、供水骨干网络提升工程、水文化景观提升工程、智慧流域建设等重大工程，推进美丽幸福河湖建设、节水减排样板建设和综合管理能力提升行动，建立科学规范的涉水空间管控体系、健康稳定的水生态保障体系、均衡高效的水资源调控体系、现代可靠的防洪（潮）除涝减灾体系、先进智能的涉水管理体系，推进流域生态空间、生产空间、生活空间协调均衡，促进水资源系统循环畅通，全面提升流域水安全保障整体水平，实现人、水、产、城和谐的幸福美丽富强木兰溪。

参 考 文 献

［1］郑晓莹. 莆田兴化平原地区地域景观研究［D］. 北京：北京林业大学，2018.
［2］中共中央组织部. 贯彻落实习近平新时代中国特色社会主义思想在改革发展稳定中攻坚克难案例（生态文明建设）［M］. 北京：党建读物出版社，2019.
［3］水利部水利水电规划设计总院. 木兰溪流域系统治理规划［Z］. 2021.
［4］李国英. 新时代水利事业的历史性成就和历史性变革［N］. 学习时报，2022－10－12.
［5］朱党生，张建永，王晓红，等. 关于河湖生态环境复苏的思考和对策［J］. 中国水利，2022（7）：32－35.

［6］ 梁飞琴．习近平生态文明思想在福建的先行探索及其理论和实践价值［J］．福建师范大学学报（哲学社会科学版），2021（4）：62－73，170.

［7］ 水利部．"十四五"期间推进智慧水利建设实施方案［Z］.2021.

［8］ 林国富．木兰溪：建设美丽中国的生动范本［J］．中国水利，2019（19）：72－74.

［9］ 陈晓，吴大伦，蔡国宇．河湖长制典型案例分析及启示［J］．中国水利，2021（23）：31－32，30.

［10］ 王晓刚，王竑，李云，等．我国河湖健康评价实践与探索［J］．中国水利，2021（23）：25－27.

高质量推进幸福河湖建设的认识与建议

云兆得[1]，杨元月[2]，胡庆芳[1,3]，王银堂[1,3]，苏　鑫[1]

（1. 南京水利科学研究院 水灾害防御全国重点实验室；

2. 水利部河湖保护中心；

3. 长江保护与绿色发展研究院）

摘　要： 幸福河湖是维护河湖生命健康和发挥社会服务功能的有机统一体，为新时期河湖保护治理指明了方向。当前，幸福河湖建设工作已在国家和地方层面积极推进，并取得一些成效。通过归纳幸福河湖的相关概念和内涵，梳理幸福河湖的有关评价体系和指导性文件，总结主要实践成效，进一步剖析幸福河湖建设过程中存在的认知偏差以及在推进方式、技术和投入保障等方面存在的问题，最后提出了深化共建共享、强化河湖长制、夯实数据底板等高质量推进幸福河湖建设的建议。

关键词： 幸福河湖；河湖长制；系统治理；生态产品价值实现；高质量发展；问题与建议

江河湖泊是基本的国土空间，是水分、泥沙、溶质和能量等物质存储、迁移和转化的主要载体，是生态系统至关重要的组成部分，也是支撑经济社会发展的基础性、战略性资源，对生态、环境、经济、社会和文化等具有不可替代的综合服务功能。人类生存发展、国家民族兴衰乃至文明的赓续传承，与江河湖泊的演化息息相关。我国治水传统悠久，保障河湖安澜更是治国兴邦的大事。新中国成立以来，我国经历了史无前例的河湖治理进程，随着大规模水利工程建设，江河湖库面貌发生了巨大变化。然而，受制于发展理念的历史局限性、短期局部经济利益驱动以及科技发展水平，各地河湖普遍重利用轻保护。在人口规模和经济规模长期高位增长的过程中，过度取水、河道侵占、围湖造田、废污水超标排放和岸线粗放利用等造成了河湖径流衰减、水沙失调、水质恶化和生物多样性丧失等一系列损害，河湖一度成为我国资源环境问题的集中表现所在。这一情况既危及了国土空间生态安全，降低了生态系统质量和稳定性，又严重影响了人居环境和人体生命健康，制约了经济社会的可持续发展。

20世纪70年代至90年代末黄河频繁断流、2007年太湖蓝藻暴发等一系列重大河湖危机事件说明，有效保护是持续利用河湖资源的基本前提。维护河湖生命健康、实现人水

原文刊载于《中国水利》2024年第8期。

和谐，是义不容辞的治水责任，从根本上扭转河湖重利用轻保护局面已刻不容缓。在此背景下，我国河湖保护理念和方略持续调整，并在实践中逐步探索适宜的河湖保护与治理模式。然而，河湖保护治理涉及上下游、左右岸、不同行政区域和水利、生态环境、自然资源、城乡建设等行业。2016 年、2017 年中共中央办公厅和国务院办公厅先后印发了《关于全面推行河长制的意见》和《关于在湖泊实施湖长制的指导意见》，提出构建责任明确、协调有序、监管严格、保护有力的河湖管理保护机制。这为依法依规落实河湖治理主体责任，凝聚整合各方力量，系统推进和有效统筹水域空间管控、水污染防治、水生态修复等河湖治理措施，提供了制度保障。随着河湖长制的全面推行，我国河湖保护与管理进入了新的历史阶段。2019 年，习近平总书记在考察黄河时，发出了"让黄河成为造福人民的幸福河"的伟大号召，为河湖治理指明了新的目标和方向。2020 年全国水利工作会议指出，建设造福人民的"幸福河"反映了我国治水主要矛盾的变化。2021 年全国水利工作会议又明确提出"全面提升水安全保障能力，建设造福人民的幸福河湖，为全面建设社会主义现代化国家提供坚实支撑"。

幸福河湖是一个涉及生态、环境、经济、文化等诸多方面的综合性概念，标志着我国河湖治理理念和模式在新时期的升华，同时反映了中国式现代化进程中治水需求的变化。建设幸福河湖提出以来，学术界广泛开展了关于幸福河湖的理论研讨，全国、流域和地方层面也积极出台了推进幸福河湖建设的指导意见并制定相关技术标准，同时打造了一批具有示范性、标杆性的幸福河流和湖泊，浙江等基础条件较好的省份还推进了全域幸福河湖建设。随着相关研究和实践的深入，诸多地区河湖面貌发生了显著改善，成为水利高质量发展和生态文明建设的重要成果，有力增强了人民群众的幸福感和获得感。但河湖保护治理是一项复杂的系统工程，并且生态伦理准则在持续更新，经济社会和工程技术条件也在不断变化，人民群众对美好生活的期望不断提升，幸福河湖标准也在迭代升级，因此幸福河湖建设是一个长期过程。在全面推进美丽中国建设的背景下，有必要及时梳理幸福河湖的理论与实践进展，剖析幸福河湖建设中存在的主要问题与挑战，提出高质量推进幸福河湖建设的建议。

一、幸福河湖的理论研究进展

1. 幸福河湖的定义与内涵

"幸福河湖"作为新的河湖治理保护理念和目标被正式提出的时间尚短，但前期国内已提出"生态河湖""美丽河湖"的相关概念。国内学者在这些概念基础上，对幸福河湖的内涵开展了广泛探讨。左其亭等探讨了幸福河的内涵，认为幸福河的本质是人水和谐，要求河流既满足生态系统基本需求，也满足人类社会合理需求；同时还提出了安全运行、持续供给、生态健康、和谐发展四大幸福河判断准则。陈茂山等认为幸福河的基本前提是河流健康，在此基础上发挥防洪安全、优质水资源、生态产品服务等功能属性，进一步从洪水有效防御、供水安全可靠、水生态健康、水环境良好、流域高质量发展和水文化传承 6 个方面阐述了幸福河的内涵要义。中国水利水电科学研究院幸福河研究课题组总结了前人有关认识，指出幸福河是能够维持河流自身健康，支撑流域经济社会高质量发展，体现人水和谐，让流域内人民具有安全感、获得感与满意感的河流。唐克旺主张从心理学角度多维度评价幸福河，同时指出幸福河不仅要遵循社会发展基本规律，还要贴近人民生活和心理主观感受。左其亭等构建了幸福河评价指标体系，并引入幸福河指数定量评价河流幸福状态。鞠茜茜和柳长顺将幸福河的基本内涵表述为：既能维护河流自身环境与生态健康，又能满足国民经济高质量发展，保障防洪安全，提供优质水资源，同时可传承优良文化，增加人类福祉，提高人民生活满意度、认同度与归属感的河流。胡琳等认为河流治理是社会治理的重要组成部分和核心任务之一，应将幸福河置于社会治理体系和治理能力现代化建设的进程中考虑，构建了经济社会发展框架内的幸福河评估指标体系。2023 年 4 月，水利部在广州召开的幸福河湖建设工作座谈会上，将幸福河湖的内涵具化为"安澜的河、健康的河、智慧的河、文化的河、法治的河和发展的河"。

综上可知，目前已形成了对幸福河湖本质特征的基本共识。幸福河湖强调河湖的开发利用必须以维护河湖自身生命健康为基本前提，这要求以更加平等的视角看待人与河湖的关系，充分树立尊重和顺应自然的现代生态伦理准则，不仅要杜绝对河湖资源过度索取、无序开发的行为，而且要科学推进河湖保护修复。同时，幸福河湖也强调要满足人类基本安全需求，在有效保障生态和防洪安全的情况下，充分发挥河湖在经济、文化、景观等方面的综合效用与价值，这是实现新时期人民对美好生活向往的必然要求。总的来说，幸福河湖应是河湖自身"幸福"和人类"幸福"两者的综合，是生态、安全、经济、景观、文化等多个维度的平衡。因此，幸福河湖体现了人与河湖共生共荣的哲学思想和生态伦理准则，其本质是人水和谐。

2. 评价体系和指导性文件

河湖长制全面实施以来，特别是"让黄河成为造福人民的幸福河"号召提出以来，国家和地方层面着力加强顶层设计，科学指导幸福河湖建设，积极制定和出台了一系列评价体系、技术标准和指导意见（表1、表2），将幸福河湖建设目标、要求和任务具体化。在全国层面，2020 年 6 月，水利部发布行业技术标准《河湖健康评估技术导则》，从"水文水资源、物理结构、水质、生物、社会服务功能"5 个准则层构建了河湖健康评价指标体系，虽主要侧重于河湖自身健康评价，但也涉及河湖防洪、供水和航运等社会服务功能方面，该标准也为出台《河湖健康评价指南（试行）》提供了重要依据。2023 年，水利部河长办在调研各省幸福河湖建设情况的基础上，制定了《幸福河湖建设成效评估工作方案（试行）》，从"安澜、生态、宜居、智慧、文化、发展"6 个方面提出了幸福河湖的量化标准，该标准除包含一系列通用性指标外，还考虑到不同类型河湖特点及治理要求，提出了若干差异化指标。

表 1　　　　国家、流域和地方层面有关幸福河湖的评价体系和技术导则

层级	地区	时　间	名　　称	准　则　层
国家层面	—	2020 年 6 月	《河湖健康评估技术导则》	水文水资源、物理结构、水质、生物、社会服务功能
流域层面	淮河流域	2023 年 9 月	《淮河流域幸福河湖建设成效评估指标体系（试行）》	水安全、水资源、水环境、水生态、水文化与水景观、水经济与水产业、水管理、公众满意

续表

层级	地区	时 间	名 称	准 则 层
地方层面	广西壮族自治区	2020年1月	《广西美丽幸福河湖建设评价标准（试行）》	防洪保安全、优质水资源、健康水生态、宜居水环境、先进水文化
	江苏省	2021年11月	《江苏省幸福河湖评价办法（试行）》	河安湖晏、水清岸绿、鱼翔浅底、文昌人和、公众满意
	福建省	2023年6月	《幸福河湖评价导则》	安全、健康、生态、美丽、和谐
	安徽省	2023年7月	《幸福河湖评价导则》	洪水有效防御、供水安全可靠、水生态健康、水环境良好、水文化传承、社会共建共享、特色指标
	浙江省湖州市南浔区	2020年12月	《平原区幸福河湖评价规范》	水安全保障、水资源优配、水生态健康、水环境宜居、水经济繁荣、水文化传承

表 2　　国家、流域和地方层面有关幸福河湖的指导性意见和工作方案（计划）

层级	地区	时 间	名 称	准 则 层
国家层面	—	2020年8月	《河湖健康评价指南（试行）》	从"盆"、"水"、生物、社会服务功能等4个准则层对河湖健康状态进行评价，了解河湖真实健康状况
	—	2023年7月	《幸福河湖建设成效评估工作方案（试行）》	从"安澜、生态、宜居、智慧、文化、发展"6个准则层对幸福河湖建设成效进行评价
流域层面	太湖流域	2024年1月	《关于加快推进太湖流域片幸福河湖建设的指导意见》	提出了2027年和2035年太湖流域片幸福河湖建设工作目标，要求从守牢河湖安澜底线，提升河湖生态品质，打造滨水宜居空间，构建智慧管护体系，保护、传承、利用水文化，助力区域经济发展等方面落实幸福河湖建设任务
地方层面	江西省	2022年1月	《江西省关于强化河湖长制建设幸福河湖的指导意见》	努力建设"河湖安澜、生态健康、环境优美、文明彰显、人水和谐"的幸福河湖，高标准打造美丽中国"江西样板"
	安徽省	2022年11月	《安徽省级幸福河湖建设三年行动计划（2022—2024年）》	到2024年，每年建成"河畅、湖晏、水清、岸绿、景美、人和"的省级幸福河湖不少于80条（个）
	浙江省	2023年8月	《浙江省全域建设幸福河湖行动计划（2023—2027年）》	到2027年，全省80%以上的县（市、区）达到县域幸福河湖建设目标，建设30个幸福河湖示范县
	河北省	2022年12月	《河北省幸福河湖建设指南（试行）》	从"畅通行洪通道、河湖岸线治理、河湖水体治理、复苏河湖生态、河湖文化保护与传承、河湖管护、打造沿河环湖产业带"等方面打造幸福河湖
	河南省	2023年2月	《河南省幸福河湖建设实施方案》	到"十四五"末，全省建成不少于30条（段）省级幸福河湖，300条（段）市、县级幸福河湖

与此同时，流域和省级层面也相继制定了幸福河湖的评价体系或标准。2020 年 10 月，广西印发了《广西美丽幸福河湖建设评价标准（试行）》，提出从"防洪保安全、优质水资源、健康水生态、宜居水环境、先进水文化"5 方面开展美丽幸福河湖评价；2021 年 11 月，江苏发布《江苏省幸福河湖评价办法（试行）》，该省围绕"河安湖晏、水清岸绿、鱼翔浅底、文昌人和、公众满意"5 方面建设"幸福河湖"；2023 年，福建省和安徽省相继发布了地方性幸福河湖评价技术导则或标准；2020 年 12 月，浙江省湖州市南浔区发布了首套适用于南方平原河网区的幸福河湖评价地方标准。2023 年，水利部淮河水利委员会出台了《淮河流域幸福河湖建设成效评估指标体系（试行）》，这是第一个流域层面的幸福河湖评价体系，其指标涉及"水安全、水资源、水环境、水生态、水文化与水景观、水经济与水产业、水管理、公众满意"8 方面，包括了水利部《幸福河湖建设成效评估指标体系（试行）》的 13 个通用指标，并与流域内 5 省幸福河湖评价标准衔接。

各地还陆续出台了一系列指导性意见或工作方案（计划），明确了幸福河湖建设路径（表 2）。《江西省关于强化河湖长制建设幸福河湖的指导意见》提出在流域生态综合治理基础上，基本建成 100 条（段）流域面积 50km² 以上的幸福河，并在河长统筹下将相关建设任务分解到相关责任部门；安徽省幸福河湖建设行动计划提出 2022—2024 年每年建成"河畅、湖晏、水清、岸绿、景美、人和"的省级幸福河湖不少于 80 条（个）；浙江省提出至 2027 年全省 80％以上的县（市、区）达到全域幸福河湖建设目标，形成"八带百廊千明珠万里道"的全域幸福河湖基本格局；河北省、河南省也提出了省域幸福河湖建设指南和实施方案。2024 年，水利部太湖流域管理局出台了《关于加快推进太湖流域片幸福河湖建设的指导意见》，提出了 2027 年和 2035 年太湖流域片幸福河湖建设工作目标，要求从守牢河湖安澜底线，提升河湖生态品质，打造滨水宜居空间，构建智慧管护体系，保护、传承、利用水文化，助力区域经济发展等方面落实幸福河湖建设任务。

各地幸福河湖评价体系不尽相同，但基本上涵盖了水灾害、水环境、水生态、水经济和水文化等方面。当然，由于河湖本底条件和面临重点问题不同，经济社会发展条件各异，各地幸福河湖建设目标和重点内容也有所不同。一般而言，北方地区水资源短缺，幸福河湖建设注重强化流域用水管理，推动水资源节约集约利用，优化水资源配置，满足河湖基本生态水量（水位）需求，修复断流萎缩河湖。而南方地区水资源较为丰富，河湖类型和功能多样，因此幸福河湖建设注重河湖分区分类保护和管理。如江苏省幸福河湖评价指标体系将省域内河湖划分为骨干河道、城市建成区河道、农村河道、湖泊和水库，实施分类评估。

由于河湖在经济社会发展中的重要作用，各地均十分重视幸福河湖在水经济、水产业层面的内容，大力推动"绿水青山"与"金山银山"的双向转化，以促进兴水富民、绿色发展。如江西省积极探索通过幸福河湖建设实现水生态产品价值，致力于打造"五河一湖一江"旅游精品线路；河北省鼓励发挥幸福河湖的辐射带动作用，打造沿河环湖产业带，形成绿色发展模式，切实提高群众经济收入水平；淮河流域强调在形成良性水生态、优美水环境的同时，充分发挥河湖的资源价值，增加居民经济收入。

二、幸福河湖建设主要成效

目前，幸福河湖建设已全面开展。在幸福河湖建设过程中，通过依法管控河湖空间、大力防治水灾害、严格保护水资源、精准治理水污染、加快修复水生态，有效解决了河湖保护利用中面临的一系列突出问题，推动了河湖长制从"有名有责"到"有能有效"，积累了复杂条件下河湖治理保护的典型经验和模式。大量河湖面貌发生了历史性转变，一批示范性幸福河湖已成为水利高质量发展的亮丽名片，夯实了水安全保障的河湖基础，人民群众因河湖而产生的安全感、获得感和幸福感大大增强。

1. 显著提升了水旱灾害应对韧性

通过大力推进河湖堤防建设、清淤疏浚、岸坡整治和病险工程加固扩容等，河湖基础设施短板逐步补齐，切实提高了防御水旱灾害的能力。由于全球气候变化影响逐步显现，近年颠覆传统认知的极端天气事件频繁发生，江河洪旱情势的极端性、反常性和不确定性显著增强。但长江、珠江、太湖等河湖经受了 2020 年、2022 年等历史罕见的大洪水或大干旱考验，当前水旱灾害对人民生命安全和社会经济正常运行的影响显著降低。与 2015 年相比，2022 年全国因洪涝受灾人口减少了 4281.7 万，农作物因洪涝受灾面积减少了 271.84 万 hm^2，因洪涝灾害直接经济损失占当年 GDP 的百分比下降了 0.13%（图 1）；同时，农作物因旱成灾和绝收面积、粮食损失数量也大幅度减少，分别减少了 271.86 万 hm^2、39.36 万 hm^2 和 87 亿 kg（图 2）。

2. 持续改善了河湖生命健康状况

通过幸福河湖建设，推进了河湖管理范围划界，全国 120 万余 km 河流、近 2000 处湖泊首次明确了管控边界，河湖库"四乱"问题得到了重拳整治。自 2018 年实施河湖库"清四乱"专项行动以来，累计清理整治河湖库"四乱"问题 24 万余个，拆除违建 1.46 亿 m^3，清除围堤 2 万 km，清理垃圾 9800 余万 t，打击非法采砂船 1.8 万艘。重点河湖生态水量保障水平显著提升，2022 年京杭大运河实现了百年来首次全线水流贯通，2023 年断流干涸 27 年之久的永定河首次实现全年全线有水，大清河、滹沱河、子牙河等其他多年断流河道也在近年实现了全线贯通，重现"流动的河"，吉林查干湖、云南滇池、安徽巢湖等重点河湖水生态治理修复加快实施。主要水污染物排放量持续下降，地表水环境质量持续向好，2022 年 Ⅰ～Ⅲ类水质断面比例为 87.9%，较 2015 年提高了 23.4 个百分点；主要江河劣 Ⅴ类水体占比下降至 0.4%，较 2015 年减少了 8.4%，总体上接近全面消除劣 Ⅴ类水体的目标；Ⅰ～Ⅲ类水质重点湖泊（水库）占比由 66.0% 提高至 73.8%；地级及以上城市黑臭水体已基本消除。

3. 有力促进了水与城乡融合发展

通过幸福河湖建设，释放了生态红利，激发了滨水发展活力，促进了水生态产品价值实现，加快形成了"河湖生态美、河岸产业兴、河畔百姓富"的图景。一是各地因水制宜打造"一村一溪一风景、一镇一河一风情、一城一湖一风光"，优化了城乡人居环境和风貌，幸福河湖已成为串联美丽城镇、美丽乡村的重要纽带和高质量发展的亮丽名片，提升了城镇化质量，促进了乡村振兴。二是带动了航运、水电和水产养殖等传统产业转型发展，同时培育了经济新业态。水利、生态环境等多部门联合推进了全国小水电清理整改，

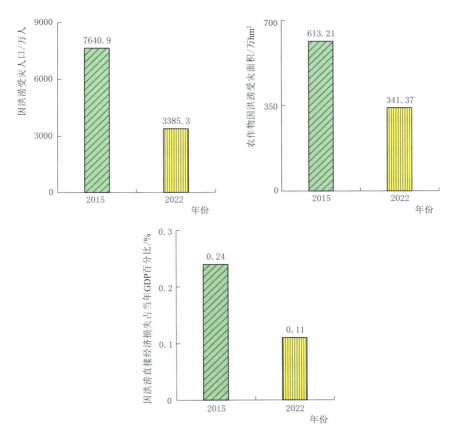

图 1　2015 年、2022 年全国因洪涝受灾人口、农作物受灾面积和
直接经济损失占当年 GDP 百分比对比

同时大力开展了绿色小水电示范电站创建，促进小水电绿色有序发展。更突出的是通过打造流动之河、清洁之河、景观之河，带动旅游观光、水上运动、文化康养、优质水利用、生态养殖、节水治污等绿水经济发展，促进了社会效益、生态效益和经济效益的有机统一。截至 2023 年 4 月，国家水利风景区数量达到了 921 家；"十三五"以来推动全国实施合同节水管理项目 559 项，吸引社会资本 84.6 亿元。2023 年广东省印发了"10＋2"水经济试点建设工作方案，在全省以市场为主体推动水经济发展，其中佛山、江门 2 个地市开展全域水经济试点建设，全省试点已完成超 18 亿元的年度投资，其中社会投资近 15 亿元，项目建成后预计增加就业岗位超 2600 个。

4. 传承和弘扬了优秀水文化

在幸福河湖建设过程中延续历史文脉，推动以江河湖泊和精品水利工程为纽带和载体的水文化挖掘与传承。2019 年 2 月，中办和国办印发了《大运河文化保护传承利用规划纲要》；黄河、长江国家文化公园建设分别于 2020 年 12 月和 2022 年 1 月正式启动，成为推动新时代文化发展的重大工程，在建设中，积极融入水文化主题，稳步推进黄河、长江和京杭大运河水文化建设；2021 年 10 月和 2022 年 2 月《水利部关于加快推进水文化建

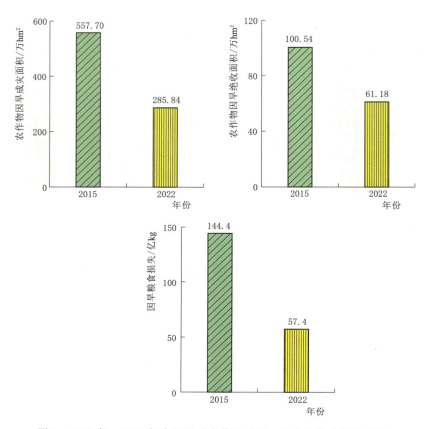

图 2　2015 年、2022 年全国因旱农作物成灾、绝收和粮食损失对比

设的指导意见》《"十四五"水文化建设规划》先后印发，2023 年 5 月水利部召开水文化工作推进会，各省市也相继出台了水文化建设规划。通过积极探索河湖治理保护与水文化融合，加强了水利遗产整理、挖掘和保护，同时建成了一批文化内涵鲜明的水利风景区、水情教育基地、博物馆（展示馆）、主题公园等各类水文化载体和开放空间，提升了水利工程文化内涵和品位，形成了一批水工程与水文化有机融合的案例。通过向全社会提供多样化的水文化产品和服务，提高了水利行业文化软实力，全民关爱河湖意识显著增强。

三、存在的主要问题

幸福河湖建设已取得了显著成效，但目前对幸福河湖建设难度和复杂性仍存在认知偏差，在实际工作中还反映出幸福河湖建设路径系统性不足的问题，同时河湖生态价值转化和实现路径也亟待加快形成，高质量推进幸福河湖建设还面临着不少挑战。

1. 建设难度存在认知偏差

幸福河湖作为水利高质量发展的名片，既要能维系河湖自身生命健康，又要能发挥优良的经济社会服务功能，这就决定了其具有标杆性、典范性，应获得公众高度认可。然而，河湖作为复杂的生命有机体，其健康状态从受损到复苏并实现稳定良性发展有其客观规律，因此幸福河湖建设不可能毕其功于一役。但部分地区对建设幸福河湖难度存在认知偏差，制定的建设目标过高，任务过多，周期过紧，甚至盲目追求数量和速度，脱离了河湖基础条件、资金保障等方面的实际情况。幸福河湖评估认定也存在准入门槛不高、关键指标约束性不强、考核把关不严等问题。部分治理成果尚在巩固过程中，甚至存在明显水灾害、水污染问题的河湖仍被地方评选为幸福河湖，违背了公众基本心理认知。

2. 系统治理理念贯彻不足

一是以流域为单元、统筹山水林田湖草沙的水岸共治理念有待强化，综合水源涵养、水土保持、节水控污、岸线保护、景观绿化、水系连通等多种措施，涵盖源头、中间和末端的全过程系统治理保护体系需建立健全。二是河湖治理，特别是跨界河湖治理仍受行政、地域因素制约，干支流、上下游、左右岸治理措施和进程不协调、不平衡，忽视了河湖结构和功能的完整性，影响总体效果。三是重建轻管的情况比较明显，建设资金和人力主要用于实施工程治理项目，对河湖管护重视程度不够，缺乏稳定充足的经费投入，导致治理效果长效性不足，易出现反弹。四是河湖存量与增量问题的协同治理不足，河湖空间侵占、内源污染等历史遗留、积累问题尚未全面解决，又面临新污染物风险管控等问题。

3. 数字赋能具有明显短板

幸福河湖建设需要全方位的基础信息和现代化的管理能力提供支撑。但我国河湖监测感知体系仍不完善，河湖智慧化管理仍处于蓄力阶段，数字赋能仍需全面强化。目前，中小河流监测预警设施不足，大部分中小水库和堤防未开展安全监测，覆盖空中、地表、地下的河湖全要素立体监测和透彻感知体系尚未形成。同时地理基础、水量、水质、水生态等信息分布在不同部门和机构，共享渠道和机制不畅，多部门统筹协调力度不足，存在信息壁垒甚至孤岛情况；同时，洪涝灾害防御、水资源调度、水污染防控等业务的智慧化应用水平不足，通过数字孪生河湖建设实现河湖"智治"仍需时日。

4. 投入回报链条亟待补全

幸福河湖建设需要持续稳定的资金投入保障。但一方面，当前幸福河湖建设投资以地方政府财政和上级政府奖补经费为主，社会资本投入的杠杆作用未充分发挥，经费投入渠道亟待拓宽。另一方面，幸福河湖建设作为公益性活动，一部分实施内容的社会效益显著，但直接经济回报不明显，河湖水生态产品价值实现还处于初期发展阶段，这些因素易影响资本投入的积极性和内生动力。总之，幸福河湖建设的经济价值尚需进一步挖掘显现，所提供的生态产品价值实现路径需要加快构建，通过多种途径回报投资主体并反哺河湖保护治理的链条亟待补全。

四、高质量推进幸福河湖建设的主要建议

幸福河湖建设事关人水和谐和高质量发展。针对目前存在的问题，为高质量推进幸福河湖建设，打造更多的典范性、标杆性河湖，实实在在获得人民群众的认可，提出以下建议。

1. 坚持人民至上，深化共建共享

建设幸福河湖的初衷和根本落脚点是造福人民。幸福河湖建设成效必须接受人民群众评判，获得人民群众充分满意和认可。为切实做到人民满意，增强群众的获得感、幸福感，一是要始终坚持幸福河湖的高标准和准入门槛，严格执行并完善评估体系，强化考核

复查；二是要强化幸福河湖建设成果的社会共享，不断扩大建设成果的开放性和受惠面，更加有机地融入城乡发展，更好地带动富民兴业，更好地满足公众亲水需求；三是要建立公众全过程、全方位参与机制，让公众不仅成为幸福河湖的见证者，更是创造者、评判者和监督者。

2. 强化河湖长制，落实系统治理

江河湖泊植根于流域，应依托并强化河湖长制，创造性发挥河湖长牵头和统筹协调作用，强化河长办职能，以流域为单元推进河湖系统治理保护。一是根据国土空间保护利用格局和用途管控要求，合理确定河湖功能定位，在尊重河湖特色的基础上科学制定幸福河湖建设规划和方案，优化治理措施布局；二是坚持空间均衡，统筹推进上下游、左右岸、干支流、内外源治理，提高河湖风貌的协调性；三是探索并完善"跨界河湖长"和"流域机构＋河湖长"机制，破解跨行政辖区河湖管理与保护难题，凝聚治水合力；四是要坚持建管并重，提升河湖立体长效管护能力。

3. 夯实数据底板，实现智慧监管

完善常规地表站网布局，集成卫星遥感、雷达、无人机和无人船等现代技术手段，加快天、空、地、人一体化物联网感知监测体系建设，构建包括气象、水文、水环境、水生态和水工程等多方面信息的河湖实时感知监测体系，夯实河湖保护治理的数据底板，强化部门与部门间、流域与区域间、区域与区域间信息互联互通；聚焦河湖安全、岸线利用、水域监管、水污染防控和水生态修复等功能，搭建高效先进的数据分析和管理平台，迭代升级河湖综合治理应用场景，实现河湖"智治"。

4. 拓宽资金渠道，加快价值实现

多措并举，拓宽资金渠道，构建幸福河湖建设的多元化投入机制。加大中央引导性资金和地方各级财政对幸福河湖建设项目的投入支持力度。积极发展绿色金融，鼓励金融机构通过信贷、保险等方式加大对水污染综合治理、水资源高效利用、水生态产品开发经营等领域的支持力度。梳理幸福河湖的生态产品清单，加快建立水生态产品价值核算体系，促进河湖资源向生态产品转化，厚植绿色优势。在确保防洪、供水、水生态安全的前提下，探索河湖水域空间开放机制。鼓励通过生态环境导向的开发模式（EOD）试点项目等方式，吸引更多社会资本参与幸福河湖建设和运维。突出幸福河湖的资源稀缺性，推动水生态友好产业发展。探索建立水生态产品交易平台，健全水权交易、水价形成、生态补偿等机制，拓宽水生态产品价值转化通道。

5. 依托水网建设，探索全域幸福河湖建设

将幸福河湖理念和要求融入和贯穿国家水网规划、设计、建设、运行、管理全过程。依托水网工程建设，提升流域洪涝灾害防御能力，增强城乡供水保障能力，加快复苏河湖生态环境，实现河湖功能永续利用。着力推进长江、黄河和南水北调工程等国家水网大动脉以及有关骨干输排水通道、控制性调蓄河湖治理保护，打造具有影响力的幸福河湖标杆。以各级水网为纽带，探索全域幸福河湖建设，协力打造各具特色的幸福河湖，形成幸福河湖网的新格局。

五、结语

本文系统梳理了幸福河湖理论研究与实践进展，剖析了当前幸福河湖建设过程中存在的主要问题，提出了高质量推进幸福河湖建设的针对性建议。幸福河湖是维护河湖生命健康和发挥社会服务功能的有机统一体，其概念的提出标志着我国河湖治理理念和模式的升华，为新时代河湖保护治理指明了方向。幸福河湖建设已成为新阶段实现人与自然和谐、促进高质量发展的重要途径。增进人民群众福祉是幸福河湖建设的根本出发点，也是落脚点。幸福河湖建设必须遵循河湖生态伦理准则，得到公众充分认可和满意。必须充分认识到幸福河湖建设的难度和长期性，持续深化对什么是幸福河湖、如何建设幸福河湖的认识，在强化河湖长制的前提下，探索高能效的幸福河湖建设推进模式。

参 考 文 献

［1］ 胡庆芳，陈秀敏，高娟，等．水平衡与国土空间协调发展战略研究［J］．中国工程科学，2022，24（5）：63－74．

［2］ 张秋霞，李翀，彭静，等．基于河流健康理念的河流管理发展过程浅析［J］．中国水利水电科学研究院学报，2009，7（1）：71－75．

［3］ 左其亭，郝明辉，马军霞，等．幸福河的概念、内涵及判断准则［J］．人民黄河，2020，42（1）：1－5．

［4］ 中共中央办公厅，国务院办公厅．关于全面推行河长制的意见［Z］．2016．

［5］ 中共中央办公厅，国务院办公厅．关于在湖泊实施湖长制的指导意见［Z］．2017．

［6］ 陈茂山，王建平，乔根平．关于"幸福河"内涵及评价指标体系的认识与思考［J］．水利发展研究，2020，20（1）：3－5．

［7］ 幸福河研究课题组．幸福河内涵要义及指标体系探析［J］．中国水利，2020（23）：1－4．

［8］ 唐克旺．对"幸福河"概念及评价方法的思考［J］．中国水利，2020（6）：15－16．

［9］ 左其亭，郝明辉，姜龙，等．幸福河评价体系及其应用［J］．水科学进展，2021，32（1）：45－58．

［10］ 鞠茜茜，柳长顺．幸福河评价方法研究进展［J］．人民黄河，2023，45（3）：7－12．

［11］ 胡琳，吴珍梅，陈立辉，等．社会治理视域下幸福河内涵及评估指标体系构建［J］．人民黄河，2023，45（10）：7－11，18．

［12］ 徐伟，朱锐，邓雄．幸福河湖建设现状分析与思考［J］．中国水利，2023（22）：38－41．

［13］ 李国英．在2022年全国水利工作会议上的讲话［J］．中国水利，2022（2）：1－10．

［14］ 蔡阳，成建国，曾焱，等．大力推进智慧水利建设［J］．水利发展研究，2021，21（9）：32－36．

［15］ 中共中央办公厅，国务院办公厅．国家水网建设规划纲要［J］．中国水利，2023（11）：1－7．

以系统治理理念推进水美乡村建设

杨晓茹

（水利部水利水电规划设计总院）

摘　要： 水美乡村建设是贯彻习近平生态文明思想和治水重要论述的具体行动，对助力乡村振兴、推动新阶段农村水利高质量发展意义重大。以水美乡村试点县建设评估为基础，深刻理解系统治理的理论逻辑，准确把握水美乡村建设内涵，提出后续工作中持续深入贯彻系统治理理念，加强全局性谋划，提升设计理念、探索制度创新等建议。

关键词： 系统治理；乡村振兴；水美乡村建设；试点

为深入贯彻落实党的十九大精神，加快推进乡村振兴，促进生态文明建设，改善农村人居环境，水利部、财政部于 2019 年启动了水系连通及水美乡村建设试点工作，通过竞争立项、省级推荐、专家评审等程序，共确定三批共 127 个水美乡村建设试点县（第一批 55 个，第二批 30 个，第三批 42 个），涉及全国 30 个省（自治区、直辖市），目前已累计安排中央资金 142 亿元。三年来，各地加大工作力度，加快建设进度，总体进展顺利。目前第一批试点县已基本完成建设任务，第二批、第三批正有序开展。通过水美乡村建设，农村水安全保障能力明显提升，河流面貌焕然一新，同时带动了区域经济产业发展、促进农民就业，有力支撑了乡村振兴。

一、水美乡村建设意义重大

1. 贯彻落实党中央决策部署的重要举措

国民经济和社会发展第十四个五年规划和二〇三五年远景目标建议及纲要，明确提出推进农村水系综合整治，建设美丽宜居乡村。2021 年、2022 年连续两年中央 1 号文件都提出要"实施水系连通及农村水系综合整治"，补齐农村基础设施短板、推进乡村振兴。2021 年 12 月中共中央办公厅、国务院办公厅印发的《农村人居环境整治提升五年行动方案（2021—2025 年）》，也将其作为推动村容村貌整体提升的重要措施。因此加强农村水系综合整治，建设水美乡村，是落实党中央、国务院系列决策部署的重要举措。

2. 助力乡村振兴的强大驱动

健康的农村水系不仅是保障农村防洪安全、供水安全、生态安全的前提条件，也是构

原文刊载于《中国水利》2022 年第 12 期。

建现代农业产业体系的基础支撑，有助于打通生态和经济循环经济圈，发挥生产养殖、旅游休闲等综合效益，提高农业综合生产能力和竞争力。开展水美乡村建设既是重现农村河湖水系自然风光的重要举措，也是营造健康宜居生态环境、改善人民生活质量的必然要求。不仅可以实现脱贫地区巩固拓展脱贫攻坚成果同乡村振兴有效衔接，对扩大农村内需、助推农村产业兴旺具有重要意义，还将进一步推进水利基本公共服务均等化与农业农村现代化。

3. 推动新阶段农村水利高质量发展的有效途径

新阶段水利工作的主题为推动高质量发展。当前水利发展的问题和矛盾集中体现在发展质量上，重点和难点在农村，对拥有 14 亿人口的大国来说，"三农"向好，全局主动。农村水系与群众的生产生活联系十分紧密，关系到 6 亿农村人口的福祉和利益，也因为存在诸多问题而曾成为制约农村发展的短板弱项。通过水美乡村建设，可以有效解决农村水系长期存在的河道淤塞萎缩、防洪排涝能力不足、水域岸线被侵占、河湖水体污染等问题，为农村高质量发展提供坚实的水安全保障。

二、水美乡村建设要坚持系统治理

1. 深刻理解系统治理的理论逻辑

坚持系统观念，是以习近平同志为核心的党中央，对新时代党和国家各项事业进行战略谋划时提出的，是推动各领域工作和社会主义现代化建设的基础性思想和工作方法。习近平总书记在党的十九届五中全会上鲜明提出坚持系统观念，强调"必须从系统观念出发加以谋划和解决，全面协调推动各领域工作和社会主义现代化建设"。系统观念是"十四五"时期经济社会发展必须遵循的重要原则。

习近平生态文明思想提出加强生态文明建设必须强调整体系统观，坚持山水林田湖草沙一体化保护和修复，这是新时代坚持系统观念在生态治理领域的具体体现，为当前和今后一个时期生态文明建设指明了方向、提供了根本遵循。

党的十八大以来，党中央从治国理政层面对治水作出了一系列重要安排部署。2014年 3 月 14 日，习近平总书记在中央财经领导小组第五次会议上，从实现中华民族永续发展的战略高度，提出"节水优先、空间均衡、系统治理、两手发力"的治水思路。2020年 11 月 14 日，习近平总书记在全面推动长江经济带发展座谈会上指出，要从生态系统整体性和流域系统性出发，追根溯源、系统治疗；要强化山水林田湖草等各种生态要素的协同治理，推动上中下游地区的互动协作，增强各项举措的关联性和耦合性。这些重要论述从处理好治水要素之间的关系，进一步细化和丰富了系统治理的内涵与要求，指引治水取得历史性成就、发生历史性变革。

2. 准确把握水美乡村建设内涵

水美乡村建设着眼乡村、聚焦水系，是以县域为单元，以村庄为节点，以河流为脉络串联起农村聚居区，水域岸线并治，集中连片推进，目的是改善农村人居环境，为老百姓提供更多优质生态产品。治理对象不是大江大河，而是中小河流的支流、末端河道和农村沟渠湖塘，治的是老百姓家门口的河。这些河往往是大河的源头，小河水清才能大河水净。因此，其治理思路与以往传统的河流治理有很大不同，主要表现在从"分段治理"到

"全流域治理"，从"治理一处"到"治理一片"，从"一时美"到"持续美"。

要明确以下几个关键词：一是"农村水系"。一定是围绕农村地区中小河流和农村湖塘来治理，尤其是沿河村镇人口聚居区，不包括城市、县城规划区。二是"综合施策"。农村水系的问题表象在水里，根源在岸上，仅依靠水利措施难以从根本上改善，要水域岸线并治，综合施策。重点围绕农村河湖"盆"的功能、"盆"的形态和"盆"中的水，通过恢复农村河湖基本功能、修复河道空间形态及水域岸线、提升河湖水环境质量，建设安全通畅、水清岸绿、健康生态、管理有序的幸福河。三是"水美"。水美美在自然、美在健康、美在和谐、美在特色。美的追求与建设幸福河相关联，群众房前屋后的河流变美了，才能切实增强幸福感。农村水系治理中不仅是追求河流的功能性，还要注重人文要素，要结合当地历史挖掘水文化价值，在水景观营造中真正展现水美的内涵。

基于以上认识，水美乡村建设要运用系统思维，把习近平生态文明思想和"节水优先、空间均衡、系统治理、两手发力"的治水思路中"系统治理"理念深入贯彻落实到每一个环节中。在治理理念上，首先要打破一地一段一岸治理的局限，更加强调整体系统观，坚持人与自然和谐共生，统筹山水林田湖草沙生态系统各要素治理，以流域水系为治理对象，上下游、干支流、左右岸、地表地下统筹谋划。在治理内容上，需要进一步拓展新发展阶段河流治理的范畴和领域，统筹考虑水资源、水生态、水环境、水灾害、水文化和岸线等多方面的有机联系。在治理方式上，要强调整体性、系统性、关联性、耦合性和科学性，整体施策、多措并举，统筹水利措施与非水利措施，工程建设与管护措施，综合运用行政、技术、经济、法律、宣传等手段。在治理机制上，要加强协调联动、协同发力，统筹发挥政府部门、社会资本、公众参与等多方合力。

因此，水美乡村建设治理范围不局限于洪水灾害严重的重点河段或部分地区，而是总体分析县域内农村水系存在的问题，根据轻重缓急，选取一条或几条河进行全流域治理，从上游到下游系统地治，治一条就确保治好一条。治理措施不局限于清淤疏浚、堤防加固、河岸护坡、水系连通，而是统筹水系连通、河道清障、清淤疏浚、岸坡整治、水源涵养与水土保持、河湖管护等多项水利措施，兼顾污水集中处理、面源污染防治、入河湖排污口整治等污染治理措施，同时注重景观、人文等要素。治理部门不是单一的水利部门，而是由县级人民政府牵头，打破行业壁垒，统筹生态环境、农业农村、城乡建设、交通旅游等各相关部门力量，集中发力，共同推进大治理、大保护。资金来源不是单一的财政投入，而是整合农村人居环境整治、美丽乡村建设等相关渠道项目资金，适当吸引金融资本和社会资本，发挥资金规模效益，统筹实施、协同推进，确保治一片成一片。

三、久久为功、扎实推进，不断丰富系统治理的实践要义

农村水问题复杂多样，涉及面广，需要处理好各类自然生态要素关系。同时农村水系生态环境问题是长期累积形成的，根本解决这些问题还需要有个从试点到全面铺开的过程。经过近三年试点示范，取得了一定成效，但从第一批55个试点县评估情况来看，一些地方在治理中仍存在对系统性考虑不足、各要素统筹不够、治理措施单一、部门协同不够等问题，导致目标的协同性、措施的综合性、效果的持续性不足。主要表现在：一是就水论水现象依然存在，水系治理与生态文明建设、乡村振兴以及农业农村现代化进程统筹

协调不足，在治理标准、目标制定过程中没有充分衔接本县域经济社会发展和生态文明建设总体部署，仍存在水利部门自说自话现象，缺乏大局观、整体观。二是治理领域统筹不够，水灾害防治、水资源节约、水生态保护修复、水环境治理没有与水产业发展、特色水文化弘扬相融合，未充分发挥治理工程综合效益，存在顾此失彼或交叉建设现象。三是治理要素协调不够，没有充分认识到水系治理是一项整体性、系统性、长期性工作，对治理区域内自然、经济、社会、文化各要素统筹不够，部门协同不够，导致治理措施不当、治理效果难以持续。

水美乡村建设是一种全新的治理模式，需要不断探索和实践。推进过程中应立足乡村发展实际、河流特点，因地制宜、精准施策，持续发力、久久为功，不断丰富系统治理的实践要义。建议在下一步工作中，多借鉴像浙江省"千村示范、万村整治"等成功经验，由点到面、由易到难。中央层面，要强化前瞻性、全局性、战略性、整体性谋篇布局，加强顶层设计、优化实施路径，加快推动水美乡村建设工作由试点示范转向整体推进，让更多县尽快实施尽早受益，让良好的水生态成为乡村振兴的有力支撑。地方层面，要统筹好开发和保护的关系，坚定生态优先、绿色发展理念，在遵循自然规律、经济规律、生态规律基础上，按照维系水资源—经济社会—生态环境复合系统良性健康可持续发展要求，量水而行，因水制宜，注重区域差异和地方特色，提升项目策划理念，优化设计方案，推动在建项目实施，做好后续项目储备，以治水促进农村绿色产业发展，助推乡村振兴。后续工作中应加强以下几个方面。

（一）加强全局性谋划

1. 突出谋划和布局的全局性

把水美乡村建设放在整个县域发展中去考虑，充分衔接县域发展规划、国土空间规划、旅游规划、乡村振兴战略规划、农村人居环境整治提升五年行动方案（2021—2025年）等规划，关注乡村分化演变态势，与村庄类型相协调，从空间上统筹上下游、左右岸、干支流、水域陆域以及产业发展与水生态治理关系，谋划治理布局。

2. 突出治理目标的协同性

厘清农村水系问题的相互联系、因果关系和关键环节，按照"先安全、再生态、后景观"的目标逻辑，着眼整体大局观和系统生态观，既算大账、长远账，也算整体账、综合账，把局部问题放在整个系统中去解决，妥善处理点上突破与面上协同之间的关系，有机结合各类工程措施，同步建立长效机制，确保治理效果的稳定性、持续性和长久性。

（二）提升设计理念和质量

1. 因地制宜分类施策

要根据当地乡村振兴实际需求，注重区域差异和地域特色，制定"一村一策""一河一案"，因河施治。合理选择治理模式和治理措施，提高治理针对性，避免大开大挖、缩窄河道、过度治理，加强水域岸线空间分区分类管控，促进河湖空间带修复。要充分展现不同地域乡村河流的多元之美，既要南方河流"小桥流水"的秀美灵气，也要北方河流"长河落日"的壮美古朴。

2. 优化设计思路和方案

围绕治理目标和治理成效，提升设计理念，积极吸纳人文、生态、景观等专业，在地方特色上做文章、在设计细节上下"绣花"功夫,激发农村水系的自然美、人文美,增强水美乡村品质。

3. 积极衔接智慧水利及数字流域建设

要充分运用物联网、大数据、人工智能等新一代信息技术和手段,逐步实现数字化、网络化、智能化水平,提高农村水系治理管理智慧化水平。

(三)积极探索制度创新

1. 创新融资渠道

积极探索多元投入模式,统筹农村河塘疏浚、农田水利建设、小流域治理、小塘坝整治、农村水环境整治等不同资金同向发力。做好地方政府专项债券申报,积极利用银行贷款,可通过特许经营等方式吸引社会资本参与试点县建设,形成互为补充的良性投入机制。

2. 探索水生态价值转化路径

适当拓展水美乡村建设内容,汇聚农旅、文体等相关部门力量,有力带动、盘活周边产业,推动绿水青山转化为金山银山,促进河湖生态资源转化为绿色高质量发展新动能。探索并推进乡村水生态产品价值实现机制改革,构建符合乡村振兴战略的绿色生态产业模式,实现乡村水生态保护和水资产增值,促进水美乡村建设的生态效益与经济效益双赢。

(四)多方参与形成合力

以"一盘棋"思想统筹资源、政策、资金各要素,以一体化思路打破行政壁垒,让要素在更大范围畅通流动,推动各项政策良性互动、协调有序,实现多元主体协同共治。一是加大部门协同力度。落实党委政府统一领导、水利部门牵头、相关部门密切配合的综合整治工作机制。用足用实用好河长制湖长制,充分调动各方积极性,加大部门协同,实现共建共治共享。二是建立群众参与机制。把群众认可、群众满意作为水美乡村建设工作目标,项目前期策划中要问计于民、问需于民,广泛听取群众意见、了解群众需求,体现亲水便民。在项目建设、验收、管护上,吸收群众参与,让广大群众感受到建设实效。

黄河流域泥沙系统治理科学研究与工程实践

张金良[1,2,3]，李　达[1,2,3]

［1. 黄河勘测规划设计研究院有限公司；
2. 水利部黄河流域水治理与水安全重点实验室（筹）；
3. 黄河实验室］

摘　要： 黄河泥沙治理是保障黄河长治久安的关键。党的十八大以来，特别是黄河流域生态保护和高质量发展重大国家战略实施后，系统治理理念逐步深入黄河治理。受气候变化和人类活动加剧等因素影响，黄河流域泥沙治理工作面临新形势和新要求。近十年来，围绕黄河流域泥沙系统治理进行了大量科学研究和工程实践，提出黄河泥沙工程控制理论，开展黄河流域泥沙系统治理顶层规划设计，提出入黄、水库、河道、河口四级泥沙控制模式及治理措施，黄河泥沙系统治理取得显著成效。针对黄河泥沙治理新需求，提出以黄河泥沙工程控制理论支撑数字孪生黄河智慧决策体系建设、加大防溃决多拦沙新型淤地坝推广力度、加快黑山峡水利枢纽和南水北调西线等国家重大工程前期工作进程等建议，以全面提升黄河流域泥沙系统治理水平。

关键词： 黄河流域；泥沙治理；系统治理；泥沙工程控制理论

"黄河宁，天下平"。作为全世界泥沙含量最高、治理难度最大、水害严重的河流之一，黄河历史上曾"三年两决口、百年一改道"，给沿岸百姓带来深重灾难。从"筑堤治水"到"分流杀势"，从"宽河行洪"到"束水攻沙"，中华民族始终在同黄河水旱灾害作斗争，但黄河"屡治屡决"的局面始终没有得到根本改变，沿黄百姓对黄河安澜的夙愿一直难以实现。

水少沙多、水沙关系不协调是黄河复杂难治的症结所在，也是洪水泛滥、河流频繁改道的根源。人民治黄以来，通过长期探索和实践，逐步形成了"拦、调、排、放、挖"综合治理和利用泥沙的模式，水沙治理取得显著成效。党的十八大以来，习近平总书记站在中华民族永续发展的战略高度，提出了"节水优先、空间均衡、系统治理、两手发力"治水思路。2019年9月18日，习近平总书记在郑州主持召开黄河流域生态保护和高质量发展座谈会，提出"治理黄河，重在保护，要在治理。要坚持山水林田湖草综合治理、系统

原文刊载于《中国水利》2024年第5期。

治理、源头治理，统筹推进各项工作，加强协同配合，推动黄河流域高质量发展"，发出"让黄河成为造福人民的幸福河"伟大号召。黄河流域泥沙治理进入系统治理新阶段，黄河流域泥沙系统治理与工程控制得到长足发展。

一、黄河泥沙特性及治理历史

1. 黄河泥沙变化特性

历史上黄河就是一条多泥沙河流。泥沙主要来自世界上水土流失最严重、我国生态环境最脆弱的黄土高原地区。黄土高原总面积 64.06 万 km²，根据 1990 年公布的全国土壤侵蚀遥感普查资料，黄土高原水土流失面积高达 45.4 万 km²，约占黄河流域水土流失总面积的 98%，其中侵蚀模数大于 15000t/(km²·a) 的剧烈侵蚀区面积高达 3.67 万 km²，约占全国同类面积的 89%。研究人员通过不同方法，综合分析提出人类活动较小时期，黄土高原自然侵蚀背景值在 6 亿～11 亿 t/a。

受气候变化、水土流失治理等因素影响，近年黄河实测水沙量明显减少。1919—1959 年潼关站实测多年平均年径流量 426.14 亿 m³、年输沙量 16 亿 t，平均含沙量达 37.5kg/m³，可代表黄河天然来沙量。1919—2020 年潼关站实测多年平均年径流量 364.3 亿 m³、年输沙量 11.1 亿 t，平均含沙量 30.5kg/m³；2000—2020 年潼关站多年平均年径流量 258.1 亿 m³、年输沙量 2.4 亿 t，较 1919—1959 年分别减少 39.4% 和 85.0%，较 2000 年以前分别减少 34.1% 和 82.1%。同时，有利于输沙的大流量过程明显减少，潼关站汛期日均流量大于 2000m³/s 年均出现天数由 1986 年以前的 57.7 天减少至 2000—2021 年的 20.9 天，相应水量由年均 163.2 亿 m³ 减少至 48.9 亿 m³。虽然实测水沙量大幅度减少，但是黄河水沙关系仍不协调，黄河泥沙治理问题依然突出。

2. 黄河泥沙带来的灾害和问题

黄河来沙量之多、含沙量之高，在世界大江大河中绝无仅有。中游黄土高原的大量泥沙进入下游河道，导致下游河床长期以 0.05～0.10m/a 的平均速度抬升，形成了举世闻名的"千里悬河"，高悬于两岸黄淮海平原之上。近几十年来，由于人类活动加剧等因素，黄河下游河道主槽持续萎缩，行洪能力明显下降，更是形成"槽高、滩低、堤根洼"的"二级悬河"，如图 1 所示。尽管 2002 年黄河调水调沙实施以来，黄河下游河道主河槽平均下切 3.1m，主槽过流能力恢复至 5000m³/s，防洪能力得到显著改善，但"悬河"与"二级悬河"叠加的严峻形势依然存在。目前黄河下游河床平均高出背河地面 4～6m，"二级悬河"与滩地平均高差 2～3m，两岸依靠堤防约束洪水泥沙。

历史上黄河堤防多次决口改道，决溢范围北抵海河，南达江淮，纵横 25 万 km²，造成严重的社会、经济、生态灾难。在当前"二级悬河"背景下，洪水一旦上滩极易形成"横河""斜河"，增加顶冲堤防、顺堤行洪风险，严重威胁滩区近百万群众生命财产安全，制约沿岸经济社会发展。

黄河下游洪水灾害历来为世人所瞩目，被称为中华民族之忧患。随着经济社会发展，社会财富日益增长，基础设施不断增加，黄河一旦决口，势必造成巨大灾难，打乱经济社会发展的战略部署。为了满足经济可持续发展和社会稳定等要求，科学系统治理黄河流域泥沙，尽量遏制下游河道淤积抬高，确保堤防不决口，保障黄河下游防洪安全，仍是未来

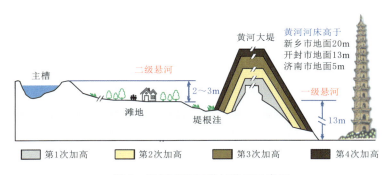

图 1　黄河下游河道与滩区示意图

黄河保护治理的第一要务。

　　3. 黄河泥沙治理方式演变及成效

　　黄河治理历来是兴国安邦的大事。黄河水患由于泥沙量巨大而复杂难治。历史上对黄河水患的治理从治水开始，而后逐渐发展到水沙共治。黄河治水最早可以追溯至上古时期，共工用"壅防百川，堕高堙庳"的治水方法抵御洪水，而后逐步形成了"分流杀势""宽河行洪""蓄洪减水""人工改道"等治水方略。第一次把治沙提到黄河治理方略高度的是明代著名治河专家潘季驯，他在长期治河实践中不断研究探索，逐步凝练出"筑堤束水，以水攻沙"的治河方略，其核心在强调治沙，实现了治黄方略从分水到束水、从单纯治水到注重治沙的转变，从此改变了历来治黄实践中只重治水、不重治沙的片面倾向。此后，从单一缕堤束水，到遥堤、缕堤配合使用，再到蓄清刷黄、淤滩固堤，"束水攻沙"治河方略不断丰富发展，为处理黄河泥沙、治理黄河下游河道开辟了新途径。但受限于当时的技术水平，泥沙问题始终难以根治。

　　到了近代，李仪祉第一次提出了黄河上、中、下游全面进行治理的治河方略。他认为，若只着眼下游，来自上中游的洪水不减，沙患不除，则黄河恐终无治理之日。黄河之所以为害，不仅在于洪水，更在于泥沙。而沙是从山谷中来的，所以要在山谷中设置谷坊，平缓水势以拦减泥沙。李仪祉的治河方略，成为黄河治理由数千年来只注重下游到向上中下游并重转变的里程碑。人民治黄以来，治黄工作者通过长期实践逐步形成了"上拦下排、两岸分滞控制洪水，拦、排、放、调、挖处理和利用泥沙"的全流域综合治理方略，确保了黄河七十余年岁岁安澜。

二、新形势下黄河泥沙系统治理进展

（一）黄河泥沙工程控制理论研究

　　黄河泥沙治理可以视为一个系统工程，涉及防洪减淤、水资源利用、航运、生态等各方面，并可将整个涉及泥沙的系统视为分级受控的工程系统。因此，张金良等将系统论和控制论拓展到泥沙治理领域，创立了黄河泥沙工程控制理论。

　　黄河泥沙工程控制理论是以黄河百年尺度稳定行河为总体目标，将黄河泥沙工程控制系统划分为入黄、水库、河道和河口四级泥沙控制子系统，建立了泥沙工程控制总体目标函数和分级目标函数，并解析出总体目标与分级控制目标函数间的隶属度；通过识别泥沙控制系统的状态变量和控制变量，分别构建以流域产沙、水库调沙、河道输沙、河口容沙等为代表的系统运行状态模型，以及以水沙关系协调度、径流/泥沙调控度等为代表的系统控制模型，实现对泥沙产输全过程的数值模拟以及泥沙工程调控效果的定量评价。同时，将热力学熵、信息熵、耗散结构与水力学及河流动力学等理论相结合，建立泥沙工程控制系统评价模型-泥沙工程调控指数（SRI），并揭示出各级控制间泥沙信息"控制—传递—影响—反馈—再控制"作用机制，形成了黄河泥沙治理的控制链和控制网。此外，基于趋衡响应原理等，辨识出稳定坝控面积、水库径流/泥沙调控度、滩槽形态、河道三角洲顶点水位是泥沙系统的主控要素，从而提出构建黄土高原长效稳定坝系、水库群"蓄清调浑"运用方式、下游三滩分区生态治理、河口主备流路行河的总体控制策略，并明晰出各类控制措施处理泥沙的协同关系、潜力和布局，实现了黄河泥沙工程的总体控制和最优控制。黄河泥沙工程控制理论贯穿黄河泥沙工程控制系统的分析、设计和运行全过程，可以充分发挥已建工程整体合力，指导后续黄河泥沙治理工程布局及建设，为流域泥沙系统治理提供了坚实的理论支撑。

（二）黄河泥沙治理相关规划编制

从流域视角，统筹考虑行洪输沙、生态环境、社会经济等各方面综合需求，对泥沙系统治理进行顶层规划设计是开展黄河流域泥沙治理工作的前提。党的十八大以来，特别是2019年9月18日黄河流域生态保护和高质量发展座谈会召开后，国家针对黄河流域生态保护和高质量发展重大国家战略实施需求出台或修编了一系列规划，为今后一定时期内黄河泥沙治理工作明确了方向。其中，2021年批复的黄河流域生态保护和高质量发展水安全保障相关规划，以系统治理为指导思想，提出要构建"一核两策"的水灾害综合防治格局，即以调控水沙为核心，坚持"上拦下排、两岸分滞"调控洪水和"拦、调、排、放、挖"综合处理泥沙两大策略。近期正在开展的黄河流域防洪规划修编，遵循《"十四五"水安全保障规划》的要求，提出要在客观判断水土保持减沙效果及其可持续性的基础上，兼顾规划期和长治久安两个时间尺度，综合处理入河泥沙，包括淤地坝和水库拦截、水沙关系调节、畅通输沙通道、沉沙空间合理利用等。近期开展的黄河河口综合治理规划编制，同样坚持系统治理理念，提出合理安排备用入海流路、充分挖掘河口容沙潜力、尽可能延长行河年限及减少对下游的反馈影响，是保障黄河长治久安的关键。

（三）黄河泥沙系统治理技术攻关

以系统治理理念为引领，以黄河泥沙工程控制理论为基础，针对黄河流域泥沙治理存在的问题开展技术攻关，提出了黄河流域入黄、水库、河道、河口四级泥沙协同控制模式及治理措施，为黄河泥沙系统治理奠定坚实的技术支撑。

1. 入黄泥沙控制

林草、梯田、淤地坝是黄土高原水土保持的主要措施。其中，淤地坝是拦减入黄泥沙的最后一道"防线"。黄土高原现存淤地坝5.72万座，它们在淤地造田、改善生态等方面发挥了重要作用。然而，绝大部分淤地坝为均质土坝，抵御洪水能力低，易发生漫顶溃决，进而诱发坝系连溃，引发两大问题：一是拦沙防线失守，治理成效锐减；二是溃坝洪水梯级叠加，"头顶库"防洪风险大。张金良等针对现行淤地坝漫顶易溃诱发坝系连溃关键难题，发明了坝面抗冲刷无机黄土固化剂和防溃决坝工结构，如图2所示，用于建设防溃决多拦沙新型淤地坝；建立了坝系"滞洪—拦沙—泄流"协同控制技术；提出了长效稳定淤地坝系的布局规则。新型坝工结构较传统土坝拦沙能力提高 30％～40％，单方成本降低 25％～35％。坝面可抵御流速 15m/s 含沙水流冲刷，实现洪-沙协同控制，构筑稳定淤地坝系以长效拦减入黄泥沙。防溃决多拦沙新型淤地坝已在陕西、甘肃、内蒙古多地开展试点工作，并取得了良好示范效果。

（a）无机黄土固化剂

（b）固化黄土微观结构

（c）防溃决坝工结构

（d）陈家沟防溃决淤地坝

图 2　坝面抗冲刷无机黄土固化剂及防溃决坝工结构示意图

此外，针对黄土高原水土流失、生态脆弱、民生发展滞后等突出问题，张金良提出黄土高原"小流域＋"综合治理新模式，以新型淤地坝为统领，构建沟底、沟坡、沟缘、坡（塬）面立体化水土流失综合治理体系，结合乡村振兴和美丽乡村建设，在人口相对聚集的区域强化农业面源和农村生活污染防治，开展农村人居环境整治，发展生态农业，实现山上有林果、坡上有梯田、沟底有坝系、坝上有水田、村村有产业，可推动今后一段时间黄土高原生态建设和农业持续发展，实现黄土高原"系统治理、综合治理"。

2. 水库泥沙控制

泥沙处理是黄河流域水库建设、运行过程中的一个关键问题。三门峡水库设计之初采用"蓄水拦沙"运用方式，即以库容换时间，水库淤满即丧失设计寿命。三门峡水库蓄水运用初期泥沙淤积严重，造成库容大量淤损，并造成潼关高程急剧抬高，威胁关中平原乃至西安市防洪安全。随后，三门峡水库通过改建及不断实践，先后发展出"滞洪排沙"和"蓄清排浑"运用方式。其中，"蓄清排浑"运用方式在小浪底水库设计、运行中得到成功应用，该运用方式能够长期保持多沙河流水库的有效库容，但水库汛期综合效益无法充分发挥，同时也难以保持超高、特高含沙量河流水库的有效库容。

张金良等结合三门峡水库和小浪底水库运用实践经验，提出多沙河流水库通过调水调沙长期保持有效库容的同时，还要尽可能调节出库水沙搭配关系，有利于下游河道减淤。在"蓄清排浑"的"拦""排"处理泥沙基础上，全面发展调水调沙理念，构建水库群人工塑造异重流排沙、水库群联合调水调沙调度、多沙河流滩槽同步塑造、拦沙库容再生与多元化利用、库容分布与库容再生、水沙分置开发等技术，逐步形成了以尽可能长期提高下游水沙关系协调度为核心的"蓄清调浑"设计运用技术体系。"蓄清调浑"设计运用方式可实现拦沙库容再生并循环利用，有效延长水库拦沙年限，充分发挥水库综合利用效益。黄河古贤和泾河东庄是黄河水沙调控体系骨干水库，长期以来因为泥沙问题迟迟未能上马。"蓄清调浑"设计运用方式成功突破制约古贤、东庄等国家重大水利工程上马的关键技术瓶颈，有效促进东庄水利枢纽工程建设落地，加快了古贤水利枢纽工程前期工作进程，对提升黄河流域水沙调控能力和洪水风险防御能力具有重要意义。

3. 河道泥沙控制

当前，黄河下游河道"槽高、滩低、堤根洼"的"二级悬河"不利河道形态仍未消除，加上下游游荡性河势尚未完全控制，大堤冲决风险大。同时，滩区仍有百万群众居住，防洪保安与滩区行洪、滞洪、沉沙之间矛盾突出。因此，黄河下游河道治理不但受系统外社会、环境约束，还受系统内滩槽关系的强力约束。张金良等以系统治理理论为基础，统筹考虑黄河下游河道滩槽关系，因滩施策，提出了"洪水分级设防、泥沙分区落淤、三滩分区治理"多沙宽滩河道生态治理新策略。

该策略采用生态疏浚稳槽、泥沙淤筑塑滩的方法，形成主槽、嫩滩、二滩、高滩的空间格局。同时坚持生态、生产、生活融合，统筹黄河长治久安、防洪保安与经济发展、沿黄生态空间建设等多目标需求，构建"主槽水沙畅通、嫩滩生境成廊、二滩生态集成、高滩建镇安居"的空间治理新格局，如图3所示。采用"水沙联合调控、洪水主动防御、产业优化布局、滩区生态开发、泥沙资源利用、多维安全保障"的滩区生态治理技术体系，建设"三滩分治"复合生态廊道。多沙宽滩河道生态治理已在河南郑州、开封、新乡、长垣等地开展试点工作，突破制约黄河下游长期安全稳定行河的技术瓶颈，有效协调黄河下游滩区内生态、生产、生活关系，推动滩区生态修复和高质量发展。

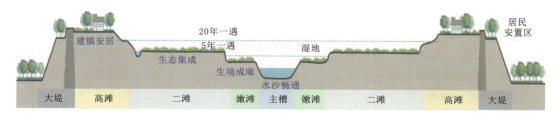

图 3　多沙宽滩河道生态治理示意图

4. 河口泥沙控制

黄河河口淤积延伸及尾闾河道不通畅，将对黄河下游河道产生溯源淤积反馈影响，改变下游河道河势稳定性，其中河道长度是反馈影响的关键因素。因此，统筹黄河长治久安及地方经济社会发展需求，黄河河口泥沙治理需要合理布局黄河入海流路，加强黄河入海流路空间管控，为黄河长治久安留有足够的输水输沙通道和容沙空间。同时，要有计划地运用入海流路，提高容沙空间利用效率。因此，针对当前黄河河口治理需求提出河口主备流路行河方案，即现阶段仍以清水沟流路运用为主；在保证黄河下游防洪安全的前提下，可根据生态保护、油田开发、经济发展等需求适时运用清水沟流路北汊、清8汊和原河道三条汊河，以充分利用清水沟海域容沙潜力，进一步延长行河年限。同时，考虑将刁口河作为优先启用的备用入海流路，在不影响清水沟流路行河的前提下，根据自然保护区生态补水需求、黄河水资源条件和进入河口地区的水沙条件，相机向刁口河生态补水，以优化河口地区水沙时空配置，促进三角洲生态保护修复。此外，将马新河和十八户作为远景备用入海流路。

三、展望及建议

1. 将黄河泥沙工程控制理论融入数字孪生黄河建设，为流域泥沙管理提供决策依据

数字孪生黄河为黄河水沙治理与流域综合管理提供了高效工具。其中，数字孪生平台是数字孪生黄河建设的核心与底座，其由数据底板、模型平台和知识平台组成，但是缺乏智慧决策评估指标。黄河泥沙工程控制理论作为一种管理理论，不仅构建了长时间尺度下黄河治理的水沙控制框架，而且其构建的水沙关系协调度、泥沙工程调控指数等控制和评价模型可系统评估黄河流域泥沙工程控制成效，为数字孪生黄河智慧决策体系建设提供有力支撑。

2. 加大防溃决多拦沙新型淤地坝推广力度，筑牢黄土高原拦沙防线

截至2022年，黄土高原地区水土流失面积仍有22.78万km²。该区水土流失治理格局空间不均衡、不匹配，部分地区植被覆盖度已超过地区水资源承载力，且已建淤地坝淤满数量较多（约占淤地坝总数的70%），拦减入黄泥沙效率降低。同时，近年气候变化影响下区域极端暴雨增多，使得现行老旧淤地坝遭遇超标准洪水而引发溃坝的风险增大。因此，应以山西、陕西、甘肃、内蒙古等地为重点，在沟壑发育活跃、重力侵蚀严重、水土流失剧烈的黄土丘陵沟壑区，以黄河支流为骨架，以小流域为单元，大力推广防溃决多拦沙新型淤地坝建设及老旧淤地坝改造，提升防御"黑天鹅"降雨引发的超标准洪水能力，筑牢黄土高原拦沙防线。

3. 加快推进黑山峡等骨干水库前期工作进程，进一步提高黄河水沙调控能力

黑山峡河段开发治理工程是黄河水沙调控体系的七大骨干工程之一，具有协调水沙关系、防洪防凌、全河水资源合理配置等重要功能，可对龙羊峡、刘家峡水库下泄的水量进行反调节，改善内蒙古河段的水沙条件，遏制宁蒙河段新悬河发育，并调控凌汛期流量，保障内蒙古河段防凌防洪安全，同时可为中游骨干水库调水调沙和有效库容恢复提供水流动力条件，实现黄河上中下游有效联动。黑山峡水利枢纽工程经过50年论证，前期工作已取得一定基础，建议国家加大协调力度，加快前期工作进程，进一步提高全河水沙调控能力。

4. 加快推进南水北调西线工程前期工作进程，缓解水沙关系不协调矛盾

除上述工程体系建设外，黄河泥沙治理的另一个关键问题是解决黄河"水少"的问

题，即实施"增水"措施。"增水"即在进一步强化流域水资源节约集约利用前提下，实施南水北调西线等跨流域调水工程，增加黄河流域水资源量。南水北调西线工程作为国家水网"四横三纵"的主骨架和大动脉，其建设对于解决黄河上中游地区水资源短缺和发展制约问题意义重大，可有力推动黄河流域生态保护和高质量发展重大国家战略实施。此外，西线工程调水在基本保障经济社会发展和生态环境用水、河流生态系统良性循环的同时，可以使黄河中下游的输沙用水得到基本保证，为泥沙输送入海提供充足水流动力条件，有效缓解水沙关系不协调的矛盾。因此，建议加快南水北调西线工程前期工作进程，推动工程早日开工建设。

参 考 文 献

［1］ 黄河水利委员会水土保持局．治理黄土高原建设秀美山川［N/OL］．（2019 - 08 - 26）［2024 - 03 - 06］.

［2］ 李元芳．从古黄河三角洲探讨黄土高原自然侵蚀背景值［C］//中国地理学会地貌与第四纪专业委员会．地貌·环境·发展．北京：中国环境出版社，1995：93 - 96.

［3］ 吴祥定．历史上黄河中游土壤侵蚀自然背景值的推估［J］．人民黄河，1994（2）：5 - 8，61.

［4］ 朱照宇，周厚云，谢久兵，等．黄土高原全新世以来土壤侵蚀强度的定量分析初探［J］．水土保持学报，2003（2）：81 - 83，88.

［5］ 刘晓燕，高云飞，党素珍，等．黄土高原产沙情势变化［M］．北京：科学出版社，2021.

［6］ 陈建国，周文浩，邓安军，等．黄河下游河道近代纵剖面的形成与发展［J］．泥沙研究，2006（1）：1 - 8.

［7］ 张金良，仝亮，王卿，等．黄河下游治理方略演变及综合治理前沿技术［J］．水利水电科技进展，2022，42（3）：41 - 49.

［8］ 张金良，刘继祥，等．黄河泥沙工程控制论［M］．北京：科学出版社，2023.

［9］ 张金良，刘继祥，鲁俊，等．黄河泥沙工程控制理论与实践［J］．泥沙研究，2023，48（2）：1 - 8.

［10］ 水利部黄河水利委员会．黄河流域水土保持公报（2022年）［R］．郑州：黄河水利委员会，2023.

［11］ 张金良，苏茂林，李超群，等．高标准免管护淤地坝理论技术体系研究［J］．人民黄河，2020，42（9）：136 - 140.

［12］ 张金良．基于新型淤地坝的黄土高原"小流域＋"综合治理新模式探讨［J］．人民黄河，2022，44（6）：1 - 5，20.

［13］ 张金良，胡春宏，刘继祥．多沙河流水库"蓄清调浑"运用方式及其设计技术［J］．水利学报，2022，53（1）：1 - 10.

［14］ 张金良，刘继祥，李超群，等．黄河下游滩区治理与生态再造模式发展——"黄河下游滩区生态再造与治理研究"之四［J］．人民黄河，2018，40（10）：1 - 5，24.

［15］ 鲁俊，张金良，钱裕，等．黄河宁蒙河段新悬河成因及治理对策［J］．中国水利，2021（18）：24 - 26.

新时期中小河流系统治理思路和对策

张宜清，杨晓茹，黄火键，施文婧，李爱花，曹雪健

（水利部水利水电规划设计总院）

摘　要： 以流域为单元推进中小河流系统治理是推动新阶段水利高质量发展、支撑国家水网建设、助力乡村振兴的重要举措。探讨现阶段我国中小河流治理现状、存在问题和主要挑战，研究提出了新时期中小河流系统治理的思路，从做好中小河流治理顶层设计、夯实中小河流治理理论和技术支撑、创新中小河流治理管理体制机制、强化中小河流智慧化建设等方面提出了对策建议，为中小河流治理管理提供参考。

关键词： 中小河流；薄弱环节；系统治理；技术支撑；体制机制

我国流域面积 $200\sim3000km^2$ 的中小河流数量多、分布广，防洪任务重、洪涝灾害频繁，一直是江河防洪的薄弱环节之一。党中央历来高度重视中小河流治理工作。2009 年以来，我国持续开展中小河流治理规划，实施大规模治理，重点河段防洪减灾能力明显提升，综合保障了江河安澜，为全面建成小康社会奠定了坚实基础。推动新阶段水利高质量发展对中小河流治理提出了新要求，需要继续坚持底线思维，以流域为单元，有力有序有效推进中小河流系统治理，不断提高国家水安全保障能力。

一、中小河流治理现状

相对大江大河，中小河流沿线分布着广大的中小城镇、居民点、农田和重要基础设施，对保障国家粮食安全、保证人民群众生活品质、维护社会和谐稳定具有重要支撑作用。据统计，我国中小河流共有 1.1 万条，占流域面积 $50km^2$ 以上河流数量的 1/4。其中，有防洪任务的河流 7000 多条，约 2/3 的县城、2/5 的人口、1/4 的耕地分布在中小河流两岸。

目前我国中小河流综合治理长度超过 10 万 km，治理的主要任务是解决防洪薄弱环节问题，优先治理沿河有城市（镇）、农村居民点、集中连片基本农田以及其他重要基础设施的重点河流河段。部分省份探索了多目标综合治理方式，在保障防洪安全的同时，开展生态环境修复，打造美丽幸福河湖。例如，浙江先后开展万里清水河道建设、"五水共治"、美丽河湖建设，广东以万里碧道建设开辟流域生态治理新路径，福建开展万里安全

原文刊载于《中国水利》2023 年第 16 期。

生态水系建设等，努力实现中小河流防洪安全、生态健康和环境宜居的有机统一。

中小河流治理取得了显著的防灾减灾、经济社会和生态环境效益。已治理河段的防洪能力提升较为明显，治理前防洪标准不足 10 年一遇或处于未设防状态的河长占 3/4，治理后防洪标准 10 年一遇至 30 年一遇河长占比近 90％。中小河流还承担着农村区域行洪排涝、灌溉供水等重要任务，治理后有效避免了淹地造成的粮食减产、绝产和水土流失，促进了水利巩固拓展脱贫攻坚成果同乡村振兴有效衔接，为全国粮食连年丰收、打赢脱贫攻坚战贡献了重要力量。

二、中小河流治理面临问题与挑战

中小河流数量众多、保护任务重，其治理具有长期性、艰巨性，同时气候变化、经济社会发展及乡村振兴等对中小河流治理提出新要求、新挑战。

（一）存在的主要问题

1. 规划方面

过去大部分中小河流缺乏以流域或河流水系为单元的整体规划，治理碎片化，导致上下游、左右岸、干支流不协调。在流域防洪规划、综合规划中，也多未提及中小河流治理目标与大江大河及主要支流的衔接协调要求，可能导致过度治理，进而产生洪水风险转移，加大流域防洪压力。

2. 方案设计方面

中小河流治理方案涉及防洪能力复核、水文分析计算、保护对象和防洪标准确定、治理目标和措施方案制定等多方面。我国中小河流水文监测薄弱，虽然有防洪任务的中小河流基本实现了水文监测全覆盖，但是大部分河流监测站密度不足，致使中小河流在洪水特性分析、洪涝水计算等方面缺乏可靠数据，制约治理方案质量的提升。在治理目标措施确定时，对多目标治理需求把握不足，过分单一强调防洪治理、资源开发利用或生态治理，均会影响河流功能永续利用。

3. 管理体制机制方面

中小河流治理和管理事权主要在地方，重建轻管现象尚未完全改变。在"放管服"背景下，部分地区在中小河流治理过程中仅简单履行程序，导致治理管理底账不清。工程运行管护机制不完善，防护工程老化、碍洪设施建设等带来新的风险隐患。中西部地区部分中小河流治理多依赖中央资金，投融资机制不完善。

（二）机遇与挑战

1. 从治理阶段看

中小河流治理正从解决重点河段防洪薄弱环节向整河流系统治理、综合治理转变。经过十几年大规模治理，中小河流治理具备了由散点式治理向整体治理转变的基础条件，未来需要更好地解决系统治理所涉及的上下游、左右岸、干支流、乡村与城市，以及与大江大河的衔接协调关系、多目标协同治理等问题。

2. 从建设定位看

中小河流是国家水网的重要组成部分，特别是为构建省市县三级水网体系提供了天然水系网络条件。这需要按照"建设现代化高质量水利基础设施网络""完善流域防洪减灾体系"的要求，全力推进中小河流系统治理，助力构建国家水网。

3. 从变化条件看

近年来气候变化导致我国流域性大洪水时有发生，加之局地和区域性暴雨多发，导致每年汛期中小河流防灾救灾任务极为繁重，这需要进一步加强中小河流治理管理来提高应对洪涝灾害的韧性。

4. 从发展要求看

随着我国经济社会发展和国土空间开发保护新格局的构建，沿河防洪安全保障要求不断提高，经济发达地区中小河流提标建设需求迫切，农村地区、贫困地区亟须通过中小河流治理进一步夯实乡村振兴的水利保障，同时需要妥善解决工程项目占地、生态保护红线避让等难题。

三、中小河流系统治理的思路

贯彻落实习近平总书记"节水优先、空间均衡、系统治理、两手发力"治水思路和"两个坚持、三个转变"防灾减灾救灾理念，按照水利高质量发展要求，在总结已有治理经验的基础上，以系统的思维，以流域为单元，逐流域规划、逐流域治理、逐流域验收、逐流域建档立卡，着力解决存在的治理不系统、不平衡、不充分等问题，加快补齐短板和薄弱环节，构筑好广大乡村和城镇地区抵御洪涝灾害威胁、保障防洪安全的基础防线。

1. 科学合理确定中小河流功能定位

以河流功能理论为指导，以河流健康评估为支撑，结合沿河人口、产业、基础设施等分布，对防洪安全功能、生态服务功能、资源利用功能、社会服务功能等进行综合分析，科学诊断各功能存在的主要问题，明晰主导功能及治理重点。

2. 协调好防洪治理与多目标综合治理的关系

坚持自然、生态的河道治理理念，统筹沿河山、林、草、沙、田、村、城等要素，在保障防洪安全的前提下，探索综合治理模式，更好地维护河流生态系统健康稳定，更大程度发挥中小河流综合利用功能。

3. 把握好以流域为单元的治理尺度

从河流水系或流域整体出发，综合考虑中小河流地形条件、洪水特性、河流级别、汇流面积、跨界类型等，兼顾地区水系差异和治理能力，干支并举、成片推进，治一条成一条，治一片成一片，同时协调推进水库、分蓄洪区等其他措施建设，充分发挥中小河流治理整体网络效益。

4. 注重中小河流全过程长效管护

坚持工程建设和管理维护并重，围绕中小河流治理管理各环节，实施精细化管理，结合河长制创新管护体制机制，做好堤防护岸维修养护工作，巩固综合治理成效。

四、中小河流系统治理的主要对策

（一）做好中小河流治理顶层设计

1. 系统谋划中小河流治理目标和时序

在中小河流调查评估的基础上，深入摸清中小河流治理需求，研判与经济社会高质量发展要求相适应的中小河流治理能力和水平，统筹协调好流域与区域的关系，制定未来一个时期全国、各流域、各省份中小河流治理的总体目标、主要任务和实施线路图。在制定或修订大江大河及主要支流、重点区域规划时，建议充分考虑中小河流对大江大河洪水蓄泄关系的影响，对中小河流治理提出相应要求，如明确重要区域或重点河流河段治理标准、水位或流量控制要求。

2. 因地制宜分流域分区域施策

由于我国各地地形地貌、水文气象、洪水特性及沿河保护对象等情况差异较大，因此中小河流治理需要分区施策。比如，黄淮海、长江中下游等平原地区中小河流沿线人口和农田密集，且多存在堤防不达标、河道淤积萎缩、水系阻隔等问题，可采取堤防加固、清淤疏浚和水系连通等措施；东南、西南地区以及大江大河上游地区中小河流多为山丘型，洪水暴涨暴落，沿河人口相对分散，可采取重点河段堤岸加固、扩卡等措施；此外，松辽流域冰封期长、黄河流域多泥沙、西南地区喀斯特地貌发育、西北地区融雪冰凌洪水、沿海地区受台风雨影响等也是需要考虑的因素。

3. 科学编制逐条中小河流治理方案

从河流防洪工程体系建设整体考虑，科学编制整河流治理方案。以逐条中小河流为对象，对处于同一个防洪工程体系、有干支流洪涝水蓄泄关系的，宜以所在河流水系或区域为单元进行河流治理方案的整体编制，提高方案的系统性、科学性。做好洪涝水分析计算和防洪标准协调，一方面分析清楚河道自身防洪排涝问题，另一方面协调好其与上下级河流的防洪关系，考虑上游水库调蓄及其他供排水设施的影响。

（二）夯实中小河流治理理论和技术支撑

1. 加强中小河流治理理论探索

国外很早就开始了河流治理理念、理论与技术的研究，例如德国的"近自然河溪治理"、瑞士的"多自然型河道生态修复技术"、日本的"多自然型河川工法"等，我国也提出了"生态水工学"理论、"幸福河"理念等，这些理论、理念对中小河流治理起到较好的指导作用。针对以防洪治理为主的河流，统筹考虑河流自然属性、结构完整性以及生态价值、社会价值，需要加强中小河流监测预警、洪水风险传导机制、成灾致灾机理、治理标准协调、生态环境和经济社会互馈关系分析等方面的研究。

2. 做好中小河流治理技术支撑

目前现行的规划编制、水文计算、治理标准确定、河道整治等方面的标准规范有较好的普适性，但各中小河流的规模、防护要求以及地域特色不同，若生搬硬套标准规范，可能造成工程措施与防护要求、经济性需求不匹配。此外，在防洪区划定、管理范围划定、洪水风险分析等方面支撑也不足。建议相关标准制修订时适当对以上问题提出一般性规定要求。由于各地实际情况复杂，可细化制定适应本地区特点的中小河流治理技术要求。

（三）创新中小河流治理管理体制机制

1. 加强中小河流治理全过程管理

加强前期工作、申报遴选、方案设计、治理实施、竣工验收、运行维护、督导检查等环节全过程管理，细化责任落实。借鉴各地治理管理经验，如申报遴选采取集中机制，跨行政区采取提级审查、竞争立项等方式，分片、分组进行项目督导检查，制定年度月度计

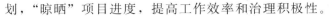

划，"晾晒"项目进度，提高工作效率和治理积极性。

2. 创新中小河流治理管护机制

中小河流管理需要密切结合河长制，依法划定河流管理范围，规范岸线保护利用，解决好乱占、乱采、乱堆、乱建"四乱"问题。有条件的可采取"生态＋""产业＋"等模式，将中小河流治理与城市建设、生态景观建设、水文化打造结合开展，有效拓展资金渠道，提高市场、公众参与度。加强与自然资源、住房城乡建设等部门的工作协同，协调解决用地困难、征地补偿等问题，更好地保护耕地资源，促进土地集约节约利用。考虑未来中小河流防洪工程老化，需要完善运行管护机制，注意维修养护。

（四）强化中小河流智慧化建设

1. 加强中小河流监测设施建设

针对中小河流监测预警设施不足、自动测报率不高的现状，按照国家水文基础设施建设部署，重点针对中小河流洪水易发、频发且保护对象重要的地区，加快中小河流水文站网建设，做好中小河流水文数据的归集和存储，为中小河流河道行洪能力评价、设计洪涝计算、预警避险方案制定等提供数据基础。

2. 加强中小河流数字化建设

按照智慧水利建设要求，充分运用智慧化技术手段，以水利"一张图"和中小河流治理管理平台为支撑，对每条河流建档立卡，精准掌握中小河流洪涝灾害、防洪保护对象、项目执行、建设管理等基本情况，对雨情、水情、工情等信息进行动态更新。推进重点中小河流数字孪生平台建设，努力实现中小河流治理数字化、网络化、智能化。开展中小河流产汇流模拟演算和风险评估，分析生成不同降水条件下的洪水淹没情况，为中小河流洪水预警和抢险救灾提供技术支撑。

五、结论与建议

中小河流治理是全面提升防洪安全保障能力、守护江河安澜的重要手段，是推动新阶段水利高质量发展、支撑国家水网建设的重要举措，也是乡村振兴战略实施、美丽中国建设的重要支撑。历经 10 余年大规模治理，中小河流治理取得阶段性进展，但是治理需求缺口仍较大，同时气候变化、经济社会发展也对中小河流治理提出新挑战。需要针对治理系统化不足、治理管护弱等突出问题，以流域为单元推进系统治理，重点做好中小河流顶层设计，科学确定治理目标和分区治理对策，科学编制治理方案；夯实中小河流治理理论和技术支撑，深入探索治理理论，加强治理技术指导；创新中小河流治理管理体制机制，加强治理全过程管理，结合河长制等创新管护机制；强化中小河流智慧化建设，提升治理管理的水平和效率。

参 考 文 献

［1］ 新华社 . 中共中央国务院关于加快水利改革发展的决定［EB/OL］.（2011－01－29）.
［2］ 李国英 . 深入贯彻落实党的二十大精神扎实推动新阶段水利高质量发展［N］. 中国水利报，2023－01－17.

［3］ 新华社.中共中央国务院印发《国家水网建设规划纲要》［EB/OL］.（2023-05-25）［2023-07-19］.

［4］ 舒章康,李文鑫,张建云,等.中国极端降水和高温历史变化及未来趋势［J］.中国工程科学,2022（5）：116-125.

［5］ 赵银军,丁爱中,潘成忠,等.河流功能区划理论与实例［J］.科技导报,2013（16）：60-64.

［6］ 田英,赵钟楠,黄火键,等.国外治水理念与技术的生态化历程探析［J］.水利规划与设计,2019（12）：1-5.

［7］ 董哲仁,孙东亚,赵进勇,等.生态水工学进展与展望［J］.水利学报,2014（12）：1419-1426.

［8］ 唐克旺.对"幸福河"概念及评价方法的思考［J］.中国水利,2020（6）：15-16.

［9］ 左其亭,郝明辉,姜龙,等.幸福河评价体系及其应用［J］.水科学进展,2021（1）：45-58.

［10］ 张向,李军华,董其华,等.新时期中小河流治理对策［J］.中国水利,2022（2）：30-32.

［11］ 胡威,李卫明,王丽,等.基于GA-BP优化模型的中小河流健康评价研究［J］.生态学报,2021（5）：1786-1797.

［12］ 蔡阳,成建国,曾焱,等.加快构建具有"四预"功能的智慧水利体系［J］.中国水利,2021（20）：2-5.

［13］ 李致家,朱跃龙,刘志雨,等.中小河流洪水防控与应急管理关键技术的思考［J］.河海大学学报（自然科学版）,2021（1）：13-18.

［14］ 刘志雨,侯爱中,王秀庆.基于分布式水文模型的中小河流洪水预报技术［J］.水文,2015（1）：1-6.

［15］ 黄金池.我国中小河流洪水综合管理探讨［J］.中国防汛抗旱,2010（5）：7-8.

山水林田湖草一体化保护和系统治理

——湖南省宁乡市陈家桥村的案例经验与启示

常纪文[1]，刘天凤[2]，吴　雄[2]，王　蕾[3]

（1. 国务院发展研究中心资源与环境政策研究所；
2. 湖南省宁乡市菁华铺乡人民政府；
3. 中国水利水电科学研究院）

摘　要： 乡村山水林田湖草一体化保护和系统治理是非沙化区域参与建设美丽中国的重要工作。2015 年，湖南省宁乡市陈家桥村以"美丽屋场"建设为载体，分修复与治理、巩固与创新、发展与收益三阶段对村域山水林田湖草一体化保护和系统治理展开探索。通过在工作中激发群众主体活力、开展要素协同治理、提升生态系统功能，形成了"山林草"治理的"大改革＋低干预"模式、"水湖"治理的"互联互通"模式、"田"治理的"防治结合"模式，归纳出广泛凝聚力量、完善资金保障、科学合理规划、推进村民共治等经验，可为全国有一定经济基础或有开发价值的乡村提供借鉴与启示。

关键词： 山水林田湖草；一体化保护；系统治理；美丽屋场；乡村案例

党的二十大报告指出，要推进美丽中国建设，坚持山水林田湖草沙一体化保护和系统治理。在全国非沙化区域的大部分乡村地区，山水林田湖草一体化保护和系统治理总体尚处于起步阶段，有必要参考一些乡村探索的成功做法，予以梳理和总结。湖南省宁乡市陈家桥村经过 7 年探索，成效大、模式可持续，得到多方认可，成为远近闻名的"美丽乡村"，相关做法可供有一定经济基础或有开发价值的乡村参考借鉴。

一、探索与成效

宁乡市陈家桥村位于浅山区，面积 8.64km²，共有 1199 户 4335 人。2015 年以来，该村以"美丽屋场"建设为载体，持续探索开展山水林田湖草一体化保护和系统治理。

（一）规划部署与探索路径

党的十八届三中全会后，国家启动山水林田湖草一体化保护和系统治理工作。宁乡市

原文刊载于《中国水利》2023 年第 4 期。

和菁华铺乡两级党委、政府高度重视，从 2014 年起派专人蹲点陈家桥村，结合美丽乡村建设和农村人居环境改善的要求，推动相关工作。陈家桥村于 2015 年结合本村首创"美丽屋场"概念，开展统筹规划，加快菜园建设、山塘整治、污水池（沟）治理和草皮铺设，对林地、荒地、河道、山坡、山塘、废弃建筑全面开展生态修复与治理，提升绿化率和水体质量，改变了过去乡村环境治理组织无序的局面。

陈家桥村分三个阶段开展山水林田湖草一体化保护和系统治理工作：①修复与治理，结合"美丽屋场"建设要求，实现垃圾、污染、河道、林草的协同治理；②巩固与创新，寻找低成本、高效益、可持续的维护方式，让绿水青山守得住、守得久；③发展与收益，探索生态产品价值实现机制，让绿水青山转化为金山银山，提高集体和农户的经济收入，调动参与积极性。

（二）资金来源与使用现状

在"美丽屋场"建设方面，2015 年至今，陈家桥村已建成"美丽屋场"20 个，整治山塘 124 口，整治沟渠 30 余条累计约 1400m。累计投入资金 3600 万元，包括群众捐助约 1400 万元、政府专项资金与奖补约 2000 万元、村集体投入约 200 万元。其中，在全国率先修建 2 处厨余垃圾集中处理设施及 400 处分散式厨余垃圾处理设施，投入 220 万元修建 7 处人工景观湿地用于处理生活污水，通过污水分散式和集中式处理，目前污水处理率达到 100%。

在绿色经济发展方面，2015 年至今，陈家桥村已投入 1000 余万元用于生态修复和建设，提升山水林田湖草的生态产品价值，如结合薄荷水果休闲农业基地、人工湿地景观、侍郎河景观发展乡村生态旅游；结合厨余垃圾处理系统、废物利用科普实验室、珍稀苗木基地打造研学基地；举办乡村花田音乐节、乡村振兴战略研讨会，提升乡村旅游的吸引力和知名度。

（三）推进策略与方法探索

1. 坚持以人为本，激发群众主体活力

山水林田湖草一体化保护和系统治理进度的快与慢、效果的好与坏、成果维持的长与短，主要在人，必须做好群众工作。一是抓关键少数，即压实各级林长、河长、湖长责任，让其做好政策的传达者、制度的实施者、资源的守护者，实现林长治、河长治、湖长治。二是抓带头人，即发动党员干部、企业家、社会贤达等率先参与"美丽屋场"建设，让普通村民感受治理前后的明显对比，增强生态保护意识，调动参与生态环境治理的积极性。三是抓绝对多数，即凝聚共识，发动群众捐资筹劳、捐物出地，引导群众自发参与生态建设，后期通过评比激励使村民享受实实在在的好处，由被动参与转变为主动建设和维护，形成持久的良性循环。2015 年以来，该村共计投入劳动力 6500 人次。

2. 坚持目标导向，开展要素协同治理

陈家桥村民以前普遍感到，破坏水系会影响农田灌溉，植被稀疏会导致水土流失，垃圾污染会破坏人居环境。在一体化保护和系统治理措施方面，通过结合地理特征、各要素特点与村庄长远规划，在起步阶段重点统筹主要因素，实现要素的协同治理。在治理合力方面，集中各要素的财政支持资金和农户捐助资金，统筹用于生态环境综合治理，避免项目重复建设和资金使用"撒胡椒面"现象。

3. 坚持价值导向，提升生态系统功能

陈家桥村立足生态与经济，服务长沙市、宁乡市定位，统筹村域生态保护与本市经济社会发展，在生态属性基础上实现社会属性和经济属性的良性互动。更加注重乡土文化和文明乡风的传承，如发动群众投工投劳、自觉维护房前屋后卫生；更加注重提升生态环境的经济功能，通过举办油菜花节等节日活动，兴办乡村民宿和农家乐，建设娱乐钓鱼设施，种植城市绿化苗木，发展果树观光采摘，挖掘和转化山水林田湖草的经济价值，释放生态红利。由于生态环境的良好转变，陈家桥村吸引了幼儿园和养老院入驻，2021 年至今，陈家桥村仅生态旅游集体收入就达 54 万元。

二、亮点与特色

（一）"山林草"治理——"大改革＋低干预"模式

1. 通过"三权分置"实施集体林权制度改革

村集体有林地 485.39hm²，所有权归村集体，承包权、经营权归农户。为提升经营绩效，在依法保护各方权益的前提下统一流转林地，引入企业经营。林地流转租金为每亩 80 元，全村共有 120 人从事生态管护、育林护林等相关工作，增收达 30% 以上。村集体一次性获得租金等收入 60 万元，反哺于山塘、水利和公路建设。村集体制定了育林护林、生态保护等方面的村规民约和制度规定，成立了村林改工作监督小组，对林改全过程进行全方位监督。

2. 以自然修复为主，实施低干预方式复绿

村集体以美丽宜居为目标，对庭院、边角绿地、荒地、道路、公共区域等开展绿化。根据山体、坡地的地形地貌，采取自然修复为主的方式恢复裸露地表植被。对于难以自然修复的，通过人工撒播草籽并引水灌溉的方式复绿。目前该村已实现植被全覆盖，"美丽屋场"错落有致，田园风光舒适宜人，七彩花海风景迷人，面貌焕然一新。

（二）"水湖"治理——"互联互通"模式

村内共有水域面积 50.76hm²，主要水系有菁华河、侍郎河和 138 口山塘。在开展山水林田湖草一体化保护和系统治理前，村内主干河坝共 12km、渠道 26km，大部分山塘河坝淤积，水体发臭，影响正常的生产生活。为改善水体环境，该村采取了以下治理措施。

1. 结合水利工程建设治理山塘河坝污染

一是利用财政奖补、农户租塘、村民捐赠等资金，对山塘开展管护、清淤、周边整治、蓄水泄洪等工作，实现有钱搞建设、有人搞管理，确保水系畅通。目前，124 口山塘已全部清淤，既改变了原有水质，增加了灌溉能力，还提高了养殖效益。二是清理湿地和水源地，栽植亲水植物，在水岸栽植水杉、垂柳等树木，构建生态隔离带，丰富景观层次。三是结合改厕工程开展四格化粪池升级改造，提升污水分散处理效果。四是在人口相对集中居住的屋场，针对原有三格化粪池建立小型人工湿地，打造小微水体治理示范片区。经检测，外排水达到了农业灌溉用水标准，可循环利用。

2. 结合绿色养殖治理畜禽粪污

实施畜禽新增养殖和退养登记制度，5 头以下养殖规模的农户应采取畜禽粪污干湿分

离措施，分格化粪处理池的建造和维护由村民组长负责；5头以上、30头以下养殖规模的农户建设沼气池，由村组共同管理；30头以上、150头以下养殖规模的农户，应对畜禽实行圈养，在上级畜牧部门指导下按标准建设畜禽粪污治理设施，由乡村组共同管理，按月上门检查，保证粪污治理后肥土肥田。

3. 结合河长制落实巡查制度

巡护人员重点巡查恶劣天气情况下山洪冲刷带来的污染物，现场处理零星漂浮物；村环境治理从业人员专门治理量多的漂浮物，确保山塘河坝渠道干净整洁。

4. 结合政策要求开展综合整治

按照长沙市"美丽幸福河流"标准，开展河道除杂、河堤绿化、防洪排涝闸门设立、基本农田规范管理等工作，整治侍郎河沿岸，修复水生态，增强防汛抗旱能力。经过治理，侍郎河于2021年被评为长沙市"美丽幸福河流"。

（三）"田"的治理——"防治结合"模式

1. 实行生活垃圾就地分类减量和精准清运

开设村环保学校和科普基地，完善垃圾分类配套设施，按照生活垃圾源头减量、分类回收、资源化利用和无害化处理的工作路径，对生活垃圾实施就地处理，使外运垃圾同比减量65%以上，环境卫生运行经费降低50%，既降低了成本，又提高了资源利用率。科学运用监控设施，优化垃圾中转站清运线路，实现垃圾6h内精准清运。

2. 建设全国首个农村厨余垃圾集中处理设施

将厨余垃圾集中定点投放，采用隔油池隔油、沉淀池沉淀、发酵池厌氧发酵等处理工艺。废水经污水管网接入人工湿地，废渣转化为高效生态肥料用于苗木和水果基地，沼气接入建档立卡贫困户用于其生活。经检测，处理后的废渣达到肥料标准，宁乡市已结合"美丽屋场"建设予以全面推广。

3. 通过治理农业面源污染打造绿色、安全的品牌农业

村集体按照地方政府安排，推广农田适度规模化经营，提升测土配方施肥技术覆盖率，指导农户科学施用农药，推广病虫害绿色防控方式，实现农药化肥使用量减少5%～10%；提升秸秆综合利用率和农田残膜回收率。

三、经验与启示

在乡村山水林田湖草一体化保护和系统治理中，陈家桥村以"美丽屋场"建设作为载体，将农村垃圾分类、污水治理、改水改厕、河道整治、村容村貌改善相结合，将生态环境保护与乡村经济发展相统筹，取得较好成效，获得了国家森林乡村、全国乡村治理示范村、湖南省美丽乡村示范村、秀美村庄、精品示范村等荣誉，精心打造的4条人居环境整治线路每年吸引300余场次的观摩调研。

1. 取得的经验

（1）广泛凝聚力量。坚持乡党委、政府牵头，村"两委"配合，协调各业务部门层层对接，专事专办。坚持党建引领，发挥党组织凝聚作用及党员先锋模范作用。陈家桥村设有一个党总支，下设四个支部，定期审议"美丽屋场"建设的相关事务。发挥人大代表、社会贤达、劳动模范等关键少数的作用，以少数带动多数，以实实在在的效果带动持之以

恒的行动。积极对接国家级和省级专家，获取专业技术支持，避免走弯路。

（2）科学合理规划。从修复保护到治理，再到利用生态发展经济，先易后难、稳步推进。统筹上级政策与陈家桥村实际情况，考虑地形地貌和人口分布，合理规划村庄、道路和生态环境保护设施，科学布局生产、生活和生态空间。

（3）完善资金保障。积极响应地方党委、政府部署，争取财政支持资金，发动本村群众自发捐资筹劳，同时通过土地流转引进产业，将土地价值和生态价值转变为村级集体经济收入，反哺于生态建设，形成良性循环。

（4）推进村民共治。探索形成了"党组织提议—群众开会商议—达成统一意愿—积极参与建设—共同管理维护"的共治路径。党员、村民小组长、群众自愿认领广场、公厕、池塘、绿化等公共场所和公共设施的养护或维护，开展自主管理，每年可节约环卫、修剪等资金10余万元，实现对生态治理成果的低成本、高稳定维护。

2. 对全国的启示

湖南省宁乡市陈家桥村（图1）是我国乡村山水林田湖草一体化保护和系统治理的一个样本，立足于乡村实际，采取村民能够理解、能够接受、能够参与、能够共享的途径和方法开展生态保护和绿色发展，有关经验可供有一定经济基础或有开发价值的乡村参考借鉴。

图1 "美丽屋场"是指在自然村落中，经系统规划和建设后，成为片区"宜居宜业"标杆的一个或多个村民小组的总称。陈家桥村以"美丽屋场"建设为重要抓手，深度推进山水林田湖草一体化保护与系统治理

（1）发动群众是实现系统治理理念落地的核心。山水林田湖草一体化保护和系统治理的各环节都离不开群众的支持和参与。利用农村人情社会村民存在相互赶超的心理，督促农户不垫底、不成为谈资，提高其参与公益活动的积极性。在保护和治理前统一思想、明确方向，制定可行方案。在保护和治理时组织群众筹工筹劳，提供基本的人力、物力、财力保障。保护和治理效果由群众评判，保护和治理成果由群众共享并持续维护。在保护和治理初期，为了防止群众观望考虑事情重不重要、难不难做以及怎么做，党组织和村委会、小组长、两代表一委员等关键少数带头落实，给大家吃"定心丸"，带动群众由观念

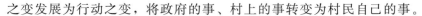

之变发展为行动之变，将政府的事、村上的事转变为村民自己的事。

（2）投入产出是衡量系统治理成效的标准。在投入上，多渠道筹资筹劳筹物筹地，做到财政可负担、群众可承担，不给乡村两级带来新增负债，不因矛盾纠纷引发信访问题。在落实上，保护和治理方式让群众能接受，保护和治理过程产生的问题能及时解决，技术性较强的举措有专业人员负责落实，需群众配合落实的尽量简单易懂。在成效上，既能让天更蓝、水更清、山更绿，满足群众日益增长的优美生态环境需要，又能推动实现更高质量、更可持续的发展。

（3）长效运行是推动治理由量变到质变的保障。乡村山水林田湖草一体化保护和系统治理应因地制宜，不能生硬照搬其他地方的成功经验，要根据当地乡村的显著生态特征和发展水平，制定一系列推进系统治理的具体措施方法，先易后难，先点后面。结合基层治理中心工作，与当地党委、政府的政策和导向同步推进，统筹一体化保护和系统治理及人居环境整治等的关系，达到事半功倍的效果。

参 考 文 献

［1］ 杨晓茹 . 以系统治理理念推进水美乡村建设 ［J］. 中国水利，2022（12）：11－13.
［2］ 赵进勇，丁洋，张晶，等 . 区域河湖水系连通工程的生态学意义 ［J］. 中国水利，2022（12）：14－17.

两手发力，推动新阶段水利
高质量发展

农业水价综合改革的探索实践与方向重点

陈茂山

（水利部发展研究中心）

摘　要： 推进农业水价综合改革是贯彻落实习近平总书记关于治水重要论述精神的重要举措。从促进水资源节约集约利用、保障灌区良性运行和高质量发展、吸引社会资本投入现代化灌区建设等方面，分析了深入推进农业水价综合改革的重大意义。近年，各地积极推进农业水价综合改革，取得良好进展。按照南方丰水地区、北方缺水地区、粮食作物产区、经济作物产区等不同地区类型，系统总结各地在农业水价综合改革实践中创新管护机制、科学用水管水、价权奖补并举、水价驱动吸引多方参与等亮点做法和典型模式。以建立健全不同作物、水源、灌区类型的精准政策供给体系为重点，研究提出进一步深化农业水价综合改革的方向和重点任务，包括"先建机制、后建工程"，分区分类实施水价政策，完善动态化节水奖补机制，创新投融资模式，加强规范引导，深化灌区管理体制改革，大力推进数字孪生灌区建设等。

关键词： 农业水价综合改革；农业节水；现代化灌区；节水奖补

2016年，国务院办公厅印发《关于推进农业水价综合改革的意见》，明确用10年左右时间完成改革，建立健全农业水价形成机制，促进农业节水和农业可持续发展。水利部落实中央部署安排，着眼水利高质量发展的重大需求，深入推进农业水价综合改革，2021年以来持续开展深化农业水价综合改革推进现代化灌区建设试点工作，建成一批"设施完善、节水高效、管理科学、生态良好"的现代化灌区，为在更大范围深化农业水价综合改革提供了实践样板和有益启示。

一、深入推进农业水价综合改革的重大现实意义

（一）促进农业节水、实现水资源节约集约利用的关键所在

我国是农业大国，农业特别是耕地灌溉是用水大户。2023年全国耕地灌溉用水量为3160.2亿 m³，占用水总量的53.5%，农田灌溉水有效利用系数为0.576，较国际先进水平的0.7~0.8仍存在一定差距。据测算，我国农田灌溉水利用系数每提升0.1，每年可

原文刊载于《中国水利》2024年第19期。

以节约用水 300 多亿 m³，农业节水潜力巨大。推进农业节水，除了常规的工程措施外，还需要健全完备的制度保障，而推进农业水价综合改革是关键。当前，由于农业水价整体偏低，传统农业供用水管理中水资源商品属性体现不够，相当一部分地区还存在大水漫灌等用水浪费现象。建立健全农业水价形成机制，进一步强化水的商品属性，有助于充分发挥水价促进节水的杠杆调节作用，引导用水户树立节水意识，促进水资源节约集约利用。

（二）保障灌区良性运行和高质量发展的必然要求

灌区是农业生产和粮食安全的基础保障。我国农田有效灌溉面积占全国耕地面积的54%，粮食产量占全国粮食总产量的 75% 以上，灌区良性运行事关国家粮食安全保障和高质量发展。我国早期灌区建设标准低、运行时间久、历史欠账多，长期存在运行经费不足、设施薄弱、水价形成机制不健全等问题，难以保障灌排工程良性运行。农业水价体系不健全是关键制约。锚定这一重大问题，推进农业水价综合改革，建立健全农业水价形成、精准补贴和节水奖励、工程建设和管护、用水管理等机制，结合农田水利工程新建和改扩建、节水技术推广、种植结构优化等多种举措，有利于推动实现灌排工程良性运行和灌区高质量发展等目标。

（三）吸引社会资本投入现代化灌区建设的现实需要

近年来，为保障国家粮食安全，现代化灌区建设和改造任务艰巨，资金需求压力巨大。由于农田水利工程公益性强，经营性和融资能力弱，对社会资本吸引力不够，如何坚持"两手发力"、进一步发挥市场机制作用，吸引社会资本投入灌区建设和改造，已成为现代化灌区建设必须解决的重大现实命题。农业水价产生的现金流和节水产生的预期收益是社会资本关注的重点。推进农业水价综合改革，允许农业水价中适当计提收益，有助于增加水费收入，提升工程整体营收。同时，科学界定农业水权，完善农业水权收储和交易机制，在确保灌溉用水的情况下通过高效节水推动农业水权向城市水权和工业水权转让，有助于实现"资源变资金"。推进农业水价综合改革，建立农田水利建设投资回报机制，能够充分激发市场主体活力，吸引社会资本参与现代化灌区建设、运行和管护，破解农田水利建设中资金资源等瓶颈制约。

二、农业水价综合改革的典型实践

近年来，各地积极推进农业水价综合改革，实践探索分区分类改革，创新体制机制，建立健全精准政策供给体系，积累了一系列典型做法和经验。

（一）南方丰水地区——创新机制，破解农田水利管护难题

农田水利设施管护是工程良性运行的重要环节。长期以来，南方丰水地区对灌溉设施的依赖度相对较低，管护意识不强，加之经费不足，农田水利设施"重建轻管"问题相比其他地区更加突出。如何科学有效进行农田水利设施管护一直是南方丰水地区农业水价综合改革亟待解决的难题。

江西省抚州市宜黄县按照"准许成本＋合理收益"的定价办法，调整并执行三类（粮食作物、经济作物、其他）、多档（定额内、超定额）的农业水价，水费计收采取"住房公积金"模式（用水户交纳田间工程水费后，县财政将等额补贴划入水费专户），农业水

费计收率达到100%，实现灌溉用水"从不收水费到合理收费"的转变。创新采用"双层治理"管护模式，进一步明晰管护职责，灌区骨干工程实施政府购买服务的物业化维修养护，田间工程由用水合作组织、村集体、农民等进行管护，设立由财政补贴、水费收入构成的"农田水利维养基金"，用于支付用水合作组织、村集体等按需实施田间工程管护的有关费用，破解了丰水地区农田水利设施"没人管、没钱管、管不好"的难题。

江苏省泰州市姜堰区整合水利资源，探索"水利＋"融资模式，采取政府授予姜堰区农水公司船闸经营权、重大工程参与权、河道岸坡经营权等方式，引导农水公司投资1.64亿元实施灌区改造。结合家庭农场多、土地流转率高的特点，创新灌区管护机制，实行大户制管理模式，将田间灌排设施运行维修责任移交家庭农场主，用水户协会每年组织考核评估，根据结果给予资金奖补，促进了灌排工程有效管护和良性运行。

（二）北方缺水地区——科学管水用水，促进农业节水增效

北方地区水资源禀赋较差，农业作为用水大户，具有较大节水潜力。精打细算用好水资源，从严从细管好水资源，多措并举促进农业节水增效，是破解水资源瓶颈的重要路径。

宁夏回族自治区是全国首个"四水四定"（以水定城、以水定地、以水定人、以水定产）先行先试示范区，吴忠市利通区立足区域实际，将农业水价分区分类调整到运行维护成本水平，并实行超定额累进加价；在用水权精准确权到户和用水计量监测基础上，依托自治区及吴忠市用水权交易平台，对项目区节约水量进行农户间交易、跨行业交易。成功探索出"合同节水＋水权交易"的节水效益分享型合同节水管理模式，引进社会资本通过特许经营方式"投融建管服"一体推进高效节水灌溉工程建设，将新增节水量在自治区水权交易平台上进行跨行业跨地区交易，收益按7∶2∶1的比例分配给项目公司、用水合作社、种植农户，将原有年度用水指标下的管理节水量进行同一灌区范围内跨区域的农业用水权交易，收益按6∶4的比例分配给项目公司、用水合作社，充分兼顾了农业节水全链条各方利益，有力推进了节水和灌区建设管理。

内蒙古河套灌区统筹工程、农艺、管理等多种措施，一体推进农业节水增效。河套灌区将农业水价调整到运行维护成本水平以上，并实施超定额累进加价。巴彦淖尔市政府每年设立1亿元节水奖补基金，对节约用水的各主体和旗县区进行奖励。优化灌区用水管理制度，科学调整秋浇灌水定额和灌溉制度，合理压减秋浇用水量。"两手发力"吸引社会资本实施水权转让一期、二期工程，启动数字孪生灌区先行先试，科技赋能提升现代化灌区建设管护水平。

（三）粮食作物产区——价权奖补并举，实现降本增产增收

在粮食作物产区，受小麦、玉米等收购价格不高影响，粮食作物亩均产值较低，水价改革的难度更大。在生产实践中，一些地区综合运用水价、用水权、财政补贴、节水奖励等举措，促进粮食作物灌区降本增产增收。

山东省德州市齐河县豆腐窝灌区大面积种植小麦、玉米等粮食作物，主要抽取地下水实施井灌。灌区用水实行精准分类定价，将粮食作物水价调整至运行维护成本水平，且抽取地下水的水价明显高于地表水水价。将地下水水权确权到户，建立"水银行"收储农业节约水量，开展水权交易。实施节水奖补政策，对大户、分散农户水价调价部分分别给予

0.1 元/m³、0.13 元/m³ 的财政补贴，对用水量低于平均水平的前 50％用水户给予 0.15 元/m³ 的节水奖励。这些措施一方面减少了对地下水的开采利用，另一方面使农民种粮亩均用水量降低 28％，用水成本降低 40％，种粮综合效益亩均增加 9％。

山西省运城市芮城县是全国产粮大县、全国农产品主产区之一，域内有大禹渡等"一大四中"5 座扬黄灌区，对粮食作物骨干工程水价与运行成本水价的差额部分，由财政足额补贴到灌区管理单位，保障灌区管护和良性运行。针对高扬程灌区耗电多、供水成本高的实际，推进大禹渡灌区数字孪生先行先试，打造"智慧大脑"管理平台，实现泵站节能降耗 10％、节水 10％。通过蓄水沉沙、动态除沙，使引黄水达到滴灌等节水设施用水标准，大力推广水肥一体化技术，实现节水、节肥、增产、增收。

（四）经济作物产区——水价驱动，多方参与，推动产业延链融合

相较于粮食作物，经济作物的亩均产值和效益更高，农业水价调价空间较大，融资能力也更强。一些经济作物灌区以水价调整为"牛鼻子"，积极盘活现金流，吸引多方参与灌区建设，既提升了水利保障农业综合生产的能力，又促进了特色农业产业融合发展。

云南省元谋县位于云贵高原金沙江干热河谷地带，光热资源丰富，是"中国冬早蔬菜之乡"。为解决工程性缺水对农业发展的制约，元谋县建立了分类分档水价体系，粮食作物水价为 0.12 元/m³，经济作物水价为 0.15 元/m³，养殖及其他供水水价为 0.30 元/m³。区分承包地、非承包地，如丙间片高效节水灌溉项目区管道供水水价为 0.12 元/m³，终端用水价格为承包地 0.90 元/m³、非承包地 1.40 元/m³。在此基础上，按照"一项目一策"的融资思路，保障合理的投资回报，成功吸引企业、用水合作社、用水户等多方参与灌区建设管护，累计落实各类资金超过 4.5 亿元。统筹推进水库工程、光伏提水工程、高效节水灌溉工程等建设改造，提升灌溉用水保障能力，大力发展葡萄、凤梨、释迦、番茄等高原特色经济作物，推动高原特色现代农业规模化、生态化、高端化发展。元谋县农民年均可支配收入由 2017 年的 1.15 万元提高到 2023 年的 1.92 万元，增幅达 67％。

海原县地处宁夏中部干旱带，水资源短缺，严重制约农业发展。海原县以农业水价综合改革为契机，采用建设—运营—移交（BOT）的运作方式，成功吸引宁夏水发集团有限公司作为社会资本方，投资 4.1 亿元建设海原西安供水工程，年引调黄河水量 2000 万 m³，以此置换地下水，发展高效节水灌溉面积 12 万亩（1 亩＝1/15hm²，下同），实现灌区管网供水全覆盖，用水成本从人工拉水的约 20 元/m³ 降至灌区自动化供水的 1.55 元/m³。改用黄河水也有效改善了甜瓜吸收养分的情况，甜瓜亩均产量从 4t 增至 4.6t，农民亩均增收 1300 元，促进了特色甜瓜种植产业的发展。

三、进一步深化农业水价综合改革的方向和重点

经过近十年的探索实践，我国农业水价综合改革取得积极进展，各地因地制宜探索出一系列富有成效的典型模式，但对标中央有关目标和任务要求，仍存在改革进展不平衡、机制建设与落实不到位、部分"硬骨头"仍未攻克等问题，亟须坚持目标导向、问题导向，总结经验，研究推动农业水价综合改革提档升级。

进一步深化农业水价综合改革，要把握好"有利于水资源节约集约利用、有利于灌区可持续发展和良性运行、有利于吸引社会资本投入现代化灌区建设、总体不增加农民种粮

负担"的原则，以建立健全区分粮食作物、经济作物灌区，自流、扬水、井灌区，新建、改扩建灌区等不同类型灌区的政策供给体系为重点，因地制宜，精准施策，分类推进，确保各项机制措施落地见效。

（一）坚持"先建机制、后建工程"这一基本原则和重要经验

农业水价综合改革的综合性、系统性和复杂性强，是一项长期持续推进的改革任务。实践表明，通过"先建机制"，协调好各相关方、各有关要素的关系，有助于农业水价综合改革顺利实施和现代化灌区建设扎实推进。进一步深化农业水价综合改革，要正确处理工程建设与机制建设的关系，继续坚持"先建机制、后建工程"，着眼农田水利工程融资、建设、管护、服务全生命周期，统筹协调政策、项目、部门、人员、资金、用地等各项要素，协同推进水价调整、项目融资、工程建设、运行管护等各项工作，充分发挥机制建设利长远的作用，确保各项工作按照预定目标顺利推进。

（二）分区分类精准施策，健全农业水价形成机制

根据灌区类型、水源条件、种植结构等，分类实施差别化的水价政策。总体上遵循"激励约束并重、用户公平负担、强化市场作用"的定价原则，粮食作物灌区按照"水费收入＋财政补贴"形式保障灌区良性运行，用水"价增量减"不增加农民负担；经济作物灌区建立"合理收益"的水价形成机制，根据不同投资主体确定收益率，政府投入部分的收益率定为保本或微利，社会资本投入部分的收益率可适当高一些。以县域为单元，实行"以工补农""以经补粮"水价制度，落实灌区骨干和田间工程分段定价、平抑多水源价格差异的区域综合定价等。落实《水利工程供水价格管理办法》《水利工程供水定价成本监审办法》有关要求，有序推进灌区骨干工程定价成本监审和水价管理，鼓励条件成熟的地区田间工程由供需双方协商定价或招标投标竞价，推进以 5 年为周期的农业供水成本监审和水价动态调整，建立骨干工程和末级渠系水价联动机制。

（三）统筹平衡各方利益，完善动态化节水奖补机制

严格落实"四水四定"，科学调整作物用水定额，实施用水精准计量、水费计收等机制。坚持分类施策，落实对种粮农民定额内用水的精准补贴，补贴标准根据定额内用水成本与供水成本差额确定。对采取高效节水措施、调整种植结构实现节水的规模化经营主体、农民用水合作组织等，通过节水奖励、合同节水收益分成等方式给予奖补。建立农业水价调整与精准补贴联动机制，根据农民承受能力、农业生产成本和水费支出等变化，动态调整精准补贴标准。建立节水精准补贴台账，定期跟踪农民种粮情况、生产成本、收入、水费支出等情况，对已实行土地流转或调整种植结构的，及时调整补贴对象和标准。多渠道筹集奖补资金，探索区域资源综合开发利用、社会资本超额收益返还政府用于奖补等机制。

（四）创新投融资模式，激励引导各类市场主体有序参与

根据灌区类型、种植结构等，因地制宜推进政府和社会资本合作新机制，鼓励采取特许经营、股权合作等模式，激励引导国资企业、民营企业、社团组织等社会资本参与农田水利公共服务。健全利益分配机制，科学分配水费收益、补贴、投资红利等。健全完善水费收入、合同节水收益、农业生产多种经营效益等投资回报机制，适当满足社会资本投资

期望。积极发挥财政资金引导撬动作用，扩宽市场化融资渠道，加强与金融机构合作，通过发行长期基本建设国债、不动产投资信托基金（REITs）盘活优质资产等方式融资。地方政府努力营造良好营商环境，精准自身定位，协调好与社会资本方、农户等的关系，进一步加强事中事后监管，确保多方共赢。

（五）加强规范引导，在土地规模化经营和多业态融合发展中落实水价改革要求

据统计，截至 2022 年年底，全国家庭承包耕地土地经营权流转（含转让和互换）总面积 6.04 亿亩，占家庭承包经营耕地面积的 38.5%。进一步深化农业水价综合改革，必须把握农业从农户生产到规模化经营转变这一趋势，有针对性地健全完善吸引社会资本、用水计量、水权流转、水价形成、水费计收、奖补等机制政策，在条件适宜地区探索创新基层水利经营模式，适应大户经营、集中流转、分片托管等新型农村土地规模化经营方式，发挥规模化种植降成本、增产出、提收益、多方受益等优势，同步提升基层水利服务管理能力。找准水利在农业生产中的定位和发力点，积极探索水资源向水价值转化的路径，推动传统农业由种养环节向农产品加工流通等二、三产业延伸，以及农业与旅游、康养等深度融合，发挥产业融合的"乘数效应"，培育产业发展新动能。

（六）继续深化灌区管理体制改革，持续提升灌区综合服务能力

协同推进灌区管理体制机制创新，探索灌区管理单位"一体化"改革，分类别分对象探索推进"小机构管理、公司化运营"、管养分离、物业维养等模式。对标现代化灌区每万亩 2～3 名管理人员的先进水平，优化管理模式，压缩管理层级，精简管理人员，实现机构和人员"瘦身增效"。有条件的地区可推动灌区管理单位和优良供水、发电、土地开发等资产整合，延伸拓展农资、农艺、农技综合服务管理，推动现代化灌区建设、运行、管护和多元化经营。完善灌区管理制度和硬件设施，进一步提升灌区标准化、信息化、智慧化管理水平，探索开展物业化、专业化购买服务，多措并举压减灌区管理非必要成本支出，强化供水成本约束。

（七）强化科技赋能，大力推进数字孪生灌区建设

落实数字孪生水利建设"需求牵引、应用至上、数字赋能、提升能力"总体要求，推动大数据、人工智能、物联网等新技术、新模式在水利上的应用升级，大力推进数字孪生灌区建设。综合集成智慧化管理信息平台，大力推广水情、雨情、墒情自动监测，以及用水精细计量、按量收费、精准调度，不断增强预报、预警、预演、预案"四预"功能，实现灌区动态感知、智慧决策，提升灌区保障农业综合生产的能力。

参 考 文 献

[1] 康绍忠. 中国农业节水十年：成就、挑战及对策 [J]. 中国水利，2024（10）：1-9.

[2] 陈茂山，戴向前，周飞，等. 关于水费占农业生产成本合理比重的思考——以粮食作物为例 [J]. 水利发展研究，2024：1-14.

[3] 陈茂山. 关于深化粮食作物农业水价综合改革的思考 [J]. 水利发展研究，2023，23（11）：8-13.

[4] 刘啸，戴向前. 对深化农业水价综合改革的若干思考 [J]. 水利发展研究，2023，23（11）：

70－73.

[5]　周飞，戴向前，刘啸，等．关于深化水价形成机制改革的思考——以四川省为例［J］．水利发展研究，2023，23（2）：27－30.

[6]　冯欣，姜文来，刘洋，等．中国农业水价综合改革历程、问题和对策［J］．中国农业资源与区划，2022，43（3）：117－127.

[7]　刘国军，章杰．农业水价综合改革的实践与思考［J］．中国水利，2021（17）：27－29.

[8]　万青松，何志军，张金玉，等．基于农业水价综合改革需求的农田水利工程管护信息化应用分析［J］．中国水利，2021（14）：53－55，25.

[9]　陈明忠．加快推进灌区现代化改造促进灌区高质量发展［J］．中国水利，2021（17）：1－3.

[10]　史源，李益农，白美健，等．现代化灌区高效节水灌溉工程建设投融资及管理运行机制探讨［J］．中国水利，2018（1）：50－52.

[11]　冯欣，姜文来，刘洋．利益相关者影响农业水价的机制研究［J］．水利经济，2023，41（4）：36－44，104.

[12]　杨建武，王立权，董鹤，等．基于博弈论与资源禀赋理论的农业水价改革研究［J］．水利科技与经济，2023，29（9）：51－54，71.

[13]　邹鲜维．灌区农业水价综合改革后的实践与思考［J］．地下水，2023，45（6）：126－127.

[14]　崔延松，姜文来，叶志才，等．"以电折水"计量和"以电节水"管控的方法措施——基于农业水价综合改革的实践和持续推进的探索［J］．江苏水利，2023（1）：1－4.

[15]　李树，龙岩，冯孟娟，等．基于AHP－CRITIC－模糊综合评价的农业水价综合改革效益评估［J］．人民珠江，2022，43（11）：23－31，41.

[16]　中华人民共和国水利部．中国水资源公报2023［R］.2024.

[17]　中华人民共和国国务院新闻办公室．中国的粮食安全［R］.2019.

[18]　康绍忠．藏粮于水　藏水于技——发展高水效农业　保障国家食物安全［J］．中国水利，2022（13）：1－5.

[19]　王浩，姜珊，朱永楠，等．中国水-能-粮耦合系统协同安全发展战略研究［J］．中国水利，2024（17）：5－12.

[20]　王浩．我国用水效率和效益持续提升［N］.人民日报，2024－03－25（1）.

[21]　闫夏娇．浅谈引黄灌区农业水价综合改革［J］．山西水利科技，2024（1）：70－72.

[22]　牛军．农业水价改革的理论分析和对策探析［J］．新农业，2023（6）：94－96.

[23]　刘国军，任亮．深化农业水价综合改革推进现代化灌区建设试点进展及有关建议［J］．水利发展研究，2023，23（11）：62－64.

[24]　田贵良，景晓栋．基于水权水价改革的水利基础设施投融资长效机制研究［J］．水利发展研究，2023，23（5）：12－17.

[25]　蔡威熙，周玉玺，胡继连．农业水价改革的利益相容政策研究——基于山东省的案例分析［J］．农业经济问题，2020（10）：32－39.

[26]　胡继连，王秀鹃．农业"节水成本定价"假说与水价改革政策建议［J］．农业经济问题，2018（1）：120－126.

[27]　马晓涛．关于东雷抽黄灌区农业水价综合改革工作的探讨［J］．水电水利，2023，7（6）：64－66.

[28]　梁伊，周飞，刘艳红，等．基于水利体制和水价改革的新疆水资源管理思考与建议［C］//2023中国水利学术大会．2023中国水利学术大会论文集（第七分册）．郑州：黄河水利出版社，2023：238－242.

[29]　薛明．灌区农业水价改革的必要性及策略［J］．农业科技与信息，2022（10）：97－99.

运用 WOD 模式推进水利高质量发展初探

吴浓娣，樊　霖，刘定湘

（水利部发展研究中心）

摘　要： 水安全保障导向型发展（WOD）模式作为创新型水利发展模式，为水安全保障项目投融资提供了一种可行路径，对推动水生态价值转换、促进区域产业经济高质量发展具有较大价值。基于 XOD 模式发展背景，指出 XOD 模式是满足不同现代发展需求的开发模式统称，WOD 模式是 XOD 模式在水安全领域的具体运用，分析了 WOD 模式的概念内涵和重要意义，提出了 WOD 模式的逻辑框架。研究表明：运用 WOD 模式有助于改善水利财政保障资金不足、实现水生态产品价值，对推动新阶段水利高质量发展具有重要意义。当前运用 WOD 模式具备积极的政策环境、良好的基础条件、相关行业已开展探索实践等有利条件，但同时面临项目一体化设计要求高、土地联动开发存在一定风险因素、协调工作存在一定难度等制约因素。从理清实施路径、开展试点建设、深化政策改革、强化理论研究等方面提出了推进 WOD 模式实施的对策建议。

关键词： WOD 模式；市场化融资；水利创新发展；高质量发展

加快构建国家水网，全面提升水安全保障能力，对加快推进水利基础设施建设提出了新的更高要求。水利基础设施项目公益性强、投资规模大、回报周期长、财务收益率低、建设资金保障压力大，亟须创新发展模式，通过新型工具拓宽市场化融资渠道，保障水安全保障项目如期建设和效能发挥，推动新阶段水利高质量发展。水安全保障导向型发展（Water-security-guarantee Oriented Development，WOD）模式，通过"增肥哺瘦"，将公益性较强、收益性较差的水利项目与收益较好的关联产业有效融合、组合开发、一体发展，回收水安全保障能力提升带来的外溢效益并反哺水利基础设施建设运营，在破解水利项目由于抵押物和现金流缺乏导致的"融资难"问题的同时，推动水生态价值转换，促进区域产业经济高质量发展，实现水安全保障与区域经济社会协调发展，为推动新阶段水利高质量发展提供支撑。

原文刊载于《中国水利》2024 年第 18 期。

一、WOD 模式的内涵

1. XOD 模式

当前我国正处于新型工业化、信息化、城镇化、农业现代化同步发展阶段，与发达国家相比，很多领域还有较大投资空间，需求潜力巨大，单纯依靠财政投入已远不能满足城乡建设和经济发展需要，亟须利用市场化途径拓宽资金筹措渠道，通过创新投融资模式，系统解决资金短缺、循环不畅等问题。近年来，为适应新形势新要求，一种以基础设施建设或者资源开发为导向的复合新型发展模式，即 XOD（X - Oriented Development）模式应运而生。XOD 模式是满足不同现代发展需求的开发模式统称，这种以基础设施建设或者某种特殊资源为引领的导向型发展理念在实践中不断发展，演化出不同要素或行业导向的发展模式，如以公共交通为导向的 TOD（Transit Oriented Development）模式、以公共服务为导向的 SOD（Service Oriented Development）模式、以医疗设施为导向的 HOD（Hospital Oriented Development）模式、以生态环境为导向的 EOD（Eco - environment Oriented Development）模式、以城市文化为导向的 COD（Culture Oriented Development）模式等。

2. WOD 模式

WOD 模式是 XOD 模式在水安全领域的具体运用，其研究尚处于起步探索阶段。现有研究一般认为 WOD 模式是水安全保障导向的开发模式，旨在强调水安全保障在流域治理和区域开发中的引领作用，是以水安全保障和水生态保护为基础，通过系统完善的水资源开发利用节约保护体系，统筹推动公益性和准公益性的水利建设项目与经营性较好的关联产业实现有效融合、区域综合开发和一体化实施。

实际上，WOD 模式并不仅限于水利项目开发，更是一种依托于水资源经济学理论和系统治理观念，以提升水安全保障能力为目标、绿色生态资源和优良的水安全保障条件为基底、关联产业经营为支撑、项目多元融资为方式、全要素资源统筹一体化为手段的创新型水利发展模式，是 XOD 模式在水资源、水旱灾害防御等水安全领域的应用和升级。WOD 模式逻辑框架见图 1。WOD 模式通过打造良好的水灾害防治、水资源供给和水生态环境基底，吸引产业和人口聚集，带动区域的可持续发展，既突出水对经济社会发展的支撑保障作用，又强调水资源的引领约束，实现其他规划与水资源规划的有效衔接，高质量推动水安全保障与区域经济社会协调发展。同时 WOD 模式通过水资源刚性约束，从生产力优化布局角度将水资源要素与其他产业经济发展要素进行优化融合，实现了生产力跃升，体现了水利新质生产力的发展方向。

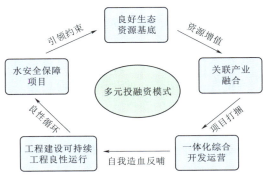

图 1　WOD 模式逻辑框架

二、运用 WOD 模式对于推动新阶段水利高质量发展的重要意义

（一）改善水利财政保障资金不足问题

大多数水利项目公益性突出，普遍呈现盈利能力不足的特征，融资能力十分有限。"十四五"以来，水利基础设施建设投入总体呈现快速增长趋势，2021 年、2022 年、2023 年全国水利建设投资共完成约 3.05 万亿元，年均投资超过 1 万亿元。从投资渠道来看，我国水利建设项目投入仍以政府投资为主，占比超过 70%，金融贷款和社会资本占比还较低。但从中央和政府投入结构看，中央投资占比从 2011 年的 46.5% 降至 2022 年的 20.3%，下降趋势明显，地方政府面临的水利建设投资资金筹措压力加大。据测算，到 2035 年，全国水利建设投资需求达到 16.8 万亿元。近几年金融贷款和社会资本占水利总投资的比例虽然逐步提高，但仍十分有限，随着地方债务风险增加和投资边际效益递减，这种以政府投资为主导的模式将难以为继。

区别于传统开发模式，WOD 模式充分运用市场化机制，通过将公益属性较强的水利项目与经营性较好的关联产业一体开发、打捆实施，建立外溢效益回报机制，实现水利工程建设的外部效益内部化，项目整体信用结构得到优化，项目综合盈利能力明显提升，提高了社会资本投资积极性，有效解决公益类、纯政府投资的水利建设项目政府投入压力。WOD 模式支持财政、金融和社会资本等多元化资金投入，同时项目投资建设与运维经营等由同一市场主体统筹推进、一体化实施，形成基础设施建设资金投入、回收、运行维护的有效闭环，对于缓解水利财政资金压力、保障项目长期稳定运行具有重要意义。WOD 项目的实施，将给所在区域带来更多的经济效益、生态效益和社会效益。

（二）开辟水生态产品价值实现新的发展阶段

党的二十大报告指出要"建立生态产品价值实现机制"。2021 年 4 月，中共中央办公厅、国务院办公厅印发的《关于建立健全生态产品价值实现机制的意见》中，要求加快完善政府主导、企业和社会各界参与、市场化运作、可持续的生态产品价值实现路径。2024 年全国水利工作会议上，水利部部长李国英强调加快完善水价动态调整机制，建立健全水生态产品价值实现机制。目前，根据水生态产品的物质产品、生态调节和文化服务等价值类别，各地探索发展了用水权交易、水生态补偿、涉水产业联合开发等多种水生态产品价值实现路径或模式。WOD 模式遵循"绿水青山"与"金山银山"转化和水生态产品价值实现底层逻辑，通过将水安全保障与关联产业发展充分融合，在提高水安全保障水平的同时，将水安全保障的外在效益和水资源价值转化到涉水绿色关联产业，推动水生态资源优势、水安全保障条件转化为水经济发展优势，有助于解决水生态产品价值实现中的"难度量、难抵押、难交易、难变现"问题，提高价值转化或转移的效率，是水安全保障和产业经济发展互相促进的新模式。

（三）引领水利高质量发展新境界

水是经济社会发展的基础性、先导性、控制性要素，是国家发展战略的重要支撑。在以往传统发展模式下，水利通常被赋予防洪、供水、发电以及水生态环境调节等支撑保障任务，水的价值尚未得到完全体现，水利在保障经济社会发展进程中的引导约束作用未充

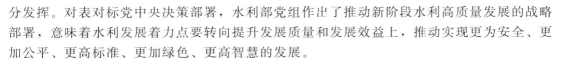

分发挥。对表对标党中央决策部署，水利部党组作出了推动新阶段水利高质量发展的战略部署，意味着水利发展着力点要转向提升发展质量和发展效益上，推动实现更为安全、更加公平、更高标准、更加绿色、更高智慧的发展。

WOD 模式作为以水安全保障为导向的创新发展模式，其首要任务是提高水安全保障水平，通过水利工程建设运行，推动优质水资源、健康水生态、宜居水环境建设，充分发挥水的生产要素价值和水利基础设施价值，为人类生存发展提供水利公共产品和服务，有力支撑保障经济社会发展；其次，通过落实以水定城、以水定地、以水定人、以水定产"四水四定"和水资源刚性约束，推进人口、产业向水资源和经济发展条件较好的地区集约发展，系统推进区域产业布局和结构调整；同时，坚持生态优先、绿色发展，因地制宜发挥各地水量、水质和水生态特点优势，通过推进水生态产业发展，推动构建产业生态化与生态产业化相结合的水生态经济体系，形成新的经济增长点，实现区域发展由"平台融资 ＋土地财政"模式向"WOD＋片区产业开发"模式转变，从"量"和"质"两个层面提高水资源节约集约安全利用水平，促进区域产业经济结构转型升级、绿色均衡发展，助力水利向形态更高级、基础更牢固、保障更有力、功能更优化的方向发展，引领水利高质量发展新境界。

三、运用 WOD 模式面临的有利条件和制约因素

（一）有利条件

（1）积极而良好的政策环境。党的十八大以来，党中央、国务院不断深化投融资体制改革，规范了政府投资项目的投融资模式，明确提出要发挥市场在资源配置中的决定性作用，鼓励探索推进重点领域投资的多渠道筹措机制。2022 年 4 月，习近平总书记在主持召开中央财经委员会第十一次会议上强调，要推动政府和社会资本合作模式规范发展、阳光运行，引导社会资本参与市政设施投资运营。"十四五"规划针对重大基础设施建设，提出多个鼓励创新和应用的投融资渠道。2023 年 11 月，国务院办公厅转发的《关于规范实施政府和社会资本合作新机制的指导意见》提出，鼓励特许经营者通过技术创新、管理创新和商业模式创新等降低建设和运营成本，提高投资收益，促进政府和社会资本合作项目实施。国家发展改革委、财政部、水利部等出台了一系列旨在支持提升水安全保障能力的财税和金融政策，相关融资方式和工具不断创新。水利部系统构建两手发力"一二三四"工作框架体系，联合金融机构制定出台一系列含金量高、操作性强的金融支持政策，在水利基础设施建设中积极推进政府和社会资本合作模式。

（2）丰富而良好的基础条件。水利项目直接经济效益偏低，但溢出效应十分显著。近年来，各地深入贯彻落实习近平生态文明思想和绿水青山就是金山银山理念，积极践行习近平总书记"节水优先、空间均衡、系统治理、两手发力"治水思路和关于治水重要论述精神，在区域综合开发和"两山"转化方面开展了大量实践探索。在河湖生态治理修复方面，各地通过将生态清洁小流域、美丽河湖、幸福河湖等建设与新型农业、全域旅游、乡村振兴等结合，释放出河湖治理修复的生态红利，吸引了一批旅游开发、休闲康养、产业园区项目，做活了"水文章"，激活了"水经济"；在农村水利方面，各地通过农村饮水安全保障、污水综合治理、农业节水灌溉、水利遗产保护等工程建设，充分发挥区域自

然、农业、人文等资源优势，发展出高经济附加值的生态"种养＋"产业以及"水利遗产＋农耕文化"的生态旅游产业；在水资源优化配置方面，各地通过盘活闲置水库、工业蓄水池等存量资源，把相关资源权益集中流转经营，利用水资源调配及水景观工程建设等，提升水资源调配能力和相关水产品开发价值。

（3）相关行业已开展探索实践。在 XOD 模式理念引导下，交通、生态环境等行业根据各自资源禀赋特征发展出了 TOD、EOD 等发展模式。2015 年，住房城乡建设部发布了《城市轨道沿线地区规划设计导则》，第一次明确提出 TOD 概念，此后 TOD 项目逐渐成为房地产开发商追逐的热门领域。2018 年 8 月，生态环境部在《关于生态环境领域进一步深化"放管服"改革，推动经济高质量发展的指导意见》中，明确要探索开展生态环境导向的城市开发模式。2021 年，生态环境部、国家发展改革委、国家开发银行联合发文，同意 36 个地方政府和企业依托项目开展第一批 EOD 试点工作。2022 年，生态环境部办公厅印发了《生态环保金融支持项目储备库入库指南（试行）》，明确采用 EOD 模式的项目可纳入金融支持项目储备库，EOD 模式成为首个国家部委牵头进行项目库管理并开展试点实践的 XOD 模式。根据 EOD 项目试点实施情况，试点区域在生态环境质量得到提升的同时，通过生态农业、文旅康养、片区开发等关联产业的开发经营实现价值转化，产业收益反哺生态环境保护治理的良性机制得以确立。

（二）制约因素

WOD 模式作为一种创新型发展模式，其应用实践面临以下关键问题和制约因素。

（1）项目一体化设计要求高。WOD 项目强调水安全保障与产业开发收益之间的紧密关联和平衡统筹。鉴于公益性、准公益性的水安全保障项目通常投资规模较大而收益能力较弱，这给项目的一体化设计和关联产业的筛选设定了较高标准，关联产业发展不仅要遵循行业发展规律，充分考虑市场需求、政策环境、资源配置等要素，而且其收益必须足以回馈水安全保障项目建设以及运营管理所需的资金投入，以此实现项目资金的自平衡。

（2）土地联动开发存在一定风险因素。目前，对于地方土地一二级联动开发模式的相关实践做法，中央层面政策并未加以限制，但在土地政策趋严趋紧的宏观背景下，以及实施单位因自身经营范围或者资质条件等因素影响，WOD 项目关联产业用地保障存在一定风险。同时，地方土地财税政策存在一定的不确定性，对 WOD 项目运营回报机制的设计提出了更高要求。

（3）协调工作存在一定难度。WOD 模式涉及水利、发展改革、财政、住房城乡建设、生态环境、自然资源等多个行业部门，需要土地开发、产业发展、市场化融资等多方面配套政策支持，以及地方政府加强统筹协调，合力推进。WOD 项目要求一体化开发实施，相关实施主体需要具备多领域协调能力，这对项目公司投建管运综合能力提出了较高要求。

四、积极推进 WOD 模式研究应用

（一）进一步理清实施路径

WOD 模式是一种复合型创新发展模式，涉及多个行业部门和领域，要实现水安全保障和区域经济社会的协调发展目标，必须坚持系统统筹、分步实施、稳步推进，水利部门

要重点从提升"贡献度""认可度""融合度"三个方面持续发力，按照"从贡献到认可、以认可促融合"发展思路，推进 WOD 模式落地开花。首先，围绕防洪保安全、优质水资源、健康水生态、宜居水环境和先进水文化等人民群众需求，充分发挥水的生态要素价值和社会服务功能，创造更多更好更优质的水生态产品和服务，惠及更多群众和行业领域；其次，坚持系统观念，统筹山水林田湖草沙各要素，主动将治水工作融入其他行业和经济社会发展中，一体谋划、协同推进保护、治理、发展等各项工作；最后，充分发挥水资源的引领约束作用，推动其他行业主动对接水利相关规划，实现其他行业规划与水利规划的有效衔接。

（二）开展试点先行

水安全保障项目外溢效应显著，可借鉴相关行业实践经验，选择若干基础条件较好的地区和水利项目先行先试，探索开展 WOD 模式试点，推进水安全保障项目与资源、产业开发项目有效融合发展，及时总结试点实施过程中的经验和教训，探索形成可复制可推广的典型模式和案例，更好地指导 WOD 模式推广应用和规范实施。对于经济社会发展条件和自然资源禀赋较好的地区，可以探索将 WOD 模式作为水利发展重点方向，在全面改善区域水安全保障条件的同时，引领带动涉水产业发展，推动实现水安全保障和经济高质量发展有机融合、生态效益与经济效益双提升。

（三）深化配套政策改革

持续深化水安全保障重大工程的投融资机制改革，从深化水价改革、落实相关补贴政策、健全水生态补偿机制等入手，打通价值实现路径，重塑回报机制，广泛引入社会资本参与，增强 WOD 项目融资能力。积极争取金融机构支持，推动 WOD 模式项目纳入金融支持水利建设项目储备库。探索设立 WOD 产业基金，基金的回报机制采用市场化方式运作，引导各地积极探索采用 WOD 模式推进水利项目建设。

（四）强化政策理论研究

WOD 模式目前尚处于理论探索阶段，相关理论研究基础还较为薄弱。今后应进一步加强 WOD 模式实施相关土地、财政、金融、税收等政策理论研究，强化 WOD 模式要素支撑和保障。推进 WOD 模式落地方式和筹融资方式研究，针对不同类型 WOD 项目投资回报机制，探索其适用运作方式、交易结构、投融资模式等，明确社会资本、金融机构、有关企业等参与的具体方式。在理论研究基础上总结凝练各地探索实践中好的经验和做法，推动制定 WOD 模式运用的相关政策性文件。

参 考 文 献

［1］ 吴浓娣. 鼓励和支持社会资本参与水土流失治理的思考与建议［J］. 中国水利，2023（10）：20－23.

［2］ 陈茂山，吴浓娣，庞靖鹏. 牢牢把握推动水利高质量发展这一主题［J］. 中国水利，2021（21）：31－33.

［3］ 吴浓娣，刘定湘，李伎. 坚持系统观念 推进水利高质量发展［J］. 中国水利，2021（2）：10－13.

[4] 王亚杰，董森，乔根平．WOD 的理论、实践与应用前景分析 [J]．水利发展研究，2024，24 (3)：38-42.

[5] 王蕾，朱江水，谢东，等．WOD 模式优劣势分析及改进策略研究 [J]．中国水利水电科学研究院学报（中英文），2024，22 (3)：318-323.

[6] 吴有红，张建红，王蕾．探索应用 WOD 模式提升水利项目市场化融资能力 [J]．中国投资（中英文），2023 (Z6)：84-85.

[7] 张建红，王蕾，吴有红．水安全保障导向的开发（WOD）模式探讨 [J]．中国水利，2023 (9)：36-39.

[8] 李国英．为以中国式现代化全面推进强国建设、民族复兴伟业提供有力的水安全保障——在 2024年全国水利工作会议上的讲话 [J]．中国水利，2024 (2)：1-9.

[9] 吴浓娣，杨研．水生态产品价值实现路径研究 [J]．水利发展研究，2024，24 (4)：7-11.

[10] 樊霖，陈世博，刘定湘．以"节水优先、空间均衡、系统治理、两手发力"治水思路为指引 构建水利高质量发展指数 [J]．水利发展研究，2024，24 (3)：20-26.

[11] 马骏，张彦君，程常高．新发展理念下的中国水利投融资模式探索 [J]．水利经济，2024，42 (2)：65-72.

[12] 马毅鹏．水利建设融资的路径思考 [J]．中国农村水利水电，2015 (1)：20-23.

[13] 贾康，陈通，邓金丽．社会资本参与 EOD 项目的应对策略研究 [J]．财经问题研究，2024 (4)：71-80.

[14] 魏方莉．我国 EOD 模式实施路径研究——基于政策文本分析的视角 [J]．湖北社会科学，2023 (12)：87-95.

[15] 谷立娜，张春玲，吴涛．基于云模型的重大水利 PPP 项目融资风险评价 [J]．人民黄河，2021，43 (11)：116-121.

[16] 刘翔，陈小鸿，潘海啸．从"站城一体"到"走廊融合"：流动空间视角下的 TOD 发展理论框架与模式优化 [J]．城市规划学刊，2024 (4)：34-40.

对"两手发力"推动水利风景区高质量发展的思考

张爱辉，程全军

（水利部综合开发管理中心）

摘　要： 近年来水利风景区规模持续增长，生态质量和文化内涵稳步提升，社会公益形象更加凸显，在推动"绿水青山"与"金山银山"互融互促、助力脱贫攻坚和乡村振兴等方面作出了有益探索。但水利风景区发展在顶层设计、政策扶持、基础设施、市场引入等方面仍存在短板，亟须以体制机制改革推进政府和市场"两手发力"，以引入社会资本投入为着力点，多维拓展投融资渠道，推动资源整合、产业重塑、结构调整，寻求新动能进而推动高质量发展。

关键词： 两手发力；水利风景区；高质量发展

水利部部长李国英在"三对标、一规划"专项行动总结大会上强调要坚持以习近平总书记"节水优先、空间均衡、系统治理、两手发力"治水思路为指导，推动新阶段水利高质量发展，提出了"复苏河湖生态环境"等六条实施路径。水利风景区集资源、生态、工程、文化等诸多功能于一体，是推动水利高质量发展、建设美丽幸福河湖、助力乡村振兴的重要载体，在国家现代化建设中发挥着越来越重要的作用。随着中国特色社会主义进入新时代，面对社会主要矛盾转化、经济发展阶段转向和治理体系方式转型，推动水利风景区高质量发展具有重要的时代意义、价值意义、战略意义。

一、水利风景区发展现状与成效

近年来，各级水利部门坚持"绿水青山就是金山银山"理念，不断加强水利风景区建设与管理，景区规模持续增长，生态质量和文化内涵稳步提升，社会公益形象更加凸显，在推动"绿水青山"与"金山银山"互融互促、助力脱贫攻坚和乡村振兴等方面作出了有益探索，取得了实质成效。截至目前，国家水利风景区已有 902 个，其中 217 个景区旅游评级达到 AAAA 级以上、37 个成为国家全域旅游示范区。

原文刊载于《中国水利》2024 年第 4 期。

（一）促进区域经济社会发展

水利风景区是人与自然和谐共生的示范区，已成为文旅融合的重要载体。当前全国建成了一大批群众点赞的水利风景区群落，提供了优质生态产品，提升了水利建设综合效益，塑造了"生态水利"品牌，成为当地群众节假日休闲的首选场所。水利风景区通过带动涉水旅游、促进经济增长，在全域旅游中的作用逐步增强。据初步统计，2020年国家水利风景区游客接待量达7.8亿人次，经营性收入超过300亿元，提供就业岗位超过50万个，促进了区域经济社会发展。

（二）打造可持续发展样板

水利风景区是名副其实的"生态绿肾"与"天然氧吧"，在改善人与自然关系和促进经济社会发展等方面起到了十分重要的作用。各地水利风景区深入践行"两山"理念，坚持"生态优先、科学修复、适度开发、合理利用"的原则，以全面落实河湖长制为抓手，以水利风景区为载体，通过积极实施涵养水资源、修复水生态、改善水环境、弘扬水文化、开展水科普、发展水美经济等实践举措，实现了资源效益、经济效益、社会效益的有机融合，成功打造了水利风景区可持续发展的样板，成为打通"两山"转化新通道的重要示范，赢得社会广泛赞誉。

（三）为乡村振兴提供有益借鉴

水利风景区广泛分布于乡村地区，与乡镇村的建设发展有着密切联系。近年来，各地积极贯彻落实乡村振兴战略，加速转变经济发展方式，构建"湿地＋城镇＋产业"一体化发展格局，不断加强推动水利风景区建设与城乡融合发展的顶层设计，在精品景区建设方面突出强调水利风景区与特色小镇、美丽乡村建设的有机融合，在很大程度上改善了当地农村人居环境，同时解决了部分农村居民的就业问题，增加了农民收入，促进了当地群众生产生活方式的转变，有利于农村经济实现持续健康发展。

（四）有效推动区域高质量发展

水利风景区具有独特的自然资源禀赋，且作为旅游业与水利工程产业融合的产物，可以衍生出旅游＋休闲度假、旅游＋研学、旅游＋乡村扶贫等多类主题产品，成为全域旅游中的绿色明珠。同时，新时期水利风景区建设更加关注改善水环境、修复水生态、保障水品质、提升水景观和弘扬水文化，更加突出河流湖泊的岸线管理和滨水空间景观建设，统筹做好景区建设与群众需求的有效衔接，成为各地贯彻落实高质量发展的重要内容。目前水库型、河湖型水利风景区有近九成水质在Ⅲ类以上，超过七成水土流失治理率达90％以上，超过六成林草覆盖率达80％以上。

二、水利风景区发展面临的问题与挑战

立足新发展阶段，对照贯彻新发展理念、构建新发展格局，对照贯彻落实"节水优先、空间均衡、系统治理、两手发力"治水思路的各项要求，对照新时代旅游业发展对水利风景区建设提出的新需求，水利风景区建设还存在不少不足，尤其是在顶层设计、政策扶持、基础设施、市场引入等方面亟须补齐短板。

（一）加强顶层设计

近年来，各级水利部门对水利风景区建设工作尤为重视。2001年水利部水利风景区评审委员会成立，2009年水利部水利风景区建设与管理领导小组成立，经过10多年的发展，各级水利风景区领导机构逐步健全，在景区审批创建程序、申报材料要求、河湖管理与保护等方面思路愈发清晰，推进更加有力，一定程度上实现了"评—建—管"联动管理。但当前景区建设尚缺乏顶层运作，没有国家甚至省级层面的规划、投资、运营平台，水利风景区高质量发展和建设管理能力提升受到很大限制。建议设立一个国家层面的水利风景区投资运营平台，条件成熟的省市也可相应设立地方运营平台，以市场化手段配置资源，整合引入资金、技术、人才、信息等各项要素，为水利风景区建设发展提供整体方案、发挥示范作用。

（二）争取政策扶持

水利风景区建设大、投入大，周期长、见效慢，加上绝大多数水利风景区建设发展过程中缺乏足够的资金政策支持，只能依赖自身条件，发展受到较大限制，景区档次提升不了、品牌打不出去。因此，只有补齐政策扶持短板，才能更好促进水利风景区的建设与管理、提升与发展。据了解，目前景区建设资金主要靠整合乡村振兴、美丽乡村、旅游等专项资金，国家层面还没有设立专门针对水利风景区的专项资金或政策扶持。

（三）提升基础设施

目前大多数水利风景区已经基本完成了防洪、治水、水生态建设及水景打造，但因为一些客观政策因素，一些水利风景区旅游资源虽然丰富，但系统性开发建设还比较薄弱，景区交通设施、服务接待能力较为欠缺。特别是由于水利风景区范围太大，资源呈线状和面状延展，目前水利风景区建设主要集中在重要节点上，旅游线路（陆路及水路）还没有真正把整个风景区串起来，还存在水系保护和开发缺乏系统规划，与原生态保护、文旅资源开发、生态农业结合能力较差等短板。

（四）强化市场引入

水利风景区建设及投入主体更多还是以政府财政投入为主，项目开发投入力度不强，引进高端优势的市场主体及项目的深度还不够。景区内文化参与性强的旅游项目较少，有关景区旅游项目的开发还在探索阶段，亟须补齐引入市场机制短板，发挥市场主导作用。同时，景区人才队伍不健全，具有生态保护、旅游开发、经营管理、社会服务等专业知识的复合型人才相对缺乏。

三、推动水利风景区高质量发展的对策与建议

新发展阶段，水利风景区工作要积极践行习近平总书记的重要论述精神，以满足人民日益增长的美好生活需要为根本目标，以推动水利风景区高质量发展为主题，不断推进体制机制改革，积极按照"两手发力"的要求探索"管委会＋平台公司"发展模式，推进资源整合、产业重塑、结构调整，寻求新动能，着力提升优质生态水利产品的供给能力和质量水平，推动水利风景区从数量和规模增长向质量和效益提升转变，不断塑造"生态水利"品牌，为经济社会高质量发展提供水利方案、水利样板和水利支撑。

（一）要坚持四条原则

一是坚持生态优先、绿色发展。践行"绿水青山就是金山银山"理念，突出优质水资

源、健康水生态、宜居水环境的生态水利产品特性，在优先保护河湖自然生态的基础上，科学利用水利设施、水域及其岸线，推动"两山"转化，带动绿色发展。

二是坚持目标导向，秉承人民至上宗旨。始终把人民对美好生活的向往作为奋斗目标，把水利落实生态文明建设的最新成果转化为普惠的民生福祉，共建群众身边的水利风景区、共创造福人民的幸福河湖、共享人民至上的美丽中国，推进共同富裕。

三是坚持问题导向，补短板、锻长板。紧盯水利风景区发展不平衡不充分问题，突出补齐景区发展短板、重点锻造国家级景区发展质量，提升品牌影响力。

四是坚持两手发力，多部门融合发展。推进政府市场"两手发力"，以引入社会资本投入为着力点，多维拓展水利风景区投融资渠道。

（二）要采取五大措施

一是坚持问题导向，补齐政策短板。水利风景区建设与管理是一项系统工程，需各相关职能部门密切配合，形成合力。建议水利部水利风景区建设与管理领导小组办公室坚持问题导向，积极协调相关职能部门出台支持水利风景区高质量发展的指导意见，重点在投资补助、财政补贴、贷款贴息、景区用地等方面出台专项扶持政策，解决发展中面临的瓶颈问题，引导和激励各地推动水利风景区高质量发展。各级水利部门应加强与自然资源、文化旅游、生态环境、农业农村、林草、住建等部门的沟通与协作，探索建立部门间协作机制，合力推进水利风景区高质量发展。

二是探索发展模式，做好转化文章。坚持践行"绿水青山就是金山银山"理念，充分利用现有资源、依托水利风景区区位优势和资源禀赋，探索构建"管委会＋平台公司"发展模式，按照"构建产业链、打造产业生态"思路，围绕风景区产业进行前瞻性研究，科学分析市场需求变化，准确把握发展趋势，确定水利风景区定位及主导产业，通过市场化方式大力发展民宿、农家乐、旅游、研学等乡村产业，以企业化方式管理和运营"水、景、人、文、农、产"相融合的水利风景区，实现经济、社会、文化、生态等效益的统一和最大化，有力有效地推动"两山"转化。

三是推进行业融合，拉长产业链条。水利风景区具有独特的自然资源禀赋，且作为旅游业与水利工程产业融合的产物，可以衍生出旅游＋休闲度假、旅游＋研学、旅游＋乡村振兴等多类主题产品，进而拉长产业链条，推动建立水利风景区生态价值实现机制，畅通水利风景区带动产业绿色发展和产业溢价反哺景区的经济循环，形成稳定强劲的发展动力。比如依托水利风景区处在乡村与城市之间的节点空间，系统谋划自驾旅居车（房车）旅游线路和营地网络，推进自驾游公共服务、汽车租赁、自驾车旅居车旅游装备制造等保障体系和关联配套建设，推动全域旅游产业链协调发展，培育旅游消费新热点，带动绿色发展。同时要为运行管理创新赋能，注重新技术应用和文化内涵提升，重点在智能管理和品牌建设上发力，积极引入人工智能、大数据、融媒体等技术，探索开展景区水环境智能管理、搭建智慧景区云平台，打造"云上水景"，为景区品牌建设赋能。

四是建立长效机制，吸引社会资本。充分发挥财政资金引导作用，增加政府引导性投入，用好绿色金融政策，建立健全长效、稳定的"政府引导、社会参与、市场运作"的多元化投入机制，加快形成社会资本积极有效参与的多元投入格局。在"管委会＋平台公司"模式下，地方政府将水利风景区资源注入平台公司，通过平台公司设立子公司或产业基金的模式来实现对水利风景区的投资。平台公司通过产业投资和创业投资，推动各类资本要素聚集，深度介入水利风景区发展，解决水利风景区发展急需的资本供给问题。从运作角度讲，平台公司应完全按照市场化运作，从项目投资前、投资中、投资后建立投资的专业化闭环。前期审慎尽职调查，通过各种渠道进行资料搜集与分析，鼓励和引导社会资本重点投向景区特色产业、新兴产业和初创期、成长期的创业企业。投资可以以股权、优先股、可转换优先股、可转换债券等方式对创业企业进行投资，投后围绕企业的经营提供咨询、技术、人才、市场资源等各方面支持，推动创业企业的上市和并购等资本运作，及时以股权转让、创业企业回购、并购重组、基金接力等方式实现市场化退出。同时，探索PPP等创新投融资模式，按照"谁投资、谁受益"原则，充分发挥市场主体作用，以水利风景资源及国土资源为纽带，鼓励、引导社会资本参与水利风景区建设。

五是打造精品景区，加强宣传推广。紧紧围绕国家战略实施推动水利风景区建设，重点围绕长江经济带发展、黄河流域生态保护和高质量发展、大运河文化带建设和乡村振兴等战略，建设一批河湖生态型、灌区田园型、水利遗产保护型、水利枢纽科普型精品景区。立足景区旅游资源深度开发，使品牌形象从泛化走向特化。在品牌形象定位上，充分发掘水利风景区最直接最核心的文化禀赋，持续围绕"水"做文章，增加差异化的旅游文化产品，设计沉浸式的旅游活动，提升游客体验。多渠道拓展景区知名度、增加景区美誉度。加强与旅游网站和其他旅游媒介的合作，通过建立水利风景区官微、旅游产品网上旗舰店，以及搜索引擎优化排名等方式宣传和推广水利风景区；与有影响力的主流媒体进行合作，举办高端论坛活动，立体化宣传展示，有效提升景区品牌的影响力、竞争力和社会认可度。

参 考 文 献

[1] 李爽，等.加强水利风景区水生态环境保护的建议 [J].中国水利，2020（20）：57-58.
[2] 左其亭，等.黄河重大国家战略背景下的水利风景区建设 [J].中国水利，2020（20）：50-51.

水利基础设施投资信托基金（REITs）试点进展与推进思路

严婷婷，罗　琳，庞靖鹏

（水利部发展研究中心）

摘　要： 推进水利基础设施投资信托基金（REITs）试点是"两手发力"助力水利高质量发展的重要举措之一。试点采用的主要模式有大型水利基础设施的优质资产剥离和中小型水利基础设施的资产重组整合两种模式。试点相关政府部门、权益人以及专业机构各司其职，积极作为，协同推进试点工作。针对 REITs 融资效率偏低、水利项目较难满足发行条件、部分原始权益人不能或不愿参与试点等制约试点推进的因素，应建立健全工作协调、项目储备、监督管理"三项机制"，推进工程供水价格和水利工程管理"两项改革""两手发力"推进水利基础设施 REITs 试点。

关键词： 水利基础设施；投资信托基金；工作协调机制；项目储备机制；监督管理机制；工程供水价格改革

推进水利基础设施投资信托基金（REITs）试点，有利于盘活水利基础设施存量资产、扩大水利基础设施有效投资。2021 年 6 月，国家发展改革委印发《关于进一步做好基础设施领域不动产投资信托基金（REITs）试点工作的通知》，明确将具有供水、发电功能的水利设施纳入试点范围。水利部多次组织开展培训、调研和调度，指导各地开展水利基础设施 REITs 试点工作，构建水利基础设施存量资产和新增水利基础设施投资的良性循环机制。湖南、宁夏、贵州、浙江、陕西、云南、福建等地提出了多个水利基础设施 REITs 意向项目，宁夏银川都市圈城乡西线供水工程、浙江绍兴汤浦水库、湖南湘水发展等项目取得了积极进展。本文基于意向项目的进展，归纳总结目前水利基础设施 REITs 试点采用的主要模式，梳理分析试点推进中好的做法以及主要制约因素，提出相关思路对策，为进一步推动试点工作提供参考。

一、水利基础设施 REITs 试点采用模式

水利 REITs 试点项目资产为具有供水、灌溉、水力发电等功能，且具备一定收益能

原文刊载于《中国水利》2023 年第 13 期。

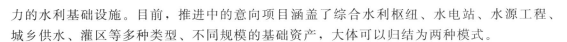

力的水利基础设施。目前，推进中的意向项目涵盖了综合水利枢纽、水电站、水源工程、城乡供水、灌区等多种类型、不同规模的基础资产，大体可以归结为两种模式。

（一）大型水利基础设施——优质资产剥离模式

大型水利基础设施涉及水库、供水、综合水利枢纽等工程类型，具有防洪、灌溉、供水及水力发电等多种功能，兼具公益性和经营性特征。大型水利基础设施作为 REITs 基础资产，通常需要将具有供水和发电等直接收益的相关资产剥离出来，这主要是基于满足 REITs 发行条件的考虑。大型水利工程投资额远超 REITs 发行规模最低 10 亿元的标准，但由于工程承担部分公益性功能，总体收益率较低，按照 REITs 要求的收益法资产评估值通常低于账面价值，无法满足国有资产转让条件，因此可将具有供水和发电功能的经营性资产进行单独核算和剥离。如宁夏银川都市圈城乡西线供水工程总投资 74 亿元，从中剥离出建成并发挥效益的取水泵站、调蓄水库、供水水厂等作为 REITs 基础资产，评估净值约 60 亿元。此外，为保障公益性功能的发挥，在制定产品发行方案时，要合理确定原始权益人回购 REITs 产品份额，找到基础设施公益性和经营性的平衡点，保持工程持续稳定运营。如浙江汤浦水库拟剥离部分管线资产，初步测算资产规模约 14 亿元，发行公募 REITs 后原始权益人自持份额不低于 51%。

（二）中小型水利基础设施——资产重组整合模式

一些中小型水利基础设施虽然盈利情况较好，但工程规模相对较小，单个工程无法满足 REITs 发行规模要求，通常需要进行多个项目的资产重组整合，具体方式包括以下几种：一是同类资产整合，如云南拟以元谋大型灌区丙间片 11.4 万亩（1 亩＝1/15hm²）高效节水灌溉项目为基础，整合多个灌溉类政府和社会资本合作（PPP）项目、特许经营项目；福建省水利投资开发集团尝试整合 5 个县的供水资产。二是具有关联性的类似资产整合，如湖南省湘水集团有限公司将旗下的 3 个水电站和 2 个风电站打包作为基础资产。三是产业链上下游资产整合，如贵州遵义将原水、供水、污水处理多个项目进行打包，形成水务一体化基础资产。

二、推进水利基础设施 REITs 试点的做法

截至目前，进展较快的意向项目已开展了两年左右的相关工作，积累了一些做法和经验。

（一）水利部门主动作为、提前谋划

相关水利部门对照 REITs 发行要求，结合当地水利工程现状和特点，明确工作思路，择优筛选项目，谋划后续发展，为试点项目申报工作奠定基础。宁夏确定了"资产优质、市场导向、注重运营、防控风险、积极稳妥"的工作原则，在盘点省内水利资产的基础上，择优选取银川都市圈城乡西线供水工程作为试点项目。云南省水利厅印发《推进高效节水灌溉项目不动产投资信托基金（REITs）试点工作方案》，鼓励大禹节水集团作为社会资本方，继续参与省内高效节水灌溉、农业水价综合改革、高标准农田建设等相关项目建设运营，扩大基础资产规模，提升市场化运营水平，为后续发行水利基础设施 REITs打下良好基础。

（二）各级政府高度重视、统筹协调

水利基础设施发行REITs涉及土地划拨、工程确权、国资转让、供水供电价格制定等众多事项，在试点推进中的各种问题需要各级政府充分重视、多部门协同解决。湖南省委省政府高度重视公募REITs试点工作，省证监局对湘水发展项目进行具体指导，省水利厅组织各相关县市多次召开专题会议，逐条解决存在的问题。宁夏回族自治区水利厅建立了厅长包抓、专班主抓、部门共抓的工作机制，银川市成立了常务副市长为组长、分管副市长为副组长、有关部门为成员的工作专班，合力推进试点项目落地。浙江绍兴市成立了汤浦水库REITs试点工作专班，由常务副市长任组长，成员包括发展改革、财政、自然资源、水利、国资委等部门和柯桥区、上虞区相关部门，形成市级领导牵头负责、多部门共同参与、上下联动、板块合作的协同工作机制。

（三）相关各方创造条件、规范推进

为满足REITs对基础资产权属清晰、收益稳定的基本要求，有的省份优选市场化程度较高的特许经营项目，有的省份对基础条件较好的水利基础设施开展确定产权、规范经营权、改革水价等一系列工作。银川市与银川中铁水务集团有限公司于2019年签订了银川都市圈城乡西线供水工程特许经营协议，授予其30年特许经营权，工程运营单位权属清晰、职能明确，充分发挥经营优势，实现了工程规范管理、高效运行。浙江绍兴汤浦水库项目按照"通盘考虑、先易后难、分步办理"工作思路，完成不动产确权；拟由绍兴市政府授权市水利局作为具体实施机构，明确授予汤浦水库有限公司对汤浦水库的经营权利和经营期限；开展水价成本监审，核定水价，调整原水价格，提高项目预期收益。

（四）专业机构尽早介入、优化设计

REITs具有很强的专业性，原始权益人及时聘请专业机构，有助于尽快选定基础资产，找准推进方向，优化REITs产品方案，有效提高项目申报效率。湖南省湘水集团有限公司在项目正式启动前开展了半年多的前期工作，广泛咨询资本市场各中介机构的意见，筛选基础资产，开展项目论证。专业机构提供了针对性的建议，如对于基础资产的选择，既要适度分散，对冲单个资产的经营风险，同时也不宜过多，避免造成资产整合困难；对于资产出表还是并表，要根据原始权益人是要保有对基础资产的控制权，还是要降低资产负债率、回收更多资金等不同需求进行决策；在部分资产合规性手续办理困难的情况下，要及时进行调整，优化产品发行方案。

三、水利基础设施REITs试点推进的主要制约因素

对照国家发展改革委、中国证监会关于推进基础设施领域REITs试点有关要求，结合目前的REITs市场环境，水利基础设施REITs试点项目推进过程中主要存在以下制约因素。

（一）REITs融资效率偏低

目前，我国基础设施公募REITs市场尚不成熟。截至2023年6月底，我国上市REITs产品达到28只，发行市值为924亿元。根据相关研究，目前的REITs市场规模约为潜在市场规模的1%左右，还未形成常态化发行机制，相较于银行贷款、发行债券等融资

方式效率偏低。一方面，REITs 发行周期较长。首批试点项目的发行周期超过一年，湖南湘水发展项目从启动前期工作至今也已有一年多的时间。这是由于基础设施 REITs 结构复杂，主要包括公募基金、资产管理计划、项目公司 3 层，发行审批环节较多。同时，相关制度不尽完善，项目前期手续补办多采用"一事一议"，各地发展改革委审核标准不一致，影响发行进度。另一方面，REITs 回收资金有限。基础设施 REITs 发行通常需要偿还现有债务，原始权益人自持比例较高，在我国现行的税收制度下税负仍偏重，真正回收可投入新建项目的资金有限。如宁夏银川都市圈城乡西线供水项目预计 REITs 发行规模约 60 亿元，原始收益人银川中铁水务集团有限公司自持 34%、约 20 亿元，偿还负债约 30 亿元，实际回收资金约 10 亿元，不足发行规模的 20%。

（二）水利项目较难满足 REITs 发行条件

发行 REITs 对基础资产的规模以及运营的成熟性、稳定性和盈利性都有明确要求，大部分水利项目较难满足发行条件。一是水利项目经营状况不理想。由于水利基础设施公益性较强，水价未实现全成本定价，市场化程度不高，投资回报率偏低，经营性净现金流不足，地方政府补贴比例较高，无法满足净现金流分配率 4% 以上、收益合理分散等发行的基本要求。二是水利基础设施资产估值偏低。发行 REITs 要求以收益法开展资产评估，但由于水利项目盈利不佳，资产评估值通常较低，存在部分项目达不到 10 亿元的基本发行要求，低于资产账面价值、无法满足资产转让条件，低于原始权益人预期等问题。三是项目合规性手续不齐全。发行 REITs 需要满足一系列合规性条件，部分水利项目在依法合规使用土地、办理产权证书、规范获得经营权等方面存在困难。另外，由于水利工程投资多为拼盘形式，涉及中央、省、市、县各级财政以及社会资本等多渠道资金，部分改建续建工程还涉及不同时期建设的新老工程，资产分摊和确权存在一定困难。

（三）部分原始权益人无法或不愿参与试点

REITs 试点对原始权益人也有较高要求，很多水利资产原始权益人不符合基本条件，有些具备条件的原始权益人因主观原因参与试点的积极性不高。一是行政化管理的水利工程数量较多。由于水利工程管理体制原因，大量水利存量资产由政府和事业单位管理，不符合 REITs 对原始权益人单位性质的要求。二是企业化管理的资产较为分散。水利基础设施相关企业涉及各区域省、市、县各级众多公司，很多公司小而散，资产规模难以满足 REITs 发行和扩募要求。三是部分资产相关权益人难以协调。很多供水工程的项目公司有地方政府参与，有的地方政府由于担心无法平衡好项目公益性和经营性关系或无法从 REITs 融资投向的新工程中受益等原因，不同意基础资产转让，存在很大协调难度。四是部分企业参与意愿低。一些企业一方面依赖于现有优质资产融资和维持现金流平衡，不愿意将其剥离，或更倾向于使用融资效率更高、成本相对较低的融资方式，如政策性开发性金融工具等。

四、水利基础设施 REITs 试点的推进思路

贯彻落实"两手发力"的治水思路，在政府层面建立健全水利基础设施 REITs 的工作协调、项目储备、监督管理"三项机制"，从市场角度深入推进工程供水价格和水利工程管理"两项改革"，在确保水利基础设施公益作用充分发挥的前提下，积极稳妥推进水

利基础设施 REITs 试点。

（一）健全试点工作协调机制

各地水利部门要紧抓基础设施领域 REITs 常态化发行的有利时机，加强与发展改革、证券监管、自然资源、国有资产监管等相关部门协调沟通合作，推动建立健全相关地区各层级、多部门参加的综合推动机制，定期调度会商，加强工作统筹协调，优化工作流程，明确合规性手续等相关事项办理责任部门，降低沟通协调成本，减少"一事一议"，提高相关工作公开度和可预期性，提高前期手续补办、政府出具无异议函等事项办理效率。

（二）建立试点项目储备机制

鼓励地方水利部门结合当地实际，全面开展区域内水利基础设施存量资产盘点，从经济性、安全性、合规性、国有资产保值增值等多个维度对存量资产进行科学评估，摸清项目底数，择优选取适宜项目。研究建立水利基础设施 REITs 常态化储备机制，引导地方主动做好项目前期谋划，用好用足推进试点相关的权属、财政、税收、土地、金融等支持政策，充分调动原始权益人积极性，推动形成项目供给梯队。

（三）建立项目监督管理机制

针对水利基础设施 REITs 运营管理人建立合理的激励和约束机制，提高其精细化管理的积极性和主动性，在保障公共利益的基础上，不断提升底层项目的运营水平和收益水平。建立水利基础设施 REITs 信息平台，对相关项目进行统一动态管理，提升信息化管理水平，提高试点推进效率。同时，打造专业化宣传窗口，推广典型项目做法和经验，助推水利基础设施 REITs 快速发展。

（四）深化工程供水价格改革

充分发挥价格机制的关键作用，科学核定定价成本，合理确定盈利水平，建立健全补偿成本、合理盈利，有利于促进水资源节约和水利工程良性运行，建立与投融资体制相适应的水利工程水价形成机制。鼓励相关水利项目综合考虑工程类型、供水成本、水资源稀缺程度、市场供求状况等因素，由供需双方协商定价。

（五）推动水利工程管理改革

按照权属清晰、责任明确、管护规范的原则，推动水利工程运行管理标准化、专业化、市场化，明晰工程产权，健全工程信息档案，积极推广区域集中管护、"以大带小"等专业化管护模式，采用股权合作、PPP、特许经营等多种形式规范引导社会资本参与，健全水利工程管理体制和良性运行机制。

参 考 文 献

［1］ 李泽正．基础设施 REITs 助推"十四五"高质量发展［J］．中国投资（中英文），2022（Z3）：24-25.
［2］ 昌校宇，方凌晨．产业园区类公募 REITs 再"上新"常态化发行持续推进［N］．证券日报，2023-07-01.
［3］ 臧宁宁．基础设施 REITs 推进国企投融资模式创新［J］．上海国资，2022（9）：87-89.
［4］ 樊新中，周以升，李瑶，等．发展水利基础设施 REITs 如何破局——基于对贵州省水利基础设施

的调研 [J]. 水利发展研究，2022（9）：1-5.

［5］ 马毅鹏，李淼，乔根平. 推进水利领域不动产投资信托基金（REITs）的若干问题阐释 [J]. 中国水利，2023（2）：11-14.

［6］ 肖娜，伍迪，王守清. 基于内容分析法的我国基础设施 REITs 市级政策研究 [J]. 项目管理技术，2022，20（8）：1-7.

［7］ 严婷婷，庞靖鹏，罗琳，等. 加快推进水利领域不动产投资信托基金（REITs）试点对策及建议 [J]. 中国水利，2022（6）：60-62.

［8］ 王蕾，裴晓桃，陈天惠，等. 农业节水灌溉 REITs 项目 IRR 测算研究 [J]. 中国水利，2023（11）：67-72.

［9］ 高勇为. REITs 在城市水务和水利基础设施建设中的应用前景分析 [N]. 财会信报，2023-04-10.

［10］ 张文举，魏明慧. 推动水利高质量发展融资路径案例分析 [J]. 中国水利，2023（3）：9-12.

［11］ 陈茂山，吴浓娣，庞靖鹏，等. 推进水利基础设施 REITs 试点情况的调研报告 [J]. 水利发展研究，2023，23（2）：1-5.

［12］ 常存. 水利基础设施建设中灵活运用 REITs 模式的思考 [J]. 水利发展研究，2022，22（10）：21-24.

［13］ 王挺，陈玮，仇群伊，等. 浙江省深化水利投融资改革的探索与实践 [J]. 水利发展研究，2022，22（8）：55-60.

中国水资源配置"两手发力"的实现路径

——再论"三权分置"水权制度改革

王亚华

（清华大学公共管理学院；清华大学中国农村研究院）

摘　要： 推动政府和市场两手协同发力，是新时期治水面临的重大课题。在水资源配置中引入市场机制存在多种途径和形式，其中建立水权市场需要满足一系列精细苛刻的条件，加之中国独特的国情因素，在我国建立一套有效运行的水权市场成本很高。回顾 2000 年以来的实践，我国水权市场改革面临过程曲折、市场规模较小、市场收益有限、制度问题凸显等困境，一定程度上印证了有关理论认识。我国未来可以继续推进水权市场改革，但不宜将一套系统完整的水权市场作为改革目标。为了解决我国水权市场改革面临的困境，更好地利用水权政策工具服务"两手发力"，借鉴我国农村土地"三权分置"改革经验，提出"三权分置"的水权制度设计，将水资源的所有权、取水权和使用权三项权利分置，并阐述了具体改革思路及其价值。

关键词： 两手发力；行政；市场机制；水资源配置

习近平总书记 2014 年提出"节水优先、空间均衡、系统治理、两手发力"治水思路，其中"两手发力"聚焦水治理中的政府与市场的关系，要求协调发挥政府"有形之手"和市场"无形之手"的作用，在水资源配置中形成有为政府和有效市场良性互动的治理格局。"两手发力"是新时期治水面临的重大课题，关键是如何推动市场机制在我国治水中发挥更大作用。在"节水优先、空间均衡、系统治理、两手发力"治水思路提出十周年之际，针对我国水资源配置中如何引入市场机制的问题，本文提出若干认识和建议。

一、对"两手发力"的基础理论认识

水资源产权是一束财产权利，最重要的是包含三种权利：配置权、提取权和使用权。这些权利分布在中央/流域—地方—团体—用户的不同层次上。基于 2000 年澳大利亚的 Ray Challen 教授创立的自然资源多层次分配模型[1]，笔者提出了中国水权科层模型，探

原文刊载于《水利发展研究》2024 年第 6 期。

讨了我国不同层次之间的决策实体如何分配水资源产权,认为在各个层次之间,基本水权制度包括赋权体系、初始分配机制和再分配机制三种,扩展的水权制度体系可以划分为三类制度和九种机制[2]。从世界范围来看,中国的水权结构非常依靠自上而下的行政力量配置水资源。

在水权制度中,初始分配机制和再分配机制存在行政方式和市场方式两种基本形式。水资源分配和再分配采用哪种方式,取决于制度运行的成本哪一个更低。如果行政分配方式成本低,通常会采用行政方式;如果市场分配方式成本低,利用市场方式就更有吸引力。从世界各国的实践来看,由于利用市场配置水资源的成本非常高,涉及很多复杂因素,绝大部分国家选择利用行政方式配置水资源,其原因诸如:水资源是生命、生活和生产的基础,其配置强调安全性、公平性和社会可接受性;水资源由于涉及所有人的利益,其配置需要大规模的集体行动;水资源的配置伴随着大量的利益冲突,需要经常性的谈判、协商或强制性的协调;水文不确定性会产生严重的"市场失灵"。

从理论上来看,一个行政主导的配水体系,之所以产生引入市场的动力,是因为水资源配置中运用市场方式的静态成本更低,以及水资源配置中引入市场机制的动态成本较低。可以预见,即使引入市场机制配置水资源,在很多地方看起来有利可图,但是由于从行政配水体系转向市场配水体系有很高的成本,水权市场的建设同样面临很大难度,这可以被认为是制度变迁的"路径依赖性"[2]。因此,一个采用行政配水体系的国家,是否能够转向市场配水体系,既取决于能否有效利用市场机制配置水资源,也取决于能否有很大的改革动力打破制度变迁的路径依赖。

上述理论认识,可以从世界范围内的经验得到印证。目前,全世界绝大多数国家采用行政配水体系,采用市场配水体系的国家非常少。在国家层面大规模建立了水权市场的国家,发达国家中主要有澳大利亚和美国(西部地区),发展中国家主要有智利。其他拥有水权市场的国家主要采用的是局部的和非正式的水权市场,比如西班牙和印度[3]。整体上,全球绝大多数国家和地区主要依靠行政手段来配置水资源,市场机制的作用更多通过水价调节来发挥作用。这是因为有效的水权市场依赖一套精细的体系,不仅运行成本很高,而且依赖很多苛刻的条件。例如,世界银行曾经归纳7个条件[4]:清晰而明确的"水权";科学合理的初始分配制度;强有力的政府监管;社会文化的认可;配套的制度保障;充分的水文知识;足够大的市场收益。国内专家有类似的归纳[5]:有明晰的初始水权;有相应的水权交易平台;有相对规范化的交易规则体系;有计量、监测等技术支撑手段;有较为完善的用途管理制度和水市场监管制度等。

中国自古以来主要采用行政方式配置水资源,依靠"大一统"体制特性建立了一套科层治水体系,主要利用自上而下的行政控制来解决水问题。中华人民共和国成立以来,随着水资源稀缺程度的增加,在很多流域不断发展完善了行政配水体系。当然,随着1990年以来市场经济改革,引入市场机制配置水资源看起来变得有吸引力,产生了引入水权市场的制度变迁动力。2000年以来,中国正式开启了水权市场改革,迄今已经推动了多轮改革。即使如此,主要依赖行政配水的体系到目前并没有发生根本改变。这是因为建立一套有效运行的水权市场,其运行成本和制度变迁成本都很高。

中国引入水权市场之所以困难,除了有运作水权市场成本高昂的原因,还有独特的中国国情因素。例如中国的人均资源禀赋很低，农户的人均耕地面积，约为美国加州的1/240、澳大利亚的1/800。笔者的定量模拟结果显示，人均资源禀赋和水权市场之间存在密切关系：在中等的交易成本设定条件下，如果一个农户耕作十亩左右的耕地（对应中国平均情形），引入水权市场并没有收益；当一个农户耕作千亩以上的耕地（对应澳大利亚和美国总体情形），引入水权市场才显得有利可图[6]。因此，中国在农户层面推行的水权交易成本很高而收益很低。这也可以解释为何中国在用水户层次上的水权交易不活跃，即使经过20多年的推动，迄今的交易量也很小；为了提高水权交易的数量，中国目前的水权市场试点将区域水权、取水权和用水权都纳入水权交易范畴。相对于澳大利亚和美国的纯粹用水户之间的水权交易，中国的水权市场呈现了鲜明的国情特色。

笔者对中国水权市场的发展前景，仍然维持20年前博士论文中的判断[2]。总体来看，中国水管理配置体系改革的取向是完善行政分配体系，同时有限引入水权市场作为行政分配体系的重要补充。未来一段时间，在水资源配置中行政方式仍然会占据主导地位，市场方式则居于辅助地位。展望长远，市场机制在我国水资源配置领域发挥作用，将会通过"水资源有偿使用制度""水生态补偿制度""水权市场制度""水利投融资机制"等多途径展开，例如阶梯水价、水生态区域补偿、水预算管理、用水权交易、水务市场等形式；随着市场环境的完善和相关改革的推进，水权市场的运行成本和制度变迁成本不断降低，水权市场总体将有一定发展空间，在局部地区可能会有较大发展。

二、水权市场改革困境及症结所在

回顾2000年以来我国水权市场的发展历程，在取得一系列积极进展的同时，水权市场改革也面临一些困境，对此笔者有以下四点观察。

第一，政策过程曲折。2000年以来，水权市场是水利改革的一个优先领域，推行了多轮改革。通过对有关政策文本的定量分析，大致经历了三轮改革周期：2000—2012年；2013—2020年；2021年至今。在中国情境下，如果一项政策很有生命力，通常经过自上而下的推动，会迅速铺开和落地施行。但水权市场改革推行20余年仍然一波三折，进展不及预期，说明需要反思政策自身存在的问题。

第二，市场规模较小。根据我国水权交易所的交易数据❶：2016年以来水权交易累计成交11432单，年均成交1429单；累积成交水量43亿 m^3，年均成交5.4亿 m^3，平均每年交易水量不到全国年用水量的千分之一，对照国外的这个指标，如澳大利亚约为40%，智利约为3%，说明我国水权市场规模还很小；在交易形式中，灌溉用水户水权交易占总交易单数的90.5%，交易水量仅为总量的3.2%，总体活跃度不高；取水权交易占总单数的9.2%，交易水量占总量的71%，是交易水量的主体。总体来看，我国用水户层面的水资源交易量很小，水权交易的主要形式是将农业节水的指标流转给非农用途以及跨行政区的区域水权交易[7]。

第三，市场收益有限。在第二轮水权改革周期中，我国开展了7个省区的水权改革试点工作。这项试点如果从自身运行来看，取得了一系列成效。但如果放在全国层面来看，

---

❶ 数据来源：中国水权交易所水权交易系统。

笔者的研究课题将试点省区作为实验组，将其他省区作为对照组，发现试点省区的万元GDP用水量随时间的变化趋势和原来相比并没有明显减少。这说明，水权试点相对而言并没有在用水效率提升方面显示出明显优势，用水效率的提升并不必然依赖水权市场制度的引入，也可以通过强化总量控制和定额管理、加强水价调节等途径实现。

第四，制度问题凸显。随着水权市场改革的不断深入，水权市场发展概念混乱、法律依据欠缺以及制度冲突显现等深层次问题逐渐凸显。我国宪法和法律已使用水流产权、水资源所有权、取水权等3个概念。在水权有关试点文件中，除了3个法律中已有的概念，还使用过水权、水资源使用权、用水权、用水权初始分配等多个概念；在实践中使用过水资源确权、区域水权、工程水权等概念。概念上的不清晰和众多概念并存，给水权市场实践带来困扰。目前的水权改革政策文件，使用"用水权交易"包含区域水权、取水权和灌溉用水户水权等所有类型的水权交易，这种市场规则尚缺乏上位的法律基础。同时，根据"总量控制和定额管理"法律制度，在微观用水管理上推行的超计划（定额）累进加价制度，与正在试行的用水权交易制度之间产生冲突。例如，2022年发布的《关于推进用水权改革的指导意见》提出公共供水管网用户的用水权，管网用水户的定额管理制度与用水权管理制度并不衔接。这两种制度均覆盖了对公共供水管网用水户的管理要求，但存在管理主体不统一、执行标准有差异、收入用途不一致等问题。可以预见，在新一轮的《中华人民共和国水法》（以下简称《水法》）修订中，水权制度设计将是难点之一。

水权市场改革中存在上述问题，根本上是因为我国既有的行政配水体系与试图引进的市场配水体系，在同时推进之中产生了冲突和不协调。对于大部分国家而言，水资源配置主要依赖一套体系即可，并不需要两套体系大规模并存。中国在2002年修订的《水法》中，明确了水资源的"取水许可制度和有偿使用制度"，据此实践操作中建立了水资源的"总量控制和定额管理"体系，这是一套典型的行政配水体系，过去20多年一直在发展完善之中。例如，根据水利部提供的资料，目前全国已全面完成取水口核查登记，摸清了超过580万取水口的合规性和取水检测计量现状，到2022年累计发放67.38万套取水许可电子证照[1]。在行政配水体系中，近年来更加重视利用灵活水价机制落实"总量控制和定额管理"，通过水价改革把市场机制融入行政配水体系之中。例如，2014年以来，连续8年的中央一号文件都对农业水价综合改革进行了部署，云南、江西等许多灌区在农业水价改革方面做出有益探索并取得成效[8]。

从另外一个角度来看，2000年以来中国节水取得了巨大成就，农业、工业用水效率快速提升[9]。目前，北京、天津等城市的主要用水指标已经达到了发达国家的高水平，而这些城市并没有引入水权市场，其节水成就主要是通过完善行政配水体系，市场的作用体现在水价调控。因此，中国的水资源配置，主要依赖的仍然是既有的行政配水体系。中国过去20多年积极在水资源配置中引入市场机制，主要还是通过水价调节发挥作用，而水权市场主要发挥辅助作用。可以预见，水权市场未来可以有更多的发展，能够发挥更大的作用，但在整体上，较难发展为一套系统完整的市场配水体系，也不宜将此作为改革目标。

---

❶ 数据来源：2021年和2022年全国水利发展统计公报。

对于当前水权市场改革面临的问题或困境，通常的认识是改革不到位、配套不完善、法规不健全[3]，实际上是长期以建立水权"自由市场"秩序为潜在目标，进而推行相关改革带来的问题。在中国以行政方式配置水资源的法律框架下，加之水资源的流动性、变异性和利害两重性等复杂特性，市场机制在水资源配置中的作用是有限的、局部的和辅助的。在中国国情条件下不太可能发展出以水权为基础的发达水权市场。由于对此缺乏足够清晰的认识，我国的水权市场改革顶层设计不科学、政策路径不明晰，也导致水权市场改革走过一些弯路，实际发育情况不令人满意。

对此，笔者曾经反思认为我国水权市场探索进程中存在 3 个方面的偏差[3]。第一，在水权市场发展的规律研究中，过于强调市场的作用和市场制度本身，对水权市场运作的内在机制认识不足。市场机制非常复杂，绝不仅仅是产权界定的问题，还要具备一系列的保障条件。既需要超越"万能药"思维，利用市场，又不迷信市场。第二，在水权市场的国际经验借鉴中，过于强调澳大利亚和美国等个别国家的"先进经验"，对水权市场发展中的实际问题认识不足。事实证明，只有真正契合中国国情的改革才能有效。第三，在水权交易和市场制度建设中，过于强调理想意义上的自由市场模式，对国情条件的制约和中国特色的因素认识不足，政策设计与既有制度体系衔接不够。

三、以"三权分置"水权制度改革促进"两手发力"

基于长期的理论研究和国内外经验观察，笔者提出"三权分置"的水权制度设计，并建议将其作为我国水权市场改革顶层设计新思路。这套制度设计已经在 2021 年 11 月，通过决策内参《国情报告》提交[10]。本文再次阐述和推荐"三权分置"的水权制度设计，认为可以解决上述中国水权市场改革面临的困境，并将中国的水权市场改革推向更为科学和可行的路径。

（一）"三权分置"的水权制度设计

"三权分置"的水权制度设计，是将水资源的所有权、取水权和使用权三项权利分置，在现有法律中仅增加"使用权"的概念，作为取水权派生的次级用益物权。使用权可以由取水权人直接行使，也可以与取水权人全部或部分分离，当取水权下存在多个或多层级的用水主体，根据实际需要和计量条件，将使用权确权至某个层级的用水主体。

在此概念体系下，水权制度与现有法律法规相衔接，只需通过较小的法规调整，即可满足水权市场的立法需求。一是修订现行部门规章，包括修订《水权交易管理暂行办法》及《用水权交易管理规则（试行）》，将三种不同类型的水权交易统一为一种类型的使用权交易；修订《取水许可和水资源费征收管理条例》，取消取水权有偿转让的规定，明确取水权派生使用权的规则；取消"区域水权"的概念，相应也取消区域水权市场交易的规定。二是修订《水法》和相关法律，对于取水权派生的使用权，从法律上予以明确，对使用权的处分和交易行为，给予法律上的规定。

基于以上的制度设计，水权的确权更加简明。在水资源所有权属于国家所有的前提下，明确取水权和使用权。第一，需要对取水权进行明晰，完善和落实现有取水许可制度，包括衔接水资源总量控制，明晰取水许可的适用范围，分类细化取水许可管理对象，合理确定流域与区域取水许可管理权限等。第二，需要对使用权进行确权，对于用水权直接由取水权人行使的情形,取水权人自然享有使用权;对于用水权与取水权人分离的情形,可根据需要,分层级或分主体进行确权,因地制宜明确使用权。对于公共供水管网用户,能够通过商品供水和水价调节用水,则不必对使用权进行确权。如已确权,则依照水权制度管理;如未确权,则依照有偿使用制度管理。第三,对于之前的区域水权,实际上是既有的各行政单元的用水总量控制指标,可通过行政方式进行再分配,也可通过民主协商方式进行权利流转,并鼓励采用跨区域生态补偿机制。

"三权分置"水权制度下的水权交易的不同类型之间的壁垒也被打通。目前实践中探索的水权交易是用水权的交易,包含区域水权交易、取水权交易和灌溉用水户水权交易,这三种交易只在持有相同性质用水权的主体之间进行,三种使用权之间不可互通交易。水权"三权分置"后,区域水权的概念可以终止,取水权则不可交易或转让,使用权交易作为唯一的水权交易方式,取代目前实行的区域水权、取水权和灌溉用水户水权这三类交易形式。考虑到区域水权交易和取水权交易已经试行了一段时间,且一些地区据此开展了取水权质押贷款等试点,可以设置一定的过渡期实现制度范式转换。对于之前的区域水权交易,可纳入区域水资源总量控制管理体系,作为带有补偿机制的水资源总量控制指标调整。对于之前的取水权交易,可以基于取水权对使用权进行确权,将之前取水权的权益迁移给确权后的使用权。

通过"三权分置"的水权制度设计,水权的概念体系、法律法规、确权和交易方式被明确,能够有效解决目前面临的水权制度改革难题。

(二)"三权分置"水权制度设计的价值

"三权分置"水权制度有利于从多方面破解水权市场改革困境,是成本较低和风险较小的改革方案。

首先,该制度设计因有先前经验参照而具有可操作性。2013年以来,农地和宅基地的"三权分置"改革陆续展开且成效明显,虽然"三权分置"水权制度与"三权分置"农地制度在改革目标、内容等方面存在差异,但是其改革逻辑都是为了探索在社会主义公有制框架下引入市场机制,提高资源配置效率,提升人民福祉。同时,两者在权利性质和结构上存在相似性,"三权分置"农地制度改革可为水权制度改革提供有益参照。

其次,该制度设计厘清了水资源配置中的政府与市场关系。政府通过总量控制和取水权的管理来实现宏观调控,市场则通过使用权的平等协商和产权流动来提高资源配置效率。取水权对上连接总量控制、对下连接使用权。通过加强取水权管理实现政府与市场之间的有机衔接,为水权市场健康发育奠定制度框架,能够有效提升水权市场活力。

再次,该制度设计有助于明晰水权概念体系。通过简洁的术语,明确水权市场的概念体系。以往从学术研究中吸收的概念,如区域水权、工程水权等,不太适合作为法律概念。所有权、取水权和使用权的界定,相对于目前部门规章所使用的复杂概念体系,用更简明的术语为水权交易奠定了概念基础。

最后,该制度设计有助于解决改革实践中的系列难题。一是解决江河水量分配确权难题,不需要出于水权市场改革目的对所有江河进行"初始水权分配",江河水量分配可因地制宜和现实需求开展。二是解决重复发证的问题,使用权确权颁证不多于一级,不存在多级嵌套问题;水权分配中,使用权基于上级的取水权确定,用水权益能够被明晰分配。

三是解决水权确权一刀切的问题，灌区在被分配取水权后可以因地制宜评估使用权确权到哪一层级。四是解决制度冲突问题，超计划（定额）累进加价制度和"三权分置"水权制度并行不悖，未对使用权确权的公共供水管网依据有偿使用制度管理，对已使用权确权的公共供水管网按照水权制度管理。

参 考 文 献

［1］ CHALLEN R. Institutions, transaction costs, and environmental policy: institutional reform for water resources ［M］. Cheltenham, UK; Northampton, MA: Edward Elgar, 2000.

［2］ 王亚华. 水权解释 ［M］. 上海：上海人民出版社，2005.

［3］ 王亚华，舒全峰，吴佳喆. 水权市场研究述评与中国特色水权市场研究展望 ［J］. 中国人口·资源与环境，2017，27 （6）：87-100.

［4］ SIMPSON L, RINGSKOG K. Water markets in theAmericas ［M］. World Bank Publications, 1997.

［5］ 王晓娟，王宝林，谢元鉴，等. 求解水权水市场 ［J］. 河南水利与南水北调，2014 （21）：7-15.

［6］ WANG Y, XU M, ZHU T. The Impacts of Arable Land per Farmer on Water Markets in China ［J］. Water, 2020, 12 （12）：3433.

［7］ SVENSSON J, WANG Y, GARRICK D, et al. How does hybrid environmental governance work? Examining water rights trading in China （2000—2019）［J］. Journal of environmental management, 2021, 288 （112333）：112333-112333.

［8］ 陈茂山. 关于深化粮食作物农业水价综合改革的思考 ［J］. 水利发展研究，2023，23 （11）：8-13.

［9］ 王亚华，许菲. 当代中国的节水成就与经验 ［J］. 中国水利，2020 （7）：1-6.

［10］ 王亚华. 以"三权分置"水权制度改革推进我国水权水市场建设 ［J］. 中国水利，2022 （1）：4-7.

推进农村供水"两手发力"的措施与建议

李连香[1,2]，孙瑞刚[3]，曲钧浦[1,2]，闻　童[1,2]

（1. 中国灌溉排水发展中心；2. 水利部农村饮水安全中心；
3. 中国南水北调集团有限公司）

摘　要： 农村供水具有公益性和经营性双重特征，需要积极推动政府和市场"两手发力"，进一步推动农村供水高质量发展。在总结农村供水"两手发力"现状基础上，分析存在的难点问题，研究提出推进农村供水"两手发力"的措施和建议。农村供水"两手发力"需要坚持政府主导，积极吸引央企、国企参与或搭建省级、市县级融资平台，以区域或县域为单元整合资源，积极拓展拓宽融资渠道，配套完善社会资本参与政策，持续推进农村供水事业发展，保障农村供水安全。

关键词： 农村供水；"两手发力"；社会资本；市场机制

　　党中央、国务院历来高度重视农村供水工作，特别是 2000 年以来，国家实施了一系列农村供水工程建设，到 2022 年年底，建成了较为完整的工程体系，全国农村自来水普及率达到 87%，规模化供水工程（城乡一体化供水工程和千吨万人供水工程）覆盖农村人口的比例达到 56%，运行机制改革取得突破性进展，农村供水保障水平进一步提升。习近平总书记明确提出"两手发力"的要求，对农村供水工作有很强的指导意义。农村供水具有公益性和经营性双重特征，不能仅依靠财政投入，只有走向市场才能激发活力。农村供水工程建设和管理，要在强化政府投入和主体责任的同时，充分发挥市场作用，吸引社会力量参与供水设施建设运营，发挥社会资本投融资、人力、技术、效率优势，解决政府财政资金相对不足和工程运营管理薄弱等问题，政府和市场分工协作，更好推进农村供水事业发展，保障农村供水安全。

一、社会资本参与农村供水现状

（一）相关政策

　　国家高度重视社会资本参与包含农村供水在内的基础设施建设。2019 年 6 月 19 日李克强总理主持召开国务院常务会议明确要求"建立合理的水价形成和水费收缴机制，以

原文刊载于《中国水利》2023 年第 3 期。

政府与社会资本合作等方式吸引社会力量参与供水设施建设运营"。《国务院办公厅关于创新农村基础设施投融资体制机制的指导意见》（国办发〔2017〕17号）要求发挥政府投资的引导和撬动作用，允许地方政府发行专项债券支持农村供水设施建设，鼓励各地积极利用市场机制。"十四五"时期，水利部与国家开发银行、中国农业发展银行等联合出台政策文件，在贷款期限、利息、偿还方式方面给予宽限和优惠。2021年11月，水利部与国家开发银行联合印发《关于推进农村供水保障工程项目融资建设的通知》（办财务〔2021〕351号），支持纳入县级以上人民政府或水行政主管部门批复的"十四五"农村供水工程项目融资建设。2022年5月，水利部与国家开发银行联合印发《关于加大开发性金融支持力度提升水安全保障能力的指导意见》（水财务〔2022〕228号），在贷款期限方面，由原来的30~35年进一步延长至45年；在贷款利率方面，设立水利专项贷款，进一步降低水利项目贷款利率，符合国家开发银行认定标准的重大项目执行相关优惠利率；在资本金比例方面，水利项目一般执行最低要求20%，在此基础上，对符合条件的社会民生补短板水利基础设施项目再下调不超过5个百分点。2022年6月，水利部与中国农业发展银行联合印发《关于政策性金融支持水利基础设施建设的指导意见》（水财务〔2022〕248号），贷款期限最长可延长至45年，对水利部和中国农业发展银行联合确定的重点水利项目、纳入国家及省级相关水利规划中的重点项目和中小型水利工程以及水利领域政府和社会资本合作（PPP）项目最长可达30年。2022年5月印发的《水利部关于推进水利基础设施政府和社会资本合作（PPP）模式发展的指导意见》（水规计〔2022〕239号）还明确，对于城乡供水一体化项目，可以县域为基本单元，统一供水设施运行服务标准，推广城乡供水同城、同网、同质、同价、同管理；对于分散式中小型供水工程，探索以大带小、整体打包，引入专业化供水企业或规模较大的水厂建设运营管理。

（二）实践探索

各地在推动农村供水市场机制方面进行了有益探索，积累了宝贵经验。

1. 企业作为建设和运营主体模式

针对城乡供水一体化等规模化供水项目，江苏、浙江、江西、福建、山东、甘肃等省通过政府和企业合作共建城乡供水一体化项目，引入具备一定资金实力的水投公司，或组建当地的水务企业，搭建融资平台，利用政策性金融贷款、地方政府专项债等形式，建设规模化水厂和管网，实现城乡一体化和集中连片供水。工程建成后，授予企业特许经营权。

河南省濮阳县实施农村饮水安全水源置换（城乡供水一体化）工程PPP项目，组建濮阳县中州供水有限公司作为实施主体。该公司由中州水务控股有限公司持股90%，河南水建集团有限公司持股5%，濮阳开州农业投资开发有限公司持股5%。项目建设内容包括铺设供水管道294.93km，新建1座水厂及信息化系统等。项目投资7.08亿元，以BOT模式运作，施行可行性缺口补助，合作期限为30年，其中建设期2年，运营期28年。

江西省新余市则按照"企业出大头、政府出小头、群众享其成"的原则，由政府与中国水务集团合作共建城乡供水一体化项目。工程建设资金由政府和供水企业分担，政府出资30%，供水企业出资70%。

2. 政府购买社会服务或采取承包、租赁等形式

北京、浙江等积极推动政府采购服务，主要包括中小型农村集中供水工程、净化消毒设施设备运行维护、水质检测以及日常监管等方面。不少地区的乡镇、受益村组通过签订协议，将建成后的农村供水工程以承包、租赁等形式交由有意愿的企业或个人运营。但从近些年的实践看，这种承包给个人或私人企业运营的工程，运行管理水平参差不齐。调研中看到部分工程运行管理不规范，效果不理想。

二、进一步发挥"市场机制"的主要难点

从"十一五"开始的大规模农村供水工程建设，投资渠道均以财政资金为主。"十三五"期间，由于中央补助资金减少，东部、中部地区积极探索采用市场机制筹集工程建设资金。据不完全统计，债券资金、银行贷款等社会资本占完成投资的10%左右。"十四五"时期，据不完全统计，2021年度各地落实的工程建设资金中，地方债券占33%，社会融资占24%，银行信贷等其他投资占13%，市场机制逐渐发挥作用。但就目前而言，农村供水工程尤其是小型供水工程，仍然以财政投入为主推进建设，市场机制未充分发挥。

（一）农村供水无法满足社会资本参与的基本条件

社会资本参与的农村供水水价必须达到运行成本，且水费收缴率高，才能收回运营成本，或不足时由地方政府进行补贴。虽然近两年农村供水大力推进水费收缴工作，但仍有部分规模化供水工程执行水价低于运行成本，此外全国还有50多万处千人及以下集中供水工程，数量多、规模小，大都分布在山丘区、牧区、高寒地区和边境地区，水费收入不能满足工程自身维修养护的需要，更谈不上盈利。上述地区往往财政收入困难，无力进行财政补贴，在不统筹其他有利资源的情况下，这些地区的农村供水工程很难吸引社会资本参与。

（二）部分地区利用银行贷款意愿不强或者专项债券想用不能用

部分地区不愿意质押水费收缴权来利用银行贷款。此外，由于地方政府专项债券对地方政府债务偿还能力和使用额度有要求，部分市县由于前期开展了其他基础设施建设，未能全盘统筹考虑将农村供水与其他基础设施统一规划、统一建设，受债务偿还能力或者使用额度限制，无法利用地方政府专项债开展农村供水工程建设。或因自身财力不足，拿不出一定额度的政府资金作为工程建设的资本金。

（三）社会资本参与政策不配套或制度不完善

农村供水发挥市场机制、利用社会资本的时间较短，尚未形成一套行之有效的监管制度、机制和模式。与城市供水相比，农村供水准入资质门槛、产权抵押评估标准、激励机制不明确，融资路径和融资方式都还不完善，社会资本参与的积极性不高，或者对社会资本约束程度不够。同时，社会资本的资信水平、项目建设运营回报与风险以及政府的债务水平都是影响项目融资的重要因素。

三、推进"两手发力"的措施和建议

"十四五"期间，各地结合实施乡村振兴发展梯次推进战略，积极整合利用涉农扶贫

资金、银行信贷等，充分发挥市场机制，积极组建国有属性的融资平台，与国家开发银行、农业发展银行等沟通衔接，积极推动"两手发力"在农村供水领域发挥更大作用。

（一）坚持政府引导、国有属性实施主体

总结近些年各地农村供水领域"两手发力"的经验做法，要充分发挥市场机制，农村供水必须以区域或县域为单元，坚持政府引导，统筹谋划，充分发挥政府组织协调、宏观规划等职能。以县域或者区域为单元，政府层面设置项目实施主体，鼓励央企、国企参与，推荐建立省、市、县融资平台，统一开展农村供水工程规划、融资、建设、运行管理，实行建管养一体化，政府资金适当引导和补助，承担政策变化等风险。农村供水工程项目是否落地，从根本上取决于地方政府推动农村供水工作的决心和信心，以及地方政府推动农村供水工作的部署和政策措施。

（二）解放思想，利用和整合资源

在财政部政府和社会资本合作中心项目管理库中的供水项目，凡是涉及农村供水项目，超过90%的都是与县城供水、排（污）水等项目打包实施。因此地方要统筹城乡供水一体或者农村基础设施打包，以丰补歉，吸引社会资本，保障农村供水建设资金。还需要进一步解放思想，只有走向市场，引进央企、国企的管理理念，才能激发农村供水的活力。

1. 统筹城乡供水一体

农村供水必须具有一定规模才能吸引社会资本参与。城市用水户集中、用水量稳定、水价和水费收缴率高，现金流稳定且规模较大，将农村供水与城市供水结合或打捆，以城带乡，工业用水和特种行业用水收入可以反哺农村供水。江西省水利投资集团有限公司的经验表明，城乡供水一体化工程非居民用水占比超过40%的情况下，更有利于吸引社会资本。也有部分省份将区域范围内多个供水工程打捆实行PPP（政府和社会资本合作）模式，如近期在进行的河南新乡"四县一区"南水北调配套工程项目，利用南水北调水向新乡经济技术开发区、延津县、封丘县、长垣市供水。新乡市人民政府授权新乡市南水北调工程运行保障中心作为实施机构，由中国南水北调集团水网水务公司、中国水利水电第十一工程局有限公司、北京、首创生态环保集团股份有限公司按照70%、25%、5%的比例成立项目公司进行项目融资、建设和运营。采用使用者付费＋可行性缺口补助形式，总投资为17.52亿元，其中资本金3.52亿元（占总投资的20.1%，由项目公司出资），其余14亿元资金由项目公司通过银行贷款筹措。

2. 将农村供水工程与其他农村基础设施打包

将农村供水工程与农村污水或者环境整治等项目打包吸引社会资本。比如将农村供水与污水处理打捆，甘肃天水、天津北辰等多个地区将农村供水与污水处理工程等进行打捆实施PPP模式。江苏沛县供水PPP项目整合全县资源，将市政供水、污水处理、农村供水统筹打包，总投资达15亿元，由沛县兴蓉水务发展有限公司实施（社会资本方为成都市兴蓉环境股份有限公司，占90%；政府方为沛县城市投资开发有限公司，占10%）。建设内容包括深度处理地表水厂（20万t/d）、第二水厂（10万t/d）、13个建制镇污水处理厂（8.3万t/d）、市政管网和农村供水工程［管网及支网贸易结算计量表（含）表前管网］等五部分，采用ROT（改建—经营—移交）模式，合作期限30年。

（三）多措并举，健全投融资模式

结合现有中央投资渠道，通过加大地方财政投入、利用政策性银行贷款和专项债资金等方式，多渠道筹集工程建设资金，拿出一定额度作为资本金，引导社会资本参与规模化工程建设。结合实际，可以与央企合作，积极推动建立省级融资平台，也可以市、县为单元建立融资平台。

1. 多种方式开展农村供水工程升级改造

农村供水工程升级改造是"十四五"时期的重点任务，但新建工程的投融资模式不一定适合已有工程升级改造。山东聊城市各县探索了多种管网改造融资模式，如冠县筹措1.4亿元债券资金；莘县采取"供水公司＋每户240元"的方式；临清市采取政府购置管材设备，村民"一事一议"筹集施工费的方式；阳谷区和山东力创科技股份有限公司达成合作意向，利用社会资本补齐资金不足的短板。

2. 盘活现有农村供水存量资产委托企业运营

针对已有供水工程，可采取"企业运营"模式。云南省红河哈尼族彝族自治州泸西县农村供水一体化PPP项目，针对已有2座水库和8处供水工程，由县政府授权县水利局作为项目的实施机构，采用TOT（转让—运营—移交）的模式运作：县水利局有偿转让项目存量资产未来20年的经营权，由项目公司即红开投水务管理发展（泸西）有限公司（社会资本90％，政府资本10％）在合作期内负责项目的运营、维护和移交等工作。在江西省乐平市，企业与地方政府签订城乡供水合作协议，企业被授予供水特许经营权，全面接管供水厂房、设备、管网及人员等相关设施设备和资产，承担供水运营管理职责，履行当地城乡供水基础设施建设、改造、维护责任。针对供水条件薄弱的地区，可通过政府采购第三方服务的形式，提升农村供水工程运行管理水平。采购主要涉及中小型农村集中供水工程运行管理或者净化消毒设施设备的运行维护、水质检测以及日常监管等方面。

（四）完善水价机制，探索社会资本参与配套政策

1. 持续完善水价机制

制定或者调整农村供水水价，遵循"补偿成本、公平负担"的原则，并充分考虑农村居民的承受能力，水价尽量达到运行成本，但也不宜超过当地县城供水水价，持续推进农村集中供水工程水费收缴，特殊情况下水费收入不足时由地方政府进行补贴。如福建省正在实施的城乡一体化供水执行水价为1.5～3.5元/t，吸引福建省水投公司参与工程建设和运营。

2. 健全财政补助机制

中央拿出专项补助资金用于农村供水工程维修养护，地方各级人民政府应将经费补助纳入财政预算，对供水经营者进行合理补助。

3. 鼓励各地探索出台扶持推进PPP模式政策

2022年，水利部印发了推进包含城乡供水一体化工程在内的水利工程PPP模式指导意见。建议各地参照污水处理行业，印发配套PPP项目实施的保障政策。农村供水PPP模式可实行以工补农、以城带乡的模式，强化按效付费机制，财政资金以运营补贴的方式进行投入，也可探索实行保底水量、确保水费收入等方式进行支持和引导。

参 考 文 献

［1］ 陈明忠．奋力推进农村供水高质量发展［J］．中国水利，2022（3）：5 - 6，11．

［2］ 崔智生，张扬，周芊叶，等．开发性金融支持农村供水经验与对策［J］．中国水利，2022（3）：7 - 8．

［3］ 李连香，闻童，王雪莹，等．基于 SWOT - PEST 分析农村供水发展态势［J］．水利发展研究，
2021（5）：76 - 80．

［4］ 水利部，国家发展改革委，财政部，人力资源社会保障部，生态环境部，住房城乡建设部，农业
农村部，卫生健康委，乡村振兴局．关于做好农村供水保障工作的指导意见［R］．2021．

［5］ 胡孟．关于"跳出供水发展供水"的辩证思考［J］．中国水利，2022（16）：4 - 6．

［6］ 王跃国，赵翠，高奇奇．"十四五"农村供水保障工程建设融资模式探析［J］．中国水利，2021
（21）：68 - 70．

［7］ 李香云．我国农村供水工程采用 PPP 模式现状及建议［J］．中国水利，2020（16）：55 - 59．

取水贷融资模式解析与发展建议

——基于浙江丽水取水贷经验的分析

匡友青

（中国南水北调集团水网水务投资有限公司）

摘　要： 总结取水贷试点实践经验，分析现存问题，可为进一步推进水利融资改革和创新提供案例范本。以浙江丽水取水贷经验为基础，文章分析了取水贷融资模式的内涵和优势。取水权增信为小水电企业融资提供了资产信用担保和行动激励，有效缓解了小水电融资难的问题。但对取水贷业务质押借贷和金融监管法律关系的分析指出，取水权质押如何办、如何管，仍然存在标准不一、制度供给不足的问题。因此，有必要向全国扩展试点，建立数据互通机制、合理评估取水权价值、加强贷后风险管理，同时完善取水许可证金融信用制度，统一取水权质押办理流程，并建立信息共享制度加强监管合作，为创新试点提供制度支撑。

关键词： 取水贷；融资模式；取水权质押；法律关系解析

一、引言

2014 年 3 月，习近平总书记在召开中央财经领导小组会议时，针对水安全问题提出了"节水优先、空间均衡、系统治理、两手发力"的治水思路，为系统解决我国新老水问题、保障国家水安全提供了根本遵循和行动指南[1]。小水电站经营发展是国家水网、水安全保障体系建设中的重要一环，涉及全国各地农田灌溉、农村居民生活等重要利益。然而，小水电站的经营发展仍然面临较为严重的融资难题。一方面，小水电作为公用事业，其缺乏有效资金来源；另一方面，由于规模较小、现金流不稳定，小水电企业往往也难以从市场获取资金。这导致全国各地大部分小水电站在过去 20 年一直未更新，发电量逐年降低，浪费了国家水资源利用效率，也影响了公共利益和社会效益。因此，创新融资渠道，助力小水电发展成为当下水利发展的迫切需要。

关于小水电融资，余传荣[2] 认为国有资产管理体制下小水电实力得到加强，可以利

原文刊载于《水利发展研究》2024 年第 7 期。

用资本市场发展债券融资、资产证券化融资、集团财务公司融资等方式。显然只有极少数水电企业才能利用此种方式融资，这样的水电企业也不符合本文对小水电的定义。朱效章[3] 认为"核心企业模式"是推动小水电融资的新方法，即核心企业作为服务与融资的相结合的中间公司。然而，这种模式相当依赖市场需求和盈利预期，不符合当前的小水电发展现状。董国锋[4] 认为可以通过融资租赁更新小水电设备，以改造后新增发电收益支付改造成本，实现"合同能源管理"。但所谓新增收益实际非常微小，难以支撑该模式长期发展。周云国[5] 认为小水电融资需要降低融资成本。但小水电融资本身利润微薄，问题更多在于小水电本身融资信用有限，而非融资成本高低。朱海艳[6] 认为可以通过小水电企业并购扩大基础资产以更好利用融资"杠杆"。这实际上就是要解决小水电融资信用的根本问题。然而，企业并购的成本过高，先并购再融资属于舍近求远，不符合经济效率。综上可见，小水电融资难的问题本质在于其本身信用。

通过取水权增信增强小水电融资信用有望成为最佳破解之策。浙江丽水率先在全国推出取水权质押贷款（取水贷），开启了市场化融资助力小水电发展的先河。取水贷是以取水权为质押物担保的金融贷款模式。其原理在于，通过对取水权人所取得的取水许可证进行信用评估，以行政许可权担保补充小水电企业资产信用，实现取水权增信下的贷款融资。2023 年 3 月，丽水依托全国首个生态产品价值实现机制试点市、全国普惠金融服务乡村振兴改革试验区优势，采用"取水权质押＋双边登记"的融资模式，创新推出取水权质押贷款"取水贷"[7]。短短数月，丽水取水贷授信额已达 300 亿元，发放 88 亿元，成为破解小水电融资难的全国典型案例。随后，江苏、重庆等地也相继推进相关改革。目前，除小水电融资外，丽水"取水贷"已经延伸至水库、供水、灌区、工商业等取水项目。

文章将通过分析浙江丽水的取水贷发展案例，详细解析取水权增信原理，证明了小水电融资难问题的核心本质。同时，文章拆解取水贷的核心法律关系，分析试点过程中出现的问题，最后提出进一步扩大试点，建设相关制度的政策建议，为推广相关经验、扩大小水电融资提供稳定制度支撑。

二、取水权质押是破解融资难的重要经验

（一）取水权及其质押物功能

取水是指利用水工程如闸（不含船闸）、坝、跨河流的引水式水电站、渠道、人工河道、虹吸管等取水，以及引水工程或者机械提水设施直接从江河、湖泊或者地下取水；但是取用自来水厂等供水工程的水除外。《中华人民共和国水法》第四十八条规定，直接从江河、湖泊或者地下取用水资源的单位与个人，应当按照国家取水许可制度和水资源有偿使用制度的规定，向水行政主管部门或者流域管理机构申请领取取水许可证，并缴纳水资源费，取得取水权。因此，取水权是基于政府取水许可从江河、湖泊或者地下取水的权利。

一般而言，将一项权利作为质押物担保品用于融资交易的基本前提在于该权利具有经济价值，且能够通过市场化手段进行评估定价。那么，取水权的经济价值体现在何处？显然，取水并非供水，没有向用户收取水费的可能，甚至还需要向国家缴纳水资源费（税）。同时，取水权的经济价值还需要通过市场化手段进行评估定价才能满足市场化融资的基本

需求。

首先，对于取水权的经济价值，从经济内容上看，主要体现为水工程的水资源开发利用价值，如水电站的发电收益。其次，对上述经济价值转化的现金收益的测算。根据不同水电站的特点，可以利用不同的测算方法。例如，相关部门可以根据小水电站过去10年或15年的发电量进行统计，核算发电量平均值，然后以平均电价来确定贷款额度。对于抽水蓄能电站，也可以通过发电收益模型、辅助服务收益模型、综合收益模型等进行收益测算。经过测算，丽水市小水电企业的全年平均发电收益约40亿元，构成了确定280亿元授信额度的基础。因此，取水权可以通过评估定价成为质押的标的用于融资。

实践中，取水贷业务需要以水电站的取水许可证作为权利质押标进行"双边登记"，完成公示公信程序。一方面，由取水权人在水利部门就取水许可证用于质押贷款进行登记；另一方面，由贷款人（担保权人）就取水权权利质押在中国人民银行征信中心就取水权担保进行登记。

（二）取水贷作为解决方案的推进手段

取水贷融资模式为破解小水电企业融资难问题提供了两种有效推进手段。

其一，取水贷基于取水权的经济价值，借助取水许可证行政确权的公信力，担保未来更长时间的资产信用，在解决小水电企业的融资定价问题上发挥了重要作用。

对于小水电企业而言，融资困难的首要问题就是自身缺乏持续稳定现金流。缺乏稳定的现金流，首先，仅依靠自身积累资金，可能需要5～10年甚至更长时间才能满足更新设备的需求，扩大水资源充分利用的机会利益损失；其次，它还无法对未来一段时间内小水电站的资产信用进行评估。进行信用评估往往需要明确未来确定期间的稳定现金流。因为该特定期间的总收入权益构成融资的基础信用，是融资提前兑现未来收入的基本依据。故而，如果不能确定未来的收入，就无法确定融资数额、融资条件等具体内容。如部分抽水蓄能小水电站可能只在一年当中市场电价较高的时间段内发电，其当年收入与市场变化高度相关。这就导致金融机构无法对贷款风险进行评估，更难以确定贷款利率和贷款时间，构成合同的关键要素面临较大的不确定性。

取水权增信缓解了这些问题。取水许可证核定的取水量在某种程度上（根据某种相关关系）确定了特定时间段内一家小水电站的发电收益。这使得小水电站的未来资产信用得以确定，从而也帮助确定了取水贷合同的主要内容（如授信额度、贷款期间、贷款利率、担保品、担保权利、纠纷解决方式等）。通过取水贷融资加快技术设备更新进度，可减少水资源利用损失并实现经营收入增长，这也将有利于小水电站的还款和金融机构收回贷款。在实践中，金融机构接受取水权作为质押物发放贷款，通常还会给出较市场平均水平更低的利率。

其二，取水许可证的增信还通过明确取水权人的资产信用，解决了小水电企业股权分散导致难以高效地进行集体行动的问题。小水电站股权分散是普遍的现实情况。面对技术设备更新的现实需求，个体股东往往存在搭便车的心理，等待其他人采取行动。因为，即便这是一种有利于所有股东的行动，股权越分散，股东越多，形成一致意见的可能性就越低，组织成本也就越高。通常来说，首先采取行动的人所支出的成本最大，但他从整体利益总增长中分得的份额却不变（根据股份数量进行股利分配）。这显然不是一个符合经济理性的选择，特别是在不存在小水电站的不动产产权证书或权属不明时。因此，搭便车才最符合个人利益。最终，这会导致集体行动的困境，使得整体利益不断减少，每个人的利益也相应减少。

取水许可证缓解了这一困境。在取水贷业务中，它通过行政公信力锚定经济效益——根据取水许可证所核定取水量可以转化的小水电站未来经济权益，提供了一种类似产权的确定性。取水权人是唯一的行权主体，避免了高昂的组织成本和意见征集程序。同时，取水权人也是整体利益增加的直接受益人，具有明确的行动激励，而不会存在搭便车的想法。

总之，基于取水许可证构造的取水贷具有定价明确、行动迅速的优势特征，是缓解融资难问题的重要解决方案。

三、取水贷融资模式的法律关系解析

（一）质押借贷法律关系

基于取水权质押获得取水贷融资，描述了一种取水权人与金融机构之间的质押借贷法律关系。这里重点对取水权质押的相关内容进行分析。

1. 适格当事人

适格当事人是取水贷合同的直接利害关系人，因此只有取水权人才是合格的取水贷申请人。对于小水电站而言，取水权人为小水电企业法人。取水权和取水权人的确认均需要依靠水利部门发放的取水许可证。取水权人以取水许可证作为质押物担保申请贷款，除了应当符合一般贷款规定的条件外，还需要满足一定的其他条件——通常是对取水权的合法性和清洁性（即不存在权利瑕疵），以及借款人的主体资格提出特殊要求，即借款人不属于行业或产业政策限制的领域。如根据《丽水市取水权抵质押贷款管理办法（试行）（征求意见稿）》要求，用于申请取水贷贷款的取水权应当权属清晰、不存在权利限制，贷款投向符合行业或产业政策。部分地区的试点还会对借款人的经营能力提出要求。实践中，除了取水权和借款人主体资格的要求，丽水市的取水权质押还要求借款人信誉良好，重庆市取水权质押要求借款人经营稳定。笔者认为，在取水权的合法性和清洁性得到满足的前提下，对借款人的经营能力没有特殊要求。例如，江苏《关于推进"水权贷"绿色金融服务工作的通知》则只要求合法取得取水权、有融资需求即可。

2. 贷款合同的主要内容

取水贷贷款合同主要包括授信额度、贷款期间、贷款利率、担保品、担保权利、纠纷解决方式等内容。此处特别关注与取水权有关的核心条款。首先，贷款额度与取水许可证所核定的取水量密切相关。贷款额度的确定通常与企业生产经营所需和资产信用有关。取水许可证是评估小水电企业资产信用的重要文件，其价值与借款人的现有平均收益和取水权的剩余市场交易价值之和相近，可以形成确定的资产信用。其次，贷款利率与取水许可证的行政公信力密切相关。总体上，取水权增信降低了取水贷的贷款利率，降低了小水电企业融资的成本。对于取水权价值较高、借款人信用较好的小水电企业，取水贷的贷款风险更低，金融机构甚至愿意提供比市场利率更低的优惠利率。最后，贷款期限与取水权有效期限紧密相关。通常贷款期限会包含在一个确定的取水权期限内，包括已确定的 5～10 年完整期限，以及确定的取水权延续期。

3. 取水权质押登记与管理

基于同一取水许可证的取水贷，水利部门对取水许可证的质押进行登记，金融机构就取水权质押在动产融资统一登记公示系统自主登记。两种登记共同形成对外公示、公信效力。在试点初期，额外的水利部门取水许可证质押登记提供了市场信心，强化了小水电企业的资产信用。但在水利部门的质押登记既不是取水许可证质押的前置程序，也不是取水权质押合同的生效要件，而仅仅是基于行政管理的需要所建立的数据库。未来可以将水利部门的质押登记予以撤减，而通过访问中国人民银行征信中心的动产融资统一登记公示系统来获取数据。取水贷合同终止后，由金融机构统一办理取水权质押登记注销手续，减少金融机构向水利部门报送解除质押登记的备案手续。

为保证取水贷贷款期限内取水权清洁性的要求，《丽水市取水权抵质押贷款管理办法（试行）（征求意见稿）》还要求未经在先质押权人同意，质押人不得将取水权再次抵质押或变更取水许可证载明信息。

4. 取水贷的质押取水权处置

质押取水权处置即将质押取水许可证所核定取水量的可用剩余经济价值变现，以清偿取水贷剩余的未清偿贷款。尽管取水权增信有效提升了小水电站的资产信用，但取水贷并非零风险。借款人由于各种原因可能导致到期未履行还款义务、公司解散或破产，或者发生实现质押权的约定情形，如地震、山洪等不可抗力导致小水电站长期停业。这时，贷款人有权依据贷款合同要求借款人追加担保或提前收回贷款，或者处置质押取水权。

但处置质押取水权是否需要水利部门同意？《重庆三峡银行取水权质押融资业务指南（试行）》认为，贷款人对借款人采取处置措施，需"经水行政主管部门同意"。笔者认为，如前文所述，在水利部门的质押登记仅仅是为了便于管理，其本身不产生任何法律上的生效或对抗效力。因此，无论水利部门是否同意，金融机构作为质押权人的权利不受影响。尽管金融机构可能会将处置质押取水权的决定告知水利部门，但不能将这样的告知行为理解为向水利部门征求能否处置质押取水权的意见。

质押取水权的处置途径有通过水权交易平台等方式向符合要求的第三方转让、通过法院拍卖等司法途径处置，以及其他法律法规规定的方式。金融机构对质押取水权行使其处置权利，可就处置所得优先受偿。若优先受偿后处置所得款项仍有剩余，贷款人需退还借款人。

（二）金融监管法律关系

基于取水许可证的取水贷融资模式还对金融监管提出了新要求。取水贷的合规监督目前主要由中国人民银行各省分行、省水利部门二者共同负责，构造了一种独特的金融监管法律关系。总的来说，中国人民银行要管理取水许可证的金融属性，水利部门要管理取水许可证的水文属性（如核定取水量所代表的流域、水位、时间特征、空间均衡考量等）。

金融机构一般将取水贷业务数据报送至人民银行的市县分支行，然后汇总到省级分行。而水利部门作为取水权质押登记机关的监管意义则在于提供另一套账本数据。对取水贷的贷后资金风险管理，需要两部门加强数据沟通和交流，防范取水贷风险。一方面，水利部门取水许可证数据库可作为金融机构在开展取水贷业务中验证取水许可证真假，并评估其金融资产属性的信用数据库。另一方面，中国人民银行的动产融资统一公示登记系

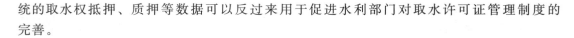

统的取水权抵押、质押等数据可以反过来用于促进水利部门对取水许可证管理制度的完善。

四、助推取水贷融资模式发展的建议

取水贷融资模式的成功经验具有进一步推广的价值，是实现生态产品价值转换、推动"两手发力"的重要举措。有必要通过进一步的政策和法律，助推取水贷融资模式发展。

（一）扩展试点范围

取水贷融资模式的核心在于取水权增信，以明确定价、降低成本。因此，取水贷融资模式不仅可以用于小水电站的技术设备更新融资，而且可以推广到其他水工程建设项目，包括农村饮用水提升改造、灌区标准化管理提升、单村水站提升、水库除险加固、小型混合抽水蓄能电站建设等项目。可以说，只要是拥有取水权的主体，都可以申请取水贷，从而提升上述水利基础设施的经营管理效能，实现水资源的充分利用。

鉴于取水贷融资模式取得的成功经验，水利部、中国人民银行等部门有必要扩大试点，将取水贷融资模式进一步推广，助力全国超 4 万座小水电站改造和更多农村供水、用水收储项目改进，更新原有的供水、储水设备。这甚至还有望助力能源转型，如某能源公司曾通过其附属水电站申请取水贷，用于建设光伏电站，实现从传统能源向新能源转型。

（二）防范试点风险

随着试点范围的扩大和数量的增多，防范取水贷风险的问题也应当受到更多重视。核验取水许可证、准确核算取水许可证估值、加强贷后资金管理和质押权管理等都是金融机构防范取水贷业务风险的重要关注点。

第一，要实现人民银行征信中心与水利部门取水许可证数据库之间的互联互通，让金融机构能方便验证取水贷申请人的取水许可证是否真实、合法、有效且不存在权利瑕疵。尽管在笔者看来有些多余，但仍需提的是，让金融机构更方便判断借款人（取水权人）的主体资格是否适格。

第二，对如何根据取水许可证核定取水量评估取水权质押价值，应根据不同水电站或水工程项目特点，明确一种或几种公平、合理的收益测算方法。取水权人与金融机构合意采用第三方评估机构服务的，应将该机构的评估方法和评估结果予以公开。

第三，金融机构需加强贷后资金管理，对贷款用途加强监督，防止取水贷用于不符合行业或产业政策要求的用途。同时，金融机构也应密切关注借款人的信用状况，对可能导致处置质押取水权的情况，及时要求借款人增加担保或提前收回贷款，或者按照法律法规要求对质押取水权进行处置。

（三）完善试点制度

尽管取水贷融资取得了重要进展，但试点还缺乏完善的制度支撑，各地实践探索中的规则也不尽相同。要进一步促进取水贷融资模式发展，需完善以下三个关键制度。

第一，需要建立取水许可证的金融信用制度，完善取水许可证的金融内涵，明确其金融信用。取水许可证本身不具备如产权一样直接的可信用化特征，尽管它可能会体现出一定的机会经济利益，但在没有被评估定价之前，其仅仅属于一种行政许可。现行法律法规也没有明确将取水许可证视为一种财产或利益。因此，以取水许可证为质押物进行融资存在逻辑缺漏。但这一漏洞被一种政府主导的、市场主体参与的试点逻辑所补充。继续扩大取水贷融资模式，需要逐步建立关于取水许可证的金融信用制度，承认符合一定条件的取水许可证的财产权证属性，为其作为经常性质押物及后续处置扫清障碍。

第二，建立统一的取水权质押登记制度。从目前的试点情况来看，各地虽然在大体上都采取一致的"双边登记"路径，但在一些问题上仍然存在出入现象，需要进一步明确、澄清。其一，明确取水权质押登记条件，积极条件包括取水权合法性、清洁性，借款人主体资格等条件，但不宜将取水权人经营能力作为是否办理质押登记的消极条件。其二，明确取水权质押双边登记流程。实践中，借款人一般先向银行申请取水贷，由金融机构在动产融资容易公示登记系统自主办理取水权质押登记，后由取水权人在水利部门办理取水许可证质押登记。其三，明确取水许可证质押登记的非生效、非对抗效力。在水利部门办理的并非取水权质押登记，而是取水许可证质押登记。二者的规范意义截然不同。前者关注的是取水权的经济价值，后者关注的是取水许可证质押登记的信息管理价值。其四，明确质押权的处置中登记注销程序。在水利部门与动产融资公示系统建立数据沟通之后，金融机构自主管理登记注销，应同时取消在水利部门的取水许可证质押登记。

第三，建立水利部门与中国人民银行征信中心之间的信息共享制度，助力水利部门利用取水权人信用数据完善取水许可证管理制度，并帮助金融机构利用取水许可证数据库开展取水权质押和取水贷放贷活动[8-15]。

五、结语

取水贷是基于取水许可证构造的新型水利融资模式，其明确定价、行动迅速的优势可以有效破解小水电融资难问题。本文对取水贷业务中的特殊质押借贷和金融监管法律关系进行了分析，展现了取水贷试点的实践面貌。鉴于取水贷的成功经验，文章认为应该从扩大试点范围、防范试点风险、完善试点制度三个方面完善取水贷试点规则，推动取水贷融资模式进一步发展。

参 考 文 献

[1] 李国英. 为以中国式现代化全面推进强国建设、民族复兴伟业提供有力的水安全保障 [J]. 水利发展研究，2024，24（3）：1-3.

[2] 余传荣. 国有资产管理新体制下小水电企业融资新思路 [J]. 中国农村水利水电，2004（8）：92-94.

[3] 朱效章. 核心企业模式——小水电项目融资的新方法 [J]. 小水电，2007（6）：3-5.

[4] 董国锋. 基于融资租赁的合同能源管理在小水电更新改造中的应用初探 [J]. 小水电，2009（6）：15-16.

[5] 周云国. 云南中小水电企业投融资问题及对策探究 [J]. 企业改革与管理，2014（18）：118，187.

[6] 朱海艳. 小水电并购中融资租赁应用的探讨 [J]. 小水电，2022（5）：42-45.

[7] 丽水发布. 丽水创新"取水贷"撬动300亿元"沉睡"资源 [EB/OL].（2023-10-26）[2024-

05-08].

[8] 李兴拼，汪贻飞，董延军，等．水权制度建设实践中的取水权与用水权 [J].水利发展研究，2018，18（4）：14－17.

[9] 李东伟，周子东，刘秋实，等．基于电力市场化的抽水蓄能电站电价收益研究 [J].人民长江，2024，55（3）：243－248.

[10] 李坤，等．解码"取水贷"[N].中国水利报，2024－01－23（5）.

[11] 江苏省水利厅，江苏省财政厅，中国人民银行江苏分行．关于推进"水权贷"绿色金融服务工作的通知 [Z].南京：江苏省水利厅，2024.

[12] 重庆市水利局，中国人民银行重庆市分行．重庆三峡银行取水权质押融资业务指南（试行）[Z].重庆：重庆市水利局，2023.

[13] 丽水市水利局．丽水市取水权抵质押贷款管理办法（试行）（征求意见稿）[Z].丽水：丽水市水利局，2023.

[14] 新华社．浙江这个市凭什么点"水"成"金"？[EB/OL].（2024－3－22）[2024－05－08].

[15] 李国英．深入学习贯彻习近平经济思想推动新阶段水利高质量发展 [J].水利发展研究，2022，22（7）：1－3.

开发性金融引领灌区多元化投融资发展模式研究

崔智生，张　昭，魏隽煜

（国家开发银行）

摘　要：现代化灌区建设具有保障粮食安全、助力乡村振兴、促进节约用水等多方面重要意义。我国正加快构建国家水网，水利建设资金需求旺盛，但当前农业水价综合改革仍处于进行时，灌区工程深度依赖财政投入。加大开发性金融对该领域的支持力度，有利于稳固市场薄弱环节，培育机制，做强主体，以"两手发力"助力灌区高质量发展。本文梳理了国内外灌区投融资的主要做法，分析了灌区投融资的形势趋势，以国家开发银行支持灌区建设的典型实践为例，介绍了开发性金融助力灌区建设的投融资模式及实践要点，提出持续完善政策机制、做好灌区产业发展规划、积极培育灌区建设运营专业企业、强化政策性资金支撑、引导社会资本持续投入、适时启动灌区资产确权工作等相关政策建议。

关键词：灌区；投融资；开发性金融；水利高质量发展

一、研究背景

（一）我国现代化灌区建设现状及其重要意义

水利是农业的命脉，在我国 19 亿亩（1 亩＝1/15hm²）耕地中，灌溉面积达 10.55 亿亩，在占全国 55％的耕地面积上生产了全国 77％的粮食和 90％以上的经济作物，完善的灌区基础设施是粮食安全的关键保障和农产品稳定供给的重要基石。

我国将现代化灌区建设作为农业基础设施的重中之重。近年来，为了推进农业供水提质增效，国务院办公厅和相关部委先后印发《全国大中型灌区续建配套节水改造实施方案（2016—2020 年）》《关于持续推进农业水价综合改革工作的通知》《"十四五"重大农业节水供水工程实施方案》等文件，着力强化灌溉能力保障，促进节水灌溉应用。经过多年持续努力，全国已建成大中型灌区 7300 多处，泵站、机井、塘坝等各类小型农田水利工程 2200 多万处。"十四五"期间，国家安排中央资金 2000 亿元，对 2500 多处大中型灌区

原文刊载于《中国水利》2024 年第 17 期。

进行现代化建设和改造，不断完善灌排工程体系。我国耕地灌溉面积较 10 年前增加 8700 多万亩，为粮食产能提升打下了坚实的水利基础。

灌区现代化建设的重要性体现在以下三个方面：一是为粮食安全提供坚强保障。我国灌区粮食平均亩产 570kg，是全国平均值的 1.8 倍、旱地的 2.9 倍。耕地灌溉能力的增强将进一步夯实我国粮食产能储备基础，为确保中国人的饭碗牢牢端在自己手中提供强有力的水利支撑。二是促进国家水网建设与乡村振兴战略形成有效衔接。我国水资源南丰北缺，但北方地区农业用水需求旺盛。以南水北调为代表的跨流域、跨区域引调水工程一定程度上缓解了水资源供需错配问题，但要打通"最后一公里"，真正使水网建设惠及广大农民、助力乡村振兴，灌区续建配套和现代化改造势在必行。三是支撑水资源高效集约利用。我国农业用水量约占全国用水总量的 60%，节水灌溉是节约利用水资源的重中之重。2023 年年底，全国高效节水灌溉面积达 4.1 亿亩，耕地灌溉亩均用水量低于 350m³，节水灌溉能力得到长足发展。尽管如此，我国的农田灌溉水利用系数仍低于发达国家水平，其中灌溉工程年久失修、漏损严重和高效节水灌溉技术采纳率低是主要原因。要进一步提高农业用水效率，灌区现代化建设、节水改造工程必不可少。

（二）我国灌区建设投资发展历程

我国灌区建设的公益属性较强，其投融资模式的演进与农业水价综合改革息息相关，可分为以下三个主要阶段：

1. 2000 年以前

2000 年以前，我国未制订农业水价相关制度文件，灌区几乎无收入，其投资完全由财政解决。新中国成立以来的很长一段时间内，绝大多数农业用水为无偿供应。由于缺乏价格调节作用，农业用水户缺乏节约用水意识，粗放灌溉方式与匮缺水资源量之间的矛盾十分突出。

2. 2000—2020 年

2000—2020 年，我国着手进行农业水价综合改革，逐步建立灌区工程市场化运营基础。2001 年，国家计划委员会、农业部、水利部共同印发《关于改革农业用水价格有关问题的意见》，确定了农业水价改革的基本思路。2003 年，国家发展改革委推进灌渠末端节水改造，安装计量设备，为农业用水费用计收提供了保障。2015 年以来，国家实行用水总量控制和定额管理，建立奖补机制，鼓励节约用水。尽管如此，农业水费计收率仍不高，价格也始终处于低位。例如，山东省大型水库灌区平均农业水价约 0.067 元/m³，供水成本约 0.27 元/m³，水费收入远无法覆盖成本，财政投入仍是灌区建设的主要资金来源。

3. 2020 年以来

2020 年以来，我国进一步加快推进农业水价综合改革，引导灌区投融资机制创新，灌区建设的资金保障逐步增强。一方面，财政资金持续投入，"十四五"期间国家安排中央资金 2000 亿元，对 2500 多处大中型灌区进行现代化建设和改造；另一方面，加大金融支持力度，"十四五"以来启动的广西大藤峡灌区、安徽怀洪新河灌区、云南保山坝灌区等一系列大中型灌区工程获得国家开发银行、中国农业发展银行、中国工商银行等大型金融机构的贷款支持。2023 年，水利部启动深化农业水价综合改革推进现代化灌区建设试点工作，针对不同类型灌区因地制宜构建政策供给体系，通过政府与市场"两手发力"落实灌区现代化建设资金，进一步拓宽银行信贷、债券、社会资本等市场化融资渠道。第一批21个试点项目中，20个完成了农业水价成本测算，13个完成了水价调整，其中内蒙古河套灌区、山东豆腐窝灌区、云南宾川县大型灌区等大中型灌区水价提升幅度达50%～233%。据统计，第一批21个试点已吸纳资金72亿元，其中金融和社会资本占80%。随着农业水价综合改革进一步推进，灌区的可持续发展能力和市场化运行能力将得到长足提升。

（三）其他国家灌区投资经验

世界各国灌区建设的投融资方式与我国类似，政府投资均占主导地位。其中较有代表性的包括美国、日本、法国、加拿大、以色列等发达国家和墨西哥、土耳其、印度等发展中国家。各个国家根据其水资源禀赋、政府财力情况和组织能力等，构建了具有不同特色的政策体系。

1. 政府主导、分级投资

日本和加拿大的灌区建设有类似之处，主要体现在灌溉工程由各级政府和机构按照一定比例分摊投资。日本灌区的水源工程由政府直接管理，干、支渠及以下输配水工程则按区域划分，农户承担少量投资，同时参与管理工作。加拿大则是由各级政府出资建设大型灌溉设施，骨干工程主要由政府出资建设，工程维护和运营费用则通过水费等收入解决。

2. 发动社会力量参与灌区投资管理

一些发展中国家政府财力有限，缺乏独立承担灌区建设投资和管理的能力，故引入农户、私人公司等其他社会主体。例如，印度建立了用水户协会等农民组织，并对这些组织予以政府补贴。通过社团组织协助管理，当地水费计收率显著上升，灌区设施的维护和改造得到有效保障。土耳其和墨西哥的情况类似，政府通过组建用水户协会的方式下放灌区建设维护权责，充分调动农户积极性，夯实水费收入，满足灌溉设施维护的资金需求。

3. 充分发挥水价杠杆作用

以色列水资源极为紧缺，通过高差异化的水价政策应对极端供需矛盾。实行惩罚性水价，对超出定额的用水量收取数倍水费，体现水资源稀缺性，在提高灌溉效率的同时，有效充实了灌区建设的资金来源。

4. 低息贷款和税收优惠

美国的灌溉设施主要由政府出资建设，其支出是农业补贴政策的一部分。投融资模式主要由政府拨款、向地方农户的贷款和赠款三种形式构成，政府的权益主要由垦务局代管。其中，用于灌溉工程建设的贷款通常无息或低息提供给地方农户，贷款还清后相应产权归农户所有。此外，美国的灌溉工程免交税赋，且享受一定补贴政策。

总体而言，世界各国灌区建设水平和投融资模式受经济发展水平影响较大。发达国家政府财力丰厚，水费收费基础也较好，政府投入能力和市场化投融资能力均较强，因此灌区工程资金保障率高，设施建设更加完善，这也是我国通过"两手发力"，借由多元化投融资手段推进灌区现代化建设值得借鉴的路径。

二、我国灌区投融资问题分析和形势判断

（一）农业水价较低是灌区多元化融资的核心堵点

灌区建设与改造关乎粮食安全、国计民生，既是水利建设的重中之重，又是亟须改造提升的薄弱环节。灌区建设项目难以实现自我财务平衡，资金存在较大缺口，对财政投入依赖性强。灌区项目吸引市场化投融资的主要堵点在于农业水价综合改革尚未到位，低水价、甚至零水价是普遍现象，导致灌区供水工程水费收入和建设运营成本错配。研究显示，我国农业水价总体占供水成本的 $1/3 \sim 1/2$，对新建工程覆盖率更低，且水费实收率仅 70%。水价形成机制的进一步完善、水价综合改革的持续推进是提高灌区多元化融资能力的必由之路。

（二）相对其他农业生产要素，水价未体现稀缺性

横向比较来看，无论是价格调整的频率和幅度，还是占生产成本的比重，农业用水都显著低于其他生产要素。以水稻种植为例，全国平均水费支出约 27 元/亩，仅占生产成本的 2.7%，化肥、农药等其他要素占绝大部分。据统计，近 10 年来水资源以外的农业生产要素价格均显著上涨，农药、种子涨幅超过 200%，而 70% 的水库和 58% 的灌区水费未涨价，即便调整价格的供水工程，其调整幅度也仅在 20% 左右。我国是工业大国，化肥产量居世界首位，而水资源禀赋，尤其是人均水资源量远低于国际平均水平。但从农业生产的成本结构现状看，未充分体现水资源稀缺性，不利于引导水资源节约利用，未向农业生产者传递节约用水的价值导向，使得水费计收困难重重。

（三）农业水价综合改革与投融资增长存在进度差，是开发性金融发力的时间窗口

近年来，农业水价综合改革加速推进，水价机制加速完善，水价调整趋势初步形成。2023 年，水利部开展深化农业水价综合改革推进现代化灌区建设试点，第一批试点灌区改革开局良好，在水价、奖励补贴、投融资等机制建设方面取得阶段性成效。随着改革由点到面、走深走实，农业水费收入将持续提升，从而稳步构建灌区工程的现金流支撑。与此同时，国家水网建设加速推进，水利投资连创新高，2022 年水利投资首次突破万亿元，2023 年接近 1.2 万亿元。与水利工程的投资增长趋势相比，农业水价综合改革仍需考虑稳物价、保民生等关键因素，落实到位过程相对漫长，二者之间存在显著的进度差异。这一窗口时期内，项目资金需求大而预期收入不足，投融资困难将拖累建设进展，亟须发挥开发性金融的引领作用，强化中长期信贷投放，助力灌区建设度过转型时期。随着农业水价综合改革落实到位，多种投融资渠道也会拓宽，逐步形成多元化投融资格局。在现金流不足的时期内强化金融支持、培育主体、建设信用，体现了开发性金融的独特使命，是国家开发银行的职责所在。

三、开发性金融支持灌区建设典型实践

国家开发银行在国家发展改革委、水利部等有关部委的指导和支持下，立足基础设施银行职能定位，以国家水网建设为重点，服务重大水利工程和民生水利薄弱环节，以高质量金融服务助力新阶段水利高质量发展。截至 2024 年 6 月，国家开发银行在水利领域累

计投放资金 24227 亿元，余额 9114 亿元。全国已开工建设且有融资需求的 162 项重大水利工程中，国家开发银行已融资支持 115 项，承诺金额 6329 亿元，投放资金 2513 亿元。

现代化灌区建设一直是国家开发银行支持水利高质量发展的重点领域和重要抓手。截至 2024 年 6 月末，国家开发银行累计向灌区建设与改造相关项目投放资金 1076 亿元，余额 635 亿元。重点支持了广西大藤峡水利枢纽灌区、云南红河州弥泸灌区、河南小浪底北岸灌区等工程，有力支撑了灌区建设，助力保障国家粮食安全。国家开发银行支持的国家重大水利工程全部建成后，将显著增强灌溉水源保障能力，预计可新增年供水量逾 800 亿 m^3，相当于当前我国全年用水总量 6000 亿 m^3 的 13%；新增灌溉面积 4600 多万亩，约占全国大型灌区有效灌溉面积 2.46 亿亩的 19%。多年来，国家开发银行在金融支持水利高质量发展方面积累了丰富经验，本文以大藤峡水利枢纽灌区工程、宁夏贺兰县现代化生态灌区建设工程和云南元谋高效节水灌溉大型灌区建设工程 3 个案例为切入点，介绍国家开发银行助力灌区建设的举措，总结创新投融资模式的亮点与启示。

（一）大藤峡水利枢纽灌区工程

1. 案例概况

大藤峡灌区地处亚热带季风区，光热条件优越，水资源及耕地资源相对丰富，是广西重要的粮食基地和糖料生产基地。然而该区域水利基础设施建设滞后，区内现有耕地 129.2 万亩，有效灌溉面积约 48.4 万亩，灌溉率仅 37.6%，已建灌溉渠道损毁严重，现状灌溉水利用系数仅 0.471，同时，灌区内武宣县、兴宾区、桂平市受旱灾影响较重。为提高灌区水资源利用效率，解决供水矛盾，优化水资源配置，大藤峡水利枢纽灌区工程建设势在必行。大藤峡水利枢纽灌区工程是大藤峡水利枢纽工程的配套工程，国家开发银行通过"国开基础设施基金＋配套贷款"融资模式，"投贷联动"为项目提供资金保障，为项目授信 20.95 亿元，其中基础设施基金 8 亿元，贷款 12.95 亿元。项目建成后，可新增恢复灌溉面积 57.5 万亩，改善灌溉面积 48.4 万亩，灌区预计每年可增产粮食 34 万 t，增加灌溉效益 9.76 亿元。灌区工程对完善珠江流域灌溉体系，改善当地农业灌溉条件，促进区域粮食增产、农民增收，保障农村人饮供水和巩固脱贫攻坚成果，推动地方经济社会持续健康发展具有重要意义。

2. 项目投融资方案

该项目以农业灌溉为主，兼顾城乡供水。工程设计总灌溉面积 105.9 万亩，涉及 2 市 4 县（区、市）10 个灌片。工程建设期 60 个月，主要新建补水渠（管）道 8 条，总长 62.16km；续建配套工程骨干渠（管）道 97 条，总长 617.24km；新建及恢复泵站 13 座，总装机容量 13100kW。

该项目总投资 82.01 亿元，其中资本金 69.06 亿元（包括国开基础设施基金 8 亿元），占比 84.21%，申请国家开发银行中长期贷款 12.95 亿元，贷款期限 45 年。项目借款人为贵港交投项目管理有限公司，是广西贵港市交通投资发展集团有限公司的全资子公司。项目主要还款来源为水费收入，信用结构包括股东建设期担保、水费收费权质押和账户监管、动态还款机制、排他性承诺和股东流动性支持。项目融资模式如图 1 所示。

3. 实施要点

（1）"投贷联动"协同支持。本项目通过国开基础设施基金补充项目资本金，用好基

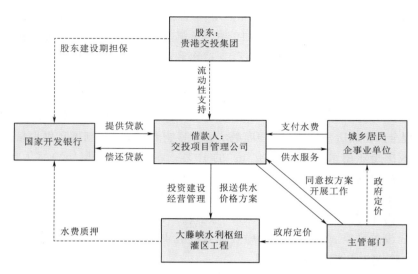

图 1　广西大藤峡水利枢纽灌区工程融资模式

金杠杆功能，同步配套 45 年长期贷款，充分发挥"1+1＞2"的"投贷联动"协同效应，减轻财政及企业筹资压力，为项目建设推进提供足额资金保障。

（2）推动供水价格方案落实。根据《水利工程供水价格管理办法》，水利工程供水价格由供水工程生产成本、运行管理费用、利润和税金构成。国家开发银行协助项目业主测算供水成本，提出可基本维持项目收支平衡的供水价格方案并报地方政府有关部门。相关部门先期批复同意按方案内容开展相关工作，待项目建成后，供水价格按履行《政府制定价格行为规则》定价程序后确定的价格正式执行。

（3）强化项目前期信用结构。根据预测，项目建成初期水价和蓄水量均偏低，仅依靠水费收入无法覆盖贷款本息偿还。因此，项目设置了股东流动性支持，由实力较强的借款人股东对偿债资金缺口进行补足，做好做实风险防范措施。

（二）宁夏贺兰县现代化生态灌区建设工程

1. 案例概况

宁夏地处我国西北部，大部分属于干旱、半干旱气候，水资源时空分布不均，水资源短缺问题成为制约宁夏经济社会发展的重要因素。为解决上述困境，宁夏提出建设引黄现代化生态灌区，并确定利通区、贺兰县、红寺堡区、沙坡头区等引黄灌区作为现代化生态灌区建设试点。其中贺兰县灌区位于宁夏青铜峡灌区中北部，基本为引黄自流灌区，水利基础设施、灌区运行管理和信息化建设较为落后。该项目以现代化生态灌区建设试点为契机，通过对现有灌区升级改造、新建高效节水工程等，促进水资源的节约、保护和优化配置，打造现代化水利基础设施，服务现代农业发展。

该项目引入社会资本，采用 ROT（改扩建—运营—移交）模式，对现有灌区进行升级改造并新建高效节水工程，吸收社会资本的管理经验，以点带面，逐步实现贺兰县生态灌区现代化。项目建成后，可将节约的农业灌溉用水通过水权交易方式出售，作为项目还款来源。该项目的建设对于推进黄河水资源节约集约利用、推动黄河流域生态保护和高质量发展具有重要意义，也为以市场化方式支持高效节水灌溉提供了切实可行的解决方案。

2. 项目投融资方案

该项目主要包括基础设施建设与运营维护服务两方面。基础设施建设即灌溉骨干工程改造，高效节水灌溉工程新建与恢复以及信息化、自动化工程建设；运营维护服务即管理机制改革与服务体系建设，以及项目主体及附属设施的日常养护、维修、项目全部农业灌溉范围内的灌溉运营与服务。

该项目总投资 8.07 亿元，其中资本金 2.31 亿元，占比 28.6％。采用 PPP 模式，申请国家开发银行中长期贷款 5.17 亿元，贷款期限 19 年。还款来源为 PPP 项目合同项下水权交易收入、灌溉水费收入，以及借款人自由现金流。信用结构为股东保证担保以及PPP 项目合同项下全部权益和收益质押担保。项目投融资模式如图 2 所示。

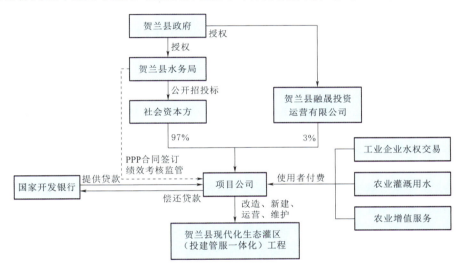

图 2　宁夏贺兰县现代化生态灌区建设工程投融资模式

3. 实施要点

（1）政府与社会资本合作。项目采用 ROT 运作模式，社会资本方负责本项目所有新建及改建工程的投融资、建设、运营、维护、移交等工作。合作期满后，项目公司将本项目资产（设施）无偿、完好、无债务、不设定担保的移交给贺兰县人民政府指定机构。

（2）创新采用水权交易收入作为还款来源。该项目的使用者付费中，与当地工业企业的水权交易收入占较大部分。该项目建成后，贺兰县全县灌溉面积将达到 60 万亩，其中高效节水灌溉面积 22.23 万亩；每年可节约农业灌溉用水 5621 万 m^3，其中 60％可通过水权交易方式用于宁东能源化工基地等工业项目，水权交易收入可用于偿还贷款。具体水权交易模式如图 3 所示。

（3）强化风险防控。由于回报机制为完全使用者付费，本项目将项目公司及其股东设计为共同借款人，分担贷款风险。同时，进一步构建 PPP 合同权益质押和上市公司连带责任保证担保的融资模式，充分防范信贷风险。

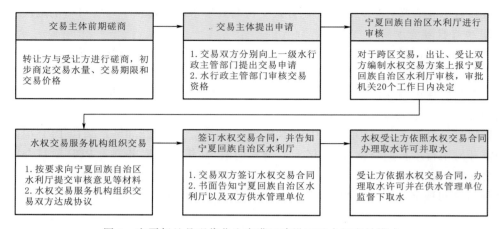

図3　宁夏贺兰县现代化生态灌区建设工程水权交易模式

（三）云南元谋高效节水灌溉大型灌区建设工程

1. 案例概况

云南省元谋县地处干热河谷地区，素有"天然温室"之称，具备丰富的光热资源，是重要的热带经济作物及冬早蔬菜生产基地。但其境内可开发利用水资源量少，蒸发高值超过3000mm，缺水率达28%，作物生长条件与水资源禀赋严重错配，阻碍了当地农业高质量发展。

为解决水资源短缺问题，元谋县启动实施高效节水灌溉项目，探索农业水价综合改革模式。该项目分三期实施：一期项目丙间灌片于2016年开工建设、2018年建成，总投资3.08亿元，覆盖灌溉面积11.4万亩，受益6.67万人，建成后节水2158万m^3/a，增产作物27%，供水保证率由75%提升至90%，灌溉水利用系数由0.5提升至0.9。二期项目平田、物茂灌片总投资3.61亿元，建设范围8.6万亩，于2022年开工建设，目前已基本建成。远期还规划有三期项目41.6万亩，项目全部建成后将形成超过60万亩的大型灌区，有效解决当地农业用水不足问题，提高水资源利用效率，全面助力乡村振兴。

2. 融资做法

该项目一期工程采用BOT模式开展，引入社会资本大禹节水集团等三家公司组成联合体，由联合体与农民用水专业合作社共同组建项目公司，与县政府签订合同，负责工程的建设运营。项目投资由政府、社会资本和群众自筹构成，其中政府投资1.2亿元，占比39%；社会投资1.47亿元，占比48%；群众自筹0.41亿元，占比13%。其中国家开发银行投放专项建设基金6000万元，以楚雄州开发投资有限公司分年回购方式退出。二期项目则采用特许经营模式，其投融资结构与一期工程类似。该项目的筹划、建成与实施，不仅是深化农业水价综合改革、充实灌区建设资金来源、促进农业增产增收的生动样板，也是政府与社会"两手发力"、开发性金融参与灌区投融资模式创新、引导多元资金助力水利高质量发展的典型案例。

3. 实施要点

（1）基金投资补充资本金缺口。为支持国家确定的重点领域项目建设，国家开发银行于 2015 年设立国开发展基金，采用项目资本金投资、股权投资、股东借款以及参与地方投融资公司基金等投资方式对数千个国家重点项目进行资本金投入。该项目中，国家开发银行向元谋县开发投资有限公司以夹层投资方式投放基金 6000 万元，占项目总投资的 19%，以低成本资金补充项目资本金，有力解决了项目谋划阶段资金不足的问题。

（2）协同发力实现多方共赢。该项目充分发动社会资本和民间团体力量，调动各方积极性，实现资本投入和经济效益的正向互馈。除政府和开发银行投资外，该项目发动群众自筹资金 4070 万元，吸收农民用水合作社资金 370 万元，其余由社会资本投融资解决。通过政府、开发性金融、社会资本、当地群众协同发力，充实灌区建设资金，实现农业生产节水增收、多方共赢的优异成效。

四、建议和结论

现代化灌区建设是粮食安全的重要保障、乡村振兴的关键助力和节约用水的核心领域。我国农业用水需求量大，但水价和水费计收率均较低，提价困难，严重制约了灌区项目的市场化投融资水平。随着经济社会发展，农业水价综合改革势在必行，但当前灌区建设的迫切资金需求与投融资能力存在矛盾。为了在保障灌区建设进度的同时切实减轻财政负担，不仅需要继续完善政策，均衡推动产业链各环节稳健发展，也要从金融供给侧创新模式，引导并逐步形成多元化投融资体系。对此，本文提出以下建议。

（一）持续完善政策机制

参考洋河二灌区、河套灌区、辽阳灌区、青龙山灌区等农业水价综合改革试点案例，梳理其农业水价形成机制做法，充分认识提价的可行性和可操作性，提炼农业水价测算调整的实践经验，建立科学合理、分步实施、稳步落实的提价机制。

（二）做好灌区产业发展规划

因地制宜、科学规划，结合油料糖料等经济作物种植、粮食和经济作物轮作套种、规模化种植等手段，切实促进作物增长、农民增收，有效提高灌区用水端收入，增强水价可承受能力，扩宽水价调整空间。

（三）积极培育灌区建设运营专业企业

现代化灌溉设施涉及土木工程、水利工程、管道设施、节水技术、数字化智慧化管理等多个领域，具有较强的综合性与专业性。为此，有必要建立培育"投建管服"一体化灌区建设运营企业，做好灌区从规划建设到经营维护的全流程全周期管理，确保灌区建设资金投有所成、稳定运营，避免重建设轻管理、低水平重复建设等现象。

（四）现阶段应强化政策性资金支撑

受制于水费收入不足，灌区项目主体现金流薄弱，实力有待增强，难以支撑其投资需求。为此，需要开发性、政策性金融机构从供给端发力，为灌区建设提供长期低成本资金，助力灌区工程项目在改革过渡期平稳运作。

（五）逐步引导社会资本接续投入

随着农业水价综合改革落实到位，灌区项目自身财务平衡能力增强，商业化资金将自发进入培育成熟的市场。从政府投资到政策性贷款再到市场化融资的演进过程，顺应和体现了灌区建设逐步走向"两手发力"、实现多元化投融资的发展趋势。

（六）适时启动灌区资产确权工作

清晰的资产产权归属是项目融资的必备条件，灌区设施涉及政府、企业、农户等众多利益相关方，往往产权关系复杂、历史问题众多，为构建培育市场主体带来了一定难度。2024 年开始，我国启动水利工程不动产登记工作，目前主要聚焦水库领域，尚未涉及灌区。明确灌溉设施权属，做好资产确权，为灌区主体建设构建坚实的法律基础任重而道远。

参 考 文 献

［1］ 王薇，孙力，马海燕，等．浅析山东省灌区农业灌溉水价与运行管理［J］．水利发展研究，2016，16（5）：64－66，70．

［2］ 史源，李益农，白美健，等．现代化灌区高效节水灌溉工程建设投融资及管理运行机制探讨［J］．中国水利，2018（1）：50－52．

［3］ 康绍忠．加快推进灌区现代化改造 补齐国家粮食安全短板［J］．中国水利，2020（9）：1－5．

［4］ 侯苗，董阿忠，杨星．大中型灌区农业水价测算与用水户承载力研究——以江苏省为例［J/OL］．价格理论与实践，［2024－07－26］．

［5］ 兰向民，张玉梅．中国节水灌溉工程对经济和环境的影响［J/OL］．中国农业资源与区划，［2024－07－26］．

［6］ 高鑫，李雪松．国外灌区管理分析及其对我国的启示［J］．湖北社会科学，2008（8）：98－101．

［7］ 张司锋．灌区农业用水价格改革问题研究［D］．开封：河南大学，2020．

［8］ 冯广志，谷丽雅．印度和其他国家用水户参与灌溉管理的经验及其启示［J］．中国农村水利水电，2000（4）：23－26．

［9］ 康绍忠．中国农业节水十年：成就、挑战及对策［J］．中国水利，2024（10）：1－9．

［10］ 张梦然．农业水价改革研究［J］．农村经济与科技，2024，35（7）：37－40．

［11］ 陈茂山，戴向前，周飞，等．关于水费占农业生产成本合理比重的思考——以粮食作物为例［J/OL］．水利发展研究，［2024－07－26］．

"两手发力"推动宁夏水资源利用保护的思考

暴路敏[1]，马德仁[2]，王彦兵[3]，陈　丹[1]，
王怀博[4]，徐　阳[1]，郗玥颖[1]，赵志轩[5]

（1. 宁夏回族自治区水文水资源监测预警中心；2. 宁夏回族自治区水利厅；
3. 宁夏水利调度中心；4. 宁夏水利科学研究院；
5. 南京水利科学研究院 水文水资源与水利工程科学国家重点实验室）

摘　要： 为深入贯彻落实习近平总书记"节水优先、空间均衡、系统治理、两手发力"治水思路，宁夏坚持政府和市场两手发力，推动新阶段水资源利用保护高质量发展，支撑黄河流域生态保护和高质量发展先行区建设。本文总结了宁夏推进"两手发力"的总体进展情况和经验做法，提出了存在的问题和具体建议，为全国在水资源利用保护领域推动"两手发力"提供经验和示范。

关键词： 两手发力；用水权改革；水市场；宁夏

一、引言

党的十八大以来，习近平总书记"节水优先、空间均衡、系统治理、两手发力"治水思路，为强化水治理，保障水安全指明了方向。其中"两手发力"就是协调发挥政府"有形之手"和市场"无形之手"的作用，充分发挥好市场配置资源的作用和更好发挥政府作用[1]。宁夏坚决贯彻落实习近平总书记治水重要论述精神和视察宁夏重要讲话精神，坚持政府和市场两手发力，严控总量、优化结构、统筹调度、管控用途，推动水价、水资源税和用水权改革，着力构建水资源管理、水市场相关制度和机制，实现双轮驱动、共同发力，全力支撑黄河流域生态保护和高质量发展先行区建设。

二、水资源利用保护领域中推进"两手发力"思路

水是公共产品，政府该管的要管严管好，同时也要充分发挥市场在资源配置中的决定性作用。因此，落实"两手发力"，无论是依靠政府的法规、政策、制度、税收等手段，还是利用市场的价格、竞争等机制，都要通过监管来引导调整人的行为、纠正人的错误行为，确保人们依照政府规则和市场规律办事[2]。

原文刊载于《水利发展研究》2023 年第 5 期。

（一）发挥政府作用方面

一是健全水资源保护利用领域法律法规制度建设，充分发挥政府主导水治理的宏观谋划和统筹指导的作用，有必要对现有《中华人民共和国水法》（以下简称《水法》）、《取水许可和水资源费征收管理条例》等法律法规进行修订。二是创新水资源管理手段和方式，综合运用法律、行政、经济、技术和教育等手段规范涉水社会行为，调节涉水利益关系，化解涉水社会矛盾。三是提高水资源公共服务能力和水平，大幅增强水资源公共服务和产品的有效供给，着力解决与人民群众关系最直接最现实的水资源供给、水生态改善等问题，满足广大人民群众日益增长的美好生活需要。四是推进水生态文明建设，坚持人与自然和谐共生、山水林田湖草生命共同体的理念，在水资源、水生态、水环境、水灾害系统治理上，强化政府责任担当，推动水资源管理与保护各项工作取得实效。

（二）发挥市场作用方面

完善市场机制，充分发挥好市场配置资源的作用。一是加快推进水权制度建设，加快推进水资源确权与水权交易制度建设，积极培育和发展水市场；建立健全公平、开放、透明的水利市场规则，不断完善和强化节水、环境、技术、安全等市场准入标准。二是建立符合市场导向的水价形成机制，开展农业水价综合改革，建立工业、服务业用水超额累进加价和城市居民生活用水阶梯式水价制度。三是创新节水投融资体制机制，鼓励和引导社会资本参与节水工程建设运营，建立健全政府和社会资本合作机制，不断完善投资补助、财政补贴、贷款贴息、收益分配、价格支持等相关优惠政策。

三、推进"两手发力"总体进展情况

宁夏紧紧抓住长期制约经济社会发展水安全保障的深层次矛盾和问题，牢牢把握深化改革的目标方向与重点任务，从法制、体制、机制等多方面入手，全面启动水资源管理机制改革，稳步推进管理能力建设，取得显著成效。

（一）发挥政府作用方面

1. 用水权制度建设方面

宁夏通过一系列制度建设，建立了用水权监管体系，有效确保确权指标的落地。一是夯实法律基础，出台《宁夏回族自治区水资源管理条例》，将最严格水资源管理制度贯穿于始终，确定了用水权管理制度、水资源统一管理制度、用水总量控制制度、水资源用途管制制度、用水效率控制制度等管理制度，确保用水权监管的有法可依。二是细化支撑政策体系，相继制定出台了《计划用水管理办法》《水资源使用权用途管制暂行办法》等，进一步加强用水单位用水需求和用水过程管理，优化水资源配置，提升计划用水规范化和进程化管理，对用水权的用途确认、用途变更和监督管理细化要求，同时明确了监管的主体和部门。三是坚持政策引领创新，深入研究水资源管理及水权水市场机制性深层次问题，颁布《先行区促进条例》，出台18项配套制度，"四水四定"、用水权改革于法有据，改革制度体系"四梁八柱"基本建立。

2. 强化刚性约束方面

宁夏从系统管水入手，坚持科学化配水、制度化约束、规范化管理，从源头上管住总量、管住强度、管住用途。一是制定管控方案，在黄河流域率先开展"四水四定"专题研究，制定"四水四定"指标及管控体系，明确不同区域用水总量和效率控制指标，提出城市建设、土地开发、人口承载、产业发展约束控制指导线，确保用水总量严格控制在国家分配指标内。二是强化刚性约束，坚持目标导向，将用水节水作为发展的约束性指标，纳入黄河流域生态保护和高质量发展先行区建设实施意见、发展规划和"十四五"规划，纳入党政领导班子和领导干部政绩考核。修正下调农业、工业、服务业各行业用水定额标准，50%以上的标准严于原有标准，总体在同类地区处于领先水平。三是严格水资源超载管控和治理，发挥用水总量刚性约束作用，对水资源开发利用处于临界状态的地区进行预警，严格落实项目和用水"双限批"，全面暂停超载地区新增取水许可，对超载地区暂停新增用水审批、实施用水管控，坚决停批30余个产业项目。督导中卫市制定超载区管控方案，有效推进年度治理任务，严格实行定额管控，核减计划用水，压减水稻种植面积，推进沿黄取水口整治，控制无序生态补水，超载地区引黄水量较去年同期减少1亿 m³左右。

3. 优化配置调度方面

一是完善水资源调配体系，加快建立总量控制、指标到县、分区管理、空间均衡的水资源配置体系，出台水安全保障规划、先行区"十四五"水资源配置规划，提出"四水四定"约束下的工程配置保障方案。建立保障刚性用水、市场交易调控、丰枯风险应对机制，自治区统筹预留2%用水指标，掌握水资源安全主动权。二是统筹用水需求，以国家分配水量为约束，由自治区政府、水利厅分别下达取用水计划和水量调度方案，按照"丰增枯减"对取用黄河干支流及地下水、非常规水等各类水源进行全口径配置，对生活、工业、农业、生态用水实行统筹分配，督导各地细化并严格执行水量分配和调度计划，严格控制超用水地区水量调度指标。

4. 强化取水管理方面

一是严格管理整治，依托取用水管理专项整治行动，全面梳理取用水工程，督导无证取水户开展水资源论证、完善取水许可手续。严格落实项目和用水"双限批"，全面暂停超载地区新增用水许可审批。严格用途管制，对于超取水许可范围、用途取用水的企业，实行约谈、通报，并进行行政处分。二是探索论证许可改革，持续推进规划水资源论证，涉水重点工业、产业园区全面实行规划水资源论证，推进产业及园区布局与水资源承载相协调。深化"放管服"改革，全面推行取水许可电子证照，下放部分黄河水、地表水取水许可审批权限，强化市、县自主审批管理能力。全面推进区域水资源论证评估，制定区域评估及取水许可告知承诺制改革方案及工作规程，明确了水资源论证区域评估技术要求、审查流程，取水许可告知承诺申请审批流程及事中事后监管要求。

（二）发挥市场机制作用方面

1. 创新用水权改革，发挥市场调节作用

坚持政府与市场"两手发力"，大力推进水权水市场改革，推动水资源配置向"市场主导、政府调节"根本性转变。

（1）试点水权改革，提高资源利用效益。2003年，率先在黄河流域开展水权转换试点，通过"农业综合节水—水权有偿转换—工业高效用水"模式，走出了农业节水支持工

业发展、工业发展反哺农业新路子。目前已累计完成水权转换节水改造工程 26 项，农业向工业转换用水权 2.09 亿 m^3，涉及资金 23.73 亿元。2014 年，宁夏被确定为全国 7 个水权改革试点省份之一，结合 2016 年开展的水流产权确权试点，将农业用水确权到 4083 个干渠直开口和乡镇、协会等各类用水户，同时积极探索开展水权交易，逐步实现由"政府主导水权转换"向"市场主导水权交易"转变。已累计交易水量 1.854 亿 m^3、金额 13.1 亿元[3-4]。

（2）系统推进用水权改革。2021 年，自治区党委、政府办公厅出台《关于落实水资源"四定"原则深入推进用水权改革的实施意见》[5]，将深化用水权改革作为实现水资源节约集约高效利用的关键一招。抓实确权。印发《用水权确权指导意见》，建立自治区用水权确权交易平台和数据库，形成"总量管控、定额分配、适宜单元、管理到户"的新模式。逐村、逐户核定确权灌溉面积 1058 万亩，确权水量 43.6 亿 m^3；全面建立工业企业用水台账 3701 家，确权水量 4.9 亿 m^3。抓好赋能。印发《关于金融支持用水权改革的指导意见》《"四权"抵押贷款贴息资金管理办法》，8 家银行开展用水权质押、授信、贷款实际案例 10 笔，共发放贷款 4.5 亿元，实现了水资源向"水资产"的转换。抓紧定价。印发《用水权价值基准（试行）》，为用水权交易和有偿使用费收缴提供依据，在全国率先探索实行用水权有偿取得，征缴工业用水权有偿使用费 1.93 亿元。实行阶梯水价、额内优惠、累进加价等制度，22 个县区末级渠系全部执行新水价。抓严入市。印发《用水权市场交易规则》《用水权收储交易管理办法》，完善用水权交易平台，按照一、二级市场定位分工、市场主体和交易范围，全面实现电子化交易。2021—2022 年共完成交易 180笔，交易水量 9703 万 m^3、金额 3.57 亿元，用水权市场的参与度和活跃度明显提升。

2. 持续深化农业水价综合改革

推行按照实际用水量征收水费，分级分类制定差别化水价。22 个县区末级渠系供水成本测算和水价批复全部完成，2022 年春灌开始全部执行新批复水价。初步制定了引黄灌区骨干工程水价调整方案。配套测控一体化计量设施 4173 套，实现 42.6% 的干渠直开口测控自动化和精准计量。创新基层水利服务体系，组建各类基层水管组织（合作社）165 个。农业用水水费全面推行电子缴费模式，纳入地方财政预算，实行"收支两条线"管理，使每一笔水费可追溯可查询。基层用水服务水平明显提升，确保了用水有人管、渠系有人修、计量设施有人盯。

3. 试点水资源税改革，促进资源节约利用

作为全国第二批水资源税改革 9 个试点省份之一，全力探索费改税路径。由政府下发了水资源税改革试点实施办法，财政厅、水利厅、税务局建立了联合协调机制，出台了水资源税收入划分方案、奖补办法、征收管理暂行办法等，制定了各类水源、不同行业、不同区域分类税额征收标准，建立了取水必办证、用水必核量、登记必缴税机制，全力推进试点工作。率先在全国开发部署了水资源税征收取用水信息管理系统，实现了纳税人全部在线申报，水利、税务部门在线核定。试点以来累计征收水资源税 21.34 亿元，其中2021 年入库 4.2 亿元，较税改前年度水资源费征收增长了 146%。正在着力探索建立取水许可与水资源税征收联动机制，调整城市和工业供水管网取水计税环节，发挥税收在调节用水需求和用水结构中的杠杆作用。

4. 先期探索生态补偿

建立健全生态补偿机制，强化绩效管理，推进宁夏横向生态补偿取得实效。从 2021 年开始启动实施区内横向生态补偿，自治区财政厅、生态环境厅、水利厅等部门联合印发了《黄河宁夏段干支流及入黄排水沟上下游横向生态保护补偿机制试点实施方案》，将黄河干支流及重点入黄排水沟流域及全区所有市、县（区）和宁东能源化工基地全部纳入补偿范围，自治区与市县按照 1:1 比例共同筹措资金 2 亿元，以水质改善、水源涵养、水资源高效利用为核心，科学测算分配资金，推进横向补偿机制落地实施，2022 年兑现县区间水资源利用横向补偿 6000 万元。

四、推进"两手发力"的困难和问题

（一）政府发挥作用存在不足方面

1. 用水权改革部分事项缺乏上位法支撑

目前我国水权水市场建设处于蓬勃发展期，现行《水权交易管理暂行办法》为水利部 2016 年发布。我国水权交易市场发展至今，交易类型、交易方式都发生了很大的变化，《水权交易管理暂行办法》已不能完全指导我国水权交易市场的发展。随着改革进入深水区，受制于水资源的特殊属性，用水权确权、有偿取得和收储等具体举措，在现行《水法》和《取水许可和水资源费征收管理条例》等法律法规中尚无明确规定。用水权确权缺乏上位法支撑、有偿取得面临执行难、收储尚缺合法性依据，存在着无法可依、产生行政诉讼的风险。

2. 供水工程网络不完善与用水结构不合理并存

盐同红等脱贫攻坚重点地区配水工程体系仍不完善，黄河水配置供给能力严重不足，制约了当地经济社会各项事业发展。北部引黄灌区由于引水线路长，缺乏足够的调蓄工程，在灌溉高峰期仍存在灌区末端灌溉困难的情况；中部扬黄灌区灌溉高峰期调蓄能力严重不足，运行成本高。灌溉和城乡生活用水共用线路，争水情况严重，供需矛盾突出。城市再生水由水厂到用户之间"肠梗阻"普遍存在，"最后一公里"没有打通，利用率偏低。

3. 节水体制机制亟待加强

节水机构不健全，节水队伍力量薄弱。水价总体水平偏低，财税引导和激励政策不完善，合同节水有效推广机制还未建立，用水户自主节水积极性不高，受全区产业布局制约，用水结构仍不合理。公众对严重缺水的水情认识不够、对节水的重要性认识不足。部分市县对日益严峻的水资源短缺形势认识还跟不上。

4. 交易指标与取水许可办理不协调

用水户通过市场化购买用水权指标，但不直接办理取水许可，均通过公共供水工程进行供水，公共供水工程需办理取水许可变更。按照《黄河水权转换管理实施办法（试行）》要求，凡是转换交易水量均需确认节水工程后才能增加供水工程的取水许可，这种管理模式已经难以满足用水权交易的时效性要求，公共供水工程存在超许可取水风险。

5. 用水计量设施存在短板

农业用水权需确权到最适宜计量单元，灌区存在末级渠系数量大，小规模分散农业经营户多，计量设施安装率较低等问题，目前市场上还没有精度高、价格低的计量设备可供推广应用，造成自动监测提升难度大、成本高；可开展灌溉用水户水权交易的区域仅限于已安装在线计量设施或有专业技术人员长期人工测流的干渠直开口，交易收益无法精准式返回给节水农户，存在"大锅水"交易现象；受制于末级渠系计量设施安装覆盖率低、人工测流成本高等因素，未监测计量的末级渠系之间无法开展用水权交易；已安装的测控一体化闸门，国家尚无统一的检验标准，质保期过后运维资金紧缺。

（二）市场发挥作用存在不足方面

1. 市场功能发挥不充分，水权水市场亟待培育

宁夏用水权交易仍处探索阶段，还存在机制待健全、市场供给不足等问题。基层用水权收储交易机制未全面建立，以政府主导的收储行政成本高、效率低；用水权质押金融产品未有效开发。市场供给不足，部分市、县（区）和已通过水权交易获得指标的工业企业，考虑后续发展用水需求，出让用水权积极性不高，存在"惜水"壁垒；各地确权工作刚刚完成，农业节水成效尚无法评估，因工农业供水保证率差异，造成短期用水权富余、长期用水权不足，长期需求与短期出让不匹配[6]。

2. 水价形成机制与构成不合理，价格杠杆作用没有充分发挥

宁夏经济欠发达，各级财政困难，脱贫攻坚任务重，农民承受能力有限，自流灌区农业灌溉终端水价平均每方 0.064 元，其中骨干水利工程水价近 15 年未调整，每方仅 0.025 元，明显低于周边省区，农业水价未达到成本水价，精准补贴和节水奖励资金难以足额到位。

3. 水利建设市场融资机制尚不完善，社会资本参与不足

水利工程大多以防洪、生态、灌溉为主，公益属性强、建设周期长、资金需求大、盈利能力弱、投资见效慢。随着中央与地方财政事权和支出责任划分、转移支付制度改革、专项资金统筹整合等一系列改革的推进，仅靠国家支持及地方财政支出已无法满足日益扩大的水利建设资金需求。在当前财政压力加大、债务风险防控、信贷政策趋紧、融资困难加剧的形势下，因现行水价远低于成本价，使以追求利润回报最大化为目标的社会资本对于投资公益性、准公益性水利项目建设望而却步。

五、对推进"两手发力"的意见建议

（一）加大体制机制创新力度，强化政府监管

1. 把水资源作为最大的刚性约束

根据国家治理体系和治理能力现代化要求，梳理修订现有法规规章，完善水资源配置顶层设计，严格落实最严格水资源管理制度，坚持把水资源作为最大的刚性约束，落实"以水定城、以水定地、以水定人、以水定产"要求，建议水利部尽快出台水资源刚性约束制度顶层设计，以水资源最大刚性约束，引导产业结构调整和区域经济布局优化，确保各业发展用水安全。

2. 建议加快推动用水权国家立法

按照"立法和改革相向而行"的精神，为使用水权改革探索能够行稳致远，做到重大改革有法有据，建议水利部将用水权确权、有偿取得和收储等纳入《水法》《取水许可和水资源费征收管理条例》（修订）中，为全面推进用水权改革提供上位法支撑。

3. 将水资源论证作为前置审批条件

在项目审批建设中，由于水资源论证属于必要性审批，而非前置性审批，一些地方存在先上项目、后论证，先开工、后批水的情况，与落实水资源刚性约束要求不相适应。建议从国家上位法层面，将水资源论证作为各类工业园区（开发区）、重大产业等涉及用水的规划及建设项目前置审批条件，严格落实以水定需、以水定产。

4. 提升水资源监测计量能力

从宁夏开展的取用水专项整治行动中发现，已安装计量设施的也由于没有维修经费保障，导致年久失修无法正常运行，资金缺口较大。大力推进农业监测计量设施配备受到各市县财政等因素限制，安装进度缓慢。建议水利部在现代化灌区试点、农业水价综合改革试点项目中给予政策、资金方面的支持。

（二）发挥市场配置资源的关键作用，培育水市场

1. 探索在缺水地区实行用水权有偿取得

用水权有偿使用费是指有偿获得用水权的费用，实现对水资源使用和收益的权利，体现了水资源作为国家所有的权益，与水资源税有着本质的区别。建议国家引入市场机制，探索政府有偿配置用水权，用水户缴纳用水权有偿使用费取得用水权，盘活水资源存量，有效减少闲置用水权，培育水权交易一级市场[7]。

2. 建议出台用水权交易定价指导意见

研究并制定科学的用水权基准价格有助于保障水权市场化交易的有效进行，并能够通过水权交易优化水资源配置、提高水资源利用效率，建议国家深入开展用水权交易价格形成机制研究，并建立交易价格的监管机制和动态调整机制。

3. 加大水市场建设经费保障力度

建议国家加大水市场建设资金投入力度，对工作成效明显、经验做法在国家层面可复制推广的省（市、县、区）予以激励奖励，用于建立健全用水权收储交易机构，提升计量监测设施建设，保障开展用水权确权、收储和交易等工作。

4. 鼓励开展短期用水权交易

在用水总量控制下，有调水工程的地表水，积极开展县域之间、农业内部之间、企业之间短期用水权交易，培育水权交易二级市场。如一年、一个灌溉周期等等，让水权"动起来"。如一个县今年有富余水量，另一个刚好今年缺水，两县之间可以进行一年或一个灌溉期交易。同理一个县内农业用水户之间、一个工业园区企业之间可以进行短期交易。

5. 加快建立用水权投融资机制

建议金融机构积极开展金融支持用水权质押、贴息贷款融资业务，赋予用水权更多金融属性，促进用水权投融资探索和尝试，充分体现用水权金融资产价值。通过"合同节水＋水权交易"等模式，鼓励吸引社会资本直接参与节水改造工程建设及运行养护，优先获得节约的水资源使用权。

参 考 文 献

[1] 王建平，李发鹏，夏朋 . 两手发力：要充分发挥好市场配置资源的作用和更好发挥政府作用 [J].

水利发展研究，2018，18（9）：33-41.

［2］ 吴强.从政府与市场的关系看水利如何落实"两手发力"实现高质量发展［J］.水利发展研究，2021，21（4）：4-6.

［3］ 麦山.积极探索水权制度改革破解宁夏经济社会发展缺水瓶颈［J］.中国水利，2019，875（17）：57-58.

［4］ 马如国，司建宁，暴路敏.宁夏水权试点的探索与实践［J］.水利发展研究，2018，18（8）：26-29.

［5］ 宁夏回族自治区党委办公厅人民政府办公厅.关于印发用水权、土地权、排污权、山林权"四权"改革实施意见的通知［Z］.2021.

［6］ 朱云.关于推进用水权改革工作情况的报告［R］.银川：宁夏回族自治区水利厅，2022.

［7］ 王亚华.以"三权分置"水权制度改革推进我国水权水市场建设［J］.中国水利，2022（1）：4-7.

人民至上，全力防御水旱灾害

以系统治理理念提高中小水库防洪能力

钮新强[1,2]，谭界雄[1,3]，李　星[1,3]，田金章[1,3]

（1. 国家大坝安全工程技术研究中心；2. 长江设计集团有限公司；
3. 长江勘测规划设计研究有限责任公司）

摘　要： 我国水库总数的 99％为中小型水库，在生产生活中发挥着重要作用，中小型水库大坝安全意义重大。随着极端气象事件频发、大坝"老龄化"、运行环境变化，我国中小型水库防洪安全面临巨大挑战。本文分析了中小型水库防洪能力现状及面临的挑战，提出了系统治理理念，通过创新防洪安全理念、适当提升防洪标准、持续推进防洪能力达标、提高信息化管理水平等系统治理措施，不断提高我国中小型水库防洪能力。

关键词： 中小型水库；防洪；系统治理

据 2020 年全国水利发展统计公报，我国共建成水库 98566 座，中小型水库占比约 99.2％，其中中型水库 4098 座，库容 1179 亿 m^3，小型水库 93694 座，库容 717 亿 m^3。

我国高度重视水库大坝安全。《中华人民共和国国民经济和社会发展第十四个五年规划和 2035 年远景目标纲要》提出要提升水旱灾害防御能力，实施防洪提升工程，解决防汛薄弱环节，加快防洪控制性枢纽工程建设和中小河流治理、病险水库除险加固。水利部高度重视水利工程防洪安全，提出"人员不伤亡、水库不垮坝、重要堤防不决口、重要基础设施不受冲击"的"四不"要求。我国中小型水库量大面广，是水利工程防洪安全的重要组成部分。1954 年至今，我国各类水库共发生溃坝约 3550 座，其中中小型水库大坝占比 99.9％，中小型水库防洪能力对水库自身安全及国家整体防洪安全极为重要。

一、中小型水库防洪能力现状

（一）防洪标准偏低

我国现行水库等级划分与防洪标准选择方法是以工程规模、效益和在经济社会中的重要性，按库容、防洪、治涝、灌溉、供水、发电等 6 个类别的 9 项指标来确定的，采用"就高不就低"的原则，先确定工程等别，再根据工程等别确定建筑物级别，最后根据建筑物级别确定防洪标准。美国现行大坝等级划分和防洪标准是以大坝失事所造成的潜在危

原文刊载于《中国水利》2023 年第 1 期。

害来确定的。

对于失事或调度失误有可能造成生命损失的高风险等级大坝，美国联邦应急管理署（FEMA）的防洪标准采用水文设计最高标准，即PMF。如表1所示，我国山区、丘陵区中小型水库的校核洪水标准最高等级为2000年一遇，最低等级为100年一遇，平原、滨海区中小型水库的校核洪水标准最高等级为300年一遇，最低等级为20年一遇。与美国高风险等级大坝的防洪标准相比，我国中小型水库，尤其是小型水库的防洪标准仍存在一定差距。同时，美国、英国、加拿大等均将水库潜在失事可能造成的生命、财产损失作为确定防洪标准的主要因素，而我国没有明确将生命安全单列为防洪标准的考量因素。

表1 中国与美国防洪标准对比

工程规模	分区	设计洪水（中国）	校核洪水（中国）		FEMA（美国）		
			混凝土坝浆砌石坝	土坝堆石坝	高风险	显著风险	低风险
中型	山区、丘陵区	100年一遇～50年一遇	1000年一遇～500年一遇	2000年一遇～1000年一遇	PMF	0.1%洪水	1%洪水或具有正当理由的更小洪水
	平原、滨海区	50年一遇～20年一遇	300年一遇～100年一遇				
小（1）型	山区、丘陵区	50年一遇～30年一遇	500年一遇～200年一遇	1000年一遇～300年一遇	PMF	0.1%洪水	1%洪水或具有正当理由的更小洪水
	平原、滨海区	20年一遇～10年一遇	100年一遇～50年一遇				
小（2）型	山区、丘陵区	30年一遇～20年一遇	200年一遇～100年一遇	300年一遇～200年一遇	PMF	0.1%洪水	1%洪水或具有正当理由的更小洪水
	平原、滨海区	10年一遇	50年一遇～20年一遇				

（二）防洪能力复核标准偏低

大坝安全鉴定是水库大坝运行管理工作的重要环节，中小型水库大坝安全鉴定主要按照或参照《水库大坝安全评价导则》（SL 258—2017）执行，按防洪能力复核要求对防洪标准、设计洪水复核计算、调洪计算、大坝抗洪能力进行复核。防洪标准复核是复核水库工程等别、建筑物级别和防洪标准是否符合《防洪标准》（GB 50201—2014）和《水利水电工程等级划分及洪水标准》（SL 252—2017）的规定。

根据《水库大坝安全评价导则》（SL 258—2017），对于执行《防洪标准》（GB 50201—2014）和《水利水电工程等级划分及洪水标准》（SL 252—2017）确有困难的，水库防洪标准复核按1989年颁布的《水利枢纽工程除险加固近期非常运用洪水标准的意见》执行。即非常运用洪水标准不得低于近期非常运用洪水标准，洪水标准见表2。由表可知，该防洪安全复核的洪水标准明显低于现行规范要求。如土石坝3级建筑物的校核洪水标准，《水利水电工程等级划分及洪水标准》（SL 252—2017）规定为2000年一遇～1000年一遇，而表2中的土石坝近期非常运用洪水标准规定仅为500年一遇。此外，部分省区确定的4级、5级建筑物近期非常运用标准偏低，有的甚至低于《水利水电工程等级划分及洪水标准》（SL 252—2017）的要求，见表3。

表 2   永久性水工建筑物近期非常运用洪水标准表

坝　型	工　程　规　模				
	1	2	3	4	5
土石坝	2000 年一遇	1000 年一遇	500 年一遇	—	—
混凝土坝、浆砌石坝	1000 年一遇	500 年一遇	300 年一遇	—	—

表 3   4 级和 5 级永久性水工建筑物近期非常运用洪水标准表

坝　型	广西		四川		SL 252—2017 中的山区、丘陵区水库工程	
	4 级建筑物	5 级建筑物	4 级建筑物	5 级建筑物	4 级建筑物	5 级建筑物
土石坝	300 年一遇	100 年一遇	300 年一遇	200 年一遇	1000 年一遇～300 年一遇	300 年一遇～200 年一遇
混凝土坝、浆砌石坝	100 年一遇	50 年一遇	200 年一遇	100 年一遇	500 年一遇～200 年一遇	200 年一遇～100 年一遇

注　广西数据来源于桂水电技字（1990）第 51 号文，四川数据来源于四川省水电（89）规设字第 267 号文。

（三）部分水库泄洪能力不足

我国早期修建的中小型水库大坝放水设施部分采用坝体埋管形式，超泄能力先天不足，加之运行时间过长、坝体沉降等，涵管老化、破裂、堵塞等问题突出，遭遇洪水时泄洪能力极为有限。

据统计，全国中型水库共有 169 座无泄洪设施，小型水库 3845 座无泄洪设施。中小型病险水库除险加固后，部分水库大坝增设了泄洪通道，但部分水库泄洪设施可靠性难以保证，部分行洪通道被侵占，严重影响泄洪能力。

二、中小型水库防洪安全面临的挑战

（一）极端天气事件频发

1954—2018 年间全国各类水库发生溃坝事件 3541 起，中小型水库溃坝占比 96.27%，其中 1/3 以上是由于遭遇特大洪水、设计洪水偏低和泄洪设备失灵，引起洪水漫顶而失事。中小型水库由于工程规模小、防洪标准偏低、泄洪能力不足，一旦遇到超过防洪能力的洪水，如无应急措施，工程本身极易被破坏。

受全球性气候变化影响，我国强降水等极端事件增多增强，气候风险水平趋于上升。根据统计，我国 1991—2020 年气候风险指数平均值（6.8）较 1961—1990 年平均值（4.3）增加了 58%。以全球变暖为主要特征的气候变化，导致大气持水能力增加，增加了特大暴雨、超标准洪水发生的概率和强度。按水库运行阶段统计，因超标准洪水导致的溃坝 1954—1979 年 279 座（占比 10%），1980—1999 年 150 座（占比 28%），2000 年至今 45 座（占比 44%），超标准洪水导致溃坝比例呈增大的趋势。

（二）运行环境发生变化

随着我国经济社会发展，水库下游影响区人口、社会经济当量增加，"都市型"水库增多，保护对象、运行环境、运行维护边界发生了显著变化。随着城市化进程的加快，大多数水库由"郊野型"变为"都市型"，例如，深圳市共有水库 177 座（其中中小型水库

175 座），其中都市型水库 134 座（占比 76％）。大多数都市型水库下游保护对象为人口密集的商业中心、居民区、重要交通通道等，水库大坝必须确保万无一失，例如，湖北省陆水水库主坝和 8 号副坝紧邻赤壁市城区，城区人口近 50 万人，下游 2～8km 范围内有京广铁路、京广高铁、京港澳高速公路等国家重要交通基础设施，2 号副坝泄洪闸和 1 号 B 副坝爆溃式非常溢洪道下游行洪通道附近已建成居民区。水库大坝运行环境发生变化后，一旦溃坝造成的损失和危害较原设计时不可同日而语，对水库运行安全、应急保障提出更高的要求。

（三）水库大坝超期服役、老龄化严重

《水利水电工程合理使用年限及耐久性设计规范》（SL 654—2014）规定，中、小型水库合理使用年限为 50 年，我国中小型水库中的 81％建于 20 世纪 50—70 年代，已超过规范允许的合理使用年限，且受当时技术水平低、资金有限、施工质量不高等影响，部分水库防洪标准偏低，安全隐患突出，水库出险及溃坝时有发生。

1998 年大水后，我国累计投入近 3000 亿元对 2800 座大中型病险水库、6.9 万座小型病险水库进行除险加固，目前仍有 1.3 万多座存量病险水库待加固，每年还有增量病险水库，已加固的小型水库中尚有 1.65 万座未竣工验收，部分大坝处于"亚健康"状态。

（四）安全管理智慧化建设滞后

1. 无法及时获取小型水库的运行状态

根据水利部 2016 年发布的《全国水库大坝安全监测设施建设与运行现状调查报告》，小型水库设有水位观测、渗流量监测、渗压监测、变形监测设施的分别占 49.60％、6.50％、3.09％和 9.03％。当前，大部分小型水库仍缺乏安全监测设施，无法及时获取、分析安全监测信息，掌握大坝安全性态。

2. 基于大数据的大坝安全管理存在局限

大坝安全管理尚停留在收集监测数据层面，未建立有效实用的多元信息融合、多维度综合的在线快速分析及智能评价体系用于评判大坝运行性态。此外，目前的大坝安全监测管理系统主要针对单个水库大坝，在面对流域水库群规模庞大、单元众多、关系错综、结构复杂的动态多目标系统时，大坝安全监测海量级数据使得传统的存储方式、分析方法及系统集成方法并不适用。

三、系统提高中小型水库防洪能力

中小型水库量大面广，在农业、工业等方面发挥着重要的作用，特别是小型水库主要分布在农村，是农村重要的水源，对农村经济发展起到积极的作用。中小型水库防洪安全意义重大，需坚持系统治理理念提升其防洪能力。系统治理是指综合运用多种手段，从理念、标准、技术、管理等方面出发，统筹理念与技术、工程措施与非工程措施、分级行政管理与智慧统一管理等，通过创新防洪安全理念、完善洪水标准体系、推进水库除险加固、提高信息化管理水平，不断提升中小型水库防洪能力。

（一）创新大坝防洪安全理念

保障上下游水库防洪安全。考虑流域水库规模的协调，统筹考虑上下游水库的设计洪

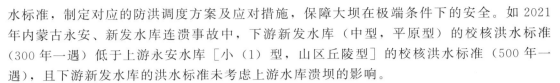

水标准，制定对应的防洪调度方案及应对措施，保障大坝在极端条件下的安全。如 2021 年内蒙古永安、新发水库连溃事故中，下游新发水库（中型，平原型）的校核洪水标准（300 年一遇）低于上游永安水库［小（1）型，山区丘陵型］的校核洪水标准（500 年一遇），且下游新发水库的洪水标准未考虑上游水库溃坝的影响。

保障全生命期大坝防洪安全。规划设计阶段，按照《水利水电工程等级划分及洪水标准》（SL 252—2017）规定的"梯级水库洪水标准要相互协调"，合理选择水库洪水标准，考虑经济社会发展趋势及上下游水库规划情况。建设阶段，选择合适的行洪方式，尤其利用大坝底孔、隧洞、涵管过流时，应考虑洪水流量与过流能力，保障大坝在汛期的安全。运行阶段，加强大坝安全监测，定期开展安全评价，加强极端天气预报预警，制定合理的调度方案与科学、有效的应急预案。

（二）适当提升中小型水库防洪标准

引入风险评估技术，根据水库失事或调度失误可能对下游地区造成的人员伤亡和经济损失、"生命线"中断、环境破坏等灾害后果，研究制订我国中小型水库潜在风险等级分类标准，对全国中小型水库的防洪标准开展专项普查，识别高风险等级的中小型水库，建立名录数据库，由第三方独立机构开展抽查评估。

根据水库所在流域位置和坝型、坝高、库容，以及水库失事可能对下游地区造成的人员伤亡、经济损失、环境破坏等灾害后果，充分考虑经济社会发展、水库功能和防洪保护对象发生的变化，复核水库洪水标准，借鉴国外同类经验，适当提高我国高风险等级中小型水库的防洪标准。

（三）持续推进中小型病险水库防洪能力达标

根据"十四五"中小型水库除险加固实施方案和年度计划，加快推进中小型水库防洪能力达标，尽早消除水库病险隐患。结合中小型水库所在地区的经济社会发展水平，按轻重缓急原则，分地区、分阶段、科学合理地制订及实施中小型水库除险加固计划。

研究提高大坝安全评价中防洪复核的洪水标准，中小型水库洪水标准统一按现行规范［《水利水电工程等级划分及洪水标准》（SL 252—2017）］进行防洪能力复核及防洪安全性评价，避免低标准达标，保障中小型水库加固后安全运行。推进制订水库除险加固相关勘察设计规范，构建水库安全鉴定—除险加固—后评估的全过程管理体系，完善水库大坝除险加固机制。

（四）数字赋能提高中小型水库信息化管理水平

加强数字科技引领，依靠互联网、大数据、边缘计算等信息化技术手段，解决中小型水库安全管理的"最后一公里"问题。运用大数据技术，汇集中小型水库相关数据，挖掘数据潜在信息价值，并将数据赋能于管理，实现数据的科学有效利用。基于云计算、大数据、物联网、人工智能、移动互联网技术，深度融合水库标准化管理内容与信息化技术手段，全方位提高中小型水库雨水情监测、工程安全监测、洪水预报调度、应急调度与预案、水库巡检等工作的信息化管理水平，实现粗放式管理向精细化管理、传统管理向数字化管理的转变。

四、结语

新时期中小型水库的防洪安全仍是我国大坝安全的重要组成部分。面对中小型水库防洪安全存在的问题及面临的挑战，一方面要树立新时期安全理念、完善洪水标准体系，另一方面要推进大坝自身防洪能力达标、提高信息化管理水平，以系统治理理念高质量推进中小型水库防洪能力的提升。

参 考 文 献

[1] 中华人民共和国水利部 . 2020 年全国水利发展统计公报 ［M］. 北京：中国水利水电出版社，2021.

[2] 中国气象局气候变化中心 . 中国气候变化蓝皮书（2021）［M］. 北京：科学出版社，2021.

[3] 李宏恩，马桂珍，王芳，等 . 2000—2018 年中国水库溃坝规律分析与对策 ［J］. 水利水运工程学报，2021（5）：101-111.

[4] 李云，王晓刚，祝龙，等 . 超标准洪水条件下土石坝安全性应急判别分析 ［J］. 水科学进展，2012（4）：516-522.

[5] 谭界雄，李星，谭政，等 . 新时期水库安全管理若干问题的探讨 ［J］. 中国水利，2021（18）：36-38.

[6] 王健，王士军 . 全国水库大坝安全监测现状调研与对策思考 ［J］. 中国水利，2018（20）：15-19.

守牢水旱灾害防御底线
护航长江经济带高质量发展

姚文广

（水利部水旱灾害防御司）

摘　要： 近年来，随着长江流域防洪抗旱体系的不断完善和应对能力的不断提升，水旱灾害防御工作取得了显著的防灾减灾综合效益，为长江经济带高质量发展提供了水安全保障。本文深入分析建设安澜长江的重大意义，总结长江流域水旱灾害防御的主要措施和手段，提炼主要经验和启示，以及取得的巨大成绩，进一步检视长江流域在蓄滞洪区建设运用、中小河流洪水和山洪灾害防御以及水工程联合调度等方面存在的薄弱环节与不足，提出提升长江流域水旱灾害防御能力的对策思路。

关键词： 长江经济带；水旱灾害防御；经验和启示；对策

一、引言

长江是中华民族的母亲河。长江经济带事关全国发展大局。党的十八大以来，习近平总书记多次赴长江流域考察，亲自擘画、亲自推动长江经济带高质量发展，发表一系列重要讲话，作出一系列重要指示批示，为做好水旱灾害防御工作提供了根本遵循和行动指南。水利部认真贯彻落实习近平总书记重要讲话和指示批示精神，把建设安澜长江放在突出位置来抓，始终扛牢水旱灾害防御天职，坚持人民至上、生命至上，着力夯实长江经济带高质量发展水安全保障基础，脚踏实地、久久为功，有力有效应对了洪涝干旱灾害过程，最大程度减少了灾害损失，全力确保了人民群众生命安全。

二、建设安澜长江意义重大

（一）建设安澜长江是坚持以人民为中心发展思想的必然要求

长江流域面积约 180 万 km²，占我国国土面积约 18.8%，流域内人口数量大，水资源丰富。全流域人口约 4.66 亿人，约占全国总人口的 33%；多年平均水资源量 9958 亿 m³，约占全国的 36%，居全国各大江河之首，是我国水资源配置的重要战略水源地；粮食产量

原文刊载于《水利发展研究》2024 年第 2 期。

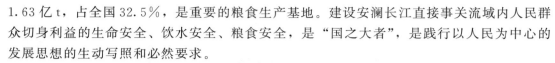

1.63亿t，占全国32.5%，是重要的粮食生产基地。建设安澜长江直接事关流域内人民群众切身利益的生命安全、饮水安全、粮食安全，是"国之大者"，是践行以人民为中心的发展思想的生动写照和必然要求。

（二）建设安澜长江是推进国家重大战略实施的迫切需要

长江流域城镇化水平高，形成了长江三角洲城市群、长江中游城市群、成渝城市群等，全流域地区生产总值约占全国的40%。长江是支撑长江经济带发展、长江三角洲一体化发展等国家战略实施的主通道和大动脉，是连接"一带一路"的纽带，具有东西双向开放的独特优势，在构建新发展格局和实现中国式现代化进程中具有重要地位。建设安澜长江有力服务国家重大战略，保障重要城市和重要区域防洪安全，为推动长江经济带高质量发展保驾护航。

（三）建设安澜长江是生态文明建设的重要保障

长江流域水生生境多样、物种种类丰富、生态环境敏感区众多。流域内河湖、水库、湿地面积约占全国的20%；淡水鱼类占全国的33%，珍稀濒危植物占全国总数的39.7%，有银杉、珙桐等珍稀植物以及中华鲟、江豚和大熊猫、金丝猴等珍稀动物；国家级自然保护区93个、国家级水产种质资源保护区253个。建设安澜长江有助于更好地保障水安全、调配水资源、优化水环境、改善水生态，推动长江共抓大保护、不搞大开发，促进人与自然和谐共生。

三、水旱灾害防御工作成效显著

（一）流域防洪工程体系日臻完善

经过多年建设，长江流域已形成由堤防护岸、三峡等干支流水库、蓄滞洪区、河道整治工程等相配合的防洪工程体系，基本具备防御新中国成立以来发生的最大洪水（即1954年洪水）的能力，荆江河段防洪标准达100年一遇，即使遭遇类似1870年洪水也有可靠措施保证荆江两岸干堤防洪安全。已建成长江干堤、主要支流堤防、洞庭湖区、鄱阳湖区及城市堤防等约64000km，长江中下游3900余km干堤全部达标；大型水库303座，防洪库容约800亿m³；国家蓄滞洪区46处，蓄洪容积约584亿m³。

（二）监测预警能力稳步提升

长江1998年大水后，国家加大对水文监测预报预警设施的投入。特别是党的十八大以来，水文监测预报预警能力显著增强。截至2023年，长江流域已建成报汛站点共30376个，较1998年提升了近6倍。监测站基本实现了自动测报，30min到达长江水利委员会、水利部的到报率达99.5%以上；建成预报调度体系31个，涵盖预报调度节点近400个，预报方案900多套，为长江流域水旱灾害防御和水资源综合利用提供了重要技术支撑。建设809个县级山洪灾害监测预警平台，设置自动监测站约3.5万处，编制（修订）县、乡、村和企事业单位山洪灾害防御预案约15万份。2012年以来，长江流域内水利部门共发布85.7万次县级山洪灾害预警，利用山洪灾害监测预警平台向3369.8万名相关防汛责任人发送预警短信1.92亿条，启动预警广播234.8万次，利用"三大运营商"向社会公众发布预警短信32.3亿条，发挥了巨大防洪减灾效益。

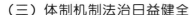

（三）体制机制法治日益健全

2021 年《中华人民共和国长江保护法》（以下简称《长江保护法》）施行，进一步从法律层面加强了对长江流域的综合保护。国务院批复的《长江防御洪水方案》和国家防总批复的《长江洪水调度方案》，为做好长江洪水防御和调度提供了重要依据。水利部先后制定了《汛限水位监督管理规定（试行）》《水工程防洪抗旱调度运用监督检查办法（试行）》《大中型水库汛期调度运用规定（试行）》，进一步完善了水工程调度规范和监管机制；修订了《水利部水旱灾害防御应急响应工作规程》，细化了应急响应启动条件、应对措施等，变"过去完成时"为"将来进行时"；颁布了《长江流域控制性水工程联合调度管理办法（试行）》，强化流域控制性水工程统一联合调度；每年汛前组织修订并批复《长江流域水工程联合调度运用计划》，充分发挥水工程联合调度综合效益。

（四）水工程联合调度研究和实践不断深化

2012 年以来，以习近平总书记"节水优先、空间均衡、系统治理、两手发力"治水思路为根本遵循，不断深入联合调度的探索和实践。长江流域水工程联合调度规模不断扩大，从 2012 年的 10 座水库向 2023 年的 125 座水工程转变；调度范围不断拓展，从上游逐步向上中游干支流延伸；调度对象不断扩充，从单一水库向包含水库、排涝泵站、蓄滞洪区、引调水工程等多工程联合转变；调度目标不断丰富，从单一防洪调度向防洪、供水、发电、生态、航运、应急等多目标综合调度转变；调度时间不断延长，从汛期调度向汛前消落、汛期防洪、汛后蓄水、全年供水及应急处置的全过程转变。2023 年，125 座水工程中 53 座控制性水库总调节库容 1169 亿 m^3、总防洪库容 706 亿 m^3，蓄滞洪区 46 处、总蓄洪容积 584 亿 m^3，排涝泵站 11 座、总排涝能力 1880 m^3/s，水闸 9 座、总设计泄流能力约 8078 m^3/s，引调水工程 6 项、年设计总引调水规模 284 亿 m^3，基本形成了以三峡水库为核心、金沙江下游梯级水库为骨干，金沙江中游群、雅砻江群、岷江群、嘉陵江群、乌江群、清江群、汉江群、洞庭湖"四水"群和鄱阳湖"五河"群等 9 个水库群组相配合的上中游控制性水库群和蓄滞洪区、排涝泵站、水闸、引调水工程组成的水工程联合调度体系。

（五）水工程联合调度综合效益十分显著

面对近年来极端天气事件频发，水旱灾害极端性、反常性加剧的不利形势，水利部加强监测预报，加密会商研判，及时果断响应，综合运用"拦、分、蓄、滞、排"措施，充分发挥水工程联合调度防洪、供水、生态、发电、航运等综合效益。一是提高了防洪减灾能力。成功应对了 2020 年流域性大洪水和 2012 年、2016 年、2017 年、2021 年等不同类型的区域性较大洪水和 2022 年流域严重干旱。在 2020 年长江 5 次编号洪水过程中，联合调度控制性水库拦蓄洪水约 500 亿 m^3，据统计，长江流域 2020 年全年减少受灾人口 1752 万、减少淹没耕地约 110 万 hm^2，有效避免了 137 座县级以上城区遭受洪水威胁，产生的防洪减灾经济效益约 622 亿元；在应对 2022 年 7 月延续至 2023 年 6 月旱情枯水中，流域水库群实施抗旱保供水联合调度专项行动和抗咸潮保供水应急补水调度，分别向长江中下游补水 61.6 亿 m^3 和 41.5 亿 m^3，2022 年 11 月至 2023 年 4 月调度上游水库群共向中下游补水 345 亿 m^3，抬高中下游水位 0.5～4.0m，三峡水库水位保持在 155m 以上，有效保障了武汉、荆州等沿江城市供水水位和通航水深，确保了沿江粮食生产、供水、航运、生态安全。二是提升了水资源利用率。三峡水库枯水季补水将宜昌站最小流量由 $2770m^3/s$ 提高到 $5500m^3/s$ 以上，为长江中下游补水 200 多亿 m^3。从 2008 年 11 月起截至 2023 年 6 月累计补水 2614 天，补水总量 3396.73 亿 m^3，改善了中下游地区生产、生活和生态用水条件；丹江口水库自 2014 年以来累计向北方供水超 600 亿 m^3，为经济社会发展提供有力的供水保障。特别是 2023 年，三峡水库第 13 年蓄至 175m，丹江口水库继 2021 年以来第二次蓄至 170m，纳入联合调度的 53 座控制性水库蓄水量 1069 亿 m^3，首次超过 1000 亿 m^3。三是修复了长江水生态环境。2011 年开始连续 13 年实施促进鱼类自然繁殖的生态调度试验，2023 年三峡水库开展 2 次促进产漂流性卵鱼类自然繁殖的生态调度试验，调度期间宜都和沙市断面鱼类总产卵量分别达 310 亿粒和 461 亿粒，创历史新高，四大家鱼自然繁殖恢复至 20 世纪 80 年代水平。四是强化了清洁能源供给保障。在确保防洪安全的前提下，合理利用洪水资源，发电效益显著增加，2009 年至 2023 年 11 月，通过联合调度控制性水库群累计增发电量超 1770 亿 kW·h，相当于节约标准煤约 5322 万 t，减少二氧化碳排放约 1.46 亿 t。五是改善了黄金水道通航效能。明显改善了川渝河段及长江中下游航运条件，三峡船闸连续保持安全、高效、畅通运行，2014—2023 年三峡船闸过闸货运量连续 10 年突破 1 亿 t，2023 年三峡枢纽航运通过量达 1.6 亿 t，创历史新高。

四、主要经验和启示

（一）党中央、国务院的坚强领导是守牢水旱灾害防御底线的根本保证

党的十八大以来，围绕长江经济带发展，习近平总书记亲自谋划、亲自部署，层层推进、久久为功，先后在重庆、武汉、南京和南昌主持召开四次座谈会，从"推动"到"深入推动""全面推动"，再到"进一步推动长江经济带高质量发展"，蕴含着习近平总书记对长江的牵挂与思考。特别是 2023 年，习近平总书记强调要努力建设安澜长江，科学把握长江水情变化，坚持旱涝同防同治，统筹推进水系连通、水源涵养、水土保持，强化流域水工程统一联合调度，加强跨区域水资源丰枯调剂，提升流域防灾减灾能力。为做好长江流域水旱灾害防御工作，建设安澜长江，指明了前进方向，提供了根本遵循。要坚决贯彻落实习近平总书记的重要讲话精神，按照党中央、国务院决策部署，始终扛牢水旱灾害防御天职，坚决守住水旱灾害防御底线。

（二）水利部坚持科学谋划、周密部署是守牢水旱灾害防御底线的关键所在

水利部始终坚持人员不伤亡、水库不垮坝、重要堤防不决口、重要基础设施不受冲击和确保城乡供水安全工作目标，强化"四预"（预报、预警、预演、预案）措施，贯通"四情"（雨情、汛情、险情、灾情）防御，绷紧"四个链条"。在预报上，遵循"降雨—产流—汇流—演进"规律，加强"流域—干流—支流—断面"水文监测，滚动更新预报结果。在预警上，强化会商研判，及时向防汛责任人和社会公众发布江河洪水预警，预警信息、会商决策意见迅即直达防御一线、做到全覆盖。在预演上，遵循"总量—洪峰—过程—调度"规律，对调度过程和洪水演进情况进行动态模拟演算，为洪水防御提供科学决策支持。在预案上，根据洪水预演结果，迭代更新防汛预案，贯通"技术—料物—队伍—组织"链条，预置巡查人员、技术专家、抢险力量。正是始终坚持预字当先、关口前移，

才能确保防御措施跑赢水旱灾害发展速度，牢牢把握防御主动权。

（三）多方协同发力、有序配合是守牢水旱灾害防御底线的强大基础

水利部指导长江水利委员会构建了以流域管理机构为主导，流域内相关地方水利部门按管理权限负责，统筹供水、灌溉、生态、发电、航运用水需求，实行统一调度、分级管理、分级负责的长江流域水工程联合调度机制，为强化流域统一调度提供了有力保障。长江水利委员会有力履行流域防总办公室和流域管理机构水旱灾害防御职责，坚持流域统筹，强化方案协调、统一调度、信息共享等工作，有力指导流域水旱灾害防御工作；流域内地方各级水利部门上下联动、密切配合，细化实化各项防御措施，形成了水旱灾害防御工作的强大合力。2023 年汉江秋汛期间，水利部及时启动汉江洪水防御 IV 级应急响应，长江水利委员会先后发出 17 道调度令精细调度丹江口水库，会同湖北、陕西、河南省水利厅联合调度干支流控制性水库拦洪削峰错峰，湖北省累计动员干部群众 13 万人次上堤防守，实现汉江秋汛堤防安澜无虞。

（四）加强科技创新、数字赋能是守牢水旱灾害防御底线的有力支撑

水利部加强顶层设计，先后印发《数字孪生流域建设技术大纲（试行）》《数字孪生水利工程建设技术导则（试行）》《水利业务"四预"基本技术要求（试行）》和《数字孪生流域共建共享管理办法（试行）》等一系列文件，加快推进部本级防洪"四预"先行先试建设，为应对水旱灾害提供了强大科技支撑。长江水利委员会建设运行长江流域防洪"四预"综合调度系统，基本实现大江大河重点防洪区域"四预"业务功能；持续推进数字孪生长江、数字孪生三峡、数字孪生丹江口建设，实现各类资源集约节约利用和互通共享，不断提升水工程统一联合调度信息化、智能化水平。

五、存在的问题

（一）蓄滞洪区建设滞后

部分蓄滞洪区围堤或隔堤仍未建设或不达标；大部分蓄滞洪区没有分洪控制工程，难以及时适量分洪；蓄滞洪区安全建设滞后，人员转移安置难度大、风险高。

（二）中下游干流河道崩岸严重

受长江上游来水来沙条件改变的影响，河床冲刷加剧导致局部河势不断变化调整，新的崩岸险情频繁发生，部分已治理守护崩岸段发生新的险情。

（三）中小河流缺乏系统治理

与大江大河干流相比，绝大多数中小河流缺乏系统治理，分布在中小河流两岸的大量县城和乡镇防洪标准低、保护圈不封闭，防洪能力偏低。

（四）山洪灾害点多面广

山洪灾害监测站网仍存在盲区，局部小流域极端暴雨洪水预报手段不足、精度不高，预警信息发布不够精准，监测预警抗风险能力低，防灾避险"叫应"机制和群测群防体系有待完善，山洪沟治理仍需加强。

（五）抗旱能力存在不足

部分地区应急供水、水资源利用率和调蓄能力有待提高；沿长江、洞庭湖、鄱阳湖取

水口应对低枯水位能力不足；长江口面对极端情况下咸潮入侵时应对能力不足。

(六) 水工程联合调度 "四预" 能力有待进一步提升

水文气象预报精度和预见期还不能完全满足实时调度需求，水库群汛前消落、汛末蓄水相关研究成果支撑还不够，洪水调度方案的针对性有待进一步提高，调度决策支持系统功能仍需逐步完善。

六、应对思路与对策

(一) 加强防洪规划修编顶层设计

根据新阶段水利高质量发展的新形势、新情况、新要求，统筹上下游、左右岸、干支流，统筹流域和区域，统筹近期和远期，加快推进长江流域防洪规划修编，强化防洪减灾顶层设计。科学优化蓄滞洪区布局和调度运用次序，明确防洪标准，细化防御洪水措施。

(二) 推进大江大河治理

进一步完善水库、河道及堤防、蓄滞洪区组成的防洪工程体系，适时提高防洪标准，与长江经济带高质量发展相适应。加快完成规划的重点河段河势及岸坡影响处理项目以及节水供水重大水利工程的干流河道整治工程。着力推进长江中下游崩岸治理，加强长江中下游重点河段及重要险工段的巡查、监测及研究，建立崩岸预警和应急抢护长效机制。

(三) 加强蓄滞洪区建设管理

加快推进长江流域启用概率大、分洪滞洪作用明显的蓄滞洪区建设。推动蓄滞洪区工程标准化管理，出台全面加强蓄滞洪区建设和管理的指导意见。科学制定、滚动更新蓄滞洪区运用预案。加强蓄滞洪区人口管理和产业结构调整，鼓励、引导蓄滞洪区居民尽快迁入安全区。

(四) 进一步强化山洪灾害防治和中小河流治理

开展数字孪生小流域建设，全面加强山洪灾害 "四预" 能力；建立专业化监测预警体系，精准确定预警指标和时机，科学辨识危险区和风险人群，精准发布预警信息；进一步完善群测群防体系，建立健全 "叫应" 机制和应急避险转移机制。完成有防洪任务的重点中小河流重要河段治理，逐步扩大中小河流治理范围。

(五) 不断加强流域抗旱能力建设

加快跨流域水网构建，推进南水北调后续工程高质量发展，完善国家水网主骨架和大动脉。研究推进取水口上移、跨省域水资源配置等长江口咸潮应对措施，充分挖掘现有工程供水潜力。加强城市群及重要地区供水工程体系建设，加快推进城乡供水一体化。

(六) 加强法律法规和方案预案修订

加快推进水法、防洪法修改工作，将完善流域防洪工程体系、强化流域水工程统一调度、健全雨水情监测预报 "三道防线"、强化预报预警预演预案等纳入法律。全面落实《长江保护法》。根据流域洪水特性和防洪形势变化，加快推进长江防御洪水方案和洪水调度方案修订工作。

(七) 不断提高流域水工程联合调度能力水平

贯彻落实《长江流域控制性水工程联合调度管理办法（试行）》，持续完善统一调度、分级管理、分级负责的调度机制。继续开展长江干支流控制性水库群联合调度研究与实践，不断提升联合调度科学化水平。积极推动水工程防灾联合调度系统立项，实现预报调度一体化、工程调度联合化、调度指挥智能化、灾情评估实时化、展示手段形象化。

参 考 文 献

[1] 李国英. 为以中国式现代化全面推进中华民族伟大复兴提供有力的水安全保障 [J]. 水利发展研究，2023，23（7）：1-2.

[2] 张红丽，赵永军，林丽萍，等. 我国智慧水土保持数字化场景组成及其设计探讨 [J]. 水利信息化，2023（3）：36-39，51.

[3] 李国英. 在水旱灾害防御工作视频会议上的讲话 [J]. 中国防汛抗旱，2023，33（3）：4-5.

[4] 胡向阳. 长江流域水工程联合调度实践与思考 [J]. 人民长江，2023，54（1）：75-79.

[5] 陈瑜彬，张涛，牛文静，等. 数字孪生三峡库区建设关键技术研究 [J]. 人民长江，2023，54（8）：19-24.

[6] 陈茂山. 深入学习领会习近平总书记治水重要论述精神为推进水利高质量发展贡献智慧和力量 [J]. 水利发展研究，2021，21（4）：11-13.

海河"23·7"流域性特大洪水防御启示与对策

——以永定河为例

张志彤

（水利部）

摘　要： 在极端天气常态化的背景下，流域应具有承受、化解和抵御洪涝和干旱灾害的韧性。分析了海河"23·7"流域性特大洪水的特点，在此基础上，阐述了此次洪水过程中永定河流域综合治理各项措施发挥的作用、存在的问题，按照建设韧性流域的要求，对提升永定河流域防洪能力提出建议。

关键词： 永定河流域；流域韧性建设；水旱灾害防御

一、流域韧性与流域防洪能力提升

在全球气候变化背景下，水旱灾害趋多趋频趋强趋广，极端性、反常性、复杂性、不确定性显著增强，近年我国局部性、区域性乃至流域性极端暴雨事件时有发生。

流域韧性一般指流域承受、化解和抵御洪涝和干旱灾害的能力，在发生重大灾害时，能够保持主要功能不受大的影响，并能够在灾后迅速恢复。提升流域韧性要求流域具有较高的抗御水旱灾害风险的能力。但防洪工程的规模和标准受到经济社会发展水平和建设资金的制约，仅靠工程措施难以完全防御极端洪水，因此提升流域韧性要求流域具有预判风险、提前干预和治理的能力。流域防洪治理应在降低暴雨洪水冲击力的同时，强化经济社会对洪水的适应性和耐受力，提升应对洪水的韧性，也即除强调工程的防洪作用外，还要求经济社会对洪水风险有较高的承受和化解能力。

流域韧性建设，应聚焦危机应对、风险化解、系统复原，力求流域在应对水旱灾害风险冲击时，能够适度承受、快速分散风险，保持基本机能发挥，灾后迅速恢复正常运转。因此，要达到韧性流域的要求，不仅要加大投入，加强水库、堤防、蓄滞洪区等工程建设，大力提高流域的防洪标准，而且要下大力气加强防洪非工程措施建设，增强全社会的水患意识，完善韧性流域建设的体制、机制和法治，修订防洪规划，强化预报、预警、预

原文刊载于《中国水利》2024 年第 3 期。

演、预案"四预"建设，提高调度决策能力，提高承受、化解、抵御、调节洪水灾害和灾后迅速恢复的能力。

本文以海河"23·7"流域性特大洪水中永定河流域防洪能力建设及提升为例，阐述了提升流域韧性的举措与思考。

二、海河"23·7"流域性特大洪水特点

2023年7月28日—8月1日，受台风"杜苏芮"及"卡努"影响，海河发生流域性特大洪水。

（一）雨水情总体情况

海河"23·7"流域性特大洪水期间，流域普降大到暴雨，局部出现特大暴雨，流域累积面雨量155.3mm，降水总量接近500亿m³，其中永定河水系累积面雨量86mm，降水总量约40亿m³。22条河流发生超警戒水位以上洪水，8条河流发生实测记录以来最大洪水，如大清河、永定河发生特大洪水，子牙河发生大洪水，永定河泛区、小清河分洪区、东淀等8个蓄滞洪区启用。

（二）暴雨洪水特点

整个洪水过程具有"三大两高一快"的特点。

1. 雨量大，产流大，洪水量级大

永定河流域北京区域内平均降雨量达470mm，最大点雨量位于门头沟清水站，过程雨量达1014.5mm，最大24h降雨量622mm，超过门头沟区多年平均年降雨量。流域降水总量超40亿m³，流域产流量超6亿m³。其中永定河流域北京区域降水总量超16亿m³，产流量超3亿m³。雁翅水文站8月1日7时洪峰流量1710m³/s，为1956年有实测记录以来第一位；三家店拦河闸7月31日13时30分洪峰流量3500m³/s，为1939年以来最大；卢沟桥7月31日14时30分洪峰流量4650m³/s，超过50年一遇洪水标准，为1924年有实测记录以来第二位（见表1）。

表1　　　　　　　　　　代表性年份三家店、卢沟桥洪峰流量对比

年份	三家店洪峰流量/(m³/s)	卢沟桥洪峰流量/(m³/s)	年份	三家店洪峰流量/(m³/s)	卢沟桥洪峰流量/(m³/s)
1924	5280	4920	1958	1340	1190
1929	4170	3000	1963	800	873
1939	4665	4390	2023	3500	4650
1956	2640	2450			

2. 降雨落区重叠度高，径流系数高

7月30日至8月1日，强降雨落区集中在北京市门头沟山区，门头沟区平均降雨量586mm，超多年平均年降雨量11%。洪水期间，官厅—三家店区间流域径流系数达0.27，其中青白口以上流域径流系数达0.38，远超海河流域多年平均径流系数（0.1~0.16）。

3. 洪水涨势快

三家店拦河闸 7 月 31 日 11 时流量为 $500m^3/s$，至 13 时 30 分迅速涨到洪峰流量 $3500m^3/s$，50min 后卢沟桥出现洪峰流量 $4650m^3/s$。

三、永定河流域综合治理的重要作用与存在的问题

（一）流域治理的重要作用

1. 水库最大限度发挥拦洪错峰作用

本次洪水中，官厅水库累计拦蓄上游洪水 7000 万 m^3，消除上游来水对下游造成的冲击；珠窝、落坡岭水库作为永定河官厅山峡河段仅有的两座水库，充分发挥拦蓄功能，削峰率超 50%。

首次启用平原段滞洪水库，累计蓄洪量达到 7500 万 m^3。洪水期间通过水库调度，分阶段减小下泄洪水流量，最大限度延缓永定河泛区进水，为官厅山峡区间受困列车旅客和下游群众转移、干流错峰创造了条件。

2. 平原段综合治理成果保障防洪安全

永定河综合治理与生态修复实施以来，对河道、堤防进行了大规模治理，全面疏浚骨干河道，扩大了河道行洪断面，加快了洪水下泄速度。强化水域岸线空间管控，腾移河道范围内大量房屋设施、林木等，保障了行洪通道畅通。此次洪水期间，各类水库无一垮坝，重要堤防无一决口，治理成果作用显现。

洪水期间，洪水行进方向与通过脉冲试验和人工诱导形成的子槽基本一致，对初期洪水发挥了引流作用，行洪过程河势总体稳定，洪水淹没范围并未超出河道管理范围。

3. 泛区充分发挥滞洪作用

此次洪水启用了永定河泛区。卢沟桥洪水下泄之后，固安站的洪峰流量达 $2250m^3/s$，屈家店枢纽最大下泄流量仅 $245m^3/s$，其余近 $2000m^3/s$ 流量均由永定河泛区调蓄，保障了河道的泄洪安全。在永定河综合治理中，对永定河泛区内主槽进行了清淤疏浚，一定程度上缩小了淹没范围、减少了淹没时间。近几年修建的大量巡河道路及跨河桥梁发挥了救灾通道作用，助力泛区 8h 完成 15 万人安全转移任务。

4. 流域沿线统一协调共担防洪责任

京津冀水系相连，永定河沿线山西、河北、北京、天津等省（直辖市）锚定流域治理管理"四个统一"目标，秉承防汛抗洪"一盘棋"理念，按照上中下游协同治理原则，共同承担防洪责任，整体效能充分发挥。"流域统筹、区域协同、部门联动、政府主导、企业主体、两手发力"治理管理格局发挥重要作用。

（二）存在的问题

1. 山区段受山洪影响大，缺少防洪控制性枢纽

从水毁情况看，山洪泥石流和洪水灾害叠加是山区水毁严重的主要原因，洪水造成的经济损失和人员伤亡也主要集中在山区。永定河山峡段缺乏控制性水库，无法有效节制山区段洪水，洪水在不加控制的情况下出山后直接冲击下游区域，威胁沿线区域安全。

2. 平原段堤防仍存在防洪隐患

永定河两岸堤防在建设标准、冲刷防护、防渗处理、突发应急保障、综合利用等方面

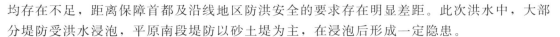

均存在不足，距离保障首都及沿线地区防洪安全的要求存在明显差距。此次洪水中，大部分堤防受洪水浸泡，平原南段堤防以砂土堤为主，在浸泡后形成一定隐患。

3. 蓄滞洪区管理有待进一步提升

蓄滞洪区是御洪的最后一道防线，永定河泛区在此次洪水中发挥了重要作用，但也暴露出一些问题：蓄滞洪区建设滞后，进退洪设施不完善，分蓄洪水效率不够高，其中泛四区退水时间约为 20 天，对区内群众生产生活造成较大影响；蓄滞洪区蓄水量较少，泛区平均水深仅 0.8m，估算蓄滞洪量 2.56 亿 m^3，启用代价偏高；蓄滞洪区的智慧化、信息化管理仍未实现，泛区总体上属被动使用，通过堤埝漫溢、扒口、决口等实现分洪。

4. 监测及"四预"能力明显不足

此次洪水暴露出永定河防洪工程体系在监测及预报、预警、预演、预案"四预"能力上存在诸多不足：通信系统稳定性差，如洪水期间部分山区电力、通信中断，严重影响指挥调度和应急救援；气象卫星和测雨雷达、雨量站、水文站组成的雨水情监测预报"三道防线"仍存在短板，覆盖面积不足，对雨情、水情等难以第一时间准确预判；数字孪生流域建设处于起步阶段，水工程联合调度的现代化信息技术支撑不足，流域"一张网"建设尚不完备，影响洪水精准监测、预报、预警和调度指挥。

四、启示与建议

永定河流域在海河"23·7"流域性特大洪水防御工作中，既有经验需要总结，也有教训需要吸取，更有启示值得在永定河综合治理和生态修复中加以重视。要按照建设韧性流域的要求，坚持人民至上、生命至上，统筹上下游、左右岸、干支流，科学确定防洪标准，加快推进水库、河道、堤防、蓄滞洪区等组成的流域防洪工程体系建设，加强非工程防洪措施，确保流域防洪安全。

（一）及早建设永定河山峡防洪水库

以防洪为主要目标，尽快对永定河山峡段控制性水库建设方案进行深入论证，解决控制性工程不足的问题。官厅水库作为永定河流域关键控制性枢纽，发挥着重要的防洪作用。建议以提升防洪调蓄能力为目标，分期推进水库清淤工程，在逐步恢复水库调洪库容的同时，增强水资源供排水韧性，早日实现水库饮用水水源地功能恢复目标。

（二）加强重点河段河道治理和堤防建设

自 1993 年国务院正式批复海河流域综合规划后，永定河流域堤防标准已 30 年没有作出调整，随着经济社会的发展，结合此次洪水造成的水毁情况来看，目前部分堤防标准并不能够完全满足保障首都北京、大兴机场等重点地区及建筑的防洪安全要求。建议从国家层面进行通盘考虑，按照现代化堤防标准，全面提升流域重点河段堤防标准，拓宽堤顶防汛抢险通道，加强智慧堤防建设，通过技术手段实现对堤防情况的实时监控，保障首都、大兴机场等重要区域防洪安全。

（三）加强泛区现代化建设管理

针对永定河泛区管理滞后、利用效率低的问题，要按照"分得进、蓄得住、排得出、人安全"的思路，统筹上下游、左右岸，强化省级断面部位衔接，提升泛区段主槽行洪能力。科学确定泛区分区运用规模和标准，加强分退水控制口门、泛区围堤和区内安全设施建设，提高泛区蓄滞运用及调度管理能力。建议在保障防洪功能的前提下，结合地下水条件，谋划建设一批地下水库，增强地下水回补的同时，在汛期用于调节雨洪、蓄滞洪水。

（四）加强山洪灾害防治

以持续加强山洪灾害防治项目建设为基础，以完善山洪灾害监测预警体系为保障，以高效发挥山洪灾害监测预警系统和群测群防体系作用为重点，全力防范化解山洪灾害风险。加强山洪风险源头管控。牢固树立风险意识，严格落实河道空间管控要求，严禁侵占行洪通道；居民设施以及工厂、矿山、铁路和公路等基础设施布局，应主动规避山洪威胁，已经建在山洪威胁区内的，应当采取防御措施或进行清理整治，消除风险隐患。

（五）提高流域"四预"能力

通过数字孪生建设提升永定河流域治理数字化、网络化、智能化水平。着力构建由气象卫星与降雨雷达、雨量站、水文站等构成的"三道防线"，提高水文站、雨量站的防御标准，强化对雨情、水情、工情、险情、灾情等相关信息监测及数据收集分析，提高预测、预报和预警能力。针对极端天气形成应对策略及措施预案，尽可能降低各类隐性风险，从整体上增强应对气候变化和防御水旱灾害的能力，最大限度减轻洪水影响和损失。通过现代技术手段实现对沿线防洪工程和河道的实时监控，通过相关数据的采集，实时作出判断应对，做到未雨绸缪。

（六）提高电力通信等基础设施的防洪标准

要科学确定电力、通信、供水、供气等设施的防洪标准。对骨干电源送出线路、骨干网架及变电站、重要用户配电线路、通信基站、供水供气等重要设施，要在充分论证的基础上，适当提高设防标准。对跨越河道及位于地质灾害易发区的基础设施，包括水文测验设施，也要提高防洪标准。结合城市建设和经济发展，鼓励基础设施高标准防护。

（七）修订完善防洪预案

要进一步修订完善永定河各类防洪预案。明确预警等级及启动条件，落实各相关地区和部门工作任务、响应程序和处置措施；明确极端天气条件下各部门预警信息共享和风险会商联动机制，及时启动应急响应；修订洪水调度方案，细化水库、蓄滞洪区调度运用计划，增强调蓄能力，充分发挥拦洪蓄洪和削峰作用；修订防汛抢险救灾预案，进一步落实抢险队伍、物资、设备调度运用和蓄滞洪区、山洪灾害等危险区域人员安置转移避险措施。

（八）及时编制流域综合规划和防洪规划

近年来，通过开展流域综合治理与生态修复，永定河流域治理成效显著，流动的河、绿色的河、清洁的河、安全的河"四河"目标初步实现。建议结合此次洪水，认真修订完善有关规划，重点做好永定河流域综合规划和防洪规划修编。规划应以防洪为重点，贯彻落实"三个坚持、两个转变"防灾减灾救灾新理念，体现"防重于抢、抢重于救"的思路，关口前移，防患于未然。合理划定防洪区，科学确定防洪标准，加强防洪工程建设，落实各项管理措施；同时要突出生态保护与修复，做到防洪安全达标。永定河流域综合规划原本包含在海河流域综合规划中，是否需要单独制定永定河流域综合规划，包括流域防洪规划，建议进行研究。

参 考 文 献

［1］ 王银堂，胡庆芳，苏鑫，等．变化环境下流域防洪韧性提升对策［J］.中国水利，2022（22）：21-24.

［2］ 姚文广．抗御海河"23·7"流域性特大洪水的实践启示和检视思考［J］.中国水利，2023（18）：1-4.

［3］ 蔡阳．数字赋能海河"23·7"流域性特大洪水防御［J］.中国水利，2023（18）：13-18.

［4］ 程晓陶，刘昌军，李昌志，等．变化环境下洪涝风险演变特征与城市韧性提升策略［J］.水利学报，2022，53（7）：757-768，778.

［5］ 程晓陶，李超超．城市洪涝风险的演变趋向、重要特征与应对方略［J］.中国防汛抗旱，2015，25（3）：6-9.

［6］ 范士盼，杨志刚，毛艳.2023年海河流域水旱灾害防御工作［J］.中国防汛抗旱，2023，33（12）：22-24，46.

［7］ 任理．关于在地下水严重超采区域利用蓄滞洪区建设地表调蓄水库的思考［J］.中国农村水利水电，2023（12）：65-67.

水旱灾害风险普查技术体系探索与应用

杨卫忠[1]，孙东亚[2,3]，吴泽斌[1]，李铁光[1]，李　娜[2,3]，韩　松[2,3]

（1. 水利部水旱灾害防御司；2. 中国水利水电科学研究院；
3. 水利部防汛抗旱减灾技术研究中心）

摘　要： 结合第一次全国自然灾害综合风险普查要求，基于水旱灾害风险管理理论，从水旱灾害致灾调查与评估、洪水隐患调查与评估、风险评估与区划、数据库建设等方面探索构建了水旱灾害风险普查技术体系。该体系在普查实践中得到验证和完善，支撑各地圆满完成水旱灾害风险普查任务，形成系列普查成果，实现预期普查目标，为水利高质量发展提供了技术支撑。

关键词： 水旱灾害；风险普查；区划；技术体系

我国是世界上自然灾害最严重的国家之一，灾害种类多，分布地域广，发生频率高，造成损失重。第一次全国自然灾害综合风险普查是我国也是世界上首次开展的一项重大国情国力调查，是提升自然灾害防治能力的基础性工作。水旱灾害风险普查是自然灾害（包括地震灾害、地质灾害、气象灾害、水旱灾害、海洋灾害、林草火灾等）风险普查的重要组成部分。为满足全国自然灾害综合风险普查需求，指导各地顺利开展水旱灾害风险普查，水利部按照《第一次全国自然灾害综合风险普查总体方案》，基于洪水风险管理理论，首次建立了一套完整的水旱灾害风险普查技术体系。体系涵盖水旱灾害致灾调查和危险性评估、承灾体调查、风险评估与区划、防治区划等内容，确定了普查指标、技术路线、分析评估与区划方法，可用于系统识别和分析评估水旱灾害风险来源、区域分布和风险水平，为实现全国水旱灾害风险普查目标，基本摸清水旱灾害风险隐患底数，查明水旱灾害防御能力，客观认识我国不同地区水旱灾害风险水平提供了有力支撑。

一、水旱灾害风险普查需求分析与技术特点

按照水旱灾害风险管理理论，水旱灾害风险是各类风险要素共同作用的结果。水旱灾害风险由水旱事件的随机性、人类社会及自然环境承灾的脆弱性相互作用产生，包括水旱灾害危险性、承灾体暴露度和脆弱性三方面（也称风险三要素）。采用调查、评估和区划三种方法识别风险三要素，同时分析水旱灾害风险普查的需求如下。

原文刊载于《中国水利》2023 年第 8 期。

272

（1）水旱灾害危险性。需要调查各河流、区域的洪水干旱风险来源，分析暴雨洪水产汇流规律和干旱致灾规律，量化不同频率暴雨洪水规模和干旱严重程度；需要摸清主要防洪工程防灾能力，基于流域地形、水系和防洪工程分布，构建水文水动力学模型，分析不同频率洪水干旱的影响范围和影响程度，计算洪水干旱的综合风险度指数 R 值，查明水旱灾害危险性。

（2）承灾体暴露度。承灾体是可能遭受水旱灾害作用的对象，包括房屋建筑、基础设施、人口、经济、农作物等。需要通过调查和数据共享，掌握水旱承灾体的数量、空间位置和属性特征，为风险评估提供基础数据。

（3）承灾体脆弱性。不同承灾体对水旱灾害表现出的易于受到伤害和损失的性质不同。需要总结分析已有调查和试验成果，归纳各类承灾体强度-破坏曲线和损失特征，支撑水旱灾害风险评估。

基于上述需求分析和风险管理理论，水利部探索建立了水旱灾害风险普查内容体系和技术标准规范体系，通过调查分析获取水旱灾害风险各要素数据，开展危险性、暴露度和脆弱性评估，确定不同评估单元或区域的洪水干旱风险水平和等级，完成了不同空间尺度水旱灾害风险评估与区划。

在水旱灾害风险普查中，与其他灾种风险普查相比，洪水灾害风险普查采用具有物理含义的洪水淹没水深、流速和淹没历时等淹没特征数据量化洪水危险性。通过构建河道和防洪区的水力学模型，联合求解连续方程和动量方程，精准量化洪水波的演进过程，计算洪水综合风险度指数 R 值。利用综合风险度指数在全国范围内表征洪水危险性，使不同区域的洪水风险具有可比性，有助于在统一标准下制定风险等级阈值。干旱灾害风险普查则综合考虑了干旱频率、水资源量禀赋条件与负异常状态，反映水利工程防旱抗旱减灾能力，更加客观揭示干旱灾害风险水平。

二、技术体系构建

水旱灾害风险普查技术体系涵盖水旱灾害致灾因子、洪水灾害隐患、水旱灾害风险评估与区划、普查数据库等方面内容。应用水文水动力学、空间聚类分析、灾害风险分析等理论方法，进行水旱灾害危险性、洪水干旱风险评估与区划等方面的调查和分析评估；引入承灾体脆弱性曲线，进行洪水灾害影响人口、经济（GDP）的风险评估；针对干旱灾害相关的水资源量空间配置特点，以县级行政区为单元进行农业干旱灾害风险度、人饮困难风险度、城市干旱风险度分析和干旱灾害综合风险评估与区划。此外，基于数值区间合理性、逻辑判断、空间拓扑关系分析等方法，提出普查数据质检审核规则和质量控制方法，规定风险评估与区划制图标准。

此次水旱灾害风险普查在原有基础上组织新编 7 项普查技术要求或规范性技术文件，系统构建了水旱灾害风险评估与区划技术体系，如图 1 所示。

三、关键技术

（一）基于统计学与分布式水文模型融合的洪水灾害致灾分析方法

应用精确性、不偏性及稳健性更优的线性矩法编制暴雨频率图，提高稀遇频率估计值

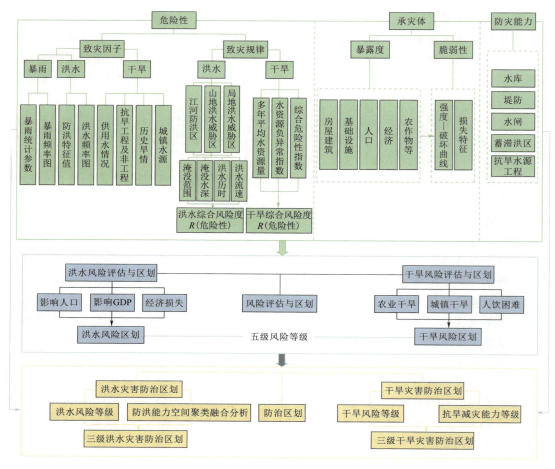

图 1　水旱灾害风险普查技术体系

的拟合精度，降低了常规矩法低估的安全隐患。假定降雨年最大值系列 X 服从某一分布函数，$X_{1:n} \leqslant X_{2:n} \leqslant \cdots \leqslant X_{n:n}$ 是一组随机样本的次序统计量，定义 r 阶线性矩变量的通式为

$$\lambda_r = r^{-1} \sum_{k=0}^{r-1} (-1)^k \binom{r-1}{k} EX_{r-k:r}, \qquad r = 1,2,\cdots \tag{1}$$

式中：$EX_{r-k:r}$ 为样本容量 n 中排在第 $r-k$ 位的次序统计量的期望值；λ_r 为 r 阶线性矩变量。

综合应用多种水文模型编制中小流域洪水频率图。结合暴雨频率分析成果，在综合单站洪水频率分析法、区域洪水频率分析法的基础上，以分布式水文模型法为主，推求山丘区主要小流域出口节点设计洪水，丰富了洪水频率分析成果，为开展灾害风险评估提供坚实基础资料。单站洪水频率分析法适用于有流量资料的站点，且站点上游控制流域内不存在大中型水库，可结合历史实测和调查洪水资料进行洪水频率分析；对有水位资料的站点，可转换为流量数据进行洪水频率分析。区域洪水频率分析法综合多个小流域单站洪水频率分析成果，构建不同水文分区的洪水区域回归方程或增长曲线，根据小流域所在区

274

域，快速推算小流域设计洪水。具体见式（2）和式（3）。

$$Q_T = \alpha_0 A_1^{\alpha_1} A_2^{\alpha_2} \cdots A_n^{\alpha_n} \varepsilon_0 \tag{2}$$

式中：Q_T 为 T 年一遇的洪峰流量；A_i 为第 i 个流域特征变量；α_i 为模型参数；n 为特征变量的个数；ε_0 为乘积误差项。

$$Q_T = q_T \mu \tag{3}$$

式中：Q_T 为 T 年一遇的洪峰流量；q_T 为区域增长曲线的增长因子；μ 为站点指标洪水。

分布式水文模型法适用于缺资料流域，产流分析计算主要以蓄满产流、超渗产流、混合产流为主，包括三水源蓄满产流、陕北产流、垂向混合产流、初损后损产流、大伙房产流、降雨径流相关图、SCS－CN 法等模型，采用分布式单位线法进行坡面汇流分析计算，以动态马斯京根法进行无资料地区河道洪水演进计算，有实测水文资料和断面资料地区也可选用马斯京根法、运动波法进行分析计算。流域中存在大型、中型水利工程并且蓄水引水影响较大时，以水利工程坝址为节点，计算节点以上集水面积内的设计洪水。

（二）以洪水风险度指标为基础的洪水风险区划方法

洪水风险区划及防治区划编制中，开创性提出了以相似性、差异性和综合性原则为基础，以洪水综合风险度指数 R 值和防治等级判定阈值为核心的洪水风险等级分析计算和防治等级判定方法，并首次开发了集成果编制、审核和修改等功能为一体的数据管理平台。

一是基于相似性、差异性和综合性原则，将洪水风险程度指标以量值区间作为衡量标准反映相同或相近特征，在考虑影响洪水风险形成发展等自然因素的基础上，综合社会因素宏观反映区域洪水风险程度及其防治特征。以此为基础开创性构建了涉及区域类型划分、风险要素分析计算、风险等级计算、灾害防治等级判定指标及阈值、成果聚类分析、成果制图、成果审核、成果汇总集成等方面的完备的洪水区划编制技术体系（见图2）。

二是在洪水风险区划编制过程中，首次提出了具有物理机制、统一可比较、无量纲的洪水综合风险度指数 R 值这一全新的洪水风险量化指标，开展全覆盖、精细化的洪水风险区划分析计算；在洪水灾害防治区划编制过程中，根据防治等级定量化表达需求，首次提出以流域/区域防洪功能类型、洪水风险大小和治理标准为主要表征的防治等级判定方法和相应阈值指标体系，用以反映流域/区域防洪体系布局、防洪治理紧迫性和防洪治理策略等方面的差异性。利用具有物理机制的水文水动力耦合模型与空间分析技术辨识风险分布，分析洪水危险性；利用树形多层洪水灾害防治指标体系与系统分析、空间计算技术判定防治等级，分析防治迫切性，结合不同类型承灾体的空间分布和脆弱性特征进行风险分析和防治需求分析。

三是创新开发使用洪水区划平台，并内嵌多种软件及模型工具，在成果编制阶段利用要素导入、R 值计算、聚类分析、制图排版等多项功能，协助完成洪水风险等级计算和防治等级判定工作；在成果审核及修改阶段，利用成果合规性、合理性审核和模型修改工具，开展成果数据挂接、拓扑结构检查修复、自相交维护与更新、数据异常值审核及导出、相邻空间数据比对、数据衔接及协调性分析等工作。相关平台软件和模型极大程度节省了洪水区划成果审核及修改的时间和人力成本，提高了检验的准确度。

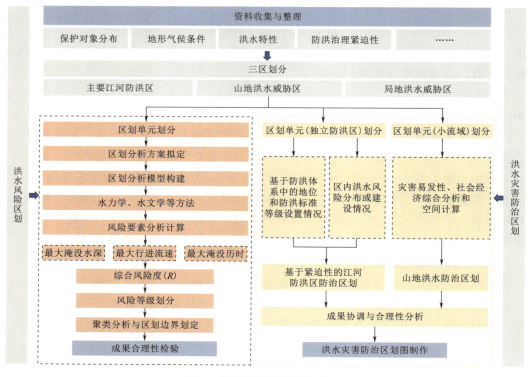

图 2 洪水区划编制技术流程

（三）基于水资源短缺的干旱灾害风险评估与防治区划技术

创新提出了基于水资源短缺的干旱风险分析评估理论技术方法，以县级行政区为单元，利用 60 多年长系列水资源资料，对干旱频率及相应的水资源量进行系统计算，揭示了干旱时空演变规律，提出了以水资源量的禀赋条件与负异常状态为核心的干旱特征值分析成果。

形成一整套干旱风险评估、干旱风险分析、干旱灾害防治、抗旱规划与工程设计的技术方法、准则与标准。干旱灾害风险评估和分析综合考虑区域水资源量的禀赋条件与负异常状态及干旱灾害损失情况，进行农业、人饮、城镇干旱灾害风险评估，进而进行干旱灾害风险区划。研究提出了干旱灾害风险等级和抗旱减灾能力等级的判别矩阵，综合考虑干旱灾害风险区划结果和抗旱减灾能力等级评估结果，确定干旱灾害防治区划等级。

基于上述理论方法，根据干旱特征参数，同时考虑干旱灾害损失情况，对全国 2846 个县级行政单元的受旱情况系统深入分析，从农业、农村人饮、城镇等三个层面分别开展干旱灾害风险评估，揭示出每个县干旱灾害的主要影响对象，首次在全国范围绘制了干旱灾害风险区划图和防治区划图。

（四）基于微服务的风险普查数据库及管理系统

采用当前主流的 B/S 微服务架构思路，建成水旱灾害风险普查数据库及管理系统，完成了涵盖致灾调查、隐患调查、风险评估与区划等全链条的九大类 14 项成果数据入库

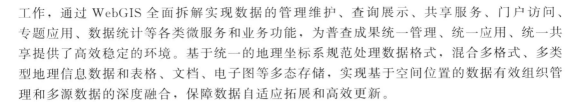

工作，通过 WebGIS 全面拆解实现数据的管理维护、查询展示、共享服务、门户访问、专题应用、数据统计等各类微服务和业务功能，为普查成果统一管理、统一应用、统一共享提供了高效稳定的环境。基于统一的地理坐标系规范处理数据格式，混合多格式、多类型地理信息数据和表格、文档、电子图等多态存储，实现基于空间位置的数据有效组织管理和多源数据的深度融合，保障数据自适应拓展和高效更新。

四、应用实践

经过第一次全国自然灾害综合风险普查"大会战"试点，11 个重点试点县、120 个试点县调查，地方"一省一县""一省一市"试点评估区划，国省两级共同开展的"一省两市"试点评估区划等多项试点工作，全面验证并完善了水旱灾害风险普查技术体系，指导全国各级水行政主管部门和技术支撑单位完成暴雨水文等洪水灾害致灾特征、防洪工程洪水灾害隐患、干旱灾害致灾因子等数据收集，形成调查数据集，编制暴雨频率图、洪水频率图和防洪工程风险隐患分布图；系统科学开展全国水旱灾害风险评估与区划，编制洪水风险区划及防治区划、洪水影响人口和 GDP 风险区划、干旱灾害风险区划及防治区划等，基本摸清我国不同地区水旱灾害隐患和风险底数，划定了全国水旱灾害高风险区域。

成果将被广泛应用于水旱灾害防御、防洪工程规划、水网布局建设、数字孪生水利等各项工作中，为实现水利高质量发展提供技术支撑。部分省级水行政主管部门在统一的技术体系基础上，结合本地区特点补充制定相关技术要求，细化部分技术内容，极大丰富和完善了水旱灾害风险普查技术体系内容，为构建较为完善的水旱灾害风险普查技术标准、技术方法、技术产品体系提供了经验。

五、结语

结合第一次全国自然灾害综合风险普查，首次设计建立了一套水旱灾害风险普查技术体系，支撑各地圆满完成水旱灾害风险普查任务，取得多项创新成果，达到预期目标，也为今后常态化开展水旱灾害风险普查工作奠定了基础。今后需根据水旱灾害风险情况变化进一步完善水旱灾害风险普查技术体系，结合人工智能、遥感、数字孪生、高性能计算等新技术，拓展致灾因子或技术指标，深化防洪工程隐患排查技术手段，细化中小流域洪水危险性和影响分析，以流域为单元进行干旱危险性和风险评估，推进水旱灾害风险普查迈向更高水平，服务水利高质量发展。

参 考 文 献

［1］ 李娜，王艳艳，王静，等 . 洪水风险管理理论与技术 ［J］. 中国防汛抗旱，2022（1）：54 - 62.
［2］ 田以堂，杨卫忠，许静 . 我国洪水风险图编制概况及推进洪水风险图应用的思考 ［J］. 中国防汛抗旱，2015（5）：17 - 20.
［3］ 水利部水旱灾害风险普查项目组 . 全国水旱灾害风险普查实施方案（试行）［R］. 北京：水利部，2021.
［4］ 水利部 . 暴雨频率图编制技术要求 ［R］. 北京：水利部，2021.
［5］ 水利部 . 中小流域洪水频率图编制技术要求（试行）［R］. 北京：水利部，2021.

［6］ 水利部．洪水风险区划及防治区划编制技术要求［R］．北京：水利部，2021.

［7］ 水利部．干旱灾害风险调查评估与区划编制技术要求（试行）［R］．北京：水利部，2021.

［8］ 张金良．黄河流域生态保护和高质量发展水战略思考［J］．人民黄河，2020（4）：1-6.

［9］ 雷晓辉，王浩，廖卫红，等．变化环境下气象水文预报研究进展［J］．水利学报，2018（1）：9-18.

［10］ 穆聪，李家科，邓朝显，等．MIKE 模型在城市及流域水文——环境模拟中的应用进展［J］．水资源与水工程学报，2019（2）：71-80.

［11］ 陈敏．2020 年长江暴雨洪水特点与启示［J］．人民长江，2020（12）：76-81.

［12］ 包红军，曹勇，林建，等．山洪灾害气象预警业务技术进展［J］．中国防汛抗旱，2020（9）：40-47.

［13］ 汪明．全面认识第一次全国自然灾害综合风险普查的重要价值［J］．中国减灾，2021（11）：22-25.

［14］ 芮孝芳，黄国如．分布式水文模型的现状与未来［J］．水利水电科技进展，2004（2）：55-58.

［15］ 屈艳萍，吕娟，苏志诚，等．抗旱减灾研究综述及展望［J］．水利学报，2018（1）：115-125.

［16］ 张学华，廖永丰，崔燕，等．第一次全国自然灾害综合风险普查软件系统简介［J］．城市与减灾，2021（2）：58-64.

［17］ 刘志雨．洪水预测预报关键技术研究与实践［J］．中国水利，2020（17）：7-10.

［18］ 刘海瑞，奚歌，金珊．应用数字孪生技术提升流域管理智慧化水平［J］．水利规划与设计，2021（10）：4-6，10，88.

着力提升现代条件下的防灾减灾能力和水平

——《加快构建水旱灾害防御工作体系的实施意见》解读

王章立[1]，杜晓鹤[2,3]，杨　光[1]，苗世超[1]，邱奕翔[1]

[1. 水利部水旱灾害防御司；2. 中国水利水电科学研究院；
3. 水利部防洪抗旱减灾工程技术研究中心（水旱灾害防御中心）]

摘　要： 深入贯彻落实习近平总书记关于防汛抗旱工作重要指示精神，按照党的二十届三中全会决策部署，水利部办公厅印发了《加快构建水旱灾害防御工作体系的实施意见》，指导各级水利部门加快构建责任落实、决策支持、调度指挥“三位一体”的水旱灾害防御工作体系。本文解读了《实施意见》编制背景与重要意义、主要内容和特点及责任落实、决策支持、调度指挥三大方面的内涵，并提出《实施意见》印发后的落实安排，推动水旱灾害防御工作体系落地见效。

关键词： 水旱灾害防御；工作体系；责任落实；决策支持；调度指挥

水利部深入贯彻习近平总书记关于防汛抗旱工作的重要指示精神，全面贯彻落实总体国家安全观，加快构建流域防洪工程体系、雨水情监测预报体系和水旱灾害防御工作体系“三大体系”，切实筑牢保障人民群众生命财产安全防线。水旱灾害防御工作体系是水旱灾害防御“三大体系”的重要一环，通过提高管理水平、创新管理方式，与完善工程设施建设、提高监测预报能力和水平构成有机整体，着力提升水旱灾害防御能力。

水利部部长李国英高度重视水旱灾害防御工作体系建设，在2024年“七下八上”防汛关键期主持召开部务会议，贯彻落实党的二十届三中全会精神，按照推进国家安全体系和能力现代化等重大决策部署，研究加快构建水旱灾害防御工作体系。近日，水利部办公厅印发《加快构建水旱灾害防御工作体系的实施意见》（办防〔2024〕221号）（以下简称《实施意见》），要求进一步压紧压实防御责任，提升决策支持能力，提高调度指挥水平，健全水旱灾害防御工作机制，为经济社会高质量发展提供坚实的水安全保障。

原文刊载于《中国水利》2024年第16期。

一、编制背景与意义

习近平总书记在党的二十届三中全会上强调，面对新的形势和任务，必须进一步全面深化改革，继续完善各方面制度机制，固根基、扬优势、补短板、强弱项，不断把我国制度优势更好转化为国家治理效能。在中国共产党的坚强领导下，我们战胜了历次严重洪涝干旱灾害，最大程度减轻了灾害损失，积累了许多成功经验，充分体现了社会主义集中力量办大事的制度优势。对标对表习近平总书记重要指示精神和党的二十届三中全会决策部署，我国水旱灾害防御仍然存在一些短板弱项，需要进一步总结经验、补齐短板、提升能力，确保水旱灾害防御工作始终沿着习近平总书记指引的方向前进。为此，水利部在《关于加快构建水旱灾害防御工作体系的指导意见》（办防〔2024〕69号）（以下简称《指导意见》）基础上，组织细化了具体内容，形成了前述《实施意见》，以推动各级水利部门加快构建水旱灾害防御工作体系。

（一）加快构建水旱灾害防御工作体系是贯彻落实习近平总书记重要指示精神的必然要求

党的十八大以来，习近平总书记站在保障国家安全和实现中华民族伟大复兴的战略和全局高度，将保障水安全提升为国家战略并纳入国家安全总体布局，提出"节水优先、空间均衡、系统治理、两手发力"治水思路和"两个坚持、三个转变"防灾减灾救灾理念，多次就防汛抗旱工作发表重要讲话、作出重要指示批示。2024年汛期，防汛抗洪形势严峻复杂，习近平总书记先后3次就防汛抗洪救灾工作作出重要指示，于7月25日主持召开中共中央政治局常务委员会会议，研究部署防汛抗洪救灾工作，要求始终把保障人民生命安全放在第一位。必须强化风险意识、底线思维，压实责任、加强统筹，扎实做好防汛抢险救灾各项工作，切实保障人民群众生命财产安全和社会大局稳定。

深入贯彻习近平总书记重要指示精神，必须始终把确保人民群众生命财产安全作为水旱灾害防御的出发点和落脚点，把避免人员伤亡和减轻灾害损失作为评判防御工作成效的标准，加快构建水旱灾害防御工作体系，全链条、全方位、全过程落实各项防御责任和措施，全面提升防御能力和水平。

（二）加快构建水旱灾害防御工作体系是贯彻落实党的二十届三中全会决策部署的必然要求

党的二十届三中全会指出，"国家安全是中国式现代化行稳致远的重要基础。必须全面贯彻总体国家安全观，完善维护国家安全体制机制，实现高质量发展和高水平安全良性互动，切实保障国家长治久安""完善重点领域安全保障体系和重要专项协调指挥体系""提升防灾减灾救灾能力"。我国经济社会发展已进入战略机遇和风险挑战并存、不确定难预料因素增多的时期，各种"黑天鹅""灰犀牛"事件随时可能发生。在水旱灾害防御领域，暴雨洪涝干旱等灾害的突发性、极端性、反常性越来越明显，各种"不常见、想不到、来不及"的情况越来越多，风险挑战复杂严峻。做好水旱灾害防御工作，有效防范化解水旱灾害风险，不仅关系防洪安全、供水安全，而且关系经济安全、粮食安全、生态安全，是党中央、国务院交办的重要政治任务。

防汛抗旱是水利部门的天职，是必须牢牢扛起的政治责任。必须统筹高质量发展和高水平安全，牢固树立风险意识、忧患意识，锚定"人员不伤亡、水库不垮坝、重要堤防不决口、重要基础设施不受冲击"工作目标，加快构建水旱灾害防御工作体系，下好"先手棋"，打好"主动仗"，坚决守住水旱灾害防御底线。

（三）加快构建水旱灾害防御工作体系是适应水旱灾害多发频发重发新形势的必然要求

我国是世界上水旱灾害最为严重的国家之一。受全球气候变化和人类活动影响，近年来极端天气事件呈现趋多趋频趋强趋广态势，突破历史纪录、颠覆传统认知的水旱灾害事件频繁出现。2021年郑州"7·20"特大暴雨最大日降雨量接近常年的年降雨量，最大小时降雨量突破我国大陆气象观测记录历史极值；2022年珠江流域北江发生1915年以来最大洪水；2023年海河流域发生60年来最大流域性特大洪水。与此同时，一向水量丰沛的流域相继出现罕见旱情，如2021年珠江三角洲部分地区遭遇1961年以来最严重干旱，珠江口咸潮上溯带来"旱上加咸"严峻挑战；2022年长江流域遭遇自1961年有完整记录以来最严重的气象水文干旱，鄱阳湖水位跌破历史最低纪录，长江口出现历史罕见咸潮入侵。

形势警示我们，必须坚持底线思维、极限思维，主动适应和把握全球气候变化下水旱灾害的新特点新规律，加快构建水旱灾害防御工作体系，用大概率思维应对小概率事件，以防御措施的前瞻性、确定性应对水旱灾害的突发性、不确定性。

（四）加快构建水旱灾害防御工作体系是补强水旱灾害防御工作短板弱项的必然要求

随着经济社会发展和城镇化进程加速，以及区域重大发展战略和乡村振兴战略的实施，人口、产业、经济等进一步聚集，水旱灾害损失及影响呈现倍增、放大效应，对水旱灾害防御工作提出了更大挑战和更高要求。面对新形势新要求，水旱灾害防御工作也暴露出一些短板，比如：部分环节防御责任落实不到位，一些责任主体履职能力不强；部分水利部门特别是基层水利部门专业技术人员数量不够、经验不足；重大汛情、险情、灾情等重要信息报送不及时、不准确；会商研判机制不健全，参谋意见针对性不强；重大水旱灾害事件调度指挥机制不完善、指令执行不到位等。

实践昭示我们，必须坚持问题导向，奔着问题去、对着问题干，加快构建水旱灾害防御工作体系，在固底板、补短板、锻长板上下更大功夫，着力解决机制不完善、决策不科学、执行不坚决、反馈不及时等问题，进一步提高水旱灾害防御工作制度化、规范化、现代化水平。

二、《实施意见》主要内容及特点

（一）主要内容

《实施意见》提出，水利部、流域管理机构（流域防总办）和省级、市级、县级水行政主管部门，按照《指导意见》加快建立责任落实、决策支持、调度指挥"三位一体"的水旱灾害防御工作体系。

（1）责任落实方面，做到单元最小、全面覆盖、严密有效。聚焦水库、堤防、河道、蓄滞洪区、在建水利工程、山洪灾害和干旱等防御对象，逐项明确各环节防御责任，让每个责任主体都知道"为何防""谁来防""防什么""怎么防"，做到守土有责、守土负责、守土尽责，守牢安全底线。

（2）决策支持方面，做到科学专业、支撑有力、反应迅速。通过加强专业人才队伍建设、及时掌握基础信息、推进新技术新装备研发应用、优化完善各类预报模型、完善信息报送机制、强化复盘检视等措施，让参谋建议更科学、更专业、更及时、更有针对性，为调度指挥提供有力决策支持。

（3）调度指挥方面，做到权威统一、运转高效、分级负责。完善主汛期"周会商＋场次洪水会商"机制，让各级决策者准确把握会商时机、会商方式、会商内容，通过会商分析研判，形成科学的决策意见，精准发布预警信息，对水库、蓄滞洪区等工程统一联合调度和水库安全度汛、堤防巡查防守、中小河流洪水防御、山洪灾害防御、人员转移避险等重点工作作出安排部署。同时建立指令执行监督机制，确保调度指挥指令畅通、执行到位。

（二）主要特点

（1）覆盖各个层级。《实施意见》要求水利部、流域管理机构（流域防总办）和省级、市级、县级水利部门全面构建水旱灾害防御工作体系，对各级水利部门构建工作体系和上下级工作贯通提出了明确要求。同时，充分考虑了不同层级的实际情况，在任务安排上有所侧重，比如北斗、卫星遥感、测雨雷达等新技术和无人机、水下机器人等新装备研发应用，专业性强、技术要求高，主要由水利部、流域管理机构、省级水利部门负责推进；省级、市级水利部门是地方行政首长防洪决策的重要"智囊团"，承担着决策支持的重要任务，这就要求配强决策支持团队；考虑县级水利部门专业人员较少、力量相对薄弱的实际情况，要求明确开展决策支持工作的专业人员。

（2）聚焦三大方面。《实施意见》针对水旱灾害防御重点对象和关键环节，将工作体系分解为责任落实、决策支持、调度指挥三大方面。强化责任落实，目的是绷紧水旱灾害防御"责任链"，明确每个防御重点对象和关键环节责任主体，确保防御关口守住、守好、守牢。强化决策支持，目的是集结水旱灾害防御"智囊团"，充分发挥水利专业人才队伍、基础数据、新技术新装备等的作用，提高防御决策科学化、专业化水平。强化调度指挥，目的是发挥好水旱灾害防御"指挥棒"作用，强化会商研判，科学形成指令，确保调度指令精准发布、及时下达、有效执行。

（3）突出可操作性。《指导意见》明确了构建水旱灾害防御工作体系的指导思想、工作目标、基本原则和主要内容，重在发挥宏观指导作用。《实施意见》细化分解构建工作体系任务措施，进一步强化可操作性，任务更加明确，措施更加具体，要求压紧压实水库大坝、堤防等7个方面防御责任，从人才队伍、支撑基础等6个方面提升决策支持能力，针对会商研判、预警发布等5个方面提高调度指挥水平，并提出强化组织领导、落实资金渠道等4项保障措施，更加贴近水旱灾害防御实战，有助于加快推动工作体系落地见效。

三、关于"责任落实"

立足单元最小、全面覆盖、严密有效，针对水旱灾害防御对象，逐项落实责任人，逐环节压实防御责任，在工程（区域）显著位置立牌公示，并通过报纸、电视、广播、网络等媒体向社会公布，接受社会监督。

（一）水库大坝

水库一旦垮坝，洪水将使下游遭受极其严重的损失，安全责任极其重大，必须高度重视。所有水库大坝包括水电站，所在地地方人民政府和主管部门、管理单位都有安全监管责任，需要明确每个责任人的具体工作职责。同时，针对近年来小型水库安全度汛管理暴露出的问题，专门提出小型水库要逐库落实防汛行政、技术、巡查"三个责任人"和"三个重点环节"，坚决避免水库垮坝。

（二）堤防

堤防是确保河道行洪安全的重要防线。各级、各类堤防，包括大江大河、中小河流堤防以及蓄滞洪区围堤隔堤、海堤等，其运行管理、汛期巡查防守和险情抢护等责任由政府、主管部门或管理单位承担。只有明确每段堤防责任人在涨水期、平水期、退水期各环节、全过程的具体工作职责，落实巡查防守和险情抢护措施，才能确保险情早预测、早发现、早处置。对于重要堤防，特别是对大江大河大湖干堤的险工险段、高程不足段、历史上发生过决堤段、迎溜顶冲段、穿堤建筑物等，还要提前建立台账，树牢干堤意识，加密巡查频次，严防死守，避免重要堤防决口。

（三）河道

河道是行蓄洪水的重要空间，一旦行洪不畅，势必增加洪水泛滥的风险，严重威胁两岸人民群众生命财产安全。影响河道行洪的乱占、乱采、乱堆、乱建"四乱"问题由来已久，涉及面广，成因复杂。为此，提出压紧压实河道管理责任，充分发挥河湖长制的作用，明确各级河湖长、河长制办公室和水利部门的具体工作职责，纵深推进河道管理范围内妨碍行洪的"四乱"问题清理整治，保障河道行洪畅通。

（四）蓄滞洪区

蓄滞洪区分洪运用关系人民群众生命安全和流域防洪安全，区内群众为"大家"牺牲了"小家"，其切身利益理应得到维护。做好财产登记、运用准备、调度运用、人员转移、运用补偿等环节工作尤为重要。因此，需要压紧压实蓄滞洪区分洪运用各个环节的责任，将责任落实到岗到人。此外，对水利部门在加强蓄滞洪区管理、组织修订完善运用预案、提出启用意见等方面的责任提出了明确要求。

（五）在建水利工程

在建水利工程是防汛的重点对象，需要高度关注施工人员安全和工程本身的安全。在建水利工程安全度汛涉及水利部门监管责任、项目法人单位首要责任、施工单位直接责任，需要明确每个责任人的重点工作职责。提出水利部门应建立重大水利工程清单，实施重点监管，项目法人负责建立风险查找、研判、预警、防范、处置、责任等安全度汛风险管控"六项机制"。

（六）山洪灾害防御

山洪灾害突发性强，容易造成群死群伤，是洪涝灾害人员伤亡的主因。为防御山洪灾害，主要是压紧压实预案编制、防御演练、监测预警、预警"叫应"、人员转移等环节责任，特别是县、乡、村三级各环节责任，充分发挥基层网格员的作用，确保预警"叫应"到岗到户到人，做到有"叫"有"应"有"动"，确保人员转移"谁组织、转移谁、何时

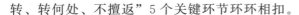

转、转何处、不擅返"5个关键环节环环相扣。

（七）抗旱工作

干旱往往持续时间长、发生范围大、波及面广。落实抗旱责任，主要是压紧压实预案编制、监测预警、工程调度、应急保障等环节责任，精准范围、精准对象、精准时段、精准措施，使有限的水源发挥最大抗旱效益，确保城乡居民饮水安全，确保规模化养殖和大牲畜饮水安全，保障农作物时令灌溉用水安全。

四、关于"决策支持"

立足科学专业、支撑有力、反应迅速，对人才队伍、支撑基础、支持系统、信息报送、提出建议、复盘检视等方面提出明确要求，为调度指挥提供有力有效支持。

（一）人才队伍

人才队伍是调度指挥决策的基础和前提。各级水利部门只有配齐熟悉有关业务领域的水利专业人员，才能为领导决策出谋划策，提出有价值的意见和建议。省级、市级水利部门的水旱灾害防御工作涉及面较广，要配强决策支持技术团队；县级水利部门要明确负责开展决策支持工作的水利专业人员，充分发挥水利专业技术人才作用，提高决策支持的专业性和针对性。

（二）支撑基础

掌握信息越准确、越全面，决策支持就越可靠、越有效，需要全面摸清风险底数，动态更新基础数据，及时掌握雨情、水情、险情、灾情"四情"信息和工作动态。水利部、流域管理机构和省级水利部门还要积极推进新技术新装备研发推广应用，优化完善降雨、产汇流、洪水演进预报模型，制修订标准，强化洪旱风险管理，提高决策支持的科学性和技术性。

（三）支持系统

统筹建设数字孪生流域、数字孪生水网、数字孪生工程，推进流域防洪应用系统建设和旱情监测预警综合平台推广应用，加快建设山洪灾害监测预报预警系统。利用"四预"系统，贯通"四情"防御，绷紧"四个链条"，对调度过程和洪水演进情况进行"正向"预演、"逆向"推演，迭代更新防御预案，提高决策支持的时效性和精准性。

（四）信息报送

强调迅速反应、主动掌握、多方了解、持续跟踪、及时报送。在报送速度上力求"快"，在报送内容上突出"准"。对于重大汛情、险情、灾情等重要信息，省级水利部门要多渠道、多方式积极获取，第一时间报送水利部并持续跟踪续报。

（五）提出建议

根据防洪抗旱调度决策目标、任务，在掌握关键信息的基础上，发挥人才优势，利用支持系统，加强综合分析，超前提出水旱灾害防御技术方案，为决策者调度指挥提供专业化参谋建议。

（六）复盘检视

从水旱灾害事件中查找短板弱项，分析事件原因，总结经验教训，为做好下一步水

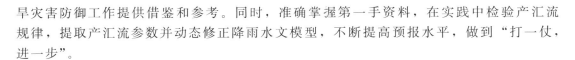

旱灾害防御工作提供借鉴和参考。同时，准确掌握第一手资料，在实践中检验产汇流规律，提取产汇流参数并动态修正降雨水文模型，不断提高预报水平，做到"打一仗，进一步"。

五、关于"调度指挥"

立足权威统一、运转高效、分级负责，从会商研判、预警发布、工程调度、专项部署、下达执行等方面提出明确要求，确保调度指挥高效精准、顺畅有力。

（一）会商研判

完善落实各级水利部门主汛期"周会商＋场次洪水会商"机制。在预报发生场次洪水时，要立即组织相关技术人员开展会商研判，必要时要加密会商频次。重点分析雨情、水情、险情、灾情和工程运行情况、风险隐患等，综合研判面临的形势，提出应对措施，形成权威统一的会商决策意见，有针对性地部署防御工作；发生重大水旱灾害事件，第一时间紧急会商研判，高效、精准部署应急处置工作。

（二）预警发布

根据会商分析研判，按照规定的预警发布机制，利用文电、短信、电话等方式，向相关地区、责任单位和责任人迅速、精准、有效发布预警信息。预警发布重点在于落实预警"叫应"机制，做到有"叫"有"应"、有"应"有"动"，同时，有关部门要采取电视、广播、微信、网络、预警系统等方式向社会公众发布，做到预警范围内人人知晓预警、人人知道避险，全力避免人员伤亡。

（三）工程调度

各级水利部门依据法定职责，利用现有防洪工程体系，以流域为单元，统筹上下游、左右岸、干支流，坚持兴利服从防洪、区域服从流域、电调服从水调，遵循系统、科学、安全、精准的原则，实施水工程统一联合调度。水库特别是流域控制性水库，是流域防洪关键时刻的一张"王牌"，在确保水库安全的前提下，借助模型计算和洪水"正向"预演、"逆向"推演，"一个流量、一方库容、一厘米水位"精准调度，充分发挥防洪抗旱减灾效益。蓄滞洪区是流域防洪的最后"底牌"，当预报达到启用条件时，按规定提前做好运用准备，转移区内人员；调度命令下达后，按程序和职责分工及时启用，确保关键时刻蓄滞洪区发挥关键作用。

（四）专项部署

根据会商结果，精准研判风险，明确防御重点，有针对性地对水库安全度汛、堤防巡查防守、中小河流洪水防御、山洪灾害防御、城市内涝防御、险情应急处置、人员转移避险、抗旱保供水保灌溉等重点工作做出部署。

（五）下达执行

指令执行影响全局。下达执行主要是明确调度指挥指令下达流程、方式、要求等，建立指令执行和监督机制，确保指令下达后严格执行，杜绝有令不行或缓行。

六、《实施意见》下发后的落实

《实施意见》下发后，各级水利部门应进一步提高思想认识，落实工作责任，强化工作措施，加大投入力度，加快推动水旱灾害防御工作体系落地见效。

（1）建立工作台账。指导督促各级水利部门对照《实施意见》逐项排查，查找短板弱项，有针对性地建立工作台账，明确目标任务、实施路径和完成时限，加快组织实施。责任落实、调度指挥方面，各项任务争取 2025 年汛前完成；决策支持方面，支撑基础、支持系统等任务持续推进，每年要有提升；其他任务争取 2025 年汛前完成。

（2）督导落实责任。指导督促各级水利部门将工作方案中各项任务分解落实到岗、到人，做到有名有实，确保《实施意见》落实到位。涉及地方人民政府有关事项，由各级水利部门提请地方人民政府依法落实。

（3）强化上下贯通。建立信息上报和定期通报机制，跟踪指导《实施意见》落实工作，发现问题及时督促整改，上下贯通，形成合力。对于工作中的堵点、难点问题，加强沟通，上下联动，集思广益，重点研究予以解决。

（4）加强宣贯工作。加大宣贯力度，深度解读《实施意见》，加深各级水利部门理解，充分认识构建水旱灾害防御工作体系的必要性和紧迫性。及时总结推广工作中的好做法好经验，充分发挥示范带动作用。采取举办培训班、视频教学、召开座谈会等方式，加强各级水利部门业务骨干培训和工作交流，提高业务骨干工作能力。

参 考 文 献

[1] 中共中央关于进一步全面深化改革推进中国式现代化的决定 [N]. 人民日报，2024 - 07 - 22（1）.
[2] 习近平. 关于《中共中央关于进一步全面深化改革、推进中国式现代化的决定》的说明 [N]. 人民日报，2024 - 07 - 22（1）.
[3] 水利部编写组. 深入学习贯彻习近平关于治水的重要论述 [M]. 北京：人民出版社，2023.
[4] 李国英. 为以中国式现代化全面推进强国建设，民族复兴伟业提供有力的水安全保障——在 2024 年全国水利工作会议上的讲话 [J]. 中国水利，2024（2）：1 - 9.
[5] 李国英. 在水旱灾害防御工作会议上的讲话 [J]. 中国防汛抗旱，2024，34（3）：4 - 5.
[6] 水利部办公厅. 关于加快构建水旱灾害防御工作体系的指导意见 [Z].2024.
[7] 水利部办公厅. 加快构建水旱灾害防御工作体系的实施意见 [Z].2024.

我国水旱灾害防御应对

褚明华[1,2]，杜晓鹤[1,2]，何秉顺[1,2]

[1. 水利部防洪抗旱减灾工程技术研究中心（水旱灾害防御中心）；
2. 中国水利水电科学研究院]

摘　要：洪旱灾害是我国自然灾害中损失最为严重的灾害。新中国成立以来，历经 70 余年的建设，我国已逐步形成较为完备的工程体系和非工程体系相结合的水旱灾害防御体系，水旱灾害防御能力达到国际中等水平，在近年来海河"23·7"流域性特大洪水、2022 年长江流域干旱等水旱灾害防御应对中，已建的工程体系和非工程体系发挥了重要作用。近年来因洪涝灾害死亡人口、因洪涝直接经济损失占当年 GDP 的比值呈明显下降趋势，水旱灾害防御成效显著。受全球气候变化和人类活动影响，我国水旱灾害呈现趋多、趋频、趋强、趋广的趋势，为应对更为极端和反常的水旱灾害，文章提出了构建水旱灾害防御矩阵、完善水旱灾害防御工程体系、建设数字孪生流域、完善法律法规及管理体制机制等思路构想。

关键词：水旱灾害防御；工程体系；非工程体系；洪涝灾害；干旱灾害；水旱灾害防御矩阵

一、引言

我国特殊的地理气候条件，决定了降水年内时空分布不均、年际变幅很大，加之人口众多，受水旱灾害威胁的土地不断开发利用，水旱灾害频发，损失严重。据不完全统计，自公元前 206 年至 1949 年的 2155 年间，较大的洪涝灾害有 1092 次、干旱灾害有 1056 次，其中造成 10 万人以上人员死亡的水旱灾害时有发生，水旱灾害历来是对我国经济社会发展影响最大的自然灾害。经过新中国成立以来 70 余年的防洪抗旱工程建设，我国流域防洪工程体系不断完善，主要江河的防洪标准有了较大提高，已逐步形成较为完备的工程体系和非工程体系相结合的水旱灾害防御体系。水旱灾害防御能力不断提升，尤其近 10 年来实现整体性跃升，水旱灾害防御能力超过了历史上任何一个时期，逐步消灭了困扰我国几千年的大水大灾难、大旱大饥荒的状况。据中国工程院研究成果，目前我国防洪能力已升级到较安全水平，水旱灾害防御能力达到国际中等水平，在发展中国家相对靠前。

原文刊载于《水利发展研究》2024 年第 8 期。

二、我国水旱灾害防御体系

(一) 工程体系

截至 2021 年年底, 我国工程体系建设情况如下。

(1) 全国已建成各类水库 97036 座, 水库总库容 9853 亿 m^3。其中, 大型水库 805 座, 总库容 7944 亿 m^3, 占全部总库容的 80.6%; 中型水库 4174 座, 总库容 1197 亿 m^3, 占全部总库容的 12.1%。

(2) 全国已建成 5 级及以上江河堤防 33.1 万 km, 累计达标堤防 24.8 万 km, 堤防达标率为 74.9%。其中, 1 级、2 级达标堤防长度为 3.8 万 km, 达标率为 84.3%。全国已建成江河堤防保护人口 6.5 亿人, 保护耕地 42 万 km^2。

(3) 全国共设置 98 处国家蓄滞洪区, 分布于长江 (44 处)、黄河 (2 处)、淮河 (21 处)、海河 (28 处)、珠江 (1 处)、松花江 (2 处) 等 6 个流域, 涉及北京、天津、河北、江苏、安徽、江西、山东、河南、湖北、湖南、吉林、黑龙江、广东等 13 个省 (直辖市), 总面积约 3.4 万 km^2, 总蓄洪容积约 1080 亿 m^3。

(4) 全国已累计建成日取水量不小于 20m^3 的供水机电井或内径大于 200mm 的灌溉机电井共 522.2 万眼。全国已建成各类装机流量 1m^3/s 或装机功率 50kW 以上的泵站 9.4 万处。其中, 大型泵站 444 处, 中型泵站 4439 处, 小型泵站 88816 处。

(5) 全国已建成设计灌溉面积 2000 亩及以上的灌区 21619 处, 耕地灌溉面积 39.7 万 km^2。其中, 50 万亩及以上灌区 154 处, 耕地灌溉面积 12.2 万 km^2; 30 万~50 万亩大型灌区 296 处, 耕地灌溉面积 56.6 万 km^2。

(6) 全国水利工程供水能力为 8984.2 亿 m^3。

(7) 全国已建成各类调水工程 482 项, 输水干线总长度 17.2 万 km。七大流域及其各支流基本形成以水库、河道及堤防、蓄滞洪区为主要组成的流域防洪工程体系, 通过综合采取"拦、分、蓄、滞、排"等措施, 科学实施水工程调度, 加强水库群和梯级水库联合调度及河湖联调、湖库联调、库闸联调等, 基本能防御新中国成立以来实际发生的最大洪水; 通过综合采取"蓄、引、提、调"等措施, 可确保城乡供水安全。

(二) 非工程体系

我国逐步形成了由法律法规体系、组织指挥体系、监测预报预警体系、群测群防体系等组成的非工程体系, 与工程体系紧密结合, 共同为水旱灾害防御提供保障与支撑。非工程体系的建设情况如下。

(1) 从 20 世纪 80 年代开始, 先后颁布实施了一系列法律法规制度, 包括《中华人民共和国水法》(1988 年中华人民共和国主席令第 61 号发布, 2002 年修订, 2009 年、2016 年两次修正),《中华人民共和国防汛条例》(1991 年中华人民共和国国务院令第 86 号发布, 2005 年、2011 年两次修订),《中华人民共和国防洪法》(1997 年全国人民代表大会常务委员会通过, 2009 年、2015 年、2016 年三次修正),《蓄滞洪区运用补偿暂行办法》(2000 年中华人民共和国国务院令第 286 号发布),《中华人民共和国突发事件应对法》(2007 年中华人民共和国主席令第 69 号发布),《中华人民共和国抗旱条例》(2009 年中华人民共和国国务院令第 552 号发布),《国家防汛抗旱应急预案》(2005 年国务院办公厅印

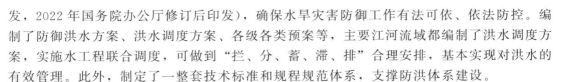

发，2022 年国务院办公厅修订后印发），确保水旱灾害防御工作有法可依、依法防控。编制了防御洪水方案、洪水调度方案、各级各类预案等，主要江河流域都编制了洪水调度方案，实施水工程联合调度，可做到"拦、分、蓄、滞、排"合理安排，基本实现对洪水的有效管理。此外，制定了一整套技术标准和规程规范体系，支撑防洪体系建设。

（2）按照统一指挥、分级负责的原则，建立了国家、流域、省、市、县 5 级水旱灾害防御组织指挥体系。水旱灾害防御实行以行政首长负责制为核心的各项责任制，设置各类水旱灾害防御责任人，实行水库大坝安全责任制，以及小型水库防汛"三个责任人""三个重点环节"。

（3）水文监测预报预警体系方面，截至 2021 年年底，全国已建成各类水文测站 11.9 万处（2012 年为 7.0 万处），其中国家基本水文站 3293 处、专用水文站 4598 处、水位站 1.7 万处、雨量站 5.3 万处、墒情站 4487 处，可发布预报站 2521 处，可发布预警站 2583 处，实现了大江大河及其主要支流、有防洪任务中小河流水文监测全面覆盖，水文站网密度、水文测报质量和水文预报精度大幅提升，洪水预报精度达到 90% 以上，预见期延长至 3～7d。全国县级以上水利部门累计配置各类卫星设备 3018 台（套），利用北斗卫星短文传输报汛站 8015 个，全国省级以上水利部门各类信息采集点 42.95 万处。

（4）气象监测已形成地面、高空、空间监测网络。截至 2021 年年底，地面已建成 73248 个自动气象站，空间有雷达、飞机、气球监测，覆盖全国。自 1988 年起，成功发射 19 颗气象卫星，其中在轨运行的有 8 颗。

（5）基本建成专业防治与群测群防相结合的山洪灾害防御体系。划分了全国山丘区 53 万个小流域基本单元并建立拓扑关系，完成 574 个重点城镇、10261 个重点集镇、150 万个村山洪灾害风险普查，划定了 57 万处危险区。建设自动雨量水位监测站点 7.7 万个，布设现地简易监测报警站 32 万个，2022 年试点建设测雨雷达 17 部。全国建设了国家级、30 个省级和 2076 个县级山洪灾害监测预报预警平台，确定了 17 万个沿河村落不同时段的预警指标。实现了各类数据的快速汇集、各级互联互通和信息共享，嵌入了高精度、高分辨率山洪灾害风险调查评价成果及责任人网格管理数据，部分地区基于短临气象预报和高精度遥感数据，采用分布式水文模型提前识别分析山洪潜势并发布预警，基层防汛指挥决策能力取得了质的飞跃。

三、近年水旱灾害防御实践

（一）海河"23·7"流域性特大洪水防御

受 5 号台风"杜苏芮"北上与冷空气共同影响，2023 年 7 月 28 日—8 月 1 日，海河全流域出现强降雨过程，累计面降雨量 155.3mm，其中北京市 83h 面降雨量达到 331mm，为常年全面降雨量的 60%，降雨总量初步计算为 494 亿 m³。受其影响，海河流域有 22 条河流发生超警以上洪水，8 条河流发生有实测资料以来的最大洪水，大清河、永定河发生特大洪水，子牙河发生大洪水，海河流域发生"23·7"流域性特大洪水，是 1963 年以来海河流域最大的场次洪水。

党中央、国务院高度重视海河流域暴雨洪水防御工作，水利部及地方各级水利部门认真贯彻党中央、国务院重要指示批示精神。水利部全面启动防汛关键期工作机制，多次召开专题会商会，7月28日启动洪水防御Ⅲ级应急响应，7月30日将应急响应提升至Ⅱ级。强化预报、预警、预演、预案"四预"措施，构建雨水情监测预报"三道防线"，滚动发布洪水预警90余次，相关省市水利部门向防汛责任人和社会公众发布山洪灾害预警3.41亿条。调度京津冀84座大中型水库拦蓄洪水28.5亿 m³。按程序相继启用大陆泽、宁晋泊、小清河分洪区、兰沟洼、东淀、献县泛区、共渠西、永定河泛区等8处国家蓄滞洪区，最大蓄洪量25.3亿 m³。调度永定河卢沟桥、北运河北关和土门楼等关键枢纽，控制河道洪水有序下泄。先后派出26个工作组、专家组，针对性指导地方开展洪水防御和险情处置工作。商财政部下达中央救灾资金11.5亿元，支持京津冀修复水毁水利工程设施；提前拨付蓄滞洪区运用补偿资金15亿元，帮助支持受灾地区和群众尽快恢复生产生活。

在下游河道行洪能力偏低、强降雨形成的超标准洪水远超下游河道行洪能力的情况下（见图1），各级水利部门上下联动、科学应对，"上蓄、中疏、下排、适当地滞"，取得了显著成效。没有发生群死群伤，最大程度保障了人民群众生命财产安全，确保了天津市、石家庄市等重要防御对象安全；大中小型水库无一垮坝失事，水库拦蓄洪水避免了24个城镇、751万亩耕地受淹和462.3万人转移；妥善处置堤防险情，重要堤防无一决口；蓄滞洪区发挥了重要分洪缓洪滞洪作用，及时有效削减洪峰，分泄超出下游河道行洪能力的洪水（见图2、图3），保障了下游河道的行洪安全，避免了洪水大面积泛滥，极大减轻了下游地区的防洪压力，区内近百万人转移，无一人员伤亡。

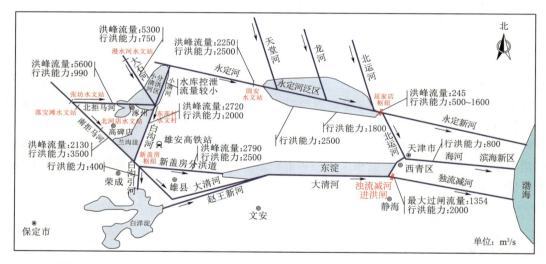

图1　大清河系、永定河系主要河道行洪能力及此次洪水过程中洪峰流量概化示意

（二）2022年长江流域干旱灾害防御

2022年7—10月，长江流域发生1961年有实测记录以来最严重的气象水文干旱。流域累计降雨量291mm，较常年同期偏少39%，为1961年以来同期最少；高温日数长达45.6d，为1961年以来同期最多；长江流域上、中、下游来水持续偏枯，出现罕见汛期枯水现象，流域来水较常年同期总体偏少超过4成，其中洞庭湖水系偏少6~7成、鄱阳湖水系偏少7~9成，8月中下游干流出现超100年一遇枯水；中下游干流及洞庭湖、鄱阳

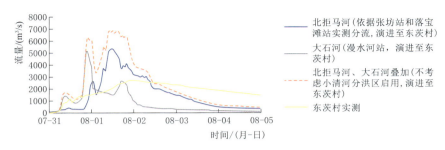

图 2　小清河分洪区防洪作用分析（未考虑洪水坦化）

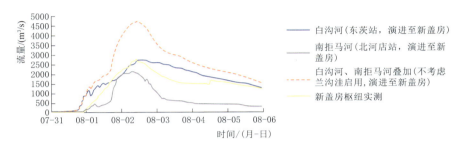

图 3　兰沟洼蓄滞洪区防洪作用分析（未考虑洪水坦化）

湖水位均创有实测记录以来同期最低水位，鄱阳湖星子站 9 月 23 日跌破历史最低水位；上海市遭遇历史上最早最严重的咸潮入侵。旱情高峰时，四川、重庆、湖北、湖南等 10 省（直辖市）作物受旱面积 4421.33hm²，81 万人、92 万头大牲畜因旱发生饮水困难，上海、南昌和武汉等重要城市供水安全一度受到严重威胁，重庆、湖南两省（直辖市）局地群众饮水困难情况持续至 12 月，还波及生态、航运、发电等多方面。

党中央、国务院高度重视长江流域抗旱工作，水利部及地方各级水利部门认真贯彻党中央、国务院重要指示批示精神。水利部 8 月 11 日启动干旱防御Ⅳ级应急响应，多次召开长江流域夏秋连旱专题会商会，分析研判旱情形势，部署抗旱保供水保灌溉工作。派出 9 个工作组指导地方做好抗旱保供水工作。强化预报、预警、预演、预案"四预"措施，密切关注旱区雨情、水情、旱情，滚动预测预报。根据可能发生严重干旱的预测预报，多次发布枯水预警信息，提醒指导地方提前开展水库蓄水保水和沿江引水保水；针对长江中下游抗旱补水和长江口抗咸潮补水滚动编制更新水库群联合调度方案；针对上海市供水受咸潮影响情况，研究实施抗咸潮保上海市供水专项行动；在长江流域秋粮作物生长关键时段，组织实施两轮长江流域水库群抗旱保供水联合调度专项行动，精准调度长江流域 75 座大中型水库，累计补水 61.6 亿 m³，保障了补水沿线 356 处大中型灌区 2856 万亩水稻等秋粮作物及众多小型灌区用水需求。国务院常务会研究安排 100 亿元中央预备费支持以长江流域为重点的受旱地区抗旱减灾，其中 65 亿元用于支持水利抗旱救灾工作。

在长江流域发生 1961 年有实测记录以来最严重的气象水文干旱情况下，实现了"确保旱区群众饮水安全、保障大牲畜饮水和秋粮作物时令灌溉用水需求"的既定目标，确保了上海市供水安全，同时有效保障了洞庭湖、鄱阳湖、太湖等水生态环境安全。

四、水旱灾害防御成效

2013—2022 年，全国主要江河共发生 98 次编号洪水，5065 条次河流发生超警戒洪水，其中 1113 条次河流发生超保证洪水、337 条次河流发生超历史实测记录洪水，各级水利部门会同有关部门共同努力，成功实现了因洪涝灾害死亡人口、因洪涝直接经济损失占当年 GDP 的比值、因干旱作物受灾面积、因干旱饮水困难人口及大牲畜、因山洪灾害死亡失踪人口等统计指标历史最低。

全国因洪涝灾害死亡人口由 20 世纪 50 年代的年均 8571 人稳步下降，2000—2009 年降至年均 1454 人，2010—2019 年降至年均 776 人，近几年降至年均 295 人（见图 4）；全国因洪涝灾害直接经济损失占当年 GDP 的百分比由 20 世纪 90 年代的年均 2.28% 稳步下降，2000—2009 年降至年均 0.58%，2010—2019 年降至年均 0.38%，近几年降至年均 0.19%（见图 5）。全国因干旱作物受灾面积在 21 世纪初之前一直维持在年代平均 25000hm² 左右，2010 年起开始稳步下降，2010—2019 年降至年均 10751hm²，近几年降至年均 4866hm²（见图 6）；因干旱灾害饮水困难人口和饮水困难大牲畜呈现大幅度减少的趋势（见图 7）。全国因山洪灾害死亡失踪人口由 2000—2010 年平均 1178 人降至 2011—2022 年平均 326 人（见图 8）。

图 4　1950—2022 年因洪涝灾害死亡人口及年代平均值

我国水旱灾害防御还存在一些薄弱环节和短板。在水库安全方面，病险水库数量多、除险加固任务重，部分水库泄洪能力不足；在河道及堤防方面，人类活动缩窄或压缩河道空间，部分河流堤防未达到设计标准；在蓄滞洪区方面，一些蓄滞洪区防洪工程设施和安全设施建设滞后，缺乏实时监测和进退洪设施；在"四预"措施方面，局地极端暴雨预报准确率、预警覆盖面、防洪调度预演能力、预案修订及时性等有待进一步提高；在法规制度方面，部分法律法规有待制修订。

五、思考和建议

受全球气候变化和人类活动影响，近年来极端天气事件呈现趋多、趋频、趋强、趋广态势，暴雨洪涝干旱等灾害的突发性、极端性、反常性越来越明显，突破历史纪录的水旱

图 5　1990—2022 年因洪涝灾害直接经济损失、占当年 GDP 百分比及年代平均值

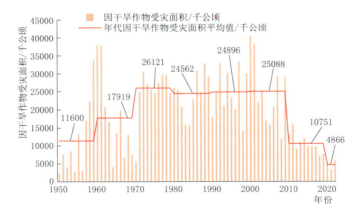

图 6　1950—2022 年因干旱灾害作物受灾面积及年代平均值

图 7　1991—2022 年因干旱灾害饮水困难人口和饮水困难大牲畜

灾害事件频繁出现。2023 年海河流域发生 1963 年以来最大的场次洪水；2021 年郑州"7·20"特大暴雨最大日降雨量接近常年的年降雨量，最大小时降雨量突破了我国大陆气象观测记录历史极值；2021 年塔克拉玛干沙漠地区罕见地发生洪水。一向水量丰沛的流

图 8　2000—2022 年因山洪灾害死亡失踪人口

域相继出现罕见旱情，2022 年长江流域遭遇 1961 年有完整记录以来最严重的气象水文干旱，鄱阳湖水位跌破历史最低纪录，长江口出现历史罕见咸潮入侵，珠江三角洲、长江三角洲重点城市供水面临严重困难。极端天气和罕见水旱灾害在每个地区、每个流域、每个年份都有可能发生，并且可能出现旱涝交替、洪旱并存的情况。为持续提升我国水旱灾害防御能力，提出如下思考和建议。

一是构建水旱灾害防御矩阵。锚定"人员不伤亡、水库不垮坝、重要堤防不决口、重要基础设施不受冲击"和确保城乡供水安全目标，贯通雨水情、汛情/旱情、险情、灾情"四情"防御，绷紧"降雨—产流—汇流—演进""流域—干流—支流—断面""总量—洪峰—过程—调度""技术—料物—队伍—组织"四个链条，科学精细调度水库、河道及堤防、蓄滞洪区等防洪工程，强化预报、预警、预演、预案"四预"措施，构建纵向到底、横向到边的水旱灾害防御矩阵，实现"防"的关口前移，赢得防御先机。

二是完善水旱灾害防御工程体系。坚持建重于防、防重于抢、抢重于救，以流域为单元，构建由水库、河道及堤防、蓄滞洪区为主要组成的现代化流域防洪工程体系，优化布局、提高标准，全面提升防洪减灾能力。加强水库工程建设及运行管理，加强水库除险加固、安全鉴定、日常维护、安全保障等工作，加强水库大坝、溢洪道、放空设施、堤防险工险段及穿堤建筑物等关键部位隐患排查整治力度。实施河道畅通及堤防达标建设，加强河道行洪空间管控，确保河道行洪畅通。加强蓄滞洪区建设和管理，推进蓄滞洪区防洪工程和安全设施建设，全面排查蓄滞洪区内影响分洪的障碍物和严重污染源等风险隐患。加强水毁水利工程修复，及时恢复防洪功能。

三是建设数字孪生流域，提升"四预"能力。按照"需求牵引、应用至上、数字赋能、提升能力"的要求，以数字化、网络化、智能化为主线，以算据、算法、算力建设为支撑，以数字化场景、智慧化模拟、精准化决策为路径，建设数字孪生流域、数字孪生工程、数字孪生蓄滞洪区，构建具有"四预"功能的数字孪生水利体系，实现大江大河重点防洪区域和抗旱"四预"功能。推进天空地一体化监测，构建气象卫星和测雨雷达、雨量站、水文站组成的雨水情监测"三道防线"，延长预见期，提高预报精准度。强化江河洪水、局地暴雨山洪、区域干旱等预警发布，提高对水工程调度和洪水演进过程的预演水

平，根据预演结果迭代更新预案，预置巡查人员、技术专家、抢险力量。

四是完善法律法规及管理体制机制。完善水旱灾害防御法治体系，修订防洪防汛抗旱相关法规制度，宣贯《长江保护法》《黄河保护法》，开展蓄滞洪区、水库大坝安全管理等领域法规制修订；强化监测预报、预警发布、会商研判、调度指挥、技术支撑全链条职责；实施流域控制性水工程统一联合调度，推进上下游、左右岸、干支流联防联控联治，强化多目标高效耦合。优化水旱灾害防御应急响应工作规程，健全完善联动响应机制；完善山洪灾害监测预警机制，落实"叫应"机制。

参 考 文 献

［1］ 李国英. 深入贯彻落实党的二十大精神扎实推动新阶段水利高质量发展——在2023年全国水利工作会议上的讲话 ［J］. 水利发展研究，2023，23（1）：1-11.

［2］ 李国英. 在2022年全国水利工作会议上的讲话 ［J］. 水利发展研究，2022，22（1）：1-13.

［3］ 李国英. 在水旱灾害防御工作视频会议上的讲话 ［J］. 中国防汛抗旱，2023，33（3）：4-5.

［4］ 水利部召开海河"23·7"流域性特大洪水防御情况新闻发布会 ［EB/OL］.（2023-08-21）［2023-09-20］.

［5］《中国水旱灾害防御公报2021》概要 ［J］. 中国防汛抗旱，2022，32（9）：38-45.

［6］《中国水旱灾害防御公报2020》概要 ［J］. 中国防汛抗旱，2021，31（11）26-32.

［7］ 中华人民共和国水利部. 2021年全国水利发展统计公报 ［M］. 北京：中国水利水电出版社，2022.

［8］ 杜晓鹤，何秉顺，徐卫红，等. 海河"23·7"流域性特大洪水蓄滞洪区运用复盘及系统治理绿色发展的思考 ［J］. 中国防汛抗旱，2023，33（9）：31-38.

［9］ 中国水利水电科学研究院，等. 水旱灾害防御战略研究报告 ［R］. 北京：中国水利水电科学研究院，2020.

［10］ 中国水利水电科学研究院. 2022年长江流域夏秋连旱防御复盘报告 ［R］. 北京：中国水利水电科学研究院，2023.

加强系统治理　全面提升淮河流域洪涝灾害防御能力

王晓亮，王雅燕

（水利部淮河水利委员会）

摘　要： 对淮河流域防洪工程体系现状进行了梳理，针对我国迈入新发展阶段的新形势和推进新阶段水利高质量发展的新要求，指出淮河流域防洪工程体系存在的不足，有针对性地提出了今后主要工作措施和建议。

关键词： 淮河流域；防洪；系统治理；洪涝灾害

淮河流域地处我国东中部，是我国南北气候、高低纬度、海陆相三种过渡带的重叠区域，流域面积 27 万 km^2，以废黄河为界分为淮河和沂沭泗河两大水系，地跨豫、皖、苏、鲁四省，人口约 1.91 亿人，耕地面积约 2.21 亿亩（1 亩＝1/15hm^2）。流域内地势低平，土地肥沃，资源丰富，交通便利，南水北调东、中线工程纵贯全境，随着长江经济带、长三角一体化、中原经济区等多个重大国家战略实施，淮河流域在我国经济社会发展中地位愈发重要。

12 世纪以前，淮河独流入海，尾闾通畅。12 世纪以后，黄河长期夺淮，彻底改变了流域原有水系形态和地形地貌，淮河逐渐失去了原来的入海通道，淮河流域沦为水旱灾害频繁的地区。21 世纪以来，淮河流域已发生 2003 年、2007 年流域性大洪水和 2020 年流域性较大洪水，以及 2021 年以郑州"7·20"为代表的多起区域性暴雨洪灾。淮河流域特殊的自然地理气候条件、复杂的河系特征决定了淮河治理的长期性和复杂性。

一、淮河流域防洪除涝体系现状

新中国成立以来，按照"蓄泄兼筹"治淮方针，淮河流域先后编制了五轮流域综合规划，掀起了三次大规模治淮高潮，国家持续稳定加大投入，上游"以蓄为主"，兴建水库拦蓄洪水；中游"蓄泄并重"，利用湖泊洼地滞蓄洪水，整治河道承泄洪水；下游"以泄为主"，扩大入江入海能力下泄洪水，基本形成由水库、河道堤防、行蓄洪区、分洪河道、防汛调度指挥系统等组成的防洪体系。淮河干流上游防洪标准超 10 年一遇；在充分运用行蓄洪区情况下，中游主要防洪保护区和下游洪泽湖大堤防洪标准达 100 年一遇。沂沭泗

原文刊载于《中国水利》2020 年第 6 期。

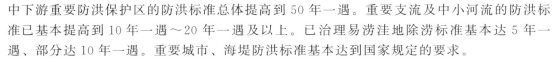

中下游重要防洪保护区的防洪标准总体提高到 50 年一遇。重要支流及中小河流的防洪标准已基本提高到 10 年一遇~20 年一遇及以上。已治理易涝洼地除涝标准基本达 5 年一遇、部分达 10 年一遇。重要城市、海堤防洪标准基本达到国家规定的要求。

2020 年，淮河发生流域性较大洪水，其中淮河水系正阳关以上发生区域性大洪水，沂沭泗水系发生 1960 年以来最大洪水，通过科学调度，洪水安全下泄，实现了无一人因洪伤亡，水库无一垮坝，主要堤防未出现重大险情的防汛成效，有效保障了人民群众生命财产安全，体现了淮河流域防洪保安能力的提升。

二、淮河流域防洪面临形势

当前，我国已进入新发展阶段，对水利高质量发展提出了更高要求。2020 年 8 月，习近平总书记视察淮河时强调，要在同自然灾害的斗争中尊重自然、顺应自然规律、与自然和谐相处，要提高抗御灾害能力，在抗御自然灾害方面要达到现代化水平。李国英部长在水利部"三对标、一规划"专项行动总结大会上提出，推动新阶段水利高质量发展六条实施路径，要求以流域为单元构建现代化防洪工程体系，提高河道泄洪能力，增强洪水调蓄能力，确保分蓄洪区分蓄洪功能。2021 年 12 月，水利部印发关于完善流域防洪工程体系的指导意见，要求通过固底板、补短板、锻长板，加快完善现代化防洪工程体系。

三、淮河流域防洪工程体系存在的问题

与建设社会主义现代化国家、经济社会高质量发展新要求以及流域人民对安澜淮河的需求相比，当前，淮河流域仍存在防洪工程体系不够完善、工程布局与需求不够匹配、薄弱环节和风险隐患仍然存在等问题。

一是淮河上游拦蓄能力仍有不足，防洪标准偏低。规划竹竿河张湾、沙河下汤、白露河白雀园、潢河袁湾等水库均未建设，支流洪水缺少有效拦蓄。2020 年洪水中，白露河北庙集连续 41h 超保证水位，过洪量超过 2.1 亿 m^3，极大地增加了淮河干流防洪压力；潢河上游建有防洪库容仅 0.28 亿 m^3 的泼河水库，7 月 18 日 6 时至 19 日 18 时，24h 共拦蓄洪水 0.23 亿 m^3，但同一时段潢河潢川累计过洪量达 1.27 亿 m^3，水库拦蓄水量仅相当于过洪量的 18%。

二是淮河干流中游高水位时间长、行洪不畅，行蓄洪区启用标准低、居住人口多等问题依然没有解决，洼地排涝标准低。2020 年洪水中，正阳关水位在流量未达到设计标准时却高于保证水位，小柳巷站洪峰水位创历史新高，浮山站超警戒水位历时 21d，充分暴露了淮河干流王家坝至涡河口段、浮山以下段河道行洪能力未达到规划要求，淮河下游洪水出路依然不足，洪泽湖中低水位时泄流能力偏小等问题，对支流洪水下泄、沿线洼地排涝都造成严重不利影响，威胁沿淮群众生命财产安全；淮北大堤、正南淮堤以及行蓄洪区等重要堤防部分堤段出现险情；共启用了濛洼、荆山湖等 8 处行蓄洪区，部分行蓄洪区做了运用准备，防汛救灾花费了大量人力、物力，社会压力较大。

三是淮河下游洪水入江入海出路规模依然不够，中低水位泄流能力偏小。2020 年洪水中，入江水道三河闸和苏北灌溉总渠敞泄，分淮入沂也相继泄洪，洪泽湖最大出湖流量为 9260m^3/s，其中入江水道最大泄量为 7600m^3/s；在洪泽湖水位为 13.0m 时三河闸泄量

仅有 $6360\mathrm{m}^3/\mathrm{s}$，在洪泽湖水位为 13.5m 时三河闸泄量仅有 $7970\mathrm{m}^3/\mathrm{s}$，充分暴露出洪泽湖中低水位泄流能力不足。

四是沂沭泗水系涉及山东菏泽、济宁、枣庄、临沂及江苏徐州、宿迁、连云港等重要城市，区域内经济高速发展，沂沭泗河中下游防洪保护对象及重要性发生了较大变化，对区域防洪提出了更高要求，洪涝问题仍然是该地区的心腹之患，迫切需要提高防洪标准。2020 年洪水暴露出部分河道（段）、枢纽行（泄）洪能力不足，新沂河、新沭河及沂河入骆马湖段流量未达设计标准，但水位已接近或超过设计水位；彭家道口闸等枢纽泄流能力不足，南四湖湖内行洪不畅。

五是沙颍河等部分重要支流未达到规划确定的防洪标准，中小河流治理不系统，部分水库、闸坝仍存在防洪风险隐患。受气候变化影响，极端强降雨发生频率增加，随着经济社会发展以及城市化进程的不断推进，现有城市防洪体系和防洪标准已无法适应新要求，重要城市和区域防洪排涝能力不足问题凸显；智慧防洪体系建设滞后，"四预"功能尚未实现，水工程联合调度需进一步加强。

四、完善流域防洪工程体系的主要措施

针对流域防洪除涝突出问题和水情、工情新变化，需统筹上下游、左右岸、干支流，进一步优化和完善流域防洪工程布局和工程体系，有序推进河道、堤防、水库及行蓄洪区建设，提高河道泄洪能力，增强洪水调蓄能力，确保行蓄洪区功能，合理安排洪水出路，进一步提高防洪工程调度水平，显著提升洪涝灾害防御能力。

（一）持续提高河道泄洪能力

着眼于提高河道泄洪能力，以河道堤防达标建设和河道整治为重点，加快大江大河大湖治理，保持河道畅通，提高泄洪能力；在协调好干支流关系的基础上，加强支流系统治理，避免出现"只治上游不治下游、只治城区不治郊区"现象；加强河湖空间管护，维护行洪空间。"十四五"时期，一是通过行蓄洪区堤防退建、河道疏浚等措施，进一步扩大淮河干流滩槽泄量，使正峡关~峡山口河段达 $8000\mathrm{m}^3/\mathrm{s}$，涡河口以下河段达 $10500\mathrm{m}^3/\mathrm{s}$；二是开工建设淮河入海水道二期工程，工程建成后将入海水道泄洪能力由 $2270\mathrm{m}^3/\mathrm{s}$ 提高到 $7000\mathrm{m}^3/\mathrm{s}$，使洪泽湖防洪标准提高到 300 年一遇；三是扩大东调南下工程行洪规模，使沂沭泗流域中下游重要防洪保护区防洪标准逐步提高到 100 年一遇；四是加强干支流堤防达标建设，进一步提升堤防质量；五是加快洪汝河、沙颍河等支流治理建设，防洪标准基本提高到 20 年一遇~50 年一遇；六是加强河湖行洪空间管控，全面整治妨碍河道行洪的突出问题，杜绝出现人为因素造成的险情。

（二）进一步增强洪水调蓄能力

淮河上游防洪能力的提高主要依靠规划建设的大型水库。目前出山店水库已建成，但防洪库容小于《淮河流域防洪规划》确定的防洪库容，因此完善流域防洪工程体系要着眼于加快实施规划内的其他大型水库，并且要保证防洪库容，增强上游洪水调蓄能力；要加快消除存量病险水库风险，恢复和提高防洪库容，提升现有水库群防洪联合调度水平。

"十四五"时期，一是加快袁湾水库工程建设，推进张湾、晏河、白雀园、昭平台水库扩容（代替下汤水库）等大型水库工程前期工作，适时开工建设，进一步提高上游拦

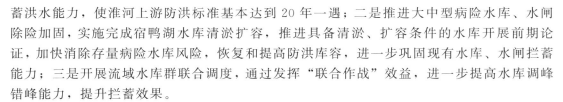

蓄洪水能力，使淮河上游防洪标准基本达到 20 年一遇；二是推进大中型病险水库、水闸除险加固，实施完成宿鸭湖水库清淤扩容，推进具备清淤、扩容条件的水库开展前期论证，加快消除存量病险水库风险，恢复和提高防洪库容，进一步巩固现有水库、水闸拦蓄能力；三是开展流域水库群联合调度，通过发挥"联合作战"效益，进一步提高水库调峰错峰能力，提升拦蓄效果。

（三）有效发挥行蓄洪区行蓄洪功能

淮河行蓄洪区的行蓄洪能力是设计防洪能力的重要组成部分，在淮河流域防洪体系中有极其重要的地位，而不是作为对付超标准洪水的应急措施，因此加快完善流域防洪工程体系，必须要着眼于有效发挥行蓄洪区行蓄洪功能。"十四五"时期，一是继续加快推进淮干王家坝—临淮岗段、正阳关—峡山口段、峡山口—涡河口段、浮山以下段行洪区调整和建设工程建设和前期工作，进一步优化行蓄洪空间布局，扩大淮干中游滩槽泄量，合理安排洪水蓄泄空间，打通淮河入洪泽湖通道；二是加快南四湖湖东滞洪区建设、安徽省淮河流域重要（一般）行蓄洪区建设、洪泽湖周边滞洪区建设，继续实施淮河行蓄洪区及淮干滩区居民迁建，提高行蓄洪区安全建设标准，改善行蓄洪区运用条件，建立有效的安全保障体系，缓解水人地矛盾，降低行蓄洪区运用决策难度；三是科学有序推进洪泽湖、骆马湖等重要湖泊退田（退圩）还湖，维护河湖蓄洪功能。

（四）补齐防洪工程短板和薄弱环节

水利基础设施的薄弱环节是新阶段水利高质量发展的重要制约因素，加快完善流域防洪工程体系，必须有效补齐山洪灾害防治、洼地除涝、沿海防潮防台等防洪短板。"十四五"时期，一是加快推进重点平原洼地治理，提高洼地除涝能力；二是加强城市防洪建设，推动重要防洪城市防洪和治涝能力建设，使流域内重要防洪城市防洪标准达到国家规定要求；三是持续推进山洪灾害防治相关工作，进一步增强山洪灾害防治水平；四是加强沿海地区防潮综合治理和海堤巩固达标建设，进一步巩固和提升沿海防潮防台能力建设。

（五）加强洪水风险管理

着眼于把洪涝灾害损失控制在最低程度的目标，把洪水风险管理的工作重点前移，加强灾前预防和洪水应对能力。"十四五"时期，一是初步建立流域智慧防洪体系，实现淮河防洪"预报、预警、预演、预案"等功能；二是防洪工程运行管理逐步实现规范化、信息化、标准化，洪水风险防范和应对能力进一步提高；三是抓好防灾减灾知识宣传和科普教育，强化防洪隐患排查和应急管理，着力提升流域洪涝灾害风险管控能力和水平。

珠江流域水旱灾害防御"四预"系统模型研发及应用

杨　芳[1,2]，宋利祥[1,3]，李旭东[1]，张　炜[1,3]

[1. 水利部珠江水利委员会珠江水利科学研究院；
2. 水利部粤港澳大湾区水安全保障重点实验室（筹）；
3. 水利部珠江河口治理与保护重点实验室]

摘　要： 针对珠江流域水旱灾害特点，探讨了水旱灾害防御"四预"业务应用对水利专业模型的需求，梳理了相应关键科学问题和亟须突破的技术难点。介绍了珠江流域水旱灾害防御"四预"系统中研发的水利专业模型及其应用实例，包括通用性一二维水动力模型HydroMPM、珠江河口及河网区风暴潮模型、三维斜压咸潮模型以及水库群多目标联合调度模型。结合智慧水利建设的深入推进，展望了水利专业模型未来的发展方向。

关键词： 珠江；水旱灾害；四预；水利专业模型

一、"四预"系统中水利专业模型定位和作用

（一）珠江流域水旱灾害特点

珠江由西江、北江、东江及珠江三角洲诸河组成，珠江三角洲呈"三江汇流、八口出海、河网密布、径潮交汇"的特征，是全球最复杂河口之一。珠江流域地处热带、亚热带气候区，4—6月锋面暴雨较多，常导致中下游及珠江三角洲出现峰高、量大、历时长、范围广的洪水；7—9月多发台风雨，降雨较为集中且强度大但持续时间短，洪水来势迅猛，峰高而量相对较小。在全国七大流域片区中，珠江流域极端和特强降水过程出现概率最高，流域内多数区域极端最大日降水量在100~500mm之间。

旱情叠加咸情，威胁城镇供水安全，是珠江流域干旱的一大特点。珠江流域整体属于丰水地区，但水资源时空分布不均，干旱时有发生。位于下游及珠江三角洲地区的大湾区城镇地区主要依赖河道型水源，工程调蓄供水能力不足，水文气象干旱极易发展成社会经济干旱。珠江河口区也是咸潮活跃区域，咸潮上溯影响取水口水质，进一步加剧供水压力。如在2009—2010年、2021—2022年干旱中，均发生了较强的咸潮上溯，严重威胁三

原文刊载于《中国水利》2023年第4期。

角洲地区供水。

当前，流域防洪工程体系及水资源配置工程体系尚未完善，亟须通过加强水旱灾害防御预报、预警、预演、预案"四预"能力，实现水工程精细化调度，最大程度发挥水工程的防灾减灾效益。然而，流域性洪水、风暴潮增水、咸潮上溯等的形成演化过程极为复杂，水利专业模型在精细化程度、计算速度、处理各类边界不确定性等方面还存在一定不足，需要结合数字孪生平台，从算据、算法、算力等方面不断提升模型性能。

（二）水利专业模型在"四预"系统中的定位

水利专业模型是支持"四预"决策的重要技术，包括基于物理机制的模型和数据挖掘模型两类。从数字孪生流域加强"算据""算法""算力"建设三大核心任务看，水利专业模型提供的是"算法"支撑；从"四预"系统的总体结构看，水利专业模型为"算据"（各类基础数据作为输入）和业务需求（业务相关水安全要素作为输出）建立了联系；从"四预"功能看，水利专业模型直接服务于预报和预演两个环节，而预警以预报结果为依据，预案则基于预演的结果进行编制。所以，"四预"效果很大程度上取决于水利专业模型的表现。

（三）"四预"系统对水利专业模型的要求

智慧水利建设需要开展智慧化模拟，明确要求"在数字孪生流域的基础上，集成耦合多维多时空尺度高保真数学模型，构建数字孪生流域模拟仿真平台，支撑水安全全要素预报、预警、预演、预案的模拟分析"。《水利业务"四预"基本技术要求（试行）》则明确"尽量缩短作业时间，提高时效性"。可见服务"四预"功能模拟系统对模型的要求至少包括以下五个方面：一是"高保真"，二是"全要素"，三是"多时空尺度"，四是具有较好的时效性，五是模型通用性及开放性。

"高保真"要求模型计算精度高。随着水利专业模型的迅速发展，各类模型层出不穷。如何评估和选择同一领域内不同的模型，以业务需求为导向，提高模型计算精度，实现"高保真"目标，是"四预"系统在模型研发和选择上的一个重要方面。

"全要素"意味着跟业务需求高度相关的重要因素都应纳入"四预"系统的考量。例如，珠江流域干旱的重要不利影响在于大湾区城镇供水保障受到威胁，其中一个关键因素是咸潮上溯，影响取水口水质，所以服务于珠江流域干旱业务的"四预"系统应该将咸潮的模拟放在重要位置。

"多时空尺度"，以服务于水旱灾害防御的水库（群）调度为例，从较长的时间周期看，既要防汛抗洪，又要保供水，既需要长期的上游来水研判及下游用水需求预测，也需要汛期更准确的短期来水预报，以统筹考虑在较长时间尺度和较大空间尺度上，对防汛抗洪和抗咸保供水的双重乃至多重业务需求。

时效性是"四预"系统对模型的又一重要需求。对水旱灾害防御（尤其是洪涝灾害）而言，实时预报、及时预警十分重要。当系统满足前三个要求时，会相应增加模型复杂程度、延长模型计算时间，使得针对不同水安全要素模拟模型的时效性尤为重要。

通用性包括模型原理及算法的普适性、模型接口的可扩展性以及模型评价指标的权威性。具有通用性的模型便于参与行业内标准化测评，以评估模型的精度，助推优秀国产水利专业模型在数字孪生流域建设中的推广。服务"四预"功能的模拟系统需要不同模型之

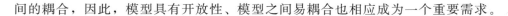

间的耦合，因此，模型具有开放性、模型之间易耦合也相应成为一个重要需求。

二、关键科学问题和技术难点

（一）关键科学问题

流域下垫面受人类活动的影响剧烈。比如，快速城市化使得建设用地显著增加，土地利用类型变化对径流影响显著；干、支流水库建设提高了流域调蓄洪水的能力，改变了洪水的运动特征；堤防修建提升了洪水抵御能力，也使得原洪泛区蓄滞洪功能丧失，洪水归槽现象显著；受采砂影响，河床不均匀下切，河道地形变化对洪水演进影响不可忽视。人类活动对洪水形成演变的影响十分复杂，从流域层面揭示各类人类活动对洪水形成演变的影响规律，提出满足模型精细化程度、模拟精度和时效性需求的流域洪涝预报方法，是珠江流域洪涝灾害防御相关的关键科学问题之一。

受气候变化影响，强台风频次增加，加之人工挖沙、航道疏浚、滩涂围垦等高强度人类活动，大湾区河网地形及河口岸线剧烈变化，风暴潮波在海洋—河口—河网的传播过程中发生变异，风暴潮增水及顶托效应加剧，导致潮水漫堤、排涝不畅。海洋及气象部门发布的风暴潮增水预报往往仅覆盖海岸线以外区域，对河口沿岸及河网地区覆盖不够。如何实现河口及河网区风暴潮增水的精细化预报，是珠江流域洪涝灾害防御的关键科学问题之一。

河口咸潮具有典型的三维密度分层流特性，盐淡水垂向、纵向及横向扩散的各项异性特征明显。咸潮上溯动力过程对盐度初始场较为敏感。取水口往往位于低盐度区（盐度小于0.5‰），而低盐度区的盐度模拟对边界条件、初始场及数值算法等均较为敏感。此外，河口水域航道、港池、拦门沙、挖沙深坑等陡坡突变地形广泛分布，对河口咸潮上溯动力过程影响显著。如何实现河口咸潮的精确模拟，从而对河道取水口的水质进行精准预报，是珠江流域干旱灾害防御相关的关键科学问题之一。

流域水库群作为一个复杂系统，存在水库间拓扑关系复杂、各水库特征参数不一、不同时段水库调度目标多变等特点，导致水库群调度难度显著加大。变化环境影响下，水文气象要素的非一致性愈发突出，极端气象、水文事件频发，给水库调度带来了新的挑战，这在洪水风险与干旱风险交织的汛前消落期和汛末蓄水期表现尤为明显。如何从多空间、全时段的调度需求出发，充分考虑不同阶段水旱灾害防御风险，实现水库群的联合优化调度，是珠江流域水旱灾害防御相关的关键科学问题之一。

（二）需突破的技术难点

洪水预报方面需突破的技术难点主要包括：洪水预报调度一体化技术及实时校正方法；适应复杂边界和流态的圣维南方程数值解算方法；水动力模型GPU（图形处理器）并行计算技术；基于云平台的水动力建模技术；高分辨率天气预报模型与水文水动力模型的耦合。

风暴潮模拟方面需要突破的技术难点主要包括：风暴潮集合预报技术；风暴潮模拟中台风风场的精确刻画和模拟；模型中河口河网区的风暴潮增水过程精细化描述。

咸潮数值模拟方面需要突破的技术难点主要包括：考虑盐淡水垂向、纵向及横向的扩散各向异性特征，模拟盐淡水垂向混合—层化动态交替和盐淡水输运动力过程；取水口所在低盐度区的盐度过程模拟;三维盐度初始场刻画;陡坡突变地形从现实向模型空间的准确映射。

水库群调度方面需要突破的关键技术主要包括:梯级水库区间洪水预报技术;流域水库群调度目标的时空变异识别;考虑预报不确定性的水库群全周期多目标联合调度技术;大规模流域水库群多目标联合调度模型的高效求解算法;基于数字孪生流域的水库群调度方案智能评估与决策技术。

三、珠江流域水旱灾害防御"四预"系统相关水利专业模型

水利部珠江水利委员会立足流域水旱灾害防御的需求及水利信息化建设现状,建设了珠江流域水旱灾害防御"四预"平台。该平台已于 2021 年初步建成上线,并在 2021—2022 年珠江流域(片)特大干旱、珠江"22·6"特大洪水中发挥了重要的决策支撑作用。水旱灾害防御"四预"系统水利专业模型体系及关键信息交互关系如图 1 所示。珠江流域水旱灾害防御"四预"平台已经集成和调用的水利专业模型主要包括水文模型、水动力模型(重点河段淹没模型)、咸潮模型、水库群调度模型四类。珠江水利科学研究院研发了通用性的一、二维水动力模型 HydroMPM,以及具有珠江流域特色的风暴潮模型、咸潮模型及水库群调度模型。这些模型在珠江流域水旱灾害防御工作中具有较好的应用前景,其中部分模型已经应用于珠江流域水旱灾害防御"四预"系统。

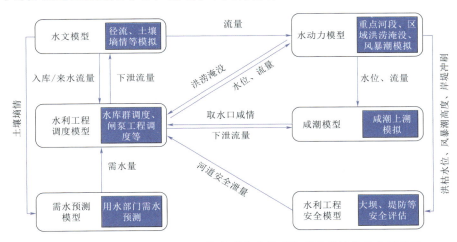

图 1   水旱灾害防御"四预"系统水利专业模型体系及关键信息交互关系

(一)通用性的一二维水动力模型 HydroMPM

HydroMPM 能适应包括山区性河流洪水、溃坝洪水、多汊复杂河网洪水、河口风暴潮及城市暴雨洪涝等情景下的洪涝模拟。模型在有限体积法离散基础上,运用汊点水位预测—校正法,实现了完全数值解耦的复杂河网计算格式,相对传统方法提高了收敛性;且在国产洪水模拟软件中率先研发了基于 GPU 并行的单机高性能计算技术。通过低阶精度格式、有效单元自适应动态调整及 GPU 并行计算,显著提升洪水演进模型计算效率。基于浏览器/服务器(B/S)架构和云平台实现了一维、二维、一二维耦合水动力模型的构建、计算方案配置及成果可视化展示,形成了标准化、一体化的业务操作流程。依托于动

态网页交互技术，系统在功能架构上综合实现了水动力建模业务的云建模、云计算、云展示与云存储。基于多点实时通信协议，云平台可实现河道、断面、汊点、网格、水工构筑物等多类型要素的多端协同建模。基于二、三维 GIS（地理信息系统）地图组件及动态渲染技术，云平台研发了断面水位过程、水面线、漫堤段统计、洪水演进模拟、流场展示、粒子示踪等多类型成果展示模块，实现了水流动态模拟成果的可视化展示，通过地图—图表—报表多向联动支撑用户在线率定及成果展示。模型的云托管实现了计算过程中用户的低黏性与高性能的双重保障，同时克服了模型计算所需硬件依赖。云计算和 GPU 并行加速技术极大地提高了模型的时效性。

（二）珠江河口风暴潮模型

珠江河口风暴潮模型基于二、三维水动力模型构建，模型覆盖珠江三角洲，包括珠江河口干流、河网、八大口门、湾区、外海；水域面积约 4 万 km^2。模型接入多个机构的台风路径预报结果，结合历史台风的大数据资料进行风险判断，得出最危险台风路径并对其进行集合化预报。针对各机构台风预报动态变化的被动性，模型主动设置滚动预报功能，预见期定为台风登陆前 36h、24h、12h，实现风暴潮预报的动态调整。基于多场台风期间原型观测平台的实测风速、气压数据，得出粤港澳大湾区登陆台风中心外围风场指数型经验模式，显著提升台风经验风场反演准确度，台风风场模拟精度提高 30%。

本模型采用跨尺度水动力模型，对珠江三角洲河网、口门区以及口外海域进行整体考虑，基于最新的水下地形资料，采用混合网格对河口、河网进行全贴合建模，在保持模型精度的同时降低模型网格数量，提高计算效率；模型实时接入珠江流域水文模型，获取上游西江、北江、东江的实测及预报流量，从输入边界方面提高河网模拟的准确度；调用多核并行计算，在调用 24 核处理器的条件下，模型计算 5d 时长的一场台风暴潮过程仅需15～20min。

（三）三维斜压咸潮模型

珠江河口三维斜压咸潮模型控制方程组基于三维原始方程组，可模拟密度梯度力、径流、潮汐、风、沿岸流等动力因素对咸潮上溯的耦合作用。模型上边界为西江梧州、北江石角、东江博罗等控制断面，外海边界取至约 200m 水深范围，覆盖了珠江三角洲河网、河口湾及近海的整个水域，保障了盐淡水输移的整体性和连续性。

针对低盐度区盐淡水输移扩散特性，提出高精度 TVD 数值格式和新的 r 因子函数；采用两点通量近似算法模拟盐分物质各向异性扩散过程，推求盐度纵向扩散系数表达式方程，提升了数值模型在低盐度区的模拟精度。通过构建表层盐度多因子星地协同遥感反演方法，提升河口区域水体盐度反演精度，基于垂向分层特性对盐度进行垂向插值，为模型提供更为精准的盐度初始场。在对珠江河口的典型咸潮上溯事件的复演中，模拟的咸界位置和取水口盐度特征值平均误差在 ±20% 以内，低盐度区咸潮模拟精度提升 50%。

模型部署于 Linux 等操作系统，基于三角形无结构平面计算网格进行求解。结合地形坡度自适应平面无结构计算网格剖分方法和适用于陡坡突变地形的无阶贴底垂向坐标模式，实现三维斜压模型计算效率与精度之间的最佳平衡。采用有限体积法对控制方程组进行离散求解，并进行并行化处理，实现模型的高效计算，整体计算速度提升 35%。

（四）水库群多目标联合调度模型

针对流域水库联合调度中维度高、目标多、约束杂、决策难等问题，在解析防洪、抑咸、生态、航运等复杂约束边界基础上，充分考虑流域上游水库群防洪调度、发电调度、蓄水调度以及枯水期水量调度之间的启动时机、转换条件、衔接关系，采用不同时间尺度长短嵌套调度模式，构建自适应多目标协调调度模型。

利用改进差分算法对模型进行求解，得到上游水库群联合调度方案，并与下游河网区闸泵群调度相耦合，从而初步创建了全流域全时空覆盖的多尺度多目标一体化协同调度方案集合。

四、典型场景及应用效果

（一）珠江口及河网区台风暴潮增水预报

针对珠江河口八大口门及河网区域，珠江水利科学研究院团队基于自主研发的风暴潮模型在 2022 年实时精准滚动预报，提前 36h、24h、12h 预报了"木兰""马鞍""奥鹿""纳沙""尼格"等 5 场台风风暴潮。24h 预报的重要站点潮位及增水结果平均误差在 10mm 以内，相位误差小于 1h。

（二）抗旱防咸保供水预演

开展不同咸潮上溯情景和调度方案下低盐度区的水厂取水口取淡窗口期等关键指标的精准预演，为水行政主管部门决策提供技术依据。2021—2022 年枯水期，开展西江、东江咸潮预演工作，提供了调度方案的预演成果，与实际取淡窗口期误差在 2h 以内。按不利条件，中山马角水闸最大含氯度为 2980mg/L，全天超标；东莞第三水厂最大含氯度为 602mg/L，超标 6h。调度后马角水闸最大含氯度为 1868mg/L，全天超标 11h；东莞第三水厂最大含氯度为 332mg/L，全天超标 3h。

（三）其他典型应用场景

研发的相关模型除已应用于支撑珠江的水旱灾害"四预"系统外，还在珠江流域内其他层级的水旱灾害防御"四预"实践中得到成功应用。在西枝江洪水实时调度系统建设中，通过水文机理模型和深度学习模型相结合，提出串、并联耦合的洪水实时预报技术，降低模型选择不当带来的决策失误风险。通过对降雨径流模型、洪水演进模型及水库调度模型的无缝耦合，并建成系统平台，实现预报调度一体化及业务化。系统自 2019 年 4 月上线以来，成功支撑了惠州市防御"查帕卡""圆规""卢碧"等台风暴雨洪水。在黄埔区实时洪涝风险图项目中，分别基于水文—水动力—管网耦合模型和人工智能大数据模型实现河道洪水和城区内涝的精准化预测预报，积水预报准确率平均达 67%。随着数据的累积，准确率将会继续提高。

五、结论与展望

水利专业模型是支撑数字孪生流域建设、实现水旱灾害"四预"功能的核心。本文针对珠江流域水旱灾害特点，探讨了水旱灾害防御"四预"系统对水利专业模型的需求，介绍了珠江水利科学研究院研发的相关模型，主要包括通用性的一二维水动力模型

HydroMPM，具有珠江流域特色的风暴潮模型、三维斜压咸潮模型，水库群多目标协同调度模型等。研发的水利专业模型支撑了珠江流域水旱灾害防御"四预"系统建设，并在相关实践中得到成功应用。从水旱灾害防御"四预"的需要看，水利专业模型依然有待进一步发展。

结合数字孪生水利建设的深入，水利专业模型未来的工作主要包括以下方面：提升监测技术，完善城市水文、气象、水质等数据监测体系，为水旱灾害防御"四预"提供扎实的基础数据；加强机理研究，夯实水利专业模型研发理论基础，提高模型精度和通用性；积极探索有物理机制的模型和深度学习模型的融合互补，平衡"算得准"与"算得快"之间的关系，为实际需求做支撑；拓展水利专业模型范畴，将水利专业模型与社会经济要素更紧密结合；构建流域—城市智慧水务平台，让水利专业模型系统服务于水利、市政、环境、生态等诸多领域。

参 考 文 献

[1] 王莉萍，王维国，张建忠．我国主要流域降水过程时空分布特征分析 [J]．自然灾害学报，2018，27（2）：161－173．
[2] 张萍，杨昭辉，孙翀．珠江流域 63 年极端降水特征分析 [J]．水利发展研究，2018，18（2）：34－39．
[3] 胡春宏，郭庆超，张磊，等．数字孪生流域模型研发若干问题思考 [J]．中国水利，2022（20）：7－10．
[4] 黄艳，喻杉，罗斌，等．面向流域水工程防灾联合智能调度的数字孪生长江探索 [J]．水利学报，2022，53（3）：253－269．
[5] 蔡阳，成建国，曾焱，等．加快构建具有"四预"功能的智慧水利体系 [J]．中国水利，2021（20）：2－5．
[6] 蔡阳．以数字孪生流域建设为核心构建具有"四预"功能智慧水利体系 [J]．中国水利，2022（20）：2－6，60．
[7] 中华人民共和国水利部．水利业务"四预"基本技术要求（试行）[Z]．2022．
[8] 胡晓张，宋利祥．HydroMPM2D 水动力及其伴生耦合数学模型原理与应用 [M]．北京：中国水利水电出版社，2018．

总体国家安全观视域下
上海水旱灾害防御工作思考

刘晓涛

（上海市水务局）

摘　要： 做好水旱灾害防御工作必须坚定不移贯彻总体国家安全观。从理论思考、实践基础、总体要求、主要任务四个方面阐述了新时期上海水旱灾害防御工作如何贯彻落实总体国家安全观。总体国家安全观要求新时期水旱灾害防御工作必须树牢"大安全"理念，融入"大应急"格局；用战略思维谋划水旱灾害防御工作，用历史思维研究水旱灾害风险规律，用底线思维落实水旱灾害防范措施，用系统思维化解水旱灾害风险挑战；进一步提升水旱灾害防御的工程韧性、空间韧性、管理韧性和社会韧性。

关键词： 总体国家安全观；水旱灾害防御；上海市

党的二十大报告指出，必须坚定不移贯彻总体国家安全观，把维护国家安全贯穿党和国家工作各方面全过程，确保国家安全和社会稳定；坚持安全第一、预防为主，建立大安全大应急框架，完善公共安全体系，推动公共安全治理模式向事前预防转型。这为新时代新征程做好上海水旱灾害防御工作指明了前进方向、提供了根本遵循。

一、总体国家安全观视域下上海水旱灾害防御工作的理论思考

水旱灾害防御工作是关乎上海公共安全的重要工作，关系人民生命财产安全和城市安全运行。做好水旱灾害防御工作必须坚定不移贯彻总体国家安全观。

（一）新时期水旱灾害防御工作必须牢牢树立"大安全"理念

水旱灾害防御工作关系人民生命财产安全、粮食安全、经济安全、社会安全和国家安全。我国是一个水旱灾害频发且严重的国家，每年水旱灾害直接经济损失约占各类自然灾害直接经济损失的70％。上海地处中纬度沿江沿海地区，每年都会遭遇台风、暴雨、洪水、海水等灾害侵袭。同时，上海又是一座超大城市，人口、建筑、经济要素和重要基础设施高度密集，致灾因素叠加，一旦遭遇自然灾害侵袭，可能引发连锁反应，形成灾害链，将严重影响整个城市的平稳有序运行，甚至会影响长江三角洲乃至全国的改革、发

原文刊载于《中国水利》2023年第9期。

展、稳定大局。我们要深刻理解和准确把握总体国家安全观中的"大安全"内涵，从全局的高度看待各类安全之间的关系，统筹处理好外部安全和内部安全、国土安全和国民安全、传统安全和非传统安全、自身安全和共同安全，更加注重用系统思维防范化解重大安全风险，把水旱灾害防御工作与保障城市社会安全、经济安全、粮食安全、生态安全等紧密结合起来，为中国式现代化建设提供坚实的水安全保障。

（二）新时期水旱灾害防御工作必须深度融入"大应急"格局

新时期水旱灾害防御工作要深入学习贯彻习近平总书记关于防灾减灾重要论述，积极践行"两个坚持、三个转变"防灾减灾救灾理念，积极构建"大应急"格局，推进"大减灾"体系，更好地统筹发展和安全。上海市于2019年建立上海市联合防汛办公室，由上海市水务局、上海市应急管理局主要领导共同担任上海市联合防汛办公室主任，协同高效的"大应急"体制机制已基本形成。

（1）强化综合与专业的统筹。健全统一指挥、发挥专长、数字赋能、通力协作的体制机制，以更高站位完善上海市防灾减灾规划、综合性监测预警、应急救援队伍、应急物资储备以及避难场所建设，以更大力度支撑水务、海洋、住建、气象等部门发挥专业优势，推动水旱灾害防御从灾后救助向灾前预防转变，从应对单一灾种向应对综合灾种转变，从减少灾害损失向减轻灾害风险转变。

（2）强化流域与区域的统筹。既要考虑上海城市防洪除涝安全，又要兼顾太湖流域行洪安全需要，充分发挥流域机构总协调作用，进一步强化流域间水旱灾害防御协作，科学制定流域洪水与水量调度方案，推动构建流域与区域相匹配、骨干与配套相衔接的防洪工程体系，进一步提升流域联防联控能力。

二、总体国家安全观视域下上海水旱灾害防御工作的实践基础

党的十八大以来，上海市始终坚持以人民为中心的发展思想，认真贯彻落实习近平总书记"节水优先、空间均衡、系统治理、两手发力"治水思路和关于水旱灾害防御的重要讲话指示批示精神，建管并举、软硬结合，取得显著成效，经受住了多次极端天气下自然灾害的考验。

（一）坚持以防为主，持续提升挡、排、蓄的"硬实力"

党的十八大以来，上海完成了275km主海塘达标建设、918km骨干河道整治、65座水利片外围排涝泵闸建设、49个排水系统建设，并积极推进苏州河深隧工程、吴淞江工程等重大项目，主海塘达标率由64%提升至82%，河湖水面率止跌回升至10.30%，除涝能力达到15年一遇，排水系统消除空白点并提升至1年一遇暴雨标准。特别是投资63亿元、全长184km西部泄洪通道的建成，使青浦、松江、金山等上海西部地区的防洪能力得到跨越式提升，在抵御"烟花"台风过程中发挥了显著效益。

（二）强化协调联动，不断优化测、报、救的"软实力"

2019年以来，上海强化防汛救灾组织领导，由市长担任防汛总指挥，分管应急、水务的副市长分别担任第一副总指挥和常务副总指挥。建立了防汛气象"岗位直通车"机制、太湖流域协作及联合值班机制、"排水三护行动"机制、下立交"三联动"机制、军

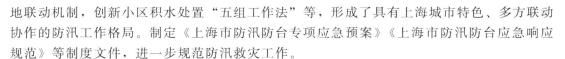

地联动机制，创新小区积水处置"五组工作法"等，形成了具有上海城市特色、多方联动协作的防汛工作格局。制定《上海市防汛防台专项应急预案》《上海市防汛防台应急响应规范》等制度文件，进一步规范防汛救灾工作。

（三）注重固本培元，夯实防汛基础工作

为完善基层治理体系和提升基层治理能力，上海市于 2014 年修订了《上海市防汛条例》，首次以地方性法规的形式明确了街镇一级的防汛机构和专职人员，形成了"横向到边、纵向到底、不留死角"的防汛责任体系。立足"科学布局、有备无患"，相继推动松江、崇明、杨浦等重点区域和排水、隧道、建工等重点领域建成一批市级防汛物资基地，防汛抢险物资总规模达到 1 亿元，并在全市落实 1380 处转移安置场所、377 个防汛物资仓库、2200 余支抢险队伍。

三、总体国家安全观视域下上海水旱灾害防御工作的总体要求

新时期做好水旱灾害防御工作必须贯彻落实总体国家安全观，坚持以战略思维、历史思维、底线思维、系统思维为指导，重点落实好四方面要求。

（一）用战略思维谋划水旱灾害防御工作

受全球气候变暖等因素影响，近年来极端天气事件呈现趋多态势，超标准暴雨洪涝灾害时有发生。从上海市情况看，近 3 年接连遭遇超长梅雨、近 10 年来雨量最大的台风"烟花"以及新中国成立以来登陆上海最强台风"梅花"的考验，上游来水、暴雨强度以及黄浦江中上游代表站水位（潮位）均刷新了历史纪录。这预示着极端天气和罕见水旱灾害在每个年份都可能发生，"非常态"可能成为"新常态"。这就要求从守护超大城市水安全的战略高度，进一步增强前瞻性思考，始终保持战略定力，严格落实流域和上海市相关防洪规划，加快完善防御措施，着力实现从被动"应对"向主动"预见"转变，打好防范"黑天鹅"事件的战略主动仗。

（二）用历史思维研究水旱灾害风险规律

习近平总书记指出，历史是最好的教科书，也是最好的清醒剂。总结历史经验、把握历史规律、认清历史趋势有助于做好水旱灾害防御工作。回顾 20 多年来影响上海市的台风历史，可以看到，每隔 8 年左右，上海市就会遭遇一次"三碰头""四碰头"的强台风考验：1997 年 11 号台风"温妮"，造成 15.4 万人受灾；2005 年 5 号台风"麦莎"，造成 94.6 万人受灾；2013 年 23 号台风"菲特"，造成 12.4 万人受灾；2021 年 6 号台风"烟花"，造成 40 万人受灾。必须不断深化对历史水情汛情灾情的研究，从历史大数据中分析总结水患、风灾规律，从历史中寻找防灾减灾的经验和智慧，探求应对水旱灾害的科学对策，努力减轻水旱灾害损失，保障人民生命财产安全。

（三）用底线思维落实水旱灾害防范措施

目前上海市防汛防台"四道防线"工程体系仍然存在许多薄弱环节：对照 2035 年上海市防洪除涝规划和雨水排水规划，"千里海塘"达标率仅为 82%，尚有 89km 未达标；"千里江堤"尽管现状基本达标，但尚未完全实施到位，吴淞江工程正在加快推进，黄浦江中上游堤防受海平面上升、地面沉降以及流域工情水情变化等因素影响需加高加固；

"区域除涝"能力提升任重道远，外围除涝泵闸实施率仅为52％，河湖水面率为10.30％；"城镇排水"能力达到3年一遇～5年一遇标准面积比例仅为25％，其中中心城区为19％，城镇排水能力仍然较低。必须坚持问题导向，树牢底线思维、极限思维，着力抓重点、抓关键、抓薄弱环节，着力补短板、堵漏洞、消隐患。一方面加快推进工程建设，另一方面要从最不利情况出发，向最好结果努力，时刻保持如履薄冰的谨慎、见叶知秋的敏锐、未雨绸缪的清醒，坚持"预"字当先、防住为王，既高度警惕"黑天鹅"，又有效防范"灰犀牛"，牢牢把握水旱灾害防御主动权。

（四）用系统思维化解水旱灾害风险挑战

水旱灾害防御是一项复杂的系统工程，必须坚持系统思维，增强全局观念。

（1）增强流域协同治理。上海市地处太湖流域最下游，市内的黄浦江承担着太湖流域49％的行洪量，上游水情、汛情和工情变化对上海市水旱灾害防御形势有显著影响。要抓住新一轮太湖流域防洪规划编制契机，推动流域洪水水量分配优化和水利工程建设安排，统筹处理好流域与区域、城市与农村、上游与下游、干流与支流间的关系，助力流域实现统一规划、统一治理、统一调度、统一管理。

（2）增强部门、政企、军地协调配合。建立完善部门协同、政企协作、军地联合的水旱灾害防御协调联动机制：部门协同重点加强防灾减灾机制联动配合，政企协作重点加强防灾减灾技术研究协作，军地联合重点加强抢险救援协同配合，努力做到联合行动高效、资源共用便捷、汛情处置有序。

四、总体国家安全观视域下上海水旱灾害防御工作的主要任务

上海城市总体规划明确，到2035年要把上海市建设成为卓越的全球城市，令人向往的创新之城、人文之城、生态之城，具有世界影响力的社会主义现代化国际大都市。上海市应急管理"十四五"规划强调，要健全完善以防为主、防抗救相结合的综合防灾减灾体制机制，强化城市运行的功能韧性、过程韧性和系统韧性。上海市水旱灾害防御工作要以习近平新时代中国特色社会主义思想为指导，坚定不移贯彻总体国家安全观，积极践行"节水优先、空间均衡、系统治理、两手发力"治水思路，锚定"不死人、少伤人、少损失"的目标，进一步强化系统观念、增强统筹意识，努力把上海市建成"不是不能淹，而是不怕淹"的韧性城市，以高效能治理筑牢超大城市抵御水旱灾害防线，为上海市高质量发展、市民高品质生活提供坚实保障。"十四五"期间，重点要在提升"四个韧性"上下功夫：

（一）实施提标改造，强化水旱灾害防御工程韧性

以落实2035年防洪除涝规划和雨水排水规划为抓手，加快完善"四道防线"工程体系。"千里海塘"大力推进50km主海塘达标；"千里江堤"重点推进吴淞江工程、黄浦江中上游堤防防洪能力提升工程，深化黄浦江河口建闸和苏州河河口泵站研究；"区域除涝"持续推进300km骨干河道整治和20余座水（泵）闸建设，实施118个骨干河道断点打通工程，新增河湖面积1500hm²，水利片外围除涝泵站实施率达到65％；"城镇排水"启动实施排水系统提标，大力推进1.3万km排水主管检测修复，积极推进合流制改分流制试点，结合海绵城市建设，着力形成"源头减排、管网排放、蓄排并举、超标应急"格局，

中心城雨水排水能力达到 3 年一遇～5 年一遇的面积比例提升至 35％。

（二）强化蓝绿统筹，提升水旱灾害防御空间韧性

坚持山水林田湖草沙一体化保护和系统治理，大力推进生态清洁小流域建设，探索推进河道两侧用地功能复合，打造连续贯通、水清岸绿、生态宜人的滨水开放空间，千方百计在城市建设和更新中恢复并增加河湖面积。优先考虑更多利用自然力量排水，强化城市竖向设计和空间管控，编制并落实内涝灾害防治区划，因地制宜推进集中和分散相结合的雨水调蓄设施，统筹推进建筑小区、公园绿地等海绵建设项目，深入挖掘绿地、下沉式广场、地下停车库等低洼地调蓄空间，并探索在土地出让中将雨水调蓄设施建设作为出让条件纳入地块开发。抓住新城绿环水脉建设契机，强化规划引领，通过地形塑造等一体实施增绿增水工程，推进林水深度融合，进一步提升新城周边雨水涝水滞蓄空间。

（三）健全体制机制，增强水旱灾害防御管理韧性

推进防汛责任网格化，落实"点、线、面"三级责任制，加强重要城市"生命线"工程风险防范，确保第一时间人员到岗到位。

推进隐患排查清单化，持续开展重点区域排查，滚动更新"一区一图一表"，确保第一时间查险排险除险。

推进预警预报精准化，加强分区分级分类预警响应，深化防汛气象水文海洋联合会商，确保第一时间发布预警预报。

推进预案预演实战化，持续完善各级各类预案，开展全灾种、多科目演练，确保第一时间应急响应到位。

推进物资装备现代化，加大新技术、新工艺、新材料、新装备的推广应用力度，做好新型应急调蓄池等物资储备，深化智慧调度平台建设，确保第一时间提供物资保障。

推进基层防汛标准化，重点加强各区街镇防汛"六有"建设（有组织机构、有工作制度、有防汛预案、有物资储备、有抢险队伍、有避灾场所），确保第一时间转移受灾群众。

推进教育培训制度化，健全轮训制度，丰富培训形式，提升人员业务素质，确保第一时间妥善应对汛情灾情。

（四）加强宣传引导，培育水旱灾害防御社会韧性

进一步丰富"五上十进"内容，将韧性城市理念、防汛防台常识和能力教育纳入中小学和高校素质教育，大力开展社会公众应急基础素养培训。进一步健全完善社会动员机制，充分发挥基层党组织、居（村）委会以及志愿者队伍作用，推进抢险队伍多元化，让更多具备抢险能力的施工企业自愿参与险情灾情应急处置。进一步完善舆情发布机制，加快信息甄别，及时回应关切，依法从严惩处扰乱社会稳定、破坏灾害防御等违法行为，增强社会防汛理念，积极营造社会公众关心、支持、参与防汛的良好氛围。

参 考 文 献

［1］ 习近平．高举中国特色社会主义伟大旗帜为全面建设社会主义现代化国家而团结奋斗——在中国共产党第二十次全国代表大会上的报告［M］．北京：人民出版社，2022．

［2］ 李国英．在水旱灾害防御工作视频会议上的讲话［J］．中国防汛抗旱，2021，31（3）：4－5．

［3］ 李国英．深入贯彻落实党的二十大精神扎实推动新阶段水利高质量发展——在 2023 年全国水利工作会议上的讲话［J］．中国水利，2023（2）：1-10.

［4］ 李博远，火传鲁．坚持底线思维筑牢安全屏障全力以赴打赢水旱灾害防御硬仗——访水利部水旱灾害防御司司长姚文广［J］．中国水利，2022（24）：29-31.

［5］ 上海市人民政府．上海市城市总体规划（2017—2035 年）［R］.2018.

［6］ 上海市人民政府办公厅关于印发《上海市应急管理“十四五”规划》的通知［J］．上海市人民政府公报，2021，（19）：26-38.

［7］ 上海市人民政府办公厅关于印发《上海市水系统治理“十四五”规划》的通知［J］．上海市人民政府公报，2021，（15）：35-42.

［8］ 刘晓涛．中国式现代化视角下超大城市水安全战略思考——以上海市为例［J］．中国水利，2023（1）：15-17，31.

兴水惠民，全速构建国家水网

国家水网建设几个方面问题的讨论

张建云[1,2,3]，金君良[1,2,3]

（1. 水灾害防御全国重点实验室；2. 长江保护与绿色发展研究院；
3. 水利部应对气候变化研究中心）

摘　要： 文章针对我国水资源禀赋及社会发展现实情况，论述了构建国家水网的必要性，研究了我国水网规划和建设中的水达峰问题，分析了水网规划的建设依据——水平衡健康评价，并对国家水网在规划设计、工程建设、运行管理方面的科技需求及政策需求进行了探讨。

关键词： 国家水网；用水量；用水需求；规划设计；工程建设；运行管理

一、引言

2020年10月，党的十九届五中全会明确提出要实施国家水网等重大工程。2021年3月，《中华人民共和国国民经济和社会发展第十四个五年规划和2035年远景目标纲要》提出，面向服务国家重大战略，实施川藏铁路、西部陆海新通道、国家水网、雅鲁藏布江下游水电开发。同年5月，习近平总书记在推进南水北调后续工程高质量发展座谈会上指出，"水网建设起来，会是中华民族在治水历程中又一个世纪画卷，会载入千秋史册"。2023年5月25日，中共中央、国务院印发了《国家水网建设规划纲要》，成为当前和今后一个时期国家水网建设的重要指导性文件。本文将从国家水网建设的必要性、水网规划和建设中的水达峰问题、水平衡健康评价对水网规划的重要意义等角度进行探讨，以期为新时期国家水网规划建设工作提供参考。

二、建设国家水网的必要性

（一）加快构建国家水网是解决水资源时空分布不均、更大范围实现空间均衡的必然要求

我国特殊的地理和气候条件，决定了降水和水资源时间和空间分布十分不均匀，水资源空间分布与经济社会发展极不匹配（见图1），全球气候变化背景下我国降水和水资源空间分布不均匀性更加显著（见表1）。水资源不均匀性及其与经济社会发展的不匹配性，导致北方地区缺水严重，制约了经济社会的发展；同时，生态用水被挤占，生态环境问题

原文刊载于《水利发展研究》2023年第11期。

越来越突出。根据水利部 2022 年公布的数据显示，全国地下水超采区总面积达 28.7 万 km²，年均超采量 158 亿 m³，地下水超采导致地下水水位下降、含水层疏干、水源枯竭，引发地面沉降、河湖萎缩、海水入侵、生态退化等问题。

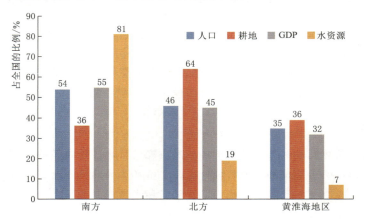

图 1　我国不同地区人口、耕地、GDP 与水资源情况比较

表 1　　　　　　　　　　我国各流域地表水资源变化情况

序号	水资源区	地表水资源较 1956—1979 年变化/%	
		2001—2018 年	1980—2000 年
1	松花江	−0.9	12.8
2	辽河	−9.8	−10.3
3	海河	−53.8	−40.6
4	黄河	−17.5	−12.9
5	淮河	−5.1	−14.6
6	长江	0.7	7.4
7	东南诸河	6.8	8.4
8	珠江	2.8	2.2
9	西南诸河	−4.4	−1.9
10	西北诸河	13.1	2.1

　　另外，我国北方大部分河流水资源开发利用率超过全国平均水平（21.3％），部分河流（如海河、黄河、淮河、辽河等）水资源开发利用率超过警戒线水平（40％），其中海河流域水资源开发利用率更是高达 113.2％（见图 2）。全国湖泊湿地总体明显萎缩，其中淡水湖萎缩程度最高，总面积相对减少 19.8％，需水量相对减少 11.7％（见表 2）。河川之危、水源之危是生存环境之危、民族存续之危。水已经成为我国严重短缺的资源，成为制约环境质量的主要因素，成为经济社会发展面临的严重安全问题。在这种背景下，加快构建国家水网，是解决水资源时空分布不均、更大范围实现空间均衡的必然要求。

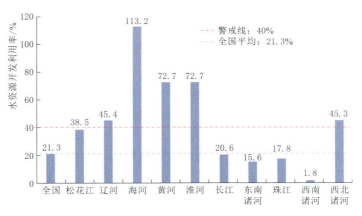

图 2　我国河流水资源开发利用率统计

表 2　　　　　　　　　　**全国面积大于 100km² 湖泊湿地总体情况**

类　　型	数量/个	面积相对减少/%	需水量相对减少/%
淡水湖	105	19.8	11.7
咸水湖	27	4.3	4.1
盐湖	10	5.6	2.7
全国	142	12.4	6.5

（二）加快国家水网建设是解决生态环境累积欠账、实现绿色发展的必然要求

目前，全国仍有 3% 国控断面地表水水质为 V 类、劣 V 类，全国地下水超采区面积达 28.7 万 km²，年均超采量为 158 亿 m³，河湖水域空间保护、生态流量水量保障、水质维护改善、生物多样性保护等面临严峻挑战。我国北方主要河流地表水均存在不同程度的挤占现象，其中黄河干流、淮河干流、塔里木河、海河南系等河流的地表水挤占量均超过 10 亿 m³，西辽河、天山北麓、沂沭泗河等河流的地表水挤占量超过 5 亿 m³。为解决生态环境累积欠账，实现经济社会绿色发展，亟须加快国家水网建设。

（三）加快构建国家水网是有效应对水旱灾害风险、更高标准筑牢国家安全屏障的迫切要求

我国约 2/3 的国土面积受到洪涝灾害的威胁，是世界上洪涝灾害最为频繁和严重的国家之一，洪涝灾害导致的直接经济损失居各类自然灾害损失之首，洪水风险依然是流域的最大威胁。极端暴雨产生中小河流洪水、山洪地质灾害、城市洪涝所造成的人员伤亡和财产损失大，是现阶段防御的重点。加强水网建设，提升河湖连通，增强河湖的排水及调蓄能力，是防洪减灾的重要途径。

总而言之，加快构建国家水网，建设现代化高质量水利基础设施网络，是统筹解决水资源、水生态、水环境、水灾害问题的重要保障。实现中华民族的伟大复兴，全面建设社会主义现代化国家，需要坚实的水安全支撑和保障。国家水网是充分发挥水利工程体系的优势和综合效益、保障国家水安全、支撑高质量发展的国家重大战略性工程。

三、我国用水量是否达峰的判断

（一）我国用水量统计数据出现拐点现象分析

我国的用水量是否已经达峰，北方地区还是否缺水，是国家水网规划和建设需要关注的最根本问题。依据《中国水资源公报》统计，中国用水过程经历三个阶段，分别为用水快速增长期（1980 年之前）、稳定增长期（1980—2013 年）、缓慢下降期（2013 年之后，中国统计用水总量于 2013 年达到峰值 6183 亿 m³）。从统计数据观察，2013 年左右我国用水出现了高峰（拐点），随后出现了缓慢的下降，其主要原因可归纳为四点。

第一，需求侧管理导致用水量的减少。现状用水发展变化规律是多种因素作用的结果，其中需求侧管理起到了积极作用。2000 年，我国开始节水型社会建设；2013 年，实施了最严格水资源管理；2016 年，开展水效领跑者引领行动。需求侧严格管控有效提升了我国的用水效率，降低了用水需求。

第二，最严格水资源管理用水总量红线考核制度下，个别地区统计用水量数据和实际情况存在一定的差距。在最严格水资源考核管理下，实际用水可能存在非技术性干预。

第三，供给侧"无水可用"是导致许多北方地区没有出现"统计增长"的现实因素。我国黄河、辽河、海河等流域地表水资源开发利用率均超过 70%，淮河流域超过 50%，多数内陆河地表水开发利用率超过 80%，超过了正常开发利用极限。近年来，北方地区水资源量显著衰减，进一步加剧了供给侧约束。"无水可用"、分水指标一再下调，是导致很多北方地区没有出现"统计增长"的现实因素。换句话说，"吃不饱并不是不饿"。

第四，大规模虚拟水进口且不断增加也是导致我国用水减少的重要因素。目前，我国是全球最大的虚拟水进口国，2018 年虚拟水进口量达到 470 亿 m³（蓝水），占全球虚拟水贸易量的 1/4；我国粮食进口量约占产量的 1/4，如果这些粮食全部靠自己生产，还要耗费几百亿立方米的水。虚拟水长期大规模进口是导致我国用水格局变化的重要因素。

（二）我国用水需求驱动机制分析

用水和需水是两个概念。需水是经济社会可持续发展和生态环境健康稳定所需要的理想水量规模；实际用水量受多重因素影响，不仅和用户需求有关，还和区域水资源条件、工程保障能力、贸易结构等因素密切相关。规划中开展的需水预测，其实预测的并不是需水规模，而是基于人口、灌溉面积、GDP 等预测未来的用水规模。

区域用水变化包括三元驱动力：一是经济社会规模。城镇化率增长，伴随着粮食及其他生活消费需求的增加，经济生产规模相应扩大，进而促进生活和生产用水的增长。二是生产水平。生产水平的提升，伴随着产业结构优化和生产效率提高，会提高生产过程中的用水效率，降低等量经济规模下的用水需求。三是水资源供给约束。受水资源本底条件、政府调控策略与能力，以及对外贸易格局特征等影响。

需水规模、用水条件、缺水程度对水达峰均有直接作用。无水资源约束地区，经济自然发展决定其用水峰值；弱水资源约束地区，由经济发展、资源条件和工程能力联合作用决定用水峰值；强水资源约束地区，由水资源承载资源上限（包括外调水）决定其用水峰值。有学者分析，无水资源约束的自然增长型，出现峰值最早；水资源弱约束的资源约束型，出现峰值次之；水资源强约束的严重胁迫型，出现峰值最晚。

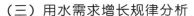
（三）用水需求增长规律分析

通过对主要发达国家用水达峰时的经济产业特征进行分析，影响用水达峰的因素主要包括以下几方面：一是产业占比。用水峰值出现时，发达国家的第一产业比重普遍小于5%，第二产业比重为30%～40%，第三产业比重全部在60%以上。2022年，我国三种产业占比分别为7.3%、39.9%和52.8%。二是人均 GDP。从人均 GDP（2020年不变价）看，发达国家水达峰时的人均 GDP 全部超过2万美元，大部分国家处于2.5万～3.5万美元。2022年，中国人均 GDP 为85698元（按照7.35的汇率，折合11660美元）。三是城镇化率。从城镇化率看，除葡萄牙用水达峰时城镇化率较低（51%）外，其他国家用水达峰时的城镇化率普遍在70%以上。2022年中国城镇化率为65%。由此可以发现，我国的产业占比、人均 GDP、城镇化率均与发达国家存在一定差距，经济社会条件所对应的用水不是峰值。

（四）关于我国用水量是否已经达峰的主要观点

综合以上分析，关于我国用水量是否已经达峰的问题，观点如下。

第一，中国水资源用水量统计，在全国第一次水利普查后做过技术调整，之后在最严格水资源管理制度的严厉考核下，部分上报数据具有不真实性，用水量呈现缓减趋势，统计数据的合理性需要深入分析。

第二，根据《中国水资源公报》数据，近年来我国用水总量表现出缓慢下降的拐点现象，是在资源供给不足，甚至受到严重约束，供给侧"天花板"严重胁迫下带来的用水总量下降的现象，不是真实的用水需求过程，不能认为中国用水已经达峰。

第三，2022年，我国人均 GDP 为1.16万美元，城镇化率为65%，第三产业占比为52.8%，三项指标均说明我国目前尚不具备达到用水峰值的经济社会条件。

第四，中国用水达峰的具体条件和时间，尚需深入研究。相关研究表明，在国家现有的工程规划体系下，我国经济社会用水需求峰值点大概率出现在2035—2040年，峰值接近6500亿 m^3。

四、水平衡健康评价对于水网规划的重要意义

水平衡健康评价是水网规划建设依据。水平衡是指一定时空尺度上，自然-社会水循环过程中所形成的水分收支和蓄变关系，组成要素包括补给、排泄、耗散和蓄变量（源汇项和状态变量），表达方式为区域水量平衡方程。水平衡反映了自然和社会因素耦合作用下降水等水分补给的再分配和流动、转化特征，表征了水循环要素的对应关系和水循环系统存在演化状态。复杂水问题的重要根源在于突出的不平衡性，强化水安全保障，关键在于降低不平衡性。降水和径流等水循环要素突出的时空分布不均，可用水量与资源环境经济要素突出的不适配性、不匹配性在变化环境中进一步加剧和放大，都导致了水问题的复杂多样，因此，应尽可能控制和降低用水需求，减缓压力，尽可能增强水资源的供给能力，提高适应能力；尽可能优化调控资源，增强对经济社会发展的保障能力，最终建立和实现水的供给侧与需求侧之间的双向平衡与适配。

影响水平衡状态的因素包括自然因素和人类活动两大方面，其中自然因素主要包括气候变化（降水、气温、蒸散发、海平面变化等）以及地质活动（地震、滑坡、火山爆发

等），人类活动主要包括水资源开发利用、下垫面规模化改造、地下空间利用、矿产资源开采等。近年来人类活动对水平衡状态的影响愈来愈大，主要影响流域水量消耗规模和强度、出入规模和路径、调蓄空间和条件，以及流域地表地下水补排关系。

健康水平衡状态为水循环系统良性稳定发展运行，支撑生态环境和经济社会发展，降水-径流-蒸散关系较稳定，河川径流未显著变异，水域空间正常波动，陆地储水量蓄变接近零，地表与地下水补排关系稳定，景观植被格局基本稳定——总而言之，健康水平衡是指区域水平衡要素在总量和时空分布上相互协调和匹配，能够有效支撑水资源经济社会生态环境耦合系统稳定的良性演化，包括总量平衡（水量供给、取用、消耗、蓄存、排泄的平衡，排污总量和河湖纳污能力的平衡）、时间平衡（年内的平衡、丰枯年的平衡、近期和中长期的平衡）和空间平衡（水域与陆域的平衡、不同圈层间的平衡、不同地区间的平衡）。与之相反，非健康水平衡状态会引发水源涵养功能丧失、水资源可利用性下降、旱涝事件多发、生态环境状况恶化等后果。可以说，水平衡关系是水资源经济社会-生态环境系统协调性的"指示器"和"调节阀"。

当前的治水思路和相关举措以"平衡"为基本导向，关于"节水优先"，重点在于控减用水和排污总量，强化水资源供给与消耗、纳污与排污间的平衡；关于"时空均衡"，重点在于水系统压力负荷与支撑承载能力在时间过程和空间格局上的平衡；关于"系统治理"，重点在于打造山水林田湖草生命共同体，水与其他资源环境要素平衡，统筹协调应对"四水"问题。实现健康的区域水平衡，保障流域水安全，是规划建设国家水网的科学依据，对全面建成小康社会、实现中华民族永续发展，具有重要的战略意义和深刻的科学意义。

五、国家水网建设的科技需求及问题讨论

国家水网在规划设计、工程建设、运行管理等方面都存在一些亟待解决的管理与技术问题，讨论如下。

（一）规划设计方面

一是基于水资源承载能力分析和节水优先原则的区域水平衡评价理论与方法仍有待进一步完善和优化。对于缺水区域，需要明确具体哪里缺水、缺多少水、有无节水潜力等问题；对于丰水区域，应当厘清哪里有水、可从哪里调水、调多少水合适等问题；涉及多水源优化配置时，则应做好当地水-调入水、地表水-地下水、非常规水的优化配置与调度。例如，在南水北调工程的后续工作中，黄河上中游六省区仍有一定的节水能力，但仅靠节水难以解决资源性缺水问题，难以支撑黄河流域的高质量发展，需要充分研究节水的边缘效应，研究分析调水的必要性与节水的可行性。

二是应充分梳理调水可能产生的影响、揭示影响机理，提出调控措施。比如，如果通过水网实施调水，调水对调出区和受水区的生态、环境、社会将产生怎样的影响？这种影响是否可以接受？如何减少和调控调水的影响？另外，在水网规划设计中，还应开展水源区水资源-水生态经济社会协同演变及预测、水源区生态环境需水评估方法与动态调配技术研究、变化环境下水源区水资源禀赋与可调水量分析，南水北调西线工程调水生物入侵风险分析、系统视角下南水北调西线工程调水影响综合评估及方案优化等。

三是开展基于生态环境影响较小和经济指标较优的工程方案的科学论证。例如，2014年3月，水利部针对南水北调西线工程开展了六个重要专题补充研究，包括南水北调工程规划设计中，黄河上中游地区节水潜力研究、新形势下黄河流域水资源供需分析、西线调入水量配置方案细化研究、调水对水力发电影响研究、调水对生态环境影响研究、调水对水资源开发利用影响分析。

四是应以"先建体制、后建工程"为原则开展工程管理体制研究。再以南水北调工程为例，在规划设计阶段，西线工程业主单位应是谁？西线工程供水范围多大为宜？河西走廊供水与新疆供水应怎样管理？东线工程一期与江水北调工程的关系是怎样的？应该建立怎样的管理机制和方式？如何进行工程能力消纳和工程效益发挥？应建设怎样的水价形成机制、如何开展水费收缴？东线工程供水范围如何确定？供水对象具体为谁？应建立怎样的水网工程生态服务价值理论与计算方法？如何进行生态补偿机制建设？这些管理体制方面的问题均需开展深入研究。

（二）工程建设方面

水网工程建设中，以下技术应进行重点研究：一是应开展高坝大库水源工程建设技术；二是应开展长距离输水工程技术研究，特别是复杂地质条件下大型引调水工程安全建造技术研究，包括高压富水破碎层涌水突泥监测、预警、诊断与应对技术，高应地力场软岩大变形问题力学机制、分析理论与处理技术，长大隧道掘进施工新装备、新技术；三是数字孪生水网技术。本文重点说下数字孪生水网技术。

数字孪生水利包括数字孪生流域和数字孪生工程。数字孪生水网是数字孪生工程的重要组成。数字孪生水网是通过3S空间信息技术、物联网技术、人工智能技术以及地形模型、分布式水文模型、洪涝演进模型、水资源仿真模型、智慧调度决策模型、人工智能模型等多种模型技术构建起来的虚拟智慧数字水网，以实现虚拟水网与实际物理水网实时双向映射和仿真，对物理水网全要素进行实时监测、模拟仿真、预测分析、智慧决策、科学调度，保障水网的高效、绿色、安全、智慧地运行。数字孪生水网技术主要包括建立空天地一体化的信息感知监测体系、工程建设BIM技术、数字孪生水网信息映射与仿真技术、应用业务系统集成技术、情景推演及决策支持技术等。

数字孪生水网是建设国家水网的重要内容，也是推动新阶段水利高质量发展的重要标志之一。数字孪生的主要建设内容和建设目标是：①聚焦水网跨流域跨区域等特点，以及联合调度等业务需求开展建设；②对物理水网全要素和建设运行全过程进行数字映射、智能模拟、前瞻预演；③与物理水网同步仿真运行、虚实交互、迭代优化；④实现对物理水网的实时监控、联合调度、风险防范；⑤提高国家水网智能化管理调控能力和安全保障能力。

（三）运行管理方面

工程运行安全管理是国家水网高质量发展的重要环节，需要完善高坝病变灾变过程预测理论方法和病隐患判别准则，明确梯级水库群灾变触发机制和灾害链生效应，开展高坝深埋深水病害无损探测诊断和修复技术装备配套。数据信息是国家水网安全、绿色、智慧建设和管理的基础，知识平台是国家水网精准、高效、智慧调度和运行的关键，数字孪生是国家水网智慧发展的重要内容和抓手，实现数字赋能、智慧高效。

国家水网运行管理中，应建立天空地一体化监测体系，通过天基遥感（包括降水、水位、流量、雪盖、水储量变化等要素）、空基遥感（包括水位、流量、水质等要素）、地基遥感（包括降水、水位、流量、土壤水、蒸发、水质等要素）构建天空地嵌套式监测体系。天空地一体化监测体系的重点监测项目包括卫星降雨监测、卫星土壤含水量监测、卫星地表蒸散发监测、雷达降水监测、大范围水域及岸线监测、视频水位与流速智能识别监测等（见表3），需开展多元数据的融合应用、数字水网模型库建设、知识平台（业务规则知识库）建设。

表 3　　　　　　　　天空地一体化监测体系重点监测项目及建设内容

重点监测项目	建 设 内 容
卫星降雨监测	利用卫星遥感测雨新技术，发展本地化数据产品的适应算法，提高卫星降水监测精度，充分发挥其大范围空间连续的观测能力，补充水文站网监测的不足和监测缺乏地区的水文资料获取能力
卫星土壤含水量监测	SMOPS逐日土壤含水量数据产品；25km 空间分辨率；网格多源融合数据，由多个主被动微波遥感数据融合而成（AMSR2、ASCATA/B、GMI、ESASMOS、SMAP等）；给出地表 $1\sim5cm$ 的土壤含水量（m^3/m^3）
卫星地表蒸散发监测	基于卫星的地表反射率、地表反照率、植被指数等数据和时空数据融合算法，形成高时空分辨率的地表蒸散发估算方法
雷达降水监测	多普勒降水雷达落地降水量反演技术，实现双偏振雷达对面雨量的精细化观测应用能力，改进雷达降水观测垂直廓线分布特征，提升落地降水雷达监测能力
大范围水域及岸线监测	利用遥感和低空遥感，快速监测河道、湖泊、城市水体等大范围水域，实时生成点云和实景地形支持水土保持监测、水体监测、河湖岸线保护、工程土方计算、流域水沙模拟
视频水位与流速智能识别监测	基于数字图像处理技术以及智能算法，以视频传感器代替人眼，智能识别水位、流速。该项监测适用于江河湖库、蓄滞洪区、智慧城市、农业灌区等

致谢：感谢中国水利水电科学研究院王建华、赵勇、何国华等专家学者在论文撰写中参与的讨论和贡献。

（该文章根据张建云院士在 2023 年 9 月 19 日第五届水利发展研究学术周上的讲座整理）

参 考 文 献

[1] 赵勇，何凡，何国华，等.关于国家水网规划建设的十点认识与思考 [J].水利发展研究，2023，23（8）：37-48.

[2] 国家水网建设规划纲要 [J].中国水利，2023（11）：1-7.

[3] 仲志余.在更高水平上保障国家水安全 [N].人民政协报，2023-06-01（3）.

[4] 吴晶，韩亚栋.坚持全国一盘棋加快构建国家水网 [N].中国纪检监察报，2023-05-27（4）.

[5] 赵勇，李海红，刘寒青，等.增长的规律：中国用水极值预测 [J].水利学报，2021，52（2）：129-141.

[6] 夏军，王惠筠，甘瑶瑶，等.中国暴雨洪涝预报方法的研究进展 [J].暴雨灾害，2019，38（5）：416-421.

［7］ 路瑞，赵越，续衍雪，等．从水污染防治角度出发的全国分省域水环境安全研究［J］.中国环境管理，2016，8（3）：48－52.

［8］ 李国英．为以中国式现代化全面推进中华民族伟大复兴提供有力的水安全保障［J］.水利发展研究，2023，23（7）：1－2.

［9］ 李原园，刘震，赵钟楠，等．加快构建国家水网全面提升水安全保障能力［J］.水利发展研究，2021，21（9）：30－31.

南水北调工程高质量发展的几点思考

夏　军

（武汉大学　水安全研究院水资源与水电工程科学国家重点实验室）

摘　要： 文章总结了南水北调工程面临的新形势新任务，梳理了南水北调东中线通水以来取得的成效，分析了南水北调后续工程在全球气候变化、我国北方需水变化、碳达峰碳中和等有关要求背景下面临的挑战，并提出了相应的建议。

关键词： 南水北调；高质量发展；规划设计；国家水网

一、南水北调工程面临形式以及取得成效

（一）南水北调工程面临的新形势新任务

华北地区是我国人口经济高速发展的地区，在我国社会经济中的地位极其重要。华北地区拥有全国 25％的人口，需要全国 25％的粮食，产生全国 27％的 GDP，然而仅拥有全国 4％的淡水资源（见图 1）。水资源成为制约我国华北地区社会经济可持续发展最重要的瓶颈之一。针对北方地区水资源紧缺的问题，我国实施了跨流域调水。南水北调工程就是将长江流域的水资源调到缺水严重的西北、华北地区。南水北调工程分东、中、西三条调水线路，将长江、黄河、淮河、海河四大流域链接起来，构成"四横三纵"为主体的水网。

南水北调工程是国家现代水网的重大基础设施，是重要的民生工程、生态工程和战略工程。《南水北调工程总体规划》已颁布了 20 年，中线和东线工程通水 8 年来取得了巨大效益，包括水资源优化配置、促进社会经济可持续发展、保障和改善民生。南水北调工程的实施对我国经济、社会和生态建设意义主要体现在 5 个方面：一是改变供水格局，水资源配置得到优化；二是改善供水水质，人民群众的获得感、幸福感、安全感不断增强；三是修复生态环境，促进沿线生态文明建设；四是优化产业结构，推动受水区高质量发展；五是拉动内需、扩大就业保障社会经济协调发展。

（二）南水北调工程的成效

南水北调东线、中线一期工程直接受水城市 41 个。中线工程受水地区包括河南省13 个城市、河北省 9 个城市、北京市以及天津市，东线一期工程受水地区为江苏省 6 个

原文刊载于《水利发展研究》2024 年第 9 期。

城市、山东省 11 个城市。南水北调东中线工程总受益人口超 1.5 亿人：东线一期工程总受益人口超 6900 万人，中线一期工程总受益人口超 5800 万人。截至 2023 年 2 月 5 日，南水北调东线、中线一期工程累计调水量突破 600 亿 m³。已建成运行的南水北调工程经受了实践的考验，充分说明该工程建设巨大的成效。从南水北调实施效果来看，无论是华北地区地下水压采，还是京津冀地区南水北调东中线沿线省市的水

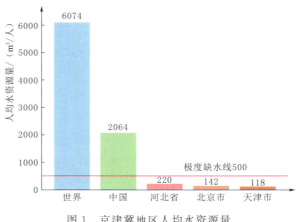

图 1　京津冀地区人均水资源量

安全保障能力，都得到大幅度提升，充分说明该工程的建设成效及其巨大效益。

二、南水北调后续工程面对挑战与思考

（一）南水北调后续工程面临的新形势和新任务

2021 年 5 月 14 日，习近平总书记在河南省南阳市主持召开推进南水北调后续工程高质量发展座谈会并发表重要讲话。讲话强调，南水北调工程事关战略全局、事关长远发展、事关人民福祉。进入新发展阶段、贯彻新发展理念、构建新发展格局，形成全国统一大市场和畅通的国内大循环，促进南北方协调发展，需要水资源的有力支撑。要深入分析南水北调工程面临的新形势新任务，立足流域整体和水资源空间均衡配置科学推进工程规划建设，提高水资源集约节约利用水平。

（二）南水北调后续工程建设面临的新挑战

变化环境下的南水北调后续工程正面临新的挑战。全球气候变化导致水循环变异，体现在原有水循环水资源时空格局正在发生变化/变异；高强度社会经济发展，导致水资源需求和生态文明建设目标新要求——基于自然水循环的水资源供需关系发生不同程度变化，国家生态文明建设对水安全保障提出了新的要求。南水北调后续工程面临新的挑战主要体现在以下几个方面。

1. 挑战 1：全球气候变化可能加剧我国水安全风险

依据陆—海—气模式和陆地气双向耦合模式与归因分析，初步得到以下认识。

（1）我国陆地水文循环主要变化是温室气体 CO_2 排放影响叠加在东部季风区显著自然变率背景下共同作用形成。自然变率是主要成分，导致径流变化的降水自然变率的贡献率达 70%～90%（全国平均 2/3）；温室气体排放贡献占 10%～30%（全国平均 1/3），这当然也需要陆—海—气系统互动与进一步的验证。

（2）目前和未来 CO_2 排放仍然会增加，气候变化中人为强迫贡献率提升的风险会进一步加大，它是气候变化背景下水资源管理的重要风险之一，迫切需要应对与适应。未来气候变化，导致对全国水资源配置的不确定性增大，对南水北调工程供水安全必然带来巨大压力（见表 1）。

表 1　考虑与不考虑气候变化下八大流域水资源需求关系（以 2030 年 RCP4.5 为例）

流域片区	基准年需水 /亿 m³	有气候变化的 需水量/亿 m³	有气候变化的 需水量/亿 m³	有无气候变化对比 /亿 m³	有无气候变化 对比/%
松花江区	431	577	604	−27	−4.5
辽河区	230	219	249	−30	−12.0
海河区	462	472	515	−43	−8.3
黄河区	486	520	547	−27	−4.9
淮河区	705	792	762	30	3.9
长江区	2108	2664	2351	313	13.3
东南诸河区	366	485	431	54	12.6
珠江区	871	929	941	−12	−1.3
合计	5659	6658	6400	258	4.0

以气候变化对南水北调（中线）工程影响研究为例，气候变化主要促使南水北调（中线）工程联动产生 3 个方面的变化。

第一，调水区和受水区径流变化：①过去和现在的变化，20 世纪 80 年代以后，丹江口入库径流一直呈下降态势，尽管 2000 年有所恢复，但总体上仍处于枯水期，1990—2012 年实际入库的径流相对 1954—1989 年规划设计的径流减少 21.5%；②未来气候变化影响下的变化，海河径流量先下降，到 2040 年稍有上升，但汉江上游呈现下降态势。

第二，调水区的水资源脆弱性发生的变化，现状和 RCP4.5 情景表明，气候变化影响下调水后汉江的脆弱性是增加的。

第三，调水区和受水区丰枯遭遇变化：①从过去观测来看，丹江口和海河的径流同枯频率明显增大，1956—1989 年为 9%，1990—2011 年为 30%。②从未来变化来看，同枯频率均会上升，而同丰频率会减小（见表 2、表 3）。

表 2　1990—2100 年同枯频率

年份	实例	低	中	高
1956—1980	9%			
1981—2010	30%			
2011—2040		21%	24%	33%
2040—2070		17%	26%	32%
2071—2100		28%	33%	37%

表 3　1990—2100 年同丰频率

年份	实例	低	中	高
1956—1980	21%			
1981—2010	12%			
2011—2040		15%	19%	13%
2040—2070		18%	14%	15%
2071—2100		13%	18%	16%

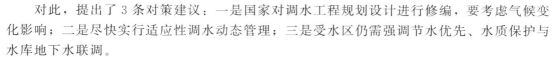

对此，提出了 3 条对策建议：一是国家对调水工程规划设计进行修编，要考虑气候变化影响；二是尽快实行适应性调水动态管理；三是受水区仍需强调节水优先、水质保护与水库地下水联调。

2. 挑战 2：我国北方需水问题及其变化

据统计资料可知，南水北调工程主要受水区——京津冀城市群用水总量由 2000 年的 275 亿 m^3 降至 2020 年的 251 亿 m^3。京津冀城市群绝大多数城市用水总量零增长或缓慢负增长，空间不均衡性保持相对稳定。各城市用水效率普遍快速提升，是用水总量零增长或负增长的主要原因。

需要注意的是，虽然南水北调工程计划调水量维持稳定，但实际调水量却逐年上升。在极端干旱背景下，2022 年长江中游降雨量较多年平均降雨量减少 80%，但南水北调中线工程仍超额调水 27.4%。我国北方需水预测和需水管理，一直是调水工程高质量发展面对的值得研讨的问题。

3. 挑战 3：碳达峰、碳中和对国家水网及南水北调工程的新要求

习近平总书记在第 75 届联合国大会一般性辩论上的讲话中指出，我国将采取更加有力的政策和措施，二氧化碳排放力争于 2030 年前达到峰值，努力争取 2060 年前实现碳中和。我国为实现碳排放目标而设定的要求，一是增大工程的减碳规模，二是降低受水区地下水取用能耗，三是控制受水区农业灌溉能耗。在此背景下，《中华人民共和国国民经济和社会发展第十四个五年规划和 2035 年远景目标纲要》提出面向服务国家重大战略，实施国家水网等重大工程。

国家水网系统应由两大部分组成：一是流域内"自然＋人工"湖库河流水网系统，包括流域天然水系联系的水循环及湖库及河流网络系统，以及流域水系和跨集水区的自然—人工水系的河湖系统，例如引江济汉工程、引江济太工程；二是跨流域/区域的"自然＋人工"湖库河流水网系统，例如南水北调工程等。在新形势下，国家水网（包括跨流域调水）与区域碳源/碳汇的核算方面是需要深入思考和研究的新问题，包括水库群淹没和运行的碳源碳汇问题、长距离调水及运行的碳源碳汇问题、水网系统运行及耗能的碳源碳汇问题等。

三、几点建议

第一，加强节水型国家水网建设（包括调水工程）水资源可持续利用的系统思维与战略规划。要加强以生态环境保护和绿色发展为目标的国家水网（包括跨流域调水）工程建设，强调水土资源及生态安全的承载力的约束。面向变化环境，应开展水资源适应性管理（不断应对与调整的系统对策过程），例如工程与非工程措施及政策等。针对水资源安全与水生态安全，应重点研究变化环境下可更新利用的水资源量、合理与经济的耗用水模式及治理体制、维系区域生态环境和保障高质量发展水资源安全的方式。

第二，积极推动调水工程联系的智慧水网建设，监测与管理国家水网不仅是河湖水系连通工程的整合，更是调控手段和管理方式的重大升级。为应对变化环境下水资源保障问题，需要构建国家水网工程智能化与智慧管理系统。国家水网新的发展领域应包括流域模拟器、数字孪生流域、元宇宙理念、技术研发等。例如，多功能复杂搭载高效节能平台设

计制造、空—天—地组网观测优化与信息协同处理、空—天—地多参数采样与耦合同步监测分析、应急监测与评估及预报预警系统集成、多方位开放智能/智慧服务与管理模式。

第三，积极推动南水北调工程的建设模式与制度创新。高度重视南水北调工程及其两侧的生态带建设，积极探索绿色发展模式，完善生态补偿的政策投入机制，健全调水工程规划依据和法律保障。南水北调工程管理制度创新探索，应包括开展南水北调工程运行管理机制研究（如水权及水市场、水价研究碳交易等，促进我国南北经济、社会与人口、资源、环境协调发展），建设和强化多部门参与调水工程综合管理与协作机制（如系统监管跨部门、跨行业、跨领域、跨区域、跨省际、跨时空协作）等。南水北调后续工程高质量发展应抓住契机，与政府、企业、高校、研究院和地方联合建立合作投资机制，深化人才、科技、资金和市场等方面合作，发挥各自特色与区位优势，形成"政—产—学—研—用"的协同创新联盟，落实好南水北调工程生态与环境保护研究。

在新发展形势下，南水北调工程在调水目标和中长期规划战略上都面临着新的机遇与挑战。一是科学认识南水北调已建工程的成效与挑战，对于改善南水北调后续工程规划与建设和推动南水北调工程高质量发展至关重要；二是注重在应对气候变化和国家高质量发展新需求面对的问题与挑战；三是加强南水北调工程的科技创新、智慧水网建设的应用基础研究以及战略规划，筑牢国家水网主骨架和大动脉，加强协同创新联盟建设，推动应对环境变化适应性水管理研究，为国家可持续发展提供强有力的水安全保障的科技支撑。

（该文章根据夏军院士在 2023 年水利科技创新论坛的学术讲座整理）

国家水网各层级协同建设思考

李原园，赵钟楠，姜大川

（水利部水利水电规划设计总院）

摘　要： 推进国家骨干网和省市县各层级水网互联互通、合理衔接，对逐步形成国家水网"一张网"、更好发挥水网整体效益意义重大。推进各层级水网协同建设，应聚焦"四个坚持"原则，即坚持目标导向和问题导向相结合，坚持遵循自然规律、经济规律、生态规律，坚持系统观念，坚持"四水四定"；做好"五个统筹"，即统筹好水网布局、结构、功能设计方案与组网方案，统筹好不同层级水网规划布局与建设，统筹好资源环境承载能力与水流调配过程，统筹好骨干工程与配套工程的关系，统筹好常态与非常态协同治理。分析了不同层级水网协同建设的总体思路，从水网规划与建设的基本单元、思路与重点等方面，研究提出了不同层级水网协同建设的侧重点。围绕加快构建国家水网主骨架和大动脉、加强国家骨干网和省级水网互联互通、推进省市县水网协同融合、加强战略储备水源和战略输配水通道建设，提出推进各层级水网协同建设的重点举措，从完善国家水网"一张网"顶层设计、加强体制机制创新、强化资源要素保障等方面，研究提出了不同层级水网协同建设的政策建议。

关键词： 国家水网；组网方案；协同融合；骨干网；省级水网；市级水网；县级水网

　　加快构建国家水网，是党中央作出的重大战略部署。中共中央、国务院印发的《国家水网建设规划纲要》明确提出，国家水网分为国家骨干网、省级水网、市级水网、县级水网四个层级。在推进国家水网建设过程中，要加强国家骨干网、省市县各级水网之间的衔接，推进互联互通、联调联配、协同防控。围绕如何衔接国家水网建设，研究提出四级水网协同建设的思路举措和政策建议，为高质量建设国家水网提供参考。

一、推进各级水网协同建设的总体思路

　　推进四级水网协同建设，应统筹高质量发展和高水平安全，深入贯彻落实习近平总书记"节水优先、空间均衡、系统治理、两手发力"治水思路，根据各层级水网定位和实际

原文刊载于《中国水利》2024 年第 19 期。

特点，聚焦形成国家水网"一张网"的建设目标，加强全局性谋划、整体性推动，实现不同层级水网高效融合发展，更好发挥国家水网系统性、综合性和持续性作用（见图1）。

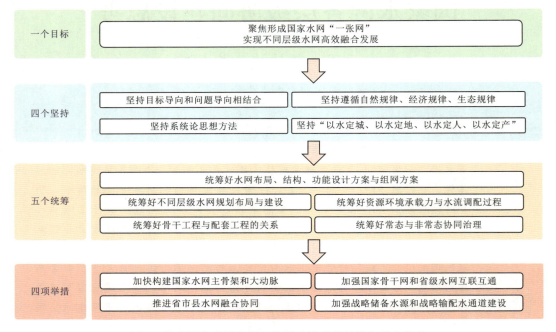

图 1　推进国家水网各层级协同建设总体思路与重点举措

（一）建设原则

1. 坚持目标导向和问题导向相结合

不同层级水网关注的目标和解决的重点问题各不相同，其中国家骨干网是国家骨干水流调配网络，重点解决国家发展核心区域和重大战略区域水流总体调配问题；省级水网是国家骨干网的延伸，在国家水网体系中具有承上启下的作用，重点解决区域层面水流调配问题和生活、生产、生态用水分配等问题；市县水网是直接面向用户的水网基础单元，重点解决市县层面水源调配、城乡供水、灌溉排水、河湖生态保护等问题。推进四级水网协同建设，既要锚定实现中国式现代化的目标，厘清不同层级水网建设各阶段需要完成的目标任务，又要从解决新老水问题层面，提出破解难题的新路径和新方法。

2. 坚持遵循自然规律、经济规律、生态规律

尊重客观规律，研判把握水资源长远供求趋势、区域分布、结构特征，科学审慎编制水网重大工程论证方案。一方面，要严格遵循自然规律和经济规律，准确把握新发展阶段经济社会高质量发展对水网建设的需求，深入分析水资源供需演变态势，科学确定水网重大工程的规模和总体布局，更好地满足各地区高质量发展需求，提升水资源利用效率和效益。另一方面，要遵循生态规律，坚持生态优先、绿色发展，着力构建绿色水利基础设施体系，促进人水和谐共生，决不能逾越生态安全的底线。

3. 坚持系统论思想方法

坚持系统观念，增强全局"一盘棋"意识，统筹协调好不同层级水网的衔接关系，按

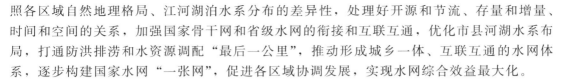

照各区域自然地理格局、江河湖泊水系分布的差异性，处理好开源和节流、存量和增量、时间和空间的关系，加强国家骨干网和省级水网的衔接和互联互通，优化市县河湖水系布局，打通防洪排涝和水资源调配"最后一公里"，推动形成城乡一体、互联互通的水网体系，逐步构建国家水网"一张网"，促进各区域协调发展，实现水网综合效益最大化。

4. 坚持"以水定城、以水定地、以水定人、以水定产"

把强化水资源刚性约束作为水网建设的前提，坚持"以水定城、以水定地、以水定人、以水定产"，合理配置经济社会发展和生态用水。在以水定城方面，因水制宜、集约发展，合理确定城镇发展布局、结构与规模；在以水定地方面，做好水土资源与生态平衡协调，合理确定灌溉发展规模；在以水定人方面，综合考虑用水需求层次，抑制用水浪费、奢侈用水等不合理用水需求；在以水定产方面，考虑水的经济性与价值，合理确定产业布局、结构与规模。

（二）建设思路

1. 统筹好水网布局、结构、功能设计方案与组网方案

统筹发展与安全、开发与保护、常态与非常态，融合水流综合调配格局与国土空间格局，融合水利与水电、水运、生态、环境等基础设施布局，融合水资源配置、防洪排涝、水生态保护等多功能，优化不同层级水网的建设布局、结构与功能设计方案，制定横向调控节律、纵向调配水源、垂向调节水势、互联互通互备的一体化国家水网组网方案，实现水利工程从单工程到网络系统工程、从单目标向全领域多目标、从传统基础设施向现代化基础设施体系转变，最终形成国家水网"一张网"。

2. 统筹好不同层级水网规划布局与建设

目前31个省份的省级水网建设规划已全部编制完成，省级和市县级水网先导区建设加快推进。结合省市县水网建设在组织推动、水网规划、重大项目建设、水网融合发展、体制机制创新、数字孪生水网等方面的典型经验，加快推动不同层级水网规划布局与建设。其中，国家骨干网应重点推进国家骨干水流网络通道与调配中枢建设，省级水网应构建与国家骨干网相衔接的水流网络通道与调配体系，市县级水网应加快规划编制，构建水流基础通道和"毛细血管"。

3. 统筹好资源环境承载能力与水流调配过程

水网建设是在考虑资源环境承载能力前提下，按照确有需要原则对自然河湖水系的布局、结构、功能进行系统性重构。应协调好水网格局与国土空间开发保护格局，依托纵横交织的天然河湖水系、人工水道和调蓄结点，统筹水流-经济社会-生态系统的协同调控，将水源区与重要需求区、缺水区、修复区有机融合起来，将洪水来源区、蓄泄空间、防洪保护区、风险集散区有机融合起来，将水源涵养空间、水流集散空间、生态敏感脆弱区与生态廊道有机融合起来，开展多目标、多功能、多过程的水流综合调配，实现对自然河湖水流过程的科学、适度、合理、有序、高效、健康控制。

4. 统筹好骨干工程与配套工程的关系

重大跨流域跨区域输排水工程、重大结点工程是国家水网的骨干工程，承担着国家水资源调配和流域区域水生态保护与洪涝灾害防治的重要任务，而配套工程则是支撑水网骨干工程运行的关键环节，如果相应配套工程跟不上，势必影响工程效益发挥，影响水资源

供给的稳定性和可靠性。应统筹协调好骨干工程与配套工程之间的关系，加快已建、在建骨干工程的配套设施建设，加强跨流域跨区域输配水通道、重大结点工程与区域供水工程的配套衔接，确保水资源高效、合理配置，形成统一、高效的国家水网体系，不断提升各层级水网管理效率和利用效益。

5. 统筹好常态与非常态协同治理

当前全球气候变化、突发公共灾害的风险日益增大，强化水安全保障关键在于构建具有高保障力、高抗风险力、强恢复力的韧性水网。应在做好常态化安全保障基础上，重视气候变化所引发的"短历时、高强度"降雨、持续性干旱等极端天气事件，以及干湿线北移、冰川融水增加等水资源结构性变化对国家安全的影响，特别是考虑不利的水资源演变情势、经济社会高质量发展需求和极端水旱灾害等情景，统筹协调四级水网建设，做好非常态下水安全风险应对，构建国家水资源战略储备体系，实施战略调配，保障国家水安全。

二、推进各级水网协同建设的侧重点

水网建设在国家宏观层面和省市县中微观层面需要解决的水安全问题不尽相同，建设单元、建设思路和建设任务的侧重点均不同，应把握好不同时空尺度对水网建设的要求，着眼全局、分类施策，协同推进各层级水网建设。

在规划与建设单元上，国家骨干网应以重要骨干江河通道、输排水通道及重要江河湖泊为基础，聚焦跨流域跨区域重大引调水工程和库容大于 5 亿 m^3 的调蓄结点工程，通过互联互通、多源互补、统筹蓄泄，构建国家水网主骨架和大动脉，解决国家水资源宏观调配和流域防洪减灾问题。省级水网应以区域内主要河湖、主要城市为重点，加强与国家骨干网和毗邻省级水网的衔接，开展水资源及其开发利用评价、供需平衡分析与水资源合理配置，解决省级层面水安全保障需求。市县水网应以市县域内主要河湖为重点，加强与省级水网和毗邻市县水网的衔接，重点聚焦不同用水户的用水需求，开展现状评估和水资源合理配置，加强市县内河湖水系连通工程、城乡供水一体化工程、灌溉工程建设，发挥好末级水网的作用。

在规划与建设思路上，充分考虑各地区的水资源条件、经济社会发展需求和生态环境保护要求，因地制宜推进各层级水网建设，做好各层级水流综合调配方案与各层级经济社会发展布局的衔接。对与国家骨干网联系密切的省份，协同推进国家骨干工程的配套建设，衔接邻省水网布局，提升水安全保障能力；对于市县水网，依托省级骨干网，优化市县河流水系布局，结合省级水网水源工程和输配水工程，完善灌排骨干工程体系，疏通拓展中小河流、供水管网、灌排渠系等水网"毛细血管"，提高供水、灌溉保障水平。

在规划与建设重点上，根据国家重大发展战略和区域水资源分布，优化水利基础设施布局、结构、功能和系统集成，发挥地区要素、资源比较优势，确保水流要素在全国层面和区域层面的合理调配。在水网重大工程项目谋划建设与实施上，既要推进一批跨流域跨区域重大引调水工程和调配枢纽建设，又要注重市县层面城乡供水、灌区等工程谋划，还要加强国家层面战略储备水源和通道建设，更要健全重大水利工程的建设、运行、管理机制，建立健全水网工作推进机制，不断扩大水网覆盖范围，提升国家水网服务水平和质量。

三、推进各级水网协同建设的重点举措

针对保障国家水安全的基础性、根本性、战略性问题，统筹存量和增量、城市和乡村、东部和中西部，从消除水安全保障中的突出短板和薄弱环节，提档升级水利基础设施标准与水平，多措并举构建互联互通、四级融合的国家水网，着力提升国家水网整体效能和全生命周期综合效益。

（一）加快构建国家水网主骨架和大动脉

立足于国家重大战略实施和经济社会高质量发展对水安全保障的需求，适应未来水资源供求态势新变化，加快构建国家水网主骨架和大动脉，发挥在国家水资源调配和流域区域洪涝灾害防治与水生态保护中的作用，为重点经济区、城市群、生态脆弱区提供水安全保障。推进以南水北调工程为核心的骨干输配水通道建设，逐步扩大主网延伸覆盖范围，加快推进区域水网规划建设，形成贯通东西、连接南北的战略性输水通道。新建或扩建一批骨干排洪通道，解决平原河网地区外排通道不足、洪水出路不畅等问题。加快推进国家水网重要河湖通道建设，统筹打造重要行洪通道、输水通道和生态廊道。

（二）加强国家骨干网和省级水网互联互通

围绕国家和各省份水安全保障要求，充分发挥长江、黄河等主要江河干流在行洪、输水、生态等方面的综合功能，结合各省份河湖水系和水利基础设施体系，加强国家骨干网衔接配套建设，推进国家重大水资源配置工程与省域重要水资源配置工程互联互通，推进水源工程间、不同水资源配置工程间水系连通建设，促进省级水网与国家骨干网互联互通。充分发挥省级水网对上衔接国家骨干网、对下管理调度市县级水网的特点，加强省级水网与国家骨干网信息共享，提高不同层级水网协同调度能力，发挥水网工程整体效益，协同保障重点经济区、城市群、生态脆弱区水安全，促进水资源与人口经济布局相均衡。

（三）推进省市县水网协同融合

推进省市县水网协同融合是实现水网效益最大化的重要环节。按照国家骨干网、省级水网建设要求，根据市县水安全保障要求，结合市县河湖水系布局和水利基础设施，围绕提升城乡水利基本公共服务和改善人居环境，将供水网络体系向最终用水户延伸，确保各级水网建设有序推进、融合发展。城市地区应在明确供水格局和洪涝水出路安排基础上，因地制宜开展城市水系连通，推进非常规水源利用网络建设，完善城市新鲜水-再生水循环体系，提高水资源利用效率；农村地区应通过城市供水管网延伸或一体化供水，提高城乡供水安全保障水平，开展农村水系综合整治，提高农村水安全保障能力。

（四）加强战略储备水源和战略输配水通道建设

主动应对水安全保障的常态和非常态需求，加强战略储备水源和战略输配水通道建设，提升国家水网安全风险防范能力。国家层面应立足长远和应对安全风险挑战，有序推进调水潜力较大河流水资源开发以及战略水源地、地下水储备、战略输配水通道建设，构建国家水资源战略储备体系，实施战略调配，为国家水网提供可持续的充足水源，多源保障城镇供水和区域灌溉供水。省市县层面应因地制宜开展应急备用水源建设，通过全面规

划、科学选定、合理布局、有效监管，形成多水源、高保障的供水格局，为人民群众提供安全、可靠、充足的水源。

四、推进各级水网协同建设的政策建议

水网规划与建设涉及多流域、多省份、多部门，工程建设规模大、投资大，运行维护任务重，必须坚持"先建机制、后建工程"原则，用市场化、法治化的方式，通过改革创新，解决好水网建设运行管理体制机制问题。

（一）完善国家水网"一张网"顶层设计

《国家水网建设规划纲要》明确提出，未来根据国家长远发展战略需要，逐步扩大主网延伸覆盖范围，与区域网互联互通，形成一体化的国家水网。区域网是国家水网主骨架的重要组成，应坚持全国"一盘棋"，基于国家水网总体布局，结合区域网和省级水网建设规划情况，预留联网、补网的建设空间，统筹谋划区域网与主网、省级骨干网的互联互通方案与顶层设计，谋划跨流域、跨区域骨干通道和重要结点，加快形成国家水网"一张网"，充分发挥国家水网在更高水平、更大尺度的支撑与保障作用。

（二）建立各级水网实施协调推进机制

充分调动各方积极性，强化部门协同和上下联动，通盘考虑，分区施策，强化工程质量和安全管理，推动水网工程加快建设。对于建设周期长、涉及因素多、服务范围广的水网重大工程，应统筹协调多个部门、相关省份的意见，强化流域统一规划、统一治理、统一调度、统一管理，针对性地解决用地、移民、生态环境、投融资等方面的突出难题，加快推进工程立项建设，省市县层面应服从流域统一规划和管理，强化属地责任和组织实施。

（三）加快市县级水网建设规划编制

结合省级水网建设规划成果和水网先导区建设经验，因地制宜推动市县级水网规划与建设，加强市县级水网与国家骨干网、省级水网的衔接和融合。在市县级水网建设规划编制过程中，应明确市县级水网的定位、目标和任务，确保各级规划目标的一致性和协同性。处理好市县级水网规划与其他有关规划的关系，充分衔接国土空间规划、经济社会发展规划、"三区三线"等有关要求，将水网重大工程统筹纳入国土空间规划"一张图"，确保市县级水网规划与各项相关规划在空间布局和项目安排上相协调。

（四）加强资源要素保障

水网工程点多、面广、体量大，涉及用地、用林规模大，部分项目受生态环境、移民、资金筹措、区域协调等因素制约和影响，工程建设的难度不断加大，影响工程立项审批进度。应细化完善立项审批、资金投入、用地、生态环境等配套政策，持续优化投资结构，对国家水网重大工程建设资金给予倾斜。充分利用国债、地方政府专项债券、金融信贷资金，运用好政府和社会资本合作新机制，促进资金使用精准有效。

（五）健全水网建设运行管理机制

水网建设具有公益性强的特点，应按照"两手发力"要求，更好发挥政府投资引导作用，加大中央预算内投资对重大战略性、基础性、公益性水网工程的支持力度，发挥政府

投资主渠道引导作用。对于具有供水、发电等经营性功能的水网工程，通过深化改革，完善政策措施，给予市场主体充分参与空间，吸引社会资本参与建设。发挥中国长江三峡集团有限公司、中国南水北调集团有限公司等国有重要资源开发经营、基础设施建设运营企业和投资平台在国家水网工程投资建设中的主力军作用。推动国家开发银行等金融机构恢复重大水利工程过桥贷款模式，为水网建设提供利率低、额度高、期限长的贷款，构建持续稳定的融资模式。

参 考 文 献

［1］ 赵钟楠，刘震．省级水网规划与建设的思路要求和对策建议 ［J］.中国水利，2022 （23）：5－7，11.

［2］ 徐翔宇，何君，高兴德，等.区域现代水网建设总体战略与基本策略的有关思考 ［J］.水利规划与设计，2023 （4）：5－9，33.

［3］ 张建云，金君良.国家水网建设几个方面问题的讨论 ［J］.水利发展研究，2023，23 （11）：1－7.

［4］ 赵勇，何凡，何国华，等.国家水网规划建设十点认识与思考 ［J］.中国水利，2023 （14）：24－33.

［5］ 金凤君，叶志聪，陈卓，等.面向中国式现代化的国家水网建设方向与战略途径 ［J］.经济地理，2024，44 （1）：148－156.

［6］ 李勇.扎实推进南水北调工程高质量发展助力加快构建国家水网主骨架和大动脉 ［J］.中国水利，2023 （24）：33－34.

［7］ 左其亭，蒋国栋，臧超，等.基于人水和谐视角的国家水网优化布局构想与展望 ［J］.华北水利水电大学学报 （自然科学版），2024，45 （4）：1－7.

［8］ 姜大川，赵钟楠，何奇峰，等.关于推进成渝地区水网建设的若干思考 ［J］.中国水利，2023 （9）：4－6.

［9］ 郭旭宁，刘为锋，邢西刚，等.国家水网的理论内涵与战略策略关系 ［J］.南水北调与水利科技 （中英文），2023，21 （6）：1055－1063.

［10］ 钮新强.国家水网规划建设体系及关键问题探讨 ［J］.长江技术经济，2023，7 （5）：24－30.

［11］ 王建华，胡鹏.国家水网构建与生态安全保障辩证关系探析 ［J］.中国水利，2024 （17）：48－51.

［12］ 周光华，邓长球.广西水网规划布局与建设实践 ［J］.中国水利，2024 （17）：68－72.

［13］ 吴有红，秦俊桃.国家水网建设投融资机制实践与思考 ［J］.中国水利，2024 （17）：52－56.

［14］ 蔡阳.数字孪生水网建设应着力解决的几个关键问题 ［J］.中国水利，2024 （17）：36－41.

［15］ 李原园，李云玲，龙晓旭，等.基于粮食安全保障的国家水网建设思路探讨 ［J］.中国水利，2024 （17）：42－48.

［16］ 李明.大力发展水利新质生产力，助力国家水网建设 ［J］.水利发展研究，2024，24 （9）：16－20.

［17］ 邢西刚，王慧杰，李云玲，等.国家节水中长期规划编制思路浅析 ［J］.中国水利，2024 （15）：20－27.

［18］ 李国英.深入贯彻习近平总书记重要指示批示精神全面推动农村供水高质量发展 ［J］.中国水利，2024 （15）：1－2，27.

［19］ 王平，李原园.富平县 "五水协同" 助力实现乡村生态振兴的战略思考 ［J/OL］.水利规划与设计，2024：1－6 ［2024－09－01］.

［20］ 左其亭，田锦涛，秦西，等.面向新质生产力发展需求的国家水网建设关键内容及研究展望 ［J］.

南水北调与水利科技（中英文），2024，22（4）：625－631.

[21]　刘颖，查文花，徐畅，等．云南高原水网水系生态修复工程设计策略研究［J］．水利发展研究，2024，24（8）：55－59.

[22]　谭勇，李乐乐．建设水网骨干工程提升安全保障能力［N］．中国水利报，2024－05－07（5）.

[23]　李国英．坚持系统观念强化流域治理管理［J］．中国水利，2022（13）：2，1.

数字孪生水网建设思路初探

成建国

（水利部信息中心）

摘　要： 数字孪生水网是建设国家水网的重要内容，也是推动新阶段水利高质量发展的重要标志之一。锚定"系统完备、安全可靠，集约高效、绿色智能，循环通畅、调控有序"的国家水网建设目标，按"需求牵引、应用至上、数字赋能、提升能力"要求，遵循"监测系统完善、调控网络智能、预演决策支持、安全运行可靠"建设原则，设计了数字孪生水网建设总体框架，研究提出数字孪生平台、信息化基础设施、典型应用、网络安全体系和保障体系建设思路和要点，为规范指导我国数字孪生水网建设，提升国家水网调配运管数字化、网络化、智能化水平提供支撑。

关键词： 数字孪生水网；国家水网；智慧水利

特殊的自然地理条件、气候因素、水资源特点和人口经济状况，决定了我国是世界上治水任务最为繁重、治水难度最大的国家之一。作为水循环系统的物理载体，由自然河湖水系和水网工程（蓄、引、提、调等）构成的水网是所有水循环调和措施的客观基础。我国已开启全面建设社会主义现代化国家新征程，全面推进中华民族伟大复兴，满足人民群众对美好生活的新期待，迫切需要构建"系统完备、安全可靠，集约高效、绿色智能，循环通畅、调控有序"的国家水网。目前我国大部分水利基础设施智能化水平较低，约50%的中小河流、73%的小型水库、23%的中型水库没有水文监测设施，大多数江河堤防、中型水库和几乎所有小型水库没有安全监测设施；信息化共享程度不高，精准预测预报、精细化调配与智能控制不足，特别是起关键调控作用的水利工程群智能化联合调度支撑薄弱，影响水利工程整体效益发挥。为提升国家水网数字化、网络化、智能化水平，亟须引入新一代信息技术与国家水网相结合，构建新型水利基础设施。数字孪生作为新一代信息技术杰出代表，以实时同步、虚实映射、高保真度等特性为实现国家水网和智慧水利建设目标提供了一条理想路径。

数字孪生水网是建设国家水网的重要内容，也是推动新阶段水利高质量发展的重要标志之一。数字孪生水网主要是聚焦水网跨流域、跨区域等特点，以及联合调度等业务需求开展建设。数字孪生水网通过对物理水网全要素和建设运行全过程进行数字映射、智能模

原文刊载于《中国水利》2022 年第 20 期。

拟、前瞻预演，与物理水网同步仿真运行、虚实交互、迭代优化，实现对物理水网的实时监控、联合调度、风险防范，进而提高国家水网智能化管理调控能力和安全保障能力。

一、数字孪生水网建设总体框架

数字孪生水网应按照"需求牵引、应用至上、数字赋能、提升能力"要求，严格遵循"监测系统完善、调控网络智能、预演决策支持、安全运行可靠"建设原则，以物理水网为单元、时空数据为底座、数学模型为核心、水网知识为驱动，支撑水网工程联合调度。总体框架包括数字孪生平台、信息化基础设施、典型应用、网络安全体系、保障体系等，数字孪生水网建设整体框架如图1所示。

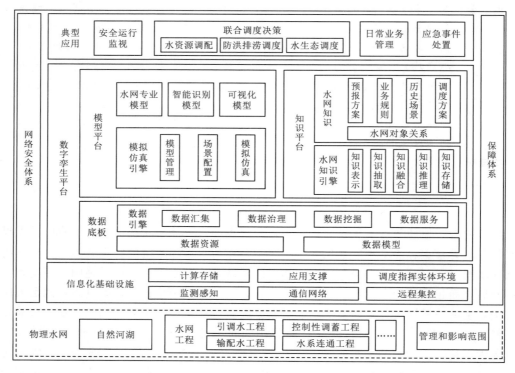

图1 数字孪生水网建设整体框架

数字孪生平台包括数据底板、模型平台、知识平台等。其中，数据底板包括数据资源、数据模型和数据引擎，模型平台包括水网专业模型、智能识别模型、可视化模型和模拟仿真引擎，知识平台包括水网知识和水网知识引擎。

信息化基础设施包括监测感知、通信网络、远程集控、计算存储、应用支撑和调度指挥实体环境等，为水网数据采集、数据传输、数据存储、分析计算、系统运行、设备控制等提供基础支撑。

典型应用包括安全运行监视、联合调度决策、日常业务管理、应急事件处置等，为水网科学决策、精准调度、安全运行等提供支撑。

网络安全体系包括组织管理、安全技术、安全运营、监督检查等，以及重要数据和工

控系统的安全防护，为数字孪生水网提供安全保障。

保障体系包括组织机制、科技攻关、标准规范等，为数字孪生水网建设与运行提供保障。

二、数字孪生平台

（一）数据底板

数据底板应包括基础数据、监测数据、业务管理数据、共享数据、地理空间数据等。在数字孪生流域和数字孪生水利工程数据底板基础上，按需汇聚和补充数字孪生水网相关数据。应深化水网专题数据资源建设，扩展数据范围，提高数据质量，建立健全数据更新机制。

数字孪生水网数据模型和数据引擎应参照《数字孪生流域建设技术大纲（试行）》和《数字孪生水利工程建设技术导则（试行）》有关要求建设。

应按照编码标准对水网对象进行编码，实现水网对象的唯一标识。以水网对象为主题按照数据标准汇聚水网数据，实现跨流域、跨区域数据的融合。

（二）模型平台

1. 水网专业模型

水网专业模型应包括水文、水资源、水生态环境、水力学、水工程调度等模型，可按需建设泥沙动力学、水工程安全等模型。

水文模型应包括调蓄工程汇水区降雨预报、产汇流模型，水网工程管理范围暴雨预报模型，受洪水影响渠道沿线、调蓄工程、输配水河道洪水预报模型，冰期输水河渠沿线气温预报、冰凌预报模型、受咸潮影响的水源咸情预报模型等。

水资源模型应包括调蓄工程及输配水河道断面径流预报、水网工程供水对象需水预测、水网可供水量分析、水网水量收支核算等模型。

水生态环境模型应包括水源与输水河渠水质模拟、水质预测模型，突发水污染输移扩散、溯源分析模型，水生态（水华、富营养化等）预测分析模型，生态流量（水位）调度模型，受水区生态修复效果评估模型等。

水力学模型应包括输水河渠、调蓄湖库水力学模型，有压管道瞬变流计算模型，输水河渠冰动力学模型等。

水工程调度模型应包括水网工程供水、防洪、水生态、航运等多目标联合调度模型（包括年、月、旬、日等尺度），水污染、特殊干旱、工程事故等突发水事件应急调度模型，水网工程实时安全调度控制模型等。

2. 智能识别模型

智能识别模型应在充分共用数字孪生流域和数字孪生水利工程智能识别模型基础上，根据水网业务应用需求补充构建遥感识别、视频识别、声纹识别等模型。

3. 可视化模型

可视化模型应包括自然河湖、水网工程和地理背景等模型。其中，自然河湖的建模对象应包括河流、湖泊、地下水等，水网工程建模对象应包括引调水工程、取水工程、输配水通道、河湖水系连通工程、供水渠道、控制性调蓄工程等。

自然河湖可视化模型应支持在模拟仿真引擎中直观表达水位、流量、水质等动态监测信息，以及水流流态、水力特性、泥沙运动等流场信息。

水网工程可视化模型应满足仿真模拟、综合展示、业务管理等需要。

自然河湖水系、水网工程与地理背景等可视化模型应融合展示，直观表达水网"纲、目、结"关系。

4. 模拟仿真引擎

模型仿真引擎应参照《数字孪生流域建设技术大纲（试行）》和《数字孪生水利工程建设技术导则（试行）》有关要求进行构建，并根据水网业务应用需求补充。

模拟仿真引擎应具备模型版本管理、参数配置、组合装配、加载调用、计算跟踪、训练优化、模型迭代等服务能力，实现面向不同业务、不同场景、不同目标的模型灵活配置和调用，为业务应用提供计算和可视化等服务。

（三）知识平台

知识平台应在数字孪生流域知识平台和数字孪生水利工程知识库基础上，构建水网对象关联关系、预报方案、业务规则、历史场景和调度方案等水网知识及水网知识引擎。

水网对象关联关系包括物理对象及关系和水网调配概念及关系，其中水网物理对象及关系应重点覆盖调蓄工程、输配水通道、受水对象及工程管理部门等，水网调配概念及关系应重点建设水网调配相关业务的概念及关联关系。

预报方案知识应包含水网关键性控制断面的来水、来沙、区域需水等预报模型及参数。

业务规则知识应包含数字孪生流域、数字孪生水利工程中的相关风险预警研判规则，根据水网调配预警需求，补充水网防洪风险、供水短缺风险等预警研判规则。

历史场景知识应包含典型干旱与洪水、应急事件及特定经济社会发展水平的水网调配历史场景，包括场景特征、处置过程及效果、处置经验等内容。

调度方案知识应包含水网工程多业务联合的调度处置预案、方案等，并对调度方案的执行效果进行评价。

水网知识引擎应实现水网知识表示、抽取、融合、推理和存储等功能。

三、信息化基础设施

（一）监测感知

监测感知应包括自然河湖水系、水网工程和取用水单元等监测感知，充分共享数字孪生流域和数字孪生水利工程监测感知数据，科学规划监测感知体系，覆盖水文断面、水源、输配水工程、供水口门、需水单元等对象，扩展监测项目，加大监测密度，提高监测频次，为数据底板提供全要素实时感知数据。

自然河湖监测感知应在数字孪生流域感知网基础上，根据典型应用需求，加强水文断面监测，主要包括行政边界、供水控制、生态流量控制、防洪控制等断面监测。

水网工程监测感知应在数字孪生水利工程监测感知体系基础上，以引调水、取水、输配水、水系连通等工程为重点，围绕水量平衡、输水效率、安全运行等，加强水源水量水

质要素、输配水工程和工程交叉节点运行状态、供水口门流量等监测。

取用水单元监测感知应在现有取用水监控体系的基础上，以灌区、水厂、直接取水用户等为重点，共享气象、农情、墒情、旱情及经济社会等信息，加强用水和需水等相关指标监测。

应以地面站网监测为基础，充分利用卫星遥感、无人机、无人船、视频、水下机器人以及大数据、人工智能、云计算等技术手段，构建自动、智能、高效的天空地一体化监测感知体系。

（二）通信网络

通信网络应强化调控网络智能，以支撑水网工程联合调度为目标，充分共用数字孪生流域和数字孪生水利工程通信网络，聚焦水网工程信息共享和远程集控等网络连通需求，科学规划网络架构，扩大覆盖范围，提升网络性能，为数据传输提供高可靠网络保障。通信网络包括业务网和工控网，应遵循《数字孪生流域建设技术大纲（试行）》和《数字孪生水利工程建设技术导则（试行）》等相关技术要求。

业务网应覆盖水网工程管理单位，分为信息管理区和互联网服务区，实现与各级水利部门业务网的互联互通，为业务协同和信息共享提供网络保障。

工控网为远程集控提供网络保障，宜分为实时控制区、过程监控区，应覆盖水网"纲、目、结"。

宜构建适度超前的满足大带宽、低时延、智能运维等要求的光纤通信网络，为水网工程调度控制和数据传输等提供高可靠通信网络支撑。

（三）远程集控

为满足水网智能调度控制等要求，应建设远程集控系统，覆盖水网"纲、目、结"中闸泵阀等控制设备设施，实现调度控制网络智能全覆盖。

远程集控系统宜选用支持水源供应、水源切换等远程控制的智能化设施设备，满足多水源供水系统的科学规范、精准高效等调度控制要求；应加强远程集控系统与视频监控系统的融合应用，共享其他部门或行业现有视频监控资源；为满足远程集控需要，应加快水网已建自动化控制设施升级改造；应按照安全可靠的要求，加强远程集控系统安全性、可靠性。

（四）计算存储

在充分共用数字孪生流域和数字孪生水利工程计算存储资源的基础上，科学规划和建设云网融合、逻辑集中的计算存储环境，为数字孪生水网高保真模拟运行等提供算力支撑，主要包括通用计算与存储、高性能计算、人工智能计算、灾备系统等，并预留冗余发展空间。

通用计算与存储应满足基本应用的部署运行，宜采用云计算技术。

高性能计算环境应满足水网联合调度的大规模数值计算、大场景推演分析、多目标优化、多方案比选等需求。

人工智能计算应根据数字孪生水网的智能识别模型训练、知识学习推理等计算需求，配备必要的图形处理器（GPU）、神经网络处理器（NPU）等资源，具备 AI 训练、推理、

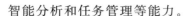

智能分析和任务管理等能力。

灾备系统应根据数字孪生水网高可靠性要求,具备本地备份和异地灾备等功能,实现重要业务数据容灾、关键业务应用容灾。

宜按需部署"边、端"算力,以满足工程监测、智能安防等实时性高的应用需求。

(五)应用支撑

应在充分利用水利信息化应用支撑资源的基础上,配置必要的通用基础工具软件等,以满足数据底板、模型平台、知识平台与典型应用等的建设。其建设内容应包括必要的数据库管理系统、地理信息服务、应用中间件、工作流引擎、门户、身份认证、报表管理等。

(六)调度指挥实体环境

应包括融合通信系统、集成显示系统、综合会商系统、联合值班环境等。一方面应聚焦水网统一调度和远程集控等需求,提供联合值班、综合展示、方案预演、会商研判、应急指挥等一体化功能;另一方面应具备与水网工程管理单位和人员进行实时通信的能力,满足重要决策研判、重大事件处置的研讨会商和调度指挥等需要。

四、典型应用

(一)安全运行监视

安全运行监视应在共享数字孪生流域、数字孪生水利工程基础数据、监测数据、业务管理数据等基础上,构建水网工程状态监测指标体系,从时间、空间、业务等多维度进行综合信息展示、实时监视。此外还应构建安全预警指标体系,调用相关模型,对水网运行进行全方位的故障定位、诊断分析、智能预警,并评估分析水网运行的安全性、稳定性、经济性等。

(二)联合调度决策

应突出预演决策支持,针对水资源调配、防洪排涝调度、水生态调度等不同调度场景,构建水网工程体系多目标联合调度应用,调用精准模拟算法,对水网运行状态进行风险识别预警,对水网工程调度控制进行多方案预演,高效确定最优方案。

1. 水资源调配的"四预"功能

(1)预报。应充分利用雨水情、工情、墒情、旱情、咸情、冰情、取用水信息以及气象、海洋水文等监测信息,调用径流预报、需水预测、可供水量分析等模型,对水网工程中的水源进行年、月、旬、日径流预报与可供水量分析,对水网工程供水对象进行年、月、旬需水预测。

(2)预警。应基于监测和预报等信息,利用水资源预警规则知识,对水网工程供水短缺、旱灾、咸潮等风险进行预警。

(3)预演。应充分利用来水预报、需水预测、水网工程运行等信息,调用水网工程多目标联合调度模型及水网工程历史场景知识等,充分考虑防洪排涝、水生态保护等需求,生成考虑多主体利益的年、月、旬水量调度计划以及"纲、目、结"工程调度方案,并通过预演确定最优方案。

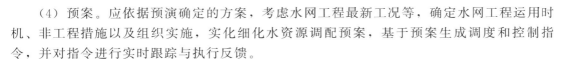

（4）预案。应依据预演确定的方案，考虑水网工程最新工况等，确定水网工程运用时机、非工程措施以及组织实施，实化细化水资源调配预案，基于预案生成调度和控制指令，并对指令进行实时跟踪与执行反馈。

2．防洪排涝调度的"四预"功能

（1）预报。应充分利用雨水情、工情、冰情以及气象、海洋水文监测信息，调用降雨、洪水预报等模型，预报调蓄工程汇水区降雨、水网工程管理范围暴雨等，对重点调蓄工程、防洪控制断面、受洪水影响渠道沿线洪水等进行预报。

（2）预警。应基于监测和预报等信息，利用防洪预警规则等知识，对水网工程及其影响对象进行洪水风险预警。

（3）预演。应充分利用降雨预报、洪水预报、水网工程运行等信息，调用水网工程防洪调度模型及水网工程历史场景知识等，充分考虑水资源调配、水生态保护等需求，生成调蓄水库、行洪河道、分洪设施、蓄滞洪区、排涝泵站等工程体系的多套防洪调度方案并进行预演，并通过预演确定最优方案。

（4）预案。应依据预演确定的方案，考虑水网工程最新工况等，确定水网工程运用时机、非工程措施以及组织实施，实化细化防洪排涝预案，基于预案生成调度和控制指令，并对指令进行实时跟踪与执行反馈。

3．水生态调度的"四预"功能

（1）预报。应充分利用雨水情、工情、水质监测数据等，调用径流预报、水质模拟与预测等模型，对生态流量控制断面等进行径流预报，对水源、关键河渠断面等进行水质预测等。

（2）预警。应基于监测与预报信息等，利用水生态预警规则等知识，对生态流量断面进行超限预警，对输水河渠、水源进行水质等风险预警。

（3）预演。应充分利用径流预报、水质预测、水网工程运行等信息，调用受水区生态修复效果评估、水网工程多目标联合调度等模型，充分考虑水资源调配、防洪排涝等需求，生成多套生态流量与水质保障、生态补水的调度方案，并通过预演确定最优方案。

（4）预案。应依据预演确定的方案，考虑水网工程最新工况等，确定水网工程运用时机、非工程措施以及组织实施，实化细化水生态调度预案，基于预案生成调度和控制指令，并对指令进行实时跟踪与执行反馈。

（三）日常业务管理

日常业务管理包括调度管理、日常值班、统计分析等。

（1）调度管理。应包括用水计划申报，调度计划申报、审批和下达，调度指令下达和执行反馈，以及调度运行年、月、旬、日台账管理等功能，支撑水网调度计划申报、审批和执行等全流程闭环管理。

（2）日常值班。应包括值班考勤、工作报表、通知公告、总结计划等功能。

（3）统计分析。应包括水量水费核算、水网调度统计分析等功能，支撑水网调度管理、水权交易管理等。

（四）应急事件处置

应急事件处置应包括应急信息汇聚、应急预案管理、应急调度预演、应急联动处置等。

（1）应急信息汇聚。应广泛及时获取突发水污染、工程事故、局地暴雨等突发事件信息，以及地震、堰塞湖、泥石流等自然灾害信息，充分利用卫星遥感、无人机等途径获取信息，并及时掌握网络舆情信息。

（2）应急预案管理。应针对各类突发事件制定和完善应急处置预案，按照知识平台要求实现应急处置预案的数字化、空间化管理，并提供简便易用的预案调用等功能。

（3）应急调度预演。应依据获取的应急事件信息，结合应急处置预案，调用突发水事件应急调度等模型，生成多套处置方案，并通过预演确定最优方案。

（4）应急联动处置。应依托调度指挥实体环境的融合通信系统、综合会商系统等，开展异地会商，统筹调度应急资源，并实时跟踪处置过程。

五、网络安全体系

网络安全体系应遵循网络安全等级保护、关键信息基础设施安全保护、《数字孪生水利工程建设技术导则（试行）》等有关要求，落实网络安全"三同步"（同步规划、同步建设、同步运行）。

重要数据防护应逐级落实数据安全责任，进行数据分类分级并识别细化重要数据目录，充分应用商用密码等必要措施，开始数据全生命周期安全管理。

工控系统安全防护应落实系统分区分域、设备安全可控、数据密码保护、网络可信准入等要求。

六、保障体系

保障体系包括组织机制、科技攻关、标准规范等。

（1）组织机制。按照水网指挥调度、控制管理、运行维护等模式，建立健全数字孪生水网信息共享、业务协同等机制，充分发挥水网综合效能。

（2）科技攻关。围绕数字孪生水网建设，开展水网流场高保真模拟技术、水网工程联合调度控制理论与方法、水网运行风险识别预警关键技术、水网智能化设施设备及技术等重大课题研究。

（3）标准规范。统筹协调数字孪生流域、数字孪生水网、数字孪生水利工程需求，完善智慧水利标准规范体系。

七、结语

数字孪生水网建设应覆盖国家水网"纲、目、结"对象并兼顾影响范围，同时和物理水网同步规划、设计、建设和运行。对在建、已建和新建水网工程应开展智能化建设与改造，以满足数字孪生水网建设要求。数字孪生水网建设应遵循智慧水利总体框架，充分利用已建水利信息化资源，并加强与数字孪生流域、数字孪生水利工程的统筹，充分共享数字孪生流域和数字孪生水利工程的建设成果。支撑的业务应突出安全运行监视、联合调度决策、日常业务管理、应急事件处置等，必要时可补充扩展。应充分应用云计算、大数据、物联网、人工智能、卫星遥感、5G、区块链、BIM 等新一代信息技术，构建实用先

进系统。网络安全应和信息系统"同步规划、同步建设、同步运行",并采用自主可控的技术、产品和服务。应统筹考虑工程安全、供水安全、水质安全、网络安全、算法安全、数据安全等要求。

参 考 文 献

[1] 国家发展改革委,水利部 . "十四五"水安全保障规划 [Z].2021.

[2] 王建华,赵红莉,冶运涛,等 . 智能水网工程:驱动中国水治理现代化的引擎 [J]. 水利学报,2018,49 (9):1148-1157.

[2] 李原园,刘震,赵钟楠,等 . 加快构建国家水网全面提升水安全保障能力 [J]. 水利发展研究,2021,21 (9):30-31.

[4] 刘辉 . 国家水网工程智能化建设的思考 [J]. 中国水利,2021 (20):9-10.

[5] 蒋云钟,冶运涛,赵红莉,等 . 智慧水利解析 [J]. 水利学报,2021,52 (11):1355-1368.

[6] 蒋云钟,冶运涛,王浩 . 基于物联网的河湖水系连通水质水量智能调控及应急处置系统研究 [J]. 系统工程理论与实践,2014,34 (7):1895-1903.

[7] 李国英 . 确立六项重点水利任务全面提升国家水安全保障能力实施国家水网重大工程抓好"纲、目、结"谋篇布局 [J]. 社会治理,2022 (4):12.

[8] 蔡阳,成建国,曾焱,等 . 加快构建具有"四预"功能的智慧水利体系 [J]. 中国水利,2021 (20):2-5.

国家水网构建与生态安全保障辩证关系探析

王建华，胡　鹏

（中国水利水电科学研究院 流域水循环模拟与调控国家重点实验室）

摘　要：国家水网建设和水生态安全保障是当前和今后一个时期水利行业的核心工作，准确认识两者的辩证关系，对于促进水利高质量发展、为中国式现代化提供高标准水安全保障具有重要意义。从国家水网建设与我国生态安全总体格局、北方生态屏障区保护修复、缺水地区河湖生态环境复苏、地下水超采区治理恢复、河湖水质改善、重要湿地及其生物多样性保护等六个方面的关系阐述了国家水网对于保障国家生态安全的重要作用。科学解析了国家水网规划、建设与运行对生态安全保障可能带来的影响，提出协同推进国家水网建设与生态安全保障的措施建议：优化国家生态安全保障整体格局，明晰重点区域生态安全保障水资源需求；在国家水网框架内，开展国家水生态网整体规划与建设；维护和发挥地下水应急储备水源功能，构建立体国家水网；加强水网内部源头减排与属地治理，建设清洁水网；发挥国家战略储备水源区作用，降低集中调水对长江流域的影响；加强水工程全生命期绿色技术研发与应用。

关键词：国家水网；生态安全；河湖生态复苏；水工程生态影响

国家水网构建的重要目的是统筹解决水资源、水生态、水环境、水灾害问题，其与国家生态安全保障联系紧密。2023 年 5 月，中共中央、国务院印发《国家水网建设规划纲要》，将"人水和谐、绿色生态"作为国家水网建设基本工作原则之一，并提出"水生态空间有效保护，水土流失有效治理，河湖生态水量有效保障，美丽健康水生态系统基本形成"的建设目标。但是，国家水网构建与生态安全保障并不是简单的目的与手段关系，国家水网建设运行将在多个方面对生态安全保障造成风险隐患与影响。准确把握两者的辩证关系，对在水网规划、建设和运行过程中，更好统筹经济社会发展与生态环境保护的综合需求，更好发挥水网在河湖生态环境复苏中的重要作用，最大程度降低水网工程对河湖生态系统的负面影响具有重要作用。

原文刊载于《工程建设与管理》2024 年第 17 期。

一、充分认识国家水网构建对保障生态安全的战略作用

1. 国家水网建设将进一步夯实我国生态安全总体基础

《全国主体功能区规划》明确了我国以"两屏三带"为主体的生态安全战略格局，即以青藏高原生态屏障、黄土高原-川滇生态屏障、东北森林带、北方防沙带和南方丘陵山地带以及大江大河重要水系为骨架，以其他国家重点生态功能区为重要支撑，以点状分布的国家禁止开发区域为重要组成的生态安全战略格局。国家水网具有典型的"自然—人工"二元特征，其建设将进一步突显和加强大江大河重要水系在国家生态安全总体格局中的作用，并通过大量人工引调排水工程，架起"两屏三带"主体功能区之间的联系桥梁，强化国家生态安全总体框架的稳定结构和有机联系。此外，以三峡水库、丹江口水库为代表的调蓄工程建设，也将成为我国生态安全战略格局的重要节点和组成部分。

2. 国家水网建设为北方生态屏障区保护修复消除了"后顾之忧"

近几十年，以黄土高原、"三北"防护林为代表的北方生态屏障区开展了卓有成效的水土保持与植树造林工作，取得了重要的防风固沙成效。但人工植被的种植也消耗了大量"径流性"水资源，成为黄河流域、海河流域地表水资源严重衰减原因之一。以海河流域为例，地表平均水资源总量在1956—1979年为288亿 m^3，1980—2000年为171亿 m^3，2001—2016年减少到122亿 m^3，地表平均水资源总量衰减了166亿 m^3，衰减幅度达58%。地表水资源的衰减加剧了这些区域的水资源短缺状况，也限制了这些区域生态安全屏障作用的充分发挥。而国家水网建设能在更大尺度上合理调配水资源，缓解北方生态安全屏障区林草植被种植与经济社会缺水之间的矛盾，消除其水土流失治理等生态保护修复工程的"后顾之忧"，使之更好发挥防风固沙、涵养水源等主导生态功能，为国家生态安全发挥基础屏障作用。

3. 国家水网建设为缺水地区河湖生态环境复苏提供了水源保障

我国水资源总量巨大，可开发利用量总体超过当前及今后一个时期的经济社会用水总量，但由于水资源时空分布不均，导致部分流域区域水资源过度开发利用。如黄河、海河、西辽河等流域水资源开发利用率均超过80%，大量挤占了河湖生态用水，导致海河流域等北方缺水地区一度形成"有河皆干、有水皆污"的严重后果，河湖长期萎缩。南水北调东中线、引黄入冀补淀等一批骨干水网工程的建设，为长期干涸萎缩的河湖带来宝贵的水源补给，使河湖重现生机。据统计，南水北调中线工程自2017年起，择机向北方50余条河流实施生态补水，截至2024年3月，南水北调中线工程累计生态补水达100亿 m^3，为推动复苏河湖生态环境、促进沿线生态文明建设发挥了不可或缺的作用，曾经干涸的洼、淀、河、渠、湿地重现生机。引江补汉、南水北调西线等国家水网后续工程的建设，将为母亲河生态复苏提供更大支撑。

4. 国家水网建设为地下水超采区治理恢复奠定了水量基础

目前，我国地下水超采形势依然严峻，全国地下水超采区仍有400多个，总面积达28万 km^2，年均超采量158亿 m^3，造成地面沉降、河流断流、地带性植被萎缩等一系列生态问题。其中，华北地区1959—2020年地下水累计亏空1625亿 m^3，山前浅层地下水埋深最深超70m，中心水头埋深达135.78m，地面沉降量超过20cm的区域达7.9万 km^2。

这些超采的地下水主要用于农业灌溉、生活用水保障等方面。国家水网建设虽然不能直接补给地下水漏斗，但通过水源置换等措施，能大幅度降低地下水超采区开采量，逐步达到"采补平衡"状态，并通过流域性洪水补给、人工加强补给等手段，使超采区地下水水位逐步恢复到正常水平，遏制地面沉降、咸水入侵等问题。以京津冀地区为例，得益于南水北调工程带来的水源置换，同 2018 年相比，2023 年治理区浅层地下水水位平均回升2.59m，深层承压水水位平均回升 7.06m，地下水状况得到有效改善。

5. 国家水网建设为河湖水质改善提供了重要机遇和环境容量

长期以来，我国引调水工程遵循"先节水后调水、先治污后通水、先环保后用水"的"三先三后"原则，有效促进了河湖水质改善。其中，最典型的是南水北调东线工程，该工程在规划和建设过程中，将水质安全置于首要位置，通过采取大量生态环境治理措施，水质断面达标率由 3% 提高到 100%，重要调蓄节点南四湖水质由 V 类和劣 V 类提升到 III 类，进入全国水质优良湖泊行列。南水北调中线水源地丹江口水库在国家水网中处于核心地位，水质也常年保持在 II 类以上。国家水网的建设运行增大了水源区、输水线路水质安全保障的压力，也提高了资金投入水平，增强了公众自觉保护意识，同时也将增强受水区的水体流动性和纳污能力，改善受水区水环境质量。此外，国家水网众多调蓄工程的建设，有助于增加水域空间面积、体积及其环境容量，并通过年际、年内调节，提升枯水期基流保障水平和下游河流的整体纳污能力。

6. 国家水网建设为重要湿地及其生物多样性保护提供了基础支撑

以洞庭湖、鄱阳湖、黄河三角洲、乌梁素海等为代表的一批国际重要湿地在生物多样性保护中发挥了举足轻重的作用。但近年来，受气候和江湖关系变化、经济社会取用排水通量增加等影响，频频发生濒临干涸、盐碱化、富营养化等生态问题，给当地及全国生物多样性带来重大损失。例如，2022 年 9 月 23 日鄱阳湖标志性水文站星子站水位跌至7.10m，跌破有记录以来最低水位，通江水体面积仅剩 244km²，鄱阳湖湖区生物多样性遭受重大损失。国家水网天然具有水生态保护功能，通过规划和建设水网"纲、目、结"，在相关湿地等面临水生态风险时，可采取生态补水等有效措施，避免生态灾害的发生。此外，水网建设形成的纵横交错水系和重要调蓄结点，也将为候鸟迁徙栖息提供有效路线指引与中转停留场所。

二、科学辨析国家水网建设对生态安全保障的潜在影响

1. 调蓄结点的建设将一定程度上影响河流纵向连通性，导致鱼类等水生生物洄游通道阻隔、栖息地破碎化

我国目前已建 9.5 万多座水库，其中绝大部分位于山区河流之上。河流是一个连续体，通过水流开展能量、物质、信息、生物的流动和循环。水库的建设，打破了河流的连续体特征，对鱼类洄游等造成重要影响。特别是梯级水库的建设，将水生生物的栖息地基本限定在相邻两个梯级之间的水域，大大减小了水生生物的栖息范围，也造成生物遗传多样性的消退。未来随着国家水网的建设，势必还将在大江大河建设大量调蓄性水库和大坝，若形成同一流域主要生物区系之间的完全阻隔，将对水生生物多样性保护造成重大影响。

2. 人工渠道、隧洞的建设将对陆地生态系统及其景观格局造成一定干扰

国家水网和引调水工程的建设涉及大量人工输水渠道、隧洞的建设。一方面，在施工过程中会对陆地生态系统造成一定破坏和干扰；另一方面，人工渠道建成后，也将对陆地生态系统的景观格局造成影响，重塑地表生态系统的"基质-廊道-结点"格局，并可能造成陆域生态系统连通性的破坏。

3. 国家水网建设将给调水沿线及受水区带来一定生物入侵风险

调水工程打破了水体间原有的地理屏障，为生物入侵提供了渠道。以南水北调中线工程为例，2015 年以来，中线干渠中的硅藻、金藻等浓度呈现自南向北增高的趋势，藻类在进入河北、北京等地后大量死亡，给当地清淤增加了难度；同时淡水壳菜等贝类大量繁殖，并附着在输水管道上，降低了输水效率。南水北调东线工程调水的时间通常在夏季，而春夏季节正是大部分鱼类的产卵时间，鱼卵很有可能随着调水流入沿线湖泊，并在此孵化。在对东线工程的监控中，发现了须鳗鰕虎鱼、双带缟鰕虎等不少入侵鱼类，且都在东线沿线的多个湖泊里建立了种群，有可能对这些湖泊本身的食物网结构和生态平衡造成威胁。类似现象亦见于国际大型水利工程，如巴拿马运河、美因-多瑙运河工程等，在这些工程的后续运营过程中，均观察到了生物入侵现象，对沿线生态系统的稳定性和工程的可持续运行带来了潜在风险。

4. 国家水网建设将给水源区生态安全保障带来一定压力

以汉江为例，南水北调中线一期工程设计年调水量 95 亿 m^3，占丹江口水库坝址多年平均径流量的 23%，调水使得丹江口水库下泄水量大幅度减少，加之水库下游航运梯级开发进一步降低了水体流动性，导致汉江中下游春季水华现象频发。随着南水北调西线、引江补汉等水网重大工程的建设，长江上游将成为国家水网的重点水源区，尽管该区域水资源相对丰富，但大规模调水也会对区域水生态安全保障带来一定挑战。据测算，目前在长江上游已规划和建设的调水工程和流域内耗水指标基础上，南水北调西线工程按照 80 亿 m^3 和 170 亿 m^3 调水后，将造成宜昌断面多年平均下泄水量不能达到水量分配方案规定的断面下泄水量指标，差额分别是 66 亿 m^3 和 156 亿 m^3，说明长江上游整体已处于水资源"紧平衡"状态，调水将会带来流域内生态水量总量与过程保障的风险。

三、协同推进国家水网建设与生态安全保障的措施建议

1. 进一步优化国家生态安全保障整体格局，明晰重点区域生态安全保障水资源需求

在以"两屏三带"为主体的生态安全战略格局下，要按照宜林则林、宜草则草、宜湿则湿、宜荒则荒的原则，进一步明晰黄土高原、新疆内陆河、太行山、西辽河等重点流域区域合理的水土流失治理标准与绿洲建设范围，进而评估区域未来可能的本底水资源变化，并根据流域区域经济社会需水量和缺水量，合理规划国家水网需要的补充水量。

2. 在国家水网框架内开展国家水生态网的整体规划与建设

国家水网集水资源优化配置、流域防洪减灾、水生态环境保护等功能于一体。开展国家水生态网的整体规划，并不是另起炉灶，而是在国家水网的整体框架之内，明晰不同河湖湿地乃至大江大河不同河段的生态功能定位，确保不同流域均保留一批自然原始河流，发挥其生物多样性维持功能，在大江大河干流开发不可避免的情况下，保护修复一批重点

支流作为替代生境。通过国家水生态网的整体规划与建设，最大程度发挥不同类型河湖湿地的生态功能。

3. 维护和发挥地下水的应急储备水源功能，构建立体的国家水网

地下水是有效的储备水源，特别是在面临特大干旱、突发性水污染等事件时，可以作为临时替代水源，对于保障供水安全、维护社会稳定具有重要作用。而发挥好地下水的储备水源作用，一方面需要加强地下水保护，开展地下水超采区治理，维持合理的地下水水位和良好水质；另一方面则需要构建并维护好地下水的供水网络，在需要切换水源时能够及时切换，形成立体的国家水网。

4. 加强水网内部的源头减排与属地治理，建设清洁水网

目前，生态环境部已建立了"国控-省控-市控"多级水质控制断面体系，用于开展水质监测评价和考核。在国家水网建设过程中，需要进一步加强各级水网的源头减排工作，明晰属地治理责任，确保各层级各区域水网交汇处水质稳定达标。特别是对于跨流域调水工程的水源区和输水线路，全面加强污染源治理和风险防控，确保建设清洁水网。

5. 发挥国家战略储备水源区作用，降低集中调水对长江流域的影响

目前，国家水网大动脉的主要水源区集中在长江流域，特别是南水北调西线建设后，将对长江上游整体水平衡和水生态环境造成重要影响。而与金沙江毗邻的澜沧江、怒江等河流水量丰富，水资源开发利用率低，可作为国家水网建设的战略储备水源区，通过与长江上游的连接，实现西南片区水网与国家水网主骨架的互联互通，降低集中调水对长江上游的影响。

6. 加强水工程全生命期绿色"规划-建设-运行-退役"技术研发与应用

在规划阶段，要考虑水系整体连通性，严格生态环境影响评价，合理制定生态流量目标，因地制宜、合理设计过鱼设施，不搞"一刀切"；在建设阶段，选择生态友好型建筑材料和技术，开展绿色环保施工，在工期安排上注意避让生物产卵繁殖和洄游迁徙时间；在运行期，要大力推进水利水电工程（群）生态调度，严格落实各项生态保护措施，加强成效监测与反馈性调整；最后，要建立合理的水利工程退出机制，包括有重大安全隐患的病险水库、经济社会效益一般但生态影响巨大的水工程、坐落在重点支流替代生境上的小水电等。

参 考 文 献

［1］ 李国英. 确立六项重点水利任务全面提升国家水安全保障能力 实施国家水网重大工程抓好"纲、目、结"谋篇布局［J］. 社会治理，2022，72（4）：12.

［2］ 中共水利部党组. 加快构建国家水网 为强国建设民族复兴提供有力的水安全保障［J］. 中国水利，2023（13）：1-4.

［3］ 国家水网建设规划纲要［J］. 中国水利，2023（11）：1-7.

［4］ 夏军，陈进，佘敦先，等. 变化环境下中国现代水网建设的机遇与挑战［J］. 地理学报，2023，78（7）：1608-1617.

［5］ 李原园，赵钟楠，刘震. 新时代全面提升国家水安全保障能力的战略思路和重要举措［J］. 中国水利，2023（4）：1-5.

［6］ 王浩，赵勇，等．国家水网［M］.北京：科学出版社，2024.

［7］ 张建云，王建华，何国华，等．关于中国水达峰几个问题的讨论［J］.水科学进展，2024，35 (1)：1－10.

［8］ 陆海明，邹鹰，丰华丽．国内外典型引调水工程生态环境影响分析及启示［J］.水利规划与设计，2018 (12)：88－92，166.

［9］ 胡鹏，王浩，赵勇，等．南水北调西线工程水源区可调水量"十问"［J］.中国工程科学，2024，26 (2)：210－223.

［10］ 胡鹏，赵勇，曾庆慧，等．保护野性河流已刻不容缓——中国野性河流分布现状与保护建议［J］.中国水利，2024 (2)：17－22.

［11］ 王庆明，赵勇，王浩，等．海河流域地表水资源衰减归因与规律［J］.中国科学：地球科学，2024，54 (5)：1573－1587.

［12］ 赵勇，王庆明，王浩，等．京津冀地区水安全挑战与应对战略研究［J］.中国工程科学，2022，24 (5)：8－18.

国家水网规划建设十点认识与思考

赵　勇，何　凡，何国华，李海红

（中国水利水电科学研究院）

摘　要： 国家水网规划建设面临一系列迫切需要回答的科学问题。通过集中总结梳理近年研究成果，对用水需求是否达峰、如何确定和保障合理用水需求、如何协调水资源与其他资源配置格局、极限节水潜力、水资源衰减对重大水网工程布局的影响、大规模西部调水是否会显著改变地带性水文气象格局等问题进行阐释；提出国家尺度"双 T"型水网经济格局、西部调水工程方案、黄河"几字弯"水网建设、南水北调东中线后续工程规划布局优化等一系列构想，以期为推动国家水网高质量规划建设提供参考借鉴。

关键词： 国家水网；需水峰值；节水潜力；水资源衰减；南水北调

一、我国用水需求是否已经达峰？

这一问题是关未来一个时期水利发展方向和重大水网工程规划建设布局。研究认为，我国尚未达到用水需求峰值的经济社会条件，2013 年后全国用水总量统计值缓慢下降到稳定状态的原因是多方面的，其中实际供给能力约束是重要因素，重大水资源配置工程建设依然是保障合理用水需求的重要措施。

根据全国水资源公报统计，1949 年以来全国用水总量经历了快速增长到缓慢下降的过程（见图 1）。2013 年全国用水量为 6183 亿 m³，达到了近年来的最大值。2013 年以后，除了全国用水总量以外，工业用水、农业用水也都略有下降，表现出拐点的现象，仅生活用水呈现缓慢增加的趋势。我国用水需求是否已经达峰？

用水不同于需水！需水是在自然发展情况下用户的水资源需求量，而实际用水量受多重因素影响，不仅和用户需求有关，还和区域水资源条件、工程保障能力等密切相关。基于用水总量发展驱动机制解析，并结合大量实践案例分析，研究提出受制于资源约束的用水总量适应性增长曲线，按照受水资源约束程度的不同，用水总量适应性增长曲线又可以分为三种类型，即自然增长型、发展约束型和严重胁迫型。而我国北方水资源短缺地区多数的用水总量发展属于发展约束型，甚至是严重胁迫型，并不是经济社会用水没有需求，而是受到供给侧水资源短缺的严重约束，体现出"不增长"的假象。

原文刊载于《中国水利》2023 年第 14 期。

图 1　我国 1949 年以来用水总量变化规律

已经出现用水拐点的世界主要经济体的发展历程显示，达到用水峰值有三个明显的特征性指标：一是达到峰值时，人均 GDP 折现到 2020 年基本都达到 2 万美元以上；二是城镇化率普遍超过 70％；三是第三产业比重达到 60％以上。此外，从发展趋势来看，用水峰值发生时间越趋后，达峰时的经济社会指标值相应就越高；水资源禀赋越差的地区，水达峰的驱动力越强，经济社会指标值就越低。这些规律可以为我国用水峰值提供参考借鉴。2022 年，我国人均 GDP 为 8.57 万元，城镇化率为 65.2％，第三产业占比为 52.8％，三项指标均说明我国还没有达到用水拐点的经济社会条件。进一步与 31 个省（自治区、直辖市）进行比较（见图 2），发现北京和上海基本达到，江苏、浙江、广东和福建接近达到，其他省份仍有较大差距。

现状用水发展变化规律是多种因素作用的结果，需求侧管理起到了积极的作用，但 2011 年水利普查结果统计修正因素、2013 年开始的用水总量考核导致趋势性缩减统计量以及供给侧严重约束都是不可回避的客观事实。比如海河流域和黄河流域水资源开发利用率都超过 70％，远超过合理开发利用的上限，还存在大规模地下水超采问题，即使如此，才维持了稍有下降的供水量。所以，并不是没有需求，而是供给不足，受到供给侧严重约束。供给侧"天花板"现象带来了用水总量增长的拐点假象，造成两方面影响：一是约束型缺水问题突出，正常的发展用水无法得到很好的满足，难以支撑经济社会合理发展需求；二是形成一定程度的转嫁型缺水，将缺水转嫁给农业和生态，维持经济社会发展的用水需求。

2022 年我国人口总量出现 61 年来首次负增长，人口达峰是否预示着用水达峰？研究认为，人是所有产品和服务的最终使用者，人口有总量和结构两方面变化，虽然我国人口总量已经达到峰值，但是年龄结构、城乡结构、消费结构还在持续发展，用水总量峰值是总量和结构叠加影响的结果。比如城市居民具有更高的收入水平和社会保障，而这些商品和服务也会在需水端体现出来，影响用水总量的峰值和发生时点。

实现水资源需求达峰有两种路径，一是"自然"达峰，是发达国家走过的路径。随着这些国家经济结构转变，高耗水行业减少，并伴随科学技术进步带来的用水效率提高，用水效率增长快于经济社会发展速度，就自然达峰；二是"约束"达峰，是我们国家在走的路径，采取自我约束方式或者是自觉式达峰，也是一种更加主动的方式，就有可能实现比

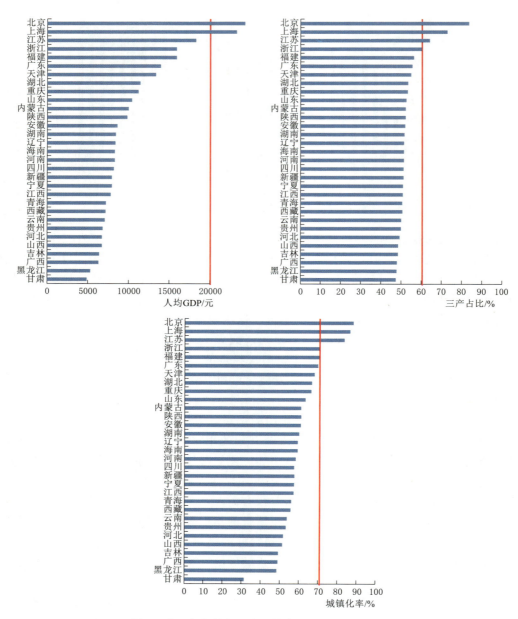

图 2　我国各省份与用水峰值参考判断标准的比较

发达国家"自然"达峰提前。因此，坚定地走水资源最大刚性约束和绿色发展之路，依靠科技创新，使得用水效率提高速度高于经济社会增长速度，努力在不影响经济社会发展的基础上实现"约束"达峰。

　　研究以地级行政区为单元，预测了用水峰值及其出现时点，集合形成全国用水需求峰值。研究结果显示，在国家现有的工程规划体系下，我国经济社会用水需求峰值时点大概率出现在 2035—2040 年之间，峰值要接近 6500 亿 m³，达到用水总量峰值时，我国第三产业比重要达到 64％左右，而城镇化率将超过 73％。各省（自治区、直辖市）和地市的峰值发生时间存在明显的差异化特征。因此，保障经济社会发展水资源安全，提升供水"天花板"高度，仍将是未来 15～20 年水利发展的重要任务。

二、如何确定和保障合理的用水需求？

建设国家水网重大工程的目的是在充分节水的基础上，保障合理的用水需求。研究提出用水需求层次化调控理论与方法，其核心思想是保障刚性需求、压缩弹性需求、抑制奢侈需求，可为合理确定国家水网重大水资源配置工程保障对象和目标提供支撑。

无论是生活、工业还是农业，用水需求都是可以分层次的，在"十三五"国家重点研发计划项目"京津冀水资源安全保障技术研发集成与示范应用"申报书中，首次明确提出了需水层次化理论，并根据需求必要性、紧迫程度以及不同行业需水机理和特点，将经济社会需水分为刚性、弹性和奢侈需水三个层次，提出了生活、工业、农业层次化需水的核算方法。其中，刚性需水指满足文明生活和良性生产的基本用水；弹性需水是指不影响服务功能情况下，通过节水技术进步和科学调控可节约的用水；奢侈需水是指不产生服务功能或超出承载能力的用水。

（一）家庭生活用水

刚性需水是维持居民饮用、烹饪、洗漱、清洁、洗衣、洗澡、冲厕等基本的生理及卫生需求所需的用水；弹性需水是不影响服务功能，通过节水器具的普及、用水效率的提高、水价的调整等措施可调控的用水需求；奢侈需水指用水行为不当以及输配水过程中因漏损而未产生服务功能的用水需求。在京津冀案例研究中，调研了 12 个城市 2100 个家庭，定量解析了饮用、烹饪、洗漱、环境清洁、洗澡、洗衣、冲厕等 7 种用水行为的规律和比例，发现京津冀地区居民家庭生活刚性用水占比为 79％，弹性用水占比为 21％。

（二）工业用水

考虑工业结构特征和产业门类繁多特点，主要以用水效率来界定层次化需求，工业用水效率达到国内先进水平界定为刚性需水，效率优于国内平均水平但低于国内先进水平界定为弹性需水，奢侈需水为工业用水效率低于国内平均水平。在京津冀案例研究中，调研评价了钢铁、火电、石油和化学 4 个高用水行业，结果显示弹性与奢侈用水占比分别为7.5％、15.3％、26.9％和 26.8％。

（三）农业用水

刚性用水界定为低于水资源安全承载量和食物安全需水量，弹性用水为界于水资源承载范围内与保障食物安全之间的用水量，奢侈用水为超出水资源承载能力且高于保障食物需要的用水量。其中，水资源安全承载量是能够支撑区域农业灌溉的最大可供水量，食物安全需水量是在一定自给率条件下食物生产所需要的灌溉水量。在京津冀案例研究中，以172 个县域为单位，进行层次化用水评价，发现农业刚性、弹性和奢侈用水分别占54.4％、21.4％和 24.2％；灌溉用水超过承载力的区县有 117 个，占 68％；存在奢侈用水的区县有 96 个，占 56％。

基于层次化需水理论，提出缺水胁迫区需水层次化调控模式，即保障刚性需求、压缩弹性需求、抑制奢侈需求（见图3），实现发展和保护兼顾，为确定合理的用水需求和确定重大水网工程适宜规模提供了新方法。在不影响生活质量的前提下，生活用水需要通过采用节水器具、改变用水习惯等压缩弹性和奢侈用水需求；工业用水需要通过调整产业结构、发展低耗水产业、更新生产设备、提高生产工艺、增加行业用水率等方法，减少弹性和奢侈用水需求；农业生产需要适度控制灌溉规模、适水种植、推广高效节水灌溉技术和最优灌溉模式等提高水分生产效率，压缩弹性和抑制奢侈用水需求。

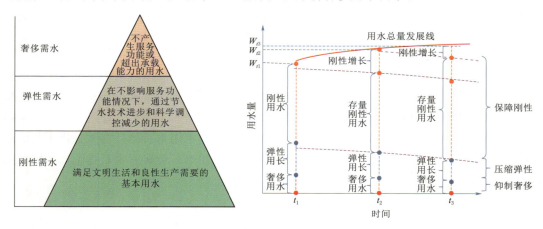

图 3　层次化需求理论与调控模式

三、如何协调水资源与其他资源配置格局？

由于自然资源分布与经济区域结构不匹配，我国形成了北粮南运、西电东送、西气东输、西煤东运、北煤南运等重大资源空间配置格局。在这一过程中，水资源以虚拟水的形式从缺水地区向丰水地区转移，加剧了水资源的空间失衡。而通过南水北调等重大水网工程将实体水从丰水地区向缺水地区输送，可看作对我国整体资源配置格局的再平衡。

夏汛冬枯、北缺南丰、与其他资源分布的时空分布不匹配是我国水资源的基本特征，我国平原土地和矿产资源的分布也极不均衡，由此形成了南水北调、北粮南运、西电东送、西气东输、西煤东运、北煤南运、东数西算等重大资源空间配置格局。资源和产品大范围输出有利于我国北方和西部地区将资源优势转化为产业优势和经济优势，支撑南北方和东西部地区高质量发展，但是水与各种资源错位分布和跨区流动的通量越来越大，导致我国北方和西部地区水资源短缺问题越来越严重，现有资源开发利用布局对区域水资源有效供给提出了严峻挑战。

（一）粮食贸易格局

我国粮食生产的集聚效应和北移趋势日趋明显，北方成为粮食增长中心，西部实现粮食基本自给，而南方粮食供需失衡日益严重，黄淮海平原依然是小麦的主产地，东北地区成为水稻、玉米等商品粮供应地。从1990年代开始，我国粮食贸易格局从"南粮北运"开始向"北粮南运"转变，发展至今，我国北粮南运规模约5000万t/年，约占北方地区粮食产量的四分之一，黑龙江、吉林、内蒙古、河南、山东、安徽、江西、新疆成为主要粮食输出省（自治区）（见图 4）。随着北粮南运规模的不断扩大，北方向南方转移的灌溉虚拟水量也不断增加，从 20 世纪 90 年代的 162 亿 m³ 增加到目前的 436 亿 m³，已远超南水北调实际调水量。

图 4　我国粮食贸易虚拟水格局变化

（二）能源贸易格局

西部地区是我国主要的能源生产基地，由于水资源短缺制约，西部地区能源行业用水需求必须通过存量节约或水权转化才能获取。比如神东、宁东、陕北、黄陇大型煤炭基地是能源化工"金三角"，能源蕴藏量占全国 35％ 以上，调出量占全国 1/2 以上，但是水资源供需矛盾十分突出，宁夏、内蒙古、陕西、甘肃已接近或达到用水上限（见图 5）。以西电东送为例，2018 年西北 7 省（自治区）向东部地区供电 4470 亿 kW·h，是 2008 年外送电量的 3.2 倍，输出虚拟水 4.8 亿 m³，约占能源生产用水量的 20％，且未来西北地区外送电量仍呈增长趋势。能源产业是西部地区经济社会发展的支柱产业和区域高质量发展的关键性因子，资源约束性缺水限制西北地区能源发展。

图 5　2008—2018 年中国西北地区外送电量及电力虚拟水输出量

水资源是唯一可以大规模流动的自然资源，且与其他资源开发利用存在紧密联系。面向新时期国家高质量发展需求，以水资源为纽带进行国土资源协同开发，构建国家水网，实现水资源与重大资源配置格局的匹配协调，促进水资源的空间配置与城镇空间布局、农业空间布局、生态空间布局相匹配，支撑国土空间开发保护、生产力布局和国家重大战略实施，已成为破解资源困境的必然选择。

四、黄河流域极限节水潜力是多少？实现极限节水潜力后黄河流域还缺不缺水？

这两个问题关系南水北调西线工程调水规模。研究认为，黄河流域有一定的节水潜力，但技术性资源节水潜力已经十分有限，同时还需要付出一定的经济代价和生态风险。

（一）黄河流域用水效率水平怎么样？

受水资源短缺压力约束倒逼，黄河流域是我国最早最全面开展节水型社会试点建设的区域，黄河也是世界上最早实施全流域水量统一调度的大江大河，通过取用水总量的严格控制，促使全流域主动贯彻落实"节水优先"的治水思路和"三先三后"的调水原则。近20年来，全流域各省（自治区）各行业用水效率都得到了大幅提升，人均用水量、万元GDP用水量、万元工业增加值用水量、亩均灌溉用水量等经济社会用水指标均处于持续下降趋势，水资源利用效率提升速度明显超过全国平均水平。2021年，黄河流域万元工业增加值用水量为 $13.4m^3$，不足当年全国平均值的 $1/2$；黄河流域亩均灌溉用水量为 $282m^3$，远低于全国平均值，如果综合考虑降雨条件和灌溉水源类型等因素，亩均水综合利用量仅高于京津冀地区。从生活用水来看，黄河流域城镇与农村人均生活用水量远低于全国平均值，分别为 124L/d 和 89L/d，仅占当年全国平均值的 70% 和 72%，水公共服务水平偏低。

（二）黄河流域极限节水潜力有多大？

极限节水潜力指在维持生活良好、生产稳定和生态健康的前提下，基于可预知的技术水平，通过采取最大可能的工程和非工程节水措施产生的节水效果。以 2018 年为现状水平年，在不考虑压缩经济社会发展规模的前提下，在农业方面，最大程度实施渠系衬砌和高效节水灌溉，节灌率由现状年的 62% 增长到 100%，高效节灌率则由 29% 增长到 41%，农业资源节水潜力约为 14.3 亿 m^3；在工业方面，评估各省（自治区）工业用水重复利用率可达到的极限水平介于 92%～98% 之间，供水管网漏损率极限值介于 8.0%～9.5% 之间，据此评价工业资源节水潜力为 2.2 亿 m^3；在城镇生活方面，评估各省（自治区）供水管网漏损率极限值介于 8.5%～10.0% 之间，则城镇生活资源节水潜力为 0.63 亿 m^3。综上，评价认为黄河流域取用节水 31.7 亿 m^3，占现状取用水总量的 7.7%；资源节水 17.1 亿 m^3，占流域可耗用水量的 7.7%；仍有一定的节水潜力，但节水量是有限，同时节水需要经济投入、社会成本和生态影响的代价。

（三）黄河流域到底缺不缺水？

缺水是一个相对的状态，是指一定经济技术条件下，区域可供水资源在量和质上不能满足经济社会和生态环境等系统水资源需求时的状态，从表现上来看，可以分为转嫁性缺水、约束性缺水和破坏性缺水三种类型。1999 年以来黄河不断流了，并不表明不缺水了，只是通过实施严格的黄河统一调度管理，促使断流这样显性缺水得到根治，但缺水矛盾并未真正缓解，只不过由显性向隐形转化，由黄河干流转移到各个支流、由河道内转移到河道外、由地表水转移到地下水、由集中性破坏性转移到均匀性破坏，而本地水资源的衰减，进一步加剧了用水矛盾，引发新的缺水危机。

（四）黄河流域实现极限节水还缺多少水？

近年来黄河流域用水总量出现零增长甚至是负增长，主要是因为黄河流域水资源供给遇到了"天花板"。黄河上中下游地区城镇化发展不均衡，总体低于全国平均水平，近年来不断发展壮大城市群和都市圈，推动城市群一体化发展，新的增长极正在形成，未来随着城镇人口增加和生活水平提升，经济社会发展用水需求增长动力仍将保持一个时期。在保障河湖基本生态需水、退还超采的地下水基础上，设定现状实灌面积和规划灌溉面积两种需水方案，开展了黄河水资源供需分析，提出 2035 年和 2050 年刚性和弹性缺水量。建议近期南水北调西线工程黄河流域适宜调水规模为 66 亿～84 亿 m^3，主要解决刚性缺水，保障流域经济社会高质量发展。远期为了保障国家粮食安全和高标准提升黄河流域生态环境质量，西线工程调水规模可提升至 150 亿～158 亿 m^3，支撑建设健康、美丽、和谐、富裕的黄河流域。

五、流域水资源衰减对重大水网工程布局的影响需要高度重视

研究认为，过去 25 年，海河流域和黄河流域用水没有增长甚至有所减少，但水资源供需情势日益严峻，流域水资源衰减是主要原因之一。从这个角度看，南水北调工程不是因为经济社会水资源需求大幅增加产生的迫切需求，而可以看作是对流域水资源衰减的水量补偿。

近几十年来，受到气候变化和人类活动的影响，以黄河和海河为代表的我国北方流域水资源急剧衰减，加剧了水资源短缺形势，已经深刻影响到流域水安全，影响黄河流域生态保护和高质量发展、京津冀协同发展、雄安新区建设等重大国家战略实施，以及重大水网工程规划布局和规模。

如黄河流域，1919—1979 年第一次评价期地表水资源量为 580 亿 m^3，1919—2000 年第二次评价期减少为 535 亿 m^3，1919—2016 年第三次评价期进一步减少到 490 亿 m^3。黄河流域天然径流集合预估研究，认为未来大概率将进一步衰减稳定到 460 亿 m^3 左右，也就是说，累计衰减量可能会由 90 亿 m^3 进一步增加到 120 亿 m^3，明显大于南水北调西线第一期工程项目建议书阶段提出的调水 80 亿 m^3 规模。

海河流域水资源衰减更为严重。1956—1979 年第一次评价期地表水资源量为 288 亿 m^3，1956—2000 年第二次评价期减少为 216 亿 m^3，1956—2016 年第三次评价期进一步减少到 171 亿 m^3。地表水资源减少了 117 亿 m^3，超过南水北调中线一期工程规划调水量的 2 倍，接近京津冀用水总量的 50%，是引发地下水超采、河湖断流和水资源短缺等水问题的重要原因。"十三五"重点研发计划项目"京津冀水资源安全保障技术研发集成与示范应用"系统解析了水资源衰减归因，预测了未来变化，认为海河流域山丘区地表水资源大概率仍将衰减 10 亿～16 亿 m^3。

为了应对水资源衰减的持续影响，笔者曾在 2021 年给国家提出《关于高度重视和科学应对海河流域水资源衰减问题的建议》，具体包括三点建议：一是要优化海河流域山丘区治理模式，保护极为有限的径流性水资源，控制持续性衰减趋势；二是加强海河流域山丘区农业节水，实现山丘区与平原区统筹兼顾，维持合理的进入下游平原地区的径流性水

资源；三是在南水北调东、中线后续工程规划论证中，需要充分考虑海河流域水资源进一步衰减的影响，确定适宜调水规模，因为现状重大水网工程供需预测中，都是用现在的资源量去平衡未来的需求，没考到未来衰减的影响。

图 6 为海河流域和黄河流域 1997—2021 年用水变化，25 年来海河和黄河流域用水总量并没有增加，甚至有小幅下降的过程。海河流域用水总量由 1997 年的 432.8 亿 m³ 降至 2021 年的 365.8 亿 m³，黄河流域用水总量由 1997 年的 402.6 亿 m³ 降至 2021 年的 389.3 亿 m³。从分行业来看，生活和生态用水在增加，工业和农业用水在减少。

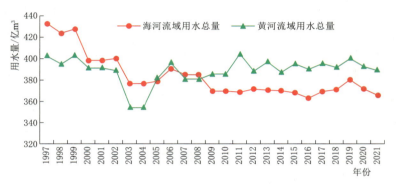

图 6　海河流域和黄河流域 1997—2021 年用水变化

可以看出，海河流域和黄河流域过去 25 年用水总量并没有增加，甚至有所减少，而地表水资源衰减量远远超过南水北调规划补水量，在"量水而行""以水定需"的治水理念下，这就引发一系列思考：到底应该怎么落实"以水定需"？以什么"水"来"定需"？是衰减前还是衰减后的"水"来"定需"？气候变化和人类影响导致"水"继续减少如何考虑？这种变化对南水北调有什么意义？是不是可以认为没有衰减就不需要南水北调西线调水补充了？

所以，笔者提出一个观点：在需水没有增长甚至缩减背景下，南水北调工程不是经济社会水资源需求增加的结果，而是对流域水资源衰减的水量补偿。

六、国家尺度"双 T"型水网经济格局构想

以江河战略为依托，可通过构建西部调水工程等水网基础设施，增强黄河沿线生态经济带发展动力，打造西南西北水网联通经济带，构建水网经济新格局，促进国家高效、强劲、持续、稳定发展。

依托天然河湖水系与人工水利基础设施形成的水网系统，可以形成不同于一般的区域板块式经济圈的水网经济带，而是打破行政区划体系，形成一种伴随水流的带状结构，并能够以水网为依托辐射和带动周边区域发展，维系着沿线地区的生态环境，孕育着水域文明。

1949 年以来，我国水网经济格局经历了三次大的变化。20 世纪 80 年代以来，我国走上改革开放的道路，为了融入海洋运输贸易世界经济，扩大走向世界的通道，开辟了改革开放的窗口，发展形成了由北到南连成一线的中国对外开放的前沿地带，确立了沿海经济

带。20世纪90年代以后，我国对外开放的步伐逐步由沿海向沿江延伸，由此形成了以纵贯南北的东部沿海带和横贯东西的长江经济带为主轴的"江-海"T字型水网经济格局。

进入21世纪，随着西部大开发、中部崛起等重大战略推动实施，特别是黄河流域生态保护和高质量发展重大国家战略的提出，黄河流域生态经济带建设快速推进，我国经济发展格局正逐步转向"江-河-海"π字型水网经济发展格局。但是也有人不同意这一看法，主要原因是认为黄河没有航运之利，一体化的城市组合体尚没有形成整体规模；另外是认为黄河流域水问题突出，经济社会受水资源强烈约束，黄河沿岸城市发展滞后于长江经济带。但是这一切正在发生变化，随着高速铁路的出现，陆上丝绸之路的开通，我们作为大陆型的国家，陆路运输正在迎来重大突破。建设国家水网是党中央、国务院作出的重大决策部署，为突破黄河流域水资源制约提供了有利契机。

基于我国现状经济发展格局研判，考虑黄河沿线经济带不突出和西部发展不均衡的问题，提出"双T"型水网经济格局构想（见图7）。通过建设西部调水工程等水网基础设施，增强黄河沿线生态经济带，打造西南西北水网联通经济带，构建"沿海-沿江-沿黄-沿西部调水"的"双T"发展格局，形成以水网为支撑的经济社会发展新格局，促进国家高效、强劲、持续、均衡发展。

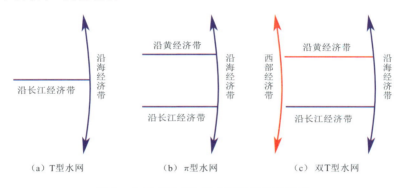

图7 中国"双T"型水网经济格局示意

构建基于"双T"型水网经济带的国土空间新格局具有重大战略意义，一是我国北方15省（自治区、直辖市）GDP份额占比已经从1983年46.4%下降到2021年35.3%，通过"双T"型水网经济带建设，可以完善提升黄河生态经济带，促进我国南北方均衡发展；二是西部地区几乎所有地区都受到水资源的严重制约，新增产业用水只能依靠存量节水和水权转化才能得到一定程度的保障，通过完善水网格局，建设"双T"水网经济带，优化完善我国经济地理格局，挖掘"胡焕庸线"以西土地潜力，促进我国东西部协调发展；三是以水资源为纽带进行国土资源协同开发，能够带动经济社会协同发展，并且创造全新的经济增长点和发展空间；四是通过"双T"型水网经济带建设，可以形成类似京杭大运河的作用，提升西部地区生产生活水平，在物质上和文化上形成促进民族团结、共同发展的纽带作用。

七、西部调水工程构想

西部调水线路海拔高、覆盖范围广，具有南水北调中东线难以比拟的布局优势，需要明确战略目标、加强顶层规划、优化布局方案、分期分段实施。

2002年《南水北调工程总体规划》，明确南水北调西线工程分三期实施，形成了从海拔3500m左右的通天河、雅砻江、大渡河干支流调水自流引水170亿m³的总体工程布局。在2005年项目建议书阶段，提出将一期、二期水源合并为一期工程，调水80亿m³方案。但由于水源区各河流调水比例大、对已建水电站发电影响大、对水源河流生态环境影响大以及与水源区经济社会高质量发展用水需求竞争等问题，南水北调西线工程始终没有实施，2008年以后，前期工作处于总体停滞状态。为推进南水北调西线工程实施，笔者曾在2016年提出西部调水工程构想，核心观点包括降低取水输水高程、经洮河入刘家峡水库、取用"五江一河"水、近期重点补黄河流域、远期向河西新疆延伸、抓住"三大发展轴"、分期分段实施等。当前，国家正在开展南水北调后续工程高质量发展规划论证，为了推进西线工程前期工作，提出以下几点建议，希望能够有助于完善西线工程规划论证工作。

（一）以支撑国家水网经济格局构建为战略目标

西部调水具有南水北调中线和东线工程难以比拟的高位优势，而受水区域又与西部大开发、"一带一路"、生态安全、粮食安全、能源安全、"双碳"等国家战略高度重叠，仅依靠本地水资源难以满足经济社会高质量发展需求，缺水成为重大战略实施的主要瓶颈，因此加快推进西线工程十分必要和紧迫。同时需要以构建国家水网经济格局为战略目标，实施主动的水资源空间布局，为改善自然、经济和人文发展空间提供基础支撑。

（二）充分考虑调水对生态环境和经济社会的影响

西部调水不能以损害水源区河流健康为代价，核心是控制水源河流的调水比例，避免对枯水年、枯水期和枯水段的生态影响，尤其是要叠加考虑水源区开发利用工程的影响。金沙江上中游、金沙江下游及长江上游、雅砻江、大渡河等四大水电基地已经基本建成，调水要充分考虑对已建水电站效益的影响以及"西电东送"和四川电网的能源保障，避免造成投资浪费。西部调水要充分考虑水源区经济社会发展需要，为未来发展预留充足用水空间。

（三）降低调水高程经洮河入黄河刘家峡水库

原西线工程调水断面调水比例高达67%，为了避免调水比例过高的问题，降低调水高程，经洮河入黄河刘家峡水库是可行调整方向。刘家峡水库正常水位1735m，在水源端，可以控制长江上游和西南河流绝大部分径流，在受水端，自流覆盖绝大部分平原地区，除了可以补给黄河干流，还能够向黄土高原区、河西走廊等区域直接补水，破解"西部崛起"的水资源制约，支撑"一带一路"建设。

（四）统筹开发利用西南地区主要河流

研究认为，长江上游水源区可调水量有限，在叠加本地用耗水和其他引调水工程后，基于长江上游整体水平衡影响和水力发电损失，难以支撑总体规划确定的调水规模。我国西南三条出境河流水资源量达到3105亿m³，占全国总量的11%，水资源开发利用率不到2%。因此，长远来看，西部调水应统筹考虑西南主要河流开发利用现状，实现增量发展，而不仅仅聚焦在长江上源各条河流，尤其是澜沧江和怒江与金沙江近距离并流，更需

要优先考虑开发利用。

（五）与国家水网整体格局相协调

西部调水与南水北调中线和东线工程一起形成国家水网主骨架和大动脉，可以奠定中华水系的整体格局。应谋划从雅鲁藏布江、澜沧江、怒江等西南国际河流与长江上游河流连通，实现西南片区水网与国家水网主骨架和大动脉连接融合，增强供水能力和气候变化适应能力。还应与水源区重大工程向衔接，比如可将引大济岷工程纳入国家水网骨干工程，将成都平原作为南水北调西线第一个受水区，进行一体化规划、设计和实施，支撑新时期天府之国建设。还应综合考虑水网工程多样化服务功能，实现供水航运、交通、发电、旅游和文化等功能的协同发展。

（六）要强化顶层规划设计、坚持分期分段实施

西线工程是国家重大基础工程和战略工程，需要充分吸收南水北调东中线一期工程规划建设经验教训，结合南水北调西线工程特点，必须做好顶层设计，"全局谋划、规划先行"，具体建设过程"分期分段、先通后畅"。在整体布局基础上，实施过程需要近中远期结合，为长远发展留有余地，关键是做好一期与后续工程的衔接，防止出现区域与整体、短期与长远利益的矛盾。优先连通长江和黄河，保障黄河流域、成都平原等发展需求迫切的区域，远期逐步向水源端和受水端验收，完善工程体系。

八、黄河几字弯水网建设构想

黄河几字弯区是南水北调西线的主要受水区，但现有规划主要是调水入黄河，然后再从黄河干流取水利用，由于水低、地高、人高，取用水困难、提水成本高、难以持续利用，为了高效利用西线水，提出了黄河几字弯水网构想格局。

几字弯区是黄河经由甘肃、宁夏、内蒙古、陕西4省（自治区）所形成的"几"字形区域，面积和人口分别占黄河流域46%和44%，拥有全国66%的煤炭资源、12%的原油储量、90%的煤层气储量、70%的钠盐保有量以及50%以上的铝、钼、铀、稀土、铌等矿产资源储量，分布有国家生态安全战略格局"两屏三带"中的黄土高原生态屏障，具有区域经济核心区、能源矿产富集区、生态屏障区、革命老区、少数民族聚集区、民族文化主要发祥区"六区合一"的特殊战略地位。但水资源却十分短缺，人均水资源量340m³，仅为全国平均值的17%，长期受水资源供给"天花板"的严重制约，经济社会发展和生态保护修复受到严重影响。

进入新时代以来，黄河流域生态保护和高质量发展、"一带一路"、东数西算、西电东送等重大国家战略在黄河几字弯地区相继布局实施，关中平原城市群、山西中部、呼包鄂榆、兰州—西宁、宁夏沿黄城市群等城市群逐步成为区域经济高质量发展的重要动力源和增长极。2023年6月6日，习近平总书记在内蒙古巴彦淖尔考察并强调要全力打好黄河"几字弯"攻坚战，而完善水网基础设施是支撑区域生态保护和高质量发展的重要举措，可以系统破解水资源短缺制约，实现水资源供给与城市发展、乡村振兴、能源开发、生态保护与修复等目标任务协调匹配；可以充分激发经济活力，释放能源和矿产潜力，提升生态保护修复能力，促进农牧业和农村现代化发展；可以成为黄河重大国家战略的新引擎，带动国家腹地经济持续发展，对于保障国家能源安全、生态安全和粮食安全也将发挥巨大

作用。

近年来，为减轻对江河源区生态环境影响，减小调水比例，降低调水高程，经洮河入黄河刘家峡水库的南水北调西线工程方案已经纳入规划论证。黄河几字弯水网就是基于西线调水入洮河方案，充分利用洮河与几字弯区高程差，以隧洞形式穿越六盘山区，沿分水岭全程自流引入到几字弯中部白于山高地，形成几字弯"水脊"，并以此为轴线，自流辐射南部关中城市群提升带、东部沿黄能源经济带和北部高原特色农牧业带，形成"一轴、三带、十片"的水网总体格局。考虑需求紧迫程度和经济承受能力，几字弯水网近期可主要考虑生活、工业和部分生态用水需求，近期调水规模 25 亿 m³，远期可进一步拓展。水网干线采用隧洞结合管道方案，全长 545km，干线工程估算总投资约 650 亿元。2022 年，笔者曾向国家正式提出《关于优化南水北调西线方案建设黄河几字弯水网的建议》，方案主体内容已经纳入相关规划研究论证。

几字弯区是南水北调西线工程的重要受水区，黄河几字弯水网可以大幅度提升西线工程受水区水资源利用效率和效益。一是可以实现"高水高用"，解决取用水困难、提水成本高、难以持续利用等问题；二是可以实现"专线专用"，用户明确，权限明晰，可避免取用、计量、水权、水价、监管等运行管理难题；三是可以打通"渭河通道"，保障渭河流域经济社会用水，支撑以国家中心城市西安为核心的关中平原城市群高质量发展；四是可以形成黄河、渭河和几字弯水网"三线配水"格局，高低处、上下线布局，实现连通互补互济，高效利用西线工程水资源；五是可通过引汉济渭与南水北调中线"丰枯互济"，大幅提高中线工程受水区和几字弯区供水安全保障程度；六是可与西线入黄河方案整体衔接，协同保障黄河流域水安全。

九、南水北调东中线后续工程规划布局优化构想

南水北调中线和东线工程是国家水网的主骨架和大动脉，笔者在京津冀水问题研究的基础上，提出了优化南水北调东线工程黄河以北线路、南水北调工程效益拓展至滦河流域以及京津冀地区后续调水需求规模的研究建议。

（一）南水北调东线工程黄河以北线路优化建议

笔者曾于 2014 年撰写了"关于争取南水北调东线等新水源进京的建议"，明确提出需要将北京市纳入东线后续工程的受水区以及经白洋淀进京的线路构想；2020 年进一步向国家提出"关于优化南水北调东线二期工程进京线路的建议"，比较了东线规划多条线路北延的特点和优势，强调为了扩大京津冀地区供水量，缓解地下水超采问题，需要东线工程尽可能西移补水。主要基于以下几方面思考：①原规划南水北调东线后续工程受水区的供水格局发生了大幅度变化，生活和工业等高水价承受能力的用户基本被中线工程全覆盖；②海河平原地下水超采区主要集中在中西部，西移输水有利于超采治理；③与原方案相比，东线西移京津冀地区自流覆盖范围可扩大约 78%，有利于串联主要河湖湿地，向平原河网水系的自然补水，还能够带动区域水生态环境系统治理；④能够增强与南水北调中线、引黄入冀补淀等工程互补联动作用，构建京津冀一体化水资源保障网；⑤经白洋淀调蓄输水更深入华北平原的腹地，可为雄安新区供水安全、生态宜居的城市建设提供重要保障；⑥东线西移有利于避开浅层地下水咸水区，既可以避免盐渍化的风险，又可以充分

利用渗漏水量，提高工程综合效益。

（二）南水北调东中线工程效益延至滦河流域建议

近 20 年来，由于水资源衰减、过度开发利用等原因，滦河入海水量急剧减少，河流生态严重受损，下游地区地下水超采问题日趋严峻。建议利用 20 世纪 80 年代初建设的引滦入津工程，建立起南水北调受水区与滦河流域的工程联系，增加南水北调向天津市的供水量，适当减少天津市引用滦河水量，即可将南水北调工程的战略效益拓展到到滦河流域，受益人口将超过 1000 万人。需要强调的是，引滦水量分配调整不能损害天津市供水安全保障程度，另外由于南水北调水源和滦河水源的价格存在明显差距，也不能额外增加天津市经济负担，按照谁受益谁付费的原则，滦河下游要承担由于滦河水回头导致天津市增加的南水北调成本。

（三）京津冀地区南水北调中东线后续工程规模建议

在考虑南水北调中线一期工程和引黄水量、实施高强度节水、保障经济社会合理用水等条件下，测算了京津冀地区 2035 水平年正常年份缺水量。情景一是保障最小生态用水和地下水采补平衡，则京津冀地区缺水量为 29 亿 m^3；情景二是保障适宜生态用水和地下水采补平衡，京津冀地区缺水量为 36 亿 m^3；情景三是保障适宜生态用水和地下水 50 年恢复，京津冀地区缺水量为 50 亿 m^3。以上情景都没有考虑未来海河流域水资源衰减的影响，如果考虑山丘区地表水资源量大概率仍将衰减 10 亿 m^3 以上，则京津冀地区水资源缺口至少还应再加上 10 亿 m^3。这是在充分挖掘内部节水潜力基础上的缺水量，也是需要外调水保障的需水量。综合以上分析，京津冀地区南水北调中东线后续工程适宜调水规模为 46 亿～60 亿 m^3。

十、大规模西部调水会不会显著改变地带性水文气象格局？

模拟研究表明，大规模西部调水有一定的增雨降温等作用，但增量变化远改变不了地带格局，而对生态系统的长期累计性影响仍需进一步深入研究。

我国西北地区干燥少雨，大规模区域外水资源调入，必然会打破原有的水热平衡，改变陆气间水分和能量交换过程与通量。大规模西部调水对受水区气候有什么影响？持续性气候效应会不会显著改变干旱区水文气象格局？这是西部调水规划必须要回答的问题。

为探究西部调水的气候效应，预估未来的可能影响，研究将水资源开发利用方案与区域气候模式 RegCM4 相耦合，修改陆面模式 CLM3.5 方案中净雨计算方式，建立了考虑大规模调水影响的区域气候模式。研究以 2021—2050 年为未来试验组，1970—2000 年为历史参照组，并选用 RCP4.5 和 RCP8.5 两种未来气候变化情景。研究模拟范围为整个东亚地区，主要验证分析区为西北干旱区，采用年最大调水量 600 亿 m^3 作为调水方案，并且根据灌溉过程进行水量年内分配。

模拟发现，调水灌溉对降水的影响主要发生在夏季，外调水灌溉蒸发增加了研究区的水汽通量，低空环流异常变化和对流上升运动增强都为局地降水的形成提供了额外的动力条件。在空间分布上，降水增加的影响范围要大于灌溉区，夏季降水祁连山平均增加达到 0.75～1.00mm/d，天山和昆仑山增加 0.50～0.75mm/d，河西走廊平原地区、腾格里沙漠和巴丹吉林沙漠地区降水增加 0.25～0.75mm/d，地势较低的准噶尔、塔里木、柴达木盆地降水没有明显变化。

研究发现了调水对区域气温影响，夏季主要是降温效应，这是由于调水带来的水量蒸发消耗能量，进而导致地表净辐射通量减少，地表温度降低。空间上主要集中在灌溉范围内，平均降温幅度约 1.5℃，同时也影响着垂直高空的温度，降温效应在 600～925hPa 高度较为明显。冬季增温效应主要集中在灌溉区以南的大部分地区，增温幅度达到 0.25～0.5℃。此外，调水灌溉影响陆气之间的水汽和能量交换过程，从而改变大气温度和湿度，出现异常环流并在一定程度上影响西风环流，这也是影响西部地区气候变化的因素之一。

研究表明，西部调水灌溉会显著增加地表潜热，夏季降温效应显著，同时增加天山、祁连山等山区的对流性降水，可在一定程度上缓解干旱少雨状态，但远远改变不了西部地区基本水文气象格局。

参 考 文 献

［1］ 赵勇，李海红，刘寒青，等．增长的规律：中国用水极值预测［J］．水利学报，2021，52（2）：129－141．

［2］ 赵勇，王丽珍，王浩，等．城镇居民生活刚性、弹性、奢侈用水层次评价方法与应用［J］．应用基础与工程科学报，2020，28（6）：1316－1325．

［3］ 师林蕊，李海红，赵勇，等．北京居民用水调查及节水潜力［J］．南水北调与水利科技，2022，20（5）：851－861．

［4］ 詹力炜，李海红，赵勇，等．城镇居民生活弹性用水测算与节水潜力分析［J］．干旱区资源与环境，2023，37（2）：69－75．

［5］ 李小玲，王丽珍，李海红，等．京津冀地区工业适水发展评价［J］．南水北调与水利科技（中英文），2023，21（2）：276－288．

［6］ 何国华，姜珊，赵勇，等．我国现状能源与水纽带关系定量识别［J］．南水北调与水利科技（中英文），2020，18（4）：54－70．

［7］ 赵勇，黄可静，高学睿，等．黄河流域粮食生产水足迹及虚拟水流动影响评价［J］．水资源保护，2022，38（4）：39－47．

［8］ 朱永楠，姜珊，赵勇，等．我国煤电生产水足迹评价［J］．水电能源科学，2019，37（9）：28－31．

［9］ 赵勇，何凡，李海红，等．黄河流域极限节水潜力与缺水识别［M］．北京：科学出版社，2021．

［10］ 赵勇，何凡，何国华，等．全域视角下黄河断流再审视与现状缺水识别［J］．人民黄河，2020，42（4）：42－46．

［11］ 王浩，赵勇．新时期治黄方略初探［J］．水利学报，2019，50（11）：1291－1298．

［12］ 秦长海，赵勇，李海红，等．区域节水潜力评估［J］．南水北调与水利科技，2021，19（1）：36－42．

［13］ 王庆明，张越，赵勇，等．场次降雨条件下考虑田梗高度的农田产流规律模拟［J］．农业工程学报，2022，38（8）：55－63．

［14］ 赵勇，王庆明，王浩，等．京津冀地区水安全挑战与应对战略研究［J］．中国工程科学，2022，24（5）：8－18．

［15］ 慕星，赵勇，刘欢，等．气候变化和人类活动影响下径流演变研究进展［J］．人民黄河，2021，43（5）：35－41．

［16］ 赵勇，王浩，马浩，等．中国"双 T"型水网经济格局建设构想［J］．水利学报，2022，53

（11）：1271-1279.

［17］ 赵勇，王浩，邓铭江，等.黄河几字弯水网建设构想［J］.水利学报，2023.

［18］ 赵勇，何凡，王庆明，等.南水北调东线工程黄河以北线路优化构想［J］.中国工程科学，2022，24（5）：107-115.

［19］ 赵勇，何凡，何国华，等.对南水北调工程效益拓展至滦河流域的若干思考［J］.南水北调与水利科技（中英文），2022，20（1）：62-69.

［20］ 赵勇，王庆明，王浩，等.京津冀地区水安全挑战与应对战略研究［J］.中国工程科学，2022，24（5）：8-18.

［21］ 常奂宇，赵勇，桑学锋，等.京津冀水资源-粮食-能源-生态协同调控研究Ⅰ：方法与模型［J］.水利学报，2022，53（6）：655-665.

［22］ 赵勇，常奂宇，桑学锋，等.京津冀水资源-粮食-能源-生态协同调控研究Ⅱ：应用［J］.水利学报，2022，53（10）：1251-1261.

［23］ 刘蓉，赵勇，何鑫，等.海河平原区地下水累计可恢复超采量评价［J］.水利学报，2022，53（11）：1336-1349.

［24］ 赵勇，翟家齐.为京津冀水资源问题"把脉开方"［J］.科技纵览，2021（7）：48-54.

［25］ 张春园，赵勇.实施污水资源化是保障国家高质量发展的需要［J］.中国水利，2020（1）：1-4.

［26］ 赵勇，黄亚，王贺佳，等.西部调水下长期气候效应研究［J］.水利学报，2022，53（3）：270-283.

国家水网建设投融资机制实践与思考

吴有红[1]，秦俊桃[2]

(1. 中国宏观经济研究院投资研究所；2. 北京市工程咨询有限公司)

摘　要： 国家水网工程建设任务重、资金需求大，亟须更好发挥有效市场和有为政府的合力，深化水网投融资机制改革创新，努力破除投融资瓶颈，形成政府市场协同发力的投融资主体多元化格局。分析了当前国家水网建设和投融资情况，指出建设资金筹措是国家水网工程面临的突出制约因素。当前，国家水网工程建设投融资政策导向主要为充分利用国债和地方政府专项债券，引导社会资本依法合规参与水利建设，以及积极争取金融支持水利建设。针对当前国家水网工程建设投融资存在的困难和问题，提出构建政府市场协同发力的投融资主体多元化格局，用好用足财政支持政策，因地制宜创新推广水利投融资模式，积极探索投建管运一体化模式，建立与国家水网工程投融资体制机制改革相适应的水价形成机制，积极推进水利领域发行不动产投资信托基金（Real Estate Investment Trusts，REITs），大力发展水经济并适时开展水安全保障导向的开发（Water‑security‑guarantee Oriented Development，WOD）模式试点示范等建议。

关键词： 国家水网；投融资实践；投融资创新；政策；机制

近年来，国家陆续出台《关于实施国家水网重大工程的指导意见》《"十四五"时期实施国家水网重大工程实施方案》《国家水网建设规划纲要》等规划和政策文件，旨在推动建设一批国家水网骨干工程，着力补齐水资源配置、城乡供水、防洪排涝、水生态保护、水网智慧化等短板和薄弱环节，充分发挥超大规模水利工程体系的优势和综合效益，全面增强水安全保障能力。国家水网工程建设任务重、资金需求大，但面临着高收益项目偏少、投融资主体单一等问题和挑战，亟须更好发挥有效市场和有为政府的合力，深化水网投融资机制改革创新，探索新型投融资模式，推动更多水网规划建设项目落地。

一、国家水网建设和投融资情况

目前，我国防洪减灾、城乡供水、农田灌溉等水利工程体系已基本建成，国家水网主骨架和大动脉加快构建，省级水网先导区建设持续推进，市县级水网先导区接续启动。随

原文刊载于《中国水利》2024 年第 17 期。

着南水北调东中线一期等重大引调水工程相继建成，逐步形成了跨流域跨区域水网格局。

从实践看，建设资金筹措是实施国家水网工程面临的突出制约因素。为拓展国家水网建设资金筹措渠道，中央和地方在加大政府投入的同时，积极探索和创新应用特许经营、投资＋施工总承包（I＋EPC）、股权合作等多种模式，吸引更多市场主体参与水网建设项目，初步形成了财政资金、金融信贷、社会资本共同发力的投融资格局。据统计，2023年全国水利领域落实地方政府专项债券、金融信贷和社会资本5451亿元，占落实水利投资的44.5％。此外，在水土保持等领域，通过探索创新生态产品价值实现机制，开拓了社会资本参与水利建设新路径。例如，全国首单水土保持碳汇交易在福建长汀签约，陕西宝鸡成功试点水土流失综合治理工程新增耕地和新增产能纳入耕地占补平衡政策新机制。

南水北调工程是国家水网主骨架和大动脉的重要组成部分，其投融资实践在一系列国家水网骨干工程中颇具代表性，为加快推进国家水网建设提供了有益经验。南水北调东中线一期工程建设资金由政府和企业合力筹措，充分发挥了政府投资带动作用和企业的主观能动性。具体渠道包括：中央政府直接投资414亿元（占13.43％）；地方政府筹集南水北调工程基金290亿元（占9.41％）；国家重大水利工程建设基金1777亿元（占57.66％）；南水北调四个项目法人（江苏水源有限责任公司、山东干线有限责任公司、中线水源有限责任公司和中线干线工程建设管理局）通过银团贷款558亿元（占18.11％）；地方和企业自筹资金43亿元（占1.39％）。南水北调后续工程市场化融资也取得一些重要突破。例如，引江补汉工程（静态总投资达到582.35亿元）成功引入国家绿色发展基金，投入15亿元作资本金。

各受水省（直辖市）的南水北调配套工程资金主要由地方政府投资和企业融资共同解决。如：北京市通过市政府固定资产投资安排40％，北京水务投资集团融资解决60％，融资金额约100亿元；天津市由市财政和滨海新区出资约40％，天津水务投资集团融资约60％，融资金额约50亿元。在投建管运模式方面，北京市采用投建管运分离模式，即北京水务投资集团负责融资还贷、水费收缴，北京市南水北调工程建设委员会办公室负责工程建设，北京市水务局下属管理处负责运营管理；天津市、河北省采用投建管运一体化模式。

二、国家水网建设投融资政策导向

近年来，水利部门着力深化水利改革创新，持续完善投融资支持政策体系，旨在健全政府引导、社会参与的多元化、多渠道水利投融资机制，更好发挥重大水利工程建设对稳投资、扩内需的重要作用。

1. 充分利用国债和地方政府专项债券

地方政府专项债券是带动扩大有效投资、稳定宏观经济的重要政策工具，水利工程是专项债券的重点支持领域。2022年3月，水利部印发《关于进一步用好地方政府专项债券扩大水利有效投资的通知》（水规计〔2022〕128号），推动各地水利部门用好地方政府专项债券。近年来，专项债券在支持水利基础设施建设方面的作用日益凸显，成为水利建设资金的重要来源渠道。如2022年，全年水利项目落实专项债券资金额度达2036亿元，占全国水利建设投资规模的18%。

2023年，中央财政增发1万亿元国债，用于支持灾后恢复重建和提升防灾减灾能力的项目建设。其中，大江大河大湖干流防洪治理、南水北调防洪影响处理、大中型水库建设、蓄滞洪区围堤建设等水利工程是增发国债的重点支持方向之一。水利领域全口径安排国债资金额度，超过了此次增发国债总规模的一半。

2.积极引导社会资本依法合规参与水利建设

2022年，水利部印发《关于推进水利基础设施政府和社会资本合作（PPP）模式发展的指导意见》（水规计〔2022〕239号），将PPP模式作为引导社会资本参与、拓宽水利基础设施建设长期资金筹措渠道的有效方式。2023年11月，国务院办公厅转发国家发展改革委、财政部《关于规范实施政府和社会资本合作新机制的指导意见》（国办函〔2023〕115号），要求PPP模式聚焦使用者付费项目，全部采取特许经营模式，最大程度鼓励民营企业参与PPP项目。国办函〔2023〕115号文提出，对于具有发电功能的小型水利项目等关系国计民生、公共属性较强的项目，民营企业股权占比原则上不低于35%，而对于具有发电功能的大中型水利项目等少数涉及国家安全、公共属性强且具有自然垄断属性的项目，要积极创造条件支持民营企业参与。国办函〔2023〕115号文是新形势下水利领域依法合规、稳妥有序实施PPP项目的纲领性文件。

除PPP模式外，相关部门积极鼓励运用生态环境导向的开发（Eco-environment-oriented Development，EOD）模式吸引社会资本和金融机构参与水利项目，在不依靠政府投入的情况下推动水安全保障能力提升和经济社会高质量发展。2021年以来，生态环境部联合国家发展改革委、国家开发银行筛选了一批EOD试点项目，其中有多个由水利和关联产业有机组合的项目。水利领域运用EOD模式的实践，为进一步探索通过关联产业增值收益平衡水利投入的可行路径提供了重要参考。2023年，相关部门印发了《生态环境导向的开发（EOD）项目实施导则（试行）》，明确了EOD模式的适用条件、特征标准以及项目谋划、立项、实施和评估等工作要求，为水利领域创新应用EOD模式提供了重要指导和规范。

3.积极争取金融支持推进水利建设

近年来，水利部与国家开发银行、中国农业发展银行、工商银行、建设银行等多家金融机构联合印发了金融支持水利基础设施建设的指导意见，提出要聚焦国家水网主骨架和南水北调等重大工程、水资源节约集约利用、流域防洪工程体系建设、河湖生态保护修复等重点领域做好金融服务，并积极完善贷款期限、贷款利率、资本金比例、信用结构、贷款评审等优惠政策。从实践看，各金融机构对水利项目均给予较大的优惠力度。国家开发银行、中国农业发展银行、工商银行对于国家重大水利工程项目贷款期限可达到45年。各地获得金融支持的水利项目在还款来源、抵押担保等产品模式创新方面也取得了重要进展。例如，山东、江西等地与金融机构合作，符合条件的水利项目可通过国家开发银行、工商银行申请"项目前期贷款"，用于项目前期工作，或满足水利项目提前采购设备、物资等临时性资金需求；浙江丽水采用"取水权质押+双边登记"的融资模式，创新推出取水权质押贷款"取水贷"。

三、国家水网建设投融资面临的困难和问题

随着国家水网工程建设持续推进，全国水利建设投资增长很快，年度投资规模屡创历史新高。然而，目前水利投资仍以政府投资为主，存在社会资本参与积极性不足、水价形成机制不健全等问题，市场化融资瓶颈较为突出。

1. 社会资本合规参与的渠道和空间较窄

社会资本参与水利项目的典型模式有 EPC、EOD、PPP 等。EPC 是一种工程建设组织实施方式，但工程总承包企业并不承担融资和工程项目运营的责任。由于政府投资项目不能由施工单位垫资建设，规范的 EPC 模式不能解决政府更为迫切的资金来源问题。在实际操作中，EPC 模式往往与社会资本承担融资责任等结合起来，但又存在增加地方政府隐性债务的风险。EOD 或类 EOD 模式的核心是强调溢价回收机制，将外部效益中的一部分反哺水利建设投入，实现水利基础设施外部效益内部化。为避免隐性债务风险，相关部门已经将政府付费和土地出让收入等排除在合规 EOD 的回报机制范围之外，水利项目（含生态环境治理内容）应用 EOD 模式的对应收益来源限于土地二级开发收益或关联产业收益。然而，土地二级开发收益具有很强的不确定性，关联产业培育周期较长，不确定性大，加上新的 EOD 项目实施导则试行后监管和合规要求趋严，EOD 模式在水利领域适用面较窄。PPP 新机制要求聚焦使用者付费项目，不得通过可行性缺口补助、承诺保底收益率、可用性付费等任何方式使用财政资金弥补项目建设和运营成本。多数水利项目缺乏明确收费机制，自身不产生直接收益或收益较少，呈现公益性突出而盈利性不足的典型特征，如何对标 PPP 新机制要求谋划规范的水利 PPP 项目，仍需进一步探讨。

2. 水价形成机制不健全

除财政补贴外，水费是水网工程项目的主要收益来源。然而，水价标准与供水成本长期背离，甚至难以覆盖运营维护成本。2022 年，国家发展改革委印发《水利工程供水价格管理办法》和《水利工程供水定价成本监审办法》，明确中央直属及跨省（自治区、直辖市）重大水利工程基于"准许成本加合理收益"原则的供水价格制定方法，一定程度上完善了水利工程供水价格形成机制。但是由于价格联动机制不健全，一些终端用户水价长期偏低，未随工程水价相应调整，水价和成本倒挂问题较为突出。另外，一些地方的水网受水区供水涉及农业、工业、生活、生态等不同用户，不同供水对象在水量、水质、价格等方面具有不同诉求，水价调整面临供水企业、用水户等多方利益难以协调的突出难题。供水企业关注水量消纳和供水效益问题，希望水价能与成本和合理收益相适应，而用水户主要关注用水价格和供水质量，希望供水价格稳定。还有一个突出现象是，一批重大引调水工程建成后，其调水成本偏高，与当地水价格水平差异较大，出现了不同水源、不同供水价格导致的用水户不公平用水问题，一些地方消纳外调水积极性不高，影响水资源均衡配置。

3. 水利投融资主体有待培育

建立水网工程多元化、多渠道的投融资机制离不开水利投融资企业的助力，尤其是对于公益性水利项目，以水利投融资企业为载体撬动银行信贷等市场化资金，仍是主要模式之一。然而，水利投融资企业的投融资能力与水网工程的庞大建设资金需求不尽匹配。一方面，一些省份尚无省级专业化水利投融资企业，重大水利项目缺乏明确的投融资主体，在省级层面对水利投融资工作统筹不足。另一方面，市县级水利投融资企业承接了大量的纯公益性水利项目，普遍存在"自我造血"功能偏弱、市场化融资能力不强、债务率偏高等问题，进一步承接水利项目投资建设任务的空间有限。

4. 水网工程项目经济价值挖掘不足

水网是集水资源优化配置、流域防洪减灾、水生态系统保护等功能于一体的综合体系，兼具经济效益、生态效益、社会效益和安全效益。然而，各地主要关注水网工程的防洪等公益性功能和供水、发电等直接收益功能，而对发掘其潜在经济收益或商业价值的意识和能力不强，导致水利资产资源的经济效益发挥不充分。经过长期建设，全国存量水利资产规模很大，但各地对盘活存量水利资产的力度不大，成效也不明显，尚未形成通过盘活存量资产回收资金，进而扩大水利建设投资的良性循环。

5. 投建管运一体化模式有待进一步探索

各地普遍重视水网工程的融资与建设环节，而对水网工程全生命周期管理、组建水网建设运营实体等考虑不足。部分省市县水网项目由于采用建管运分离模式，建设和管理之间的责任划分不清晰，出现管理空白或冲突；在建设阶段过于注重控制成本和追求建设进度，而忽视了项目长期运营，在运营阶段出现问题时，建设和运营主体相互推诿的现象时有发生；建设和管理团队之间沟通不畅，影响项目整体效能发挥。

四、思考与建议

1. 构建政府市场协同发力的投融资主体多元化格局

尚无省级水利投融资企业的省份可借鉴其他地方的成功经验，研究组建省级水利投融资企业，逐步发挥其对全省水利投融资工作的统筹功能。省级水利投融资企业与市县政府通过建立风险补偿或资源匹配的融资机制，帮助市县落实水利项目配套资金，提升市县级水利投融资企业市场化运作能力。地方可依法依规将河湖库疏浚砂石资源收益及其他水利优质资产等注入水利投融资企业，增强企业"自我造血"功能。依法放开水利项目建设运营市场准入，对标PPP新机制要求谋划规范的特许经营项目，并通过在项目建设期给予政府投资支持等方式，相应提高特许经营者的投资回报，鼓励和吸引更多社会资本参与，发挥好政府投资的带动放大效应。

2. 用好用足财政支持政策

充分利用好超长期特别国债这一增量政策工具，在中央预算内投资、中央财政水利发展资金、地方政府专项债券等现有资金渠道基础上，扩大国家水网工程建设的财政资金来源。加强对财政资金争取工作的组织协调，正确把握各类财政资金支持政策、资金投向和申报要求，切实提高项目前期工作质量，统筹做好项目建设要素保障，协同推进项目实施要件办理，为后续充分争取国债、专项债券等奠定坚实基础。

3. 因地制宜创新推广水利融资模式

综合考虑国家水网工程不同类型项目特点，因地制宜、分类施策，进一步创新还款来源、抵押担保等金融产品模式，用好中长期、低成本资金。例如，对引调水工程、水利枢纽等直接收益能力较好的项目，以自身现金流作为还款来源，在水利水电资产、供水供电

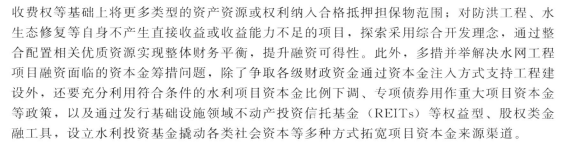

收费权等基础上将更多类型的资产资源或权利纳入合格抵押担保物范围；对防洪工程、水生态修复等自身不产生直接收益或收益能力不足的项目，探索采用综合开发理念，通过整合配置相关优质资源实现整体财务平衡，提升融资可得性。此外，多措并举解决水网工程项目融资面临的资本金筹措问题，除了争取各级财政资金通过资本金注入方式支持工程建设外，还要充分利用符合条件的水利项目资本金比例下调、专项债券用作重大项目资本金等政策，以及通过发行基础设施领域不动产投资信托基金（REITs）等权益型、股权类金融工具，设立水利投资基金撬动各类社会资本等多种方式拓宽项目资本金来源渠道。

4. 积极探索投建管运一体化模式

国务院 2020 年批准成立中国南水北调集团有限公司，并批复由其负责国家南水北调工程的前期工作、资金筹集、开发建设和运营管理。各地可借鉴中国南水北调集团有限公司投建管运一体化模式，依托具有一定规模和专业优势的水管单位、供水公司、投融资平台等，做实做强水网建设运营实体，负责本区域内的水网工程投资建设运营。同时，通过采取股权合作、特许经营等方式，引入社会资本参与符合条件的水网项目建设运营。鼓励地方政府设立专项运管资金，探索创新可用于支持水网工程全生命周期建设的金融产品尤其是运管贷款产品，拓宽运管资金来源渠道。尤为重要的是，在项目可行性研究阶段就要贯彻全生命周期管理理念，全面系统分析水网工程项目各环节涉及的因素，强化项目运营方案的比较分析，在项目决策环节充分论证投建管运一体化模式。

5. 建立与国家水网工程投融资体制机制改革相适应的水价形成机制

结合水资源禀赋和水源类型，推动各地全面建立基于"准许成本加合理收益"和"同网同价"原则的水网区域综合定价机制。涉及水网区域供水的省份参照《水利工程供水价格管理办法》和《水利工程供水定价成本监审办法》制定本地区水利工程供水价格管理及成本监审实施细则，及时完善水网区域综合定价配套制度。同时，加快健全水利工程水价和终端用户水价联动机制，工程水价调整后，在统筹考虑受水区输水、售水、污水处理等成本的基础上实现终端水价联动调整，更好体现供水成本费用和供求关系的变化。价格调整不到位的，由财政安排合理补贴，也可以参照河南等地的做法，实行两部制水价，基本水价由受水区财政承担，计量水价由用水户承担。

6. 积极推进水利领域发行 REITs

推进 REITs 工具在国家水网工程的应用，将有助于形成水利基础设施存量资产与新增投资良性循环，深化国家水网工程投融资机制改革创新。国家水网工程涉及水库、供水、综合水利枢纽等不同工程类型，具有防洪、灌溉、供水、发电等多种功能，兼具公益性和经营性特征。结合 REITs 项目常态化发行政策要求，具体分析国家水网工程不同类型、不同功能等特性，在保障公共利益的基础上，因地制宜剥离具有供水和发电等直接收益的相关资产，或者将盈利情况较好的多个水利项目资产加以重组整合，形成符合条件的REITs 基础资产。

7. 大力发展水经济并适时开展水安全保障导向开发（WOD）模式试点示范

在推进国家水网建设过程中，借鉴广东等地开展水经济试点的有益经验和做法，大力发展水经济，延展水利产业链条，积极探索水生态产品价值转换机制，充分挖掘水网工程项目经济价值，实现因水利形成的生态溢价及其他资源溢价对水利建设投入的反哺。

WOD 模式是支撑水经济发展的新型项目组织实施方式，旨在采取产业链延伸、联合经营、组合开发等路径，一体化实施收益较差的水利项目与收益较好的关联产业，以期建立产业收益反哺水利建设投入的良性机制。建议在全国范围内选择若干典型的水网工程项目开展 WOD 模式试点示范，并由点及面，总结形成可复制、可推广的经验做法，引导各地区积极学习借鉴。准确识别关联产业是 WOD 模式的核心，目前可重点考虑以下"水利＋产业"组合开发路径：盘活闲置水库等存量优质水利资源，提升项目收益水平，并和新建水网项目统筹实施；将水网建设和土地综合开发利用有机结合；培育和发展绿色有机农产品、制药、食品、饮料、酿酒、滨水康养等水敏感型产业；支持节能用水、绿色水电等涉水项目充分利用碳汇交易和耕地占补平衡政策等。

参 考 文 献

［1］ 陈茂山，庞靖鹏，严婷婷，等. 完善水利投融资机制助推水利高质量发展［J］. 水利发展研究，2021，21（9）：37－40.

［2］ 中共中央，国务院. 国家水网建设规划纲要［R］. 2023.

［3］ 何立平. 论南水北调工程基金的筹集［J］. 南水北调与水利科技，2007（2）：22－24.

［4］ 李国英. 为以中国式现代化全面推进强国建设、民族复兴伟业提供有力的水安全保障——在2024年全国水利工作会议上的讲话［J］. 中国水利，2024（2）：1－9.

［5］ 水利部. 关于加快推进省级水网建设的指导意见［Z］. 2022.

［6］ 水利部，中国人民银行. 关于加强水利基础设施建设投融资服务工作的意见［Z］. 2022.

［7］ 水利部，国家开发银行. 关于加大开发性金融支持力度提升水安全保障能力的指导意见［Z］. 2022.

［8］ 水利部，中国工商银行. 关于金融支持水利基础设施建设推动水利高质量发展的指导意见［Z］. 2022.

［9］ 水利部，中国农业发展银行. 关于政策性金融支持水利基础设施建设的指导意见［Z］. 2022.

［10］ 水利部办公厅. 关于在水利基础设施建设中更好发挥水利投融资企业作用的意见［Z］. 2023.

［11］ 田贵良，万雪纯，吴正，等. 国家水网工程建设投融资金融政策工具供给研究［J］. 中国水利，2024（2）：23－28.

［12］ 王冠军，戴向前，周飞，等. 关于建立水网区域综合定价机制的思考［J］. 中国水利，2023（17）：6－9.

［13］ 严婷婷，庞靖鹏，罗琳，等. 加快推进水利领域不动产投资信托基金（REITs）试点对策及建议［J］. 中国水利，2022（6）：60－62.

［14］ 张建红，王蕾，吴有红. 水安全保障导向的开发（WOD）模式探讨［J］. 中国水利，2023（9）：36－39.

［15］ 张金良，谢遵党，左琪. 南水北调西线工程综合开发的筹融资模式［J］. 南水北调与水利科技（中英文），2023，21（6）：1041－1048.

［16］ 张瑞美，王亚杰. 新时期水利工程筹融资方式分析［J］. 中国水利，2022（21）：68－71.

［17］ 周明勤，曾庆忠，王鹏，等. 深化投融资改革推动引江补汉工程高质量发展［J］. 中国水利，2022（18）：64－66.

浙江水网总体布局与建设实践

李 锐

（浙江省水利厅）

摘 要： 浙江省是全国第一批省级水网先导区之一，在系统分析构建浙江水网的新形势新要求、省情水情工情的基础上，提出"三纵八横十枢"的浙江水网总体布局以及高水平水资源配置体系、高标准防洪保安体系、高品质幸福河湖体系、高效能智慧水利体系、高质量水网管理体系五大体系建设思路，从加快建设高质量浙江水网、持续补强防洪排涝安全屏障、着力推进全域幸福河湖建设、系统开展数字孪生水利建设、创新探索水利投融资模式五个方面提出重点突破方向和经验做法，在此基础上，分析了当前存在的问题及下一步工作思考。

关键词： 国家水网；水资源保障；防洪排涝；幸福河湖；数字孪生；浙江水网

一、构建浙江水网面临的新形势新要求

（一）加快解决发展不平衡不充分问题的要求

新时代我国社会主要矛盾是人民日益增长的美好生活需要和不平衡不充分的发展之间的矛盾。浙江肩负高质量发展建设共同富裕示范区重大政治任务，需要着力缩小地区、城乡、收入三大差距，学习运用好"千万工程"经验，推进乡村全面振兴，把满足人民群众对水利的现实需求、最迫切的需要作为发展的出发点和落脚点，坚持系统思维，推进水利基础设施网络化建设，实现公共服务优质共享、生活环境美丽宜居、绿水青山就是金山银山转化通道全面拓展，推动水利高质量发展。

（二）加快构建更高标准的水安全保障体系的要求

浙江位于长江经济带高质量发展和长三角一体化发展两大国家战略交汇地区，要发挥好水利推动长江经济带高质量发展和推进长三角一体化发展的重要作用，坚持共抓大保护、不搞大开发，在更高水平保护上下更大功夫；坚持创新深化、开放提升，增强水利高质量发展动能；坚持节水优先、空间均衡，提高水资源安全保障水平；坚持互联互通、共建共享，强化区域治水协同合作；坚持底线思维、风险意识，夯实区域高质量发展水安全基础。

原文刊载于《中国水利》2024 年第 17 期。

（三）适度超前建设水利基础设施网络的要求

2023 年 9 月习近平总书记考察浙江时，赋予浙江"中国式现代化先行者"新定位，明确"奋力谱写中国式现代化浙江新篇章"新使命。浙江水利要积极融入经济社会发展大局，适度超前开展水利基础设施网络建设，建设跨流域、跨区域的水网工程，将优质水资源从丰沛地区调入相对缺乏地区，促进人口、资源、环境相均衡，筑牢防洪安全屏障，全域建设幸福河湖，全方位支撑"一湾引领、四极辐射、山海互济、全域美丽"的省域空间格局，高标准保障防洪安全、供水安全、粮食安全、生态安全。

二、浙江水网的布局与建设思路

（一）水网建设基础

1. 自然基础

浙江河湖密布、江海通达，自北至南分布苕溪、京杭运河、钱塘江、甬江、椒江、瓯江、飞云江、鳌江等八大水系，山区河流源头相近、自成体系，多独流入海，下游河口河网相连，具备联网的条件，是浙江水网的本底。省域内无大江大河，几乎无"客水"可以直接利用。雨量总体丰沛，约为全国平均水平的 2.5 倍，但人均水资源量仅为全国的 80%。年内梅汛期和台汛期降雨约占年度降雨总量的 70%，年际丰枯年水资源量相差近 3 倍。降雨空间分布差异显著，自西向东、自南向北递减。水资源与社会生产要素分布不协调，杭州等沿海七市的人口、经济高度集中，以占全省 56% 的水资源量养育了全省 77% 的人口，创造了全省 83% 的经济总量，群众对"喝好水"愿望日益强烈。

2. 实践基础

浙东引水工程是浙江水网建设的起笔之作，20 年来，浙江相继开展了"五水共治""百项千亿防洪排涝""海塘安澜千亿"等一系列专项行动，全省水利基础设施体系完备，基本形成水网雏形。现有水库 4268 座，初步形成了水网的"盆"；2184km 主要江河干堤、沿海 2014km 海塘和沿线 48 座大中型口门泵站，是防洪排涝御潮的骨干屏障；千岛湖配水、浙东引水等工程，形成了"人"字形跨流域、跨区域水资源配置格局，已累计向杭州、宁波、舟山等地调水超 90 亿 m³，为浙江水网大通道建设提供了样板。

（二）水网布局

推动各类水利工程逐步由点向网、由分散向系统发展，构建"三纵八横十枢"的浙江水网。规划建设浙东、浙中、浙北三条水资源配置大通道，通过大通道"长藤结瓜"式联接八大河流水系和重要水库枢纽，充分发挥新安江、湖南镇、紧水滩、滩坑等大型水库的"大水缸"作用，将优质水资源从丰沛地区调配到相对紧缺的东部沿海和金义地区，优先满足人民群众"喝好水"的美好生活需要，为新产业、新业态发展提供优质水资源，促进水资源和人口经济布局相均衡。

通过水网调度，一方面消除各地因后续来水不确定导致无水可供的后顾之忧，加大预泄，科学合理释放兴利库容，扩大水库、河网洪水滞蓄空间；另一方面加强水利工程的系统科学调度，可释放水库等枢纽工程的生态流量，高标准保障下游河道的生态流量。

（三）建设思路

1. 建设高水平水资源配置体系

坚持"节水优先"，强化水资源刚性约束，以提升用水效率、水源分质供水、非常规水利用等为主要抓手，加强重点领域节水，实现节水控污、增效惠民。建设浙北、浙中、浙东三条水资源配置通道，跨流域、跨区域优化配置水资源，提高省域供水保障程度和抗风险能力；加快大中型水库建设，构建水网沿线水流集散"中转站"，形成从核心水源到水网末端逐级调控的枢纽工程体系。持续推进城乡一体化和农村规模化供水，推动城乡居民从"喝水难"到"有水喝"再到"喝好水"的三级跃升。

2. 建设高标准防洪保安体系

坚持"蓄泄兼筹、系统治理"方针，立足流域整体，提高流域蓄滞能力，实施江河干堤、海塘提标加固，畅通平原高速水路，加强山洪灾害防治，统筹水资源和防洪调度，挖潜水库枢纽和河网水系的洪水调蓄能力，实现水流跨时空调配，提升防洪减灾工程体系运行能力，加强流域统一管理，提高洪潮防御标准，解决防洪排涝薄弱环节，防范重大风险，提升全省人民安全感。

3. 建设高品质幸福河湖体系

推进流域山水林田湖草海系统治理，形成"上护、中治、下控"的水生态保护治理体系。强化河湖长制，建构河湖伦理，全域建设幸福河湖，在保障防洪排涝安全的基础上，高标准保障河湖生态流量，构建以八大水系为轴的发展带，打造近百条各具特色的县域幸福母亲河，建设千余个高品质水美乡村，激发万余公里滨水岸带活力，形成"八带百廊千明珠万里道"基本格局，助力共同富裕示范区建设。

4. 建设高效能智慧水利体系

按照"需求牵引、应用至上、数字赋能、提升能力"要求，推进数字孪生水利建设，全面提升浙江水利数字孪生先导力。用好"工程＋"建设机制，构建天空地一体化、覆盖全域全要素的水利信息网，提升感知能力。加强算力、算据、算法建设，建设省级数据底板、模型平台和知识平台，迭代"浙里九龙联动治水"应用和 6 个"浙水系"应用场景，实现横向部门协同、纵向行业贯通，提升水网智能化水平。统筹推进数字孪生流域、数字孪生水网、数字孪生工程，提升预报、预警、预演、预案"四预"能力。

5. 建设高质量水网管理体系

夯实法治基础，建立健全浙江水网高质量发展等地方性法规和规章。探索水网工程投建管运模式创新，搭建水网多目标管理体系，建立健全水价形成机制、水生态产品价值实现机制。建立健全政策补偿机制，探索形成资金、产业、人才等多元化市场化补偿方式，推动水资源调出区与调入区的良性互动。统筹水网融合发展，加强水利工程与交通、能源、市政、农业农村、文化旅游等工程融合建设。

三、重点突破方向

（一）加快建设高质量浙江水网

严格贯彻落实以水定城、以水定地、以水定人、以水定产"四水四定"，将水资源作为资源环境的刚性约束，不断强化水资源精细化管理；加快推进三大水资源配置通道等浙

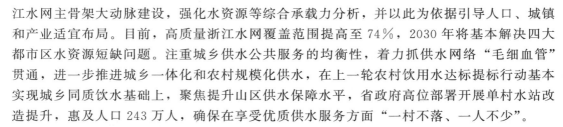

江水网主骨架大动脉建设，强化水资源等综合承载力分析，并以此为依据引导人口、城镇和产业适宜布局。目前，高质量浙江水网覆盖范围提高至74%，2030年将基本解决四大都市区水资源短缺问题。注重城乡供水公共服务的均衡性，着力抓供水网络"毛细血管"贯通，进一步推进城乡一体化和农村规模化供水，在上一轮农村饮用水达标提标行动基本实现城乡同质饮水基础上，聚焦提升山区供水保障水平，省政府高位部署开展单村水站改造提升，惠及人口243万人，确保在享受优质供水服务方面"一村不落、一人不少"。

（二）持续补强防洪排涝安全屏障

省政府层面系统谋划，"十四五"期间打好消除防洪排涝突出薄弱环节、海塘安澜千亿工程、水库系统治理、小流域山洪治理的防洪保安"组合拳"。构建以流域为单元，跨区域、跨业务的预报调度一体化工作体系和智能模块，有效防御台风等自然灾害。一批承载着区域发展和民生福祉的工程陆续落地见效，如通过实施南湖分洪等鳌江干流治理六大工程，平阳水头镇经受住了超强台风"杜苏芮"考验，而以前遭遇同样雨量时淹没深度达3m；通过实施富春江北支江综合治理，提升富阳城区防洪能力，改善北支江水生态环境，保障了杭州亚运会水上赛事成功举办。

（三）着力推进全域幸福河湖建设

2023年浙江省委、省政府发布总河长令，以"安全、生态、宜居、富民、智慧"为目标，在全国率先开展全域幸福河湖建设，努力形成一批人与自然和谐共生、促进共同富裕的实践成果，确立到2027年全省80%以上县（市、区）达到全域幸福河湖建设目标。湖州市德清县通过开展"清水入城"工程等，促进钢琴小镇等文旅产业发展，推动形成"湿地培育-碳汇收储-平台交易-收益反哺"的生态富民新机制；衢州市龙游县通过灵山港国家幸福河湖试点建设，先后引进灵溪竹海、龙和渔业园、石角漂流等旅游养生项目，撬动民间投资超20亿元。

（四）系统开展数字孪生水利建设

编制浙江省水利感知体系五年规划，加快构建雨水情监测预报"三道防线"，夯实数字孪生水利监测感知基础。与浙江省数字化工作牵头单位经济和信息化厅联合印发《关于全面推进浙江省数字孪生水利建设的意见》以及全省数字孪生水利建设五年实施方案，构建数字孪生水利"1+3+N"总体框架，实现数字孪生流域、数字孪生水网、数字孪生工程间的有效衔接和联通。强化急用先行，聚焦算据、算法、算力，在省级提供通用算法模型的基础上，省、市、县三级统筹资源，一体推进。数字孪生浙东区域水网建设取得标志性成果，9项水利部试点顺利通过验收，其中数字孪生钱塘江以信息共享、预警发布、工程调度、人员转移等多跨协同联动机制，成功入选水利部数字孪生水利建设十大样板。

（五）创新探索水利投融资模式

有效依托现有水利资产、资源开拓水利投融资渠道。积极谋划市场主体投资的切入点，强化政银企合作，2023年556个项目成功获得市场投资、获批银行贷款186亿元；扩大特许经营试点范围，吸引社会资本120亿元，宁波市海曙区河道整治工程，通过用好岸带空间价值扩大经营性收益，创新政策性和商业性银行共同支持的银团贷款模式，破解融资规模限制，成功融资50亿元；用足专项债券政策，杭州海塘安澜等工程创新探索项目功能融合集成审批，增强收益能力，2023 年落实 134 亿元；推动水生态产品价值转化，湖州市安吉县出让生态清洁小流域滨水生态旅游资源的 6 年经营权，收益 3328 万元，用于促进共同富裕和反哺水土流失综合治理。持续深化"取水贷""节水贷"等惠企政策，丽水市采用"取水证"抵押获取贷款 107 亿元，其中近六成反哺水利建设。

四、存在问题

（一）推动区域经济社会发展的动能有待加强

目前水网建设仍以增强防洪减灾、调水引水、生态保护等基础性功能为主，对水利工程助推区域经济社会高质量发展的统筹布局和谋划还不够，落实"四水四定"支持保障经济社会发展、指导产业布局的力度还不够大，距离"以水为纽"带动经济社会发展的目标还有较大差距。

（二）水利改革发展缺乏统领性抓手

浙江水系连通及水美乡村建设、数字孪生流域等一批国家试点获评优秀，但水利改革发展缺乏统领性抓手，水利改革发展的系统性和集成性还不够，水利发展与省域经济社会发展的协调和耦合需不断深化。

（三）水利人才队伍建设仍需进一步加强

对照 2024 年浙江省委"新春第一会"全面加强高素质干部队伍、高水平创新型人才和企业家队伍、高素养劳动者队伍"三支队伍"的要求，浙江水利人才存在高层次、综合性人才较为欠缺，干部队伍管理理念和手段亟须更新，以及技术队伍对关键技术和前瞻性研究不够系统深入等问题。

五、下一步思路

坚持党建统领、业务为本、创新变革，以水网先导区为抓手构建浙江大水网，以深化河湖长制为依托全面提升管理能力，以改革创新为牵引塑造水利发展新优势，全力打赢五场硬仗，完善浙江水网工程体系，织密建强浙江水网，统筹抓好六项重点工作，提升水管理能力和管理水平，社会治理服务向精细化、智慧化拓展延伸，争创水利现代化先行省，为谱写中国式现代化浙江新篇章作出更大水利贡献。

（一）全力打好五场硬仗

①聚力扩大水利投资，打好"千项万亿"水网安澜提升硬仗。②充分发挥河湖长制牵头抓总的作用，打好深化河湖长制全域建设幸福河湖硬仗。③锚定"一年启动、两年攻坚、三年高标准完成"目标，打好单村水站改造提升硬仗。④落实"四个提级"（提级对待、提级谋划、提级部署、提级应对）要求，打好提高防汛敏感性硬仗。⑤统筹省、市、县共建机制，完善成果共享机制，强化数据管理，打好数字孪生水利硬仗。

（二）统筹推进六项重点工作

①深化节水行动，统筹优化用水总量和强度双控管理，提高水资源节约集约利用水平。②加快构建现代化水库运行管理矩阵，健全蚁患防治"六个一"（一风险一预警、一月一张表、一周一讲堂、一月一抽查、一情况一通报、一事故一剖析）长效机制，提升水

利工程运行管护能力。③推进灌区现代化建设、水土保持高质量发展、农村水电绿色安全,夯实乡村全面振兴水利基础。④开展安全生产强基年行动,联动统筹各类水利建设项目监督检查事项,提升行业监管能力。⑤深化水利投融资、农村水利建管、水生态产品价值转化等改革,激发创新改革开放活力。⑥抓好水利宣传和水文化工作,推动水文化水工程融合,系统谋划大运河保护治理工程。

(三)聚力打造水利"三支队伍"

①加强高素质水利干部队伍建设,拓展专业干部来源,优化队伍结构,加强年轻干部培养,推进实施导师帮带和一线实践锻炼,建立重大工作成果及时奖励机制。②加强高水平水利创新型人才和企业家队伍建设,加大全省引才力度,组织水利英才培育,制定"一人一策"培养计划,健全跟踪评估和服务保障机制,贯通人才培养与科技创新,深化水利职称改革和收入分配制度改革。③加强高素养水利劳动者队伍建设,创新组织省级水利行业技术技能竞赛,推动大中型水利工程管理单位能力建设和大师工作室标准化建设,推行技能人才订单式培养,深化"点单式""菜单式"培训服务,构建分层分类教育培训体系。

参 考 文 献

[1] 习近平.高举中国特色社会主义伟大旗帜　为全面建设社会主义现代化国家而团结奋斗——在中国共产党第二十次全国代表大会上的报告[J].前进,2022(10):4-26.
[2] 李国英.推动新阶段水利高质量发展　为全面建设社会主义现代化国家提供水安全保障——在水利部"三对标、一规划"专项行动总结大会上的讲话[J].水利发展研究,2021,21(9):1-6.
[3] 《深入学习贯彻习近平关于治水的重要论述》出版发行[N].人民日报,2023-07-19(第1版).
[4] 李国英.为以中国式现代化全面推进强国建设、民族复兴伟业提供有力的水安全保障——在2024年全国水利工作会议上的讲话[J].中国水利,2024(2):1-9.
[5] 水利部编写组.深入学习贯彻习近平关于治水的重要论述[M].北京:人民出版社,2023.
[6] 李国英.全面提升水利科技创新能力引领推动新阶段水利高质量发展[J].中国水利,2022(10):1-3.
[7] 李国英.在水旱灾害防御工作视频会议上的讲话[J].中国防汛抗旱,2023,33(3):4-5.
[8] 李国英.水利工程白蚁等害堤动物危害及防治调研报告[J].中国水利,2023(15):1-5.

广西水网规划布局与建设实践

周光华，邓长球

（广西壮族自治区水利厅）

摘　要： 广西水网是国家水网"一主四域"主骨架中的重要内容，也是国家水网区域网的衔接枢纽。作为全国第一批省级水网先导区，广西明确"两横八纵、六河连通，引补相济、调蓄结合，'五网'共建、多能融合"的水网总体布局，推进防洪排涝网、城乡供水网、农业灌溉网、生态水网、智慧水网"五网"共建，推动水网多能融合、一网多能。从探索水网融合发展、强化体制机制创新、推动数字孪生先行先试、加速广西水网主骨架构建四个方面介绍了广西水网建设的创新实践和经验成效。针对当前水网体系建设存在短板、水网骨干工程建设要素保障有待加强等问题提出建议思考。

关键词： 国家水网；区域网；多网融合；数字孪生；广西

广西壮族自治区同东盟国家陆海相邻，是面向东盟开放合作的前沿和窗口，是西南中南地区开放发展新的战略支点，在构建新发展格局中肩负重要使命。广西降雨充沛，江河湖库众多，水系发达，自古就有利用自然水系连通解决水运、分洪、灌溉、供水和生态问题的传统，如灵渠等水利工程在经济社会发展中发挥过重大历史作用。新中国成立以来，广西水利建设与改革发展取得显著成效，但依然存在不少短板，集中体现在防洪减灾薄弱环节仍然突出、供水安全保障体系尚未完善、水生态环境"优"中有"忧"、水网智慧化水平亟须提升。

2022年8月，广西被水利部确定为全国第一批7个省级水网先导区之一。广西贯彻落实《国家水网建设规划纲要》和水利部关于第一批省级水网先导区建设工作要求，先后编制完成《广西水网建设总体方案（2023—2035年)》《广西水网先导区建设方案（2023—2027年)》，加快构建广西现代化水网。

一、广西水网总体布局

广西水网总体布局以大江大河自然水系、重大引调水工程和骨干输排水通道为"纲"，以区域性河湖水系连通工程和输水管渠为"目"，以控制性水资源调蓄工程为"结"，构建"两横八纵、六河连通，引补相济、调蓄结合，'五网'共建、多能融合"的现代化水网总

原文刊载于《中国水利》2024年第17期。

体布局，推进防洪排涝网、城乡供水网、农业灌溉网、生态水网、智慧水网"五网"共建，推动水网多能融合、一网多能。

两横八纵："两横"为西江、郁江两条横向分布的自然河流，"八纵"为柳江、桂江、贺江、北流河、南流江、钦江、防城河、湘江八条纵向分布的自然河流，十条自然河流均具有行洪、航运、输水、生态等综合功能。

六河连通：通过引调水工程连通西江与郁江、郁江与南流江、郁江与钦江、湘江与桂江、柳江与桂江、北流河与南流江，构建六条骨干输配水通道，与"两横八纵"自然河流水系有效贯通，共同形成水资源统筹调配、互济互通的水网主骨架，构建广西水网之"纲"。

引补相济：通过实施区域水资源配置、河湖连通、大中型灌区等引补水工程，形成与水网主骨架连通的输水管渠，织密广西水网之"目"。

调蓄结合：加快推进流域区域控制性调蓄工程和重点水源工程建设，充分挖掘现有工程的调蓄能力，综合考虑防洪、供水、灌溉、航运、发电、生态等功能，优化完善流域防洪体系布局，加强流域水工程联合调度，提升水资源综合调控能力，打牢广西水网之"结"。

"五网"共建：统筹推进防洪排涝网、城乡供水网、农业灌溉网、生态水网、智慧水网共建，保障防洪安全、供水安全、粮食安全、生态安全和水利网络安全，实现防洪排涝、供水保障、生态补水等功能有序转换及水网智慧调控。

多能融合：加强水网与相关行业产业协同发展。一方面，加强水网与水运网协同融合，大力推进西江、郁江、柳江等具有水运功能的天然河道与输排水通道、生态廊道、航运通道等协同建设，加强水资源综合利用与水运开发协同。另一方面，加强水网与水电协同融合，推动水网工程与水电及新能源工程协同规划建设。同时，发挥水资源禀赋优势，发展生态养殖、涉水运动休闲、文旅康养等，融合发展绿色多元化水经济，挖掘水网工程综合效益。

二、广西水网建设经验

（一）探索多网融合，提升水网综合效益

广西在水网建设中积极探索多网融合。以"五网"共建为抓手，构建多功能立体化现代化水网，一体化保障防洪、供水、粮食、生态等用水安全。同时，提出协同推进水网与水运、农业、能源等行业融合发展，水网与水经济融合发展，提升水网整体效能和全生命周期综合效益。

1. 水网与水运网融合

围绕高水平共建西部陆海新通道，保障平陆运河远期用水，加快推进平陆运河经济带供水工程、平陆灌区工程等前期工作，发挥平陆运河最大效益。以环北部湾广西水资源配置工程等水网骨干工程牵引带动水网建设，与水运网规划衔接，统筹安排西江、郁江等重点流域水资源，开展水网与水运网融合发展研究，依托水网工程提高航运能力，推动水网融合建设成为重要的输排水通道、生态廊道和水运通道。

2. 水网与现代农业融合

根据农业主产区、特色农产品优势区分布特点和灌溉需求，广西加快建设一批现代化灌区，夯实粮食和糖料蔗等主要农产品安全基础。大力推进大中型灌区新建及改造，完善灌排工程体系，提升粮食生产保障能力，推动水网与现代农业深度融合。

3. 水网与能源产业融合

统筹水网工程与水电工程，挖掘已建、在建重点水电站供水、防洪、生态等综合功能，通过利用水电富余电量调水供水、骨干工程调蓄为电网"削峰填谷"，实现水网、能源产业协同互促。推进西江流域水库电站群多目标优化调度，同步提升粤港澳大湾区建设等国家重大战略水安全及能源安全保障能力。统筹水网和清洁能源基地建设，利用水网工程保障能源基地合理用水需求，促进水风光储一体化发展。

4. 水网与水经济融合

引导培育形式多样的水上运动、水上消费等融合新业态，发展绿色生态清洁养殖、优质饮用水产业，以绿色生态廊道、大中型水库、水利风景区、幸福河湖、水美乡村等为载体探索发展涉水文旅康养产业，推动"绿水青山"向"金山银山"高质量转化，以水网建设带动水经济高质量发展。如灵渠除具备灌溉、旅游、排洪、科研等功能，还是岭南与岭北经济文化及与海外贸易文化交流的重要通道。广西正在建立完善的灵渠保护体系，重塑千年古渠活力，营造具有地域特色的沿岸风貌，将灵渠打造成集灌溉、旅游与防洪等多功能于一体的水利工程遗产。

（二）推进体制机制创新

1. 积极创新水网建设运行管理模式

深化建设管理体制改革。由自治区党委办公厅、自治区人民政府办公厅印发《广西实施水利基础设施建设管理体制改革若干措施》，提出加快建立权责一致的水利工程建设项目法人运行机制，构建统一开放、竞争有序的水利建设市场，建立多元化水利工程建设投融资体系，不断深化水利基础设施建设管理体制改革。成立自治区直属的水利发展投资平台——广西水利发展集团有限公司，作为广西水网重点工程实施的主体，为有效加强水网工程前期工作、完善项目投融资及建设管理，推动实现水网工程投建管运一体化提供坚强的支撑和保障。同时鼓励市、县相应组建或确定水网承接主体和平台公司，探索投建管运一体化建设管理模式。

深化运行管理体制改革与河湖管控。印发实施《广西全面推行水利工程标准化管理工作方案》，全面推行水利工程标准化管理，建立水利工程标准化管理制度体系。强化河湖长制长效机制，落实建立跨界河湖联防联控联治机制，推动建立"河湖长＋检察长""河湖长＋警长""河湖长＋校长"创新协作机制，推广水库库区"四方两股一体化管护"模式等，不断提高广西水网一体化调度管护水平和综合效能。

2. 积极创新农业水价管理模式

广西陆续实施了几批农业水价综合改革试点工作，在水权分配、计量设施配套、水价制定、节水奖补和工程管护等方面积累了诸多经验。例如，金城江区六甲灌区采用"水管单位＋协会"联合管理的模式，将项目区国有水利工程的产权、管护权、使用权移交给水利管理所，由其负责整个灌区的灌溉供水调度以及干渠维护；将末级渠系工程产权、管护権、使用权移交给当地8个用水者协会，由其负责水利管理所灌区末级渠系运行维护；水利管理所以分级原则收取主干渠的水费。该模式既确保国有水利工程的正常运行，又能促进农民群众全程参与，同时实现水费实际计收率提高。扶绥县渠黎镇渠芦村项目区农户按照"入社自愿，利益均分，风险共担，分钱不分田"的原则以土地入股，组建现代农业专业合作社，项目区工程产权、管护权、使用权移交给合作社。用水合作组织成立后，农民有了自己的管水队伍，灌溉秩序井然。

3. 积极创新多样化投融资模式

加强组织和顶层设计。统筹推进"两手发力"工作，成立了以水利厅厅长为组长的推进"两手发力"助力水利高质量发展领导小组，先后与中国工商银行广西分行等5家银行签订战略合作协议，印发金融支持水利基础设施建设的实施意见。

创新水利投融资体制机制。拓宽政银企沟通渠道，建立水利投融资联合服务站，抓住投融资信贷政策的"窗口期"，推动金融机构与水利投融资企业签订合作意向协议。2023年获金融机构审批水利贷款项目34个，审批金额374.02亿元，同比增长166.8%。南宁市上林县率先探索采用"工程总承包（EPC）＋政府和社会资本合作（PPP）"模式，总投资7.05亿元，其中通过PPP模式落实资金6.9亿元，该项目投融资经验作为全国农村规模化供水工程"两手发力"典型案例之一被推广。广西大藤峡水利枢纽灌区工程获国开基础设施基金有限公司出资8亿元、国家开发银行广西分行发放贷款2亿元，通过基金和贷款"投贷联动"加快推进工程建设，这也是政策性、开发性金融工具设立后，广西首个基金和贷款"投贷联动"的重大水利项目。

（三）推动数字孪生建设

广西紧紧把握推进智慧水利建设是推动新阶段水利高质量发展的六条实施路径之一，将数字孪生水网建设摆在重要的位置，强化全自治区统筹、高位推动、试点先行。成立数字孪生流域（水利工程）试点建设工作领导小组，以数字孪生流域、数字孪生水利工程为先导，总结成功经验，为全自治区广泛开展数字孪生建设奠基铺路。目前，数字孪生漓江项目基本建成，数字孪生郁江邕江段、数字孪生落久水利工程等已完成前期工作，环北部湾广西水资源配置工程等水网骨干工程数字孪生建设与主体工程同步设计、同步实施。

数字孪生漓江项目是强化漓江流域水资源调配管理的重要举措。项目围绕流域防洪调度、水资源调配、水生态保护，构建数据底板、完善基础设施、搭建数字孪生平台、建设"四预"（预报、预警、预演、预案）业务系统。依托漓江流域水资源调配"四预"平台在2023年中秋国庆假期开展多水库联合补水优化调度，该项工作入选2023年水利网信（数字孪生水利）十件大事。数字孪生漓江项目是探索全自治区数字孪生流域建设的标志性成果，是广西智慧水利建设的又一突破。

（四）加速广西水网主骨架构建

入选水利部第一批省级水网先导区以来，广西水网建设开局良好、成效初显。大藤峡水利枢纽主体工程提前4个月完工发挥防洪、补水等综合效益，乐滩水库引水灌区实现通水，驮英水库及灌区工程客兰东干渠进行试通水测试，西江干流治理工程13个子项全部完工。平陆运河、环北部湾广西水资源配置工程、大藤峡水利枢纽灌区、龙云灌区、下六甲灌区、长塘水库等重点工程相继开工建设，"两横八纵、六河连通"的广西水网主骨架

384

加速构建。

1. 平陆运河开辟西江干流向南入海新通道

2023年3月，西部陆海新通道骨干工程平陆运河全线开工。平陆运河全长134.2km，可通航5000t级船舶，是广西水网主骨架工程，也是广西水网融合发展的重大牵引工程，建成后将连通郁江和钦江，在我国西南地区开辟一条向南入海的江海联运大通道。同时，运河开通后可向钦州市和港区供水，提高区域灌溉供水保障水平。

2. 环北部湾广西水资源配置工程激活北部湾发展动能

2023年9月8日，环北部湾广西水资源配置工程开工，作为广西目前投资最大、受益人口最多、综合效益最显著的水资源配置工程，将惠及1400万人口。环北部湾广西水资源配置工程是国家水网骨干工程，建成后将连通郁江、钦江、南流江，工程与当地水源工程联合运用，可长远解决环北部湾广西地区水资源承载能力不足的突出问题，有力支撑环北部湾地区经济社会高质量发展，激活北部湾发展动能。

3. 新建大型灌区织密广西水网之"目"

2022年6月，大藤峡水利枢纽灌区工程开工建设，设计灌溉面积100.1万亩（1亩＝1/15hm²，下同）。工程建成后，将有效解决贵港市、来宾市等桂中典型干旱区耕地灌溉、城乡供水等方面存在的突出问题。2022年8月，玉林市龙云灌区工程开工建设，设计灌溉面积51.4万亩，工程建成后，可改善玉林市周边地区农业灌溉条件，强化项目区粮食生产安全和城乡生活及工业用水保障，改善南流江水生态环境。2023年3月，来宾市下六甲灌区开工建设，设计灌溉面积59.2万亩，工程建成后，将推动"桂中旱片"成为"桂中粮仓"。

4. 重大水利工程前期工作加速推进

近年来，广西谋划了一批事关广西高质量发展的重大水利工程，加速重大水利工程的前期工作。长塘水库工程可行性研究报告已获国家发展改革委批复，于2024年5月27日正式开工；洋溪水利枢纽工程可行性研究报告审批所需的前置专题基本完成；黑水河现代化灌区工程已完成可行性研究报告审查；龙江河谷灌区工程已完成可行性研究报告复核；那峒水库工程已进行可行性研究报告复审；桂林水资源配置提升工程、桂西北供水保障工程、平陆灌区工程、贺州市潇贺走廊灌区工程、柳州市沙埔河水库及灌区工程、南宁市伶俐水库及灌区工程、南宁市屏山水库及灌区工程等项目前期工作正全力推进。

三、广西水网建设存在的问题

（一）水网体系建设仍存在短板

1. 洪涝灾害多发频发，防洪防潮排涝薄弱环节依然突出

自治区防洪体系尚不完善，如防洪控制性工程洋溪水利枢纽尚未建设，与柳江中下游等河流堤库结合的防洪体系尚未形成，南流江等河流防洪体系也需进一步完善。江河堤防达标率仅70.4%，有防洪任务的县级以上城市主城区防洪达标率仅65.3%，已建海堤防潮达标率仅28%。应对大洪水特别是超标准洪水能力不足。

2. 抗旱能力不足，供水安全保障格局尚未形成

桂西北旱片、桂中旱片和左江旱片三大旱片抗旱能力弱，干旱灾害易发频发。玉林、

北海、钦州等市主要河流源短流急，资源性和工程性缺水问题并存。自治区县级以上城市缺少应急备用水源的比例达 65.1%，应急供水应对能力不足。农村供水水源稳定性总体较差，规模普遍偏小，水质达标率整体偏低，特别是桂西北大石山区仍有 28 万人仅依靠 6.64 万座家庭水柜供水，规模化供水水平亟待提高。灌区水源缺乏，且田间配套不足，超一半耕地"靠天吃饭"。现状用水效率不高，与先进省份相比存在差距。

3. 水生态环境"优"中有"忧"，统筹保护和发展任务艰巨

广西水生态环境总体优良，但部分流域、区域不容乐观，特别是桂南沿海诸河流域水生态环境治理成效不稳固，南流江、九洲江等河流局部河段水质不稳定，农村水系水环境亟待提升。一些地方河湖历史遗留问题仍较多，水生态空间管控难度大，重点河湖生态保护修复力度不足。部分水库、水电站尚未建设生态流量泄放设施和监控设施，局部河段生态流量满足程度不高。水经济产业较为零散，且规模小、发展水平低、产业链不完整、竞争力不强，水文化缺乏有效的保护和利用。河湖生态资源优势转化为发展优势的实现机制还不健全。

4. 智慧水利建设处于起步阶段，水网智慧化水平亟须提升

广西水利信息化基础仍然薄弱，尚未建立统一的数据标准规范体系，水利行业应用支撑体系不完善。自治区、市、县及工程管理单位建设的各类业务系统独立运行，分散建设，涉水要素监测、信息化基础设施、业务系统和安全防护等方面建设不同步，联动程度较低，缺乏有效的数据共建共享手段，水网智慧化水平亟须提升。

（二）水网骨干工程建设要素保障有待加强

广西属于西部地区，财政实力偏弱，而广西水网建设任务重，资金需求大，仅依靠广西自身的财政预算收入难以保障水网建设项目特别是水网骨干工程建设项目的覆盖，水网骨干工程建设进度受到财政水平的制约。

四、建议与思考

加快推进广西水网骨干工程建设。加快推进在建的环北部湾水资源配置工程、大藤峡水利枢纽灌区、龙云灌区、下六甲灌区等水网骨干工程建设，加快推进洋溪水利枢纽工程、长塘水库、邕北灌区等大型骨干工程前期工作，早日开工建设。按照《广西水网建设总体方案（2023—2035 年)》确定的目标和任务，科学有序推进项目立项实施，不断完善流域防洪减灾体系、城乡供水保障体系、农业灌溉体系、水生态保护治理体系和智慧水利体系。

强化要素保障。加强与相关部委沟通协调，争取扩大中央资金补助范围；充分发挥政府投资的主渠道作用，用足用好地方政府专项债券和金融信贷支持政策，鼓励和吸引社会资本参与，积极拓宽融资渠道，建立多元化水利投融资体系。同时协调各有关单位加大用地用林用海、资金投入、生态环境等方面的支持力度，确保各项建设任务落地实施。

积极探索多网融合。深入推进水经济产业发展，加强广西水经济发展的顶层设计，进一步将水网建设与水经济、水产业、水电行业等发展相融合，开发多层次、多样化的经济发展模式，充分发挥水网工程综合效益。

强化监督管理。落实水利建设基本程序，完善质量与安全管理体系，强化参建各方质

量责任，加强项目建设质量全生命周期管理。适时跟踪问效，实施阶段性评估，确保水网工程高质量建设。

参 考 文 献

[1] 何星霖，何浩然. 国家水网构建关键方略 [C]//2023中国水资源高效利用与节水技术论坛论文集. 2023.

[2] 杨斌. 广西北部湾经济区水资源管理对策研究 [J]. 广西水利水电，2013 (2)：40-43，53.

[3] 韦民翰. 建设平陆运河对发电、供水、灌溉等作用与效益的探讨 [J]. 广西水利水电，1994 (4)：6-9.

[4] 杨健，韩羽，王保华. 环北部湾水资源配置工程总体方案研究 [C]//中国水利学会2021学术年会. 中国水利学会2021学术年会论文集第五分册. 郑州：黄河水利出版社，2021.

[5] 马兴华，张云，崔国韬，等. 面向粤港澳大湾区建设的珠江流域水安全保障研究框架与展望 [J]. 人民珠江，2024，45 (5)：1-9.

[6] 杨贵羽，王浩，吕映，等. 国家水网建设对保障国家粮食安全战略作用研究 [J]. 中国水利，2022 (9)：34-37.

[7] 蒋华波，李传科，张龙辉. 广西北部湾经济区水物理网总体布局研究 [J]. 广西水利水电，2016 (5)：13-16.

[8] 夏军，陈进，余敦先，等. 变化环境下中国现代水网建设的机遇与挑战 [J]. 地理学报，2023 (7)：1608-1617.

[9] 李桂芳，吴曼妮，郑文俊. 基于"活态共生"的中小型河流遗产保护与复兴——以桂林灵渠为例 [J]. 广东园林，2021，43 (6)：7-12.

[10] 罗利环，廉柱. 广西农业水价综合改革模式初探 [J]. 广西水利水电，2019 (3)：115-118.

[11] 甘幸，韦恩斌，叶璠. 广西壮族自治区农民用水合作组织实践与探索 [J]. 人民珠江，2016，37 (11)：101-104.

[12] 刘辉. 国家水网工程智能化建设的思考 [J]. 中国水利，2021 (20)：9-10.

[13] 杨朝晖，王浩，楮俊英. 广西北部湾经济区跨越式发展中的水环境问题与对策 [J]. 水利水电技术，2013，44 (2)：32-34.

[14] 罗红磊，何洁琳，李艳兰，等. 气候变化背景下影响广西的主要气象灾害及变化特征 [J]. 气象研究与应用，2016，37 (1)：10-14.

[15] 邱振宇，郑懋岚，吴晓峰. 政策性金融支持国家水网建设的机遇和对策 [J]. 农业发展与金融，2023，34 (6)：88-90.

[16] 陈标. 枯水期广西电网水电安全经济运行探讨 [J]. 广西电力，2011，34 (3)：27-29.

[17] 杨丽敏. 水经济初探 [J]. 现代农业科技，2007 (19)：229-232.

永葆生机，全面落实"江河战略"

深入学习贯彻习近平总书记重要讲话精神 努力建设安澜长江　为长江经济带高质量 发展提供水安全保障

刘冬顺

（水利部长江水利委员会）

摘　要： 深入学习贯彻习近平总书记在进一步推动长江经济带高质量发展座谈会上重要讲话精神，准确把握精神实质和实践要求，对标对表查找问题和不足，从七个方面提出贯彻落实的对策举措，为进一步推动长江经济带高质量发展提供坚实水安全保障。

关键词： 长江经济带；高质量发展；水安全保障

2023 年 10 月 12 日，习近平总书记在江西省南昌市主持召开进一步推动长江经济带高质量发展座谈会并发表重要讲话，谋长远之势、行长久之策、建久安之基，为进一步推动长江经济带高质量发展、更好支撑和服务中国式现代化指明了前进方向、提供了根本遵循[1]。认真学习习近平总书记重要讲话精神，深入领会精神实质和实践要求，对标对表查找问题和不足，研究提出对策举措，扎实推进工作落实，努力建设安澜长江，为推动长江经济带高质量发展提供坚实水安全保障，是当前和未来一段时期治江工作的重中之重。

一、深入学习领会习近平总书记重要讲话的精神实质和实践要求

习近平总书记强调，要完整、准确、全面贯彻新发展理念，坚持共抓大保护、不搞大开发，坚持生态优先、绿色发展，以科技创新为引领，统筹推进生态环境保护和经济社会发展，加强政策协同和工作协同[1]。要深入学习习近平总书记重要讲话精神，保持战略定力，谋长远之势，从中华民族长远利益考虑，走生态优先、绿色发展之路；行长久之策，将推动长江经济带高质量发展作为一个系统工程，持续发力、久久为功；建久安之基，为进一步推动长江经济带高质量发展提供坚实的水安全保障。立足长江流域生态环境保护和高质量发展正处于由量变到质变的关键时期，深刻把握推进生态文明建设需要处理好几个重大关系[2]，进一步推动长江经济带高质量发展对水安全保障工作提出了新的更高的要求。

原文刊载于《水利发展研究》2024 年第 2 期。

一是要落实高水平保护，持续提升流域水生态环境质量。习近平总书记指出，从长远来看，推动长江经济带高质量发展，根本上依赖于长江流域高质量的生态环境。要毫不动摇坚持共抓大保护、不搞大开发，在高水平保护上下更大功夫[1]。要加强生态环境分区管控，沿江各地生态红线已经划定，必须守住管住；要继续加强生态环境综合治理，持续强化重点领域污染治理；要协同推进降碳、减污、扩绿、增长，提高经济绿色化程度。这就要求保持共抓大保护的战略定力，严守流域生态保护红线；强化综合治理、系统治理、源头治理，统筹推进水系连通、水源涵养、水土保持，系统推进长江河湖生态环境保护修复；落实水资源刚性约束制度，全面提高水资源利用效率，推进水资源集约节约利用；强化水质监测，加强水源地保护，确保"一江清水东流"和"一泓清水永续北上"。

二是要努力建设安澜长江，持续提升水旱灾害防御能力。习近平总书记强调，要努力建设安澜长江，坚持旱涝同防同治；要统筹好发展和安全，在维护国家粮食安全、能源安全、重要产业链供应链安全、水安全等方面发挥更大作用，以一域之稳为全局之安作出贡献[1]。长江流域是我国重要的战略水源地、重要能源基地和重要粮食基地，科学调配长江流域水资源，对维护国家粮食安全、能源安全、重要产业链供应链安全等至关重要，也事关全局之安。这就要求我们牢固树立底线思维、极限思维，完善流域防洪工程体系，加快建设重大防洪工程；积极推动国家水网建设，遵循确有需要、生态安全、可以持续的重大水利工程论证原则[3]，加快推动构建国家水网主骨架和大动脉，促进长江流域水资源优化配置和节约保护，不断提升水旱灾害防御能力和水资源优化配置能力，提高流域水安全保障水平[4]。

三是要强化统一联合调度，持续提升水工程综合效益。习近平总书记指出，要科学把握长江水情变化，强化流域水工程统一联合调度，加强跨区域水资源丰枯调剂，提升流域防灾减灾能力[1]。这就要求我们加快数字孪生长江建设，加快构建雨水情监测预报"三道防线"，延长预见期、提高精准度；加强算据、算法、算力建设，强化预报、预警、预演、预案"四预"措施，贯通雨情、水情、险情、灾情"四情"防御，强化水工程统一联合调度，充分发挥水工程在防洪、供水、生态、发电、航运等方面的综合效益。

四是要坚持创新引领，持续提升治江科技支撑能力。习近平总书记指出，要坚持创新引领发展，把长江经济带的科研优势、人才优势转化为发展优势，积极开辟发展新领域新赛道，塑造发展新动能新优势[1]。这就要求我们持续完善流域水利科技创新体系，强化人才队伍建设，提升自主创新能力，加强创新平台建设，强化江湖关系变化应对、跨流域引调水、超大规模水工程联合调度等重大问题研究，厚植治江科技支撑。

五是要强化协同融通，持续提升流域综合管理水平。习近平总书记强调，要坚持把强化区域协同融通作为着力点，促进区域协调发展[1]。这就要求我们充分发挥流域防汛抗旱总指挥部办公室、流域省级河湖长联席会议、水行政执法与刑事司法衔接、水行政执法与检察公益诉讼协作等体制机制作用，强化长江流域统一规划、统一治理、统一调度、统一管理，推进上下游、左右岸、干支流协同治理管理[5]；不断健全完善跨区域跨部门规划协调、保护协作、执法联动、创新协同和信息共享等工作机制，持续提升流域综合管理水平。

二、全面对标对表查找存在问题和不足

（一）取得的工作成效

近年来，在水利部的坚强领导下，长江委深入学习贯彻习近平总书记关于推动长江经济带发展系列重要讲话重要指示批示精神，全面落实长江经济带发展水利重点任务，全面强化流域治理管理，奋力推进长江大保护，持续提升长江流域水安全保障能力。

在河湖保护治理方面，狠抓长江经济带涉水生态环境突出问题整改，大力开展岸线利用、非法采砂、小水电、非法矮围等专项清理整治行动，加强河湖生态流量保障，严格岸线空间管控，强化采砂管理，加强水土流失监督管理，加大饮用水水源地保护力度，推进河湖水系连通，长江经济带河湖面貌得到了明显改善。

在安澜长江建设方面，基本建成以堤防为基础，三峡工程为骨干，其他干支流水库、蓄滞洪区、洲滩民垸相配合的长江流域防洪减灾体系；推进实施滇中引水、引江补汉等重大引调水工程，流域内基本建成以大中型骨干水库、引提调水工程为主体，大中小微并举的水资源优化配置体系。

在统一联合调度方面，逐步将长江流域125座水工程纳入联合调度范围，成功应对了2016年、2017年区域性大洪水，2020年长江流域性大洪水和2022年长江流域大旱，有力保障人民群众生命财产安全；长江流域全覆盖水监控系统开工建设，数字孪生长江建设取得积极进展；长江流域控制性水工程联合调度管理办法（试行）颁布实施。

在水资源节约集约利用方面，全面加强流域节水型社会建设，推进滇中引水工程受水区节水指标纳入考核试点，加强省级用水定额评估和发布前审核管理；全面完成汉江等23条重要跨省江河水量分配，深入推进汉江、嘉陵江等9条河流以及南水北调中线一期工程水量调度管理，规模以上取水水量在线监测率达到95％以上，水资源节约集约利用全面加强。

在强化科技创新方面，重大科技攻关全面推进，"十四五"以来，获批国家重点研发计划项目十余项，牵头承担制修订国家、行业和省级技术标准27项，累计获省部级科技奖励40余项，水资源工程与调度全国重点实验室获批建设，长江治理与保护科技创新联盟成员单位扩展至53家，协同创新效能日益显著。

在强化流域管理方面，长江保护法已经颁布实施，河湖长制全面建立，长江流域省级河湖长联席会议机制已经建立，规划顶层设计持续加强，与农业农村部长江办、南京市人民政府、三峡集团等20家部门机构、地方政府和国有企业建立了战略协作机制，统一规划、统一治理、统一调度、统一管理逐步加强，流域治理管理能力得到进一步提升。

（二）存在问题和不足

全面对标对表习近平总书记在进一步推动长江经济带高质量发展座谈会上的重要讲话精神，立足新形势新要求，还存在以下几方面的困难和问题亟待解决。

一是水旱灾害防御仍存短板。防洪方面，部分重要支流及湖泊防洪能力偏低，部分堤防尚未达标和存在风险隐患，局部河段崩岸问题突出，蓄滞洪区建设滞后，洲滩民垸行蓄洪困难，部分规划的防洪水库尚未建成，部分城市未完全达到规划防洪标准，中小河流防洪标准偏低。抗旱方面，流域部分区域抗旱能力不足，应急备用水源短缺，监测预警能力

亟待提升。

二是水资源配置格局尚待优化。流域水资源时空分布不均，供水保障能力不足，水资源配置工程体系尚待完善。部分地区资源性缺水、水质性缺水、工程性缺水等问题依然存在；工农业用水效率偏低，节水型社会建设任务仍然艰巨，流域水资源管理能力有待提升。

三是河湖生态环境保护修复任重道远。长江流域部分湖泊和水库富营养化问题突出；中下游江湖阻隔、江湖关系变化大，导致复合生态系统完整性受损和稳定性降低；洞庭湖、鄱阳湖水生态保护修复治理复杂，推进困难；流域内尚有 1 亿多亩坡耕地未得到有效治理。

四是水工程统一联合调度尚需持续发力。雨水情监测预报"三道防线"建设有待加强，监测站网体系需进一步完善，数字孪生长江建设亟待加快推进，与科学把握长江水情变化的要求仍有差距；统一联合调度方案预案体系仍待完善，信息共享不够全面，水工程统一联合调度研究和实践需持续加强。

五是水利科技创新能力有待持续加强。流域保护治理重大问题研究还需进一步强化，技术成果转化有待加强，协同创新体制机制尚不完善，科技创新人才培养力度仍需加大，科技支撑作用有待进一步提升。

六是流域治理管理水平仍需提升。长江保护法配套制度亟待建立完善；河湖长制作用仍需充分发挥，跨区域、跨部门的协调机制尚不健全；综合执法能力仍需进一步加强，流域治理管理有待全面强化。

三、进一步提升长江经济带高质量发展水安全保障能力的对策举措

一是完善流域防洪工程体系。加强长江中下游干流干堤提质增效、崩岸和河道整治，推进实施长江干流四川、重庆段堤防达标建设和雅砻江、乌江等重要支流防洪综合治理，加强中小河流治理、山洪灾害防治、城市防洪等薄弱环节建设，提高河道泄洪能力。加快建设清江姚家平等重要防洪水库，持续推进病险水库除险加固，增强洪水调蓄能力。科学审慎优化蓄滞洪区布局，加快蓄滞洪区建设，推进洲滩民垸治理和分类管理。加快构建雨水情监测预报"三道防线"，提高水旱灾害防御的水文气象预测预报预警水平。

二是推进国家水网建设。优化流域水资源配置格局，做好"纲""目""结"文章，加快构建国家水网与省市县水网相协同的现代水网体系。加快推进引江补汉工程建设，做好南水北调中线工程规划修编、西线工程规划修编配合。加强对省级水网建设的跟踪指导，积极应对干旱特大干旱年部分城市和地区存在的供水安全隐患，推动流域重点水源工程、重大引调水工程和大中型灌区节水改造工程建设，推进应急备用水源建设，全面增强城乡供水和抗旱保障能力。

三是系统推进流域生态环境保护。加快推进鄱阳湖、洞庭湖生态保护修复重大工程，推进长江干流及主要支流河湖水系连通工程和生物通道修复设施建设，保护修复长江口生态环境，加强赤水河等支流系统治理；强化饮用水水源地保护源头治理，健全跨省河流联防联治工作机制，加强三峡库区、丹江口库区及其上游流域水质安全保障；科学推进金沙江下游等重点区域水土流失综合治理，严控人为新增水土流失。持续强化生态流量管控；

严格河湖水域岸线管理保护，推进河湖库"清四乱"常态化规范化；持续打击非法采砂，有序推进疏浚砂综合利用。

四是加快数字孪生长江建设。深入落实"十四五"数字孪生长江建设方案，推动建设数字孪生长江数据底板，以数字化、网络化、智能化为主线，加快构建具有预报、预警、预演、预案"四预"功能的数字孪生长江。完成数字孪生汉江、丹江口、江垭皂市等先行先试任务，进一步打造数字孪生丹江口工程2.0版，持续推进数字孪生三峡工程建设，推进长江流域全覆盖水监控系统建设。推动水工程综合调度支持系统建设和应用，加快构建水利智能业务应用体系。坚持打造一支高素质的网信工作队伍，为建设数字孪生长江提供强有力的人才支撑保障。

五是提升水资源节约集约利用水平。深入实施国家节水行动，持续推进流域内县域节水型社会达标建设。夯实省级用水定额评估和发布前审核管理，强化计划用水监管，持续推进规划和建设项目节水评价工作。全面推进再生水利用试点建设，推进非常规水源纳入水资源统一配置。实施跨省江河流域水量分配方案监管，持续强化重要跨省江河流域水量调度管理。强化流域取用水监管，加快推动实现规模以上取水口在线监测全覆盖。

六是强化科技创新。围绕水旱灾害防御、水网建设、河湖保护治理、水资源集约节约利用、水工程建设运行、清淤疏浚、智慧水利等领域，加强流域涉水重大问题研究和科技攻关。依托长江治理与保护科技创新联盟，推进形成多元开放、优势互补、集成高效的协同创新机制。持续加强成果管理转化，拓宽人才培养渠道，打造高水平科研创新团队，强化青年人才培养。

七是提升流域综合管理效能。深入贯彻落实长江保护法，开展长江保护法配套法规研究建设。完善流域省级河湖长制等联席会议机制，健全水行政执法与刑事司法衔接机制以及与检察公益诉讼协作机制等，提升水利监督工作质效。强化流域水工程统一联合调度，充分发挥长江流域防汛抗旱总指挥部办公室作用，强化"四预"措施，统筹防洪抗旱，优化调度方案，提升信息共享水平，深化联合调度基础研究。完善流域规划体系，全力做好长江流域防洪规划修编，全面完善规划实施机制。加强长江水文化建设。全面强化长江流域统一规划、统一治理、统一调度、统一管理。

参　考　文　献

[1] 习近平主持召开进一步推动长江经济带高质量发展座谈会强调　进一步推动长江经济带高质量发展　更好支撑和服务中国式现代化[N].人民日报，2023-10-13（01）.

[2] 习近平.推进生态文明建设需要处理好几个重大关系[J].求是，2023（22）：1-2.

[3] 李国英.推进南水北调后续工程高质量发展[N].人民日报，2021-7-29（13）.

[4] 李国英.深入贯彻落实党的二十大精神扎实推动新阶段水利高质量发展——在2023年全国水利工作会议上的讲话[J].水利发展研究，2023，23（1）：1-11.

[5] 李国英.坚持系统观念　强化流域治理管理[J].水利发展研究，2022，22（11）：1-2.

深入贯彻实施黄河保护法
沿着法治轨道推进黄河保护治理

祖雷鸣

（水利部黄河水利委员会）

摘　要： 出台黄河保护法，在中华民族治水史上具有里程碑意义。水利部黄河水利委员会须全面梳理法律法规赋予的职责，依法开展水行政监督管理；以强化规划引领指导约束作用、推进水资源节约集约利用、构建抵御洪水灾害的稳固防线、推进山水林田湖草沙一体化保护和系统治理、大力保护传承弘扬黄河文化为着力点，沿着法治轨道推进黄河保护治理；从健全黄河水法规体系、完善协作协同机制、加强治理监督管理能力建设等方面强化基础支撑，确保黄河保护法得到有效实施。

关键词： 黄河保护法；水利部黄河水利委员会；法治轨道；黄河保护治理

出台黄河保护法，是以习近平同志为核心的党中央着眼推进黄河流域生态保护和高质量发展作出的重大战略决策部署，是国家"江河战略"法治化的生动实践，在中华民族治水史上具有里程碑意义。作为国家专门设立的黄河流域管理机构、作为黄河"代言人"，水利部黄河水利委员会（以下简称黄委）更需胸怀"国之大者"、笃行国家意志，沿着法治轨道推进黄河保护治理。

一、聚焦法定职责，依法开展水行政监督管理

1946 年，人民治黄机构在炮火硝烟中诞生，在相当长的时期内，保障防洪安全是黄委的主要职责。随着流域经济社会发展对治黄工作的需求日益多样，随着依法治国进程的不断推进，黄委职能持续丰富拓展，陆续出台的水法、防洪法、水土保持法等均对流域管理机构的管理职责作出规定。黄河保护法首次以法律形式赋予黄委及其所属管理机构流域水行政监督管理职责，并规定流域管理机构按照职责分工对黄河流域各类生产生活、开发建设等活动进行监督检查，依法查处违法行为。黄委工作职责的法定化又向前迈出了一大步。

水行政监督通常是指水行政主体依法对水行政相对方遵守水事法律、法规、规章和

原文刊载于《中国水利》2023 年第 5 期。

执行水事管理决定、命令等情况所进行的检查、了解、监督的一种具体水行政行为。中央机构编制委员会批复的黄委新"三定"规定，也明确了黄委在规划实施、取水许可、节约用水、水土保持等方面的监督职能。这些职责更深入、更广泛地涉及流域高质量发展的诸多方面，对黄河流域管理机构来说，监督管理的责任更大了、保障水安全的任务更重了。

有权必有责，有责须担当。黄委将以法定职责为基本依据，结合"三定"规定和水利部授权，全面梳理水行政监督管理工作要求，细化实化工作举措，在法律框架下闭环开展工作。发挥流域治理管理主力军作用，全面落实"四个统一"，锚定防洪、水资源、河湖管理、水土保持、农村水利、工程建设和运行等重点领域实施高效精准监管，把法律制度优势转化为治理效能。同时依照中央关于全面推行河湖长制的意见，在全流域推动地方落实河湖管理保护主体责任和各级河长责任。对直管工程和直管河段，要在扛牢直接管理责任的同时，分门别类区分管理主体，用法治立准绳、划界限，对涉河审批事项切实落实"谁审批、谁负责"的原则；各工程管理单位及其上级主管部门，要承担起工程运行管理的主体责任及其相应责任。

二、立足黄河实际，沿着法治轨道推进黄河保护治理

黄河保护法以水为核心、河为纽带、流域为基础，作出了继承性和前瞻性兼备的制度安排，凸显了水利的地位和作用，是迄今为止对黄河流域管理机构工作内容规定最为具体、最为全面的法律，为黄委履行防洪、水资源管理、生态保护等职责提供了重要法律依据，我们必须准确把握和贯彻。

1. 强化规划引领指导约束作用

党和国家历来高度重视黄河保护治理的顶层设计。1955年，一届全国人大二次会议通过第一部根治黄河水害、开发黄河水利的规划，黄河进入有计划有步骤治理的新阶段。根据黄河出现的新情况新变化，国家对流域综合规划进行修编完善、相继批复实施一系列专项规划，不断优化治黄整体布局。2019年，黄河流域生态保护和高质量发展上升为重大国家战略后，中央层面制定《黄河流域生态保护和高质量发展规划纲要》，组织编制相关水利保障规划，围绕解决黄河流域存在的矛盾和问题开展了大量工作，搭建起黄河保护治理的"四梁八柱"。黄河保护法将中央顶层谋划法治化，明确国家建立黄河流域规划体系，明确了流域综合规划等水利规划的法律地位。

流域管理机构将对表对标党中央决策部署，科学把握流域自然本底特征、经济社会发展需要、生态环境保护要求，从流域整体性、系统性出发，把黄河保护法明确的统一规划要求落到实处。依法修编黄河流域综合规划、防洪规划、水资源规划等，推进黄河河口综合治理规划、水土保持规划等规划编制，适时启动下游滩区综合提升治理规划编制，进一步完善黄河保护治理格局。坚持流域范围内的区域水利规划服从流域规划，水利专业（专项）规划服从综合规划，严格依据法律法规和流域规划开展相关事项审查审核审批，强化项目实施规划符合性审查审核，严格执行水工程规划同意书等制度，树立流域规划的权威，发挥规划的引领约束作用。沿黄省区层面的重要规划编制、重要产业政策制定，要突出国家发展规划的统领作用，与黄河流域水资源条件和防洪要求相适应。

2. 推进水资源节约集约利用

黄河是一条资源性缺水河流，国家为解决黄河水资源供需矛盾采取了一系列开创性措施。1987年，国务院批准黄河可供水量分配方案，黄河成为我国大江大河首个进行全河水量分配的河流。1999年，根据国务院授权，黄委对黄河干流实施水量统一调度，在我国大江大河中首开先河。党的十八大以来，针对黄河严峻的水资源保障形势，习近平总书记强调，要坚持以水定城、以水定地、以水定人、以水定产，把水资源作为最大的刚性约束。当前，水资源短缺仍是流域最大矛盾，推进水资源节约集约利用是实现流域高质量发展的必然选择。黄河保护法明确国家在黄河流域实行水资源刚性约束制度，并对水量分配、水资源统一调度、取水许可、深度节水控水等作出了详细规定。

流域管理机构将坚持节水优先、统筹兼顾、集约使用、精打细算，切实管好、促进用好黄河水资源。推动完善水资源刚性约束指标体系，落实取用水总量控制制度，优化调整水量分配方案，加快推进大通河、沁河等跨省支流水量分配。依法加强水资源统一调度，实施流域取用水监测全覆盖，及时准确掌握用水需求，实现水库泄流过程与用水过程精准对接，用好用足每一方水。强化取水许可管理，依据黄河保护法赋予流域管理机构的干流河段取水许可全额管理权限，加快干流头道拐以上河段取水管理移交，研究提出取水项目存量分类处理意见，对跨省区重要支流指定河段实施限额取水许可管理，根据水资源承载能力实施水资源差别化管理。以更大力度推进深度节水控水，落实强制性用水定额管理制度，协同推进高耗水产业负面清单和淘汰目录制定并实行取水申请禁批。用好财税杠杆、发挥价格机制作用，推进农业水价综合改革，推动建立节约用水价格体系，倒逼节水效果提升。推进南水北调西线工程等前期工作，加快构建黄河大水网，完善流域水资源配置格局。

3. 构建抵御黄河洪水灾害的稳固防线

中国共产党领导人民治黄以来，基本形成了"上拦下排、两岸分滞"的防洪工程体系以及"拦、调、排、放、挖"综合处理和利用泥沙体系，彻底改写了下游河道淤积抬高的历史，创造了黄河70多年岁岁安澜的奇迹。但黄河复杂难治，水沙关系不协调的特性并未改变，干流规划的七大骨干工程尚未全部建设，洪水仍是流域最大威胁。为保障黄河安澜无害，黄河保护法在水沙调控与防洪安全一章作出12条具体规定，明确国家在黄河流域组织建设水沙调控和防洪减灾工程体系，实施水沙调度、防洪防凌调度、河道综合治理等制度措施。

流域管理机构将扛稳扛牢防汛"天职"，牵住水沙关系调节"牛鼻子"，完善黄河防洪减灾体系。推动古贤水利枢纽工程及早开工建设，加快黑山峡水利枢纽工程前期工作，研究论证桃花峪蓄滞洪工程方案，提升洪水防御和水沙调控能力；加强黄河上游河段堤防和河道整治工程建设，加快黄河下游"十四五"防洪工程建设，实施下游标准化堤防现代化提升，开展下游"二级悬河"治理，缓解不利河道形态，加强对刁口河备用流路保护治理，增强河道安全行洪能力。推进东平湖综合治理、优化北金堤滞洪区运用方案，确保蓄滞洪区分得进、蓄得住、退得出。明确水工程联合调度名录，完善流域水工程多目标统筹协调调度方案，综合运用河道及各类防洪工程，采取"拦、分、蓄、滞、排"等措施，以系统性调度应对流域性洪水。持续开展黄河调水调沙，探索新的气象、工程条件下水沙联

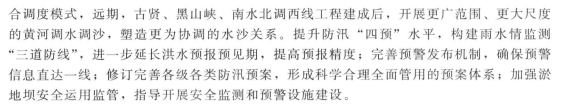

深入贯彻实施黄河保护法　沿着法治轨道推进黄河保护治理

合调度模式，远期，古贤、黑山峡、南水北调西线工程建成后，开展更广范围、更大尺度的黄河调水调沙，塑造更为协调的水沙关系。提升防汛"四预"水平，构建雨水情监测"三道防线"，进一步延长洪水预报预见期，提高预报精度；完善预警发布机制，确保预警信息直达一线；修订完善各级各类防汛预案，形成科学合理全面管用的预案体系；加强淤地坝安全运用监管，指导开展安全监测和预警设施建设。

4. 推进山水林田湖草沙一体化保护和系统治理

新中国成立以来特别是党的十八大以来，党中央着眼黄河保护治理主要矛盾的发展变化，将流域生态保护不断推向新高度。流域累计初步治理水土流失面积 26 万 km²，水土保持率达到 67.37%，组织实施全河生态调度，促进了乌梁素海等重要湖泊湿地生态修复，加强生态流量管控和水域岸线管理，黄河健康生命得到有力维护。但黄河一直体弱多病，当前生态脆弱仍是流域最大问题，黄土高原粗泥沙集中来源区治理难度大，部分支流断流、部分地区地下水超采等问题仍十分突出。黄河保护法根据上中下游不同区域生态保护修复要求，对水土流失防治、河口治理、生态流量监管、地下水超采治理等作出了明确规定。

流域管理机构将全面落实黄河保护法关于生态保护与修复的规定，加强水源涵养区保护，筑牢"中华水塔"。深入贯彻《关于加强新时代水土保持工作的意见》，建立以遥感监管为基本手段、重点监管为补充、信用监管为基础的新型监管机制，严格开展生产建设活动水土保持监管，抓好黄土高原多沙粗沙区特别是粗泥沙集中来源区综合治理，推动开展高标准淤地坝建设，实施新一期病险淤地坝除险加固和老旧淤地坝提升改造工程。力争黄河流域水土保持率 2025 年达到 68%、2030 年达到 70% 以上、2035 年持续稳定在 70% 以上。指导流域省区编制岸线保护与利用规划，严格岸线功能区用途管制，加强涉河建设项目和活动的审查审批和事中事后监管，纵深推进河湖"清四乱"常态化规范化，严厉打击"与河争地"行为，守住生态保护红线。持续实施全河生态调度，推动重要支流控制断面生态流量管控指标确定，完善生态流量监测预警机制，切实做到"还水于河"，增强河流生态廊道功能。实施清水沟、刁口河流路生态补水，促进河口生态修复。推动黄河流域地下水禁采区、限采区划定，实施地下水超采综合治理。

5. 大力保护传承弘扬黄河文化

翻开几千年的治黄史册，河决河安、河废河兴，无不见证着国家治理的张弛勤怠，无不关联着流域人民的否泰祸福，无不映照着中华文脉的起落枯荣，同时雄辩地证明了只有在中国共产党领导下，发挥社会主义制度的优越性才能把黄河治理好的深刻道理。一部治黄史就是黄河文化的最好表达。黄河保护法将保护传承弘扬黄河文化上升为法律规定，对黄河文化和治河历史研究、黄河文化资源调查认定等作出了规定。

流域管理机构将以治河文化为主线，大力开展黄河水文化保护，摸清古灌区、古渡口、古漕运栈道、历代治河遗迹底数，挖掘人民治黄历程中蕴含的红色文化资源，建设保护管理信息平台，形成数字化黄河博物馆、治河档案库、志鉴库；挖掘黄河水文化基因，全面阐释治河与治国的内在联系，系统研究历代治河方略和技术，多维度分析河脉与国脉的相互作用关系，挖掘中华民族在抵御黄河水旱灾害过程中孕育发展的斗争精神，赓续人民治黄事业的红色基因；弘扬黄河水文化精神，以重点水文站和水利工程为依托，建设轴向贯通的治河工程与治河文化融合展示带，通过科普、研学等形式提升公众体验，打造一批黄河水文化精品，讲好黄河治理故事，全景式展现黄河地理之美、文化之韵、治理之效，展示黄河流域生态保护和高质量发展成就。

三、找准切入点，着力夯实黄河保护法实施基础支撑

法律的生命力在于实施，法律的权威也在于实施，确保黄河保护法顺利施行，需要加快形成完备的配套法规体系、高效的协同实施体系、有力的能力保障体系。

1. 健全黄河保护治理水法规体系

黄河保护法着眼新形势新要求和黄河特殊河情水情，对现有法律法规涵盖不完全、针对性不够强、法律责任较笼统的，作出了一系列指向更精准、标准更严格、责任更清晰、违法处罚更严厉的规定。抓好相关法律法规的立改废释，是确保黄河保护法顺利施行的重要基础。流域管理机构将加快推进黄河干支流目录、水行政处罚裁量基准等配套制度和标准建设，指导流域省区加快完善地方性法规，推动各类法律法规有效衔接、到边到底。

2. 完善黄河保护治理协作协同机制

统筹谋划、协同推进，既是黄河保护治理的长期实践经验，也是黄河保护法明确的重要原则。流域管理机构将发挥人才技术优势，为黄河流域生态保护和高质量发展统筹协调机制相关工作提供支撑保障。依托黄河防总办平台，完善与流域省区防指应急联动、信息报送、组织协调、联合会商机制，加强军地联防，凝聚黄河防汛抗旱工作合力。依托省级河湖长联席会议平台，完善流域统筹、区域协同、部门联动的管理格局。健全水行政执法与刑事司法衔接、与检察公益诉讼协作机制，用好黄河派出所、黄河环境资源巡回法庭、司法修复保护基地、检察工作室等，推进信息共享、线索移送、技术协作。加快水行政联合执法协作平台试点建设，不断提升联防联控联治水平。

3. 加强黄河保护治理监督管理能力建设

流域管理机构管理范围大、战线长，传统监管方式难以完全适应黄河保护法的新要求，必须以数字孪生黄河建设为契机，加强卫星遥感、无人机、大数据、人工智能等新技术新设备应用，实现对干支流监管"一张网"全覆盖，增强流域监督管理的响应速度、工作精度。全面推行行政执法"三项制度"等改革措施，切实做到严格规范公正文明执法，确保所有水行政行为经得起最严格的审视和检验。以机构规范化、装备现代化、队伍专业化、管理制度化为目标，打造一支担当负责、敬业奉献的黄河保护治理执法队伍。坚持不懈开展法治宣传教育，推动黄河保护法在大河上下家喻户晓，营造尊法学法守法用法浓厚氛围，调动群防群控群治积极性，以法治之力守护好母亲河。

参 考 文 献

[1] 习近平. 在黄河流域生态保护和高质量发展座谈会上的讲话 [J]. 求是，2019 (20).
[2] 中华人民共和国黄河保护法 [N]. 人民日报，2022-12-01.
[3] 李国英. 坚持系统观念 强化流域治理管理 [J]. 中国水利，2022 (13).
[4] 任顺平，张松，薛建民. 水法学概论 [M]. 郑州：黄河水利出版社，1999.

切实履行流域管理机构职责
全力保障国家"江河战略"落地见效

马建华

（水利部长江水利委员会）

摘　要： 本文围绕贯彻落实党的二十大精神和习近平总书记关于国家"江河战略"重要讲话指示批示精神，阐述了近年来水利部长江水利委员会落实国家"江河战略"的实践探索，从坚定"一个理念"、践行"一个思路"、强化"四个统一"、建设"四个长江"着手，提出保障长江经济带高质量发展的思路举措。

关键词："江河战略"；长江经济带；高质量发展；流域治理管理

党的十八大以来，习近平总书记先后多次主持召开会议并发表重要讲话，研究部署推动长江经济带发展、黄河流域生态保护和高质量发展、推进南水北调后续工程高质量发展，确立起国家"江河战略"。习近平总书记在党的二十大报告中明确提出"推动绿色发展，促进人与自然和谐共生""坚持山水林田湖草沙一体化保护和系统治理""持续深入打好蓝天、碧水、净土保卫战""统筹水资源、水环境、水生态治理，推动重要江河湖库生态保护治理"，这一系列论述对落实国家"江河战略"提出了新的更高的要求。

水利部长江水利委员会（以下简称"长江委"）深入学习贯彻习近平总书记关于国家"江河战略"重要讲话指示批示精神，在水利部的坚强领导下，切实履行流域管理机构职责，积极践行新阶段水利高质量发展六条实施路径，深入宣传贯彻落实《长江保护法》，强化流域治理管理，推动长江流域保护治理工作取得积极成效，全力为长江经济带高质量发展提供坚实的水利支撑与保障。

一、长江委落实国家"江河战略"的实践探索

1. 强化统筹谋划，突出规划引领作用

以规划为抓手，贯彻新发展理念，统筹考虑水环境、水生态、水资源、水安全、水文化和岸线等的有机联系，及时组织编制长江经济带发展水利专项规划、长江经济带沿江取水口排污口和应急水源布局规划、长江岸线保护和开发利用总体规划，长三角一体化、成

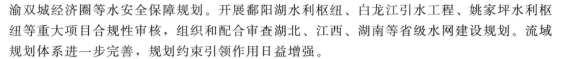

渝双城经济圈等水安全保障规划。开展鄱阳湖水利枢纽、白龙江引水工程、姚家坪水利枢纽等重大项目合规性审核，组织和配合审查湖北、江西、湖南等省级水网建设规划。流域规划体系进一步完善，规划约束引领作用日益增强。

2. 强化统一调度，发挥工程综合效益

实现全流域 111 座水工程联合统一调度。成功应对历次区域性洪水、2020 年流域性大洪水和 2021 年汉江、嘉陵江罕见秋汛。三峡水库连续 12 年蓄水至 175m，丹江口水库 2021 年首次蓄满至 170m。2016—2021 年，三峡船闸年过闸货运量连续突破 1.2 亿 t，其中 2021 年三峡船闸过闸货运量 1.462 亿 t。三峡水库 2020 年度发电量达 1118 亿 kW·h，打破单座水电站年发电量世界纪录。有效应对白格堰塞湖、长江口咸潮入侵等。

3. 强化系统治理，复苏河湖生态环境

狠抓长江经济带涉水生态环境突出问题整改，督促完成长江经济带生态环境警示片 54 个涉水问题整改，推动地方建立长效机制。小水电清理整改取得显著成效，消除减脱水河段超过 9 万 km。长江流域内全国重要饮用水水源地达标建设状况总体为优良，流域水质为Ⅰ～Ⅲ类水的国控断面比例较 2015 年提高 7.2%。实现 85 条重点河湖 131 个控制断面生态流量动态管控全覆盖。连续 12 年开展三峡等水库生态调度试验，2022 年生态调度期间宜都江段"四大家鱼"产卵量达 88 亿粒，创历史新高。开展鱼类增殖放流，配合推进长江十年禁渔。南水北调中线工程累计调水超过 520 亿 m³，其中向北方地区生态补水超过 89 亿 m³，助力河湖重现生机。与 2013 年相比，流域水土流失面积减少 4.76 万 km²，减幅达 12.38%。

4. 强化集约利用，完善流域水网格局

全面推进流域节水型社会建设，加强用水定额评估管理，不断提升水资源节约集约利用水平，"十三五"期间，流域万元工业增加值用水量由 71m³ 降至 52.9m³，农田灌溉水有效利用系数由 0.5 提升到 0.53。流域内基本建成以大中型骨干水库、引提调水工程为主体，大中小微并举的水资源配置体系，"十三五"期间新增供水能力约 108 亿 m³，全面解决近 600 万贫困人口的饮水安全问题，农村集中供水率和自来水普及率达到 80% 以上。全面加快推进引江补汉工程前期工作，积极配合做好南水北调工程总体规划总结评估、南水北调东线二期工程前期工作和西线工程方案深化论证。西藏拉洛等一批重点水源工程建设加快推进，江西廖坊水利枢纽灌区二期等大型灌区新建及现代化改造取得明显成效。

5. 强化空间管控，维系江河湖库功能

严格河湖水域空间管控，推进长江干流 2441 个涉嫌违法违规岸线项目整改，腾退长江岸线 162km；督促清理取缔非法矮围 108 处，拆除围堤 131km；暗访河湖 2300 余个、督促完成 13000 余个"四乱"问题整改。扎实推进丹江口"守好一库碧水"专项整治，督促地方完成 890 多个问题整改。加强岸线利用分区分类管控，严格涉河建设项目工程建设方案审批，2016—2022 年审批许可涉河建设项目 840 余项，完成许可项目监督检查 1900 余项。开展妨碍河道行洪突出问题排查整治，发现问题 137 个。严格河道采砂管理，建立砂石采运管理单制度，推动非法采砂入刑，长江干流规模性非法采砂基本绝迹。探索性开展航道疏浚砂和水库淤积砂综合利用试点，累计利用航道等疏浚砂 1.5 亿 t。

6. 强化能力建设，提升流域管理效能

坚持以党的政治建设为统领，压紧压实全面从严治党"两个责任"，切实抓好党史学习教育，不断强化基层党支部建设，以坚强的战斗堡垒和良好的政治生态保障国家"江河战略"顺利实施。积极推进《长江保护法》立法进程和出台实施，积极开展流域规范性文件的起草、修订和废止等工作。立足"共"字做文章，建立了长江流域岸线保护利用和水资源调配协调机制，形成了采砂管理三部合作机制，搭建了"流域管理机构＋省级河长办"协商协作平台，成立了由51家成员单位组成的长江治理与保护科技创新联盟，与生态环境部长江流域生态环境监督管理局等20家机构、地方政府和央企建立了战略协作机制，充分凝聚共抓长江大保护的智慧和合力。开展丹江口水库、江垭水库、皂市水库等工程，汉江、澧水等流域以及三峡库区、城陵矶附近地区等河段的数字孪生长江试点建设，全力推进长江流域全覆盖水监控系统建设。成立长江水文化中心，发起组建长江水文化建设联盟，编制长江水文化建设规划和文化塑委规划，创办《水文化》杂志，推进媒体融合发展，讲好长江故事和长江委故事。

长江委在落实国家"江河战略"的探索实践中取得了积极成效，但仍存在一些差距：水旱灾害防御仍存短板，水资源配置格局尚待优化，河湖生态环境保护修复任重道远，流域治理管理水平仍需提升。当前和今后一个时期，长江水利面临的主要矛盾已演变为流域内人民群众日益增长的对持续水安澜、优质水资源、健康水生态、宜居水环境、先进水文化需要和长江水利发展不平衡不充分的矛盾，这就需要统筹协调长江流域治理与保护的关系，切实解决流域人民群众最关心最直接最现实的水问题，进一步完善防洪减灾、水资源综合利用、水生态环境保护、流域综合管理"四大体系"，全面提升水旱灾害防御、水资源节约集约利用、水资源优化配置、大江大湖生态保护治理"四大能力"，努力建设好"安澜、绿色、和谐、美丽"长江，不断满足长江流域人民对美好生活的向往。

二、保障国家长江经济带高质量发展的思路举措

1. 工作思路

结合长江委工作实际，贯彻落实党的二十大精神和习近平总书记关于国家"江河战略"重要讲话指示批示精神，需要坚定"一个理念"、践行"一个思路"、强化"四个统一"、建设"四个长江"，统筹推进治江事业高质量发展，为长江经济带高质量发展提供坚实的支撑与保障。

（1）坚定"一个理念"。习近平总书记提出"生态优先、绿色发展"理念，对水利工作提出了全新要求，为治江事业高质量发展提供了根本遵循。

要始终坚定"生态优先"这个前提。坚持山水林田湖草沙是一个生命共同体，统筹做好水生态环境保护与修复；科学布局水灾害防治与水资源利用，使人类活动严格控制在水资源水环境承载能力和水生态承受能力所允许的范围内；全面落实舒缓措施，在水利工程设计、建设和运行各个环节努力把对水生态环境的影响减到最小。

要始终坚定"绿色发展"这个导向。在水灾害防御方面，逐步实现从人定胜天向风险管理转变；在水资源利用方面，逐步实现从过度开发向可持续利用转变；在水生态环境保护方面，逐步实现从事后治理向优先保护转变；在涉水事务管理方面，逐步实现从分散管

理向协同管理转变。

（2）践行"一个思路"。习近平总书记提出"节水优先、空间均衡、系统治理、两手发力"治水思路，为水利工作赋予了丰富内涵，为治江事业高质量发展提供了行动指南。

要牢牢把握节水优先这个首要任务。牢固树立在水资源利用上过紧日子的思想，加快推进流域用水方式由粗放向集约转变，努力实现以最小的水资源消耗获取最大的经济社会效益，以最严格的用水总量和强度控制倒逼生产和生活方式转变，以最高的水资源利用效率减少废污水排放，以最优的水资源配置保障生态环境用水。

要牢牢把握空间均衡这个重大原则。建立水资源水环境承载能力刚性约束制度，开展区域经济社会发展规划水资源论证和环境影响评价，建立资源环境承载能力监测评估预警机制，对水资源水环境超载区域实行禁限批措施或实施重大引调水工程，努力实现在合理利用资源、有效保护环境的前提下，区域经济社会科学、绿色、可持续发展。

要牢牢把握系统治理这个根本方法。坚定系统观念，运用系统思维，坚持发展的而不是静止的、辩证的而不是形而上学的、全面的而不是片面的、系统的而不是零散的、普遍联系的而不是孤立的方法来谋划推进治江工作，在治江工作中正确处理好长远与当前、治理与保护、总体与局部等关系，统筹推进水灾害防抗救系统防治、水资源节用排系统管理和水生态环境山水林田湖草沙系统治理。

要牢牢把握两手发力这个实践要求。要充分发挥流域机构指导、协调、监督等职能，一方面促进地方政府和市场主体两手发力，充分发挥市场和政府的作用，扩大水利有效投资，全面加强水利基础设施建设；另一方面坚持问题导向，推动构建内容完善、相互配套的流域管理法律法规体系和统分有序、协作高效的流域管理体制机制。

（3）强化"四个统一"。水利部党组提出的强化流域治理管理，全面加强流域统一规划、统一治理、统一调度、统一管理，对流域机构切实履行工作职责提出了明确要求，为治江事业高质量发展提供了机制保障。

在统一规划方面，全面推进构建健全统一的流域水利规划体系，完善流域综合规划，基本形成定位准确、边界清晰、功能互补、统一衔接的流域专业规划体系，科学系统规划流域保护与治理格局，全面完善规划实施机制，推进规划权威性显著增强。

在统一治理方面，全面推进对长江流域重要水利工程项目前期、建设过程、运行管理的全链条指导监督，统筹有序布局流域水利工程，有力保障工程建设质量，确保工程运行安全平稳可控。

在统一调度方面，全面建立流域多目标统筹协调调度机制，全面加强流域防洪统一调度、水资源统一调度和生态统一调度，保障防洪安全、供水安全、生态安全。

在统一管理方面，不断完善流域水法规体系，健全水行政执法机制，形成流域统筹、区域协同、部门联动的河湖管理保护格局，落实水资源刚性约束制度，提升流域管理智慧化水平。

（4）建设"四个长江"。水利部党组提出了推动新阶段水利高质量发展的六条实施路径，全面提升国家水安全保障能力，对流域机构统筹推进大江大河治理与保护提出了明确任务，为治江事业高质量发展提供了目标方向。

建设"安澜长江"。以大江大河重点防洪保护区和中小河流重要河段防洪标准达标、重点城市和重点涝区的防洪排涝能力明显提升、现有病险水库安全隐患全面消除、流域防洪减灾能力全面提升为目标，进一步完善流域防洪减灾体系，全面提升长江流域水灾害防御水平。

建设"绿色长江"。以水资源配置更加合理、用水效率大幅度提高、节水型生产和生活方式基本建立、全社会节水护水惜水意识明显增强、水资源与人口经济均衡协调发展格局进一步完善、水资源配置格局进一步优化为目标，进一步完善流域水资源综合利用体系，全面提升长江流域水资源高效利用水平。

建设"美丽长江"。以水生态空间有效保护、河湖生态水量有效保障、水生生物多样性有效恢复、水土流失有效治理为目标，进一步完善流域水生态环境保护体系，全面提升长江流域河湖健康水平。

建设"和谐长江"。以流域涉水管理法规体系进一步健全、监测预警体系基本建立、涉水事务监管体系逐步优化为目标，进一步完善流域综合管理体系，全面提升长江流域涉水事务管理水平。

2. 工作举措

（1）完善流域规划体系。一是完善流域综合规划体系。推进嘉陵江、汉江、洞庭湖、通天河及江源区、长江口等综合规划审批工作；谋划开展青弋江、水阳江、滁河等跨省河流流域综合规划编制工作；积极谋划长江流域综合规划评估和修编工作。二是完善流域专业规划体系。全力做好长江流域防洪规划修编；积极推进长江流域水资源综合规划评估和修编，适时开展并完成长江干流采砂管理规划修编，对岸线、砂石开发利用实行严格的规划管控；谋划编制长江流域节水规划和水土保持规划。三是建立健全流域规划实施机制。加强对流域规划相关任务、指标的分解和监测、统计、评估、考核，推进流域规划目标任务全面落实；按照水利部工作安排，做好区域规划服从流域规划的合规性审核工作，推进规划水资源论证；严格规划同意书审核，发挥规划约束引领作用。

（2）加快安澜长江建设。一是提高河道泄洪能力。推进实施中下游干堤提质增效建设，开展城市河段江滩防洪综合整治，加强长江中下游干流崩岸和河道整治；推进洞庭湖区、鄱阳湖区和重要支流防洪综合治理，山洪灾害防治和中小河流治理，城市防洪排涝与重点区域治涝能力建设等薄弱环节建设，保持河道畅通，提高泄洪能力。二是增强洪水调蓄能力。推动清江姚家坪水库、沅江宣威水库等重要防洪水库建设，研究推进淤积严重的大中型水库清淤试点，加快实施病险水库除险加固，提高江河洪水调蓄能力，争取流域洪水防控主动权。三是确保分蓄洪区分蓄洪功能。加快推进蓄滞洪区工程建设和安全建设，分类型、分区域探索蓄滞洪区安全建设新模式，保障蓄滞洪区分洪、蓄洪、滞洪能力；按照"不碍洪、稳河势、保民生、促发展"的原则，推进洲滩民垸整治。四是完善洪水防御非工程措施。修订完善长江干支流洪水防御方案预案，建立洪涝灾害风险管理制度，加强蓄滞洪区管理，推进洲滩民垸分类管理，研究制订蓄滞洪区、洲滩民垸运用长效补偿机制，加强河道水文泥沙观测和河势调查，提高水文气象预测预报水平。

（3）推进流域水网建设。一是做好"纲"文章。扎实开展南水北调中线工程规划修编和后续工程重大问题研究；加快推进引江补汉工程建设，强化工程建设和运行管理技术支撑；配合做好南水北调东线二期工程前期工作和西线工程方案深化论证工作；提高国家水网工程运行管理水平，强化丹江口水库运行管理。二是做好"目"文章。加强国家重大水资源配置工程与区域重要水资源配置工程的互联互通，加快推进大中型灌区续建配套与现代化改造，加快四川向家坝灌区一期等在建大中型灌区工程建设；有序实施农村供水设施升级改造工程，科学开展河湖水系连通工作。三是做好"结"文章。挖掘现有调蓄工程供水能力；加快完成凤山水库、李家岩水库等大型水库建设，加快金佛山水利工程等重点水源工程和贵阳贵安新区等城市应急备用水源工程建设；继续加强云贵川渝桂西南地区中小型水库水源建设，加强战略储备水源建设，提高供水保障能力。

（4）复苏河湖生态环境。一是加强河湖生态保护修复。持续强化生态流量管控，完善长江流域全覆盖的生态流量管控体系，强化重点河湖生态流量日常监管，开展重要水利水电工程生态流量复核；加强洞庭湖、鄱阳湖等重点湖泊及赤水河等支流系统治理，推进长江口生态环境保护修复；实施河湖空间带修复，打造沿江沿河沿湖绿色生态廊道；建立长江流域重要饮用水水源地名录，加强丹江口库区等饮用水水源地水质安全保护，加快地下水超采综合治理，推进中下游原通江湖泊生物通道修复。二是加强水土流失综合防治。加大西南石漠化地区、金沙江下游、嘉陵江上游、三峡库区等水土流失较为严重地区水土流失综合防治力度；在三峡库区、丹江口库区及上游等重要水源地开展生态清洁小流域建设和坡耕地治理，加强农村水系综合整治和水美乡村建设，维护水清岸绿的水生态体系。

（5）深化水工程联合调度。一是落实"四预"措施。强化流域区域水雨情信息共享，着力提高监测预报精度，完善洪水预警发布机制；完善调度预演预案，持续优化流域水工程联合调度方案，深化水库群联合调度关键技术研究；适时修编长江防御洪水方案、长江洪水调度方案、三峡水库调度规程、丹江口枢纽调度规程。二是扩大调度范围。逐步将重要支流部分调节库容较大且径流调节作用显著的大型水库、长江中下游大型排涝泵站等纳入水工程联合调度范围。三是强化联合调度。充分发挥长江防汛抗旱总指挥部牵头作用，聚焦防洪、发电、供水、生态等多目标综合调度需求，完善联合调度协作机制，深化流域水库群联合调度研究，系统考虑上下游、左右岸、干支流，加强区域间、行业间不同调度需求统筹，实现防洪与兴利调度高效耦合，努力实现流域水库群调度效用"帕累托最优"。

（6）提升水资源节约集约利用水平。一是强化水资源节约管理。深入实施国家节水行动，持续推进县域节水型社会达标建设，持续加强省级用水定额评估和计划用水监管，推进规划和建设项目节水评价。二是强化水资源调配管理。积极配合水利部做好剩余6条重要跨省江河流域水量分配方案的审批协调工作，继续组织实施汉江等10条河流和南水北调中线一期工程水量调度管理，积极推进金沙江、沅江等跨省（直辖市）流域水量调度管理；强化最小下泄流量监测预警处置。三是强化水资源利用管理。定期开展流域水资源承载能力评价，水资源超载地区暂停审批新增取水许可；规范取水许可管理，加强重点监控用水单位监督管理，推进流域河道外非农规模以上取水口、重点大中型灌区渠首和重要引调水工程在线监控全覆盖。四是积极探索市场化机制。研究建立长江流域初始水权分配、水权有偿转让、交易制度和水价形成机制。

（7）健全流域管理体制机制法治。一是强化河湖长制。完善长江流域省级河湖长联席会议机制，健全"流域管理机构＋省级河长办"长江流域片河湖长制协作机制，推动流域区域联防联控联治。二是健全管理机制。健全长江河道采砂管理等跨部门协调合作机制；

持续探索水生态产品价值实现机制，加快推进重点核心水源区、跨流域调水水源区和蓄滞洪区生态补偿机制建设；深化行政执法与司法协作机制，推进流域涉水信息资源整合与共享。三是完善流域水法规体系。严格贯彻落实《长江保护法》，开展与《长江保护法》等相适应的配套法规制度研究建设；配合修订《中华人民共和国水法》《中华人民共和国防洪法》《长江河道采砂管理条例》和丹江口水库水质保护等水法规；推进长江流域控制性水工程联合调度管理等立法。

（8）加快数字孪生长江建设。一是完善顶层设计。构建"1＋7＋X"数字孪生长江建设规划体系，加强数字孪生流域和数字孪生工程等建设布局。完善流域水文监测体系，实现历史数据积累、实时数据同步、未来数据预测的系统集成，着力强化预报预警预演预案功能，全面提升水库群联合调度数字化、网络化、智能化水平。二是推进先行先试。加快推进丹江口水库、江垭水库、皂市水库等工程，汉江、澧水等流域以及三峡库区、城陵矶附近地区等河段的数字孪生长江试点建设；推动水文在线整编、水库群联合调度、智能采砂监管等智慧水利先行先试工作。三是聚焦业务应用。分期推进建设全面涵盖长江大保护和水利高质量发展的智能业务应用体系；重点加快长江流域控制性水工程综合调度支持系统建设，推进"水流＋水盆＋监控"的管控应用体系建设，优先在水旱灾害防御和水资源管理领域实现"四预"智能化管理。四是下好"先手棋"。推进长江流域全覆盖水监控系统建设，建立跨区域涉水信息共享机制，构建空天地一体化水感知体系，为数字孪生长江的数字化场景建设提供基础数据支撑。

（9）加强涉水事务综合监管。一是强化依法治江。强化水行政许可监管，对许可监管事项实施清单式管理。强化省际水事纠纷协调，加强法治宣传教育。二是建立协作机制。建立各部门派驻长江流域机构协调协作工作机制，形成分工明确、协作有力的涉水事务综合监管格局。三是强化河湖管理。持续加强河湖专项整治，纵深推进河湖"清四乱"常态化规范化，全面完成妨碍河道行洪突出问题排查整治，开展母亲河复苏行动；强化河湖水域岸线空间管控，落实岸线规划、负面清单等管控要求，依法依规严格涉河建设项目审批。四是加强河道采砂监管。督促各地对长江干流及所有通江支流湖泊采砂船舶进行全面清理整治，推动探索砂石资源政府统一经营模式，推进航道疏浚砂及水库清淤砂利用。五是强化水土保持监管。严格落实生产建设项目水土保持"三同时"制度，实行最严格的水土保持监督管理。六是加强流域联合执法。持续健全流域管理机构与地方水行政主管部门、水行政主管部门与其他行政主管部门联合执法工作机制；加强长江干流与通江支流、湖泊采砂管理执法联动，保持对非法采砂的高压严打态势；配合推进长江禁捕工作。

（10）推进履职能力建设。一是扎实推进全面从严治党。强化全面从严治党"两个责任"贯通联动，持续深入一体推进"三不腐"，不断深化党建与业务融合发展，着力提升基层治理管理能力，着力营造风清气正的良好氛围，为推动长江经济带高质量发展提供坚实的思想政治和组织保障。二是加强水文化建设。推动《"十四五"长江水文化建设规划》《"十四五"长江委文化塑委规划》重点任务落实；充分发挥长江水文化中心、长江水文化建设联盟作用，搭建流域水文化建设工作平台，加强水文化研究；建立长江水利遗产数据库，促进长江水文化保护传承；推进汉江流域水文化建设等试点。三是强化科技支撑。加强治江重大问题研究，做实长江治理与保护科技创新联盟；推进国家、省部与委三级联动创新基地体系建设，加快优秀科技成果推广转化。四是创新人才培养机制。拓宽人才培养渠道，加大青年人才培养力度，不断优化干部人才队伍结构。五是提升流域综合管理能力。推进流域涉水综合监测，完善流域监测站网体系，加强流域执法基地和监控体系建设，建立覆盖长江干流和重点区域的综合执法体系。

三、结语

站在中国式现代化新的历史起点上，长江委将按照党的二十大作出的重要部署，围绕习近平总书记治水系列重要讲话指示批示精神，根据全面建成社会主义现代化强国的战略安排，始终坚守为党和人民守护好长江母亲河的初心，切实履行流域管理机构职责，为长江经济带高质量发展提供坚实的支撑和保障，使长江成为一条安澜河、生态河、福祉河，永远润泽华夏、造福人民。

参 考 文 献

[1] 李国英.推动新阶段水利高质量发展 为全面建设社会主义现代化国家提供水安全保障 [J].中国水利，2021（16）：1-5.

[2] 马建华.完善流域防洪工程体系 加快推进安澜长江建设 [J].中国水利，2021（15）：1-3.

[3] 马建华.对表对标 理清思路 做好工作 为推动长江经济带高质量发展提供坚实的水利支撑与保障 [J].长江技术经济，2021（2）：1-11.

贯彻落实国家"江河战略"的思考

陈茂山

（水利部发展研究中心）

摘　要： 国家"江河战略"是习近平总书记亲自擘画、提出的新理念新思想新战略，开启了新时代江河保护治理崭新篇章，为推动新阶段水利高质量发展提供了重要遵循。贯彻落实国家"江河战略"，要深刻领会国家"江河战略"确立的战略考量，准确把握国家"江河战略"的丰富内涵和核心要义，结合水利行业实际，以提升水安全保障能力为目标，加强顶层设计，推动新阶段水利高质量发展。

关键词： 国家"江河战略"；水利；高质量发展；江河

2021年10月，习近平总书记考察黄河入海口并主持召开深入推动黄河流域生态保护和高质量发展座谈会，强调指出："这些年，我多次到沿黄河省区考察，对新形势下解决好黄河流域生态和发展面临的问题，进行了一些调研和思考。继长江经济带发展战略之后，我们提出黄河流域生态保护和高质量发展战略，国家的'江河战略'就确立起来了。"确立国家"江河战略"，是习近平总书记站在中华民族伟大复兴的战略高度，对全面建成社会主义现代化强国一系列重大理论和实践问题进行深邃思考和科学判断，提出的新理念新思想新战略，为推动新阶段水利高质量发展提供了重要遵循。

一、深刻领会国家"江河战略"确立的战略考量

习近平总书记总是从战略和全局高度谋划治国理政重大问题，他深刻洞悉治水之道是重要的治国之道，亲自谋划、亲自部署、亲自推动新时代治水事业。2014年3月14日，习近平总书记在中央财经领导小组第五次会议上提出了"节水优先、空间均衡、系统治理、两手发力"治水思路，为新时代治水事业发展指明了方向。习近平总书记还多次赴长江、黄河沿线考察，七次主持召开长江经济带发展、黄河流域生态保护和高质量发展、推进南水北调后续工程高质量发展座谈会，亲自擘画确立了国家"江河战略"，为经济社会高质量发展作出了战略谋划，为新时代江河保护治理提出了崭新课题。

1. 推进中国式现代化，要把水资源问题考虑进去

以中国式现代化全面推进中华民族伟大复兴，是当前和今后一个时期全党全国的中心

原文刊载于《中国水利》2024年第5期。

任务，是一个系统工程，需要统筹兼顾、系统谋划、整体推进。2023年4月，习近平总书记在广东考察时指出："推进中国式现代化，要把水资源问题考虑进去，以水定城、以水定地、以水定人、以水定产，发展节水产业。"国家"江河战略"是大江大河的战略，擘画的是中华民族伟大复兴这一千秋大业，遵循的是中国式现代化指明的方向和道路。实施国家"江河战略"，有助于从更宏阔的视野应对水危机水挑战，保障人民群众的生活用水需求，保障基本生态用水需求，保障合理生产用水需求，满足人民日益增长的美好生活需要和优美生态环境需要，使有限的水资源可持续地支撑中国式现代化。

2. 加快构建新发展格局，需要水资源的有力支撑

习近平总书记明确指出，进入新发展阶段、贯彻新发展理念、构建新发展格局，形成全国统一大市场和畅通的国内大循环，促进南北方协调发展，需要水资源的有力支撑。当前，以国内大循环为主体、国内国际双循环相互促进的新发展格局正在加快构建。水利是国民经济的基础行业，水安全是经济社会的重要保障。《中华人民共和国国民经济和社会发展第十四个五年规划和2035年远景目标纲要》明确，把加强水利基础设施建设作为加快建设现代化经济体系的重要内容，把推进重大引调水、防洪减灾等国家水网骨干工程建设作为构建新发展格局的重要内容。实施国家"江河战略"，是加快构建新发展格局、大力推动高质量发展作出的重大部署。实施国家"江河战略"，有利于以大江大河为依托，加快构建优势互补、高质量发展的区域经济布局和国土空间体系，提高全要素生产率，推动经济实现质的有效提升和量的合理增长。

3. 推进美丽中国建设，需要统筹大江大河保护治理

党的十八大以来，党中央将生态文明建设提到前所未有的高度，纳入"五位一体"建设总体布局，明确要求加快推进美丽中国建设，部署推进包括水在内的各生态要素系统治理，不断提升生态系统多样性、稳定性、持续性。我国独特的地形条件以及气候条件决定了江河在维持生物多样性和丰富生境、生态系统、生态功能以及促进生态福祉方面的基础性作用。自古以来，江河的丰枯消长、水生态和水环境质量，牵系着中华民族的福祉和永续发展。实施国家"江河战略"，是习近平总书记关于人与自然是生命共同体理念的生动实践，是让江河永葆生机活力、推进美丽中国建设的重大步骤。实施国家"江河战略"，有利于统筹长江、黄河等大江大河保护治理，引领带动流域生态系统质量提升，构筑更加坚实的生态安全屏障，促进人与自然和谐共生。

二、准确把握国家"江河战略"的丰富内涵和核心要义

国家"江河战略"，立足推进中国式现代化，紧扣高质量发展这一主题，以大江大河保护治理为牵引，统筹发展和安全，倡导人与自然和谐共生的发展理念，擘画让江河永葆生机活力的发展之道，是全新的国家战略。学习领会国家"江河战略"的丰富内涵和核心要义，重点从八个方面来把握。

1. 国家"江河战略"是以流域为单元实施综合治理的战略，强调山水林田湖草沙一体化保护和系统治理

我国地势西高东低，呈阶梯式下降，横贯其中的大江大河自西向东奔流，天然地塑造了一个个独立又相互联系的江河流域。流域是以江河湖泊为纽带的独立空间单元，流域内

自然要素、经济要素、社会要素、文化要素相互耦合、相互影响，共同构成了复合大系统。这种多元化属性决定了江河治理必须以流域为单元，实施综合治理、系统治理、源头治理。习近平总书记十分重视江河湖泊的保护治理，强调"坚持山水林田湖草综合治理、系统治理、源头治理，统筹推进各项工作""加强协同联动，强化山水林田湖草等各种生态要素的协同治理，推动上中下游地区的互动协作，增强各项举措的关联性和耦合性"。习近平总书记的重要论述，是对马克思主义哲学关于系统思想的丰富和发展，是对我国自古以来朴素的系统治理思想的传承和发扬，为统筹解决新老水问题提供了思想方法和工作方法，深刻揭示了实施国家"江河战略"的战略路径。

实施国家"江河战略"，要准确把握江河的流域特征，立足于构建人水和谐的经济社会生态巨系统，统筹上下游、左右岸、干支流，统筹处理好水与其他自然要素、经济社会行为的关系，加强全局性谋划、整体性推进，提出系统性治理方案，推进山水林田湖草沙一体化开发和保护。

2. 国家"江河战略"是优化国土空间开发保护格局的战略，强调构建优势互补、高质量发展的国土空间体系

江河是国土空间开发的地理基准和资源要素，是国土空间开发最重要的轴线，在加快构建国土空间开发保护新格局中具有重要的战略地位。习近平总书记多次深入长江、黄河、大运河沿线考察调研，主持召开座谈会，强调"科学谋划国土空间开发保护格局，建立健全国土空间管控机制，以空间规划统领水资源利用、水污染防治、岸线使用、航运发展等方面空间利用任务，促进经济社会发展格局、城镇空间布局、产业结构调整与资源环境承载能力相适应"。习近平总书记的重要论述，将江河保护治理与构建国土空间开发保护格局贯通起来、一体推进，深刻阐明了江河保护治理的新理念新要求，从基本布局上为实施国家"江河战略"提出了实践要求。

实施国家"江河战略"，要以江、河为主线条，以主体功能区划为基本参照，根据上下游、左右岸、干支流的地理、人文、经济、社会等特点，加快构建功能完备的水资源承载能力监测预警体系，健全"四水四定"刚性约束制度体系，通过全产业、全过程、全人群系统发力，优化人口、城市、产业发展和国土空间开发保护格局，为构建优势互补、高质量发展的区域经济布局和国土空间体系提供江河方案。

3. 国家"江河战略"是协调区域均衡发展的战略，强调南北方、东中西部均衡发展

江河不仅为流域区域发展提供了丰富的水资源和生态服务，也促进了流域区域之间的互联互通和协同发展。长期以来，由于历史、自然条件等原因，流域间、流域内各地区在生态环境面貌、经济发展质量和水平上存在较大差异，这种差异体现出来就是我国南北方、东中西部的发展差异。习近平总书记强调，"要增强系统思维，统筹各地改革发展、各项区际政策、各领域建设、各种资源要素，使沿江各省市协同作用更明显，促进长江经济带实现上中下游协同发展、东中西部互动合作""沿黄河各地区要从实际出发，宜水则水、宜山则山，宜粮则粮、宜农则农，宜工则工、宜商则商，积极探索富有地域特色的高质量发展新路子"。习近平总书记的重要论述，鲜明指出了协调区域均衡发展的方向和路径，揭示了实施国家"江河战略"的重大原则。

实施国家"江河战略"，要统筹推进长江经济带发展、黄河流域生态保护和高质量发

展等区域协调发展战略、区域重大战略高效联动，加快构建优势互补、高质量发展的区域经济布局，推进南北方、东中西部缩小发展差距。要以构建新发展格局为目标，以水为纽带，联陆接海、内外联动，将江河流域各城市群串联起来，相互衔接、协调互济，促进水流、人流、物流、信息流、资金流优化配置和高效协作，提高全要素生产率，实现协同发展。

4. 国家"江河战略"是全面加强基础设施建设的战略，强调构建互联互通、共建共享、协调联动的现代化基础设施体系

水利是基础设施建设的重要领域，完备的水利基础设施是中国式现代化的重要支撑保障。习近平总书记强调，要加强交通、能源、水利等网络型基础设施建设，把联网、补网、强链作为建设的重点，着力提升网络效益。习近平总书记在考察三峡工程、南水北调工程等重大水利基础设施时强调，真正的大国重器，一定要掌握在自己手里，"水网建设起来，会是中华民族在治水历程中又一个世纪画卷，会载入千秋史册"。习近平总书记的重要论述，深刻指出了水利基础设施在现代化基础设施体系中的重要地位和作用，系统阐明了水利基础设施建设的重大意义、原则要求和目标任务，揭示了实施国家"江河战略"的基础架构。

实施国家"江河战略"，要立足流域整体和水资源空间均衡配置，把握好水利网络型基础设施的定位，加快提升传统基础设施水平，打通"血脉"，加强联通，前瞻性谋划推进一批战略性水利工程，加快新型基础设施建设，做好战略预置，打造国家水网的"纲""目""结"，构建互联互通、联调联控、智慧敏捷、安全可控的综合性网络格局。

5. 国家"江河战略"是让全体人民共享发展成果的战略，强调不断提高人民生活品质

共同富裕是中国特色社会主义的本质要求，是中国式现代化的重要特征。长江经济带发展、黄河流域生态保护和高质量发展战略等是扎实推进共同富裕的重要载体，其根本目的是夯实共同富裕的物质基础，增进人民群众的生态福祉，保护传承弘扬江河文化，促进物质富足、精神富裕、生态美好。习近平总书记强调，保护江河湖泊，事关人民群众福祉，事关中华民族长远发展。2016年以来，习近平总书记四次主持召开推动长江经济带发展座谈会，两次主持召开黄河流域生态保护和高质量发展座谈会，发出"让黄河成为造福人民的幸福河"的伟大号召，大力推进大江大河综合治理、系统治理、源头治理和高质量发展。习近平总书记的重要论述，充分彰显了以人民为中心的发展思想，深刻阐明了根治江河之患的使命责任，揭示了实施国家"江河战略"的价值取向。

实施国家"江河战略"，要以造福人民为根本宗旨，通过全流域水利基础设施均衡通达，提升基本公共服务均等化水平，为人民群众营造和谐、稳定、优美的社会环境，让流域人民更好地分享改革发展成果。要实施河湖水系综合整治，持续推进管理创新、制度创新，实践水-岸-流域"三位一体"绿色生态廊道建设新模式，持续提升河湖功能，打造生态友好、环境优美的生活空间。

6. 国家"江河战略"是经济、社会、生态"三位一体"可持续发展的战略，强调协同推进生态优先和绿色发展

以江河为纽带的流域是一个复杂的地域综合体，是经济、社会、生态相互作用、三元耦合的巨系统，在我国经济社会发展全局以及推进现代化建设新征程中发挥重要作用。

习近平总书记亲自部署推动长江经济带发展、黄河流域生态保护和高质量发展、长三角一体化、粤港澳大湾区等国家重大战略，强调"要坚持正确政绩观，准确把握保护和发展关系""必须坚持生态优先、绿色发展的战略定位，这不仅是对自然规律的尊重，也是对经济规律、社会规律的尊重"。习近平总书记的重要论述，深刻阐明了保护和发展的辩证统一关系，明确了绿色是流域经济发展的底色，揭示了实施国家"江河战略"的质量要求。

实施国家"江河战略"，要正确处理发展和保护的关系，充分发挥水作为基础支撑和控制性要素的引导约束作用，有针对性地采取措施，复苏河湖生态功能，维护河湖健康生命，加快建设以江河为依托的绿色生态廊道和生物多样性宝库，筑牢国家生态安全屏障。要健全水资源刚性约束制度体系，推动用水方式向节约集约转变，加快形成绿色发展方式和生活方式。

7. 国家"江河战略"是统筹发展和安全的战略，强调推进国家安全体系和能力现代化

保障国家水安全是国家安全体系和能力现代化建设的重要内容。习近平总书记站在保障国家水安全的战略高度，以居安思危的忧患意识和防范风险挑战的战略自觉，强调"国家水安全已全面亮起红灯，高分贝的警讯已经发出，部分区域已出现水危机。河川之危、水源之危是生存环境之危、民族存续之危""要统筹发展和安全两件大事，提高风险防范和应对能力，高度重视水安全风险，大力推动全社会节约用水。习近平总书记的重要论述，深刻阐明了水安全是涉及国家长治久安的大事，揭示了发展和安全的辩证统一关系，明确了实施国家"江河战略"的支撑保障。

实施国家"江河战略"，要牢固树立水安全意识，强化底线思维，从国家安全的全局高度统筹水安全和粮食安全、生态安全、资源安全、经济安全，统筹水安全保障能力提升和经济社会发展，以安全保发展、以发展促安全。要深刻认识我国地理气候环境决定的水时空分布不均以及由此带来的水灾害始终是中华民族的心腹大患，牢牢守住安全底线，健全水旱灾害防御工程体系，强化预报、预警、预演、预案"四预"管理，打好水旱灾害防御"组合拳"，持续提升灾害防御能力。

8. 国家"江河战略"是复兴文化文明的战略，强调延续历史文脉、赓续中华文明

古今中外，江河在文明的形成、演进中发挥关键作用。从文明起源讲，华夏文明亦是一种江河文明，江河文明的呈现在于由江河而兴政权、兴经济、兴城市、兴精神，进而形成具有江河文化特质的江河文明。中国的大江大河滋养了源远流长的黄河文化、长江文化、大运河文化，孕育了中华民族的根和魂，涵养了社会主义核心价值观。习近平总书记强调，"黄河文化是中华文明的重要组成部分，是中华民族的根和魂""长江造就了从巴山蜀水到江南水乡的千年文脉，是中华民族的代表性符号和中华文明的标志性象征""大运河是祖先留给我们的宝贵遗产，是流动的文化，要统筹保护好、传承好、利用好"。习近平总书记的重要论述，深刻阐明了江河文明在中华民族、华夏文明起源和繁荣发展进程中的重要地位和作用，明确了保护传承和弘扬江河文化、赓续治水文明的方向、路径和着力点，揭示了实施国家"江河战略"更深层次的战略考量。

实施国家"江河战略"，将水文化建设纳入江河治理范畴，旨在寻根中华民族和华夏文明繁衍不息的兴起之地，复兴文化文明带，夯实坚定文化自信的根基。要以长江文化、

黄河文化、大运河文化为主线，探索推动中华水文化研究成果的创造性转化、创新性发展，复兴以江河为载体的文化文明，弘扬具有江河特质的民族精神和中华文明。

三、贯彻落实国家"江河战略"、提升水安全保障能力的思路建议

在以中国式现代化全面推进中华民族伟大复兴的新征程中，水利人肩负着为江河代言、为人民造福、为国家守护水安全的历史使命。落实国家"江河战略"，水利部门更是责无旁贷，承担重大责任。要着眼现代化建设全局，深入贯彻落实习近平总书记"节水优先、空间均衡、系统治理、两手发力"治水思路，以完善流域防洪工程体系、实施国家水网重大工程、复苏河湖生态环境、推进数字孪生水利建设、建立健全节水制度政策、强化体制机制法治管理为主要路径，以七大流域为基本单元，统筹做好水灾害防治、水资源节约、水生态保护、水环境治理等各项工作，奋力推动新阶段水利高质量发展。

1. 加强顶层设计，推动建立国家"江河战略"实施体系

加强与国务院有关部门的协作配合，通盘考虑落实国家"江河战略"，积极推动中央出台与国家"江河战略"有关的纲领性文件，明确指导思想、总体目标和要求、主要任务、保障措施等。将国家"江河战略"的要求与推动长江经济带发展、黄河流域生态保护和高质量发展等国家重大战略有机结合、统筹推进，将国家"江河战略"部署安排与流域综合规划修编、区域国土空间规划编制等贯通起来，构建全面完整、上下联动的国家"江河战略"实施体系。

2. 统筹协调配合，加快形成国家"江河战略"实施合力

加快建立健全以流域统筹为核心的部门联动、区域协同体制机制。在中央层面，发挥中央区域协调发展领导小组的统管作用，聚焦国家"江河战略"实施，建立健全制度化的运作机制，发挥各有关部门职能优势，加快形成推进合力。在流域和地方层面，坚持以流域为单元，建立健全流域内省级政府联席会议、跨部门联合监督执法等协调协作机制，实施流域统一规划、统一治理、统一调度、统一管理。不断健全完善具有鲜明特色的河湖长制制度体系，增强制度效力。

3. 鼓励先行先试，着力打造江河流域保护治理样板区

落实《国家水网建设规划纲要》，抢抓重大水利工程建设"窗口期"，完善国家水网的"纲""目""结"，试点建设流域和区域水网先导示范区。落实黄河流域生态保护和高质量发展等重大战略，突出水安全保障能力提升，统筹推进水灾害防御、水资源节约、水生态保护修复、水环境治理，打造江河保护治理的流域样板。根据各江河流域区位特点、功能定位，对接支撑有关国家重大战略实施，因地制宜突出重点和特色，推进江河保护治理各项工作。

4. 强化法治保障，积极推进涉水重大法律法规制修订

贯彻落实好长江保护法、黄河保护法，夯实国家"江河战略"实施的法治基础。加快推进《中华人民共和国水法》《中华人民共和国防洪法》《中华人民共和国河道管理条例》等涉水重大法规的制修订，将国家"江河战略"明确的重大制度、实践要求，以及河湖长制等重大制度创新成果纳入其中。大力推动大江大河流域立法，择机开展《太湖流域管理条例》《淮河流域水污染防治暂行条例》修订工作，积极推动重要水体、流域立法，加快

构建全覆盖、上下贯通、深度融合的国家"江河战略"法治体系。

5.营造良好氛围，持续深化对国家"江河战略"的学习研究和宣传阐释

组织多部门、多学科联合攻关，深化对国家"江河战略"提出背景、丰富内涵和核心要义、实现路径、与"节水优先、空间均衡、系统治理、两手发力"治水思路的逻辑关联等重大理论和实践问题研究。科学揭示水利在国家"江河战略"中的重要地位和作用，提出水利保障国家"江河战略"的支撑点、突破口和具体路径、政策举措建议。结合国家重大战略实施，加强与中央主流媒体的合作，积极宣传解读国家"江河战略"，宣介推广长江、黄河、大运河等典型案例，推动全社会各领域学习领会和贯彻落实国家"江河战略"。

参 考 文 献

[1] 习近平.在黄河流域生态保护和高质量发展座谈会上的讲话［J］.求是，2019（20）：4-11.

[2] 张晓松，朱基钗，杜尚泽.大河奔涌，奏响新时代澎湃乐章——习近平总书记考察黄河入海口并主持召开深入推动黄河流域生态保护和高质量发展座谈会纪实［N］.人民日报，2021-10-24（1）.

[3] 水利部编写组.深入学习贯彻习近平关于治水的重要论述［M］.北京：人民出版社，2023.

[4] 李国英.促进人水和谐　建设幸福江河［J］.求是，2024（3）：42-47.

[5] 李国英.为以中国式现代化全面推进中华民族伟大复兴提供有力的水安全保障［N］.人民日报，2023-07-26（11）.

[6] 陈茂山，刘小勇，刘卓.深刻领会造福人民的幸福河的内涵要义和主要特征［J］.中国水利，2023（16）：9-12.

[7] 陈茂山.深刻领会"三新一高"推进水利高质量发展［J］.水利发展研究，2021（4）：1-3.

协同推进南水北调后续工程
和长江经济带高质量发展

鞠连义

（水利部南水北调规划设计管理局）

摘　要： 推动长江经济带高质量发展，是以习近平同志为核心的党中央作出的重大决策，是关系党和国家事业发展全局的重大战略。南水北调东、中、西三条线均以长江为水源，是跨流域跨区域配置水资源的骨干工程，是国家水网的主骨架和大动脉，在保障国家经济安全、粮食安全、生态安全等方面具有基础性、战略性作用。两者联系紧密，互促共生。本文通过对长江经济带高质量发展的内涵进行分析，就国家水安全保障、长江经济带高质量发展对南水北调高质量发展的具体要求进行梳理，对共同推进南水北调和长江经济带高质量发展提出了初步的认识和思考。

关键词： 南水北调；长江经济带；国家水网；高质量发展

党的十八大以来，习近平总书记先后数十次来到长江沿岸考察，主持召开了多次座谈会，亲自为推动长江经济带高质量发展谋篇布局。2023 年 10 月，在进一步推动长江经济带高质量发展座谈会上，习近平总书记强调，要完整、准确、全面贯彻新发展理念，坚持共抓大保护、不搞大开发，坚持生态优先、绿色发展，以科技创新为引领，统筹推进生态环境保护和经济社会发展，加强政策协同和工作协同，谋长远之势、行长久之策、建久安之基，进一步推动长江经济带高质量发展，更好支撑和服务中国式现代化。全面建成社会主义现代化国家需要南水北调提供强有力的水资源安全保障。南水北调工程是党中央决策建设的重大战略性基础设施，已成为优化水资源配置、保障群众饮水安全、复苏河湖生态环境、畅通南北经济循环的生命线。推动长江经济带高质量发展需要与南水北调后续工程高质量发展相互协调、相互促进。

一、推进长江经济带高质量发展的政策背景和现实内涵

长江经济带在我国区域经济发展中占据重要地位[1]。"长江经济带"的概念在 1987 年《全国国土总体规划纲要》中正式提出，这一概念涵盖国土开发、经济布局等目标，覆盖

原文刊载于《水利发展研究》2024 年第 2 期。

我国上海、江苏、浙江、安徽、江西、湖北、湖南、重庆、四川、云南、贵州11省（直辖市），国土面积约为205万km²，占全国的21.4%。2022年实现地区生产总值55.98万亿元，约占全国的46.5%，人口占比约为43.1%[2]，在全国经济中发挥着中枢和协调功能，对地区经济起着带动和拓展作用。

长江经济带发展是重大国家战略，也是实现中华民族伟大复兴的重要支撑。习近平总书记指出，要"努力把长江经济带建设成为生态更优美、交通更顺畅、经济更协调、市场更统一、机制更科学的黄金经济带"。这"五个更"的重要论述明确了长江经济带发展的目标和方向，体现了高质量发展要求。从长江经济带发展提出的政策背景与现实内涵来看，长江经济带的高质量发展，是绿色、协调和可持续的发展，应是更加全面、高效、稳定和开放的新发展模式和质态，目前仍处于较低水平[3]。中共中央、国务院印发的《国家水网建设规划纲要》明确提出，围绕国家重大战略，以大江大河干流及重要江河湖泊为基础，以南水北调工程东、中、西三线为重点，科学推进一批重大引调排水工程。因此，长江经济带发展与黄河流域生态保护和高质量发展两大"江河战略"，以及"一带一路"倡议、京津冀协同发展战略等，都需与南水北调工程高质量发展协同推进。

二、推进南水北调高质量发展的新要求

水是经济社会发展的基础性、先导性、控制性要素，是国家发展战略的重要支撑。水资源格局，影响和决定着经济社会发展格局。习近平总书记指出，党和国家实施南水北调工程建设，就是要对水资源进行科学调剂，促进南北方均衡发展、可持续发展。协调推进"五位一体"总体布局和"四个全面"战略布局，必须重视解决好水安全保障问题，对南水北调后续工程高质量发展提出新的要求。

1. 形成全国统一大市场和畅通的国内大循环的需要

形成全国统一大市场和畅通的国内大循环需要南水北调提供强有力的水安全保障。我国基本水情一直是夏汛冬枯、北缺南丰，水资源时空分布极不均衡，与国土空间开发保护、人口经济发展布局不匹配的问题突出。南水北调工程作为实现我国水资源优化配置的重大战略性基础设施，从根本上改变了我国水资源配置格局，大大提升了水安全保障水平。东中线一期工程全面通水9年，截至2023年累计调水超670亿m³，惠及沿线44座大中城市，直接受益人口超1.76亿人，综合效益显著，水安全保障支撑作用充分发挥。据研究，2035年水平年京津冀地区水资源缺口预计为39亿～60亿m³[4]，黄河流域缺水量约为136亿m³，其中上中游六省（自治区）缺水量约为103亿m³，是流域内缺水最严重的地区[5]。在黄河流域、海河流域水资源供需矛盾尖锐、本地无水资源可调配的情况下，需要利用南水北调等调水工程保障区域供水安全。因此，进入新发展阶段、贯彻新发展理念、构建新发展格局，形成全国统一大市场和畅通的国内大循环，促进南北方协调发展，更需要南水北调工程提供强有力的水资源安全保障。

2. 保障重大国家战略有力有序推进实施的需要

保障重大国家战略有力有序推进实施需要南水北调提供重要支撑。近年来，党中央提出了"一带一路"、京津冀协同发展、黄河流域生态保护和高质量发展、雄安新区建设、大运河文化带建设、地下水超采综合治理和乡村振兴等国家重大战略，这些战略的相继实

施都对加强和优化水资源供给提出了新的更高要求。《河北雄安新区规划纲要》明确要依托南水北调、引黄入冀补淀等区域调水工程夯实水安全保障体系；《华北地区地下水超采综合治理行动方案》《华北地区地下水超采综合治理实施方案（2023—2025年）》明确提出要用足用好中线水，增供东线水等。南水北调东中线一期工程通水以来，全面提升了受水区供水安全保障水平，提高了民生福祉，形成了京津冀三地水系互联、互通、共济的供水新格局。南水北调工程在当前和未来都将为这些国家重大战略的推进实施提供有力的水资源支撑和保障。

3. 全面提升水安全保障能力的需要

全面提升水安全保障能力的客观要求需要以南水北调为主骨架和大动脉构建国家水网和大动脉。2023年5月，中共中央、国务院印发实施《国家水网建设规划纲要》明确国家水网由国家骨干水网、区域水网和地方水网构成，有"纲、目、结"三要素，"纲"就是自然河道和重大引调水工程。以南水北调东、中、西线沟通长江、黄河、淮河、海河形成的"四横三纵"水资源配置总体格局是国家水网的"纲"。推进南水北调后续工程高质量发展就是推进南水北调东、中、西三条国家水网主骨架和大动脉高质量发展[6]。未来根据国家长远发展战略需要，逐步扩大主网延伸覆盖范围，与区域网互联互通，形成"一主、四域"的国家水网主框架[7]，通过调整水资源时空布局，提升缺水地区水资源承载能力，为我国人口、经济、社会、城市布局打开新空间，为全面建设社会主义现代化国家夯实水安全保障基础。

三、共同推进长江经济带和南水北调高质量发展的思路和建议

长江经济带是外辐射型的经济带，除了维护好自身的绿色发展之外，还提供水资源等公共产品带动其他地区高质量发展。南水北调工程不仅是投入性工程，而且是产出性工程。基于国家水网主骨架，作为联系长江经济带与其他发展战略、支撑受水区经济社会高质量发展的"大国重器"，其受水区覆盖11省（直辖市），横跨我国东中西三大板块，人口规模和经济总量占据全国"半壁江山"，发展潜力巨大，是未来中国经济发展的重要增长极。共同推进高质量发展需要两者相互协调，思路和建议如下。

1. 深化规模论证，加快完善工程体系

长江是中国水量最丰富的河流，水资源总量达9755亿 m³，约占全国河流径流总量的36%，庞大的水系将长江各生态子系统连接成一个彼此关联的整体，使长江经济带山水林田湖草构成统一的生命共同体[8]。近年来流域内供水逐年上升，2022年供水总量达2143.58亿 m³，占当年水资源总量的25.0%[9]，并通过南水北调东中线一期、引汉济渭、引江济淮、滇中引水等工程建设，惠泽流域外广大地区，支撑流域经济社会供水安全和域外受水区供水安全。随着经济社会高质量发展，流域内用水与跨流域调水以及各用水部门之间矛盾的协调难度越来越大，水力发电、供水、航运等调度协调机制尚未完善。据统计，2017年长江流域净调出水量达92.14亿 m³，2022年六项主要工程调水总量为318.42亿 m³[10]，规划到2030年跨流域调水量将超过500亿 m³[11]，呈现较高增长，届时对长江经济带高质量发展带来影响。南水北调以长江为水源，是全国最大的跨流域调水工程，落实"共抓大保护、不搞大开发"有关要求，要求坚持按"确有需要、生态安全、

可以持续"以及"先节水后调水，先治疗后通水，先环保后用水"的调水"三先三后"原则，科学谋划调水工程布局和规模，有序推进建设，促进长江经济带流域水网的形成和发展。一是加快《南水北调工程总体规划》修编，确定当前及今后一段时间的南水北调总体格局和调水规模，为长江经济带确定水资源开发利用总体格局、优化流域水资源调度、加快推进流域生态修复保护提供支撑。二是深化南水北调东线二期工程调水规模论证，重点就长江–洪泽湖段、黄河以北输水线路开展方案比选论证，优化输水线路布局。三是基于习近平生态文明思想，按照生态环境保护、长江经济带高质量发展要求等，开展南水北调西线工程水源区可调水量、受水区用水需求合理性、水量精准调度与动态调配研究，合理确定调水规模，减少对长江流域水资源、径流、发电等的影响，加快推进规划编制等前期工作，尽早立项建设。

2. 完善体制机制，实现工程良性运行

实现工程良性运行，既是南水北调高质量发展的主要内容，也是推进长江经济带高质量发展的重要举措。长江流域是一个复杂系统，高质量发展需要系统内各组成部分协调发展。水资源作为长江经济带发展中的重要元素，需要同其他要素协调发展。推进长江经济带高质量发展，需要提高南水北调工程水资源配置效率与利用效益，统筹调出和调入区域用水需求，合理确定调度方案，科学调度和优化配置，打造智慧水网，实现科学精准调水，保障工程运行安全、供水安全和水质安全。通过完善工程运行管理体制机制，理顺水价关系，完善水价形成机制，促进节水的同时，加快水量消纳。一是高效推进一期工程水量优化配置和调度，最大限度满足沿线受水区合理用水需求，发挥"四条生命线"作用。制订东线一期工程水量消纳方案，明确水量消纳的任务措施和时间表，扩大北延供水范围和规模，置换农业超采地下水，增加大运河、白洋淀等河湖生态用水。二是中线一期工程优化丹江口水库调度，提高水资源利用效率，完善总干渠加大流量输水试验方案，提高总干渠利用效率。三是按照《黄河流域生态保护和高质量发展科技创新实施方案》要求，研究黄河重要河段水文–生态耦合机制，提出干支流控制断面生态流量、区域取水总量和流域平原区地下水水位控制标准；研究南水北调西线工程对调水区和受水区的生态影响以及工程建设关键技术，提出调水河段必须确保的生态流量以及不同情景下的调水量阈值。

3. 加强水质保护，确保清水永续北送

习近平总书记强调，推动长江经济带高质量发展，根本上依赖于长江流域高质量的生态环境。保护好长江流域生态环境是推动长江经济带高质量发展的前提，也是守护好中华文明摇篮的必然要求。在"坚持共抓大保护、不搞大开发，坚持生态优先、绿色发展"的"两个坚持"理念指引下，落实南水北调水源地水质保护是基本要求，是贯彻落实习近平生态文明思想、"重在保护、要在治理"的战略要求和"共抓大保护"的重要战略思想的具体行动。南水北调东、中、西三条线的水源地分别位于长江的上游、中游和下游地区，其中西线工程位于长江大渡河、雅砻江上游，中线工程以丹江口水库作为供水水源，东线工程位于江苏省扬州市江都区。南水北调西线、中线工程水源区所在地，是长江流域重要水源涵养地和国家重要生态屏障。实现优质水源向北供水需要南水北调受水区、工程管理单位协同推进水质保护。一是按照山水林田湖是生命共同体的思想，结合《大运河文化保护传承利用规划纲要》的相关部署，推进构建水质保障协同机制，多措并举控制污染源、维护和改善沿线生态环境。二是围绕丹江口水库枢纽运行、库区管理、环境保护等方面提升水资源节约集约利用能力，强化库区水域岸线动态监管，提升库区管理信息化应用水平，落实丹江口库区水域岸线管理保护长效机制，维护好南水北调中线水源工程"三个安全"。三是科学谋划金沙江、雅砻江、大渡河等上游地区治理。四是考虑供水效益、生态效益等，需要南水北调受水区协同投入水源区保护，推进生态补偿政策研究并尽快落实。

4. 全面深化节水，倒逼发展方式转变

2020 年 11 月，习近平总书记在考察南水北调东线一期工程江都水利枢纽时指出，要把实施南水北调工程同北方地区节约用水统筹起来，坚持调水、节水两手都要硬。国务院于 2002 年批复的《南水北调工程总体规划》（以下简称《总体规划》），提出要坚持调水"三先三后"原则。《总体规划》批复以来，受水区各省（直辖市）持续全面推进节水型社会建设，将节水贯穿到社会水循环全过程。通过一系列行之有效的措施，逐步形成节约集约的水资源开发利用方式，同时推动了经济社会发展的转型升级。从观念、意识、措施等各方面把节水放在优先位置，把节水作为受水区的根本出路，长期深入做好节水工作。按照水利部、国家发展改革委《关于加强南水北调东中线工程受水区全面节水的指导意见》及其他有关文件要求，长江经济带和南水北调受水区需要重点落实以下方面：一是坚持和落实节水优先方针，将节水作为水资源配置工程、水源工程等水利基础设施建设的先手棋，做到先节水后调水、先节水后用水；二是在强化节水的前提下，从实际出发，坚持以水定城、以水定业，节约用水，强化水资源刚性约束，严格实行水资源消耗总量和强度双控，加强水资源用途管制，加快实现流域水资源节约高效利用；三是不断优化水资源配置格局，提高向北调水能力，提升水资源配置能力。

四、结语

长江经济带的高质量发展，是绿色、协调和可持续的发展，南水北调作为国家水网主骨架、大动脉，构建"系统完备、安全可靠、集约高效、绿色智能、循环通畅、调控有序"水网特征，两者在地理空间上有紧密联系，发展目标又相互促进，协同高质量发展将有助于各自的综合效益得到最大限度的发挥。长江经济带的高质量发展将为南水北调高质量发展提供强有力的支撑，提供可靠、优质、安全的水资源保障。反之，南水北调的高质量发展将在水质保护、生态保护、资源高效利用、绿色发展等方面推进长江经济带发展走深走实。在新的人口产业政策和国土空间管控制度驱动下，国家经济社会发展格局和水安全形势发生了深刻变化，必须开展多角度、多层次、多学科的深入研究，才能科学认识长江经济带、南水北调后续工程面临的现实需求和挑战，进而合理确定工程功能定位、建设目标、空间布局和实施路径，高质量推进南水北调北调后续工程规划建设，协同推进两者的高质量发展。

参 考 文 献

［1］ 何立峰. 扎实推动长江经济带高质量发展［J］. 宏观经济管理，2019（10）：1-4，7.
［2］ 国家统计局. 中国统计年鉴 2023［M］. 北京：中国统计出版社，2023.

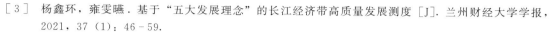

［3］ 杨鑫环，雍雯曦．基于"五大发展理念"的长江经济带高质量发展测度［J］．兰州财经大学学报，
2021，37（1）：46－59.

［4］ 赵勇，何凡，王庆明，等．南水北调东线工程黄河以北线路优化构想［J］．中国工程科学，2022，
24（5）：107－115.

［5］ 李福生，彭少明，李克飞，等．南水北调西线工程受水区缺水形势研究［J］．人民黄河，2023，
45（5）：19－23.

［6］ 李国英．在2022年全国水利工作会议上的讲话［J］．水利发展研究，2022，22（1）：1－13.

［7］ 国家发展和改革委员会，中华人民共和国水利部．水安全保障"十四五"规划［R］．北京：国家
发展和改革委员会，中华人民共和国水利部，2021.

［8］ 赵勇，何凡，何国华，等．关于国家水网规划建设的十点认识与思考［J］．水利发展研究，2023，
23（8）：37－48.

［9］ 水利部长江水利委员会．长江流域及西南诸河水资源公报［R］．武汉：水利部长江水利委员
会，2023.

［10］ 水利部长江水利委员会.2022年度长江流域重要控制断面水资源监测通报［R］．武汉：水利部长
江水利委员会，2023.

［11］ 夏细禾，陶聪．长江流域水资源统一调度实践与思考［J］．人民长江，2022，53（12）：69－74.

强化水资源管理保护
推动长江经济带高质量发展

魏新平

（水利部水资源管理中心）

摘　要： 长江经济带发展战略是以习近平同志为核心的党中央作出的重大战略决策，水资源是长江经济带高质量发展的重要保障。本文总结了长江经济带发展战略实施以来水资源管理保护工作取得的成效，分析了新阶段长江经济带水资源管理保护的新形势和新要求，从坚持系统治理、保护水生态环境、优化水资源配置格局、强化水资源刚性约束、提升水资源智慧管理能力、完善水资源管理保护体制机制等方面提出了强化水资源管理保护的对策建议，为长江经济带精打细算用好水资源，从严从细管好水资源，推动高质量发展提供参考。

关键词： 长江经济带；水资源管理；水生态保护；高质量发展

长江经济带发展战略是以习近平同志为核心的党中央作出的重大战略决策。2016 年以来，习近平总书记分别在重庆、武汉、南京、南昌主持召开推动长江经济带发展座谈会并发表重要讲话，为长江经济带发展谋篇布局、把脉定向。水资源是长江经济带高质量发展的重要保障，要深入贯彻落实习近平总书记重要讲话精神，准确把握新形势和新要求，坚持系统观念、运用系统思维，整体推进长江经济带的水资源管理和保护，为进一步推动长江经济带高质量发展、支撑和服务中国式现代化提供强有力的水资源保障。

一、长江经济带水资源概况

长江经济带以长江为纽带，横跨我国东中西三大区域，覆盖上海、江苏、浙江、安徽、江西、湖北、湖南、重庆、四川、云南、贵州 11 个省（直辖市），面积约 205 万 km^2，占全国的 21.4%，属于长江流域范围的面积约为 145 万 km^2，占长江流域面积的 80%。长江经济带水资源总量丰沛，年内年际变化大，时空分布不均匀。由于各地区地理特征差异，水资源分布与人口、生产力布局以及土地等资源不尽匹配，资源性缺水、工程性缺水和水质性缺水问题同时存在。局部地区如四川盆地腹地、滇中高原、黔中、湘南湘

原文刊载于《水发展研究》2024 年第 2 期。

中、赣南、唐白河、鄂北岗地等，供水矛盾较为突出；下游地区经济发达、人口稠密，水资源量相对紧缺，当地及过境水资源开发利用程度均高于中上游地区，水质性缺水问题较普遍。

水资源是支撑长江经济带高质量发展的重要基础要素，在维系优良水生态环境、保障防洪供水安全、协同推进水治理等方面发挥着重要作用，对保障国家粮食安全、能源安全、生态安全和供水安全意义重大。近年来，受人类活动和气候变化影响，经济带水资源短缺，干旱和水污染等问题多发频发，长期以来拥有的水资源优势逐步减弱，水安全保障面临新形势、新情况。

二、长江经济带水资源管理保护成效显著

自长江经济带发展战略实施以来，各级水行政主管部门和相关部门深入贯彻落实习近平总书记"节水优先、空间均衡、系统治理、两手发力"治水思路和历次在长江经济带发展座谈会重要讲话精神，按照"共抓大保护、不搞大开发"的要求，以"生态优先、绿色发展"为导向，共同推进长江经济带水资源管理保护各项工作取得了重要进展。

（一）水生态环境持续改善

河湖生态流量得到有效保障。长江流域确定了85条重点河湖131个控制断面生态流量保障目标，开展了105个已建水利水电工程生态流量核定与保障工作，实现了长江干支流重要河湖生态流量动态管控全覆盖。强化流域水资源统一调度，突出生态用水保障，开展生态流量保障目标监测的河湖控制断面生态流量保障目标年满足程度均在99%以上，金沙江、荆江等重点河段鱼类自然繁殖生态明显改善，宜都江段"四大家鱼"产卵量创历史新高，河湖生态恢复生机。

水质实现根本性改善。从严核定水功能区限制纳污红线，开展全流域生态环境问题大规模排查和整改，加强入河排污口整治，优化调整沿江取水口和排污口布局，建设沿江沿河环湖水资源保护带和生态隔离带，解决了2万多个污水乱排问题。实施城镇污水垃圾处理、沿江化工污染治理、农业面源污染治理、船舶污染治理和尾矿库治理专项行动，严格水污染治理，干流国控断面达到Ⅱ类水质，地级及以上城市黑臭水体基本消除。

水源地保护取得明显成效。水利部印发《长江流域重要饮用水水源地名录》，依法划定南水北调水源区、三峡库区和沿江城市饮用水水源保护区。全面取缔饮用水水源保护区内的排污口，建立水源地保护巡查制度，强化重要饮用水水源地水质监测，及时掌握水质状况。加快城市应急备用水源建设，持续开展水源地安全评估，将评估结果纳入实行最严格水资源管理制度考核，饮用水供水安全得到有力保障。

（二）水资源利用水平持续提升

水资源保障能力不断夯实。在国家水网总体建设布局下，加快推进长江流域大中型水库、流域区域调水、沿江城市引调水工程和农村水利设施建设，优化水资源配置格局。目前，长江经济带已基本建成以大中型骨干水库、引提调水工程为主体，大中小微并举的水资源配置体系，在流域防洪、生态保护、供水、发电、航运等方面发挥了巨大作用。

刚性约束不断强化。落实最严格水资源管理制度，严格实行用水总量和强度双控，明确水资源开发利用控制红线和用水效率控制红线，确定重要江河水量分配、重要河湖生态

流量、地下水管控等指标，明确用水权初始分配，为经济带"定城、定地、定人、定产"提供重要基础。2016 年以来，长江流域水资源开发利用率控制在 21% 左右，长江经济带 11 省（直辖市）用水总量基本控制在 2500 亿~2700 亿 m³。

用水效率明显提高。深入实施国家节水行动，加强用水定额管理，严格控制高耗水项目建设，全面推进农业、工业和城镇节水，长江经济带万元国内生产总值用水量和万元工业增加值用水量逐年下降，2022 年较 2016 年分别下降了 27.0% 和 44.4%。加大非常规水源利用力度，将再生水、雨水和微咸水等纳入水资源统一配置，非常规水利用量逐年增加，平均年增长率约为 7.2%。

（三）取用水秩序得到有效规范

全面整治违法违规取用水行为。完成长江、太湖流域取水工程（设施）核查登记和整改提升，摸清了长江、太湖流域 20.05 万个取水口的分布、取用水情况和监测计量现状，并依法对 6.93 万个存在违法违规取用水问题的项目进行整治，其中关停违法取水项目 0.36 万个，查处未经批准擅自取水项目 5.36 万个，取用水秩序明显好转。

取用水日常监管逐步加强。强化规划和建设项目水资源论证工作，严把取水许可审批关，开展建设项目水资源论证报告书和取水许可审批抽查检查，发挥水资源在区域发展、相关规划和项目建设布局中的刚性约束作用。加强取水口取用水监测计量体系建设，11 个省（直辖市）规模以上工业、服务业、生活取水在线计量监测实现全覆盖；5 万亩以上大中型灌区渠首取水基本实现在线计量。利用"双随机、一公开"和"互联网＋监督"等方式，加大违法违规取用水查处力度，建立取水口动态更新和取用水监管长效机制。

（四）水资源管理改革积极推进

深入推进"放管服"改革。深化审批制度改革，依托全国一体化在线政务服务平台，11 省（直辖市）全面推行取水许可证电子证照，实现取水许可"一网通办"和"一网统管"。浙江、安徽、江苏、湖南率先在全国推行水资源论证区域评估和取水许可告知承诺制，推进政府职能转变，优化营商环境。

持续推进用水权改革。着力推动用水权制度改革措施落实落地，积极培育水权交易市场，利用市场机制提升水资源优化配置和集约节约安全利用水平，江西、湖北等 9 省出台了有关用水权改革的实施意见或实施方案，江苏、安徽、江西、贵州还制订出台了水权交易管理办法或交易规则，11 个省（直辖市）累计在国家水权交易平台开展水权交易 1471 单，交易水量达 3.09 亿 m³。

水资源税改革取得明显成效。四川作为南方地区唯一的水资源税改革试点，通过实施水资源税改革，带动企业主动变革用水模式，推动全社会节约用水，全省水资源税改革以来用水总量较税改当年年均减少约 7.3%，节水护水惜水推动绿色经济发展效果明显，为南方地区全面推广水资源税改革起到良好示范作用。

三、准确把握长江经济带水资源管理保护新形势和新要求

（一）党中央决策部署对长江经济带水资源管理保护提出新要求

推动长江经济带发展是党中央做出的重大决策，是国家"江河战略"的重要组成部

分，事关国家发展全局。习近平总书记多次对长江经济带发展作出重要指示批示，强调推动长江经济带发展必须从中华民族长远利益考虑，走生态优先、绿色发展之路，把修复长江生态环境摆在压倒性位置，共抓大保护、不搞大开发，统筹推进生态环境保护和经济社会发展，谋长远之势、行长久之策、建久安之基，使长江经济带更好支撑和服务中国式现代化。2016年，中共中央、国务院印发《长江经济带发展规划纲要》，明确长江经济带发展的目标、方向、思路和重点，提出要把保护和修复长江生态环境摆在首要位置，全面落实主体功能区规划，明确生态功能分区，划定生态保护红线、水资源开发利用红线和水功能区限制纳污红线，强化水质跨界断面考核，推动协同治理，严格保护一江清水，努力建成上中下游相协调、人与自然相和谐的绿色生态廊道。习近平总书记的重要论述为长江经济带水资源管理保护工作指明了方向、提供了根本遵循，必须完整、准确、全面贯彻新发展理念，落实《长江经济带发展规划纲要》要求，实行最严格的水资源管理制度和生态环境保护制度，加强红线管控，强化资源环境承载力刚性约束，将水资源承载能力作为区域发展、城市建设和产业布局的前提，在保护生态的条件下推进发展，最大限度发挥长江经济带水资源综合利用效益。

（二）履行法定职责对长江经济带水资源管理保护提出新要求

为加强长江流域生态环境保护和修复，促进资源合理高效利用，保障生态安全，实现人与自然和谐共生、中华民族永续发展，《中华人民共和国长江保护法》（以下简称《长江保护法》）颁布实施。该法是我国第一部流域法律，为推动长江经济带高质量发展提供有力法治保障、筑牢绿色发展根基，标志着长江大保护进入依法保护的新阶段。《长江保护法》明确国务院水行政主管部门统筹长江流域水资源合理配置、统一调度和高效利用，组织实施取用水总量控制和消耗强度控制管理制度；提出要建立健全长江流域水环境质量和污染物排放、生态环境修复、水资源节约集约利用、生态流量、生物多样性保护等标准体系；规定长江流域水资源保护与利用，应当根据流域综合规划，优先满足城乡居民生活用水，保障基本生态用水，并统筹农业、工业用水以及航运等需要，并对水量分配、生态流量管控、调水、饮用水水源地保护、地下水资源保护以及农业、工业用水效率管控、用水计量和监测设施建设、规划和建设项目水资源论证制度完善、用水定额管理等作出了规定。这些规定为解决影响长江水资源保护、水污染防治、生态环境保护修复的难点、痛点和关键问题，提出了具有针对性的制度措施，对依法开展长江经济带水资源管理保护工作提出了更高的要求。必须担起法律赋予的神圣使命和历史责任，不折不扣落实法律规定的各项要求，加强长江生态环境保护和修复，促进水资源合理高效利用，保障水生态安全，协同推动长江大保护。

（三）解决新阶段面临的挑战和问题对长江经济带水资源管理保护提出新要求

当前，长江经济带生态环境保护和高质量发展正处于由量变到质变的关键时期，取得的成效还不稳固，客观上还存在不少困难和问题。在水资源保障支撑方面，长江经济带已形成长江三角洲城市群、江淮城市群、长江中游城市群、成渝城市群、滇中城市群和黔中城市群，城镇化水平不断提升，保障生态安全、粮食安全、供水安全的要求越来越高，部分地区水资源供需矛盾仍然突出，农村饮水安全、城镇应急备用水源等保障能力不足，水资源调度管理能力有待提高。在水生态环境方面，流域开发与保护的矛盾尚未解决，水生态环境形势不容乐观，部分地区废污水排放量仍然较高，一些河段水质不达标，部分湖库富营养化程度较重，突发水污染事件风险较大，湖泊湿地萎缩现象仍然存在，水生态环境保护力度亟待加大。在管理能效方面，以流域为单元的流域治理管理机制还不完善，协同治理管理的成效还未充分发挥，数字孪生建设需加快推进，水资源管理智能化、精细化水平有待进一步提升。长江经济带高质量发展需要水资源强有力的支撑和保障，必须站在中国式现代化发展的全局和战略高度，推动破解相互交织复杂的新老水问题，落实最严格的水资源管理制度，综合运用行政、技术、法治、经济等措施，提升水资源节约集约利用能力、水资源优化配置能力和大江大河大湖生态保护治理能力。

四、做好新阶段长江经济带水资源管理保护工作的思考和建议

习近平总书记指出，从长远来看，推动长江经济带高质量发展，根本上依赖于长江流域高质量的生态环境，要毫不动摇坚持共抓大保护、不搞大开发，在高水平保护上下更大功夫。在新阶段，坚持以习近平总书记"节水优先、空间均衡、系统治理、两手发力"治水思路为引领，以流域为单元、水资源为核心、江河为纽带，全力做好长江经济带水资源管理保护工作，既是推动长江经济带高质量发展的迫切需要，也是支撑和服务中国式现代化的现实需要。

（一）坚持系统思维，整体推进水资源管理保护

贯彻落实长江经济带发展战略，推动长江经济带高质量发展、支撑中国式现代化，必须坚持系统观念、运用系统思维，从生态系统整体性和长江流域系统性着眼，统筹考虑水资源、水环境、水生态，整体推进水资源管理与保护工作。一是正确处理好发展与保护的关系，牢固树立和践行"绿水青山就是金山银山"的理念，站在人与自然和谐共生的高度谋划发展，坚持人口经济与资源环境相均衡的原则，以水而定、量水而行，严守水资源开发利用上限，促进经济社会发展全面绿色低碳转型。二是正确处理好整体与局部的关系，一体化谋划推进保护治理，做好顶层设计，注重各项措施的关联性和耦合性，防止畸重畸轻、单兵突进、顾此失彼。在整体推进的基础上，按照上中下游各区域水资源的主要功能定位、禀赋条件、现状开发利用情况、经济社会发展需求和未来发展部署等，因地制宜、分类施策，努力做到全局与局部相配套，整体推进与重点突破相统一。

（二）坚持生态优先，大力保护水生态环境

习近平总书记强调，推动长江经济带发展必须坚持生态优先、绿色发展的战略定位，这不仅是对自然规律的尊重，也是对经济规律、社会规律的尊重。始终坚持生态优先这个前提，统筹山水林田湖草沙等生态要素，深入推进长江生态环境保护与修复，让河流恢复生命、流域重现生机。一是加强河湖生态流量保障。健全生态流量保障制度，强化动态监测预警、科学调度管理等措施，切实抓好生态流量目标落实。二是强化饮用水水源保护。加强三峡水库、丹江口水库及其上游流域等重要水源地保护，合理规划水源布局，严格取水管理和水资源调度，做好年度重要饮用水水源地安全评估，把水源地作为流域区域水量调度方案的优先保障目标。三是推动河湖水生态修复。加快长江干流和主要支流河湖水系联通，实施好水生态修复保护工程。对于生态受损的河湖，开展母亲河复苏行动，制订"一河（湖）一策"方案，强化江河湖泊生态环境保护与修复。

（三）推进水网建设，优化水资源配置格局

加快构建国家水网，建设现代化高质量水利基础设施网络，统筹解决水资源、水生态、水环境、水灾害问题，是党中央重大决策部署。长江流域是我国水资源配置的重要战略水源地，在国家水网建设战略中至关重要，要坚持全国"一盘棋"，局部服从全局，区域服从流域，从国家和流域层面通盘优化资源配置。一是加快构建国家水网主骨架和大动脉。加快推进重点水源工程、滇中引水工程、引江补汉工程等重大引调水工程建设，充分发挥南水北调工程优化水资源配置、保障群众饮水安全、复苏河湖生态环境、畅通南北经济循环的生命线作用。二是推进沿江省市水网建设。依托国家骨干网，结合各省经济社会发展需求，以联网、补网、强链为重点，科学谋划省级水网"纲、目、结"，合理确定工程建设规模和方案，做好各层级水网的合理衔接，构建互联互通、循环通畅、联调联控的网络格局。三是强化流域水工程联合调度。加强监测预报预警、跨区域水资源丰枯调剂，做好控制性水工程防洪调度、水资源调度、生态调度和应急调度，提升水资源优化配置水平。

（四）落实"四水四定"，强化水资源刚性约束

根据水资源承载能力优化空间布局、产业结构、人口规模，落实"以水定城、以水定地、以水定人、以水定产"，实现经济社会发展与人口、资源、环境相协调。在严格保护生态环境的前提下，精打细算用好水资源，从严从细管好水资源，全面提高资源利用效率，加快推动绿色低碳发展，努力建设人与自然和谐共生的绿色发展示范带。一是严格落实水资源管控指标。按照确定的水量分配方案、生态流量目标、地下水管控指标，采取措施保障目标实现。制定与长江经济带水资源条件相适应的产业结构调整政策，建立高耗水行业市场准入负面清单，完善水资源承载能力监测预警机制。二是进一步推动规划水资源论证工作。将规划水资源论证作为重大建设项目布局规划、各类开发区（新区）规划和城市建设等专项规划审批的前置条件，把水资源作为区域发展、规划决策和项目建设布局的刚性约束。三是严格取用水管理。严把取水许可审批关，严格取用水事中事后监管，建立取用水领域信用体系，依法严厉打击违法违规取用水行为。四是强化节约用水。完善节水管理制度，大力推动农业节水增效、工业节水减排、城镇节水降损。升级产业结构，大力发展循环经济，全面推行清洁生产，从源头减少用水量和污染物排放量。

（五）增强科技引领，提升水资源智慧管理能力

开展涉水重大科技问题研究，增强水安全、水资源、水生态、水环境科技支撑能力。按照"需求牵引、应用至上、数字赋能、提升能力"要求，加快数字孪生流域建设，以算据、算法、算力建设为支撑，以数字化场景、精准化决策为路径，建立具有"四预"功能的水资源管理信息系统，大力提升水资源管理数字化、网络化、智能化、精细化水平。一是加强重大问题科技攻关。立足我国国情水情，开展流域水资源条件变化及规律、水资源短缺地区和超载地区评判标准、节水潜力与节水技术、复苏河湖生态环境技术体系、河湖生态廊道退化与复苏机理等研究，加快推进解决水资源开发利用、水生态保护与经济社会发展过程中急需破解的问题。二是强化智慧水利科技支撑。大力推进数字孪生流域建设，通过信息化、智能化、遥感等手段，动态掌握流域区域水资源总量、实际用水量等信息，

实现对生态流量、江河水量分配、地下水水位等管控指标落实情况的预报、预警、预演，提前规避风险、制订预案，为推进水资源集约安全利用提供智慧化决策支持。三是加强水资源数据信息共享应用。加快推进水资源信息系统整合共享与应用推广，实现取水许可、用水统计调查、取水在线计量管理等主要业务在同一平台进行整合并应用，加强数据比对排查，及时发现和处理超许可、超计划取水等问题，做好数据分析发布和信息共享，不断丰富完善应用场景，提高政务服务效能，强化水资源监督管理。

（六）强化协同融通，健全水资源管理保护体制机制

治水只有立足于流域的系统性、水流的规律性，追根溯源，系统治疗，才能有效提升流域水安全保障能力。长江经济带水资源管理保护必须强化流域和区域协同融通，坚持省际共商、生态共治、全域共建、发展共享，推进生态共同体和利益共同体建设，凝聚形成共抓长江大保护的强大合力。一是强化流域治理管理。实施流域统一规划、统一治理、统一调度、统一管理，制订修订流域综合规划，完善流域专业（专项）规划体系，健全完善流域规划实施机制，建立流域多目标统筹协调调度机制，科学确定流域治理标准，强化流域防洪、水资源和水生态统一调度和管理。二是构建协同治理格局。推进上下游、左右岸、干支流联防联控联治，发挥长江流域协调机制作用。建立完善流域用水权市场化交易机制，推进流域地区间、行业间、用水户间开展多种形式的用水权交易。三是完善长江流域横向水生态补偿机制。探索多元化生态补偿模式和水生态产品价值实现路径，加快建立江河源头区、集中式饮用水源地、河湖生态修复等不同类型水生态补偿机制，激发生态保护的内生动力。

五、结语

推动长江经济带发展是国家重大战略，强化水资源支撑与保障意义重大。要深入学习贯彻习近平总书记关于治水的重要论述精神，保持战略定力、勇于担当作为，在高水平保护上下更大功夫，在保护治理水生态环境、优化水资源配置格局、强化水资源刚性约束、提升水资源智慧管理能力、完善水资源管理保护体制机制等方面全力推进长江经济带水资源管理保护再上新台阶，为进一步推动长江经济带高质量发展、更好支撑和服务中国式现代化提供坚实的水资源保障。

参 考 文 献

［1］ 水利部编写组．深入学习贯彻习近平关于治水的重要论述［M］．北京：人民出版社，2023．

［2］ 李国英．为以中国式现代化全面推进中华民族伟大复兴提供有力的水安全保障［J］．水利发展研究，2023，23（7）：1-2．

［3］ 中共水利部党组．加快构建国家水网为强国建设民族复兴提供有力的水安全保障［J］．中国水利，2023（13）：1-4．

［4］ 李国英．坚持系统观念　强化流域治理管理［J］．水利发展研究，2022，22（11）：1-2．

对国家"江河战略"的认识与思考

李肇桀，张　旺，刘　璐，刘　波，李新月

（水利部发展研究中心）

摘　要："江河战略"是习近平总书记亲自谋划、亲自部署的重大国家战略，是以江河水资源为纽带、以流域为单元整体推进经济社会各领域协同发展的国家战略，是与其他各项重大国家战略协调互济的发展战略，是以生态文明建设为核心理念、以流域性整体生态保障为基础推进经济社会高质量发展的国家战略。国家"江河战略"以长江经济带发展战略和黄河流域高质量发展战略为典型示范得以建立起来，势必要在这两个流域率先组织实施，并逐步在全国范围内贯彻落实。本文通过对"江河战略"确立过程及背景进行分析，针对这一重大国家战略的内涵以及贯彻实施问题提出了初步的认识和思考。

关键词：国家战略；江河战略；长江经济带；黄河流域；水利高质量发展

2021年10月，习近平总书记考察黄河入海口，并在济南市主持召开深入推动黄河流域生态保护和高质量发展座谈会，他指出："这些年，我多次到沿黄河省区考察，对新形势下解决好黄河流域生态和发展面临的问题，进行了一些调研和思考。继长江经济带发展战略之后，我们提出黄河流域生态保护和高质量发展战略，国家的'江河战略'就确立起来了。"这是习近平总书记首次明确提出"江河战略"。为推动国家"江河战略"的贯彻和实施，本文基于对"江河战略"的确立过程及背景分析，以及对长江经济带发展战略、黄河流域生态保护和高质量发展战略的理解，结合对我国人口资源环境和社会经济发展规律性的认识，就贯彻落实国家"江河战略"提出初步的认识和思考。

一、对国家"江河战略"的认识和理解

（一）"江河战略"是习近平总书记亲自谋划的重大国家战略

党的十八大以来，习近平总书记站在中华民族永续发展的战略高度，先后提出了一系列促进经济社会协调发展的新理念新思想新战略，形成了多项重大国家战略，比如京津冀协同发展、粤港澳大湾区建设、长三角一体化发展战略等。与此同时，习近平总书记多次

原文刊载于《水利发展研究》2023年第1期。

亲临长江、黄河考察调研，先后提出了长江经济带发展战略、黄河流域生态保护和高质量发展战略，正如总书记所说，"黄河流域生态保护和高质量发展，同京津冀协同发展、长江经济带发展、粤港澳大湾区建设、长三角一体化发展一样，是重大国家战略"。经过大量深入调研和深邃思考，习近平总书记指出，继长江经济带发展战略之后，我们提出黄河流域生态保护和高质量发展战略，国家的"江河战略"就确立起来了。显而易见，"江河战略"是由习近平总书记亲自擘画、亲自部署的新时代加快实现中华民族伟大复兴的重大国家战略，其地位和作用应当很快得以显现。

（二）国家"江河战略"以长江战略和黄河战略为典型示范

国家"江河战略"是以长江战略、黄河战略两大流域发展战略为依托，统筹流域性整体国土空间的人口资源环境要素、统一谋划流域（区域）经济社会高质量发展的国家战略，是对长江经济带发展战略、黄河流域生态保护和高质量发展战略的提升和扩展，关乎国家发展全局，是推进我国经济社会高质量发展的重要支撑。

习近平总书记指出，长江、黄河两条母亲河养育了中华民族，孕育了中华民族的民族精神。中华民族世世代代在长江、黄河流域繁衍发展，一直走到今天。新时代，我们要把保护治理母亲河这篇文章继续做好。长江经济带经济规模几乎占据全国的1/2，黄河流域流经省份的经济规模占据全国的1/4左右，两者经济规模合计约占全国的70%，在国家经济社会发展、生态文明保护中占有举足轻重的地位。所以，在长江经济带发展战略、黄河流域生态保护和高质量发展战略基础上，建立起国家的"江河战略"，具有很强的引领作用。我们要在推进长江经济带发展、黄河流域生态保护和高质量发展上打造实践标杆，让中华民族母亲河永葆生机活力，为中华民族伟大复兴注入磅礴动力，以实施"长江战略""黄河战略"的成功实践，带动国家"江河战略"在全国各大流域落实落地，推动各流域（区域）经济社会高质量发展，为实现"十四五"规划和2035年远景目标乃至实现人与自然和谐共生的中国式现代化奠定基础。

（三）国家"江河战略"是以江河水资源为纽带的发展战略

水是生命之源、生态之基、生产之要。江河水资源是人类社会生存和发展的最基本自然资源。习近平总书记从我国基本国情水情出发，基于对中华民族历史的深邃思考和对经济社会发展大势的深谋远虑，深度聚焦水问题，高度重视中华民族母亲河的发展演变，以保障国家水安全统筹生态保护与经济社会发展，创造性地提出了国家"江河战略"。

从中共中央和国务院颁布实施的《长江经济带发展规划纲要》《黄河流域生态保护和高质量发展规划纲要》看，这两个重大国家发展战略，既充分体现了促进全流域经济社会协调发展的战略定位，又充分体现了鲜明的水利属性，这两个纲要既是长江经济带发展战略和黄河流域生态保护和高质量发展战略的具体呈现，也是国家"江河战略"得以确立的思想精髓。

（四）国家"江河战略"是以流域为单元整体推进各领域协同发展的战略

基于长江经济带发展战略和黄河流域生态保护和高质量发展战略，国家"江河战略"不仅明确了新时代以流域为单元整体推进江河保护治理的目标与定位、理念与准则、框架与路径，更重要的是科学回答了如何处理好国土空间的优化关系、江河资源节约保护与开

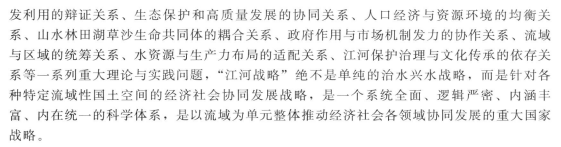

发利用的辩证关系、生态保护和高质量发展的协同关系、人口经济与资源环境的均衡关系、山水林田湖草沙生命共同体的耦合关系、政府作用与市场机制发力的协作关系、流域与区域的统筹关系、水资源与生产力布局的适配关系、江河保护治理与文化传承的依存关系等一系列重大理论与实践问题,"江河战略"绝不是单纯的治水兴水战略,而是针对各种特定流域性国土空间的经济社会协同发展战略,是一个系统全面、逻辑严密、内涵丰富、内在统一的科学体系,是以流域为单元整体推动经济社会各领域协同发展的重大国家战略。

(五)国家"江河战略"是与其他各项重大国家战略协调互济的发展战略

"江河战略"因以江河水资源为纽带,呈现出鲜明的流域性特征,这一特征与现实中的行政区划存在一定差异性或交叉性,"江河战略"的实施空间往往不同于其他以区域发展为特征的国家战略,比如京津冀协同发展、粤港澳大湾区建设、长三角一体化发展等区域协调发展战略,"江河战略"实施空间往往打破行政区划界线,突出以流域为整体,更加强调全流域性的统一治理开发和保护,强调全流域性的高质量发展。因为人类社会经济发展与自然生态环境是一个有机的生命共同体,以流域为整体,大力推进"四水四定"、统筹山水林田湖草沙等要素的统一治理开发与保护、推动人与自然和谐共生显得尤为重要。所以,实施国家"江河战略"必须协同与其他各项重大国家战略的关系,相辅相成、协调互济,保证各项国家战略互相补充、相互促进,共同指引民族复兴的方向。

长江经济带和黄河流域作为两个超大经济带,又是两个差异性很强的生态圈,长江经济带发展战略和黄河流域生态保护和高质量发展战略作为两个典型样板,将为我国其他五大江河(湖)流域乃至其他地方性流域提供示范,推动其他各流域实施本流域(区域)经济社会发展战略,共同构成国家的"江河战略",与京津冀协同发展、粤港澳大湾区建设、长三角一体化发展等区域协调发展重大国家战略协调推进,整体推动流域(区域)国土空间布局优化、抵御自然灾害防线建设、经济带和城市群建设、生态文明和美丽中国建设、粮食安全建设、清洁能源发展、交通运输网络构建、国家水网建设、文化带建设等协同发展。

(六)国家"江河战略"是以生态文明建设为核心理念的发展战略

国家"江河战略"以生态优先、绿色发展为引领,以水安全保障为基础,以高质量发展为手段,以实现人与自然和谐共生的中国式现代化为目标。与其他战略相比,"江河战略"植根于江河保护治理,天然地将经济社会发展与生态文明建设结合在一起,推动经济社会发展的绿色转型,是以生态文明建设为核心理念的发展战略。习近平总书记指出,长江经济带的"病"在于长江经济带的经济发展与生态环境保护的矛盾比较突出,长江水质和生物多样性受到严重威胁。"共抓大保护、不搞大开发"是推进长江经济带发展的战略导向。黄河则是"体弱多病","体弱"是指黄河流域生态十分脆弱,"多病"是指黄河流域生态环境、抗旱防洪防凌、调水控沙、生物多样性保护、"地上悬河"等多种问题交织,复杂难治。"共同抓好大保护,协同推进大治理"是推进黄河流域生态保护和高质量发展的战略导向。归根结底,都是突出水生态环境保护和经济发展的关系,都提出了要建成人与自然和谐共生的绿色发展示范带,充分体现着生态文明建设的核心理念。

二、推动实施国家"江河战略"的思考与建议

（一）推动制订国家"江河战略"总体规划纲要和配套实施方案

推动国家"江河战略"贯彻实施，需要有科学理性的规划引领，需要坚强有力的机制推动，需要高效严格的监督考核及奖惩措施相配套。推动实施"江河战略"，首先要像制订《长江经济带发展规划纲要》《黄河流域生态保护和高质量发展规划纲要》一样，推动有关部门制订国家"江河战略"总体规划纲要，这是指导和推动全国落实"江河战略"的关键，是各级政府部门制订本地江河流域"发展战略"或实施相关战略措施的重要依据。国家有关部门应该通力合作，加快作出顶层设计，抓紧出台国家"江河战略"总体规划纲要，以规范和指导大型流域以及其他有关重要江河（湖）流域制订江河流域"发展战略"，积极构筑全面完整的国家"江河战略"。可结合水利部提出的强化流域治理管理各项措施，积极推动有关流域机构将流域规划修编工作与制订江河流域发展战略有机结合。

（二）加大对国家"江河战略"内涵的研究和宣传力度

我国是历史悠久的文明古国，有着数千年的农耕文化，中华民族伴随着江河文明存续发展，江河兴则经济兴，江河兴则文明兴。滚滚长江、滔滔黄河承载着中华文明走到今天，我们尊崇中华民族的母亲河，就是对江河文明的高度认可。我国发展进入新时代，确立国家的"江河战略"，立意深远，意义重大。一年来，有关部门围绕贯彻落实"长江战略"和"黄河战略"做了不少工作，但总体来看，对国家"江河战略"的精神要义、深刻内涵、地位作用、目标任务、实现路径等诸多重大问题研究还不够深透，宣传还不够广泛，甚至在水利行业之外还很少有人知悉。国家"江河战略"绝不是单纯的"水利发展战略"，但是水利行业要积极作为、有所担当，要加大力度开展相关理论研究和实践探讨，不断加大对长江经济带和黄河流域在实施国家"江河战略"方面有关进展情况的宣传力度，推动社会各领域广泛参与，尽快制订完善国家"江河战略"相关规划并督促实施。

（三）加快推进国家"江河战略"与有关区域发展重大战略的有机融合

党的二十大绘就了全面建设社会主义现代化国家的宏伟蓝图，发出了以中国式现代化全面推进中华民族伟大复兴的伟大号召。加快推进国家"江河战略"的贯彻实施是实现人与自然和谐共生的现代化的根本保证，对于贯彻落实"三新一高"的要求，实现中国式现代化尤为重要。在实践中，既要发挥不同战略的作用，又要积极推进"江河战略"与京津冀协同发展、粤港澳大湾区建设、长三角一体化发展等各项重大国家战略的有机融合，解决好实施"江河战略"与其他战略之间存在的制约条件和相互矛盾，推动各项重大国家战略相互协同、融合发展，相辅相成、协调互济。

（四）实施国家"江河战略"，水利行业要主动担当、积极作为

"江河战略"以"江河"命名，水利部门责无旁贷，理应作为贯彻落实的推动者和实践者。水利行业要深入学习领会国家"江河战略"的精神要义、深刻内涵、目标任务、实现路径等，并抓好落实，率先垂范。当前治水管水兴水工作要紧紧围绕国家"江河战略"，统筹做好水旱灾害防治、水资源节约利用与保护、水生态保护修复、水环境治理、国家水网建设等各项重点工作，扎实推动新阶段水利高质量发展。要紧紧围绕"十四五"水安全

保障规划目标任务要求，聚焦提升四种能力，突出抓好六条实施路径，尽快形成治理成效。要抢抓重大水利工程建设"窗口期"，加快大江大河大湖治理及重大水源工程、引调水工程的布局和建设，积极完善国家水网的"纲""目""结"，一体推进四级水网建设。不断加强水治理体系和治理能力建设，加快发展水利科技，加快建设智慧水利，强化体制机制法治和管理制度创新，不断提升治水管水的现代化水平。

（五）积极推进有关法律法规修编，为实施国家"江河战略"提供法治保障

《中华人民共和国长江保护法》《中华人民共和国黄河保护法》的出台，为实施长江经济带发展战略、黄河流域生态保护和高质量发展战略提供了重要的法治保障。推动实施国家"江河战略"需要体制机制法治保障，应抓住有关涉水法律法规修制订的契机，在水法等重要法律法规制修订中，努力把有关国家"江河战略"的精神要义和实施保障条件纳入条文，为在全国范围内推动实施"江河战略"提供有力的政策支持和法治保障。

参 考 文 献

［1］ 中华人民共和国长江保护法［N］. 中国水利报，2020 - 12 - 29（2）.
［2］ 中华人民共和国黄河保护法［N］. 人民日报，2022 - 12 - 01（15）.
［3］ 中共水利部党组. 为黄河永远造福中华民族而不懈奋斗［J］. 中国水利，2022（4）：1 - 3，89.
［4］ 李国英. 坚持系统观念强化流域治理管理［J］. 中国水利，2022（13）：2.
［5］ 童潇. 江河文明的历史演进与民族复兴的"水战略"抉择［J］. 江西社会科学，2017，37（4）：27 - 34.

长江流域发展水利新质生产力路径探析

许全喜，许继军

（长江水利委员会长江科学院）

摘　要：本文结合新阶段长江治理保护的基本特征和面临的挑战，分析新阶段流域高水平保护、高水平安全和高质量发展对科技创新的迫切需求，探讨推动发展水利新质生产力的重要任务，提出通过科技创新催生生态水利、智慧流域、绿色经济带、美丽长江建设等新产业的可行路径。

关键词：新质生产力；水利科技创新；高质量发展；长江流域；长江经济带

当前，世界百年未有之大变局加速演进，国内外发展环境发生深刻复杂变化。在新一轮科技革新和产业变革的大背景下，传统生产力已经发生质变，科技创新正扮演着重要的角色，其对于推动高质量发展至关重要。未来随着生产力的发展，科技创新作为新质生产力的核心要素，在推动产业创新，特别是以颠覆性技术和前沿技术催生新产业、新业态、新模式、新动能，以及创造新价值等方面都有明显的发展机遇。

水是生命之源、生产之要、生态之基。中华民族在几千年治水实践中积累沉淀了丰富的经验和智慧，在治水实践过程中也孕育和创造了光辉灿烂的中华古代文明。就当前而言，传统的防洪、供水、灌溉、航运、水力发电、养殖等基本水安全保障虽然得到了较大改善，但仍面临极端天气事件频繁发生、水旱灾害趋多趋频趋强趋广带来的极端性、反常性、复杂性、不确定性，同时还要不断满足人们对优质水资源、宜居水环境、健康水生态、先进水文化等方面的更高要求。为此，面对新老水问题交织的水安全形势、高水平保护和高质量发展需求，须凝练和汲取历史治水经验和智慧，加大科技创新和技术研发力度，加快发展水利新质生产力。

一、长江治理保护新阶段特征及面临的挑战

1. 主要特征

自 20 世纪 50 年代以来，长江经历了几个阶段的治理开发和工程建设，目前进入一个新的发展阶段，主要特征如下。

（1）新老水问题交织。流域防洪体系还不完善，上游洪水来量巨大与中下游宣泄能力

原文刊载于《中国水利》2024 年第 6 期。

不足的矛盾依然存在。防洪压力依然很大，局部地区旱涝灾害防御能力不强，同时水资源短缺、水生态损害、水环境污染等问题比较突出，新老水问题交织并呈现出不同的区域特征。解决老问题、化解新矛盾、满足新要求的任务很重。

（2）内外部条件发生深刻变化。从内部看，今日之长江已远非天然状态，而是自然长江和人工长江的复合体。已建工程在造福流域人民的同时，其累积影响也日益显现。从外部看，城镇化快速发展，农业现代化深入推进，信息化和人工智能技术日新月异，国家治理体系和治理能力现代化深入推进，全球气候变化，都对治江工作产生广泛深刻影响、提出新要求。

随着江湖关系持续调整，重塑和谐江湖关系"窗口期"已经到来，解决治江新课题所需的经济、社会和技术边界条件逐步成熟。过去治江认知的时代局限开始暴露，进入到需对流域重大事项作出调整的阶段，需要解决系列重大问题，如三峡工程建成后长江中下游河道整治问题、三峡水运新通道建设问题、洞庭湖"四口"水系综合整治问题、丹江口水库等水利工程汛期运行水位动态调整问题等。

（3）主要矛盾发生深刻变化。随着以防洪为中心的治江三阶段计划逐步实施，流域防洪体系基本建立，长江中下游整体防洪标准达到100年一遇，治江工作主要矛盾已演变成为流域内人民群众日益增长的对持久水安全、优质水资源、健康水生态、宜居水环境、先进水文化需要和长江水利发展不平衡不充分的矛盾，统筹治理与保护、防洪与供水、供给与创需、破旧与立新的任务艰巨复杂。

（4）治江重心由治理开发为主转入管理保护为主。一方面，当前是治江三阶段计划完成的收官期、"四大体系"全面构建完善的决胜期，需要着力补齐防洪工程和水资源配置工程短板；另一方面，在强化流域治理的同时，必须强化水工程调度和维护，以充分发挥已建工程效益，必须创新机制，强化法治，全面加强水生态和水环境保护。推动长江水利事业现代化新实践，必须深刻认识和准确把握治江事业发展新阶段特征，全面实现理念、思路、路径变革。

2. 面临的挑战

在新阶段，长江治理保护工作对当前长江经济带高水平保护、高水平安全、高质量发展等目标和要求而言，还面临诸多挑战，主要体现在以下几个方面。

（1）变化环境带来的风险问题。气候变化等给环境带来的水旱灾害风险和水资源脆弱性不断增加，极端洪水和干旱事件趋多趋强，且突发性和反常性越来越明显，甚至屡屡突破历史极值，颠覆传统认知，直接威胁到流域防洪、供水、粮食、能源、航运、生态安全。

（2）区域经济社会与生态系统协调发展问题。区域经济社会系统与流域自然生态系统之间的不平衡不协调问题仍然突出。如水资源环境约束趋紧、生态环境用水不足、河湖湿地生境丧失等，都由于经济社会规模不断扩大和人类活动影响不断增强，超过了流域水资源环境承载能力。其中一些错误或不合理的人类行为对流域自然生态系统的破坏不可逆转。

（3）流域生态系统保护压力。流域生态系统完整性和生物多样性下降的趋势还在继续。筑坝和渠化河段水生态系统结构和功能退化，水环境污染压力仍未根除，新型污染物不容忽视，农业面源污染严峻等深层次问题仍亟待解决。

（4）流域综合管理能力亟待提升。流域综合管理协调能力和智慧化水平亟待提升，水资源消耗大、利用效率不高，生态资源保护和生态产品价值实现机制有待健全。此外，碳达峰与碳中和目标和美丽中国建设战略，正不断地推动长江流域治理保护向减污降碳、健康生态和宜居环境等方向转型，这不仅要关注视距内的水环境治理、水生态修复、江湖关系改善、退耕还林还湿、水土保持与水资源保护等，还要积极应对视距之外的零污染、碳中和、生态完整、数字流域建设等挑战。

3. 来自国际环境的压力

在当前阶段，我国还面临着全球科技创新和绿色竞争压力。近年，国际上有发达国家提出"绿色新政"概念，是对环境友好型政策的统称，主要涉及环境保护、污染防治、节能减排、气候变化等与人和自然可持续发展相关的重大问题。"绿色新政"呼吁加大能够创造工作机会的环境项目投资，在应对气候变化和减少环境污染的同时，促进绿色经济增长和就业，以修复支撑全球经济的自然生态系统。"绿色新政"非常重视经济社会可持续的绿色发展模式。比如2019年欧盟"绿色新政"中提出，要将欧盟转变为富有竞争力的资源节约型现代化经济体，计划到2050年，欧盟温室气体达到净零排放目标，并实现经济增长与资源消耗脱钩。随后2021年的《欧盟行动计划：实现空气、水和土壤的零污染》，高度重视数字化解决方案、生物技术、智能化生产与可持续产品的发展和应用。可以看出欧美等发达国家未来将会不断通过技术创新和制订新规则，抢占绿色科技高地，甚至形成所谓"绿色壁垒"（green barriers，GBs），或称绿色贸易壁垒、技术性贸易壁垒。水利是传统的基础性行业，迫切需要通过科技创新，以新技术培育新产业、新模式、新业态、新动能，引领水利产业转型升级，进而实现生产力的跃迁。

二、关于长江流域发展水利新质生产力的认识

长江，作为国家水网主骨架和大动脉的关键组成，其治理和保护直接关乎国家水安全保障。同时，长江流域实施长江经济带发展、长三角一体化发展等国家战略，对于国家经济社会发展具有重要意义。因此，长江流域破解新老水问题，应对国内国际未来挑战，提升长江安全与保护水平，支撑长江经济带高质量发展，迫切需要发展水利新质生产力。

发展水利新质生产力与推进长江流域高质量发展高度辩证统一。一方面，发展水利新质生产力是提高长江流域高水平保护、提升流域高水平安全的引领性力量，是实现长江流域高质量发展的关键路径和动力支撑，有助于提高生产效率和资源利用效率，加快推进传统水利产业转型升级、构建现代化水利产业体系，提高长江治理保护和流域综合管理的质量和效能；另一方面，高质量发展能够为新质生产力发展提供广阔空间和有利条件，推进流域高质量发展必然要加大对水利科技创新、人才培养、水工程基础设施建设、现代化管理能力建设等方面的投入，也必将激发综合性、智能化、高品质的需求，为水利新质生产力发展提供更多机遇和条件。

三、推动发展水利新质生产力的迫切任务

新质生产力是创新起主导作用，摆脱传统经济增长方式、生产力发展路径，具有高科

技、高效能、高质量特征，符合新发展理念的先进生产力质态。科技创新是发展新质生产力的核心要素。为此，加强水利科技创新，突破传统科学认知，创新治理保护模式，研发原创性、颠覆性新技术和前沿技术，是发展水利新质生产力、开创水利建设新业态、激活流域发展新动能、实现水利现代化和流域高质量发展的重中之重。这既需要新理论、新思路指引，也需要新方法、新手段和新技术革新，还需要新的产业形态、管理制度和政策法规等。

1. 迫切需要加强流域人与自然和谐共生现代化建设的科技创新

人与自然和谐共生现代化的提出，充分体现了中华民族传统的"天人合一"与当代科技进步和社会发展的完美结合。从根本上破解区域经济社会系统与流域自然生态系统之间的不平衡不协调问题，迫切需要从全局高度，加强流域水循环系统、自然生态系统、经济社会系统以及未来现代化发展目标之间作用机制和协调关系等方面的前瞻性和战略性研究，创新流域发展模式和长江治理保护策略。

2. 迫切需要加强流域水旱灾害统筹防御的科技创新

水旱灾害仍然是长江流域重要心腹隐患，今后应从"防洪-供水-粮食-能源-航运-生态"总体水安全观角度，审视现有工程、非工程体系的功能需求变化和存在的薄弱短板，加大超常规水旱灾害监测、预报、预演、预警技术研发和适应性对策措施研究，加强上下游、干支流水工程联合调度，增强应对极端水文气象事件的能力，提升流域水旱灾害抵御韧性和同防同治能力，适应未来气候变化。

3. 迫切需要加强数字河流、孪生水利和智慧流域建设的科技创新

在当前数字经济不断发展的背景下，大数据、人工智能等数字技术将更好地赋能各行各业，创造出更大的价值。这其中需要进一步加强数字化和人工智能技术与传统水利工程技术的融合创新发展，积极推进水利产业发展的信息化、水工程建管的自动化和流域综合管理的智能化，以适应国家水网建设、水利现代化和流域管理智慧化转型。

4. 迫切需要加强流域绿色低碳发展和生态水利建设的科技创新

绿色发展是高质量发展的底色。新质生产力本身就是绿色生产力。美丽中国建设目标和任务要求，坚持把绿色低碳发展作为解决生态环境问题的治本之策，协同推进降碳、减污、扩绿、增长，以高品质生态环境支撑高质量发展，这其中迫切需要培育生态水利建设、绿色流域构建等新兴产业链，以促进流域经济社会发展的绿色化。

5. 迫切需要加强流域系统性治理和整体性保护的科技创新

流域山水林田湖草沙是生命共同体，也是各自然要素相互依存、紧密联系的有机整体。必须坚持系统观念，按照生态系统的整体性以及内在规律，推进山水林田湖草沙一体化保护和系统治理，切实提升生态系统多样性、稳定性，筑牢流域生态根基。这其中，迫切需要开展生态清洁流域综合治理、健康长江和美丽河湖建设、江河湖库协同生态调控、干支流水系连通修复等方面的模式方法和技术创新，以进一步落实长江大保护要求。

6. 迫切需要加强水利改革和流域综合管理等方面的政策法规制度创新

从新技术应用到形成新质生产力的保障要求出发，必须进一步全面深化改革，包括水资源价格、生态产品价值、生态补偿机制、水权及排污权、河湖确权、流域综合管理协调机制等方面，加快形成与新质生产力相适应的新型生产关系，将新质生产力建立在流域高效能管理和水资源节约集约高效利用的基础上。

四、科技创新催生水利新质生产力的可行路径

从新阶段流域综合管理和长江治理保护的实际出发，针对新阶段的特征和面临的挑战，基于长江大保护和长江经济带高质量发展等要求，有选择地推动生态水利建设新产业、流域管理新模式、河湖治理新动能发展，运用新技术提升水旱灾害防御、水工程建设运行、江湖关系调控、水资源节约保护、水污染防治、水环境改善、水生态修复、水资源调配管理等业务能力，积极促进水利现代化产业链发展高端化、智能化、绿色化，加快形成水利新质生产力。

1. 自然水工程解决方案催生生态水利建设新产业

加强近自然水工程解决方案的科技创新，催生生态水利建设新产业。在传统的治水经验和智慧基础上，应秉承习近平生态文明思想，既要通过创新来维系传统水利工程的长期生命力，又要推陈出新，建设适宜自然环境的生态水利工程。例如，李冰治水秉持"乘势利导，因时制宜"思想，体现对自然规律的科学认识和把握；西汉贾让提出"治河三策"，主旨是不与水争地，给洪水以出路；明代潘季驯提出"束水攻沙、放淤固滩"。这些提倡人与自然和谐共生和按自然规律办事的哲学思想，对后世治河影响极大。

历史经验表明，在处理人与水的关系方面，必须对大自然、对水始终保持足够的敬畏，在利用水的同时不能侵害水，让水能够持续为人类造福。近年为应对全球气候变化与保障城市可持续发展，联合国提出韧性城市创建目标，推进城市在 2030 年前实现包容性、安全性、韧性和可持续性，其中特别强调基于自然的解决方案（nature based solutions，NBS）。因此，针对传统水利工程，迫切需要从新时期发展需求尤其是绿色发展角度来重新审视。比如南水北调工程的定位，它不仅是保障北方供水安全的国家重大水利基础设施，还应该从中华民族永续发展角度将其建设成为千年生态文明工程。再比如部分传统的闸坝工程截断了河流通道，带来一些生态环境问题，可从自然生态角度研究新型的生态闸坝结构型式，还有生态堤防、生态堰渠、河湖生态调控、圩垸与蓄滞洪区生态改造、雨洪资源生态化利用等。从道法自然角度，或对现有水工程进行改造，使其生命力长期延续，或新建近自然的生态水工程，以适应生态优先、绿色发展要求。这其中要大力加强生态水工程建设的新技术、新材料、新产品研发，积极培育生态水利产业链。

2. 数智技术催生智慧流域建设新产业

加强数字长江和流域智能化管理的科技创新，催生智慧流域建设新产业。这是实现人与自然和谐共生现代化、提升水旱灾害统筹防御能力、适应未来气候变化的迫切需求。近年来我国数字经济、人工智能技术等发展取得显著进展，尤其是其与实体经济深度融合，大力推动了传统行业转型发展、提升效能、创造价值。任何技术都有局限性和适用场合，要不断地探索人工智能技术、数字技术在水利行业和流域管理中的应用场景和创新价值，这将是未来水利现代化的重点方向。

《国家水网建设规划纲要》中提出要加强水网数字化建设，提升水网调度管理智能化水平。加快推进国家水网调度中心、大数据中心及流域分中心建设，构建国家水网调度指挥体系。国际上很重视传统产业的数字化革新，如《欧盟行动计划：实现空气、水和土壤

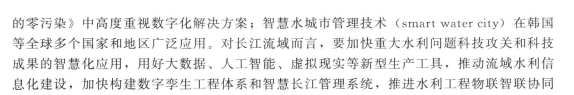

的零污染》中高度重视数字化解决方案；智慧水城市管理技术（smart water city）在韩国等全球多个国家和地区广泛应用。对长江流域而言，要加快重大水利问题科技攻关和科技成果的智慧化应用，用好大数据、人工智能、虚拟现实等新型生产工具，推动流域水利信息化建设，加快构建数字孪生工程体系和智慧长江管理系统，推进水利工程物联智联协同管护，以科技创新推动传统水利管理方式向自动化、智能化跨越式前进，实现水利智慧转型。

3. 节水减污降碳及资源高效利用技术催生绿色经济带建设新产业

加强流域节水减污降碳及资源高效利用的科技创新，催生绿色经济带建设新产业。在深入实施长江经济带发展战略中，要坚持共抓大保护，建设人与自然和谐共生的绿色发展示范带。加强节水防污型流域建设，大力推动节水灌溉、海水淡化、再生水利用、生物膜污水处理等技术产业规模化，提升水资源循环利用水平。加强生态清洁小流域建设，大力推广农业缓释肥、有机肥、水肥一体化、生态农药，并以此为契机，拓展新的绿色产业发展空间。加强风光水储一体化清洁能源科技创新，充分利用水库和抽水蓄能电站调蓄作用，催生以水能为主导的清洁能源发展新业态。

4. 水生态保护治理技术催生美丽长江建设新产业

加强宜居水环境和健康水生态治理保护的科技创新，催生美丽长江建设新产业。因地制宜、梯次推进美丽中国建设在长江流域全覆盖，建设天蓝、地绿、水清的美好家园，展现多姿多彩的美丽长江。为此，在满足水工程基本功能和安全的前提下，结合美丽中国建设，创新水工程生态精致景观建设方案。加强水工程生态景观化、水利风景精致化、堤防建设园林化，促进传统水利工程跟上时代步伐，更加贴近人们对宜居环境和优质文化的追求，打造千年水文化工程景观。诸如杭州西湖苏堤由疏浚西湖时挖出的葑草和淤泥堆积而成，建成以来一直是西湖亮丽的风景线，深受人们喜爱。

5. 制度创新催生流域管理新模式

加强流域现代管理制度创新，催生流域综合管理新模式，引导流域高端化、智能化、绿色化发展。以技术创新推动政策制度和管理规范革新，修订和健全水法律法规体系，不断更新提升水利行业规范标准体系。开展高水平保护、高水平安全和高质量发展政策和标准研究，研究制定合理的水资源价格和水价政策，提升水资源等自然生态资源产品价值，促进水资源节约集约利用相关产业发展，使节水成为一个"有利可图"的产业。提高污水处理和排放标准，催生污水处理技术升级换代。提高农业面源污染防控要求，促进生态缓释有机肥替代传统化肥。推广水肥一体化技术，促进传统田间农业向设施农业发展。制定城乡环境保护激励机制，催生环境保护服务产业化。

五、结语

发展水利新质生产力是贯彻国家"江河战略"、破解长江新老水问题、应对国内国际未来挑战、提升流域安全和保护水平、推动流域高质量发展的内在要求和重要着力点，必须继续做好科技创新这篇大文章。通过科技创新来突破传统水利发展障碍，既需要新理论、新思路指引，也需要新方法、新手段和新技术，还需要新的产业形态、管理制度和政策法规等。因此，长江流域发展水利新质生产力，要以科技创新为引领，统筹推进长江治理保护和流域水资源开发利用等传统产业升级，在传统的治水经验和智慧基础上，落实习近平生态文明思想，既要通过科技创新来延续传统水利工程的生命力，又要推陈出新，创建遵循自然规律和适应环境保护需求的生态水利工程，促进流域节水减污、绿色低碳、生态清洁、智慧美丽建设等新兴产业壮大。其中，迫切需要加强数字长江和智慧水系统科技创新，催生现代水利和智慧流域建设新业态；加强风光水储一体化清洁能源科技创新，催生以水能为主导的清洁能源发展新业态；加强流域现代管理制度创新，催生长江治理保护新模式，引导流域发展高端化、智能化、绿色化。要大胆鼓励颠覆性理论方法探索和原创性前沿技术研究应用，同时还要加强科技创新和产业创新的深度融合，使长江经济带成为发展水利新质生产力的重要阵地。

参 考 文 献

[1] 蒲清平，黄媛媛. 习近平总书记关于新质生产力重要论述的生成逻辑、理论创新与时代价值 [J]. 西南大学学报（社会科学版），2023，49（6）：1-11.

[2] 左其亭，秦西，马军霞. 水利新质生产力：内涵解读、理论框架与实施路径 [J]. 华北水利水电大学学报（自然科学版），2024，45（3）：1-8.

[3] 陈维城. 解读中央经济工作会议：如何推动新质生产力、新型工业化发展？ [EB/OL]. (2023.12.13)[2023-03-05].

[4] 长江治理与保护科技创新联盟. 长江治理与保护报告（2023）[M]. 武汉：长江出版社，2023.

[5] 董志龙. 面对中国转型——绿色新政 [M]. 北京：当代世界出版社，2011.

[6] 王晓晖，黄强. 以发展新质生产力为重要着力点推进高质量发展 [N]. 人民日报，2024-03-12（9）.

[7] 《完善水治理体制研究》课题组. 我国水治理及水治理体制的历史演变及经验 [J]. 水利发展研究，2015，15（8）：5-8.

以《黄河保护法》的有效实施
保障黄河流域水安全

秦天宝

（武汉大学环境法研究所）

摘　要： 水安全是涉及国家长治久安的大事，黄河流域水安全的法治保障依托于《黄河保护法》的有效实施。应当坚持贯彻中国共产党领导下国家层面统筹协调多部门治理黄河流域的保障理念，坚决落实围绕黄河流域水生态损害、水资源短缺、水灾害防治和水环境污染等水安全重点领域的保障制度，坚定健全经济发展层面、文化赓续层面和执法司法层面的黄河流域水安全保障措施。

关键词： 《黄河保护法》；黄河流域；水安全

水安全是一个国家或地区可以保质保量、及时持续、稳定可靠、经济合理地获取所需的水资源、水资源性产品及维护良好生态环境的状态或能力。党的十八大以来，习近平总书记明确提出"节水优先、空间均衡、系统治理、两手发力"治水思路，确立国家"江河战略"，围绕水安全作出多项重大决策部署。党的二十大明确提出"统筹水资源、水环境、水生态治理，推动重要江河湖库生态保护治理"的重大要求。

《中华人民共和国黄河保护法》（以下简称《黄河保护法》）贯彻了党中央在水安全工作上的决策部署，率先回应了党的二十大报告，为黄河流域水安全提供了有力法治保障。在《黄河保护法》实施阶段，应当坚持贯彻统筹协调治理的保障理念，坚决落实围绕水安全重点领域的保障制度，坚定健全黄河流域水安全的保障措施。

一、坚持贯彻统筹协调治理的保障理念

当下，中国进入推进追求高质量发展的新阶段，社会各方面的联系愈发紧密，发展的整体性衍生出多元化的发展目标、支持政策和法律部门。《黄河保护法》作为针对黄河流域的基础性、综合性和统领性的专门法律，衔接国家已有的法律法规，借鉴、吸收《长江保护法》等先进的立法技术，形成统筹协调治理黄河流域水安全的保障理念，以全国"一盘棋"解决黄河流域"九龙治水"的难题。

原文刊载于《中国水利》2023 年第 5 期。

1. 坚持贯彻统筹协调治理的保障理念，最根本的是坚持中国共产党的领导

作为在中国共产党领导下建立的第一个人民治黄机构，冀鲁豫解放区治河委员会（随后更名为冀鲁豫黄河水利委员会）的成立拉开了中国共产党领导人民治理黄河的序幕。中国共产党一直将治理黄河、造福人民作为头等大事，黄河一改"三年两决口"的历史面貌，决口现象七十余年未曾出现。进入新时代，习近平总书记多次视察黄河，立足于中华民族伟大复兴的战略高度，提出"让黄河成为造福人民的幸福河"的重大目标，推动法治化治理黄河进程。

中国共产党秉持初心、矢志不渝，赢得人民信任，取得一系列伟大成就，是中国特色社会主义事业的领导核心。党的十九大报告把坚持党对一切工作的领导确立为新时代坚持和发展中国特色社会主义基本方略的第一条。坚持中国共产党的领导，是我国国家治理的根本特征和最大优势。只有在中国共产党的领导下，才能统筹推进"五位一体"总体布局、协调推进"四个全面"战略布局，发挥党总揽全局、协调各方的领导核心作用，有利于党对黄河流域水安全作出正确决策并贯彻落实，建立黄河流域水安全的新格局。

2. 坚持贯彻统筹协调治理的保障理念，重要基础是坚持国家层面的统筹协调

《黄河保护法》要求建立国家层面的黄河流域生态保护和高质量发展统筹协调机制（以下简称"黄河流域统筹协调机制"），为黄河流域水安全的保障提供了跨地区、跨部门全面指导和系统高效的机制保障，有利于贯彻流域治理管理过程中"统一规划、统一管理、统一调度"的工作原则，实现黄河流域水安全的监测系统化、决策科学化、信息共享化、监管严格化。

其一，黄河流域统筹协调机制负责统筹协调国务院有关部门和黄河流域省级人民政府，在目前已经建成的监测台站和监测项目的基础上，系统性健全针对黄河流域自然、水文、地理、灾害、气象等维度的监测网络体系，实现监测系统化。其二，黄河流域统筹协调机制设立专家咨询委员会，辅助审查审议黄河流域重大政策、重大规划、重大项目，实现重大政策制定、重大规划谋定、重大项目审批的决策科学化。其三，黄河流域统筹协调机制负责协调国务院有关部门和黄河流域省级人民政府建立智慧黄河信息共享平台，突破过去黄河流域治理过程中因行政区划、事权分散导致的信息交流藩篱，实现信息共享化。其四，对于黄河流域县级以上人民政府审批的黄河流域的新建人造水景观，黄河流域统筹协调机制负责组织有关部门加强监督管理，实现严格监管。

3. 坚持贯彻统筹协调治理的保障理念，先决条件是坚持多部门的协调治理

坚持多部门协调治理的前提是明晰各级政府及相应部门的职责边界，实现各级政府及相应部门间的权威指挥、科学管理、精准调度和流畅配合。《黄河保护法》共有 84 条涉及政府责任的规定，明确国务院职能部门、各级地方党委和政府在黄河流域生态保护和高质量发展工作中的责任，厘清中央与地方之间、地方与地方之间、部门与部门之间的工作关系。

坚持多部门协调治理的重点是辨析黄河流域不同河段面临的最紧迫水安全问题。黄河流域水文形势复杂，概而言之，黄河上游重点关注生态系统退化和水源涵养功能下降等问题，中游重点关注生态系统脆弱和水土流失严重等问题，下游重点关注来水量不足和河口

三角洲湿地萎缩等问题。《黄河保护法》采取了一般规定与特殊措施相结合的立法模式，先以黄河流域的绿色发展作为原则和目标对政府职能提出一般性要求，后以黄河流域段的不同治理需求制订针对性措施。

坚持多部门协调治理的保证，是用好用活《黄河保护法》设立的多部门协调治理制度。《黄河保护法》共出现了35处"会同"，第七条和第一百零三条至第一百零七条分别规定了"多部门协调治理制度""责任制和考核评价制度""约谈地方政府制度""政府向同级人大报告制度"。在施行阶段，要保证协调治理制度的高效顺畅运转，设计多元化和科学化的考核与评价方案。

二、坚决落实围绕水安全重点领域的保障制度

第十三届全国人大常委会委员长栗战书在《黄河保护法》实施座谈会上指出，"要把生态保护与修复放在首位""要大力推进水资源节约集约利用""构筑沿黄人民生命财产安全的稳固防线"。《黄河保护法》第三章至第六章划分了4项黄河流域水安全重点领域，规定了针对水生态损害、水资源短缺、水灾害防治和水环境污染问题的保障制度。坚决落实围绕水安全重点领域的保障制度，要从系统性和整体性出发治理黄河流域当前突出存在的各项问题，确保黄河安澜，守护人民安宁。

1. 坚决加强黄河流域生态保护与修复

黄河"体弱多病"，存在流域生态本底差、流域资源环境承载能力弱和流域生态环境脆弱等问题。黄河上游的高原冰川、草原草甸、三江源和祁连山，中游的黄土高原，下游的黄河三角洲等，都极易出现生态系统退化、水源涵养功能降低的现象。为加强黄河流域生态保护与修复，其一，《黄河保护法》第三章明确了"坚持山水林田湖草沙一体化保护与修复，实行自然恢复为主、自然恢复与人工修复相结合的系统治理"的原则，从农业、林业、渔业等行业的规范科学发展出发，制定涉及水土保持生态建设、河湖生态保护治理、地下水超采治理等方面的具体路径。其二，《黄河保护法》第一百条至一百零二条规定了生态保护与修复的多元化资金来源、优惠税收政策和生态保护补偿制度。上述两个方面的规定回答了生态保护与修复的责任主体、工作范围、方式方法、监督指导等基本问题，加大了黄河流域生态保护与修复的实践推行力度。

2. 坚决推进水资源节约集约利用

改革开放后，沿黄河周边地区经济社会发展迅速，农业灌溉、工业生产、居民生活、生态维持等用水需求大幅度提高，水资源短缺已成为黄河流域的最大矛盾。为推进水资源节约集约利用，其一，《黄河保护法》第四章明确"坚持节水优先、统筹兼顾、集约使用、精打细算"的原则，确立优先满足居民生活用水、保障基本生态用水、统筹生产用水的用水秩序，制定水资源刚性约束制度、水资源统一调度制度、地下水取水总量控制指标、黄河重点流域限额以上取水申请制度、强制性用水定额管理制度以及负面清单和高耗水产业目录制度，实行水资源差别化管理和以节约用水为导向的水价体系。其二，《黄河保护法》第一百零二条支持在黄河流域开展用水权市场化交易，推进黄河流域水资源配置向政府与市场"两手发力"共治的新格局转型，推进政府严格控制总量、市场水权交易盘活存量，发挥市场机制在优化水资源配置中的重要作用。

3. 坚决构筑稳固抵御水旱灾害防线

黄河流域具有水少沙多、水沙关系不协调的特征，下游仍然存在泥沙淤积、河道摆动、"地上悬河"等棘手问题。黄河流域的最大威胁是洪水，可能危及下游滩区近百万人民群众。为构筑稳固抵御水旱灾害防线，其一，在水沙调控方面，《黄河保护法》紧抓水沙关系调节这一"牛鼻子"，要求完善水沙调控机制、建设水沙调控工程体系、实行黄河流域水沙统一调度制度以及严格执行采砂规划和许可制度，稳固水沙关系。其二，在防洪安全方面，《黄河保护法》要求完善防洪防凌调度机制、体系化建设防洪工程、编制防御洪水方案和防凌调度方案、对河道进行管理清障、提升沿黄城市洪涝灾害防御和应对能力，使黄河流域自然灾害可预测、可防控，坚决构筑稳固抵御灾害、保护人民群众生命财产安全的防线。

4. 坚决完善流域污染防治措施

黄河污染问题，直观反映在河水里，问题体现在流域内，根源则要追溯至岸上。要从综合治理、系统治理、源头治理的思维出发，解决农业生产流入的农药化肥污染、工业生产的高耗能高污染企业排放污染和城乡居民生活垃圾污染，推进重点河湖环境综合整治。《黄河保护法》第六章明确包括水污染物总量控制、排污口监管整治、地下水污染防治及土壤和固体废物污染防治、农业污染防治 5 个层面的污染防治规定，全面保障居民生活、农业和工业用水安全。为完善流域污染防治措施，其一，政府可以制订更为严格的地方水环境质量标准，应当补充制订或严于国家标准制订地方水污染物排放标准，严格控制或削减区域重点水污染物排放总量指标，排除潜在污染源的污染风险，划定地下水污染防治重点区。其二，政府应定期严密监测黄河流域大气、水体、土壤、生物中有毒有害化学物质的含量，指导农业生产过程中农药化肥的科学使用，采取联防联控等手段严防固体废物、农业废弃物对土壤和河流的污染。

三、坚定健全黄河流域水安全的保障措施

党的二十大报告明确提出"建设中国特色社会主义法治体系、建设社会主义法治国家"，坚持全面依法治国，要求国家的政治、经济运作和社会各方面的活动均依照法律进行。《黄河保护法》的有效实施，为坚持在法治轨道上运用法治思维和法治方式推进黄河流域水安全保护提供了高位阶的法律依据。

1. 在经济发展层面，应当依法编制各级黄河流域高质量发展规划，坚定以高质量发展规划引领黄河流域水安全

习近平总书记指出，用中长期规划指导经济社会发展，是我们党治国理政的一种重要方式。党的十九届五中全会提出，"十四五"时期经济社会发展要以推动高质量发展为主题。以贯彻创新、协调、绿色、开放、共享新发展理念的高质量发展规划引领水安全，契合《黄河流域生态保护和高质量发展规划纲要》《黄河流域生态环境保护规划》和《"十四五"水安全保障规划》等文件的精神与逻辑主线。

《黄河保护法》第七章描绘了一幅黄河流域环保创新、人与自然和谐共生的壮丽图景。要依法通过黄河流域各项高质量发展规划与国家重大战略及区域协调发展战略协调联动，科学规划城乡区域布局、绿色产业布局，利用现代化技术手段提升沿黄地区的科技创新能

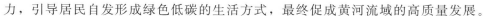

力，引导居民自发形成绿色低碳的生活方式，最终促成黄河流域的高质量发展。

2. 在文化赓续层面，应当依法保护传承弘扬黄河优秀传统文化，坚定以文化自信提升强化黄河流域水安全

黄河是中华儿女的母亲河，中华文明于此发轫，中华民族于此发源。黄河流域在相当长的历史时期是中国的政治、经济、文化中心，奔腾的黄河塑造了中国人民自强不息的坚强品格。习近平总书记指出，要推进黄河文化遗产的系统保护，深入挖掘黄河文化蕴含的时代价值，讲好"黄河故事"，延续历史文脉，坚定文化自信，为实现中华民族伟大复兴的中国梦凝聚精神力量。

《黄河保护法》第八章作出详尽规定，要编制实施黄河文化保护传承弘扬规划，加强各类文化遗产和红色遗产的保护力度，促进包括公共文化基础设施、文旅产品、文艺作品在内的文化产业发展，统筹协调体系化建设，加大黄河文化在世界范围内的影响力。保护传承弘扬黄河文化，让全国人民接续传承中华文明的悠久历史与成就，提升民族文化自信，让最广泛的人民群众参与黄河流域法治进程，在推动黄河流域生态保护和经济发展的同时强化黄河流域水安全。

3. 在执法司法层面，应当依法处罚违反《黄河保护法》的各方主体，坚定以最严格制度、最严密法治捍卫黄河流域水安全

习近平总书记强调，"在生态环境保护问题上，就是要不能越雷池一步，否则就应该受到惩罚"，习近平生态文明思想的核心要义之一是坚持以最严格制度、最严密法治保护生态环境。《黄河保护法》起草过程中，最高人民法院与最高人民检察院相继发布《黄河流域生态环境司法保护典型案例》和《检察机关服务保障黄河流域生态保护和高质量发展典型案例》。《黄河保护法》施行后，捍卫黄河流域水安全的执法司法能力将得到进一步提升。

《黄河保护法》第十章详尽规定了违反该法的法律责任和处罚方式，与现行法律法规妥善衔接，充分保障法律责任条文的有效实施，以最严格制度、最严密法治捍卫黄河流域水安全。其一，明确政府和有关部门的法律责任，新增针对国家工作人员的行政处分规定，有利于环境行政执法部门履职尽责。其二，处罚更为严厉，"双罚制"、行政处罚上限提高到 500 万元等规定极大提高了违法成本，增强了法律的威慑力。其三，将采取补救措施、政府代为治理、恢复原状等环境修复责任列入法律责任，有助于黄河流域水安全的及时恢复。其四，依据《中华人民共和国刑法修正案（十一）》，追究破坏黄河流域重点保护区和饮用水水源保护区、违反野生动物和自然保护地管理规定行为的刑事责任。

四、结语

《黄河保护法》的制定建立在党和国家对黄河流域的基本问题、主要矛盾和发展规划的清晰且全面的认识之上，是对保护黄河、治理黄河工作经验的充分总结与发扬。黄河流域水安全的法治保障依托于《黄河保护法》的有效实施，这必将推动人与自然和谐共生，实现中华民族永续发展。

参 考 文 献

[1] 李国英. 关于《中华人民共和国黄河保护法（草案）》的说明 2021 年 12 月 20 日在第十三届全国人民代表大会常务委员会第三十二次会议上 [J]. 中国水利，2022（21）：13 - 14.

[2] 谷树忠. 系统把握和有效实施"十四五"水安全保障规划 [J]. 中国水利，2022（5）：8 - 9，15.

[3] 于琪洋. 关于全面加强水利法治建设的思考 [J]. 中国水利，2023（1）：1 - 6.